Découvrez l'histoire par les archives de presse

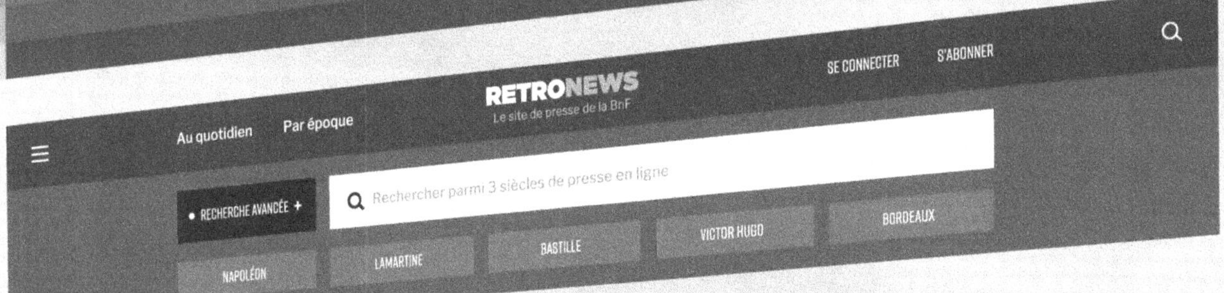

RETRONEWS

Le site de presse de la BnF

www.retronews.fr

5me année.   No 1 (2me série)   15 Juin 1889.

REVUE

DES

PÊCHERIES MARITIMES

ORGANE SPÉCIAL

De l'OSTRÉICULTURE et de la PISCICULTURE

Paraissant deux fois par mois, le 1er et le 15

S'ADRESSE A TOUS LES ARMATEURS, PARQUEURS,
MAREYEURS, USINIERS, ET, EN UN MOT, A TOUTES LES PROFESSIONS
SE RATTACHANT AUX PÊCHERIES MARITIMES.

BUREAUX : 15, Boulevard de Courcelles, 15. — PARIS

ABONNEMENTS

Pour la France, l'Algérie et la Tunisie...... Un an   9 fr.
Pour l'étranger............................   —   10 fr.

Les Abonnements partent du 1er de chaque mois.

POUR LES ABONNEMENTS ET LES ANNONCES

S'ADRESSER A Mme N. DESVARENNES, ADMINISTRATEUR

AUX BUREAUX DU JOURNAL

5me année.   N° 1 (2me série)   15 Juin 1889.

REVUE

DES

PÊCHERIES MARITIMES

NOTRE PROGRAMME

Paris, le 15 juin 1889.

Il n'a rien de politique. Nous ne voulons traiter que des questions économiques intéressant les pêcheries maritimes. Nos lecteurs pour la plupart savent que cette publication est la transformation du *Bassin d'Arcachon,* c'est ce qui explique que nous sommes déjà dans le cours de notre cinquième année d'existence.

La *Revue des pêcheries maritimes* s'est organisée, pour vulgariser les pêches, pour les généraliser. Elle veut être l'organe de la grande famille des pêcheurs et des ostréiculteurs. Les nombreux encouragements que nous avons reçus, et, avouons-le sans fausse modestie, les flatteuses félicitations qui nous ont été adressées dès que notre transformation a été connue, nous montrent que notre nouvel organe avait sa place marquée au milieu des publications spéciales dont aucune encore ne traitait les

1

questions de pêcheries. Nous nous applaudissons donc maintenant d'avoir obéi aux conseils qui nous étaient donnés.

Quelques savants zoologistes ont bien voulu nous assurer de leur précieuse collaboration ; nous publierons donc, grâce à cet intéressant bagage scientifique, des études sérieuses que nous accompagnerons de planches illustrées dont nos lecteurs feront le meilleur profit. Nous nous attacherons à emplir nos colonnes d'utiles renseignements, de statistiques officielles qui sont d'une si grande valeur pour les industriels maritimes. Les nombreux correspondants dont nous nous sommes assuré le concours dans les centres les plus importants ne contribueront pas peu à rendre notre publication intéressante. Enfin, nous voulons prendre en mains la cause des grands et des petits pêcheurs et ostréiculteurs. Pour peu que ceux-ci veuillent bien nous seconder, nous poursuivrons, lentement peut-être, mais sûrement, l'œuvre que nous voulons entreprendre. Notre proximité des pouvoirs publics nous rendra la tâche plus facile et la généralisation de la cause à défendre nous fera mieux écouter. D'ailleurs, nous ne nous ferons l'écho que de justes réclamations. Elles ne manquent pas au programme. Mais rendons cette justice au ministère de la marine, c'est que la direction générale a toujours fait grand cas des améliorations qui lui ont été demandées et qu'elle est dans les meilleurs dispositions à l'égard de la population si intéressante du littoral. C'est aux intéressés à les mettre à profit ; qu'ils comptent donc sur nous pour être leur porte-parole, c'est un honneur que nous revendiquons.　　　　　Jules CHAPEAU.

Les Pêcheries maritimes à l'Exposition de 1889.

Il y a encore un peu à faire dans la classe 77, consacrée à la culture des eaux. Le Comité d'organisation a été un des derniers formés, et il a eu plus particulièrement à lutter contre les difficultés financières que les autres n'avaient pas rencontrées, les industries à représenter étant les unes toutes récentes, les autres malheureusement bien éprouvées par les dernières crises économiques. Le pavillon dépend de l'Exposition de l'agriculture, et le Comité a dû se contenter, pour l'édifier, d'un petit espace resté disponible, au bord de la Seine, à côté du débarcadère des bateaux-mouches. Il faudra une persévérance des plus méritoires pour arriver à le découvrir.

Le bâtiment est simple, simple comme son budget. Le centre en est occupé par une série de bancs doubles en ciment que les ostréiculteurs, isolés ou syndiqués, se proposent de garnir de leurs plus beaux produits.

Une annexe du bâtiment contient de vastes réservoirs en ciment qui gagneraient peut-être à être plus épais, et destinés à contenir l'eau salée nécessaire à l'alimentation des bacs.

On évitera cette fois de faire venir de la mer, comme en 1878, l'eau dont le prix de revient fut excessif, et on compte employer de l'eau de mer artificielle, suivant la formule donnée par M. Edmond Perrier, eau dont le savant professeur du Muséum se sert depuis fort longtemps pour conserver les animaux étudiés dans son laboratoire, et sans l'emploi de laquelle cette partie de l'exposition eût manqué de presque tout son intérêt.

Toutes ces installations sont actuellement à peine achevées, et les visiteurs ne peuvent, pour le moment, admirer les produits vivants; en revanche, ils ont sous les yeux, tout à l'entour de la vaste salle, les appareils et les produits qui y sont amenés peu à peu, trop lentement peut-être. Au fond, seront les expositions des ministères de l'agriculture et de la marine. Tout près, à la place d'honneur, les emplacements sont retenus par les grands ostréiculteurs et les

Syndicats de La Teste et d'Arcachon, disposés en travées symétriques. En face, la Bretagne et la Normandie. Vers l'entrée, les parcs de Marennes et de La Tremblade. Enfin, la culture des eaux douces, la pisciculture et les laboratoires d'études.

Quand nous disons les laboratoires, il serait plus exact d'employer le singulier; une seule institution, en effet, le laboratoire d'Arcachon, est représentée à l'Exposition universelle, les établissements du même genre étant tous des dépendances des Facultés de l'État et ne s'occupant pas, comme notre laboratoire girondin, des questions pratiques relatives à la culture des eaux.

Cette exposition, que nous aurions voulu voir plus importante, se compose d'un plan fort bien exécuté par M. Marcel Ormières, architecte à Arcachon; d'une série de photographies que M. Terpereau a pu signer sans crainte pour sa réputation d'artiste. Enfin, de tableaux statistiques où l'histoire du laboratoire et l'énumération des services qu'il a rendus sont mises sous les yeux du public. Nous prédisons à la Société scientifique d'Arcachon un vrai succès de la part du monde savant et de tous ceux qui poursuivent l'étude du repeuplement de nos eaux marines.

Nous regrettons l'abstention des stations américaines, dont il eût été intéressant de connaître les résultats pratiques obtenus, les renseignements recueillis sur cette question faisant à peu près défaut. La hâte avec laquelle la classe 77 a été organisée au dernier moment explique ce fâcheux contretemps et aussi quelques imperfections de détail qui ne nuiront certainement pas au succès de l'ensemble.

Nous reviendrons sur cette question, qui intéresse si vivement, une fois l'exposition ostréicole en plein fonctionnement.

OSTRÉICULTURE

Tous les ostréiculteurs ont suivi avec un vif intérêt les débats et les polémiques qui ces temps derniers ont été engagés entre la science d'une part, les parqueurs et la presse d'autre part. Les savants ont, ainsi que les parqueurs, exprimé des opinions diverses. Certains docteurs ont apporté dans la discussion la preuve matérielle que la consommation de l'huître était dangereuse pour la santé publique. Quelques parqueurs ont appuyé cette opinion de leur expérience. Enfin des médecins ont démontré que cette crainte était mal fondée et ont appuyé leur opinion de démonstrations convaincantes, ils ont eux aussi été vaillamment secondés par de nombreux parqueurs qui réclamaient le droit de vendre et d'expédier en toute saison l'huître comestible.

Le Comité des pêches, au ministère de la marine, saisi de la question, l'a examinée à un point de vue particulier.

Si on a interdit pendant de certaines époques, de juin à septembre, la vente des huîtres, c'était moins dans un intérêt hygiénique que dans celui de la reproduction. Or, à l'heure actuelle, cette interdiction n'a plus lieu d'exister, car la reproduction artificielle se fait dans des conditions qui font espérer que la consommation du produit pendant la saison chaude n'y portera aucune atteinte. Le décret qui interdisait la vente des huîtres du 15 juin au 1er septembre a été rapporté et remplacé par la nouvelle réglementation suivante :

Le Président de la République française,
Sur le rapport du ministre de la marine ;
Vu la loi du 9 janvier 1852 sur la pêche maritime côtière ;
Vu le décret du 12 janvier 1882, défendant la vente des huîtres pour la consommation du 15 juin au 1er septembre et accordant les facilités nécessaires pour le repeuplement des parcs d'élevage ;
Vu l'avis du ministre des travaux publics ;
Vu l'avis du ministre de l'intérieur ;
Vu l'avis du comité consultatif d'hygiène publique de France ;
Vu l'avis du comité consultatif des pêches maritimes ;
Le conseil d'amirauté entendu,

Décrète :

Article premier. — La vente, l'achat, le transport et le colportage des huîtres *ayant plus de cinq centimètres de diamètre* sont autorisés en tout temps.

Art. 2. — La vente, l'achat, le transport et le colportage des

— 6 —

huîtres de *moins de cinq centimètres de diamètre* sont également autorisés en tout temps, mais uniquement dans l'intérêt de l'élevage et du peuplement des établissements ostréicoles.

Les huîtres d'une dimension inférieure à 5 centimètres ne pourront en aucun cas être exposées sur les marchés ou livrées à la consommation.

Art. 3. — Les dispositions contenues dans le précédent article ne s'appliquent pas à l'exportation des huîtres de moins de 5 centimètres du Bassin d'Arcachon, qui continue à être interdite en tout temps.

Art. 4. — Les articles 1 et 2 du présent décret ne modifient en rien les prescriptions édictées par le décret du 14 août 1878 concernant spécialement le transport des huitres dans la rade de Brest ou dans une zone de 4 kilomètres autour de cette rade.

Art. 5. — Les contrevenants aux dispositions du présent décret seront punis des peines prévues à l'article 7 de la loi du 9 janvier 1852 ci-dessus visée.

Art. 6. — Est et demeure abrogé le décret du 12 janvier 1882, ci-dessus visé, en ce qu'il a de contraire aux dispositions qui précèdent, notamment en ce qui concerne la période d'interdiction de vente des huîtres du 15 juin au 1er septembre.

Art. 7. — Les ministres de la marine et de l'intérieur sont chargés, chacun en ce qui le concerne, de l'exécution du présent décret, qui sera inséré au *Journal officiel*, au *Bulletin des lois* et au *Bulletin officiel* de la marine.

Fait à Paris, le 30 mai 1889.   CARNOT.

Par le Président de la République :

Le ministre de la marine,
        KRANTZ.

A l'Étranger.

De nos correspondants particuliers.

Ostende (Belgique), 12 juin.

La campagne ostréicole n'a pas été défavorable, mais elle n'a pas donné ce qu'elle promettait au début. La vente à Paris a donné de bons résultats, les prix se sont tenus fermes. Je vous enverrai la statistique de la production, de la vente et des prix, dès qu'elle aura été établie.

Votre gouvernement a bien fait de lever l'interdiction qui pesait sur les huîtres et qui nous empêchait d'écouler nos produits excellents en toute saison. Cette décision aura pour but principal de favoriser les centres d'élevage comme Arcachon.   H. W.

Niewport (Belgique), 22 juin.

La campagne est terminée. Les ostréiculteurs se recueillent.
Les résultats sont assez satisfaisants. L'administration s'occupe
de dresser la statistique. Aussitôt établie, je vous la ferai parvenir.   D.

Vieringen (Hollande), 11 juin.

Nous avons fait peu d'exportation. L'hiver a été rigoureux et
nous a fait subir des pertes que les bénéfices de la vente annuelle
n'ont pas compensées. Le produit était excellent et beau. Même
résultat pour nos petits centre d'élevage.   Van H.

Portsmouth, 12 juin.

Nous avons reçu cette année une assez grande quantité d'huîtres
plates d'Amérique dont la vente a été assez facile, nous avons pu
alimenter le marché de Londres à la grande satisfaction de la
masse populaire. L'huître américaine est entrée chez les bourgeois, non pour être servie à table, mais pour la cuisine et la
conserve. Cette invasion n'a pas été sans porter un grave préjudice à notre élevage. Néanmoins, nous aurions tort de nous
plaindre ; l'industrie ostréicole anglaise est dans la voie de prospérité. Ajoutons que nos populations laborieuses, encouragées
par le succès, sont pleines de zèle.   B.

Newton (île de Wight), 10 juin.

Je vous enverrai régulièrement des nouvelles de notre île.
Actuellement nos parqueurs font des ouvertures aux vôtres pour
la saison prochaine. On songe à s'approvisionner. La vente sur
place n'est pas bien considérable ici, les expéditions ont été assez
fructueuses. Je me préoccuperai de la statistique que vous me
demandez ; je crois bien qu'elle n'a jamais été établie sérieusement.   J. B.

— De différents centres ostréicoles, notamment de Falmouth,
de la baie de Caernavon et de Rochester, nous recevons des nouvelles excellentes. Nos voisins paraissent heureux de leur saison,
bien que tous signalent, comme leur étant préjudiciable, l'invasion de l'huître plate d'Amérique, qui menace de couvrir nos
marchés français. Ce serait là une concurrence redoutable contre
laquelle il faudra lutter sérieusement. L'huître française possède
des qualités que tous les gourmets savent apprécier, sa réputation ne doit pas être menacée par un produit inférieur qui sera
livré dans de meilleures conditions de prix.

Port-Mahon (îles Baléares), 10 juin.

Nos bancs semblent inépuisables. Si notre produit n'a pas le goût aussi fin que le produit français, il n'en est pas moins fort nourrissant et très bon marché, ce qui lui assure des débouchés. Cette saison est dans la moyenne.   V.

Santona (Espagne).

Je ne puis rien vous dire de nos entreprises, notre centre est trop nouveau ; mais nous avons très bon espoir de réussir.

Gênes (Italie), 11 juin.

Je puis vous donner de bonnes nouvelles des centres ostréicoles que je viens de visiter sur l'Adriatique : les éleveurs sont généralement contents. Le produit est exquis, la vente active malgré le prix élevé. Dans la Méditerranée l'huître se vend dans de meilleures conditions. La baie de Naples produit beaucoup, mais expédie peu ; la consommation est grande sur le marché de Naples, l'écoulement est facilité par le prix. Ici nous faisons quelques essais de culture. Jusqu'ici nous paraissons réussir.

En France.

De nos correspondants particuliers.

La vente des huîtres à Paris a été un peu supérieure aux années précédentes. D'où vient cette augmentation de la consommation ? L'huître portugaise y entre pour une bonne part ; mais, chose singulière, cette part est un peu inférieure à l'an passé, tandis qu'au contraire l'huître plate a relevé son chiffre. Il n'y a, croyons-nous, aucune raison bien définie. La consommation subit le goût du public. C'est un pur effet du hasard.

Arcachon, 14 juin.

Il s'est traité ces jours passés quelques marchés avec l'Angleterre et les centres du littoral pour huîtres d'élevage à des prix moyens.

Cancale, 12 juin.

La campagne a été bonne. Nous continuons nos expéditions sur nos marchés français, bien que la température chaude nous les ait fait considérablement réduire. Nous vendons à Paris en ce moment le n° 1, 15 fr. 50 ; le pied de cheval, 23 fr.   M.

Marennes, 11 juin.

Actuellement nous étudions les résultats de la saison qui vient de prendre fin. Je crois que nous avons dépassé cette année le chiffre ordinaire des expéditions, les prix se sont bien maintenus.

Dès que j'aurai des chiffres officiels, je vous les ferai parvenir.   R.

LA PÊCHE DE LA SARDINE

Les débuts de la pêche de la sardine ont été assez heureux cette année. A part quelques jours d'orage qui sont venus contrarier nos vaillants marins, la pêche, depuis les premiers jours de mai, a donné d'assez bons résultats, comme on va le voir.

De nos correspondants particuliers.

Antibes, 12 juin.

Quelques gros temps sur nos côtes nous ont fait chômer plusieurs jours. La pêche à la sardine, bien que nous ne faisions aucune expédition à cause de l'élévation de la température, est une grande ressource pour les populations riveraines. Le poisson donne assez bien et sa grosseur varie entre 10 à 12 au quart. Vente facile. P.

Nice, 12 juin.

Au large, les marsouins abondent et ravagent nos filets. Cette semaine, nous ne nous sommes guère plus éloignés qu'à un mille du phare de Villefranche. La pêche a été relativement bonne. Le poisson est beau. C. G.

La Turballe, 10 juin.

Ces jours derniers, deux bateaux venant de l'île d'Yeu ont rapporté ensemble 58,000 sardines vendues 22 fr. le mille. La *Jeune-Ernestine,* venant du même endroit, a rapporté à elle seule 40,000 sardines, vendues en vert 15 fr. le mille. C.

Audierne, 12 juin.

Pêche bonne; moyenne par bateau: 7,000 sardines. Prix: 12 fr.

Nous avons eu une abondance de sardines de dérive vendues de 7 à 15 fr. le mille, faisant 6 à 8 au quart.

11 bateaux faisant la pêche avec des filets flottants ont pêché aujourd'hui une moyenne chacun de 15,000 sardines. Un bateau en a pêché 40,000, mais n'en a pas vendu plus de 30,000, à cause des déchets ou poissons têtés. Tout ce poisson a été acheté par les mareyeurs et expédié en vert. Les deux premiers bateaux arrivés ont vendu à 12 et 11 fr. le mille, et les prix sont ensuite tombés graduellement jusqu'à 7 fr. le mille, prix de vente du dernier bateau.

Sables-d'Olonne, 12 juin.

La pêche va bien. 350 barques sont dehors. La moyenne pour

chacun pendant la quinzaine a été de 4 à 5,000 sardines donnant 10 à 12 au quart. Prix moyen : 12 fr. le mille. Les usines sont en pleine activité, elles achètent en grande quantité aux prix moyens de 6 fr. le mille ; le poisson est excellent pour la conserve. Le 7 juin, le vent a faibli un peu, 100 barques n'ont pu aborder avant le départ du train de marée, elles avaient à bord, en moyenne 20,000 sardines chacune. Les prix ont subitement baissé à 1 fr. le mille. Les usines ont beaucoup acheté. Aujourd'hui, la moyenne a repris à 6 fr. le mille.   M.

Concarneau, 12 juin.

Moyenne par bateau : 2,000 sardines pendant la dernière semaine. Poisson de 9 à 12 au quart. 25 fr. le mille   A.

Etell, 13 juin.

85 barques sont au large. Moyenne pêchée par bateau : 3,500 sardines, 8 au quart. Prix : 8 fr. Les usines commencent à acheter pour la conserve.   V.

Port-Louis, 12 juin.

Nombre de bateaux sortis : 120. Moyenne par bateau : 4,000 sardines. Prix : 12 fr.   P.

Le Croisic, 10 juin.

Moyenne de poissons pêchés par bateau : 4,000 ; prix moyen du mille : 18 fr. 1 bateau est venu avec 17,000 sardines salées qui ont été vendues 12 fr. le mille.   S. V.

Ile-d'Yeu, 10 juin.

Nombre de bateaux sortis : 80 ; moyenne de poissons pêchés par bateau : 8,000 ; prix moyen du mille : 8 fr. Quelques bateaux ont une moyenne de 18,000 et 20,000.

LA PÊCHE DE LA CREVETTE

MM. Giard, maître de conférences à l'École normale supérieure, et Roussin, commissaire de la marine, viennent d'adresser un très intéressant rapport au ministre de la marine sur la vulgarisation de l'emploi d'engins pour la pêche de la crevette.

Voici les conclusions que les rapporteurs ont soumises au ministre, au nom du Comité consultatif des pêches maritimes :

1° Adoption de la mesure, déjà proposée, consistant à interdire, en tous temps et en tous lieux, l'usage de l'engin dit drague à chevrette ; notification la plus prompte possible de cette décision ; fixation, pour l'application de cette interdiction, d'un délai d'une année, à partir du jour où elle sera notifiée ;

2° Vulgarisation des procédés, autres que l'emploi de la drague, usités pour la capture de la chevrette en bateau, en faisant des distributions de notices descriptives de ces procédés, particulièrement de ceux en usage au Croisic et à Saint-Gilles-sur-Vie ; distribution gratuite d'un certain nombre d'exemplaires des engins employés, en vue d'en faire connaître le modèle et d'en encourager l'essai ;

3° Substitution d'embarcations à vapeur aux côtres actuellement chargés de la surveillance de la pêche côtière.

LA PÊCHE DU MAQUEREAU

La pêche du maquereau, bonne dans certains quartiers, est médiocre dans d'autres.

De nos correspondants particuliers.

Audierne, 12 juin.

La pêche du maquereau, après avoir manqué faiblir plusieurs jours, est abondante en ce moment. Plusieurs bateaux en ont rapporté de 100 à 300 douzaines, qui ont été vendues jusqu'à 50 et 75 centimes. Les deux usines qui font les conserves de maquereaux ont repris le travail ces jours derniers, et prennent par jour de 2 à 300 douzaines à 40 centimes la douzaine.

A.

Concarneau, 12 juin.

La pêche du maquereau est toujours médiocre et aucunement rémunératrice pour nos pêcheurs.　　　A.

Douarnenez, 11 juin.

La pêche du maquereau est bonne. Le poisson est abondant ; il se paie 30 centimes la douzaine.　　　R.

Le Croisic, 10 juin.

La pêche du maquereau est tellement abondante sur notre côte, qu'on le vendait, vendredi, à raison de 8 francs le cent. Le poisson s'est même livré à 2 francs le cent.　　　S. V.

LA PÊCHE DE LA MORUE

On a reçu des nouvelles de la flottille française, qui fait la pêche en Islande, par le croiseur *Châteaurenault*. Tout le mois de mai, nos pêcheurs ont été favorisés par le temps. On citait, à fin mai, les pêches suivantes :

Goëlette *Pauline*, capitaine Hars, 403 tonnes morues. Ce chiffre dépasse tout ce qui avait été pêché depuis plusieurs années, à pareille époque. Les goëlettes *Foi*, *l'Agile*, avaient à bord 150 tonnes environ. La goëlette *Eugénie*, 345 tonnes.

Goëlette *Emma*, capitaine Boulogne, 415 tonnes morues. Goëlette *Reine*, capitaine Joonckindt, 400 tonnes morues. Goëlette *Madeleine*, capitaine Joonekindt, 360 tonnes morues. Goëlette *Fiancée*, capitaine Agneray, avait en cale 170 tonnes morues. Goëlette *Jeanne-d'Arc*, capitaine Carru, 280 tonnes morues.

Notre correspondant particulier nous écrit, le 10 juin :

Cette année, le mois de mars n'a pas été sillonné par des bourrasques qui font fréquemment leur apparition à cette époque, mais aussi la majeure partie de notre flottille n'a pas à se féliciter du poisson capturé pendant ce mois, exception faite toutefois de quelques navires.

Ce n'est guère qu'à partir du 11 avril que la morue est venue à la côte en quantité. De l'ensemble des détails fournis par nos pêcheurs, nous voyons que du 11 au 21 avril il y avait du poisson un peu de tous les côtés. En effet, pendant la seconde décade d'avril, notre flottille se trouvait éparpillée à Torlack, aux îles Westman, à Portland, au Bught d'Hecla, au Bught-à-vase et même (la *Souveraine* et la *Marie-Louise*) dans le Bught de la baleine. Ces divers endroits représentent une étendue de plus de 150 milles marins, et tous les capitaines rapportent que pendant cette période le temps a été beau et la morue assez abondante.

C'est un phénomène assez curieux que de voir le poisson attérir partout à la même époque ; on se plaît à croire qu'il faut attribuer cette apparition spontanée au beau temps qui régnait invariablement sur les divers points de l'île ; ajoutons que ce fait est assez rare et qu'il arrive fréquemment de jouir d'un temps superbe à Lorlack, alors qu'un ouragan se déchaîne sur le Bught d'Hecla. Dans ce pays de hautes terres volcaniques, le

temps diffère parfois à 30 milles de distance. Il n'est pas rare
de voir un navire retenu au large par le mauvais temps, alors
qu'un autre plus hardi se trouve à pêcher à quelques encâblures
de la terre ferme sans avoir à souffrir le moins du monde de
la bourrasque. C'est d'ailleurs le long de la côte que le poisson
est le plus abondant pendant les premières semaines de la
campagne; c'est aussi la période la plus dangereuse de toute
l'année.

Depuis quelques années, on ne souffle mot du fameux banc
de Faroë, si renommé dans le temps pour ses morues blanches
de forte taille. J'apprends que la goëlette *Souveraine* lui a rendu
une petite visite le 12 mars, et que dans quatre heures il a
pêché 12 tonnes morues. Malheureusement, le mauvais temps
est survenu dans ces parages, et la *Souveraine* s'est vue forcer,
bien à regret, de continuer sa route pour Islande. Le mois de
mars est peu propice pour le banc de Faroë, sur lequel on ne
tient pas au moindre mauvais temps.   F.

Le *Times* a annoncé que de Philadelphie on lui signalait
la perte sur le banc de Terre-Neuve de deux bateaux de
pêche français, *Illa* et *Quatre-Frères*.

De Saint-Malo on écrit :

On est toujours sans nouvelles du navire les *Quatre-Frères*,
parti depuis près de trois mois pour la pêche à Terre-Neuve. Il
devrait être rendu à destination depuis longtemps, et, par suite,
l'on peut concevoir de sérieuses inquiétudes sur son sort.

Il est commandé par le capitaine Cadiou, de Cancale, et
compte à bord 115 hommes, appartenant aux quartiers maritimes suivants : Saint-Malo, 22; Cancale, 21; Dinan, 47; Paimpol, 5; Saint-Brieuc, 12; Boulogne, 1; Tréguier, 5; Lannion, 2.
Total : 115 hommes.

Bordeaux, 14 juin.

La première morue nouvelle nous a été apportée, cette année,
par les chasseurs *Jeune-Anna* et *Adolphe-Thiers*, arrivés d'Islande le 29 mai; le premier, avec 40,000 morues provenant de
la pêche de deux navires, était vendu à livrer 25 fr. les 55 kilogrammes; le second, avec 50,000 morues provenant de la pêche
de trois navires, a été vendu à l'arrivée 24 francs les 55 kilogrammes.

Les cours à Saint-Pierre-Miquelon, à la date d'hier, étaient
de 14 francs les 55 kilogrammes.

LE LABORATOIRE D'ARCACHON

ET LA QUESTION DE REPEUPLEMENT DES EAUX MARINES

Les journaux scientifiques ont publié à différentes reprises de fort intéressantes études sur les laboratoires maritimes établis depuis une vingtaine d'années sur les côtes de France et dont le nombre dépasse actuellement le chiffre de 12. Ces institutions, qui sont pour la plupart des dépendances des Facultés ou des établissements d'enseignement supérieur, ont été créés dans le double but de permettre aux savants de poursuivre l'étude biologique des animaux marins dans leur milieu naturel et de fournir aux étudiants dans les conditions les plus commodes et les plus économiques les matériaux indispensables pour les épreuves pratiques de leurs examens. Un seul laboratoire, et précisément le plus ancien, nous voulons parler de celui d'Arcachon (voir la figure page 16), est la propriété d'une société scientifique, sans attaches directes avec l'État, et en dehors de tout contrôle du Ministère de l'Instruction publique. Cette situation autonome lui enlève, il est vrai, les ressources dont bénéficient les institutions similaires, mais en revanche permet à son Conseil d'administration d'étendre à tous les sujets possibles l'application de ses moyens de travail.

La question du repeuplement des eaux marines est à l'heure qu'il est à l'ordre du jour; et son importance n'a fait que croître depuis que nous avons eu sous les yeux les rapports d'un comité récemment organisé et pourtant déjà fécond en résultats, le Comité des pêches maritimes. La création d'un laboratoire de pisciculture marine s'est imposée immédiatement et l'État qui a pris en main, énergiquement cette fois, les intérêts de nos populations maritimes, eût été obligé, soit de transformer un des établissements d'enseignement supérieur qu'il possède, soit de construire une station aquicole.

Ces stations spéciales existent depuis quelques années à l'étranger, le *Fishery Board for Scotland*, institution de l'État dont les travaux sont très remarquables, en a fondé une à Saint-Andrews près d'Édimbourg, le « *Bassin d'Ar-*

cachon » (n° du 1er avril 1889) signale l'installation de celle de Ditzum (Allemagne) et celle plus récemment ouverte sur les côtes du Danemark, enfin le service des pêcheries des États-Unis possède à Wood's hole (Massachussets) un établissement modèle qui n'en est plus à ses essais, et qui a déjà repeuplé les baies du littoral américain de millions de poissons (morue et tassard) sortis de ses appareils d'éclosion (système Chester).

En France, à part la station aquicole de M. le Dr Sauvage, à Boulogne-sur-Mer, rien n'existait dans ce genre; mais, sur le désir du Comité des pêches maritimes, la station d'Arcachon a pu, étant donnée l'organisation que nous avons fait connaître plus haut, se prêter au nouveau genre de recherches qu'on inaugurait dans notre pays, sans soulever de conflits de ministères ni nécessiter des paperasseries administratives interminables.

Les étudiants des Facultés de Bordeaux n'en perdront aucun sujet de rechercher, les savants théoriciens continueront à y recueillir de précieux documents, et, en plus, la culture des eaux salées pourra y faire les progrès qu'ont déjà réalisés les établissements de pisciculture de nos fleuves et rivières.

Une description détaillée des installations n'est pas à sa place ici. Le dessin que nous soumettons à nos lecteurs leur donnera l'allure générale et le plan des bâtiments; nous ajouterons que toutes les installations, simples comme il sied à un établissement privé qui vit sur ses propres ressources, sont aussi commodes que possible : l'eau douce, l'eau salée et le gaz sont distribués dans chaque cabinet d'étude, de grands viviers et un aquarium bien connu des touristes complètent l'établissement. Les plans, vues et documents relatifs à la station sont exposés à la classe 77 de l'Exposition universelle.

L'inauguration des recherches pratiques a été faite ce printemps: M. l'Inspecteur général des pêches Bouchon-Brandely, avec la collaboration de M. Henneguy, du Collège de France, et du directeur de la station, a installé une disposition de son invention pour l'incubation des œufs fécondés artificiellement, et si les expériences ont dû être suspen-

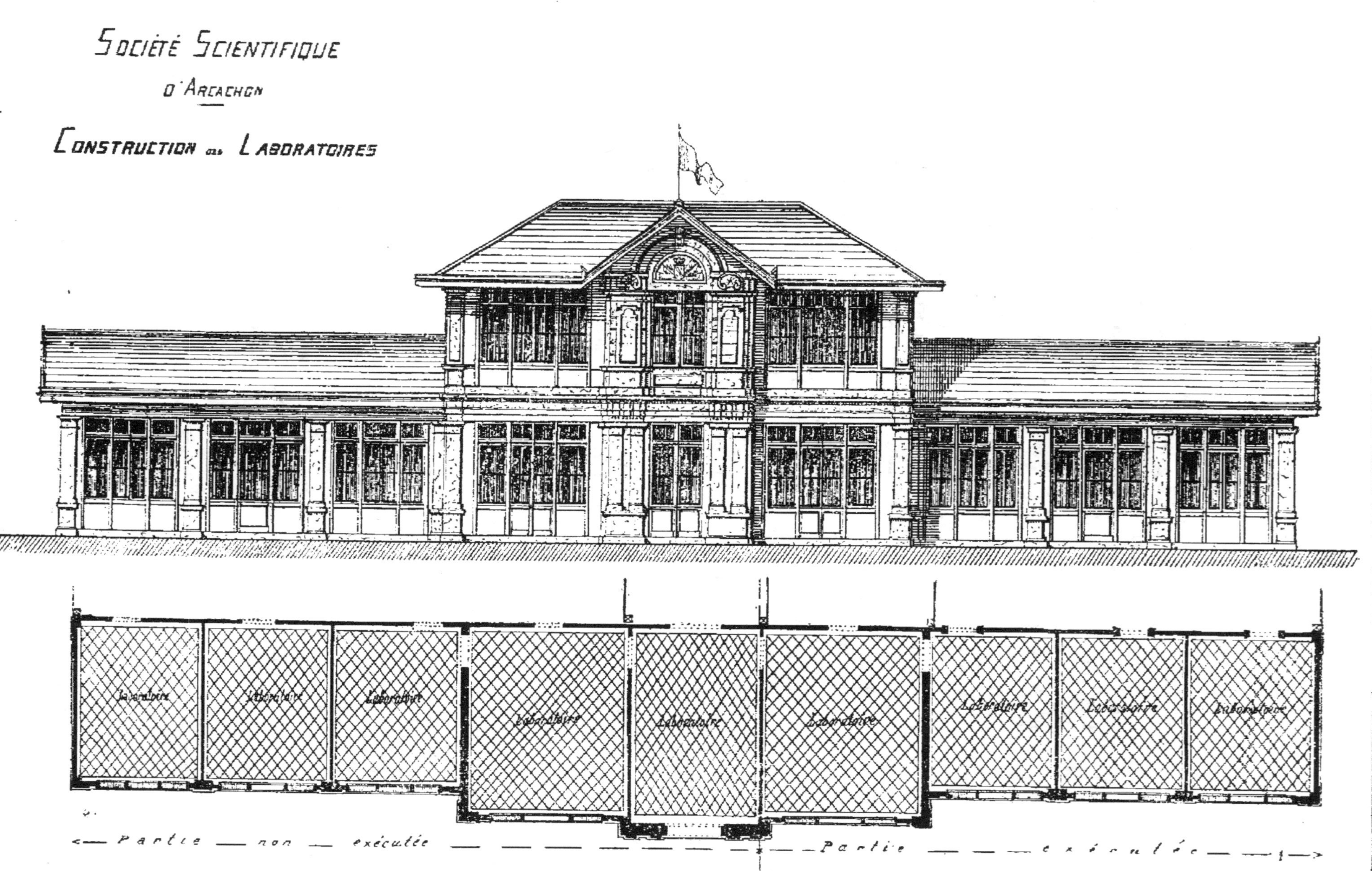

Société Scientifique
d'Arcachon
Construction des Laboratoires
Laboratoire
Laboratoire
Laboratoire
Laboratoire
Laboratoire
Laboratoire
Laboratoire
Laboratoire
Laboratoire
Partie — non — exécutée
Partie — exécutée

dues à cause des travaux urgents qui retenaient ces messieurs à l'Exposition universelle, nous ne devons pas moins considérer la question comme ayant fait un grand pas.

Les pouvoirs publics, est-il besoin de l'ajouter, protègent l'œuvre naissante : la ville d'Arcachon, le Conseil général de la Gironde, le Ministère de l'agriculture la subventionnent, chacun suivant l'élasticité de son budget ; le Ministère de la marine lui a accordé une importante concession dans le Bassin, spécialement en vue des expériences d'ostréiculture. C'est donc un devoir pour l'auteur de ces lignes de remercier ici, au nom de l'intérêt général, les bienfaiteurs dont l'appui incessant a permis à l'institution de traverser sans encombre la période périlleuse des débuts.

DURÈGNE.

La Vente et la Consommation des Moules.

Le 28 janvier 1889, le ministre de la marine a demandé l'avis du Comité consultatif des pêches maritimes sur la proposition de M. le chef de service de la marine à Nantes, tendant à admettre, en ce qui concerne les moules, une mesure analogue à celle que les circulaires des 19 juillet 1882 et 9 août 1888 ont établie pour les huîtres, c'est-à-dire de tolérer la consommation locale et la mise en vente, sur les marchés du littoral, des moules provenant des parcs, pendant tout ou partie de la période d'interdiction de la pêche de ces coquillages.

M. Henneguy, membre du Comité consultatif, vient d'adresser au ministre son rapport sur cette intéressante question.

Lorsque le Comité fut appelé à se prononcer sur la question de savoir s'il convenait de maintenir les dispositions du décret du 12 janvier 1882, qui interdit pour l'alimentation publique la vente et le colportage des huîtres de toute provenance, du 15 juin au 1er septembre de chaque année, son rapporteur, M. Bouchon-Brandely, inspecteur général des pêches maritimes, établit que la consommation de ces mollusques ne donnait pas lieu à des accidents plus fréquents à l'époque du frai qu'en dehors du moment de la reproduction. M. le professeur Grancher, dans son rapport adressé à M. le Ministre de l'intérieur, au nom du Comité consultatif d'hygiène, est arrivé à la même conclusion, et a admis que les huîtres qui peuvent occasionner des empoisonnements sont des huîtres altérées ou ayant séjourné dans des eaux souillées par des matières organiques en décomposition. En est-il de même pour les moules? Existe-t-il une corrélation entre l'époque du frai et la nocivité de ces coquillages, ou bien cette nocivité est-elle due aux mêmes causes qui rendent parfois les huîtres malsaines!

On sait depuis longtemps, dit M. Henneguy dans son rapport, que l'usage alimentaire des moules amène des accidents plus fréquents et plus sérieux que ceux qui peuvent être produits, tout à fait occasionnellement, par l'ingestion de l'huître. On a beaucoup disserté sur les causes de ces accidents, et aujourd'hui encore la question, de même que pour les huîtres, n'est pas entièrement tranchée.

La nocivité des moules a été attribuée à un petit crabe, *Pinnotheres pisum*, souvent renfermé dans le coquillage. MM. Chevallier et Duchesne ont fait remarquer que ce crustacé se trouve communément dans les moules du littoral de la Bretagne, qui ne sont pas plus malsaines que celles d'une autre provenance. Aux États-Unis, le *Pinnotheres* est même recherché comme aliment.

La présence entre les valves de la moule du frai des astéries a été également incriminée. Cette opinion fut soutenue, dès le siècle dernier, par Beunie et Rondeau, qui avaient cru pouvoir établir que les moules étaient plus dangereuses de mai à septembre, époque à laquelle, suivant eux, frayent les étoiles de mer. L'assertion de ces auteurs a été réfutée par l'expérience, qui a montré que les moules prises dans des localités dépourvues d'astéries et à une époque différente, avaient causé des accidents toxiques.

On a prétendu aussi que les moules vénéneuses étaient celles qui étaient recueillies sur les vieilles coques des navires doublés en cuivre. Cette opinion reposait sur des analyses chimiques faites par Bouchardat, qui avait trouvé que les mollusques pêchés dans ces conditions renfermaient du cuivre. M. Heckel a montré, par une série d'expériences, que si les moules peuvent vivre dans l'eau de mer contenant des sels de cuivre en dissolution, elles meurent cependant avant d'avoir pu accumuler dans leurs tissus une quantité de cuivre suffisante pour les rendre toxiques.

On ne peut accepter davantage la théorie d'Orfila, soutenue aussi par plusieurs médecins, qui n'attribue les accidents provoqués par l'ingestion des moules qu'à une idiosyncrasie de l'estomac. Les observations nombreuses dans lesquelles on a vu toute une série d'individus qui avaient consommé des moules d'une même provenance éprouver des symptômes d'empoisonnement, suffisent pour ruiner cette hypothèse.

M. Schmidtmann a montré que la même moule prise dans l'avant-port était inoffensive, mais qu'elle devenait toxique après un séjour d'une quinzaine de jours dans les docks. Il en est de même des étoiles de mer, qui, suivant M. Wolff, deviennent vénéneuses et produisent les mêmes symptômes que les moules, lorsqu'elles vivent dans les eaux stagnantes. On sait, du reste, qu'en Angleterre, les marins ont pour règle de ne jamais manger les moules provenant des eaux immobiles et polluées des docks et des ports.

Plus récemment, M. Lustig a étudié, comparativement au point de vue de leur action sur l'économie animale, les moules prises en mer ouverte, à Trieste et à Gênes, et celles pêchées dans les eaux stagnantes des canots et des ports. Dans les premières, il n'a trouvé aucun microbe; des secondes, il a obtenu, par la méthode des cultures, deux microbes, l'un inoffensif, l'autre pathogène; ce dernier, introduit dans le tube digestif d'animaux, amène la mort en un ou deux jours.

Il semble donc, dit en terminant M. Henneguy, résulter des recherches les plus récentes que la toxicité des moules est due à la présence dans ces mollusques, principalement dans le foie, d'un alcaloïde organique volatil (mytilotoxine de Brieger), développé sous l'influence d'un microbe particulier. Presque tous les auteurs s'accordent à reconnaître que les moules vénéneuses ne se trouvent que dans les eaux stagnantes ou souillées des ports, docks ou canaux, et que les accidents provoqués par l'ingestion de ces coquillages peuvent s'observer en toute saison, *en dehors de l'époque de la reproduction*.

Le Comité consultatif des pêches maritimes, en présence des données actuelles fournies par les recherches scientifiques; considérant que les parcs à moules sont en général situés dans des endroits favorablement disposés pour le renouvellement de l'eau, et que, par conséquent, les moules qui se développent ne se trouvent pas dans des conditions qui peuvent les rendre vénéneuses ; que, d'un autre côté, la protection des gisements naturels assure d'une manière suffisante la reproduction de ces mollusques, est d'avis de *permettre la vente en tout temps sur les marchés du littoral des moules provenant des parcs,* vente interdite actuellement pendant les mois de mai et de juin, par application de l'article 53 du décret du 4 juillet 1853.

LA MURÈNE

Sur la côte occidentale de la presqu'île de Giens, au soleil levant de l'Ascension, deux jeunes gens montés sur une barque jetaient leurs hameçons et leurs paniers. La pêche s'annonçait brillante. Gros poissons et menu fretin s'entassaient au fond du bateau qui s'en allait à la dérive. Soudain, nos deux garçons poussèrent un cri d'effroi.

D'un panier brusquement ramené et imprudemment ouvert, une sorte de serpent s'élançait hideux, long d'un mètre, marbré de brun et de jaune, l'œil en feu. Ce fut une lutte à outrance. Droit sur sa queue, l'animal bondissait, sifflant, happant, arrachant le morceau avec ses dents acérées, glissant entre les doigts de ses adversaires épouvantés. Il échappait aux coups de rame, prenait du champ et revenait à la charge avec une fureur toujours plus grande et comme excitée encore par le goût du sang. Enfin, on lui cassa les reins, et tandis qu'il se tordait au fond de la barque, les deux pêcheurs, pâles et tremblants, s'empressèrent de gagner le rivage et de panser leurs blessures.

Avec plus d'expérience, ces jeunes gens auraient immédiatement reconnu la murène dans le serpent prisonnier et se seraient bien gardés de la sortir du panier avant de l'avoir tuée. La murène est la vipère de la mer; les vieux pêcheurs la redoutent et prennent des précautions, quand parfois l'une d'elles est enserrée dans les mailles du filet. Furieuse, elle cherche à se dégager, non plus pour se sauver, mais pour se venger. Elle attaque l'homme. Sa morsure est douloureuse; elle n'a pas cependant le venin qu'une longue erreur lui a fait attribuer.

La murène est abondamment répandue dans la Méditerranée; c'est un poisson de haute mer qu'on trouve quelquefois au voisinage des côtes et même dans les eaux saumâtres. Pendant les froids, elle se tient cachée dans les crevasses des rochers. Rusée, vorace, carnassière, elle ne craint pas de livrer bataille au poulpe dont elle est très friande. Acculé entre deux rocs, celui-ci essaie vainement d'étouffer avec ses longs bras son ennemie visqueuse et glissante; il devient sa victime, mais il est à son tour vengé par la langouste que protège son épaisse cuirasse.

Douée d'une vitalité surprenante, la murène résiste longtemps hors de l'eau sans paraître souffrir. Sa plus grande force est au bout de sa queue dont elle se sert comme d'un point d'appui pour s'élancer sur ses ennemis. Avec elle, elle s'attache au rocher, dès qu'elle se sent prise à l'hameçon, et on lui arracherait alors la tête plutôt que de la faire céder. Souvent elle se dégage en tranchant d'un seul coup de dent le crin de la ligne.

La murène a été de tous temps recherchée par les gourmets. Sa chair est délicate. Soigneusement lardée et mise à la broche, servie ensuite fumante sur un lit de fines herbes, elle constitue un mets délicieux. Les anciens Romains, ceux de l'empire surtout, qui étaient des gastronomes émérites, se pourléchaient à la seule idée de manger une murène et pour être sûrs de n'en jamais manquer, ils en parquaient des milliers dans des viviers construits au bord de la mer, sur le rivage d'Ostie. L'histoire nous raconte que César, après sa victoire de Pharsale, voulant régaler ses amis, leur fit distribuer six mille murènes.

Quelques riches particuliers avaient établi à grands frais, aux portes même de Rome et jusque dans leurs jardins de la ville, des viviers d'eau douce, où les murènes s'acclimataient parfaitement grâce aux retraites sombres qu'on leur ménageait pour les garantir de la chaleur du jour.

Plusieurs tristes personnages, trop célèbres, hélas! par leur goinfrerie, poussèrent jusqu'à la barbarie le raffinement de leur appétit. Nédérius Pollion, égorgeant ses esclaves, jetait en pâture à ses troupeaux de murènes leur chair hachée menu. C'était sa façon de les engraisser. Signe des temps! Symptôme d'une décadence prochaine. Caton lui-même, le rigide censeur qui tonnait du matin au soir contre les vices de ses contemporains, n'avait-il pas déjà donné l'exemple à Pollion?

Dans notre société moderne, la murène a perdu un peu de son antique réputation, et je connais pas mal de gens, même des gourmets et des gourmands, qui, sans la dédaigner, lui préfèrent une simple sole au gratin. Ma foi! je suis presque de leur avis et me soucie comme d'une guigne de cette injure faite au goût et aux mânes de Pollion.

NOUVELLES MARITIMES

Nous apprenons que sur la proposition du Ministre de la marine, M. le commissaire Littaye, chef du service de la marine à Dunkerque, vient d'être nommé officier de la Légion d'honneur. Cet officier supérieur compte 35 ans 10 mois de services, dont 25 ans 7 mois à la mer ou aux colonies. Chevalier du 11 août 1869. Nous prions M. Littaye de vouloir bien agréer nos vives félicitations.

NOUVELLES DIVERSES

Paris, 15 juin.

Voici les cours du marché de Paris, prix moyens de la semaine aux halles centrales :

Sardines (Bretagne), 1 fr. 25 à 1 fr. 50; (Espagne), 1 fr. 75 à 2 fr. 50. Maquereaux (bretons), 30 à 40 c. le cent; (anglais), 15 à 20 c.; Merlans de Bretagne, de 1 à 1 fr. 25. Raies douces, de 4 à 6 fr. pièce; 2 couillards, 3 à 5 fr.; 2 boucles grandes, 1 à 3 fr.

Carrelets, la manne, de 10 kilog., 4 à 7 fr.; soles, 1er choix, 2,25 à 2,40 le kilog.; grondins, 6 gros, 5 à 7 fr.; une manne petits, 4 à 6 fr.; crevettes grises, de 1 fr. 25 à 1 fr. 50 le kilog.; moules de Boulogne, le panier, de 1 à 2 fr.; turbots, de 4 à 5 fr. pièce; barbues, de 2 à 7 fr.; bars, de 3 à 5 fr.; langoustes vivantes, 2 à 8 fr.; homards vivants, 1 fr. 25 à 7 fr.; crevettes (bouquets) grosses, le kilog., 7 à 8 fr.; moyennes, 4 à 5 fr.

La vente s'est améliorée grâce à la température fraîche causée par les derniers orages. Les cours ont un peu remonté.

Le Gérant, J. CHAPEAU.

5me année.   No 2 (2me série)   1er Juillet 1889.

REVUE

DES

PÊCHERIES MARITIMES

PAUVRES MARINS !

Paris, 30 Juin 1889.

Dans un livre qui porte ce titre éloquent, M. Caffarena, avocat à Toulon, chargé par le ministre de la marine d'une mission relative aux pêcheries, dépeignait le dur métier pratiqué par nos vaillants marins.

En écrivain possédant bien son sujet, il décrivait quelles peines avait coûté et quels dangers avait fait courir à une poignée d'hommes intrépides la corbeille de poissons que la pauvre veuve de demain a portée au marché de la ville.

M. Caffarena n'a rien exagéré. Une récente catastrophe vient malheureusement de donner, une fois encore, raison à son livre. Hélas! nous avons aujourd'hui la douleur d'enregistrer 172 morts nouvelles! Chaque année les pauvres pêcheurs paient à la mer, à laquelle ils prennent les poissons, un large tribut.

Hier, c'étaient les pêcheurs de Dunkerque qui

laissaient trois cents des leurs dans la mer d'Islande! Cette fois, ce sont les pêcheurs de Saint-Malo qui ont laissé 172 victimes près de Terre-Neuve.

Les uns comme les autres étaient des pêcheurs de morues, ceux qui sont le plus exposés aux affreux appétits des mers. Pauvres gens! Ils étaient partis la joie au cœur, à bord du trois-mâts *Quatre-Frères* et de la goëlette *Ella*, avec de nombreux autres bateaux de leur port. Ils escomptaient les bénéfices de la pêche future : de quoi assurer au moins la vie du vieux père rhumatisé à la suite des longues années de ce dur labeur de la pêche, celle de la femme et de la marmaille, qui assistaient, il y a quelques semaines à peine, à l'appareillage, sur la pointe du môle, le mouchoir déployé au vent.

Pauvre femme! Pauvres petits !

Un mauvais jour de tempête a suffi pour engloutir les deux équipages, pour mettre en deuil plus de cent cinquante familles, pour faire d'innombrables orphelins! La liste est navrante à consulter : presque tous ces malheureux étaient mariés et le plus grand nombre comptaient cinq et six enfants. Saint-Malo, Cancale, Dinan, Plouër, Saint-Jacut, Pleslin, Pleudihen, Paimpol, Tréguier, Lannion, Saint-Brieuc, ont fourni chacun leur contingent de morts. C'est horrible !

A toi, Pierre Loti, revient le triste courage de faire un grand appel à la charité! Ton appel à toi sera entendu, car tu t'adresses à des bataillons nombreux de généreuses et jolies lectrices que ta plume élégante et persuasive sait toucher au cœur et fait vider leurs aumônières.

Songe que tant de veuves comme celles que tes bonnes paroles ont consolées l'an dernier, et à qui ces morts douloureuses ont déjà causé tant de journées et de nuits d'angoisses et de larmes! Songe que tant de petits orphelins comme ceux que tu as secourus à la même époque, sont là, prêts à s'agenouiller sur ton passage, les yeux mouillés de reconnaissance. Tu ne les oublieras pas, toi, généreux ami, car ils savent que tu appartiens à leur grande famille, et que, malgré ta jeunesse, tu es un père pour eux.

M. de Courcy n'est plus, mais il a laissé une œuvre vivante derrière lui : sa caisse s'ouvrira pour apporter un soulagement à tant d'infortunes.

Des fêtes seront organisées, mais les victimes sont nombreuses à secourir et le temps presse. Il ne faut pas que les secours se fassent attendre : tous les cœurs généreux doivent se réunir à cette heure! Les pauvres vivent au jour le jour, la misère vient de les frapper à l'improviste, vite hâtons-nous ; déjà n'entendez-vous pas ces pauvres petits qui pleurent la faim? C'est affreux !

Ninon Desvarennes.

P.-S. — Le commissaire de l'inscription maritime de Saint-Malo reçoit les souscriptions les plus modestes ; on peut lui envoyer par la poste les plus petits mandats.

M. Carnot, donnant un bel exemple, vient d'envoyer mille francs aux familles des naufragés.

OSTRÉICULTURE

De nos correspondants particuliers.

Arcachon, 24 juin.

Le ministre de la marine a prononcé le déclassement total des huîtrières des Argiles (quartier de La Teste). L'administration locale va soumettre à l'enquête réglementaire vingt-cinq parcs de cinquante ares chacun.

Noirmoutiers, 20 juin.

La campagne d'essais ostréicoles entreprise cette année dans la baie de Bourgneuf est aujourd'hui assez avancée pour permettre d'en apprécier les résultats, au moins en ce qui concerne l'élevage, et, dès à présent, on peut affirmer que les espérances conçues par M. Bouchon-Brandely, le savant inspecteur général des pêches, seront réalisées, sinon même dépassées.

Dans toutes les exploitations, la pousse du coquillage est fort belle, pour les huîtres de tout âge. On constate quelques différences suivant la situation des parcs et le régime des courants ; mais il est acquis que la poussé moyenne de printemps atteint un minimum d'un centimètre et va quelquefois jusqu'à deux centimètres dans les parcs les plus favorisés. A Noirmoutiers, comme partout, les parqueurs auront à lutter contre les ennemis naturels de l'huître : moules, étoiles et bigorneaux perceurs ; mais on connaît aujourd'hui les méthodes à employer pour garantir les parcs.

D'ailleurs, les ostréiculteurs qui voudront ne courir aucun risque et faire l'élevage en caisses, peuvent compter sur une réussite complète, sans aucune chance de perte.

Le nombre des parcs concédés atteint le chiffre de 214 d'une étendue de 540 hectares. En présence des résultats obtenus, il faut prévoir qu'ils seront exploités dans la prochaine campagne et que la baie de Bourgneuf ne tardera pas à jeter sur les marchés un important contingent d'huîtres comestibles.   W.

— Un de nos amis d'un quartier maritime que nous ne nommerons pas, nous fait remarquer que, alors qu'un certain nombre de syndicats paient une redevance pour être admis à l'Exposition de 1889, certains autres ont été admis à titre gratuit. Notre ami attribue cette exception à des causes politiques.

Il est vrai que certains syndicats ou associations de pêcheurs ou parqueurs ont bénéficié de certaines obligations imposées à d'autres, mais nous croyons savoir qu'il faut attribuer cette exception à d'autres considérations et qu'en tous cas c'est à l'administration de l'Exposition elle-même qu'il faut s'en prendre, elle seule peut être mise en cause dans l'espèce.

Statistique du Bassin d'Arcachon.

Arcachon, 29 juin 1889.

La campagne qui vient de prendre fin a vu relever les prix de l'huître et augmenter les résultats, ainsi qu'on va le voir par la statistique suivante :

Le mouvement de sortie des huîtres du bassin d'Arcachon a été l'année 1888-89 de 203,279,000, qui ont produit 4,472,000 fr. En 1887-88 il était sorti 212,427,000 huîtres, qui avaient produit 3,186,405 fr., soit, en faveur de la dernière campagne, 286,695 fr.

Le prix moyen de l'huître d'Arcachon, qui était en 1887-88 de 15 fr. le cent, s'est élevé en 1888-89 à 22 fr.

Il reste dans les parcs environ 325,000,000 d'huîtres qu'on peut évaluer à 1,300,000 fr. L'ostréiculture emploie dans le bassin 2,450 inscrits maritimes ; 1,100 non inscrits ; 700 femmes et environ 500 enfants des deux sexes.

La pêche de la sardine n'a pas été très fructueuse pour les inscrits du quartier de La Teste, pendant la même campagne. Très rare sur la côte, on a pu en prendre un peu dans le bassin même. Cette pêche a employé 300 hommes et 160 bateaux. Les quantités pêchées ont été de 11,582,666 sardines, qui ont produit 173,734 fr.

Dans notre prochain numéro nous publierons la statistique des autres pêches du bassin d'Arcachon.

LA PÊCHE DE LA SARDINE

De nos correspondants particuliers.

Douarnenez, 28 juin.

Ces jours-ci, 8 bateaux ont pêché en baie une moyenne de 1,500 sardines de rogue, beaux poissons vendus en vert à 18 fr. le mille. Une trentaine de bateaux ont pris une moyenne de 3,000 sardines, avec leurs filets de fond, vendues 10 fr. le mille, poisson de 8 au quart.

Pendant cette dernière quinzaine, la moyenne a été de 2,500 sardines par bateau, vendues 10 à 12 fr. le mille.   V.

2.

Audierne, 29 juin.

La moyenne pour cette deuxième quinzaine a été de 10 à 12 milles par embarcation. Des pêches de 20,000 ne sont pas rares. Vendues de 7 à 10 fr. le mille. Deux usines en prennent de 40 à 60,000 par jour à 6 fr. le mille. Une troisième usine a acheté à 10 fr. le mille.

A.

Le Croisic, 29 juin.

80 bateaux environ ont fait la pêche cette quinzaine. Moyenne 6,000, prix 12 fr. le mille.

S. V.

Douélan, 28 juin.

130 bateaux ont pêché cette quinzaine. Moyenne 2,000 sardines, prix, 7 fr. 50.

N.

Belle-Isle-en-Mer, 28 juin.

120 bateaux ont rapporté une moyenne de 4,000 poissons, 10 au quart, prix, 10 fr.

D.

Port-Louis, 28 juin.

Bateaux dehors, 120; moyenne de sardines, 2,000; prix, 8 fr. 50.

P.

La Turballe, 29 juin.

80 bateaux sont sortis; moyenne de poissons, 2,000, 9 au quart; prix du mille, 8 fr.

C.

Ile d'Yeu, 29 juin.

Moyenne pêchée, 1,000; poissons de 9 au quart; prix, 4 fr.

D.

Gavres, 29 juin.

75 bateaux ont rapporté cette quinzaine une moyenne de 7,000, 8 au quart; prix du mille, 8 fr.

Cr.

Etel, 28 juin.

Bateaux sortis, 120 environ; moyenne pêchée, 2,000; 10 au quart; prix, 12 fr. le mille.

V.

Sables-d'Olonne, 29 juin.

350 bateaux se sont livrés à la pêche quotidiennement cette quinzaine; moyenne, 2,000 sardines. Le poisson fait 10 au quart. Les prix sont en baisse, on cote 3 et 4 fr. le mille.

Le 23 juin, 400 bateaux ont pris chacun 8,000 sardines, poisson un peu mêlé de 10 à 18 au quart. Le 10 s'est vendu 8 fr. le mille; le 14, 4 et 5 fr.; le 18, 3 fr. Les usines continuent de s'approvisionner.

M.

La Cotinière, 29 juin.

La pêche va son train. Le poisson est abondant mais sans valeur. Les prix restent stationnaires à 4 fr. le mille.   J.

LA PÊCHE DES LANGOUSTES

Audierne, 29 juin.

Quelques bateaux qui se livrent à la pêche aux langoustes, en prennent chaque jour 2 à 3 douzaines.

Les prix sont en baisse. Au commencement de la quinzaine ils étaient de 28 fr. la douzaine, ils sont tombés aujourd'hui à 20 fr. Ces crustacés abondent sur la côte.

L'EXPOSITION

M. le vice-amiral Krantz, ministre de la marine, s'est rendu, samedi 22 juin, au Champ-de-Mars, où il a inauguré la section d'ostréiculture dans l'Exposition de la marine.

— Le jury de la classe 77, pêche et ostréiculture, a commencé ses opérations à l'Exposition, le 24 juin. Il les continuera dans une quinzaine de jours, alors que cette section sera définitivement achevée.

LA PÊCHE DE LA MORUE

Décret.

Le Président de la République,

Sur le rapport du président du Conseil, ministre du commerce, de l'industrie et des colonies, et d'après l'avis conforme du ministre des finances,

Vu les lois des 22 juillet 1851, 28 juillet 1860, 15 décembre 1880, relatives aux encouragements accordés pour la pêche de la morue;

Vu les décrets des 24 octobre 1860, 5 mars 1881 et 17 septembre 1881, relatifs à la composition des équipages des navires armés à Saint-Pierre et Miquelon pour la pêche de la morue,

Décrète :

Article premier. — L'article premier du décret du 5 mars 1881 est modifié ainsi qu'il suit :

« Les armateurs de Saint-Pierre et Miquelon seront tenus de comprendre dans l'équipage des goëlettes armées dans ces îles pour faire la pêche, soit sur les bancs, soit dans le golfe de Saint-Laurent, soit à la côte de Terre-Neuve :

» Trente hommes au moins, si le navire jauge 142 tonneaux et au-dessus ;

» Vingt-cinq hommes au moins, si le navire jauge de 90 à 142 tonneaux ;

» Et un homme par trois tonneaux soixante centièmes (3 t. 60) pour les navires au-dessous de 90 tonneaux. »

Art. 2. — Le ministre du commerce, de l'industrie et des colonies, le ministre la marine et le ministre des finances sont chargés, chacun en ce qui le concerne, de l'exécution du présent décret, qui sera publié au *Journal officiel* et au *Bulletin des lois*.

Fait à Paris, le 29 avril 1889.　　　　　　　　CARNOT.

De nos correspondants particuliers.

Terre-Neuve.

Saint-Pierre et Miquelon, 15 mai.

M. H. de Lamothe, gouverneur des îles Saint-Pierre et Miquelon, a ouvert le 8 de ce mois la session ordinaire du Conseil général. Il est bon de relever le passage suivant de son discours qui touche aux pêcheries :

Notre industrie locale a heureusement et vaillamment surmonté la période d'épreuve que les entraves apportées par le Parlement (anglais) de Terre-Neuve au commerce des appâts de pêche n'ont pas réussi, fort heureusement, à transformer en une crise réellement dommageable ou compromettante pour l'avenir de nos pêcheries. Nos goëlettes sont parties cette année pour les bancs aux dates accoutumées, munies d'un approvisionnement de boëtte qu'on est en droit de regarder comme très suffisant, puisque le prix du hareng frais est tombé ces jours derniers, sur notre marché, au niveau des années où les pêcheurs de la baie de Fortune nous l'apportaient en quantités presque illimitées.

La campagne de pêche de 1889 s'ouvre ainsi sous les

meilleurs auspices, ne laissant d'autres appréhensions que celles résultant de l'*alea* ordinaire que comporte la plus ou moins grande abondance du poisson sur les lieux de pêche, de l'état des marchés extérieurs. Encore ce dernier facteur, qui se présentait il y a quelques semaines sous un aspect assez peu rassurant, semble-t-il devoir s'améliorer prochainement, par suite de renseignements parvenus sur le résultat de la pêche d'hiver en Norwège.

Au 17 avril, date normale de la clôture des opérations aux îles Loffoden, cette pêche n'avait produit que 16,700,000 morues, au lieu de 26,000,000 en 1888, 29,700,000 en 1887 et 31,000,000 en 1886. Une forte augmentation de la demande sur les marchés d'Europe est donc à espérer et même à prévoir.

Le gouverneur a ajouté qu'en 1888, le mouvement commercial de la colonie a été de 31,287,000 francs, inférieur seulement d'environ 700,000 francs aux chiffres de l'année 1887, lesquels n'avaient été dépassés qu'en 1885. Les importations sont restées depuis quatre ans aux environs de 13 millions de francs.

Comme on le voit, les mesures prises par les Anglais de Terre-Neuve, n'ont pas produit l'effet désiré par leurs promoteurs c'est-à-dire la ruine de nos établissements de Saint-Pierre et Miquelon. Nous nous passons de la boëtte anglaise et près d'un million de francs vont ainsi dans les poches de nos pêcheurs au lieu d'aller dans celles des pêcheurs anglais.

En Islande.

Dunkerque, 20 juin.

Le premier courrier d'Islande attendu par nos armateurs avec une grande impatience, vient d'arriver. Les nouvelles qui nous étaient parvenues jusqu'à présent étaient sujettes à caution.

Il reste acquis cependant que quelques navires, mais quelques-uns seulement, ont été exceptionnellement favorisés pendant la première partie de la campagne de pêche.

Par les renseignements qui suivent, nos lecteurs pourront se rendre compte de la situation qui, à notre avis, sans être mauvaise, n'est pas aussi brillante que les premières nouvelles le faisaient pressentir ; il faut en rabattre.

La goëlette *Emma*, capitaine Boulogne, le 22 mai, avait en cale 405 tonnes morues.

Le 4 juin : goëlette *Pauline*, capitaine Hars, 375 tonnes; goëlette *Perle*, capitaine Bruxelles, 337 tonnes; goëlette *Rose*, capitaine Vanpouille, 185 tonnes; goëlette *Isabelle*, capitaine Hoestland, 180 tonnes; goëlette *Séduisante*, capitaine Agneray, 185 tonnes; lougre *Fileur*, capitaine Zoonequin, 237 tonnes.

Le 26 mai : goëlette *Fiancée*, capitaine Agneray, 370 tonnes.

Le 4 juin : goëlette *Mouette*, capitaine Bocage, 295 tonnes; goëlette *Liane*, capitaine Boulogne, 955 tonnes.

Le 22 mai : goëlette *Emma*, capitaine Boulogne, 405 tonnes.

Le 3 juin : goëlette *Foi*, capitaine Evrard, 260 tonnes; goëlette *Belle-Hélène*, capitaine Evrard, 355 tonnes.

Le 4 juin : goëlette *Espérance*, capitaine Bodo, 308 tonnes; goëlette *Intrépide*, capitaine Godin, 377 tonnes; goëlette *Gentille*, capitaine Pleuvret, 305 tonnes; lougre *Bernadette D. L.*, capitaine Evrard, 200 tonnes; goëlette *Irma*, capitaine Vanrast, 145 tonnes; goëlette *Madeleine*, capitaine Joonekindt, 405 tonnes; goëlette *Glaneuse*, capitaine Benard, 330 tonnes; goëlette *Aimée-Emélie*, capitaine Duriez, 370 tonnes; goëlette *Promise*, capitaine Vanhille, 347 tonnes; goëlette *Marie-Laure*, capitaine Demazière, 315 tonnes; goëlette *Jeune-Léonie*, capitaine Vanpouille, 240 tonnes; goëlette *Travailleuse*, capitaine Claeysen, 160 tonnes; goëlette *Émile-et-Louise*, capitaine Benard, 160 tonnes; goëlette *Gauloise*, capitaine Thooris, 265 tonnes; goëlette *N.-D.-des-Dunes*, capitaine Zoonekindt, 250 tonnes; goëlette *Souveraine*, capitaine Vanhille, 298 tonnes; goëlette *Mardyckoise*, capitaine Benard, 430 tonnes; goëlette *Charmeur*, capitaine Popieul, 420 tonnes.

Goëlette *Agile*, capitaine Deconinck, 330 tonnes; goëlette *Reine-Victoria*, capitaine Benard, 218 tonnes; lougre *Chien-de-Mer*, capitaine Vanhille, 243 tonnes; lougre *Colibri*, capitaine Toury, 252 tonnes; lougre *Saint-Pierre*, capitaine Baras, 150 tonnes; goëlette *Victoire*, capitaine Doublecourt, 284 tonnes; goëlette *Elisa-et-Marie*, capitaine Maréchal, 280 tonnes; goëlette *Sirène*, capitaine Vanhille, 329 tonnes; goëlette *Galathée*, capitaine Evrard, 235 tonnes; goëlette *Léona*, capitaine Godin, 205 tonnes; goëlette *Reine*, capitaine Joonekindt, environ 400 tonnes.

Pour ces derniers navires, les dates varient du 28 mai au 4 juin.

Le 25 mai : goëlette *Euterpe*, capitaine Thooris, 300 tonnes; 31 mai : goëlette *Ravissante*, capitaine Fiolet, 250 tonnes; goëlette *Virginie*, capitaine Hars, 320 tonnes; 1er juin gcëlette *Décidée*, capitaine Hars, 408 tonnes.

Quoique moins complet que les années précédentes, le premier courrier de notre flottille islandaise nous apporte cependant les nouvelles d'une cinquantaine de navires ; malgré cela il est difficile de rendre un jugement complet sur la première pêche.

La moyenne des bâtiments qui ont donné signe de vie, ne dépasse guère 250 tonnes.

Il reste la seconde partie de la campagne qui peut nous réserver des surprises, c'est certain, mais il ne faut pas perdre de vue que pendant les trois ou quatre dernières années, la seconde période de pêche a donné des résultats médiocres. Partant de ces précédents, tout fait supposer que la campagne de 1889 sera des plus ordinaires.

Un fait à remarquer cette année, c'est la grande différence qui existe entre la pêche de certains navires à côté de certains autres. A fin mai, on voit des bâtiments qui dépassent de beaucoup la moyenne, comme on trouve — ce sont les plus nombreux — qui sont loin d'atteindre le chiffre de 250 tonnes.

Renseignements pris, tous les navires qui ont fréquenté les parages situés à l'est des îles Westman, Portland, Bught, d'Hééla, cap Ingolsof (surnommé île de Flore), l'Ours, les îles Magellan (nommé les trois rochers par les Paimpolais), le Bught-à-Vase, le Bught-de-la-Baleine (entre Iguelsof et Orzof), tous ces navires, disons-nous, ont plus ou moins réussi ; par contre, les bâtiments qui ont choisi comme centre d'opérations l'ouest des îles Westman, Torlak, Basse-Terre, n'ont pas été favorisés.

Arrivages de bateaux pêcheurs.

Saint-Pierre-Miquelon, 16 juin.

Le *Pierre-Philippe*, c. Duboc, est arrivé à Saint-Pierre avec 30,000 morues pour 60 tonneaux.

La pêche de la morue pour goëlettes et navires bretons était nulle, et pour navires fécampois annoncée comme bonne. Le prix de 14 francs les 55 kilog. à Saint-Pierre-Miquelon était remonté à 14 fr. 50.

Saint-Pierre-Miquelon, 19 juin, soir.
(Télég. de notre correspondant particulier.)

Parti aujourd'hui pour Bordeaux :

Goël. fr. *Anna*, c. Bugault, avec 89,000 morues vertes, pesant 177 tonneaux.

Bordeaux, 18 juin.

Arrivages dans notre port :

Alix, 55,000 morues ; *Bonne-Mère*, 26,000 ; *Laborieuse*, 58,000. Ces trois chasseurs venant d'Islande.

Été, 95,000 morues; *Alfred*, 78,000, pour compte bordelais; *Hélène*, 50,000; *Frileuse*, 90,000, pour compte de l'armement. Ces quatre transports venant de Saint-Pierre-Miquelon.

Nous avons à signaler la vente à 22 fr. 25 les 55 kilog. des deux chargements d'Islande, *Notre-Dame-de-la-Ronce*, et *Pensée*.

Les cours à Saint-Pierre-Miquelon, à la date d'hier, étaient de 14 francs à 14 fr. 25 les 55 kilog.

Dunkerque, 20 juin.

Le lougre, *Bons-Enfants-de-Marie*, est entré au port, venant d'Islande. Il rapporte, comme chasseur, 252 tonnes de morues et langues provenant des pêches des navires *Saint-Pierre*, *Colibri* et *Chien-de-Mer*, enfin sa propre pêche.

Le poisson, assez abondant au début de la pêche, a fait défaut à partir du 15 avril. De cette date au 7 mai, quelques navires ont à peine péché de quoi pouvoir suffire à leur subsistance.

Saint-Pierre-Miquelon, 21 juin, soir.
(Télég. de notre correspondant particulier.)

Partis aujourd'hui : Goël. fr. *Saturne*, c. Mauffret, pour Bordeaux, avec 115,000 morues vertes, 200 tonneaux. Sloop fr. *Vaillant*, c. Gigaud, pour Nantes, avec 35,000 morues vertes, 77 tonneaux.

Bordeaux, 23 juin.

Il ne s'est produit cette semaine aucun arrivage, tant du Banc que de l'Islande, et nous n'avons à signaler que la vente à 24 fr. les 55 kilog. de la *Frileuse*, et du solde du chargement de l'*Hirondelle*.

Marseille, 26 juin.

Les entrepôts de morues de notre ville sont dans la plus grande décadence.

Boulogne, 19 juin.

Notre flottille est en plein armement pour la pêche d'Écosse; une bonne partie s'est même déjà mise en route, le reste partira ces jours-ci.

Il n'y a plus que très peu de bateaux à revenir d'Irlande. Cette pêche a été assez fructueuse cette année, quoique les débuts ne s'en soient pas présentés sous de favorables auspices.

Le bateau *Saint-Lazare*, de notre port, est rentré lundi, vers une heure du matin. Il avait à bord 111 tonnes de poisson, dont 83 de morue et le reste en colins et en langues. Un armateur de notre ville s'est rendu acquéreur de cette pêche au prix de 91 francs la tonne.

C'est là un résultat excellent ; aussi le *Saint-Lazare* va repartir sous quelques jours pour une seconde campagne dans les mers du Nord.

CONGRÈS DE PISCICULTURE A PARIS

Un congrès de pisciculture, dû à l'initiative de M. le docteur Jousset de Bellesme, le savant directeur de l'aquarium du Trocadéro, se tiendra à Paris le 1er juillet prochain, dans la salle Saint-Jean, à l'Hôtel de Ville.

Les questions qui seront examinées dans ces assises scientifiques sont de première importance pour le commerce de l'alimentation.

Dans nos halles, en effet, la vente du poisson compte pour une large part des recettes, et tous nos efforts doivent tendre à obtenir rapidement le repeuplement de nos cours d'eau, afin d'obtenir une plus grande abondance de production, et, conséquemment, une réduction de prix qui mettra en même temps, à la portée de tous, les poissons dits de luxe.

Des idées nouvelles surgissent chaque jour sur les voies et moyens destinés à obtenir ce résultat.

Le congrès aura pour mission de discuter ces méthodes, d'indiquer les résultats obtenus et de s'occuper notamment de la reproduction du saumon, qui tend à disparaître, et qui compte cependant encore pour un cinquième dans la consommation des poissons d'eau douce.

Le dépeuplement général de nos cours d'eau tient pour nous à plusieurs causes. D'abord, les barrages, qui empêchent les poissons de remonter et d'aller déposer leurs œufs dans le cours supérieur. Pour y remédier, on avait voté en 1845 une loi qui établissait à chaque barrage une échelle de montée pour les poissons. Mais cette loi est peu ou point observée. En Angleterre, les écluses sont ouvertes deux fois par semaine; aussi les rivières sont-elles plus riches que les nôtres en salmonides. La lotte aura, d'ici peu, disparu, car aucun décret n'en interdit la pêche au mois de décembre, époque de sa ponte.

Une autre cause de dépérissement tient, faut-il le dire, à l'inexpérience des ingénieurs qui, croyant bien faire, sont allés jusqu'à faire nettoyer, gratter certains cours d'eau avec tant de soin que les petits poissons, ne trouvant plus de nourriture périssaient, et que les gros, qui mangeaient les petits, mouraient eux aussi, faute d'aliments. Fort heureusement, cela s'est ralenti. Pour ne pas que l'on croie que nous exagérons, nous rapportons un fait qui s'est passé au Trocadéro. L'ingénieur dans le service duquel ressortissait l'aquarium s'était imaginé que les poissons moisissaient, et, un beau jour, eut l'idée de les faire brosser. Inutile de dire que, quelques jours après, tous ces poissons étaient morts.

En France, la pisciculture est un peu négligée. Plusieurs de nos établissements font venir d'outre-Rhin leurs œufs et leurs alevins, et l'aquarium de Huningue n'est florissant que depuis 1870. L'Angleterre faisait, il y a six ans, une exposition générale réservée uniquement aux pisciculteurs. A notre Exposition universelle, l'Administration ne voulait même pas y consacrer un pavillon. Celui qui y est maintenant est retiré et d'un abord défectueux. On y voit deux ou trois courageux exposants qui montrent, l'un, des curieux appareils pour l'éclosion et l'élevage des truites; un autre, une collection de poissons conservés dans l'alcool; un autre, des petits poissons de bacs particuliers. Au Trocadéro, l'aquarium n'a joui d'aucun des crédits des autres pavillons. On s'est contenté d'y changer les glaces et d'y faire quelques réparations minimes qui auraient été exécutées même s'il n'y avait pas eu d'exposition.

Cette question de pisciculture ne devrait cependant pas être négligée. Dans une frayère naturelle de saumons, sur dix mille œufs, deux cents environ produisent. Sur le même nombre, on obtient neuf mille alevins par la fécondation artificielle. Nous savons que M. Jousset de Bellesme s'adressera aux départements et aux communes riveraines d'un cours d'eau, pour fonder deux ou trois établissements qui transporteraient, les œufs du bas fleuve au cours supérieur, les feraient éclore, et, les rejetant à l'état d'alevins, apporteraient pour tout le fleuve la richesse aux pêcheurs.

Nous sommes convaincus que les secours qu'il sollicite ne lui feront pas défaut, car il s'agit d'accroître la richesse du pays.   P. PETIBON.

LA PÊCHE FLUVIALE

Dans sa séance du 25 juin, la Chambre des députés s'est occupée de la pêche fluviale. Ce qui a été dit à la tribune du Palais-Bourbon nous semble assez intéressant pour la pisciculture pour que nous rapportions les paroles qui y ont été prononcées d'après le *Journal officiel*.

La parole a été donnée à M. Le Cour sur le chapitre 12 du budget du ministère des travaux publics (Personnel des agents préposés à la surveillance de la pêche fluviale).

M. Le Cour. Je demande à poser une question à M. le Ministre au sujet de la surveillance de la pêche fluviale.

Quelques-uns de vous, Messieurs, se rappellent sans doute le spirituel discours dans lequel mon collègue M. de La Ferronnays avait défendu, l'an dernier, la cause des pêcheurs de la basse Loire. Je ne reviendrai pas sur la discussion scientifique à laquelle il s'est livré avec une compétence que je ne saurais égaler. Je n'entreprendrai pas de refaire l'histoire des amours du saumon, amours mystérieuses s'il en fut, car tout s'y passe en eau trouble. (On rit.)

On dit souvent que les discussions parlementaires sont stériles : quelquefois cependant elles ont du bon. M. le Ministre a bien voulu, sur la demande des intéressés, nommer une commission ; cette commission, composée d'hommes éminents, s'est livrée à des études extrêmement intéressantes, qui ont fait faire, je crois, quelques progrès à la science de la pisciculture. Je ne connais pas encore le résultat de ces études, au moins officiellement ; je n'entends pas les discuter, encore moins les critiquer ; je voudrais seulement prier M. le Ministre d'en tirer les meilleures conséquences pratiques.

Ce qui paraît résulter des expériences faites et des enquêtes auxquelles se sont livrés les membres de la commission, c'est que le saumon remonte la Loire pour s'y livrer à la reproduction et qu'il y fraye en septembre, octobre et jusqu'au milieu de novembre. Mais il existe encore certains doutes sur les habitudes de cet animal vraiment singulier; on ne s'explique pas pourquoi un grand nombre de saumons, pris lors des grands passages, n'ont pas d'œufs ou ne paraissent pas armés pour la reproduction.

Vont-ils chercher dans le haut fleuve des refuges ignorés pour s'y préparer par une sorte de retraite à ce grand acte de leur existence? On l'ignore absolument. Certains savants n'ont même pas craint de dire que le saumon ne se reproduisait que tous les deux ans.

Le petit nombre de jeunes saumons pris dans la Loire, avait fait croire un moment aux pêcheurs que la reproduction ne se faisait pas dans le fleuve; on a pu prendre l'année dernière un assez grand nombre de saumonneaux pour être certain, au point de vue scientifique, que des saumons y avaient frayé; mais ces saumonneaux n'existent en Loire qu'à l'état d'exception, et jamais ils n'ont pu faire l'objet d'un sport intéressant pour les nombreux pêcheurs qui se livrent à cet exercice le long du fleuve. Jamais les Anglais, qui viennent chaque année explorer les petites rivières de Bretagne, n'ont pu réussir à prendre un saumon dans la Loire; tandis que dans quelques gaves, le gave de Pau notamment, et dans beaucoup de rivières, surtout dans les rivières d'Écosse, les petits saumons, sous le nom de tocants, de parrs et de smalt, sont recherchés par les gourmets, jamais les saumonneaux de la Loire n'ont figuré sur aucun marché, sur aucune table.

Ceci doit inspirer quelques réflexions : car si on admet l'opinion d'un savant comme M. Berthoule, ou de M. Vaillant, un des plus heureux chercheurs de notre époque, un des hommes qui ont fait faire le plus de progrès à la science de la pisciculture, il faut en conclure que le saumon qui entre en Loire se voit entravé dans ses fonctions par les

moyens de destruction qui se multiplient dans le haut
fleuve.

Le plus grand ennemi du saumon c'est l'administration
qui, pour s'assurer un bénéfice de quelques milliers de
francs, multiplie les barrages et les afferme à des compagnies de pêcheurs qui tournent la loi le plus ingénieusement du monde. Il n'y a qu'à regarder, quand on vient ici,
les barrages placés en vue du chemin de fer. Sans doute ces
barrages n'occupent qu'un tiers du fleuve, mais ce tiers
comprend tout le chenal et il ne reste des deux côtés que
des grèves de sable sur lesquelles le saumon n'est pas fait
pour marcher.

Aucune échelle à saumon n'existe dans les affluents de la
Loire, et les ingénieurs, en exécutant les travaux de rectification du fleuve, n'ont pensé à ménager aucune de ces criques à eau profonde et tranquille dans lesquelles le poisson
pourrait se reproduire et se reposer.

Beaucoup d'écluses sont garnies de filets fixes. A Nantes
même, une écluse est affermée à un marchand qui détruit
à certains moments d'énormes quantités de petits poissons.

Avant d'être si rigoureux pour les pêcheurs, il faut que
MM. les ingénieurs des ponts et chaussées fassent un retour
sur eux-mêmes, car ils ont été depuis deux siècles les plus
grands ennemis du poisson.

Cette querelle des barrages fixes et des pêcheurs à l'embouchure n'est pas nouvelle : tous ici se rappellent ce char-
mant roman de Walter Scott, dans lequel les pêcheurs de
Solway détruisent si violemment les pieux et les filets du bon
Gédéon Geddes. Ceux de la Loire n'ont pas cette ressource,
car derrière l'adjudicataire du barrage ils trouveraient M. le
Ministre des travaux publics qui les traduirait devant la
haute cour de justice ; ils n'ont donc que la ressource de
demander justice et ils viennent de le faire dans de nombreuses pétitions adressées à M. le Ministre de la marine.

J'espère que l'honorable amiral se souviendra qu'il est le
défenseur né des inscrits maritimes et le gardien du pacte
séculaire en vertu duquel l'État accorde aux gens de mer,
en échange de la situation tout exceptionnelle qui leur est
faite, le droit aux pêches maritimes.

Mais je suis persuadé que M. le Ministre des travaux publics se souviendra aussi qu'il doit à tous une protection égale.

Si l'on veut réellement repeupler nos rivières, il convient de ne pas s'en tenir à des mesures vexatoires contre certaines catégories de pêcheurs. Les mesures que nous réclamons et la surveillance stricte des frayères du haut fleuve sont la conséquence nécessaire des restrictions apportées à la pêche, car les inscrits ont vraiment un rôle de dupe si on les empêche de pêcher des poissons qui seront tous pris jusqu'au dernier par les fermiers de l'Etat.

Il y aura peut-être lieu d'examiner s'il ne conviendrait pas d'établir des zones et d'ouvrir la pêche du saumon à des époques différentes; mais c'est une question que nous voulons réserver pour l'avenir, convaincus que nous sommes de la bonne volonté de l'administration, qui continue ses études et qui certainement verra dans la suite ce qu'elle peut faire dans ce sens.

S'il venait à être démontré que les fleuves sont, de la part de l'administration, l'objet d'une sorte d'exploitation et de spéculation; si nous voyions qu'on multiplie les obstacles à la pêche dans les eaux maritimes pour grossir les pêcheries du haut de la Loire, nous verrions à protester et à faire une campagne plus énergique.

Pour le moment, nous nous bornons à adresser aux ministres compétents une très modeste et très pressante requête.

Pour mieux assurer le repos du poisson, on demande que la pêche reste interdite en France jusqu'au 1er janvier, alors que dans notre région il serait possible de l'ouvrir dès la fin de novembre. Nous nous inclinerons devant cette décision; mais nous demandons huit à dix jours de grâce.

Noël et le jour de l'an sont les dates des réunions de famille, des dîners où la présence du saumon est obligatoire. On le paye alors deux ou trois fois plus cher qu'à toute autre époque, et c'est le moment où le poisson est le plus beau.

Huit jours de plus ou de moins ne sont pas pour empêcher la reproduction du poisson; pour nos pauvres pêcheurs, c'est un bénéfice certain, c'est une grosse portion du budget de l'année.

Je ne viens pas attaquer les conclusions d'une commission ; je demande une mesure de bienveillance et d'humanité pour des milliers de familles malheureuses. J'ose donc la recommander à MM. les Ministres, et j'attends d'eux une parole d'espérance. (Vive approbation à droite.)

M. le Ministre des travaux publics. Messieurs, comme l'a dit M. Le Cour, une commission a été nommée pour étudier les mœurs du saumon, qui étaient assez peu connues et qui ne le sont pas encore complètement. Cette commission n'a pas encore terminé son rapport ; cependant elle est arrivée, je crois, à des conclusions qui donneront satisfaction aux pêcheurs de saumon.

J'espère que l'on pourra manger du saumon, non seulement en carême, mais aussi à Noël et même au premier de l'an ; M. Le Cour aura prochainement toute satisfaction.

Notre collègue a recommandé au ministre des travaux publics la vigilance en ce qui touche les délits de pêche. L'administration ne demande pas mieux que d'y porter toute son attention, mais elle demande aux députés de vouloir bien ne pas intervenir pour faire annuler les procès-verbaux constatant ces délits. (Très bien ! très bien !)

M. Le Cour. Je remercie M. le Ministre des bonnes paroles qu'il a bien voulu prononcer.

J'appelle son attention, non pas seulement sur la répression des délits de pêche, mais sur certains modes de pêche qui sont particulièrement destructeurs du saumon, et sur la nécessité pour l'administration de favoriser cet animal intéressant dans ses pérégrinations dans le haut fleuve. (Très bien ! très bien ! à droite.)

NOUVELLES MARITIMES

M. le capitaine de vaisseau Ferrat est nommé membre du comité consultatif des pêches maritimes, à Paris.

➾ M. le commissaire-adjoint Mallard, en service à Cherbourg, y prendra le poste de l'inscription maritime.

↩ M. le sous-commissaire Goubet, du cadre de Toulon, est appelé à remplir les fonctions de commissaire de l'inscription maritime à Roscoff, en remplacement de M. Bouet.

↩ M. Olméta, sous-commissaire, commissaire de l'inscription maritime à Régneville, est porté à la 1re classe de son grade à compter du 7 juin.

↩ M. le premier-maître de timonerie, F.-M. Gavuyer, est nommé au commandement du garde-pêche *le Brochet*, en station dans l'étang de Foz.

↩ M. Baudoin, maître vétéran en retraite, est nommé garde maritime à Charron (quartier de Marans).

M. Mangeot, premier maître calfat en retraite, est nommé garde maritime à Lauzières (quartier de La Rochelle).

↩ Le ministre vient de décider que la première inscription sur le matricule des gens de mer doit être faite au quartier dans la circonscription duquel se trouve le domicile de l'intéressé.

Les changements de quartier ne peuvent être autorisés que s'ils sont justifiés par un changement de domicile des marins.

Les inscrits peuvent se fixer dans un autre quartier que celui où ils sont immatriculés sans qu'ils soient tenus de changer de quartier d'inscription.

↩ Le Ministre de la marine a décidé que la morue cesserait d'être délivrée aux rationnaires, chaque année pendant la période des chaleurs, c'est-à-dire du 1er avril au 30 septembre.

NOUVELLES DIVERSES

L'état de situation des recettes, dressé par l'administration de l'octroi de Paris, indique, à la date du 16 juin, une encaisse pour l'octroi de 67,120,666 fr. 13, contre 62,944,502 fr. 90 pendant la même période de 1888, soit une augmentation de 4,179,163 fr. 23.

Les droits d'entrée ont atteint au 16 juin 1889, 34,058,121 fr. 32 alors qu'ils n'avaient produit en 1888 que 31,802,268 fr. 53 ; différence en plus de l'exercice courant, 2,252,852 fr. 70.

— Dans la réunion qui a été tenue à la mairie du 1er arrondissement, il a été décidé que la fête du quartier des Halles serait ajournée au commencement du mois d'août.

— 45 —

— On mande de Londres, 18 juin :

« Ce matin, un bateau douanier a saisi en vue de Dungeness le bateau pêcheur n° 1497, de Boulogne, qui pêchait à l'intérieur des limites fixées. Le bateau en question a été amené à Folkestone, où son équipage sera traduit en justice. »

— Le Congrès international de sauvetage tient ses séances, au Trocadéro, depuis le 13 juin. La question de neutralisation des bancs de Terre-Neuve et des routes maritimes était à l'ordre du jour, et les propositions de M. le commandant Albert Riondel y ont recueilli l'approbation que leur décerne partout l'opinion publique, dédommageant notre excellent ami de la sympathie réservée et peu méridionale que lui témoigne, depuis six ans, le département de la marine.

— Il serait fort intéressant de connaître exactement, en France, le nombre de personnes qui perdent la vie sur mer, soit pendant les traversées, soit pendant les pêches maritimes.

Nous ne possédons pas de statistiques sur ce point. L'on vient d'en établir une de ce genre pour la première fois en Angleterre. Il résulte de ce relevé que, dans les dix dernières années, trente mille individus ont perdu la vie sur des navires de commerce ou de pêche. Le chiffre annuel a varié de 3,512 personnes en 1882 à 2,071 en 1888. Etant donné que la France n'a pas une vie maritime aussi active que l'Angleterre, il est probable que le nombre des victimes est beaucoup moins élevé chez nous.

Aux Halles centrales. — Le marché du poisson d'eau douce a laissé à désirer cette quinzaine. Il n'y a eu de variation que sur le saumon et sur la truite à cause du grand nombre d'arrivages. Il y a eu quelques brochets qui se sont mal vendus et beaucoup d'éperlans qu'on a vendus à des prix dérisoires.

Le marché de la marée a subi l'influence du temps. Les arrivages sont nombreux, la marchandise se vend bon marché. Mais la température orageuse fait qu'on a peine à vendre ce qui arrive, et qu'on jette chaque jour pas mal de marchandises.

Le saumon s'est vendu de 3 à 4 fr. le kilog. La truite 1er choix le kilog., 6 fr.; le 2e choix de 3 à 4 fr. L'alose de 1 fr. à 1 fr. 50. L'éperlan de 0 fr. 20 à 0 fr. 30. Les écrevisses extra, le 100, 50 fr.; les moyennes, 30 fr.

Les turbots de 5 à 25 fr. la pièce. Les bars de 5 à 20 fr. Les soles, 1er choix, le kilog. de 2 fr. 25 à 2 fr. 50. Les maquereaux bretons, le 100 de 25 à 35 fr. Les sardines de Bretagne, de

1 fr. 25 à 1 fr. 75 le 100. Les moules de Boulogne, de 1 à 2 fr. le panier. Homards, 1 fr. 25 à 6 fr. Langoustes, de 2 fr. 25 à 8 fr. La moyenne d'arrivages de poissons a été de 70,000 kilog. par jour.

Huîtres de Cancale, pied de cheval, 23 fr.; n° 1, 15 fr. 50.

Marché de Bordeaux. — Soles grosses, la douzaine 8 à 10 fr. Maquereaux, la douzaine, 2 fr. 50 à 4 fr. Saumon, le kilog., 5 fr. 25. Eperlan, 0 fr. 80. Sardines, le 100, 2 fr. Aloses, la pièce, de 1 fr. 50 à 3 fr. Homards, de 1 fr. 25 à 1 fr. 75. Langoustes, de 1 fr. 50 à 2 fr. 50.

Moules, le colis, de 5 à 7 fr. Huîtres vertes, 5 à 7 fr. Portugaises, le 100, de 1 fr. 25 à 1 fr. 50.

— Au dernier moment, un accident nous oblige de remettre au prochain numéro notre gravure qui représentait le parc de la Société coopérative de La Teste et son magasin d'expédition. Une notice explicative accompagnait la gravure.

Chemin de fer d'Orléans.

EXPOSITION UNIVERSELLE DE 1889

La Compagnie d'Orléans vient de faire connaître à M. le Ministre des travaux publics que pour faciliter aux populations industrielles, desservies par son réseau, l'accès de l'Exposition universelle, elle accorde une réduction de 50 0/0 sur les prix du tarif ordinaire aux Comités départementaux, Municipalités, Chambres de commerce, Chambres syndicales et Patrons, pour le transport des ouvriers et contremaîtres qu'ils voudraient envoyer à leurs frais à l'Exposition, à la condition que ces ouvriers voyagent, à l'aller et au retour, par groupes de quatre au moins. La durée de leur séjour à Paris ne sera nullement limitée. Les Comités, Municipalités, Chambres de commerce, Chambres syndicales et Patrons qui voudront profiter de cette réduction devront adresser une demande au Directeur de la Compagnie, en mentionnant les noms des ouvriers et contremaîtres pour lesquels devront être établis des bons de réduction.

Le Gérant, J. CHAPEAU.

REVUE

DES

PÊCHERIES MARITIMES

LA VISITE DE M. CARNOT

A LA CLASSE 77

Paris, 15 juillet 1889.

M. le Président de la République a visité mardi dernier à l'Exposition le pavillon de l'ostréiculture et de la pisciculture. Le chef de l'État a été reçu à l'entrée du pavillon de la classe 77 par M. Gerville-Réache, député, président du Comité consultatif des pêches et du jury de la classe, M. le Commissaire général Fournier, directeur de la comptabilité générale au ministère de la marine. Ces messieurs étaient entourés de MM. Bouchon-Brandely, inspecteur général des pêches; de Lacaze-Duthiers, membre de l'Académie des sciences; Perrier, professeur au Muséum, membre titulaire du jury; MM. Rave-ret-Wattel, de la Société d'acclimatation; Charbot-Karlen, inspecteur au ministère de l'agriculture, membres suppléants du jury; enfin d'autres personnes parmi lesquelles M. Jardin, d'Auray.

Je dois des remerciements à M. Jardin qui a obtenu de M. l'Inspecteur général des pêches l'autorisation de me laisser demeurer pendant la visite de Monsieur Carnot au pavillon de la classe 77, dont l'accès était rigoureusement interdit au public. Cette faveur me permet de parler ici de la visite présidentielle avec connaissance de cause.

Pendant sa promenade à travers les allées du pavillon, le chef de l'État a paru s'intéresser vivement aux explications qui lui ont été fournies avec beaucoup d'autorité, sur les mille détails de l'Exposition par l'honorable et savant président du Comité, M. Gerville-Réache.

La visite a commencé par l'exposition du bassin d'Auray, qui est située à l'entrée, et qui a été organisée avec beaucoup de goût par M. Jardin. Au pied de cette exposition est installé un couteau à ouvrir les huîtres qu'on a fait fonctionner devant l'éminent visiteur. Monsieur Carnot a dégusté quelques huîtres élevées dans les parcs des Sables-d'Olonne.

L'exposition du bassin d'Auray comprend Auray, Vannes et Lorient, ce qui a permis de lui donner un très grand développement et de la rendre très intéressante. La visite présidentielle s'est poursuivie par les expositions collectives ou particulières des ostréiculteurs de Marennes, les Sables-d'Olonne, La Rochelle, l'île d'Oléron, Arcachon, etc. Nous avons remarqué les installations de M. de Wolbock, d'Auray, les aquarelles représentant les parcs de M. de Grangeneuve et de M. Dasté, à l'Estey du Badoc, sur l'île des Oiseaux, à Arcachon; le Président les a examinées avec attention et a dit à son entourage que ces dessins lui rappelaient très bien les parcs qu'il avait déjà visités. Les visiteurs ont défilé devant les expositions de MM. Bernettes et Desclaux, Vidal du Plessis, Baleste, Pagot, Fonteneau, Arcouet, Nadeau, Pastourel, Gémon, etc., etc.

Monsieur Carnot s'est arrêté devant la jolie installation collective des parqueurs de l'Union syndicale de La Teste et a longuement examiné la réduction du parc que M. Grenier père entretient avec tant de soins au cap Ferret (bassin d'Arcachon). Ce parc si savamment composé mérite une mention spéciale; un de mes collaborateurs veut bien se charger de lui consacrer une étude.

Le Président a demandé de nombreux renseignements à M. Gerville-Réache, le distingué député de la Guadeloupe, et a suivi les explications de ce dernier avec une attention qui démontrait qu'il n'était pas étranger aux questions de pêche et d'ostréiculture.

Nous croyons que Monsieur Carnot a remporté de sa visite à travers les allées du pavillon des pêches une excellente impression. En tous cas, sa présence en a produit une très bonne et a été un précieux encouragement pour les exposants. A son entrée, comme à sa sortie et comme toujours, d'ailleurs, M. le Président de la République a été l'objet de manifestations très sympathiques.

Ninon Desvarennes.

OSTRÉICULTURE

Dans son numéro du 15 juin, la *Revue des pêcheries maritimes* a publié, comme une épreuve avant la lettre, un décret présidentiel réglementant la vente des huîtres toute l'année. Ce document vient d'être publié par le *Journal officiel*, il est suivi des rapports suivants que nos lecteurs liront avec un vif intérêt :

Rapport au ministre de la marine.

L'article 1er du décret du 12 janvier 1882 interdit la vente des huîtres de toutes provenances pour l'alimentation publique, du 15 juin au 1er septembre de chaque année. Cette disposition visait un double objectif : 1° empêcher la destruction du naissain et assurer le repeuplement des parcs et des gisements naturels ; 2° prévenir les accidents toxiques pouvant résulter de l'ingestion des huîtres pendant la période de la reproduction.

Dans un rapport adressé au ministre par M. Bouchon-Brandely, inspecteur général des pêches, à la date du 3 mars 1888, il était exposé que les considérations qui avaient dicté l'adoption du régime restrictif de 1882 avaient singulièrement perdu de leur valeur. D'autre part, disait ce rapport, la reproduction s'accomplit dans des proportions si considérables que la plupart des ostréiculteurs, se trouvant dans l'impossibilité d'utiliser toutes leurs graines, les vendent à vil prix pour éviter l'encombrement des parcs. Ils attribuent la crise que traverse leur industrie au manque de débouchés, et l'on estime dans certains centres que la situation se trouve aggravée encore par la défense qui est faite de vendre aucune huître pendant deux mois et demi de l'année. D'autre part, M. Bouchon-Brandely ajoutait que l'argument dans le sens de la prohibition temporaire, tiré de l'intérêt de la santé publique, ne méritait pas qu'on s'y arrêtât. Les accidents provenant de l'ingestion des huîtres en frai sont, en effet, fort rares, et il règne, à l'égard de la propriété toxique de ces mollusques, la plus grande incertitude.

D'ailleurs, en admettant même que, pendant les temps chauds et orageux, l'huître fût un aliment dangereux, il n'est pas douteux que les autres coquillages livrés en toute saison à la consommation et le poisson lui-même présentent des inconvénients identiques. En outre, si l'Administration a cru, en 1882, protéger les consommateurs contre les huîtres en frai, en fixant une période d'interdiction allant du 15 juin au 1er septembre, elle ne paraît pas avoir fait le nécessaire pour atteindre complètement le but visé. En effet, la fraye est subordonnée à des influences climatériques et peut, par suite, se produire, suivant la température, en dehors de la période de protection, c'est-à-dire dès le mois de mai et le commencement de juin et pendant le mois de septembre. L'inspecteur général des pêches maritimes

concluait, sous le bénéfice de ces observations, à la liberté absolue du commerce des huîtres destinées à la consommation et au
retrait du texte restrictif de 1882. M. Bouchon-Brandely faisait
d'ailleurs valoir — et son observation mérite qu'on s'y arrête —
que le département, dont les actes doivent naturellement tendre
au développement des industries maritimes, ne saurait maintenir
une entrave au besoin d'expansion du commerce des huîtres,
en se laissant uniquement guider par le souci de la santé publique, dont la charge incombe, avec la police des halles et marchés, à l'autorité civile.

Les conclusions de M. Bouchon-Brandely, soumises au comité
consultatif des pêches maritimes, furent approuvées par cette
commission. Elle votait l'abrogation de l'article 1er du décret
de 1882, dans le but de ne mettre aucune entrave aux débouchés
de notre industrie ostréicole, considérant que les cas d'intoxica-
tion occasionnés par l'ingestion des huîtres, durant la période
du frai, ne doivent pas être attribués au mollusque lui-même ni
à sa fonction spéciale, mais à certaines circonstances indépen-
dantes de sa nature même, par exemple, son séjour dans les
eaux saumâtres ou malpropres.

Les ministères des travaux publics, du commerce et de l'intérieur furent également consultés et adhérèrent, dans le courant
de l'année dernière, à la proposition qui leur était faite, de rapporter l'article 1er du décret de 1882.

Le ministère de l'intérieur, tout en étant favorable, en principe, à ce projet, réservait cependant son adhésion définitive
jusqu'au moment où le comité consultatif d'hygiène publique,
qui fut alors saisi de la question, aurait donné son avis.

Cet avis a été récemment notifié au département par la communication d'un rapport de M. le Dr Grancher, approuvé par le
Comité d'hygiène dans sa séance du 17 décembre dernier, d'où
il résulte que ce conseil ne « s'est pas cru autorisé à conclure
que l'huître laiteuse est toxique, et que sa vente et son colportage doivent être interdits ».

Au surplus, l'Administration de la marine, depuis un certain
nombre d'années, a autorisé la vente, en toute saison, des huîtres
provenant des établissements ostréicoles dans la plupart des stations balnéaires, sans que ces essais aient eu aucune conséquence fâcheuse. Au cours de l'été de 1888, elle a même étendu
son champ d'expériences, en permettant aux parqueurs d'expédier leurs produits d'une station du littoral à une autre, et, de
l'enquête faite à la fin de la saison, il résulte qu'aucun accident
n'a été constaté.

Dans ces conditions, j'estime que la marine a pris tous les

avis nécessaires pour pouvoir rapporter les mesures de prohibition du décret de 1882, sans encourir aucune responsabilité en ce qui touche aux intérêts de la santé publique.

En conséquence, j'ai préparé et je mets sous les yeux du ministre le projet de décret ci-joint.

Ce projet abroge la période d'interdiction édictée par le décret du 12 janvier 1882; il maintient la défense de vendre, pour la consommation, des huîtres de moins de cinq centimètres, ainsi que celle d'exporter, en aucun temps, du bassin d'Arcachon, des huîtres de cette dimension. Enfin, il a dû être indiqué dans un article spécial que les prescriptions édictées par le décret du 14 août 1872 relatif au transport des huîtres dans la rade de Brest étaient maintenues.

Si le ministre approuve ce projet, je lui serai reconnaissant de décider qu'il sera soumis aux délibérations du conseil d'amirauté.

Le conseiller d'État,
directeur de la comptabilité générale,
P. FOURNIER.

Approuvé :
Le ministre de la marine,
KRANTZ.

Rapport au Président de la République française.

Monsieur le Président,

L'article 1er du décret du 12 janvier 1882 interdit la vente des huîtres de toute provenance pour l'alimentation publique, du 15 juin au 1er septembre de chaque année. Cette disposition visait un double objectif : 1° empêcher la destruction du naissain et assurer le repeuplement des parcs et gisements naturels ; 2° prévenir les accidents toxiques pouvant résulter de l'ingestion des huîtres pendant la reproduction.

Mais, depuis cette époque, la situation de l'ostréiculture a subi une transformation complète et les considérations qui avaient dicté l'adoption du régime restrictif de 1882 ont singulièrement perdu de leur valeur.

A la suite d'une enquête faite par les soins de mon Administration, j'ai pu me convaincre que la reproduction s'accomplit dans des proportions si considérables que beaucoup d'ostréiculteurs, se trouvant dans l'impossibilité d'utiliser le naissain, le vendent à vil prix ou le détruisent même, pour éviter l'encombrement des parcs. Cette situation se trouve encore aggravée par la défense qui est faite de vendre aucune huître pendant deux mois et demi de l'année.

D'autre part, l'argument dans le sens de la prohibition temporaire, tiré de l'intérêt de la santé publique, ne mérite guère qu'on s'y arrête. Les accidents provenant de l'ingestion des huîtres en frai sont rares et il règne, à l'égard de la nature toxique de ces mollusques, la plus grande incertitude. De plus, la fraye, étant toujours subordonnée à des influences climatériques, peut se produire depuis le mois de mai jusqu'à la fin de septembre; par suite, le décret de 1882, en établissant une période fixe d'interdiction allant du 15 mai au 1er septembre, ne présente, au point de vue de l'hygiène, que des garanties insuffisantes et qui, au cours de certaines années, en raison des conditions particulières de température, peuvent être complètement illusoires.

Le comité consultatif des pêches maritimes que j'avais chargé d'examiner ces observations, n'a pas hésité à conclure dans le sens de la liberté absolue du commerce des huîtres destinées à la consommation.

M. le Ministre des Travaux publics, également consulté, n'a mis aucune opposition à l'adoption de cette mesure.

M. le Ministre de l'intérieur, tout en étant favorable, en principe, à ce projet, subordonnait son adhésion à l'avis du Comité consultatif d'hygiène publique. Cet avis a été notifié récemment à mon département par la communication d'un rapport de M. le docteur Grancher, rapport approuvé par le Comité, duquel il résulte que ce Conseil ne se croit pas autorisé à conclure que l'huître en frai est toxique et que sa vente et son colportage doivent être interdits.

J'estime, dans ces conditions, que le département de la marine s'est entouré de tous les avis nécessaires pour pouvoir, dans l'intérêt du commerce ostréicole, vous proposer le retrait des dispositions restrictives du décret du 12 janvier 1882, sans avoir à redouter les conséquences d'une pareille mesure au point de vue de la santé publique.

Si vous approuvez ces conclusions, j'ai l'honneur de vous prier, Monsieur le Président, de vouloir bien revêtir de votre signature le projet de décret ci-joint. *(Voir le décret dans notre numéro du 15 juin 1889.)*

Le ministre de la marine,
KRANTZ.

CONCESSIONS MARITIMES

Le *Journal officiel* publie le document suivant :

Rapport

Présenté au ministre de la marine, au nom du Comité consultatif des pêches maritimes, sur l'attribution à la Caisse des invalides de la marine du produit des redevances imposées aux concessionnaires du domaine public maritime,

Par M. le commissaire général RENDUEL.

MONSIEUR LE MINISTRE,

Le Comité consultatif des pêches, à l'unanimité de ses suffrages, a voté la mesure qui consisterait à concéder, par voie d'adjudication, la jouissance des parcelles du domaine public maritime susceptible d'une exploitation privée. Il s'est, ensuite et de même, unanimement prononcé pour l'adoption d'une proposition additionnelle, présentée par un de ses membres et dont l'objet serait de faire entrer dans la caisse des invalides le produit de toutes les redevances imposées aux concessionnaires.

La première de ces deux propositions a été développée dans le rapport qui précède; la seconde trouve sa justification dans les considérations ci-après exposées :

M. Théodore Ducos, l'inspirateur de la loi du 9 janvier 1852 et des décrets du 4 juillet 1853, qui sont, à cette heure encore, la base de la législation en matière de pêches et de domanialité maritimes, a fréquemment rappelé, dans ses communications officielles, que « le bénéfice des choses de la mer doit être réservé à ceux qui en supportent les charges ».

Si ce principe est vrai, s'il est juste, — et personne n'en a jamais contesté ni la vérité ni la justesse, — il est conséquent de dire que le domaine public maritime est comme l'héritage indivis des gens de mer et que tous ont un égal droit à participer aux fruits de ce patrimoine commun, sans exception de lieux d'origine ou de résidence.

Dans les conditions actuelles, cet équilibre, tout rationnel et légitime qu'il soit, n'existe pas; le fait n'est pas d'accord avec la théorie.

Ainsi, dans toutes les circonscriptions maritimes où les fonds sont fertiles en mollusques et se prêtent particulièrement à l'industrie ostréicole, les inscrits, qui obtiennent gratuitement des concessions de parc, d'établissements de reproduction ou d'élevage, sont incontestablement plus favorisés, au point de vue de la jouissance du domaine public maritime, que les marins des quartiers où la nature de la zone littorale se refuse à ce mode d'exploitation.

Et cependant, les premiers ne font pas un plus dur métier que les seconds ; le régime de l'inscription maritime, les charges de la profession de marin ne pèsent pas d'un poids moins lourd sur ceux-ci que sur ceux-là ; les pêcheurs du Nord ne sont pas moins intéressants que ceux de l'Ouest, et aux uns et aux autres l'État doit, à un égal degré, sa protection et sa sollicitude.

Si même on examinait tout au fond des choses, on serait conduit à reconnaître que, dans le système suivant lequel les produits des gisements huîtriers sont aujourd'hui répartis, les bénéfices pour les gens de mer sont en raison inverse des obligations imposées, puisqu'il est notoire que les détenteurs de parcs affranchis des redevances imposées par la loi du 20 décembre 1872 sont, pour la plupart, des inscrits tardifs, hors d'âge, qui ne se sont fait immatriculer qu'à la veille du jour où la marine militaire perdait la faculté de les requérir.

D'autre part, puisque le domaine public maritime est le patrimoine commun des gens de mer, on peut se demander en vertu de quel principe de droit la loi du 20 décembre 1872, qui a frappé de redevances les concessions sur le rivage, a disposé de cet impôt en faveur du Trésor public. S'il s'était agi de terrains gagnés sur la mer, non recouverts à marée haute, en d'autres termes de lais de mer, incorporés dans le domaine de l'État, rien ne serait plus logique que cette attribution et il ne viendrait à personne l'idée d'y trouver à redire. Mais il s'agit du rivage, du domaine public maritime, du patrimoine commun et indivis des gens de mer. Dès lors, il n'est pas téméraire de prétendre que les produits qu'on en retire doivent profiter aux marins, et qu'en en faisant bénéficier le Trésor public, on les a détournés de leur destination légitime.

La conclusion toute naturelle du raisonnement qui précède, c'est que pour destiner aux gens de mer un bien, un revenu dont ils ont été privés à tort et, en même temps, pour que tous y participent dans une équitable mesure, il n'est pas de moyen plus simple, plus rationnel et plus juste que de le comprendre au nombre des ressources de l'établissement des invalides.

Peut-être quelques esprits feront-ils à cette proposition l'objection spécieuse que la caisse des invalides n'est, en fait, qu'une annexe du Trésor public ; qu'elle ne se soutient que grâce au secours que celui-ci lui apporte, et qu'en définitive, il importe assez peu, le résultat matériel étant le même, que les fonds provenant des redevances dont sont frappées les exploitations des rivages aillent à l'un ou à l'autre.

A cette argumentation, on peut répondre que, presque chaque année, la subvention allouée à l'établissement des invalides est l'objet d'attaques vives et passionnées; qu'elle fournit aux adversaires de l'institution le facile prétexte de demander qu'on la supprime, qu'on l'anéantisse et qu'il n'en soit plus question désormais. Il n'est, dès lors, pas indifférent de rechercher par quels moyens elle pourrait être mise en situation de se suffire à elle-même; et celui de ces moyens qui se présente le premier à l'esprit, c'est de lui attribuer les ressources qui lui appartiennent.

Ce n'est pas que le subside que le Trésor public sert à la caisse des invalides ne soit, au fond, complètement justifié. Ceux qui le critiquent obstinément perdent de vue, à coup sûr, qu'en exerçant le métier de la mer, de tous le plus dur et le plus entouré de périls; qu'en naviguant soit à la pêche, soit au cabotage, soit au long cours, les inscrits maritimes ne font, après tout, que se préparer au service de l'État, qui profitera, lorsqu'ils seront appelés sur les bâtiments de la flotte, de ce que, pendant qu'ils se livraient à leur dure profession sur les navires du commerce, ils se seront familiarisés avec les fatigues et les dangers de la mer; ils auront acquis une certaine expérience, une certaine habileté professionnelles. Et, en vérité, lorsqu'elle sert de modestes pensions; lorsqu'elle distribue d'insuffisants secours à ces marins, à leurs orphelins, à leurs veuves, ce ne sont pas d'autres services que des services rendus à l'État, dont elle n'est que la fondée de pouvoirs, la mandataire, qu'elle agit en pareille occurrence. Elle n'est pas elle-même autre chose qu'une institution d'État, étroitement liée, comme l'a dit Boursaint, au régime des classes, qui est l'assise la plus sûre, la plus solide de la puissance maritime du pays. Comment alors peut-on trouver étrange que l'État qui, dans l'intérêt du commerce et des arts, subventionne des exploitations industrielles et théâtrales, vienne, dans l'intérêt de sa puissance maritime, au secours de la caisse des invalides? Ce n'est ni logique, ni rationnel, et le principe même de la subvention n'est donc pas contestable.

Mais il n'en importe pas moins de réduire, autant que possible, le chiffre de l'allocation, et surtout de ne pas continuer à priver, par une sorte de déni de justice, l'établissement des invalides, et, par conséquent, les marins eux-mêmes de revenus, de ressources, qui sont leur propriété légitime.

Rien n'est plus simple, rien n'est plus facile que de faire fonctionner la disposition légale qui lui attribuerait la possession directe de toutes les redevances dont sont frappées les exploitations, par des particuliers, d'une partie quelconque du domaine public maritime. L'appareil administratif nécessaire existe tout entier; il n'est pas besoin d'y ajouter un seul organe; les commissaires de l'inscription maritime procéderont aux adjudications pour la dévolution des concessions à la passation des baux avec les adjudicataires; sur l'ordonnancement de ces administrateurs, les trésoriers des invalides ou leurs préposés encaisseront les loyers. Quant à l'autorité départementale et à l'administration de l'enregistrement et des domaines, elles n'auront plus à intervenir.

En outre de la plus exacte et plus équitable répartition des recettes et des dépenses, de la simplification des formes administratives que réaliserait l'adoption de ces mesures, on peut espérer qu'elles auraient encore pour résultat de rendre plus productives les zones maritimes susceptibles d'être exploitées.

Les commissaires de l'inscription maritime, protecteurs naturels des inscrits, ordonnateurs des recettes et des dépenses de l'établissement des invalides, détenteurs des matricules de tous les établissements de pêche, apporteraient d'autant plus d'application à la gestion des intérêts dont ils seraient désormais seuls chargés; ils tiendraient d'autant plus à ce que les parcelles du domaine public maritime, confiées entièrement à leur administration, à l'exclusion de toute immixtion d'un autre service, ne demeurassent pas sans exploitation, sans culture et, par conséquent, improductives de revenus pour la caisse des invalides; qu'ils sauraient que, dorénavant, les populations maritimes, qu'ils ont mission spéciale de protéger et de secourir, recueilleraient directement les fruits de leurs soins et de leur vigilance.

On peut ajouter que le Trésor n'y perdrait rien, puisqu'il subventionne la caisse des invalides, et que le chiffre du subside qu'il lui accorde serait d'autant moins élevé, que les ressources propres de l'établissement subventionné le seraient davantage.

Paris, le 27 février 1888.

Le rapporteur,
C. RENDUEL.

Le député, président du Comité,
G. GERVILLE-RÉACHE.

LES PARCS A HUITRES

Sous le nom de parcs, les ostréiculteurs désignent des réservoirs pleins d'eau de mer que des écluses ou des vannes mettent à chaque marée en communication avec la mer et où l'on dépose des huîtres. Nous croyons devoir donner ces indications à ceux de nos lecteurs qui ne sont pas ostréiculteurs.

Dans cette eau stagnante, chargée de principes organiques, à l'abri de toute agitation, les huîtres grandissent et grossissent assez rapidement; elles s'engraissent et perdent la saveur amère et la consistance un peu coriace de l'huître naturelle. L'élevage dans les parcs produit pour les riverains de l'Océan, entre le havre de Brouage et l'embouchure de la Seudre, une industrie spéciale qui fait là richesse du territoire de Marennes. Là, dans des claires qui diffèrent des parcs ordinaires en ce qu'ils ne reçoivent les eaux de la mer qu'aux grandes marées, les mareilleurs élèvent des huîtres provenant pour la plupart du bassin d'Arcachon, et produisent les huîtres universellement connues des gourmets sous le nom d'huîtres vertes.

Il ne faut pas confondre le parcage avec l'élevage artificiel qui est devenu aujourd'hui la branche la plus importante de l'ostréiculture. Il s'agit, pour les éleveurs, en protégeant les jeunes huîtres détachées des coquilles de leurs mères contre les nombreux dangers qui les menacent en pleine mer et en assurant leur existence, d'amener un accroissement du produit. Dans la baie d'Arcachon, les ostréiculteurs ont transformé leurs parcs en véritables ruches de multiplication d'où des milliards d'huîtres sortent tous les ans. La première condition pour obtenir un bon résultat, était d'avoir des bassins d'eau de mer plus profonds que les parcs ordinaires. Les meilleurs fonds sont ceux qui ont un sol de fin sable calcaire formé de débris auxquels les mollusques peuvent se fixer. Dans les bassins où manque cet élément, on le remplace par des collecteurs. Il en est de diverses sortes. A Arcachon, depuis 1865, on construit sur le fond même où gisent les huîtres dont on veut recueillir le frai, des lignes de piquets enfoncés dans le sol qu'ils dépassent de 0,15 à 0,20 centimètres. Sur ces piquets on cloue des lattes ou traverses, et sur les chevalets formés par leur ensemble, on range des tuiles à plat, côte à côte, la concavité en dessous.

On les charge çà et là de pierres assez lourdes pour que le mouvement des flots ne puisse les déplacer ou les soulever. Des ostréiculteurs ont adopté d'autres arrangements pour les tuiles. Ils les disposent par deux rangs superposés et croisés, formant un collecteur double. Ils les engagent en file oblique entre des chevalets contruits pour cet usage de manière qu'elles fassent avec le sol un angle de 25° à 30°. Grâce aux nombreux perfectionnements qui ont été apportés à l'emploi des tuiles comme appareils collecteurs, elles sont devenues d'un usage presque général aujourd'hui et dominent dans les nouveaux parcs que l'on établit chaque jour.

Le parc qu'expose M. Grenier dans la classe 77 à l'Exposition donne une idée bien exacte d'un parc modèle qui réunit, avec son système de vannes, tous les progrès accomplis jusqu'à ce jour par les ostréiculteurs. Nous reviendrons plus longuement sur le parc de M. Grenier que tous les visiteurs admirent à l'Exposition et qui mérite vraiment d'être connu des ostréiculteurs.

STATISTIQUE DES PÊCHES

Nous publions ci-après la suite de la statistique des pêches que nous avions commencé de publier dans notre précédent numéro.

Arcachon, 12 juillet.

Marée. — La pêche des soles, turbots, plies et autres poissons a produit 537,704 kilog. vendus 570,995 fr. A cette pêche ont été employés 1,587 hommes et 1,045 bateaux.

La pêche des moules a produit 3,620 hectolitres vendus 10,860 fr. Les autres espèces de coquillages ont produit 3,220 hectolitres vendus 11,950 fr. Les crabes, araignées de mer, etc., ont produit 950 hectolitres vendus 350 fr. Les crevettes ont donné 5,310 kilog. et produit 8,372 fr. Enfin il est sorti des réservoirs à poissons 80,699 kilog. dont la valeur était de 110,653 fr.

En récapitulant, nous trouvons que le quartier maritime de La Teste a produit en total général, tant en ostréiculture qu'en pêches de toutes sortes, un total de 5,357,914 fr., dont près de

4,500,000 fr. pour l'ostréiculture seulement. On voit par ce résultat si cette industrie mérite qu'on s'occupe d'elle.

Pauillac, 13 juillet.

Pendant la campagne dernière, la pêche des huîtres à la drague a été ouverte du 1er avril au 1er mai sur les bancs de Jau et de Lafosse, elle n'a pas donné de grands résultats. Sept bateaux ont pris part à la pêche. 267 hectolitres d'huîtres portugaises ont été pêchées et transportées à l'île d'Oléron.

Dans les établissements ostréicoles de ce quartier il a été introduit 20,000,000 d'huîtres du Tage, valant 0 fr. 833 le mille; il en est sorti 100,000 valant 16 fr. le mille. On le voit, il y a eu peu d'écoulement d'huîtres portugaises alors que la vente de l'huître native a sensiblement augmenté.

La pêche à pied a produit 740,000 huîtres vendues 4,352 fr. 50. La pêche des diverses sortes de poissons a produit 8,050 kilog. vendus 18,989 fr.; 43 personnes ont été employées à ces deux pêches.

La pêche des soles, turbots et autres espèces a produit 54,560 kilog. vendus 64,910 fr.; 88 hommes et 64 bateaux ont été employés à cette pêche.

Royan, 12 juillet.

La pêche à pied a produit 18,097,000 huîtres portugaises vendues 12,771 fr.; les moules ont donné 80 hectolitres vendus 480 fr.; les crevettes, 840 kilog. vendus 2,724 fr.

La pêche de la sardine, qui occupe 7 hommes et 3 bateaux, a produit 400,000 sardines vendues 4,000 fr. La pêche des soles, turbots, plies et autres espèces, a produit 204,066 kilog. vendus 183,750 fr.; 152 hommes et 64 bateaux sont employés à cette pêche.

En général, les résultats de cette campagne sont supérieurs à ceux de l'année précédente, de 25 0/0 environ.

Saint-Jean-de-Luz, 13 juillet.

La pêche de la sardine a été plus abondante que l'année passée; elle a produit 9,500,000 poissons vendus 45,500 fr. Les anchois ont donné 9,160 kilog. vendus 1,099 fr.; les maquereaux 600 kilog. vendus 720 fr.; le thon, 16,000 kilog. vendus 9,600 fr. Les huîtres, 3,000 vendues 150 fr.; les homards, langoustes, 1,500 pièces vendues 2,250 fr.; la pêche des soles, turbots, plies et autres espèces a donné 15,600 kilog. vendus 46,000 fr.

Ces différentes pêches occupent 304 hommes et 55 bateaux.

La pêche à pied qui occupe 135 personnes, a produit en diverses espèces, 13,000 kilog. vendus 26,000 fr.; moules, 280 hectolitres vendus 2,520 fr.; les autres coquillages, 230 hectolitres vendus 5,200 fr. La crevette a donné 50 kilog. vendus 125 fr.

Blaye, 13 juillet.

35 hommes et 29 bateaux font la pêche des soles, plies, turbots et autres espèces dans le quartier de Blaye. Cette pêche a produit 1,381 kilog. vendus 2,664 fr. 50.

Libourne, 10 juillet.

La pêche emploie 702 hommes et 442 bateaux. Les soles, plies, turbots ont donné pendant cette campagne 145,000 kilog. vendus 217,500 fr. Les crevettes, 500 kilog. vendus 1,500 fr. 29 personnes se sont livrées à la pêche à pied ; diverses espèces ont donné 4,200 kilog. vendus 6,300 fr.

Langon, 6 juillet.

La pêche occupe 248 hommes et 185 embarcations. Les soles, turbots, plies aloses, anguilles, etc., ont produit 60,793 kilog. vendus 62,834 fr.

Dax, 14 juillet.

Les résultats de la pêche ont en général été inférieurs à ceux de l'année précédente.

392 hommes et 116 bateaux sont occupés à cette industrie. Les soles, turbots et autres espèces ont donné 48,850 kilog. vendus 64,719 fr. Les homards et langoustes, 997 pièces vendues 1,545 fr.; les crabes, araignées de mer, etc., 35 hectolitres vendus 420 fr.

La pêche à pied a occupé 10 hommes. Diverses espèces de poissons ont donné 2,600 kilog. vendus 3,120 fr.; moules, 40 hectolitres vendus 240 fr. Les autres coquillages ont produit 25 kilog. vendus 375 fr.

Bayonne, 11 juillet.

677 hommes et 282 bateaux sont occupés à la pêche. Quantités pêchées : anchois, 128,000 kilog. vendus 32,000 fr. Soles, turbots, etc., 373,962 kilog. vendus 339,940 fr. Homards et langoustes, 11,975 pièces vendues 23,950 fr. Il est sorti des établissements à crustacés 11,975 kilog. vendus 23,950 fr.

(A suivre.)

LA PÊCHE DE LA MORUE

Dunkerque, 8 juillet.

On a eu des nouvelles d'autres navires en pêche en Islande.

Dans les quinze premiers jours de juin, les navires suivants avaient à bord :

Goélette *Mignonne* capitaine Vanhille, 315 tonnes. Goélette *Primevère*, capitaine Desmedt, 348 tonnes. Goélette *Jeanne*, capitaine Carru, 280 tonnes. Goélette *Marguerite*, capitaine Handschœiverker, 350 tonnes. Goélette *France*, capitaine Vanhille, 360 tonnes. Goélette *Étincelle*, capitaine Hars, 260 tonnes. Goélette *Émile-et-Louise*, capitaine Benard, 265 tonnes. Goélette *Espérance*, capitaine Benard, 260 tonnes. Goélette *Alerte*, capitaine Turbot, 260 tonnes. Goélette *Élisa-et-Marie*, capitaine Maréchal, 160 tonnes. Goélette *Euterpe*, capitaine Thooris, 350 tonnes. Goélette *Étoile-du-Marin*, capitaine Legrand, 250 tonnes.

Dunkerque, 10 juillet.

Ainsi que le fait ressortir un capitaine, dans une lettre qu'il adresse à son armateur, les capitaines, favorisés cependant par le beau temps, n'ont fait que de bien faibles journées pendant les mois d'avril et de mai.

La fin de la campagne sera marquée par des déceptions amères. A ce métier pénible de pêcheurs d'Islande, le capitaine qui n'a pas la chance de réussir est doublement malheureux. C'est un véritable martyr. D'abord, il n'y gagne pas sa vie ; vient ensuite le dépit en présence de ses collègues, son équipage manque de confiance et par-dessus tout sa position est compromise vis-à-vis de son armateur. A plaindre, mais pas à blâmer, car le climat de la mer hyperborée est complètement dépourvu de charmes ; un climat où la température descend de 12 à 15° au-dessous de zéro, agrémenté de fréquentes bourrasques de vent, de neige, de grêle, etc., tout cela n'a rien de bien séduisant.

Le métier pénible et dur de la pêche à la morue pourrait cependant être amélioré dans une certaine mesure. Pour cela trois conditions s'imposent :

1° Un départ fixe à une époque raisonnable ; 2° une sage réglementation dans les salaires des équipages ; 3° la suppression des rebuts, avec défense expresse aux capitaines d'en faire.

Les avantages qui résulteraient de l'application de ces mesures seraient immenses. Un départ fixé par exemple au 15 ou 20 mars, aurait pour premier résultat une économie d'usure de 1000 fr. par navire.

Laissant de côté la question d'humanité qui devrait cependant figurer en tête de ligne, il suffit de remarquer que les grandes quantités de morues prises dans les premiers jours de pêche sont roguées, par conséquent, d'une qualité qui laisse à désirer ;

les mauvais temps et les nuits longues au commencement de saison empêchent de la bien préparer; les pêcheurs cherchent à faire leur journée au vol, en capturant le plus de poisson possible; survient le mauvais temps, on tranche, on sale et on met en cale à la hâte en se disant que si la morue n'est pas bien préparée, elle est toujours en lieu sûr.

Pourquoi différents prix de salaire aux hommes d'équipage? Pourquoi ne pas revenir au prix fixe qui est beaucoup plus équitable? Pourquoi embarquer les hommes six mois avant le départ de la flottille? Autant de questions, autant d'abus à réformer.

Pour ce qui concerne la question des rebuts, les armateurs devraient comprendre qu'il en vient d'Islande à Dunkerque environ 600 tonnes chaque année, et que la quantité ne tend pas à diminuer, au contraire. Ces rebuts vendus à vil prix font une concurrence effrénée aux produits de bonne qualité.

Nous n'ignorons nullement qu'un grand nombre d'armateurs ne demanderaient pas mieux que de supprimer ces abus, mais pour arriver à un résultat conforme à tous les intérêts, deux choses sont indispensables : l'entente et la bonne foi.

LA PÊCHE DE LA SARDINE

La pêche de la sardine est, sans variation, toujours bonne. Nos correspondants sont unanimes à le constater.

CONGRÈS DE PISCICULTURE

Le Congrès national de pisciculture, que nous avons annoncé, a été ouvert à l'Hôtel de Ville, dans la salle des Prévôts. Il a tenu trois séances.

La présidence d'honneur avait été donnée à M. Émile Richard, vice-président du Conseil municipal de Paris.

M. Jousset de Bellesme, directeur de l'aquarium du Trocadéro, présidait, assisté de MM. Bouvais, ingénieur en chef, délégué du Conseil général de la Haute-Saône; Esclande Voltan, délégué du Conseil général de l'Ariège; Duphémieux, délégué du Conseil général du Lot ; M. Petibon, rédacteur au *Courrier des Halles et de la Bourse du Commerce.*

M. Leblanc a parlé des échelles à poissons dans la Meuse, et demandé que, diplomatiquement, on demande à la Belgique d'installer des échelles sur la rive belge comme il en existe sur la rive française ; M. Gallet s'est occupé de l'infection des rivières par les eaux résiduaires des usines, et plus particulièrement de la Somme ; M. Jousset de Bellesme a donné communication d'une note de M. Linet sur la rupture récente d'une vanne d'usine, à Dombasle, qui a occasionné la destruction totale des poissons dans la Meurthe, depuis Dombasle jusqu'à Flouard dont la perte est évaluée à plusieurs centaines de mille francs.

M. Léoty, inspecteur principal au pavillon de la Marée aux Halles centrales, a lu un très intéressant mémoire sur l'approvisionnement de notre grand-marché parisien en poissons d'eau douce, et surtout en truites et en saumons.

A ce sujet, la question des *tacons* a été soulevée ; quelques membres ont émis l'opinion que ces jeunes *tacons* ne sont pas des jeunes saumons ; M. Roberts a fait remarquer que les jeunes saumons ont des noms bien différents.

M. Jousset de Bellesme a demandé qu'un envoi de ces tacons soit fait à l'aquarium du Trocadéro. S'ils peuvent y être élevés, la question sera tranchée ; ce qui a été décidé ; puis, M. Léoty a repris son étude sur le saumon et traduit l'opinion des marchands des Halles, qui disent que les *bécards* ne sont que des saumons abâtardis par leur séjour dans l'eau douce, la mauvaise nourriture et la qualité inférieure de l'eau.

M. Léoty a déposé sur le bureau un tableau de statistique de la consommation du poisson à Paris, depuis quinze ans. Il résulte de ce document que le poisson d'eau douce n'entre que pour un seizième dans la consommation.

On s'est occupé ensuite de l'époque du frai et de la législation actuelle sur l'interdiction de la pêche.

A la suite d'une discussion à laquelle ont pris part MM. Desprès, Léoty, Roberts, Geneste, Jousset de Bellesme, le Congrès, sur la proposition de M. Esclande Voltan, a adopté un vœu pour que la pêche du saumon et de la truite de mer soit interdite du 1er septembre au 30 novembre et celle de la truite, du 1er septembre au 15 janvier.

M. Jousset de Bellesme a demandé que le Congrès décide que, sur chaque cours d'eau principal, on crée deux établissements de pisciculture : l'un dans le bas fleuve pour recueillir les œufs, les féconder et les envoyer à un autre établissement dans le haut fleuve, où on les ferait éclore, élèverait les alevins et les disséminerait dans les cours d'eaux. Ces mesures supprimeraient les inconvénients des barrages, du braconnage, coupes d'herbes, filets, etc.

Cette proposition a été votée; de même, une autre proposée par M. Jousset de Bellesme, ayant pour but la création, dans différents départements, de sociétés de pisciculture qui, en plus des cotisations annuelles versées par leurs membres, se procureraient d'autres ressources par des conférences, expositions, etc.

Ces sociétés, qui feraient une propagande féconde pour le développement si nécessaire de la pisciculture, seraient reliées entre elles par le Comité central, qui réunirait tous les renseignements qui lui seraient adressés et publierait un bulletin général.

De nombreux vœux ont été votés pour assurer l'exécution sévère de la loi contre le braconnage, la police des rivières, des mesures répressives contre le déversement des eaux résiduaires dans les cours, pour fixer d'une manière raisonnable la date de l'interdiction de la pêche, etc.

SAUMON ET TRUITE DE MER

Période d'interdiction.

On lit dans le *Courrier des Halles Centrales :*

Le Congrès de pisciculture a adopté la proposition suivante de M. Léoty :

« Du 1er septembre au 30 novembre, est interdite la pêche du saumon et de la truite dite de mer.

» L'article 4 du décret du 10 août 1875 est abrogé et supprimé pour les saumons et truites de mer, et maintenu pour les truites de rivière.

» Article additionnel : Prohibition complète avec suppression des certificats d'origine pendant la période d'interdiction, soit du 1er septembre au 30 novembre. »

Cette interdiction doit être appliquée aux produits français comme aux produits étrangers et doit comprendre la suppression des circulaires ministérielles autorisant les étrangers à introduire en France des saumons et truites de mer en temps prohibé, y compris la circulaire du 12 juillet 1880 sur les poissons conservés au moyen de procédés de congélation.

M. Baader s'est énergiquement prononcé contre cette mesure, qui serait très préjudiciable au commerce, en faisant remarquer les conséquences qui pourraient résulter d'une semblable prohibition, en Angleterre, de nos poissons.

A cette occasion, M. Thirouard a cité les mesures prises pour le gibier et adoptées par tous. Il a ajouté que, si cette interdiction lèse quelques intérêts et notamment le sien, elle est de nature à améliorer le sort des pêcheurs français, en leur permettant de vendre avantageusement les autres poissons, ce qu'ils ne feraient pas, si les saumons étrangers arrivaient sur le marché.

Sur la proposition de M. Thirouard, le Congrès s'est prononcé pour qu'il soit fait une exception pour les navires frigorifiques qui apporteraient du saumon conservé, dans le cas où des mesures administratives seraient prises rapidement.

Il a été arrêté que cette exception n'était acceptée que pour une année.

LES PÊCHEURS FRANÇAIS

Une réunion importante composée de nombreux pêcheurs vient de se tenir au Portel, dans le but d'étudier et de formuler les revendications légitimes destinées à atténuer ou à faire disparaître la crise qui sévit depuis plusieurs années sur la marine.

Après une longue discussion, l'assemblée a exprimé les vœux suivants :

1° Réglementation de la pêche française, notamment de celle du hareng ;

2° Augmentation, lors du prochain renouvellement des traités de commerce, des droits d'entrée sur le poisson étranger par classification s'il est possible et d'après sa valeur ;

3° Réduction des tarifs de chemins de fer pour le transport du poisson, demande aux compagnies de facilités plus grandes surtout au point de vue de la rapidité des expéditions par grande vitesse ;

4° Extension à toutes les pêches avec salaisons à bord du crédit alloué pour primes à la pêche à la morue ; sa distribution suivant la méthode déterminée par la loi et, en cas d'insuffisance de crédit, son augmentation afin de pouvoir l'étendre à toutes les pêches ci-dessus désignées ;

5° Diminution des octrois sur le poisson dans les villes où cet octroi est par trop élevé.

Les inscrits maritimes

Du dernier état des marins inscrits comme naviguant au commerce, publié par le ministère de la marine, il résulte, ainsi que nous l'avons constaté souvent, que la pêche subit une crise comme la plupart des autres industries, et que le nombre des inscrits tend à diminuer.

Les chiffres suivants l'établissent clairement :

En 1877, on comptait 18,845 inscrits à la navigation au long cours ; en 1886 ce chiffre, qui a régulièrement diminué, n'est plus que de 14,468.

La grande pêche comptait 10,611 inscrits en 1877, contre 8,850 en 1886.

Le cabotage : 17,742 contre 10,772, toujours avec mêmes dates respectives.

La petite pêche seule, ou pêche à pied, a gagné : 71,287 contre 67,118 pendant ces dernières années. Mais il est évident que cette progression ne fait que confirmer ce que nous avons dit plus haut : ce n'est qu'à leur corps défendant que les pêcheurs se rabattent sur cette industrie, qui ne fait d'ailleurs pas de marins.

Chemin de fer d'Orléans.

Pour faciliter les déplacements du public, les Compagnies ont établi divers types de billets de circulation, les uns à itinéraire soit fixe, soit facultatif, propres à chaque réseau, ou combinés à plusieurs, et dont la délivrance n'a lieu généralement que pendant des périodes déterminées ; les autres sont représentés par les cartes d'abonnement propre à un seul réseau ou en combinaison avec deux réseaux.

De plus, la Compagnie d'Orléans, entrant dans une voie nouvelle, avait mis en application un tarif de cartes d'abonnement des trois classes pour six mois ou un an, permettant d'obtenir pour tout parcours sur le réseau des billets à un demi-tarif de la classe pour laquelle l'abonnement était souscrit, et ce moyennant le versement préalable d'une somme variable suivant la classe et la durée de l'abonnement.

Cette dernière innovation était le germe d'une importante réforme, car toutes les grandes Compagnies viennent de se mettre d'accord pour soumettre à l'Administration supérieure un nouveau tarif basé sur les mêmes principes et applicable aux parcours à effectuer sur l'ensemble de tous les réseaux. Il est à remarquer que cette heureuse combinaison est applicable à des périodes de trois mois, de six mois ou d'un an ; et, qu'en outre, l'abonnement peut être souscrit ou pour les trois classes, ou pour la 2e et la 3e, ou pour la 3e classe seule.

Ce n'est pas tout : les Chemins de fer de l'État, les Compagnies d'Orléans, de l'Ouest, du Nord, de l'Est, de Lyon et du Midi viennent aussi de se mettre d'accord pour établir un tarif qui permet aux voyageurs d'établir des itinéraires facultatifs à prix réduit, à durée de séjours proportionnels à la longueur parcourue, et pouvant emprunter une partie quelconque de tout le réseau français. Bien plus, sur ces billets individuels, déjà réduits de 20 à 60 0/0, par rapport au tarif général, les Compagnies accordent une nouvelle réduction qui peut s'élever à 25 0/0 pour les billets collectifs délivrés aux membres d'une même famille voyageant ensemble.

Ces nouveaux tarifs, qui représentent un progrès réel, seront mis en vigueur dès qu'ils auront été homologués par l'Administration supérieure.

Le Gérant, J. CHAPEAU.

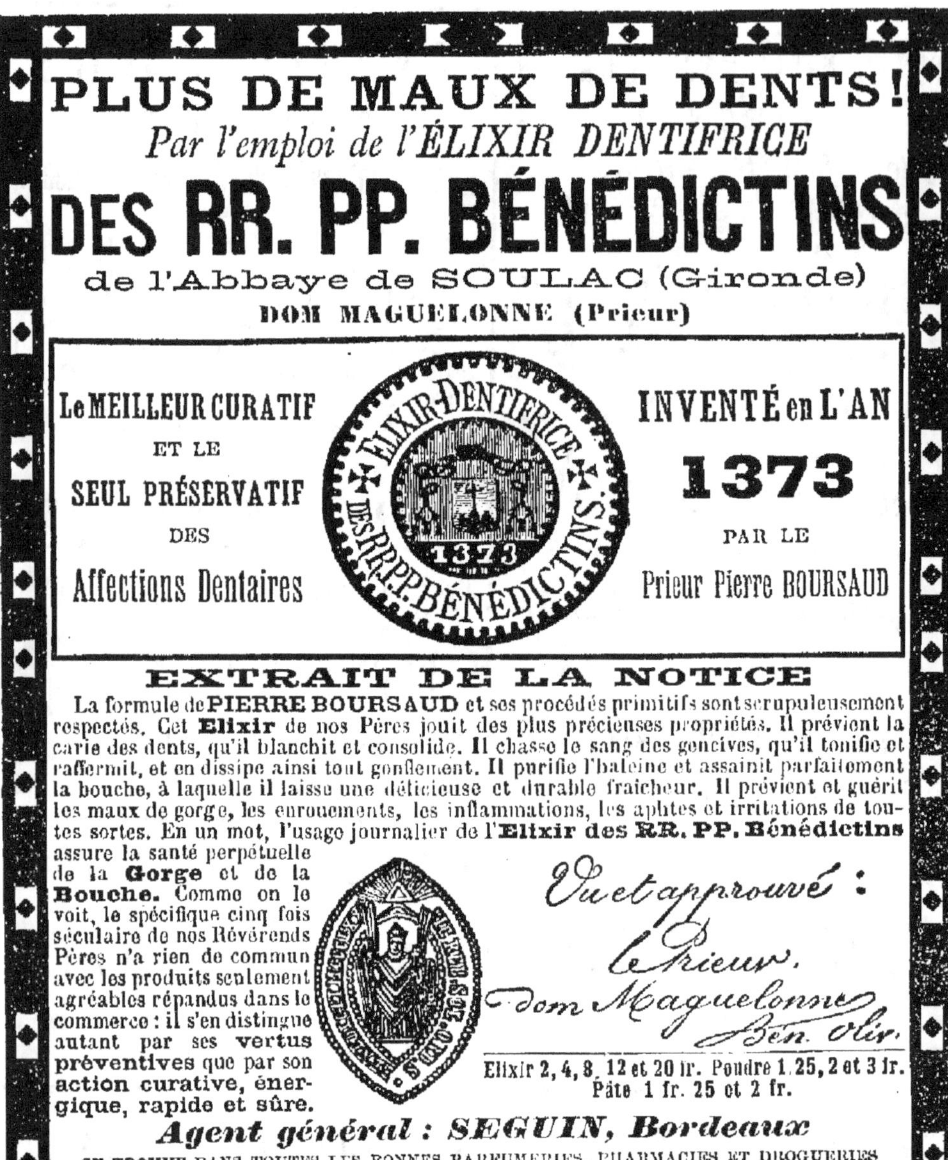

FABRIQUE DE TOILES MÉTALLIQUES

L. LESCURE

Breveté S. G. D. G.

A LA COURONNE (Charente)

Toiles spéciales pour parcs à huîtres galvanisées avant et après fabrication, Grillages galvanisés, pointes, conduites, etc., etc.

USINES A LA COURONNE, AUX RICHARDIÉRES, A NEUZAC ET A CLAIX

PRIX MODÉRÉS

Bordeaux. — Imprimerie G. GOUNOUILHOU, rue Guiraude, 11.

5me année.   No 4 (2me série)   1er Août 1889.

REVUE

DES

PÊCHERIES MARITIMES

L'EXPOSITION DE 1889

C'est la classe 77 qui a surtout le don de nous retenir, c'est en effet notre exposition à nous. Dans mon précédent article, j'ai été obligé de faire une visite rapide de la classe, une visite presque aussi rapide que celle qu'a faite le chef de l'État. J'ai donc dû oublier de citer un certain nombre d'exposants et même des plus intéressants. C'est ainsi que j'ai oublié de parler de M. Charles Vincent, l'honorable vice-président de la Société ostréicole du bassin d'Auray, dont les parcs de Bagatelle sont un modèle du genre; M. Charles, de Lorient, un ancêtre en ostréiculture. M. Charles Eyanno, le collaborateur et l'associé de feu le Dr Gredy, un lauréat de toutes les expositions; M. Lecart, le représentant des huîtres si estimées de Pénerf; M. Boudet; M. Gestalin dont les excellentes huîtres de Bélon ont été présentées au Président, d'un commun accord, comme la perle et l'honneur de l'ostréiculture fran-

çaise; et bien d'autres encore que, malgré une nouvelle visite à la classe 77, j'oublie à regret; il faudrait certes publier tout le catalogue de la classe, car
tous les exposants ont tenté l'impossible pour faire
du pavillon de l'ostréiculture et de la pisciculture
un voyage agréable à travers les merveilles qui font
la gloire de notre magnifique exposition.

J'ai une rectification à apporter à mon précédent
article et je m'empresse de la faire. J'ai désigné
l'Union syndicale du Bassin d'Arcachon par ce titre
impropre : l'Union syndicale de La Teste : j'ai voulu
dire du quartier de La Teste, mais M. Vidal du
Plessis, l'honorable président de l'Union, me fait
justement remarquer mon erreur, c'est l'Union syndicale des ostréiculteurs du Bassin d'Arcachon que
j'aurais dû écrire. Cette erreur, je n'aurais pas dû
la commettre puisque l'inscription est écrite en
gros caractères au-dessus de l'exposition collective,
mais j'espère bien que les intéressés me la pardon-
neront, M. Vidal du Plessis lui-même dont je connais l'indulgence.

Je demande à terminer par une rapide description
du parc de MM. de Grangeneuve et Dasté dont j'ai
déjà présenté l'aquarelle.

Le parc a une contenance de dix hectares et demi.
Il découvre à chaque marée de trois à quatre heures
dans ses parties hautes, et dans ses parties basses il
ne découvre que de trois quarts d'heure à une heure
dans les fortes marées. Il est divisé en claires d'élevage, dans lesquelles sont placées 1,500 caisses
ostréophiles, en claires pour la croissance et l'engraissement, et en claires pour les expéditions.

Les claires sont construites de façon que l'eau

des plus élevées s'écoule successivement dans celles qui sont au-dessous jusqu'aux plus basses, ce qui établit un courant continu dans les claires pendant toute la durée de la marée. Ce courant est essentiel pour obtenir une prompte croissance, aussi bien dans les caisses que dans les claires. L'écoulement se fait par des *écluses artésiennes,* qui évitent les affouillements. La reproduction est recueillie sur 60,000 tuiles placées en ruches au bord de l'Estey d'Afrique et à Baouré.

L'aquarelle en donne une idée très exacte.

NINON DESVARENNES.

LE PARC DE M. GRENIER

Voici la description du parc modèle que M. Grenier, ancien maire d'Arcachon, un des plus importants ostréiculteurs du littoral, a exposé dans la classe 77, et devant lequel s'est longuement arrêté le chef de l'État :

Adossée au golfe de Gascogne, sise entre l'Océan et le Bassin d'Arcachon, une dune de sable court du nord au sud, au centre de laquelle et dans une lagune est situé le Maine-Beau, exploitation huîtrière dont les parcs sont alimentés par une lugue ou canal, qui amène l'eau de mer venant du Bassin. Vers la partie nord de la propriété on voit le phare ; vers la partie sud, la passerelle conduisant au débarcadère des bateaux à vapeur ; à l'ouest, une lisière de bois de pins, qui a une profondeur de un kilomètre et demi dans le sens de l'Océan ; à l'est, l'habitation appelée Maine-Beau, qui, pour l'exploitation des parcs, est pourvue d'un chemin de fer système Decauville et d'une chaudière pour coaltarer les caisses qui, chaque année, ont besoin d'être réparées. Les parcs s'étendent sur une longueur de 300 mètres environ, avec une largeur de 100 mètres, soit 6 hectares de superficie.

Mais, pour voir l'exploitation ostréicole dans son ensemble et au point de vue pratique, il faut se placer, comme pour le plan, en tournant le dos à la lugue ou canal par où arrivent les eaux salées à la marée montante. La première digue que l'on rencontre est pourvue de vannes s'ouvrant au flot, se fermant au jusant. Dans le premier carré se trouvent: 1° Les collecteurs, tuiles garnies de chaux ou de mortier, destinés à recevoir le naissain que, plus tard, on détroque pour mettre en caisse. 2° Les caisses ostréophiles, dans lesquelles sont renfermées les huîtres de détroquage, c'est-à-dire les huîtres toutes petites et fraîchement détachées des tuiles. Ces caisses ostréophiles contiennent une moyenne de 5,000 huîtres chacune, et, comme il y a 2,000 caisses, il se fait donc un élevage d'environ 10 millions d'huîtres.

Nous trouvons ici une seconde digue construite suivant le même système de vannes que la première. Dans ce deuxième carré se trouvent : 1° Les claires blindées destinées à assurer aux jeunes huîtres une protection contre les crabes et certains poissons, ennemis les plus redoutables de leur enfance. Les huîtres restent dans ces claires blindées jusqu'à dix-huit mois. Au bout de ce temps, celles qui atteignent la dimension de 5 centimètres de diamètre, ce qui les rend marchandes et propres à l'exportation pour l'élevage, sont transportées dans des compartiments d'un autre ordre.

2° Les compartiments, dont le fond forme une surface plane, et entourés d'une bordure. Là les huîtres reposent sur le sable, classées par catégories d'âge et de grosseur. Quand les huîtres de dix-huit mois ont, dans ces claires blindées, acquis une grosseur de 5 centimètres et au-dessus, on les transfère dans de nouveaux compartiments. A l'âge de deux ans, elles sont l'objet d'un nouveau triage, à l'issue duquel ou bien on les livre à l'exportation, ou bien on les répand dans des claires d'élevage d'où elles ne sortent plus que pour être livrées à la consommation.

Le parc est clos enfin par une dernière digue qui, en s'étendant d'une côte à l'autre, forme un réservoir à écluses pouvant garder une quantité d'eau suffisante pour permettre d'établir un courant continuel sur toute l'étendue du parc, d'une vitesse de 3 nœuds dans les petites marées et d'une vitesse bien supérieure dans les marées de syzygies. Car toute l'eau qui arrive des escourres situées au delà de la passerelle, descend vers le réservoir avec abondance et rapidité, de telle sorte que le parc est toujours couvert d'eaux vives pendant les huit heures qui séparent deux marées, laps de temps durant lequel toute la côte et l'extérieur du parc restent à sec.

Voilà, très brièvement exposés, à l'aide du plan en regard, le mécanisme et l'application du système qui a permis à M. F. Grenier d'utiliser pour la première fois les parcs élevés. On peut estimer qu'il y a là une découverte, une précieuse invention qui fera faire de très grands progrès à l'ostréiculture.

La pêche du Homard à Terre-Neuve.

Nos lecteurs trouveront peut-être quelque intérêt à connaître les conditions dans lesquelles s'exerce cette industrie.

C'est en 1885 que le chef de la division navale française signala à l'administration les ressources merveilleuses qu'on pouvait tirer de la capture des homards : les industriels anglais établis sur le French Shore avaient mis, depuis longtemps, à profit l'exploitation de la pêche de ces crustacés.

Venus de l'île du Prince-Édouard et du cap Breton, ils avaient élevé des usines dans les baies de la côte nord-ouest et de la côte est de l'île. A Port-Swender notamment, une usine anglaise avait pêché 800,000 homards en deux mois et était obligée de restreindre la pêche afin de permettre le fonctionnement régulier de la mise en boîte. Rien de plus simple, d'ailleurs, que la pêche de ces crustacés et la préparation des conserves. Un pêcheur, seul dans un canot, jette à l'eau une série de casiers demi-cylindriques en lattes, à claires voies, avec une ouverture latérale au centre de laquelle on suspend une tête de morue. Les homards attirés par cet appât dont ils sont très friands, pénètrent dans le casier et n'en peuvent plus sortir une fois entrés. Lorsque le pêcheur a déposé son dernier casier, il va relever le premier qu'il remonte avec une douzaine de homards. Il les recueille, amorce de nouveau, remet le casier à l'eau et continue ainsi sa tournée sans interruption.

Pendant le mois de juillet, sur un espace de trois kilomètres, on peut en pêcher 10,000 par jour. Les homards sont rapportés à l'usine ; on les verse dans de vastes chaudières pleines d'eau bouillante ; on remue avec un bâton armé d'un filet à mailles métalliques. Dès qu'ils sont cuits, on les égoutte et on les range sur des tables placées le long du mur de la pièce. Une fois refroidis, un homme les dépèce avec un couperet ; la chair est portée à des femmes qui en remplissent des boîtes en fer-blanc. Les boîtes sont pesées ; on soude le couvercle en y laissant un trou ; enfin on les dépose sur des plaques percées entourées d'eau bouillante ; après quelques instants de cuisson on ferme le trou par une goutte de soudure et la conserve est terminée.

Nos armateurs devaient bientôt être incités à tenter une entreprise qui présentait des avantages si considérables ; le port de Saint-Servan fut le premier à organiser une « homarderie » à Terre-Neuve en 1887. Les résultats de la première année furent satisfaisants : vingt hommes montant dix chaloupes, plaçaient et relevaient 280 casiers par jour ; chacune de ces chaloupes rapportait en moyenne 350 homards par jour et parfois davantage.

Le gouvernement ne négligea rien pour encourager ces entreprises ; il affranchit de tous droits, à l'entrée, les boîtes de conserve provenant de la fabrication française à Terre-Neuve, alors que les boîtes similaires anglaises payaient 10 fr. par 100 kilog. De plus, les commandants de la division navale recevaient les ordres les plus précis pour soutenir, aider, protéger ceux qui entreprenaient l'industrie naissante. Ils avaient notamment reçu des instructions toutes spéciales pour résister aux prétentions des Anglais ou des Terre-Neuviens qui voudraient s'opposer aux installations de nos nationaux sur le « French Shore ».

LA PÊCHE DANS LE 4ᵉ ARRONDISSEMENT MARITIME EN 1888

Statistique *(suite)*.

La Rochelle. — La pêche en bateau a occupé 813 hommes et 387 bateaux. Elle a produit 1,581,774 fr.; soit en plus, sur les résultats de 1887, 213,674 fr. La pêche à pied occupe 2,637 personnes, elle a produit 197,535 fr., soit 13,825 fr. de plus qu'en 1887.

En outre, les bateaux bretons et normands ont vendu à la criée, à La Rochelle, pour 1,825,000 fr. de poissons.

Les maquereaux ont reparu sur les côtes. La récolte des moules, la pêche des crevettes et les huîtres portugaises ont été plus abondantes que l'année passée. Il est sorti des parcs, claires et viviers 3,620,000 huîtres indigènes d'une valeur de 190,875 fr. Les réservoirs à poissons ont fourni une valeur de 291,500 fr.

Rochefort. — La pêche en bateau occupe 443 hommes et 115 bateaux. Elle a produit 527,982 fr., soit 66,147 fr. de moins qu'en 1887. La pêche à pied occupe 460 personnes et a produit 224,500 fr., soit en plus que l'année précédente 17,100 fr.

Deux bateaux de Fouras ont fait avec succès la pêche du maquereau.

La pêche du poisson frais est moins abondante, le dépeuplement constaté par les pêcheurs est attribué en partie à ce que les filets des gros bateaux restent de dix à douze heures à la traîne et font une véritable râfle. On trouve dedans, quand on les lève, beaucoup de petits poissons étouffés. Les bateaux à vapeur empêchent le poisson d'arriver dans les coureaux en aussi grand nombre. La courtine est un engin destructeur, le produit de cette pêche a diminué.

Les huîtres portugaises continuent d'envahir chaque année davantage, au grand détriment de l'huître indigène.

L'huître portugaise se modifie et s'améliore, elle prend une forme plus plate et plus arrondie, son goût devient moins âpre.

Il est sorti des parcs et viviers 80,000 huîtres indigènes d'une valeur de 3,500 fr., et 21,500,000 portugaises d'une valeur de 36,000 fr. Des réservoirs à poissons et à moules il est sorti 90,500 fr. de marchandises. Les moules seules ont produit 90,000 fr.

Marennes. — La pêche en bateau occupe 548 hommes et 319 bateaux. Elle a produit 710,390 fr., soit 26,917 fr. de plus qu'en

1887. La pêche à pied occupe 2,500 personnes et a produit 137,315 fr., soit 44,747 fr. de moins qu'en 1887.

La pêche a été contrariée par le mauvais temps, la sardine n'a pas paru sur la côte d'Arvert. La pêche des huîtres sur le banc de Charret a été magnifique; mais les dragages ayant plus donné qu'en 1887, la pêche à pied a été moins fructueuse.

Les huîtres indigènes ont donné 50,675,000 d'une valeur de 2,294,375 fr., nombre moins élevé qu'en 1887 mais plus rémunérateur. Les huîtres portugaises ont donné 34,466,000, d'une valeur de 314,354 fr.

Il est sorti des réservoirs à poissons une valeur de marchandises de 108,775 fr.

Ile d'Oléron. — La pêche en bateau occupe 457 hommes et 179 bateaux. Elle a produit 137,439 fr., soit 248,861 fr. de moins qu'en 1887. La pêche à pied occupe 4,050 personnes; elle a produit 345,700 fr., 18,800 fr. de plus que l'année précédente.

On constate un abaissement énorme du prix de la sardine qui de 20 fr. le mille en 1887 est tombé à 5 fr. en 1888. Les pêcheurs ne trouvaient pas d'acheteurs même à ce prix, à cause de la grande abondance de ce poisson sur toute la côte; ils ont dû se contenter de ne prendre que ce qui était nécessaire à la consommation dans l'île.

Les huîtres ont produit : indigènes, 6,000,000, valant 270,000 fr. ; portugaises, 98,000,000, valant 987,000 fr. Situation bonne.

On a sorti des réservoirs à poisson une valeur de 60,000 fr.

Ile de Ré. — La pêche en bateau occupe 415 hommes et 169 bateaux; elle a produit 349,785 fr., 19,083 fr. de moins qu'en 1887. La pêche à pied occupe 8,520 personnes; elle a produit 308,271 fr., soit 11,679 fr. de plus qu'en 1887.

La pêche du maquereau a été aussi peu fructueuse que l'année dernière. Ce poisson semble tendre à disparaître de nos côtes. La pêche du thon, presque nulle, pourrait être attribuée aux grandes séries de calme qu'on a constaté pendant la durée de la pêche. Le banc de pétoncles, très appauvri, est presque dépeuplé, mais les coquillages pêchés ont été vendus un prix plus rémunérateur. Les moules sont employées pour l'engrais des terres.

Les huîtres ont produit: indigènes, 4,800,000, valant 72,600 fr.; portugaises, 15,000,000, valant 127,500 fr. Les résultats sont satisfaisants.

Sables-d'Olonne. — La pêche en bateau occupe 2,620 hommes et 592 bateaux. Elle a produit 1,920,972 fr., soit en moins qu'en

1887, 166,378 fr. La pêche à pied occupe 398 personnes et a produit 20,865 fr., 3,165 fr. de moins que l'année passée.

Faute de débouchés, la quantité de sardines détruites est incalculable. La pêche du thon a été plus favorisée cette année. L'emploi du chalut prend plus d'extension.

Les huîtres ont produit : indigènes, 6,200,000, valant 248,000 fr.; les portugaises, néant. L'industrie ostréicole prend un certain développement, l'huître est demandée à Londres et en Belgique.

Marans. — La pêche en bateau occupe 260 hommes et 190 bateaux. Elle a produit 474,166 fr.; 3,060 fr. de moins qu'en 1887. La pêche à pied a produit 17,345 fr., 4,514 fr. de plus qu'en 1887.

Les moules ont donné 44,820 hectolitres, vendus 428,920 fr.

Ile d'Yeu. — La pêche en bateau occupe 559 hommes, 160 bateaux. Elle a produit 274,834 fr., soit 41,219 fr. de moins qu'en 1887. La pêche à pied occupe 47 personnes et a donné 3,806 fr.

La pêche de la sardine, quoique plus abondante, a moins rapporté. La pêche du maquereau et de l'anchois ne donne plus et est pour ainsi dire abandonnée. Celle du thon a été peu avantageuse. La pêche des autres espèces a donné de bons résultats.

Saint-Gilles-sur-Vie. — La pêche en bateau occupe 726 hommes et 219 bateaux. Elle a produit 274,375 fr., soit 17,825 fr. de moins qu'en 1887. La pêche à pied occupe 120 personnes. Elle a produit 8,150 fr.; 5,200 fr. de moins qu'en 1887.

Comme aux Sables-d'Olonne, la pêche a été abondante, mais de grandes quantités ont dû être jetées faute de débouchés. La pêche des autres espèces a fourni de bons résultats.

Les huîtres donnent peu : indigènes, 17,500, valant 645 fr.. portugaises, 500, valant 12 fr.

Les réservoirs à poisson ont fourni 10,400 fr. de diverses espèces.

Saintes. — La pêche en bateau occupe 180 hommes et 108 bateaux. La pêche a produit 41,876 fr.; 403 fr. de plus qu'en 1887. La pêche ne se pratique que dans la Charente. L'industrie ostréicole est nulle dans ce quartier.

LA PÊCHE DE LA SARDINE

Nos correspondants particuliers nous annoncent que la pêche de la sardine va toujours son train. La moyenne aux Sables-d'Olonne a été, pour la quinzaine écoulée, de 6,000 sardines par bateau, 10 à 12 au quart, vendues 12 à 14 fr. le mille. Les usines paient 9 et 10 fr. le mille.

A Audierne, le poisson était plus beau, 7 à 8 au quart; les usines achetaient de 8 à 10 fr. le mille.

LA PÊCHE DU THON

Sur toute la côte, la pêche du thon donne beaucoup. Des Sables-d'Olonne on mande que les usines restreignent un peu leurs conserves de sardines pour faire d'importants achats de thon.

LA PÊCHE DE LA MORUE

Notre correspondant particulier de Bergen (Hollande) nous écrit :

« La tendance de notre marché aux huiles a été plus calme et les prix ont même un peu baissé.

» Nous cotons aujourd'hui : huile brune blonde, à 51 fr. ; dito blonde ordinaire, à 53 fr. ; dito blanche médicinale, à 55 fr. 50; dito blanche à la vapeur, à 75 fr. le baril, franco à bord. »

Bordeaux, 25 juillet.

Arrivages de la semaine :

Anna, avec 90,638 morues vertes, pesant 178,475 kil., pour compte bordelais.

Saturne, avec 116,153 morues vertes, pesant 202,290 kil., pour compte de l'armement.

Charles, avec 66,388 morues vertes, pesant 118,855 kil., pour compte de l'armement, vendu à livrer 20 fr. 50.

On a traité le solde du *Saturne* à 20 fr. 75, et celui de l'*Haydée* à 21 fr. les 55 kil.

Terre-Neuve.

Saint-Pierre-Miquelon, 25 juin. — Sont arrivés :

Navires du port de Fécamp : *Philémon*, c. Collinet, avec 40,000 morues ; *Ernest*, c. Allais, avec 40,000 morues ; *Louise*, c. Hubert, avec 40,000 morues ; *Jeanne*, c. Sorel, 42,000 morues ; *Normandie*, avec 40,000 morues ; *Jeanne-d'Arc*, c. Hermerel. — Le chasseur *Regina-Cœli*, c. Besson, avec 23,000 morues rondes pour 72,000 kil.

Navires du port de Saint-Valéry : *Jean-Agathe*, avec 29,000 morues ; *Château-Lafite*, avec 40,000 morues ; *Union*, avec 30,000 morues ; *Saint-Louis*, avec 24,000 morues (6,000 rondes, pesant 17 tonn., et 18,000 plates, pesant 30 tonn.).

Le 22 mai, le *Mercure* avait 6,000 morues.

Navires du port de Dieppe : 16 juin, *Prosper-Corue*, avec 11,000 morues ; 18 juin, *Duquesne*, avec 50,000 morues.

Islande.

Le croiseur *Château-Renault*, stationnaire à Islande, est arrivé le 1er juillet, à Leith, pour se ravitailler. Plusieurs lettres arrivées à Dunkerque nous font connaître les pêches suivantes du 1er au 15 juin :

Goélette *Belle-Dijonnaise*, c. Lemaire, 280 tonnes morues. Goélette *Marie-Juliette*, c. Halna, 310 tonnes morues. Goélette *Alerte*, c. Turbot, 320 tonnes morues. Goélette *Léontine*, c. Hars, 280 tonnes morues. Goélette *Irma*, c. Vanrast, 280 tonnes morues. Goélette *Émile-et-Louise*, c. Bernard, 280 tonnes morues. Goélette *Espérance*, c. Besnard, 280 tonnes morues. Goélette *Schotter-Hof*, c. Évrard, 160 tonnes morues. Goélette *Julie*, c. Turbot, 160 tonnes morues. Goélette *Wardot*, c. Canis, 150 ton. morues. Loug. *Hirondelle*, c. Pourre, 120 ton. morues.

Le temps généralement beau pendant la première période de la campagne a facilité les opérations.

Tous les bâtiments attachés tant au port de Dunkerque qu'à celui de Gravelines ont été vus sur les lieux de pêche ; les dégâts éprouvés pendant la première moitié de la campagne se bornent à des avaries insignifiantes à la voilure.

NOUVELLES DIVERSES

Le total des entrées de l'Exposition a atteint, pour les dix premières semaines, 7,991,806. La différence avec les entrées correspondantes de 1878, dont le total était de 4,322,558, est donc de 3,669,248.

— Les journaux de Liverpool racontent que le vapeur *Dodo*, qui venait d'arriver de la côte occidentale d'Afrique, où il avait séjourné pendant quelques années, est entré dans la cale sèche de la Reine à Liverpool, le 11 mai au soir, et qu'aussitôt la cale vidée on s'aperçut que toutes ses œuvres vives étaient couvertes d'huîtres. Beaucoup de ces bivalves étaient de grande dimension et paraissaient très frais. La nouvelle s'en répandit rapidement et, peu après, on voyait arriver un grand nombre d'hommes et de femmes avec des paniers, des sceaux et autres récipients pour débarrasser le navire de ces étranges passagers. Les huîtres ont été trouvées excellentes et ont fait la joie des familles d'ouvriers qui les ont recueillies. Le lendemain matin, il n'en restait plus que quelques-unes collées sur la carène, mais celle-ci présentait un aspect si bizarre que les armateurs du *Dodo* firent venir un photographe qui prit plusieurs vues du navire. A part les huîtres, la carène fut trouvée en bon état.

— La *Gazette officielle* d'Espagne, du 23 juillet, publie un décret royal interdisant la vente des huîtres de provenance étrangère pendant les mois de mai à octobre.

— Le relevé des recettes de l'octroi de Paris, arrêté au 14 juillet, donne un produit de 78,560,508 fr. 94 contre 73,255,050 fr. 66 en 1888, ce qui donne une augmentation pour 1889 de 5,305,458 fr. 38.

Les droits d'entrée pour la même période ont atteint 39,758,354ᶠ 09, tandis qu'ils ne s'étaient élevés qu'à 36,774,664ᶠ 54 en 1888, d'où un accroissement de 3,013,689ᶠ 58 pour 1889.

LE SAUMON DE CALIFORNIE

M. Alfred Lamouroux a donné au Conseil municipal de Paris communication d'une note des plus intéressantes fournie par M. Jousset de Bellesme, sur les essais d'acclimatation du saumon de Californie, poursuivis à l'Aquarium du Trocadéro, depuis 1884.

En constatant les progrès réalisés, le conseiller des Halles a demandé au Conseil de persévérer plus que jamais dans la voie d'expérimentation pratique, qu'il avait inaugurée, en dotant le pays d'une source de richesses, précieuse pour notre alimentation nationale.

Voici la note de M. Jousset de Bellesme :

L'acclimatation d'une espèce animale dans un milieu nouveau est toujours une œuvre de longue haleine, et, lorsque l'Aquarium municipal a entrepris d'introduire et de multiplier dans nos eaux le saumon de Californie, il ne s'est pas fait d'illusion à cet égard.

Depuis le mois de juin 1885, 20,000 alevins de ce saumon sont répandus chaque année dans les stations choisies parmi les affluents de la Seine. Or, il faut environ trois ans à un saumon vivant en liberté pour se reproduire. On ne pouvait donc guère obtenir de résultats bien concluants avant une dizaine d'années. Ce n'est qu'au bout de ce laps de temps qu'on pouvait espérer légitimement voir les efforts de l'Aquarium couronnés d'un plein succès.

Dès à présent, cependant, certains faits très caractéristiques se produisent, présageant avec certitude le succès final de cette entreprise et assez importants pour nous engager à les produire devant le Conseil.

Souvent, en effet, cette question a été posée : Nous mettons des saumons de Californie dans le bassin de la Seine, que deviennent-ils ? Ne sont-ils pas emportés, disséminés, détruits ? Les pêche-t-on ? Ce travail n'est-il pas fait en pure perte ?

Voici la réponse à ces questions.

La première mise en liberté de saumons de Californie, dans les affluents de la Seine, a eu lieu en juin 1885. Dès le mois de novembre de la même année, M. Vacher fils, pisciculteur et minotier à Évreux, signalait à l'Aquarium la reprise de quelques-uns de ces poissons dans l'Iton. Lâchés en juin à 10 centimètres, ils avaient en novembre de 22 à 25 centimètres.

L'année suivante, M. Samson, usinier et maire à Saint-Germain-des-Angles (Eure), pêchait dans l'Iton également des saumons dont les uns mesuraient 30 centimètres et les autres 35 centimètres.

Dans la Marne, M. Georges Ohnet pêchait en 1887 un saumon de Californie mesurant 40 centimètres. Il devait appartenir aux colonies qui furent lâchées dans le Grand-Morin et le Petit-Morin en 1885.

La même année, M. Bridoult, notaire à Montargis, signalait dans le Loing la reprise de saumons de Californie mesurant aussi 40 centimètres. Ils avaient été mis dans cette rivière en 1885.

Il est évident que beaucoup de ces saumons ont été repris par des pêcheurs qui n'ont pas jugé à propos de porter leur pêche à la connaissance de l'Aquarium.

Dans la petite rivière qui traverse les Andelys, le Gambon, des colonies de saumons ont été déposées en 1886. Quelques-uns de ces poissons, trouvant sous un pont des conditions d'existence favorables, se sont cantonnés dans cet endroit et y ont prospéré.

On les y voyait encore l'été dernier, et le fait m'avait été signalé par M. Morin fils, qui avait bien voulu servir de correspondant à l'Aquarium et suivre le résultat de l'empoissonnement du Gambon. Ces poissons avaient été lancés dans cette rivière en juillet 1886. Ils avaient à cette dernière date six mois, et leur taille était de 10 centimètres. Or, les mêmes saumons que tous les habitants des Andelys ont pu voir ainsi, et qui étaient, pour ainsi dire, visibles tous les jours, avaient, en juillet 1888, atteint la taille de 60 centimètres environ. Ce fait a été bien observé et possède, par conséquent, la valeur d'une expérience directe d'élevage en liberté.

Un second fait porté récemment à notre connaissance est encore plus probant. Un notaire de Paris, grand amateur de sport nautique, possède à Marly un équipage de pêche. Ni lui ni son pêcheur, véritable loup de mer de la Seine, ne connaissaient les essais d'acclimatation du Trocadéro. Le 24 juin 1888, un coup d'épervier donné en avant de la machine de Marly ramenait un poisson de grande taille qui ne fut reconnu, ni par le pêcheur de M. Dupuis ni par les autres pêcheurs des environs accourus à cette nouvelle, pour appartenir aux espèces que l'on prend habituellement dans nos eaux. Il ne pouvait être pris pour une truite, mais ressemblait assez au saumon et fut baptisé saumon par les pêcheurs qui témoignèrent toutefois qu'il n'avait pas l'apparence du saumon commun.

Ce poisson fit les délices de nombreux convives, mais, quand on procéda à son autopsie culinaire, la surprise fut très grande de trouver la chair de cet animal d'un blanc tirant légèrement sur le jaune, couleur que ne présente jamais le saumon commun, mais qui est précisément caractéristique du saumon de Californie. Du reste, cette chair, d'après la note de M. Dupuis, était excellente, entièrement délicate et d'un goût très fin.

Ce n'est que tout dernièrement que M. Dupuis eut connaissance de l'élevage qui se pratique au Trocadéro par l'intermédiaire d'un propriétaire, amateur très distingué de pisciculture, M. de Courcy, lequel veut bien servir de correspondant à l'Aquarium pour l'empoissonnement de l'Iton. M. de Courcy, en apprenant les détails qui lui furent donnés par M. Dupuis, eut immédiatement l'idée que le poisson capturé n'était autre qu'un des saumons de Californie lâchés dans les affluents de la Seine par l'Aquarium. La chose lui paraissait vraisemblable parce qu'il est difficile d'admettre que ces pêcheurs de profession n'aient pas reconnu une truite si ce poisson en était une. Ils eussent également reconnu très bien un saumon ordinaire. De plus, la coloration spéciale de la chair de ce saumon frappa également M. de Courcy et lui donna à penser qu'il ne s'agissait pas du saumon commun.

Il existe assurément dans la Seine certains saumons qui ont la chair moins colorée que d'autres, mais jamais au point de devenir blanche, et de plus cette coloration partielle ne s'observe que sur des sujets malades ou sur des femelles épuisées par une ponte abondante. Or, le 22 juin n'est nullement une époque de ponte puisque celle-ci a lieu en décembre, c'est au contraire le moment où les saumons présentent la meilleure qualité de chair, et celui dont nous parlons était précisément en très bonne condition. On ne peut donc admettre que ce fût un *salmo salar*.

Mais, s'il pouvait rester sur la personnalité de ce poisson quelques doutes, ils s'évanouiraient devant la précaution que M. Dupuis a prise sans penser qu'elle deviendrait par la suite une véritable pièce à conviction. Retirer de ses filets un aussi beau poisson est un événement dans la vie d'un pêcheur. Dans l'allégresse du triomphe, le poisson fut suspendu devant une toile entourée de fleurs, et l'objectif du photographe fit son office.

Un exemplaire de cette photographie nous a été communiqué; bien que l'épreuve manque un peu de netteté, il est cependant facile de reconnaître la pigmentation spéciale du dos de saumon de Californie et la forme particulière de son opercule, qui très heureusement se trouvait soulevé. La forme générale du corps, moins fusiforme que celle du *salmo salar*, répond parfaitement à la forme des saumons qu'élève l'Aquarium. Si l'on joint à ces caractères la couleur blanche de la chair, on peut affirmer que le poisson capturé à Marly est authentiquement un *saumon de Californie*.

Or, nous n'avons point parlé jusqu'ici de son poids ni de sa taille, parce que c'est là précisément ce qu'il y a de plus surprenant et de plus instructif dans cette capture. Le salmo Quinnat pêché par M. Dupuis, le 24 juin 1888, mesurait *un mètre cinq centimètres* et pesait *dix kilogrammes*.

Or, le premier lancement de poissons de cette espèce effectué dans le bassin de la Seine ne remonte, comme on l'a vu, qu'au mois de juillet 1885. Ce saumon n'avait donc que trois ans. Il était sensiblement plus grand que ceux que l'on obtient à l'Aquarium dans un pareil laps de temps. Cependant les saumons du Trocadéro atteignent déjà en trois ans la taille de 80 centimètres. S'ils ne la dépassent pas, cela tient certainement à l'état de captivité et aux conditions défectueuses du milieu où ils vivent.

Il est probable que le saumon de Marly se sera cantonné dans une partie du fleuve riche en petits poissons et aura grandi rapidement, grâce à une abondante nourriture. Dans le Sacramento, cette espèce atteint fréquemment le poids de 20 kilogrammes.

Ces essais ne peuvent que nous engager à persévérer dans nos efforts pour arriver à des résultats vraiment pratiques, qui feront descendre les salmonides des régions aristocratiques, où leurs prix actuels les maintiennent, à un niveau tout à fait démocratique leur permettant d'entrer dans l'alimentation des masses. Augmenter la production nationale et arriver à un bon marché relatif d'une denrée de luxe, c'est là un but digne assurément de la sollicitude du Conseil municipal élu de la grande ville.

C'est par cette juste considération que M. Lamouroux termine sa communication. **L. G.**

OSTRÉICULTURE

On nous écrit d'Auray :

« En ce moment, la pose des collecteurs est terminée, mais la récolte s'annonce très mal, on ne voit pas encore de naissain. »

Rapport

Au Ministre de la marine, par M. Bouchon-Brandely, inspecteur général des pêches maritimes, sur l'ostréiculture et l'état des bancs naturels d'huîtres en Bretagne.

Paris, le 25 mai 1889.

MONSIEUR LE MINISTRE,

La tournée d'inspection que j'ai récemment effectuée sur les côtes de la Bretagne, conformément à vos instructions, visait un double objectif : la recherche de points favorables aux essais que vous avez bien voulu me charger de faire sur l'élevage des huîtres à l'aide d'appareils établis d'après un système nouveau permettant d'utiliser les courants et les épaisseurs d'eau ; l'étude des mesures auxquelles il conviendrait de recourir tant pour arrêter le dépeuplement que pour améliorer l'état de ceux de nos gisements huîtriers naturels qu'il importe de préserver et de conserver.

Saint-Malo. — La Rance, rivière aux eaux vives et fécondes, où résidaient, il y a moins d'un demi-siècle, des bancs d'une rare fécondité, nous a paru, à M. le commissaire Deschard et à moi, éminemment propice aux essais projetés et à des tentatives de repeuplement. Chacune de ses deux rives, sur une longueur de près de 20 kilomètres, présente maints endroits convenant admirablement à la création d'établissements ostréicoles étendus et au placement des appareils que nous voulons soumettre à l'expérimentation. Et si, comme le portent à espérer les résultats déjà obtenus à Paimpol, Vannes et Auray, la méthode que nous cherchons à préconiser venait à réussir dans la Rance, un champ nouveau et très vaste d'exploitation serait immédiatement ouvert à l'activité de nos populations maritimes : elles cultiveraient là, avec un succès que la composition des eaux et la nature du sol laissent prévoir, des huîtres ne le cédant en rien, comme qualité et comme beauté, aux huîtres si justement réputées et si haut cotées de la baie du Mont-Saint-Michel (¹).

Après exploration des fonds et étude des courants, il a été convenu que des appareils du nouveau modèle seraient mouillés au voisinage du banc du Néril : les uns, fixés au sol en des endroits où les courants règnent avec intensité — car un des points de notre programme consiste, ainsi qu'il est dit plus haut, à mettre à profit les éléments de nutrition que les courants charrient sans cesse avec eux ; — les autres, suspendus à des corps flottants : bouées, radeaux, etc., et disposés par étages, dans l'épaisseur des eaux, de façon à en utiliser les diverses couches ; en un mot, ce que nous avons cherché, c'est d'accumuler sur un point déterminé le plus grand nombre possible d'huîtres et, par ce mode de culture intensive s'exerçant sur des emplacements judicieusement choisis, à réduire les frais de main-d'œuvre qui pèsent si lourdement sur l'industrie ostréicole et en paralysent l'essor.

M. Deschard, qui avait bien voulu se charger de faire construire les radeaux et de disposer les appareils, nous a fait savoir que ceux-ci avaient été placés le 2 avril sur les points désignés.

Quelques mots, maintenant, sur la situation actuelle des gisements naturels de la Rance.

De ces gisements naguère si prospères il ne reste plus que des fragments à peu près ruinés, mais non dépourvus de vie. Le banc du Néril a seul résisté. Comme ailleurs, comme partout, les pêches à outrance ne sont pas étrangères à cet état de choses ; mais des circonstances particulières et d'ordre naturel l'ont encore aggravé, entre autres, l'action corrodante des eaux qui aurait, prétend-on, reculé les limites du cordon littoral de plusieurs centaines de mètres, en un espace de temps relativement restreint, sur cette portion de la côte bretonne.

La Rance n'est pas moins une rivière de premier ordre au point de vue spécial qui nous intéresse en ce rapport. Elle offre une réserve disponible dont l'ostréiculture, trop à l'étroit dans le domaine présentement dévolu à son activité, à ses transfor-

---

(¹) Des spécimens provenant des appareils d'élevage mouillés dans la Rance nous ont été adressés depuis la présentation du présent rapport, le 2 ou 3 juin dernier. Nous avons pu constater que la plupart avaient grandi de 20 à 25 millimètres en l'espace d'un mois environ de pousse.

mations diverses, à ses progrès, viendra, un jour prochain,
solliciter la fertilité. Ses gisements ne sont point définitivement
perdus : des essais tentés par M. le chef du service de la marine
à Saint-Servan et par ses prédécesseurs, des faits observés par
eux au cours de leurs expériences et signalés au département,
ressort manifestement la preuve que la reconstitution en serait
obtenue à courte échéance, cela par le repos prolongé et par
une surveillance active, et sans que l'administration eût à
supporter d'autres dépenses que celles lui incombant aujourd'hui
et celles tout à fait insignifiantes qui résulteraient pour elle de
la préparation et de la dispersion de collecteurs sur les bancs à
régénérer.

Le long de la côte, entre Saint-Servan et Saint-Briac, se montrent çà et là des agglomérations huîtrières dont l'importance
ne saurait être grande, car nos pêcheurs en dédaignent l'exploitation.

Quelques coups de dragues donnés par un bâtiment de l'État
démontreraient promptement la valeur de ces colonies isolées,
dans lesquelles d'aucuns croient retrouver les vestiges de bancs
puissants, aujourd'hui disparus.

Saint-Brieuc. — La baie de Saint-Brieuc est restée ce qu'elle
était au moment où M. Coste y entreprit ses premiers essais,
qui furent, on le sait, le point de départ de l'ostréiculture en
France. Ses gisements huîtriers, dont il ne reste que des traces,
présentent pourtant tous les signes d'une robuste vitalité, due
bien évidemment à l'excellence des fonds. Déclassés depuis
longtemps et livrés conséquemment aux excès du dragage, la
vie, sur les points oubliés des pêcheurs, reparaît tout à coup. Ils
se régénéreraient sans doute d'eux-mêmes si on leur en laissait
le temps; mais on se demande si les frais de surveillance que
cela entraînerait ne seraient pas hors de proportion avec le but
à atteindre.

Paimpol. — Dans le quartier de Paimpol, l'huîtrière de
Toul-an-Houllet, de toutes celles qui jadis allaient s'échelonnant
de l'embouchure du Trieux à Pleudaniel, est la seule qui subsiste encore. Les produits en sont fort estimés. L'huître du
Trieux vaut l'huître de Tréguier : on prétend qu'elle en est la
fille immédiate. Selon la légende, légende sujette à caution, la
rivière du Trieux aurait, il y a plus d'un siècle, été peuplée
d'huîtres au moyen d'emprunts faits à la rivière de Tréguier.
Ne discutons pas la légende et bornons-nous à constater, à leur
avantage réciproque, les analogies frappantes qui existent entre
les deux races de mollusques. Le banc de Toul-an-Houllet est

aujourd'hui en train de se reformer grâce aux mesures judicieuses qu'a prises à son endroit l'administrateur actuel du quartier, M. Jacques-Leseigneur. J'exprimerai, à ce propos, le vœu que les propositions si sages, formulées en ses rapports au département par cet administrateur, au sujet de la gestion des huîtrières, reçoivent la sanction ministérielle, dont elles me paraissent dignes.

Comme la plupart des rivières maritimes de la Bretagne, le Trieux convient à la pratique de l'ostréiculture. Quelques parcs y ont été établis. Les détenteurs qui les exploitent, non sans avantage, verraient accroître leurs bénéfices si, plus au courant des méthodes de culture consacrées par l'expérience, ils substituaient ces méthodes rationnelles aux procédés vraiment rudimentaires auxquels ils ont recours. Leur industrie se borne à soigner pendant un temps très limité les huîtres que la drague autorisée et la fraude aussi, pour quelques-uns du moins, déversent dans leurs établissements, et à les vendre, la saison venue, principalement aux consommateurs de la région. Le souci de l'amélioration de l'huître par le parcage, le soin de recueillir le naissain aux époques des émissions, la préoccupation d'étendre leur commerce et de se créer des débouchés, sont choses dont ils ne s'inquiètent guère. A vrai dire, ne sont-ils pas plus avisés qu'on pourrait le supposer *a priori* en restreignant leur ambition à la satisfaction des besoins locaux, étant donnés et la concurrence contre laquelle ils ne pourraient lutter, et l'éloignement des centres d'écoulement, et les difficultés et surtout la cherté des transports? Assurément, ils ont pensé à tout cela.

Un appareil d'élevage a été immergé en avant du pont de Lézandrieux, vers la fin du mois d'avril dernier, par les soins de M. le commissaire de Paimpol. D'après les vérifications faites au commencement de juin, sur deux cents huîtres soumises à l'expérience, deux seulement ont péri; la pousse s'est traduite par une augmentation de taille variant entre 16 et 22 millimètres.

Tréguier. — Les huîtres de Tréguier jouissaient à bon escient d'une réputation qui aurait certainement franchi les limites de la contrée bretonne si, au temps où on les pêchait en abondance, l'envoi hors pays n'eût pas présenté des difficultés presque insurmontables.

Rennes les connaissait encore; plus loin que Rennes, on en parlait comme on parlait alors d'un fruit exotique renommé par sa succulence, mais figurant rarement sur la table.

C'est que l'huître de Tréguier trouverait difficilement sa pareille. Un peu plus grande, à son maximum de développement, que l'huître d'Ostende, elle renferme dans ses valves, creusées à l'intérieur, bombées à l'extérieur, un animal qui ne le cède en rien, sous le rapport du goût, à sa congénère de Belgique.

Elle vient ainsi naturellement, sans qu'il soit besoin de recourir à l'éducation spéciale dont cette dernière est l'objet. On conçoit, dès lors, l'intérêt que doivent attacher les Trécorois à la conservation d'huîtrières si privilégiées. Le bruit ayant couru, ces temps derniers, qu'elles étaient menacées de disparaître, deux des plus illustres enfants de la Bretagne me firent l'honneur de me transmettre leurs appréhensions à cet égard, me demandant, en leur amour de la tradition auquel, est-il besoin de le dire, des préoccupations gastronomiques personnelles sont étrangères, d'appeler sur elles la sollicitude de l'administration maritime.

On leur avait dit que depuis la construction du nouveau pont de Tréguier les gisements s'acheminaient vers une ruine définitive; que les huîtres étaient toutes malades, qu'elles dépérissaient, que sans tarder elles cesseraient même de se reproduire. Telle n'est pas l'exacte vérité.

Au moment où l'on construisit le pont, la chaux employée dans les travaux occasionna, chose inévitable, non seulement la mort de beaucoup de ces mollusques, mais aussi celle de très nombreux poissons. Mais j'ajouterai que depuis longtemps, les effets nocifs de la chaux ont cessé de mettre en péril la vie des hôtes de la rivière de Tréguier. Et quant aux huîtres prétendues malades, celles-ci proviennent pour le plus grand nombre, non des bancs naturels, mais des centres ostréicoles d'où elles arrivent à l'état de naissain; c'est dans les parcs d'élevage et au contact d'une vase impure qu'elles contractent les apparences qu'on leur reproche et qui leur valent la déconsidération dont elles sont frappées.

Il n'est pas moins vrai que l'état présent des gisements de Tréguier laisse à désirer et réclame la particulière intervention du département de la marine.

Réfractaires aux conseils de l'administration, les pêcheurs trécorois n'ont pas su modérer leurs désirs; ils ont pêché, pêché avec excès, ne laissant aux gisements ni trêve ni repos. Leur imprévoyance a eu pour résultat d'anéantir les bancs du Guindy et de la rivière de Tréguier, d'appauvrir ceux du Jaudy d'une façon inquiétante. Mieux eut valu pour eux qu'ils s'en tinssent aux prudentes dispositions d'un arrêt de la Cour de Rennes, rendu vers 1750, suivant lesquelles la pêche des huîtres en rivière de Tréguier ne devait avoir lieu que tous les six ans, hormis les temps de carême, où deux ou trois bateaux étaient seuls autorisés à pratiquer la drague pour pourvoir à des besoins très peu considérables. Là, dans le respect de cet usage traditionnel, résidait la sagesse, car on avait reconnu qu'un repos de six ans est nécessaire aux gisements appauvris par une pêche générale pour réparer leurs pertes.

(A suivre.)

Chemin de fer d'Orléans.

EXPOSITION UNIVERSELLE DE 1889

A l'occasion de l'Exposition universelle de 1889, un train de plaisir sera mis à la disposition des populations du département de la Gironde, pour leur permettre de se rendre à Paris.

Ce train partira de Bordeaux-Bastide, le mardi 6 août à 8 h. 40 du matin.

Il desservira les stations comprises entre : Bordeaux, Bergerac, Libourne, Saint-Médard et les Églisottes.

Au retour, le départ de Paris aura lieu le mardi 13 août, à 11 h. 25 du soir. Toutefois, les voyageurs auront la faculté de partir de Paris soit par ce train, soit par le train n° 45 partant de Paris à 11 h. 25 du soir les 14, 15 et 16 août.

Prix des places aller et retour : de Bordeaux, Bergerac, Libourne, Saint-Médard, les Églisottes et des stations intermédiaires, à Paris, 2ᵉ classe, 40 fr. ; 3ᵉ classe, 28 fr.

La Compagnie ne pouvant disposer pour ce train que d'un nombre limité de billets, la distribution cessera dès que ce nombre sera délivré et au plus tard le 5 août à 6 heures du soir.

FÊTE DE L'ASSOMPTION
15 août 1889.

Extension de la durée de validité des billets aller et retour.

A l'occasion de la *Fête de l'Assomption*, les billets aller et retour qui seront délivrés à toutes les gares et stations du réseau d'Orléans, aux conditions du tarif spécial A n° 9, du samedi 10 août au mardi 13 dudit mois, seront valables pour le retour jusqu'aux derniers trains de la journée du vendredi 16 août.

Le Gérant, J. CHAPEAU (✶, ✶ ✶).

5me année.   N° 5 (2me série)   15 Août 1889.

REVUE

DES

PÊCHERIES MARITIMES

Notification de la loi d'amnistie du 19 juillet 1889, en ce qui concerne les délits et contraventions en matière de police d'inscription, de navigation et de Pêche Maritimes.

Le Ministre de la marine adresse aux autorités maritimes la circulaire suivante :

Messieurs,

Vous trouverez, ci-après reproduits, les articles 4 et 7 de la loi d'amnistie du 19 juillet 1889, publiée dans le *Journal officiel* du 21 juillet, et qui concernent les délits et contraventions en matière de police d'inscription, de navigation et de pêche maritimes.

L'amnistie accordée est pleine et entière. Elle comprend, non seulement les délits et contraventions dont les tribunaux n'ont pas encore été saisis, mais elle abolit, dans leurs conséquences les plus éloignées, toutes les peines déjà prononcées.

Le seules restrictions faites sont relatives aux frais de poursuite et d'instance, aux droits fraudés, restitutions, dommages-intérêts, aux sommes dues, en vertu des transactions souscrites par les contrevenants, aux droits des tiers et aux sommes versées dans les caisses de l'État.

La réserve des droits des tiers ne s'applique pas, d'ailleurs, à la part attribuée aux agents verbalisateurs sur les amendes prononcées.

Les marins du commerce, en état de désertion, devront, pour

pouvoir profiter de cette amnistie, se présenter, dans les délais fixés par l'article 4, devant les autorités maritimes coloniales, qui leur donneront acte de leur soumission. Lorsque les soumissions auront été reçues dans les colonies ou à l'étranger, elles devront m'être signalées, afin que je les notifie au quartier d'inscription des intéressés.

Les déserteurs des navires du commerce qui ont été condamnés seront immédiatement libérés, s'ils se trouvent en prison; s'ils subissent la peine de l'embarquement correctionnel à solde réduite, ils seront congédiés sans délai, à moins qu'ils ne soient dans le cas d'être retenus au service pour parfaire la période d'activité actuellement exigée des inscrits maritimes; dans cette hypothèse, ils seront maintenus dans les divisions ou à bord des bâtiments sur lesquels ils sont embarqués.

Ceux qu'il y aura lieu de congédier hors de France seront autorisés à passer sur les navires de commerce à bord desquels ils trouveraient à s'embarquer ou renvoyés en France sur un bâtiment de l'État, ou affrété, à la première occasion favorable.

Dans tous les cas, les marins condamnés à une campagne extraordinaire, appelés à bénéficier de l'amnistie, rentreront dans la jouissance de l'intégralité de leur solde à compter du 21 juillet 1889.

De nouvelles instructions vous seront prochainement adressées relativement aux autres articles de la loi du 19 juillet.

Je vous recommande, dès à présent, de donner la plus grande publicité aux dispositions de cette loi, afin de faire sentir aux déserteurs à qui elles sont applicables, ainsi qu'à leurs familles, combien il leur importe d'en profiter dans les délais fixés, puisque, sous aucun prétexte, ces délais ne sauraient être prolongés.

Art. 4. — Amnistie pleine et entière est accordée pour tous les délits et contraventions en matière de police d'inscription, de navigation et de *pêche maritime*, commis antérieurement à la promulgation de la présente loi.

Pour profiter de la présente amnistie, les déserteurs de navires de commerce ou inscrits insoumis devront se présenter devant l'une des autorités maritimes ou consulaires voisines du lieu où ils se trouveront, à l'effet de formuler leur déclaration de repentir avant l'expiration des délais ci-dessous:

Trois mois pour ceux qui sont dans l'intérieur de la France et en Corse;

Six mois pour ceux qui sont hors du territoire français, mais en Europe, et en Algérie;

Un an pour ceux qui sont hors du territoire d'Europe;

Et dix-huit mois pour ceux qui sont au delà du cap de Bonne-Espérance et du cap Horn. . . . .

Art. 7. — L'amnistie n'est pas applicable aux frais de poursuite et d'instance avancés par l'État, aux droits fraudés, restitutions, dommages-intérêts, ni aux sommes dues en vertu des transactions souscrites par les contrevenants.

Les sommes recouvrées, à quelque titre que ce soit, ne seront pas restituées.

Dans aucun cas l'amnistie ne pourra être opposée aux droits de tiers.

La présente loi, délibérée et adoptée par le Sénat et par la Chambre des députés, sera exécutée comme loi de l'État.

Réserves de droit sur l'indemnité d'abordage et sur la prescription des parts de pêche.

Le Ministre de la marine vient d'adresser à M. le Chef de service de la marine à Saint-Servan, la lettre suivante :

Monsieur le Commissaire, vous m'avez rendu compte le 7 juin courant de l'exécution de ma dépêche du 20 mai dernier nº 1122, prescrivant d'interjeter appel du jugement rendu, le 29 mars 1880, par le tribunal de commerce de Granville, sur la réclamation de parts de pêche intentée à MM. X..., armateurs du navire N..., coulé sur la côte de Terre-Neuve à la suite d'abordage avec un navire anglais. En même temps vous m'avez transmis un acte extra-judiciable par lequel ces armateurs, désirant arrêter cette procédure, déclarent renoncer au bénéfice du jugement qui repousse l'instance par la prescription annale et refuse, d'ailleurs, de considérer l'indemnité d'abordage comme représentant lesdites parts. Acquiesçant d'ailleurs au dispositif du même jugement qui consacre l'attribution faite aux marins par les armateurs du navire abordeur d'une indemnité spéciale pour pertes d'effets, MM. X... offrent de créer les deux créances, avec les frais de justice, jusqu'à l'introduction de l'appel. Le litige serait ainsi terminé.

Vous faites remarquer que les marins rentreraient dans leurs droits, mais que le désistement des armateurs, ne portant que sur ce fait, conserve à ceux-ci le moyen de se prévaloir, en une autre occasion, du jugement de Granville, et vous demandez s'il n'y aurait pas pour le département un intérêt de principe à suivre l'appel.

J'ai l'honneur de vous informer que, pour terminer dès à présent, un débat qui peut ajourner le paiement dû aux marins (sans d'ailleurs le compromettre, ainsi que j'en ai la conviction), il vaut mieux accepter l'offre des armateurs ; mais vous ne leur laisserez pas ignorer que la Marine n'agit ainsi que dans l'intérêt des marins et de leurs familles, et qu'elle n'adhère en rien au jugement de Granville, se réservant d'en combattre la doctrine devant toutes les juridictions.

Vous établirez donc, en donnant votre acceptation :

1° Que l'indemnité d'abordage prend la place du navire et des produits de pêche et supporte au même titre l'imputation du salaire de l'équipage (arrêt de Rennes, 26 janvier 1885, *B. O.*, p. 581) ;

Que l'indemnité consentie comme représentant le navire et l'indemnité consentie comme représentant les parts de pêche représentent toutes deux les parts ou salaires ;

Que la prescription ne peut atteindre les salaires ou parts tant que l'administration n'a pas reçu les comptes de pêche, parce qu'alors elle n'est pas à même de désarmer le rôle. Si, en effet, l'envoi des comptes ne peut être utilement fait à la Marine qu'autant que l'armateur est fixé sur le chiffre de l'indemnité, le retard n'est pas imputable à l'Administration. C'est l'application du principe du Code civil (art. 2257) que la prescription ne court point à l'égard d'une créance qui dépend d'une condition, jusqu'à ce que cette condition arrive.

Recevez, etc.

Signé : KRANTZ.

OSTRÉICULTURE

Rapport (*Suite*).

Parallèlement à cette première et incontestable cause de dépeuplement et à celle non moins évidente provenant de l'envasement des parties supérieures de l'huîtrière, en subsistait une troisième. Elle consistait et consiste encore, car la coutume à laquelle elle se rattache est loin d'être tombée en désuétude, dans la faculté laissée à tous les riverains : pêcheurs, citadins ou cultivateurs, à tout le monde indistinctement, d'aller sur les huîtrières une fois par an, à l'une des grandes marées de mars et d'y manger sur place toutes les huîtres que les estomacs peuvent supporter. Du temps où la municipalité trécoroise gérait elle-même les fonds coquilliers, il y avait là une occasion de fête et pour les habitants de Tréguier et pour les gens du voisinage. C'est encore une fête de nos jours ; seulement, aux époques anciennes, la consommation était en quelque sorte limitée par la satiété des appétits ; maintenant, on bourre les poches, on remplit les sacs. A côté des citadins qui vont là pour se divertir, se rencontrent un certain nombre d'individus venus on ne sait d'où, dont la seule préoccupation est d'enlever le plus grand nombre possible d'huîtres, pour les revendre ensuite à ceux qui en font ordinairement le commerce. De cet état de choses résulte, d'une part, que les bancs, à l'exception de la réserve, sont mis à sac une fois par an ; d'autre part, que nos marins réguliers se voient enlever par des fraudeurs ou par des personnes étrangères à la marine des produits qui partout ailleurs leur appartiennent presque sans partage ; en troisième lieu, que les Trécorois, qui croient avoir des titres respectables à l'exploitation des huîtrières, se trouvent de la sorte frustrés des profits d'un héritage que la tradition leur a rendu cher.

Une réserve, sur laquelle il est interdit de pêcher, fut établie, il y a longtemps déjà, sur un des meilleurs gisements de la rivière le Jaudy. Elle était destinée à servir de foyer de reproduction, par cela même à entretenir d'une façon permanente la fertilité des bancs voisins. La nécessité de maintenir cette réserve ne fait doute pour personne ; mais il serait désirable qu'on la soumît à un régime nouveau d'entretien, d'où serait formellement exclu l'emploi de la drague. Il n'est pas sur le littoral d'exemple plus frappant des pernicieux effets que la théorie appliquée de la régénération des fonds huîtriers par le labourage peut déterminer.

Les conclusions que j'aurai l'honneur de vous soumettre, Monsieur le Ministre, en ce qui concerne les huîtrières du quartier de Tréguier, seront les suivantes :

1° Prononcer l'interdiction de la pêche des huîtres pendant deux ans au moins ;

2° Laisser la réserve en repos, la dispenser de toute opération dite de nettoyage ; y répandre tous les ans des collecteurs consistant en des débris de tuiles, des coquillages ou des morceaux de coquillages préalablement enduits de chaux, que l'on immergerait aux approches de l'époque de la fraye;

3° Tenter la reconstitution des bancs disparus en versant sur les emplacements qu'ils occupaient des collecteurs du genre de ceux indiqués ci-dessus;

4° Au cas où il serait impossible de déraciner la coutume suivant laquelle il est loisible aux riverains de s'adonner à la pêche, dans les conditions regrettables précédemment relatées, chercher au moins, par un premier essai, dont les résultats persuasifs ne manqueraient pas d'éclater à tous les yeux, à prouver aux intéressés combien il serait avantageux d'espacer de trois années en trois années le retour des échéances de leur privilège.

Et au lieu de choisir pour les pêches périodiques la plus grande marée de mars, choisir une marée moyenne, n'exposant plus les huîtrières à une dévastation complète. Avec de telles restrictions, avec la précaution encore de ne laisser participer à la cueillette que les ayants droit, il est à peu près certain que les huîtrières du quartier de Tréguier recouvreraient vite la fécondité qui leur est inhérente.

A raison de sa situation géographique, à cause de son éloignement des grands centres d'écoulement, à cause du peu d'espace qu'elle offre aux grandes entreprises, la station de Tréguier ne semble pas destinée à prendre jamais une sérieuse importance au point de vue de l'industrie ostréicole. Néanmoins, l'industrie locale est susceptible d'y beaucoup progresser. Cela est d'autant plus à souhaiter, que nos infortunés marins manquent là-bas de travail, n'ayant plus, comme autrefois, la ressource des embarquements au cabotage et ne trouvant pas dans l'agriculture de quoi occuper les trop longs loisirs que leur laisse la pêche peu rémunératrice à laquelle ils s'adonnent, soit dans leur quartier même, soit dans les contrées lointaines.

Ne quittons pas Tréguier sans signaler le commerce très particulier auquel donne lieu la pêche de l'ormeau ou de l'oreille de mer, de l'*haliotide*, pour la désigner par son nom générique.

Assez rare sur les autres points de la côte française, l'haliotide se montre abondante tant au bas de la rivière que dans les îles avoisinantes. Les femmes vont la recueillir aux grandes marées et la vendent à des marchands qui la transportent vivante à Jersey et à Guernesey, où ils en trouvent assez facilement l'écoulement. Une fois vidées de leur contenu, qui constitue pour les insulaires un mets, paraît-il, assez recherché, les coquilles d'haliotides sont rachetées par les mêmes marchands et dirigées par eux sur l'Angleterre, où ils les revendent finalement à des manufacturiers pour la fabrication des boutons.

Avis aux manufacturiers français. Beaucoup achètent en Angleterre un produit qu'ils trouveraient chez nous à très bon compte.

Brest. — Trente ou trente-cinq années nous séparent du temps où la rade ne comptait pas moins de vingt-neuf bancs huîtriers réputés par leur richesse et par leur qualité. Ces bancs avaient élu domicile à l'embouchure des cours d'eau se déversant dans la rade et principalement dans les estuaires formés par la rivière de Landerneau et la rivière de Châteaulin. L'un après l'autre ces bancs se sont épuisés; plusieurs ont disparu. La cause? Toujours la même : l'exploitation abusive, le braconnage.

Sur la proposition de M. le Commissaire général Laurent, des essais de repeuplement furent entrepris ces dernières années dans la rade de Brest. Ils donnèrent, au début, des résultats encourageants que la persévérance eût affirmés; mais, pour les continuer avec fruit, il eût fallu, chose impossible eu égard aux ressources trop limitées dont l'administration maritime dispose, en protéger jusqu'au bout l'exécution à l'aide d'une surveillance efficace et rigoureuse.

De très prudentes mesures administratives furent en outre prises à ce même moment, toujours en vue de la régénération des gisements, celle notamment par laquelle le transport, le colportage et la vente des huîtres sur une zone de 4 kilomètres de largeur embrassant tout le pourtour de la rade de Brest, sont interdits à toute époque, à moins que lesdites huîtres ne soient accompagnées d'un certificat d'origine — on voulait ainsi enlever aux fraudeurs les moyens d'écouler facilement le fruit de leurs rapines; — celle aussi intéressant les douaniers à concourir à la surveillance par l'allocation d'une prime pour chaque délit constaté par eux.

Ces mesures ne suffirent pas. Bientôt les braconniers des eaux reprirent courage, sentant faiblir la surveillance dont ils étaient l'objet et trouvant chez beaucoup de riverains une sorte de complicité, c'est-à-dire une clientèle disposée à fermer les yeux sur la provenance illicite de la marchandise offerte, pourvu que la marchandise fût cédée à bas prix.

Ainsi s'explique comment, à Brest, où les marchés, sans l'être plus qu'en d'autres ports, sont cependant régulièrement inspectés, il est malaisé de se procurer des huîtres autres que des huîtres fournies par les dépôts, alors que dans les environs de la rade les huîtres de gisement, infiniment meilleures, ne sont ni chose rare ni chose coûteuse.

D'un côté, en effet, les agents préposés à la préservation des lieux de pêche ne sont pas à même de sévir contre les fraudeurs, de les poursuivre sur eau, de les atteindre sur la zone prohibée. D'un autre côté, les agents de la douane ne mirent peut-être pas à remplir la tâche nouvelle dévolue à leur vigilance le zèle dont ils sont coutumiers. Bref, les gisements ne se sont pas améliorés autant que le promettaient les prémices de la tentative due à l'initiative de M. le Commissaire général Laurent.

Si nous nous plaçons maintenant au point de vue spécial de l'industrie ostréicole, nous croyons, sans trop de témérité, pouvoir avancer que la rade de Brest réunit les conditions les plus favorables à la création d'une station pleine d'avenir. On s'étonne même que les ostréiculteurs français, confinés en des espaces trop étroits, n'aient pas songé à les mettre à profit. Est-ce la crainte de ne pouvoir aisément écouler leurs produits? Mais Brest est relié par la voie ferrée avec le reste de la France, et la compagnie des chemins de fers de l'Ouest, qui s'est montrée accommodante en beaucoup d'occasions, ne se refuserait sans doute pas à favoriser dans ce port l'implantation d'une industrie qui, malgré la date récente de sa naissance, a pris une extension étonnante de promptitude sur nos côtes de l'Océan. Est-ce la crainte des mauvais temps qui règnent parfois, c'est vrai, en rade de Brest? Mais des mauvais temps on sait aujourd'hui s'en garantir. Le cap Ferret, à Arcachon, était réputé il n'y a pas pas plus de six ans, comme tout à fait inapte aux pratiques ostréicoles, à cause des mauvais temps auxquels il est exposé; à présent le cap Ferret est l'endroit le plus sollicité du bassin.

Les eaux de Brest, mariées en proportions heureuses aux eaux douces que distribuent les affluents de la rade, riches, très riches en calcaires, comme l'attestent les bancs de maërl formés aux dépens de leurs sédiments, offrent toutes les conditions nécessaires à l'habitat de l'huître et à son rapide accroissement.

Quant aux cantonnements propres à la création d'établissements de culture, ils sont, à Brest, nombreux, étendus et variés.

Deux parcs existent actuellement près le Moulin-Blanc, simples parcs de dépôt où l'on se borne à conserver les coquillages importés en en attendant la vente; mais bien que situés sur les parties élevées du rivage et sur des points découvrant à toutes marées, l'huître y grandit en des proportions qu'envieraient beaucoup de nos éleveurs.

Conclusions. Les bancs de la rade de Brest méritent d'être conservés, et rien ne s'oppose à leur reconstitution. Pour cela, de l'avis des fonctionnaires de la marine avec qui j'ai eu l'honneur de m'entretenir de la question, avis qui serait aussi le mien, il faudrait fortifier le système de surveillance déjà existant par l'adjonction d'une chaloupe ou d'un petit bateau à vapeur pouvant les défendre contre les exploits des fraudeurs. Il conviendrait en outre d'intéresser les douaniers à cette œuvre de protection en leur accordant, pour chaque délit constaté ou suivi de poursuites, une prime capable de stimuler leur vigilance : non de 3 fr., comme autrefois, mais de 10 fr., si c'est nécessaire. 1000 fr. ainsi employés ne manqueraient pas de donner les meilleurs résultats : en effet, si nos gardes-pêche surveillent les eaux, ils sont en général peu en état de surveiller le rivage ; les douaniers, au contraire, sont admirablement placés pour cela, et le jour où les fraudeurs se trouveraient en présence d'agents capables de dépister leurs ruses, ils cesseraient bientôt de se livrer à leurs coupables agissements.

Quimper. — Exposées aux mêmes causes d'épuisement que les autres rivières de la Bretagne, les rivières de l'Odet et de Pont-l'Abbé n'ont naturellement point échappé au sort commun. Pourtant le banc de Pouldon, dans le bas de la rivière de Pont-l'Abbé, banc déclassé en 1883 par suite de son indigence reconnue et délaissé des pêcheurs depuis plusieurs années, avait, dès 1888, une si remarquable fertilité, que le commissaire de la marine à Quimper, l'honorable M. Pochart, qui administre avec autant de sagesse que de compétence les fonds conchylifères de son quartier, n'hésitait pas à proposer au département l'enlèvement de cinquante mille sujets.

Toutes les huîtrières de la circonscription maritime se comporteraient de même si les pêcheurs, consentant à une trêve nécessaire, s'abstenaient, comme le leur a souvent conseillé l'Administration, de se livrer à des dragages épuisants. Mais combien n'est-il pas difficile de faire entendre raison à des hommes loin, hélas ! d'être heureux et dont le pénible labeur suffit à peine aux besoins de familles généralement nombreuses. Au surplus, ce ne sont pas tant nos marins inscrits que les marins de rencontre qu'il faut incriminer. A peine la richesse du banc de Pouldon fut-elle connue, que de toutes parts surgirent en foule, venant jusque de l'intérieur des terres, des paysans, des marins nomades, qui immédiatement se mirent en devoir de saccager avec une rapacité sans égale.

Tous firent si bien et déployèrent un tel acharnement, qu'après quelques semaines le banc était à peu près dépourvu de tous ses commensaux. Nonobstant le courage et le zèle dont ils firent preuve, les agents ne purent lutter contre pareille invasion. A mer haute, la nuit, parfois le jour, c'étaient des bateaux qui prestement jetaient la drague et s'esquivaient ensuite, à la faveur des ressources et ruses nautiques qu'ils savent tirer d'embarcations puissamment armées, pour se dérober aux poursuites des gardes ; à mer basse, c'étaient les femmes et les cultivateurs qui, la tête enveloppée de sacs pour n'être pas reconnus, se livraient avec frénésie à la pêche à pied. Il y avait deux camps, deux camps jaloux l'un de l'autre : celui des riverains et des ouvriers agricoles, celui des pêcheurs de profession. Dans ce conflit d'intérêts, dans cette course au clocher, reconnaissons que nos inscrits, avec un plus grand respect de l'autorité, se montrèrent moins cupides que leurs rivaux ; et ce n'est qu'excités par la présence sur les lieux de pêche de tous ces étrangers accourus là pour la curée et pour leur disputer un bien qu'ils considèrent comme un patrimoine légitime, que des mutineries se produisirent dans leurs rangs. *(A suivre.)*

LA PÊCHE DE LA SARDINE

La pêche de la sardine se continue sans grande variation.

Les 400 bateaux qui se livrent à cette pêche à Audierne ont pêché pendant cette quinzaine une moyenne de 2,000 sardines, faisant de 9 à 10 au quart et dont les prix se sont tenus entre 12 et 15 fr. le mille. Les usines ont acheté jusqu'à 12 fr.

Environ 300 barques du port des Sables d'Olonne ont pris, pendant cette quinzaine, une moyenne de 3,000 sardines vendues, le mille, 8 fr. Les pêcheurs paraissent contents de la campagne jusqu'à aujourd'hui.

LA PÊCHE DU THON

Le thon est toujours en abondance sur le littoral breton. La pêche est excellente. Les prix vendus varient selon les marchés, mais les usines des Sables d'Olonne, qui font la conserve de ce poisson, l'ont acheté en moyenne 26 fr. la douzaine.

LA PÊCHE DE LA MORUE

Le syndicat de Paimpol a liquidé à peu près tout son stock à 19 fr.

Les nouvelles du Banc sont toujours mauvaises et à l'exception de quelques Fécampois qui sont heureux, les autres métropolitaines, de même que les goëlettes, n'ont que des pêches très médiocres.

On a reçu de Saint-Pierre par la *Jeanne* 64,000 morues vendues 21 fr. 50; par la *Sabine*, 90,000 morues pesant 177,000 kilog., 1 lot vendues à 20 fr. 75; un lot invendu encore.

On annonce l'arrivée de 334,000 kilog., ce qui porte le total des expéditions pour la France à 33 transports avec 4,834,000 kilog., contre 25 transports avec 3,897,000 kilog., en 1888 à la même époque.

Le retour hâtif des bateaux de pêche prouve que la pêche est mauvaise au Banc.

On nous écrit : Dunkerque, 12 août.

« La première goëlette, *Pêcheurs-d'Islande*, est rentrée aujourd'hui apportant 533 morues. C'est une des mieux partagées. Aucun accident n'est arrivé à la flotille, mais la pêche est peu abondante. »

Dunkerque, 14 août.

« D'après des nouvelles reçues de Saint-Pierre-Miquelon, le *Saint-Pierre*, capitaine Savalle aîné, avait 40,000 morues, pêche totale; *France*, capitaine Amour, avait, le 28 juillet, 88,000.

» La morue, à Saint-Pierre, vaut 16 fr. 75 les 55 kilog.; soit une hausse de 1 fr. 75 par 55 kilog., et à Bordeaux, 22 fr. 25 à 22 fr. 50 les 55 kilog.

» Cette hausse provient de la faible pêche. »

— On nous écrit de Saint-Pierre et Miquelon le 27 juillet :

« La campagne de pêche 1889 sur les bancs de Terre-Neuve, qui commence à toucher à sa fin, puisqu'elle n'a au maximum guère plus de quarante jours d'existence, encore faut-il que le temps le permette, pourra être classée comme la plus mauvaise campagne vue depuis dix ans.

» Les débuts ou première pêche ont été défectueux, et aujourd'hui nous pouvons dire que la deuxième pêche est mauvaise; il ne reste plus que la troisième pêche, sur laquelle l'on ne saurait compter dans les circonstances actuelles : 1° parce que c'est la saison des coups de vent; 2° parce que les équipages n'ayant pas gagné leurs avances, n'ont aucun espoir d'y faire quelques profits et ne demanderont qu'à en finir : dégoût général et pas de bonne pêche possible; donc, mauvaise campagne.

» Ce qui confirme encore nos prévisions d'une campagne de pêche déplorable pour l'année 1889, c'est que tous les navires métropolitains qui ont été à la côte Est de Terre-Neuve pour y prendre leur boëtte de capelan, ne l'avaient quittée le 10 juillet qu'en petit nombre, une centaine y restaient encore ; de plus, les navires de Fécamp qui, suffisamment heureux en première pêche pour venir débarquer de la morue à Saint-Pierre, et qui n'ont pas été à la côte Est, sont retournés sur les lieux de pêche sans prendre de boëtte, comptant sur l'appât qu'ils y avaient trouvé en première pêche (le bigorneau) ; mais, à la grande déception de tous ces capitaines pêcheurs, le bigorneau, excellent comme boëtte en première pêche, ne convient pas en deuxième, et pas une morue ne se fait prendre à cet appât ; tous ces navires sont obligés de pêcher en se boëttant avec les dépouilles des morues pêchées et le peu d'encornet qu'ils prennent. D'après les renseignements venus ici, ils considèrent leur pêche comme perdue.

» Les goélettes mieux boëttées ne sont guère plus heureuses, et la moyenne de deuxième pêche n'est guère que de 350 à 400 quintaux au lieu de 1,000 à 1,200 quintaux, comme les années précédentes.

» On peut, dès ce jour, s'attendre à voir la rentrée de nos pêcheurs de France, en retour de campagne, avec un déficit énorme sur l'année 1881, et la morue rare à un moment donné, car toutes les morues emmagasinées à Saint-Pierre ou presque toutes, iront aux Antilles, aux États-Unis et à la Nouvelle-Écosse, après leur séchage.

» Les États-Unis achètent à livrer en septembre et octobre, à § 5 40 et 5 50. On espère mieux. Cependant deux chargements viennent d'y être vendus, et beaucoup attendent la hausse certaine, qui va se produire sans délai.

» Pour le Vert, la morue est cotée 15 et 16 fr., suivant provenance.

» L'huile est à 70 fr. la barrique.

» Le sel est à 40 fr. les 1,000 kil.

» Le fret sur France est à 28 fr,; sur Halifax, 25 fr.; sur Boston, 35 fr.; sur Sydney, 6 fr. 50 ; sur Marseille, 45 fr. (en morue verte) ; sur les Antilles, 45 fr. dito.

» Des ventes de morues vertes pour la campagne, à livrer au retour des bateaux, ont été faites de 14 à 16 fr. les 55 kil.

» Les maisons s'occupant spécialement de sécheries paient la morue 16 fr., prix pratiqué par l'*Amédée*, cap. Le Hoerf, rentré du banc avec 900 quintaux. Ce navire est armé de 8 doris et de 21 hommes d'équipage : c'est le plus riche de tous les pêcheurs rentrés.

» Le marché de Bordeaux semble accablé ou vouloir suivre un autre mode d'opérer. Les années précédentes, il faisait acheter sur place et expédier sur France pour son compte ; jusqu'à ce jour, il n'a rien fait ou presque rien de ce genre. Je crois qu'il a raison, les négociants de Bordeaux peuvent attendre tranquillement les produits chez eux, ils s'éviteront des frais généraux inutiles, car ils auront la morue aussi bon marché chez eux, autant que leurs besoins s'en feront sentir, je pourrais même dire plus, la plupart du temps.

» Les Américains et Anglais d'Amérique soutiennent les prix sur notre marché et semblent disposés à marcher en avant.

» *Dernière heure.* — A l'instant, j'apprends l'arrivée de la goélette *Nioutte*, patron Orciemon, qui déclare avoir perdu son câble dans le coup de vent qui a passé sur le grand Banc de Terre-Neuve le 24, coup de vent terrible qui a désemparé une masse de pêcheurs.

» *L'Adolphe-Naux*, de Nantes, chargé de morue vertes, partira pour Bordeaux le 1er août. Sa cargaison est splendide de gros poisson du banc pêché dans les meilleures conditions. »

La reproduction de l'anguille.

C'est là, comme on sait, une question qui préoccupe depuis longtemps les naturalistes que de savoir comment se reproduit l'anguille. Le problème a été abordé tout récemment encore par M. Léon Vaillant, au nom duquel M. Blanchard vient de communiquer un travail sur ce point à l'Académie.

A certaines époques de l'année, variables suivant les latitudes, des bancs compacts de jeunes anguilles remontent le fleuve et se répandent de là dans les rivières, les cours d'eau et les moindres ruisseaux. C'est ce qu'on appelle la *montée* ou les *civelles*. Ce sont de petites anguilles embryonnaires, très transparentes, pourvues encore de leur vésicule vitelline. Elles viennent de la mer, et l'on sait que les riverains de nos fleuves en font d'abondantes pêches fort recherchées des amateurs. En peu de temps, la petite anguille se développe et son tégument prend très vite une grande consistance.

Arrivée à l'état adulte, remonte-t-elle vers la mer pour y pondre ses œufs? C'était l'opinion de Charles Robin, qui avait observé chez l'anguille de quatre à cinq ans une période de développement des organes reproducteurs.

Rentrée ainsi dans la mer, l'anguille effectuerait sa ponte et la montée reparaîtrait dans les rivières. Si cette hypothèse était vraie, remarque M. Blanchard, on devrait donc retrouver dans la mer l'anguille adulte à l'époque et dans les conditions ordinaires du frai; c'est ce qu'on n'observe jamais. Aussi M. Léon Vaillant est-il porté à croire que l'anguille n'est que le premier état ou la *larve* d'un autre animal de forme encore inconnue, sorte de *congre* ou *anguille de mer*. Il y aurait dans ce cas un exemple de métamorphose d'un animal à la fois d'eau douce et d'eau salée aux deux phases de son évolution.

NOUVELLES DIVERSES

Beaucoup de pêcheurs, même des plus avisés, nous écrit-on, se trouvent souvent embarrassés, quand il leur arrive de casser leurs roseaux.

C'est toujours à l'extrémité supérieure que l'accident arrive. Les pêcheurs remplacent le petit bout par un autre bout en bois flexible, introduit dans la partie creuse du roseau où s'est faite la rupture, et consolident par une ligature; mais celle-ci, exécutée avec de la ficelle ordinaire, poissée ou non, même collée à la gélatine, ne résiste pas, désagrégée qu'elle est bientôt, en subissant les influences alternatives de l'eau et de la sécheresse.

Veut-on obtenir la solidité désirable? — On opère la ligature avec un fort cordonnet de soie bien tordu, qu'on enroule très serré autour du roseau — sur une suffisante étendue — et l'on passe par-dessus plusieurs couches d'un vernis très siccatif.

La jonction est ainsi pour longtemps indestructible.

— La chambre criminelle de la Cour de cassation vient de trancher une question de pêche qui était vivement controversée.

Elle a, sur les conclusions conformes de M. l'avocat général Loubers, décidé que « la pêche à la cuiller, encore qu'elle se fasse à l'aide d'une ligne garnie de trois plombs et dépourvue de flotteur, ne peut être considérée comme une pêche à l'aide d'engins prohibés, la ligne, loin d'être dormante, demeurant mobile dans l'eau ».

— Les zoologistes qui s'occupent de la faune marine se sont toujours préoccupés de rechercher et d'étudier les organismes qui peuvent se trouver à des profondeurs déterminées entre la surface et le fond de la mer, mais les appareils qui étaient employés jusqu'ici dans ce but étaient très imparfaits.

Celui qui porte le nom de « filet à rideau » et que décrit le prince Albert de Monaco dans une note qu'il a adressée à l'Académie des sciences, donne une solution très heureuse du problème.

On commence par descendre, fixé au bout d'un câble, et jusqu'au niveau proposé, qui peut atteindre les plus grandes profondeurs de l'Océan, un poids servant de heurtoir ; ensuite on laisse glisser le long de ce câble l'appareil préalablement fermé par un store en gaze de soie, qui se relèvera dans le choc produit par son arrivée sur le heurtoir, permettant alors aux organismes de pénétrer dans le filet pendant un certain temps de traînage. Pour terminer l'opération, on lance du navire un anneau messager qui suit le câble et abaisse le store en arrivant sur lui.

La récolte, dès lors isolée, peut être remontée jusqu'à la surface sans mélange avec les faunes intermédiaires. Cet appareil, récemment expérimenté dans les eaux de Madère, à une profondeur de 500 mètres, a fourni de très bons résultats.

— Un match a eu lieu au commencement du mois entre deux schooners de pêche, construits sur les plans de M. Burgess, à l'occasion de leur traversée de retour du banc de Terre-Neuve à Boston, distance 145 milles. L'un de ces bateaux était le *Carrie-E.-Phillips* dont nous avons signalé l'an dernier la marche supérieure ; l'autre était le *Nellie-Dixon*, la dernière création en ce genre du célèbre architecte naval. Partis avec une légère brise d'E. qui les poussait vent arrière, ils restèrent ensemble toute une journée, le *Carrie-E.-Phillips* ne gagnant que d'un mille dans la nuit; mais avec le vent au plus près et le largue, il distança son rival de dix milles. Cette course a produit une grande sensation parmi les yachtsmen de Boston, qui, immédiatement ont fait les fonds d'un pari pour une autre course entre les mêmes bateaux, de Boston au banc de Terre-Neuve.

— On nous écrit d'Alger, 8 août :

« La guerre entre palangriers et lampariens continue. Les premiers sont très surexcités et ne parlent de rien moins que de s'opposer par la force à la pêche des lampariens.

» La municipalité d'Alger a eu une longue conférence avec les fonctionnaires de l'inscription maritime. Il n'y a encore rien de décidé. Tous ces pêcheurs, palangriers et lampariens, sont d'origine italienne. »

— On télégraphie de Cannes :

« Un pêcheur à la ligne se trouvait hier sur les rochers des Bancals, situés à l'ouest de l'île Saint-Honorat, lorsque tout à coup il vit sauter à cinquante mètres de lui un énorme poisson de forme extraordinaire, qui vint s'échouer dans l'une des nombreuses criques qui entourent l'île.

» Ce poisson, ou plutôt ce monstre marin, mesure cinq mètres cinquante de long; sa circonférence atteint un développement de cinq mètres; il possède un bec semblable à ceux des perroquets; sur le front sont placées deux défenses; les yeux se trouvent à un mètre de l'extrémité du bec.

» Cet étrange poisson a été transporté à Cannes, où on peut le voir. »

La Pêche de l'Ambre dans la Baltique.

Entre le Frische Haff et le havre de Courlande, le Kuris-Haff, à distance égale de Dantzig et de Memel, la côte formant un angle presque droit, que battent les flots de la Baltique, limite un plateau rectangulaire, le Samland, que les Allemands appellent le paradis ou la Californie de la Prusse. L'argile bleuâtre, qui s'avance au loin dans la mer et constitue le sous-sol de ce plateau, fournit, depuis plus de vingt siècles, un produit de grande valeur, l'ambre jaune ou succin ; les colliers dont se paraient les dames grecques et étrusques étaient faits en ambre du Samland. La précieuse matière, résine exsudée et accumulée de conifères éocènes, dont on a pu déterminer trente-deux espèces, forme des blocs et des nodules passant par toutes les nuances du jaune, depuis la teinte pâle de la paille jusqu'au brun rougeâtre du Xérès et du Porto, blocs isolés dans cette terre bleue où on va quelquefois les enlever à une profondeur de 7 à 10 mètres.

Pendant longtemps, dit la *Revue des Sciences naturelles appliquées,* à laquelle nous empruntons ces détails, on se contenta de fouiller les couches superficielles, puis, vers 1872, quand tout eût été retourné, on entreprit la recherche de l'ambre en forçant des puits et creusant des galeries ; mais les mineurs et les propriétaires du sol ne pouvant se mettre d'accord pour cette extraction, le gouvernement prussien dut l'interdire. On en connaissait, du reste, une autre, plus pénible encore peut-être, mais beaucoup plus rémunératrice. Vers 1860, deux pêcheurs s'étaient mis à draguer le Kurische-Haff (havre de Courlande), afin d'en extraire l'ambre, non loin de Schwarzort, ville située sur le Kurische-Nehrung, sur l'étroite langue de terre séparant la grande lagune courlandaise de la Baltique, et de nombreux pêcheurs, encouragés par le succès qui les favorisaient, vinrent bientôt leur faire concurrence.

Le droit de pêche appartient aux communes côtières et en partie à l'État ; il s'afferme aujourd'hui à de puissantes sociétés ayant leur siége à Kœnigsberg et à Memel, et dont une des plus importantes, la maison Stantie et Becker, s'engageait, dès 1862, à payer une redevance journalière de 25 thalers (93 fr. 75), et à exécuter à ses frais, dans la passe du Frische-Haff, qui s'ensable continuellement, les travaux de dragage nécessaires pour maintenir un tirant d'eau suffisant. Ce contrat lui était sans doute avantageux, car elle le renouvela lors de son expiration, au bout de six ans, en portant à 200 thalers (750 fr.), le montant de la redevance journalière.

La plage de l'ambre, proprement dite, est le Brusterort, sommet de l'angle décrit par le Samland. La population qui l'habite et pratique cette pêche, appartient à une race d'origine sarmatique et non germaine; il lui faut, du reste, pendant les trente semaines que dure la campagne, dépenser une somme considérable de force et d'énergie. Tantôt plongés dans l'eau glaciale, jusqu'aux épaules, et recouverts par les vagues arrivant de l'autre extrémité de la Baltique, tantôt se livrant au fond de la mer à un pénible travail de plongeurs, ces pêcheurs disputent aux flots la précieuse matière qu'ils gardent jalousement. Comme les anciens pilleurs d'épaves, l'orage est leur allié, car la force des lames de fond, déferlant sur les bancs d'ambre, opère en quelques secondes ce qui exigerait un pénible labeur, et détache les blocs qu'elle lance sur la grève, enveloppés d'algues et de débris de lignites désignés sous le nom de *sprock*.

Quand le vent du nord-est, faisant écumer les flots, soulève le sable de la dune, la moisson mûrit pour les pêcheurs, ils se préparent à la récolte. Armés de longs crocs et de filets emmanchés, ils vont recueillir dans l'eau l'ambre arrivant du large, et le portent aux femmes, restées sur la rive, qui le débarrassent rapidement des matières étrangères, et l'entassent dans des paniers. Des marchands viennent souvent assister à la pêche, afin d'acquérir immédiatement les morceaux de belles dimensions, mais les plus petits atteignent seuls la côte, les gros blocs roulant au fond, sous l'action des flots qui les envahissent, dans le sable. On attend, pour les recueillir, que la tempête se soit apaisée. Dès que la mer, plus calme, permet de voir le fond entre 2 à 5 mètres de profondeur, les pêcheurs se remettent en campagne. Une flottille de bateaux va sur la côte, et ses matelots, penchés par-dessus bord, observent attentivement le fond.

La véritable pêche de l'ambre se fait en eau profonde, à l'aide de dragues à vapeur ou de scaphandres, car de nombreux gisements, dont le plus important, situé à 5 kilomètres 1/2 au nord-est du phare de Bruterort, sur la pointe de Samland, à 200 mètres de long sur 135 mètres de large, se trouvent à une certaine distance de la côte.

Pendant les dix mois que dure la campagne de pêche, ce faible espace est couvert d'une flottille de bateaux noirs, montés chacun par 8 hommes, dont 2 scaphandriers. Les scaphandriers, casqués de cuivre et de verre, descendent à tour de rôle au fond de la mer, où ils fouillent les tas d'algues et retournent les pierres. Les blocs qu'ils ont à déplacer sont parfois si lourds, que deux ou trois plongeurs doivent unir leurs efforts pour les retourner. L'ambre recueilli par le scaphandrier est déposé dans une poche passée à sa ceinture. Les scaphandriers passent cinq heures par jour au fond de la mer, et leur travail est tellement pénible que, malgré la basse température de l'eau, ils sont couverts de sueur en arrivant à la surface.

Après la pêche, l'ambre est classé suivant la couleur et les dimensions des morceaux. Ceux de teinte pâle sont expédiés aux fabricants de pipes du monde entier, qui en font des tuyaux et des embouchures de pipes. Les blocs veinés et laiteux, les moins estimés généralement, s'en vont à Livourne et à Venise, où on les façonne en colliers, qui orneront les bustes classiques des paysannes, depuis les plaines traversées par le Pô jusqu'aux montagnes de la Calabre, tandis que les pièces d'un jaune pur ou d'un brun rouge sont réservées pour l'usage exclusif des beautés noires ou brunes de l'Afrique ou de l'Océanie. L'ambre recueilli sous l'eau est presque absolument transparent et vitreux, tandis que l'ambre de terre, trouvé par les mineurs, est plutôt laiteux et opaque. La ville de Schwarzort en reçoit chaque campagne, 37 à 38,000 kilog.

Le banc de Brusterort fournit l'espèce la plus estimée, qui vaut 10 thalers environ ou 37 fr. 50 c. le kilog., mais, comme pour les pierres précieuses, le prix par unité de poids croît avec le poids des blocs. On en rencontre parfois qui sont payés 200 et 300 fr.

LES CONCESSIONS MARITIMES

Le Ministère de la marine nous communique la note suivante :

Il a été récemment publié au *Journal officiel* un rapport du Comité consultatif des pêches maritimes sur les concessions de parcelles du domaine public.

Les conclusions de ce document ne constituent que de simples propositions qui vont être l'objet d'une étude approfondie. Dans tous les cas, il ne pourra être apporté de modifications à l'état de choses en vigueur que par un acte législatif ou réglementaire, qui réservera, bien entendu, dans la mesure légitime, les intérêts des détenteurs actuels.

Dans sa séance du 13 août 1889, le Conseil d'arrondissement de Bordeaux, sur la proposition de M. Laroque, vice-président du Conseil d'arrondissement, maire de Gujan-Mestras, le Conseil a adopté, à l'unanimité, le vœu suivant, qui a trait au rapport de M. Berthoule, dont nous commençons plus loin la publication :

« Le Conseil d'arrondissement :

» Considérant que la proposition du Comité consultatif des pêches tendant à la mise aux enchères des parcs à huîtres du bassin d'Arcachon, peut être considérée comme contraire à des droits acquis par une paisible jouissance de près de trente ans ;

» Considérant qu'elle occasionnerait la ruine de la nombreuse population qui vit de l'industrie ostréicole ;

» Considérant que, contrairement à l'esprit de nos institutions démocratiques, elle favoriserait les classes aisées au détriment des classes pauvres et laborieuses ;

» Considérant qu'en l'espèce aucune véritable raison d'intérêt général ne saurait être légitimement invoquée,

» Émet le vœu qu'il ne soit pas donné suite à la mesure proposée par le Comité consultatif des pêches en ce qui concerne la mise à l'adjudication des terrains du domaine public maritime actuellement concédés à l'exploitation privée. »

Rapport

Présenté au Ministre de la marine au nom du Comité consultatif des pêches maritimes, relativement à l'octroi des concessions sur le domaine public, par M. Am. BERTHOULE.

MONSIEUR LE MINISTRE,

Lorsque le législateur de 1566 édictait les grands principes de l'inaliénabilité et de l'imprescriptibilité du domaine, déjà formulés en 1539, il n'entrait certainement point dans sa pensée de le stériliser, en l'immobilisant dans ses mains, mais bien d'en réglementer sagement l'usage, et d'assurer, au profit de tous, en même temps que la défense du sol, la conservation des fonds de pêche. L'ordonnance de 1681 compléta son œuvre, en constituant définitivement le domaine public, dont la conception était encore, à ce moment, vague et indécise; en même temps, et comme corollaire, était proclamée la liberté de la pêche en mer. C'était condamner formellement, une fois de plus, les nombreux établissements élevés à demeure sur les fonds les plus poissonneux de nos plages.

Malgré les édits sévères rendus contre eux, à diverses reprises, la plupart de ces établissements avaient réussi à se maintenir; d'autres mêmes avaient pu être créés, en vertu d'autorisations, ou plutôt de tolérances, que justifiait, il faut le croire, leur innocuité à cet égard; l'ordonnance de 1681 demeura elle-même lettre morte, ou à peu près, et l'ancien état de choses se perpétua ainsi.

Dans notre législation moderne, le domaine public est resté, en principe, un patrimoine inviolable, dont le dépôt sacré est confié à l'État représentant la communauté : « *Sacrosancta les, quæ reges et curias parlementares sacramento obstringit...* » Sur ce domaine, ni le temps, ni la faveur ne sauraient constituer de droits irrévocables, ni légitimer le moindre empiètement; les concessions, dont il peut faire actuellement l'objet, sont, d'ailleurs, frappées, au profit du Trésor, d'une redevance qui est la marque de leur précarité ; si les gens de mer en sont affranchis, c'est par un privilège spécial, en reconnaissance des services qu'ils ont rendus à la patrie, ou en considération de ceux qu'ils sont appelés à lui rendre dans l'avenir, et à titre de compensation des charges, exceptionnelles, jusqu'à ces derniers temps du moins, auxquelles les soumettait l'inscription maritime. Mais, quel qu'en soit le titulaire, ces concessions restent, de leur nature, essentiellement révocables, personnelles, et en dehors du commerce.

Le devoir de l'État, avons-nous dit, est de veiller à la garde du domaine maritime, et de le défendre contre tous empiètements dont il pourrait faire l'objet; mais il ne doit pas moins se préoccuper de le mettre en valeur, et de lui demander les ressources qu'il est susceptible de produire, pour en faire bénéficier, en définitive, la communauté. Or, quel est le moyen d'en tirer véritablement profit, après avoir pris les mesures nécessaires à la défense du sol, sinon d'en confier les parcelles utilisables à l'exploitation privée? C'est dans cette vue, sans aucun doute, que fut adopté le système de concessions, encore en usage aujourd'hui. Concessions gratuites, lorsqu'elles passent entre les mains des inscrits maritimes, concessions à titre onéreux, si elles sont accordées à tous autres qu'à des marins, étant toujours bien entendu que les uns et les autres ne les détiendront jamais qu'à titre essentiellement précaire.

Il faut bien le reconnaître, après la longue épreuve qui en a été faite, cette tradition administrative est mauvaise, elle a engendré des abus déplorables, et elle laisse improductif un immense domaine, en beaucoup de points d'une rare fécondité, au seul avantage de quelques privilégiés.   *(A suivre.)*

Chemin de fer d'Orléans.

Parmi les changements apportés dans le service des trains de la Compagnie d'Orléans, à partir du 12 août, nous devons signaler les améliorations suivantes :

1° Le train direct qui part de Bordeaux-Bastide à minuit 30 est remplacé par un train express de toutes classes partant de la gare de Bordeaux Saint-Jean à 5 h. 55 du matin, pour arriver à Paris à 4 h. 40 soir.

Entre Bordeaux et Libourne et entre Coutras et Angoulême, ce train express sera précédé d'un train omnibus partant de Bordeaux à 5 h. 15 matin et de Coutras à 5 h. matin.

2° Le train direct dit « des théâtres » qui part de Bordeaux-Bastide à minuit 30 sera remplacé entre Bordeaux et Libourne par un train omnibus partant à 1 h. du matin et arrivant à Libourne à 2 h. 3 matin.

3° Le départ de Bordeaux-Bastide du train omnibus se dirigeant sur Bergerac sera porté à 6 h. 10 au lieu de 5 h. 50 matin, sans que son heure d'arrivée à Bergerac et aux points au-delà soit modifiée.

4° Le train omnibus qui part de Bordeaux-Bastide à 8 h. 40 du matin est avancé à 7 h. 35, pour donner aux voyageurs des stations de Bordeaux à Libourne la facilité de prendre à cette dernière gare le train rapide de Bordeaux à Paris.

5° Le train express de toutes classes sur Paris qui part de Bordeaux-Bastide à 7 h. 53 matin, est retardé ; il partira à midi 20 pour arriver à Paris à 11 h. 46 soir.

Le Gérant, J. CHAPEAU (※, ✻ ✻).

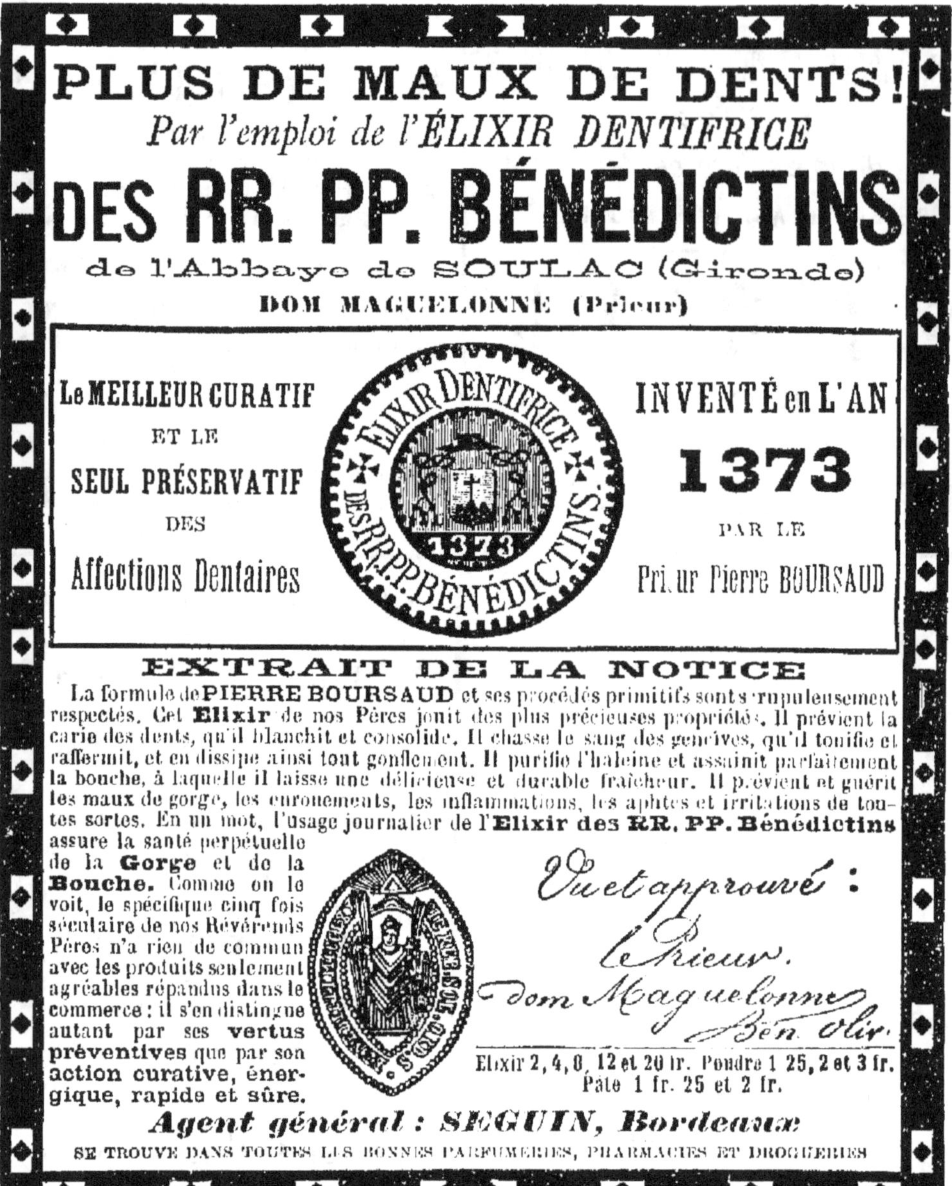

FABRIQUE DE TOILES MÉTALLIQUES

L. LESCURE

Breveté S. G. D. G.

A LA COURONNE (Charente)

Toiles spéciales pour parcs à huîtres galvanisées avant et après fabrication, Grillages galvanisés, pointes, conduites, etc., etc.

USINES A LA COURONNE, AUX RICHARDIÉRES, A NEUZAC ET A CLAIX

PRIX MODÉRÉS

Bordeaux. — Imprimerie G. GOUNOUILHOU, rue Guiraude, 11.

REVUE

DES

PÊCHERIES MARITIMES

LES CONCESSIONS MARITIMES

Dans notre précédent numéro, nous avons inséré des protestations contre le rapport de M. Berthoule dont nous continuons la publication. Voici le texte d'une pétition que les ostréiculteurs du Bassin d'Arcachon adressent au ministre de la marine :

« Monsieur le Ministre,

» Suivant un rapport inséré au *Journal officiel* du 7 juillet 1889, le Comité consultatif des pêches a voté la mesure qui consisterait à concéder, par voie d'adjudication, la jouissance des parcelles du domaine public maritime susceptibles d'une exploitation privée.

» Cette décision a provoqué parmi les détenteurs des parcs situés dans le bassin d'Arcachon une profonde surprise et une légitime émotion.

» Elle ne trouverait de justification possible que dans des considérations d'intérêt public qui, dans l'état actuel des choses, contrairement à l'avis du Comité consultatif des pêches, ne sauraient être justement invoquées.

» Grâce au régime de tolérance et de liberté, et grâce à la confiance que l'Administration maritime avait réussi à inspirer dans la continuation de ce régime, l'industrie ostréicole est née ; au prix de lourds sacrifices de travail et d'argent, malgré de nombreux et infructueux essais, elle a grandi et s'est développée, ne laissant improductive aucune parcelle utilisable du vaste domaine maritime, autrefois tout entier stérile ; elle a amélioré le sort des marins, en faisant connaître l'aisance à des populations qui n'avaient connu que la gêne ou la misère ; elle a, par l'accroissement de la fortune privée, augmenté les revenus de l'État ; elle a, enfin, favorisé le recrutement des équipages de la flotte, en déterminant une notable élévation dans le nombre des inscrits maritimes.

» Aussi, les soussignés, concessionnaires des parcs du bassin d'Arcachon, vous adressent-ils, Monsieur le Ministre, leur protestation contre la mesure proposée, qu'ils estiment ruineuse pour les particuliers, nuisible à l'industrie ostréicole et préjudiciable à l'État.

» Ils en réclament respectueusement le rejet, et, dans le cas où les assertions du Comité consultatif des pêches, contre lesquelles s'élève la présente protestation, vous paraîtraient nécessiter un supplément d'informations, ils sollicitent de votre haute bienveillance la nomination d'une commission d'enquête qui, sur les lieux, constatera les résultats obtenus par le régime actuellement en vigueur et entendra, des intéressés eux-mêmes, les raisons alléguées pour en demander le maintien.

» Les soussignés, unis dans le même esprit de confiance en votre justice, mettent sous votre protection leurs intérêts menacés et vous prient d'agréer, Monsieur le Ministre, l'hommage de leur respect et de leur dévouement. »

A la suite de cette pétition, MM. Raynal et Cazauvieilh, députés de la Gironde, ont adressé à l'amiral Krantz la lettre suivante :

« Paris, 13 août 1889.

» Monsieur le Ministre de la marine,

» On signe en ce moment dans toutes les communes qui bordent le Bassin d'Arcachon une pétition que nous vous adresserons dans quelques jours, sur la demande de nombreux intéressés avec lesquels nous sommes depuis longtemps en relations, ayant été, à l'époque, les représentants des deux circonscriptions électorales auxquelles appartenait le territoire du Bassin d'Arcachon.

» La pétition en question vise les conclusions du rapport du Comité consultatif des pêches, inséré au *Journal officiel* du 7 juillet 1889, conclusions favorables à la concession, par voie d'adjudication, de la jouissance des parcelles du domaine public maritime susceptibles d'une exploitation privée.

» Nous vous demanderons, aussitôt la remise de la pétition, une audience dans laquelle nous nous faisons forts de vous démontrer que le système proposé par le Comité consultatif des pêches est aussi préjudiciable à l'intérêt public qu'à l'intérêt privé, et que tout milite en faveur du maintien des règles suivies jusqu'à présent par l'Administration de la marine.

» Si, comme nous n'en doutons pas, Monsieur le Ministre, nous faisons la lumière dans votre esprit, vous passerez outre, purement et simplement, à la proposition de la Commission, qui n'est qu'une sorte de vœu émanant d'un Comité consultatif. Si un doute subsistait dans votre esprit, nous vous demanderions, conformément à plusieurs précédents, de constituer une commission d'enquête qui opérera sur les lieux et ne pourra, selon nous, que se rallier à nos conclusions.

» Nous croyons, du reste, savoir que vos chefs de service reconnaissent qu'une loi seule pourrait changer l'état de choses actuel, et non une simple décision de l'Administration.

» Mais ce qui ne saurait s'imaginer, Monsieur le Ministre, c'est l'émotion et l'indignation des détenteurs de parcs, auxquels on a persuadé — peut-être bien par ce qu'on est à la veille de la période électorale — que les conclusions du Comité pourraient avoir un effet rétroactif et causer ainsi la spoliation et la ruine de tant d'intéressés.

» Nous ne voulons pas, quant à nous, discuter cette éventualité, mais nous sommes obligés de vous demander, dans le plus bref délai possible, une déclaration venant rassurer nos populations alarmées devant les termes équivoques de la commission, en ce qui concerne la rétroactivité.

» Nous ne vous apprendrons rien, Monsieur le Ministre, en rappelant quelles sommes énormes il a été dépensé sur les parcs par les concessionnaires, combien sont grands les risques de l'ostréiculture, et combien il y a eu de pertes essuyées et de ruines, à côté de quelques réussites, grâce à l'initiative, à l'intelligence et aux importantes avances de fonds de certains ostréiculteurs.

» Pour donner une idée du développement de l'industrie ostréicole, il nous suffira de mentionner qu'une population de 35,000 personnes se trouve intéressée à cette exploitation et qu'on estime souvent à 20 millions les capitaux engagés dans ces affaires sur le seul Bassin d'Arcachon.

» Donc, Monsieur le Ministre, nous vous demandons une audience pour vous exposer en détail les différents aspects de cette grosse question et une prompte déclaration rassurant des populations qui comptent à bon droit sur votre justice et sur votre sollicitude.

» Veuillez agréer, Monsieur le Ministre, l'assurance de notre respectueuse considération.

» D. RAYNAL, O. CAZAUVIEILH. »

Les deux honorables députés ont eu, en effet, une entrevue avec le Ministre de la marine, à la suite de laquelle MM. Raynal et Cazauvieilh ont reçu la lettre suivante qui met fin à l'incident :

« Paris, 24 août 1889.

» Monsieur le Député,

» Vous avez bien voulu m'entretenir, avec votre collègue, M. le député Cazauvieilh, de l'émotion causée dans les communes du Bassin d'Arcachon par la publication d'un rapport du Comité consultatif des pêches maritimes, relatif aux concessions de parcelles du domaine public, en vue de la création d'établissements de pêche.

» Je n'ai pu que vous assurer que les alarmes dont vous vous faisiez l'interprète ne sont réellement pas justifiées.

» Le Comité des pêches est une institution d'études qui examine, surtout au point de vue général et théorique, les diverses questions se rattachant à l'exploitation des eaux maritimes. Ses rapports, qui n'ont rien de commun avec les actes législatifs ou réglementaires, sont toujours publiés à titre de documents et les opinions qui y sont émises n'engagent point le département de la marine.

» Pour ce qui est spécialement des rapports visés, les questions qu'ils traitent sont de celles qui ne peuvent être résolues par une décision ministérielle ni même par un décret. Elles appelleraient une décision législative, et, par conséquent, une discussion au Parlement. Il est probable, même, que si le gouvernement prenait l'initiative d'une proposition de loi à ce sujet, il soumettrait auparavant le projet qu'il aurait élaboré à l'examen du Conseil d'État.

» Dans tous les cas, il n'est pas douteux (et une réserve dans ce sens a même été formulée dans les rapports en cause) que les intérêts légitimes des détenteurs actuels seraient absolument respectés.

» Agréez, Monsieur le Député, les assurances de ma haute considération.

» Le vice-amiral, ministre de la marine,
» Signé : KRANTZ. »

Rapport

Présenté au Ministre de la marine au nom du Comité consultatif des pêches maritimes, relativement à l'octroi des concessions sur le domaine public, par M. Am. BERTHOULE.

(Suite.)

Nous parlerons tout à l'heure des résultats auxquels ont conduit les faveurs qu'on entendait réserver aux braves et intéressants serviteurs de la flotte. Quant aux concessions données à titre onéreux, elles n'ont pas abouti à de plus heureuses conséquences ; quoique révocables, elles se sont inféodées dans les mains de leurs possesseurs, au point d'être tenues, par bon nombre d'entre eux, pour une partie intégrante de leur patrimoine privé, et défendues énergiquement contre les légitimes, mais timides et tardives revendications de l'État

Constituées à titre onéreux, elles rapportent au Trésor un revenu insignifiant, hors de toute proportion, assurément, avec leur valeur réelle, le chiffre de la redevance étant déterminé, sans bases suffisantes, par les agents du fisc, et ne se trouvant contrôlé par aucune concurrence publique de solliciteurs.

Est-il admissible qu'un tel état de choses puisse se perpétuer indéfiniment ? et peut-on raisonnablement espérer en sortir, en continuant à suivre les errements du passé ? Le système des concessions est profondément vicieux, les pouvoirs ont le devoir impérieux d'y renoncer. Pourquoi donc ne pas traiter cette partie du domaine comme les autres, et n'en pas soumettre l'usage à une adjudication publique ? L'exploitation des terres de l'État, la jouissance des forêts, les chasses passent par le feu des enchères, qui en fixent la juste valeur. Là, point de faveurs

6.

imméritées, point d'abus à redouter ; les conditions du contrat sont exécutées selon les règles du droit commun.

Le jour où il en serait ainsi sur les rivages maritimes, on pourrait proclamer que tout le domaine de la nation est soumis à l'administration du bon père de famille. On frapperait par là, *ipso facto*, la navigation fictive, qui a été engendrée par l'octroi du privilège de gratuité, et qui n'aurait plus, désormais, la même raison d'être. Le nombre effectif des inscrits diminuerait peut-être ; mais ce serait sans dommage pour le recrutement de la flotte, car on ne verrait disparaître que ceux dont nous allons indiquer la valeur ; pour ce qui est des vrais inscrits, de ceux-là seuls qui ont rendu ou qui peuvent rendre des services à la patrie, leur situation s'améliorerait d'autant, si les revenus considérables, obtenus par ce nouveau mode d'administration, étaient affectés, comme il paraîtrait juste de le faire, à l'alimentation de la caisse des invalides, qui se trouverait, du coup, abritée contre les graves aléas dont elle est menacée, et définitivement dotée pour l'avenir.

Ce mode d'exploitation a été adopté par la Hollande, en 1870 ; on l'a mis en pratique, notamment dans l'Escaut (de Bergen op Zoom à la mer), et aux bouches méridionales du Rhin et de la Meuse, entre Bruinisse et Brouvershaven. Les rives sont loties et mises aux enchères, par baux d'une durée de quinze ans, sous la réserve, au profit de l'adjudicataire, de résilier tous les cinq ans. Le prix de deux parcelles de cinq hectares chacune a atteint le chiffre de 18,000 florins par an.

Nous aurons à revenir sur ce point de la question ; examinons d'abord quelle est la situation présente du domaine public maritime, et, après en avoir montré les vices, nous rechercherons par quels moyens il est possible d'y porter remède.

De tout temps, la possession des rivages de la mer a excité la convoitise de l'homme, mais à combien plus forte raison ne devait-il pas en être ainsi, alors qu'une industrie nouvelle y prenait le jour ? Et malheureusement, plus importants étaient les profits qu'il pouvait en retirer, plus vive devenait sa convoitise, plus aussi il allait s'ingénier à s'affranchir des entraves établies par la loi dans l'intérêt commun, et à l'éluder, sinon à la violer.

Cette industrie prend des développements extraordinaires, elle envahit certaines plages, les dispute pied à pied à la petite pêche, qu'elle menace d'en chasser complètement, absorbant à la fois l'espace, les capitaux, et tous les bras valides : nous avons nommé l'ostréiculture.

Son origine est très ancienne, elle était déjà en honneur au commencement de notre ère chez les Romains ; Sergius Orata la pratiquait avec succès sur les bords du lac Fusaro, alors couverts de riches villas de patriciens ; mais elle paraît être tombée en désuétude dans les siècles qui suivirent. Seuls, quelques pauvres pêcheurs en conservèrent la tradition, sans que personne eût l'idée de les imiter, même dans les eaux les plus voisines. Elle était oubliée, lorsque, il y a un peu plus de trente ans, un savant Français, dont le nom restera justement célèbre, M. Coste, la recueillit entre leurs mains et, frappé des résultats économiques qu'on en devait tirer, consacra, dès lors, tous ses efforts à la répandre et à la divulguer.

Un premier parc d'expérimentation fut créé, vers l'année 1854, à Saint-Servan, par M. de Bon, alors commissaire de la marine : les collecteurs, au lieu d'être composés de fascines, comme au Fusaro, furent constitués par une sorte de plancher à claire-voie qu'on plaçait au-dessus des huîtres mères ; les bois se couvrirent bientôt de naissain, et on put croire, dès ce moment, selon le mot de M. Coste, que tout notre littoral allait se transformer en une vaste huîtrière ; mais des insuccès, causés par l'inexpérience, qui pouvaient compromettre le sort de cette industrie naissante, se produisirent en maints endroits : les premiers parcs, installés dans des conditions défectueuses, placés dans des lieux mal choisis, exposés aux assauts de la mer, durent être abandonnés ; les capitaux, qui affluaient au début, se retirèrent ; peu s'en fallut que l'ostréiculture ne disparût à jamais, car, même au Fusaro, à la suite de bouleversements volcaniques, qui se produisirent vers le même temps, et qui dépeuplèrent les eaux de la région, les quelques pêcheurs qui avaient conservé ces précieuses coutumes avaient dû y renoncer.

Il n'en fut heureusement point ainsi, et les rudes épreuves qu'elle traversa ne furent même pas sans profit ; on apprit, dans ces graves circonstances, que toutes les plages ne se prêtent pas à l'élevage artificiel, que, même celles qui peuvent convenir, ne donnent pas, à beaucoup près, des rendements égaux, et qu'il en est d'elles comme des champs propres à la culture : leur fécondité est variable et inégale, et il ne faut pas les soumettre indistinctement à des aménagements identiques, pas plus qu'on n'en doit attendre des produits semblables.

Ainsi, est-ce un fait acquis que la baie d'Arcachon est merveilleuse pour la récolte du naissain, tandis que les eaux de Marennes conviennent principalement à l'élevage et à l'engraissement ; et encore, l'une et l'autre de ces plages offrent-elles, dans un voisinage immédiat, des parties riches et des parties pauvres.

Quoi qu'il en soit, c'est surtout dans ces dix-huit dernières années que les pratiques dont nous parlons ont gagné du terrain : en 1871, elles ne s'exerçaient encore que sur 588 hectares ; elles en couvraient 1,733 en 1874, et 2,669 en 1875. D'après un recensement plus récent, on comptait, en 1885, 23,000 concessions, occupant 13,000 hectares et livrant près de 600 millions d'huîtres à la consommation (1). *(A suivre.)*

OSTRÉICULTURE

C'est aujourd'hui 1er septembre que s'ouvre officiellement la vente des huîtres, c'est-à-dire l'époque consacrée par l'habitude où les huîtres font leur apparition annuelle sur la table. Mais les cours ne sont pas encore bien établis. Quelques marchés ont été conclus à Arcachon aux prix de 14, 24 et 45 fr., suivant la dimension. Cette année, malheureusement, l'huître n'a pas grandi dans ce bassin comme les années précédentes, ce qui constitue une perte énorme pour les éleveurs, si l'on considère la proportion des huîtres qui resteront dans les catégories inférieures et la différence des prix entre chacune de ces catégories.

A Marennes, pas plus qu'à Arcachon, la pousse ne s'est effectuée normalement : elle est restée bien au-dessous de la moyenne.

Les prix pour ce centre ostréicole sont actuellement pour les huîtres de trois ans de séjour et sans triage, de 60 à 65 fr.; de deux ans, de 46 à 52 fr., et de l'année, de 28 à 32 fr. Ces prix dépendent des lots qui sont plus ou moins beaux.

Dans la Zélande (Pays-Bas), les huîtres, cette année, sont magnifiques et en grandes quantités. Cette situation ne doit pas effrayer nos parqueurs, parce que les prix des huîtres hollandaises sont plus élevés encore que les nôtres.

Voici les cours pratiqués en Hollande : en octobre 1888 : première qualité, sans indication de dimension : 125 fr.; deuxième qualité, 95 fr.; troisième qualité, 65 fr., huîtres d'élevage le mille. Les parqueurs français n'ont donc pas à

(1) Rapport au ministre de la marine, par M. Léon Renard, sous-directeur de la comptabilité générale, du 27 décembre 1886.

craindre la concurrence des parqueurs hollandais sur les marchés anglais, bien que durant la dernière campagne les huîtres de cette provenance aient subi une baisse très sensible, l'écart entre leurs prix et les nôtres est encore trop grand.

En Angleterre, cette année, les parqueurs ont mieux réussi avec nos produits que les années précédentes, où tous ont perdu de l'argent. C'est ce qui a fait que la campagne dernière ces éleveurs ont peu demandé chez nous. Il y a donc tout lieu d'espérer qu'en raison de la réussite de cette année, les ordres seront plus importants pour la Grande-Bretagne.

En Espagne, sur les nouveaux parcs appartenant tous aux éleveurs arcachonnais, les huîtres se sont bien développées. Tout fait espérer que dans ce pays l'élevage des huîtres sera un succès et une source de nouveaux débouchés pour nos parqueurs, dont l'initiative n'est jamais en défaut. Ils espèrent du reste que les huîtres élevées en Espagne trouveront un écoulement facile sur les lieux mêmes.

Les essais tentés dans la baie de Bourgneuf (Vendée) n'ont pas été tous concluants, mais de nombreuses exploitations ont obtenu une pousse assez satisfaisante, tandis que certaines autres ont été envahies par les moules ou endommagées par les mauvais temps du printemps dernier.

A Capbreton, la situation est moins belle que durant la campagne dernière, et certains parqueurs ont dû supporter des pertes assez sensibles par suite de la grande quantité d'eau douce qui a envahi à un moment donné le petit bassin d'Osségor.

Les collecteurs tuiles sont comme tous les ans assez bien garnis; mais avant d'obtenir une huître marchande il y a tant d'aléas, qu'il n'est pas possible d'émettre une appréciation sur l'avenir. C'est à ce moment que l'ostréiculteur a le plus à souffrir de ses nombreux ennemis. Ce sont d'abord les axidies qui recouvrent les rangs inférieurs des ruches à tuiles; ensuite, l'envasement de ces tuiles qui se produit par le limon conduit par l'eau de mer et dont le dépôt se fait à l'intérieur des ruches. A moins d'un lavage préalable, il se perd beaucoup de naissains par ce fait.

D'un autre côté, sur certains parcs, après le lavage, les crabes viennent gratter les tuiles, faisant tomber les huîtres, souvent jusqu'à la dernière ou à peu près.

La récolte de l'an dernier a été, par ce fait, diminuée de beaucoup et les éleveurs ont dû mettre les jeunes huîtres en claires, où elles ont eu à souffrir du limon. C'est un végétal couvrant complètement le fond de nos bassins à huîtres, les enroulant avant sa maturité comme dans un immense matelas de laine, et lorsqu'il atteint sa maturité tombe dans le fond des claires, y pourrit et y fait pourrir les huîtres.

Il faut donc tenir compte dans une large mesure de ces pertes qui diminuent des deux tiers au moins la quantité recueillie sur les tuiles collecteurs.

Avant que les huîtres arrivent sur le marché pour être livrées à la consommation, il y a encore beaucoup à faire pour les préserver d'autres dangers. Dans les meilleurs parcs du Bassin d'Arcachon les gros poissons font cette année, malgré les précautions ordinaires, des ravages considérables, surtout sur les parcs du Grand-Banc ou Muscla-du-Nord : certaines exploitations ont été par ce fait complètement ravagées. Il existe une autre cause de pertes non moins sérieuses que les autres, parce qu'elles se produisent sur toute l'étendue de la baie d'Arcachon. Les crabes ne pouvant plus manger les huîtres, grâce à leur dimension et à la résistance de leur coquille, font des huttes de sable ou de vase, selon la nature du sol où ils travaillent souvent en grand nombre, recouvrant les huîtres qui se trouvent à proximité, et elles meurent étouffées, couvertes par le sable ou la vase. Par ce fait, il se perd beaucoup plus d'huîtres que l'on ne pourrait le supposer, car l'on ne peut se rendre un compte exact des dégâts qu'à la fin de la campagne, c'est-à-dire au moment de la pêche et surtout du triage.

Là ne se bornent pas seulement les déboires des parqueurs. D'autres végétaux et nombre d'animaux causent chaque jour de grandes pertes.

Quand les tempêtes surviennent et que les claires sont garnies d'herbes, la plus grande partie des huîtres est poussée sur le bord des claires et accumulée sous le sable; et dans les parcs un peu exposés au mauvais temps, les dégâts sont très sensibles et souvent enlèvent plus de la moitié du stock que l'on avait avant le gros temps.

On peut voir par ce qui précède quelles sont les péripéties par lesquelles passent ceux qui se livrent à ce genre de culture.

Rapport (*Suite*).

Le banc de Pouldon, du fait de ce formidable assaut, eut à subir d'énormes pertes. Indépendamment des huîtres recueillies au moyen de la drague, en temps de pêche autorisée, M. le commissaire de Quimper évalue, sans rien donner à l'exagération, entre quatre et cinq cent mille le nombre de celles enlevées par la pêche illicite. Si encore les fraudeurs avaient tiré un profit convenable du produit de leur piraterie! Point du tout. Pressés de se débarrasser d'une marchandise compromettante, ils vendent les huîtres à qui veut les prendre et à n'importe quel prix. Elles tombent subitement à Pont-l'Abbé, à Loc-Tudy, à Quimper et dans les environs à 75 centimes et 1 fr. le cent.

Les marchands de Concarneau se montrèrent généreux en les leur achetant 20 ou 25 fr. le mille, alors que normalement ils les auraient payées 40 et 50 fr.

Ce serait particulièrement à Concarneau que la fraude écoulerait le plus ordinairement ses prises. Elle aurait là des complices, des recéleurs que l'on connaît, parmi lesquels des individus occupant des concessions obtenues de la bienveillance de l'administration. Des avertissements leur ont été donnés; l'effet, c'est à craindre, en sera purement moral.

En résumé, je ne dois pas cacher que les huîtrières de la rivière de Pont-l'Abbé sont dans un état voisin de la ruine; de longtemps on ne pourra les exploiter. La question même s'est posée de savoir s'il ne vaudrait pas mieux les déclasser définitivement que de continuer à les protéger. Après examen des lieux et les entretiens que j'ai eu l'honneur d'avoir à ce sujet avec M. le commissaire de Quimper, j'incline à penser avec M. Pochart que, malgré les frais qu'en occasionne la conservation, il convient de ne pas abandonner ces épaves de notre richesse maritime et de les défendre aussi longtemps qu'il sera en notre pouvoir de le faire.

Conclusions. Consolider la surveillance de la rivière de Pont-l'Abbé en adjoignant aux gardes maritimes quelques hommes à détacher de l'équipage trop nombreux du ponton mouillé à l'entrée de la rivière l'Odet. Le ponton dont il s'agit, commandé par un premier-maître, ne comprend pas moins de quinze hommes d'équipage. Or, son principal, sinon son seul rôle, consiste à surveiller quelques gisements dont le rendement ne couvre certainement pas les frais de gardiennage.

Lors de la dernière pêche, en 1888, la drague n'a relevé que 140,000 huîtres.

Dans ces conditions, il semblerait qu'on peut, sans inconvénients, distraire cinq hommes de ce ponton pour les envoyer à l'île Tudy ou à Loc-Tudy.

Un petit coquillage, le bigorneau (la *littorine*), donne lieu, à l'île Tudy, à un curieux trafic. On sait la prédilection des habitants de la Bretagne pour le bigorneau. Le bigorneau figure obligatoirement sur la table privée comme sur la table d'hôte; les lenteurs qu'en entraîne la dégustation ne découragent point la patience de ses partisans.

Il se fait donc dans la seule contrée bretonne, sans parler de la Normandie, une consommation assez considérable de bigorneaux. Malgré l'étendue des besoins, le commerce n'en est pas lucratif pour les pêcheurs, ou du moins les pêcheuses, car ce sont les femmes qui s'adonnent à la cueillette de ce coquillage. Les bigorneaux, qu'on nous vend à Paris à raison de 60 centimes le kilogramme, sont achetés là-bas 50 centimes le baril de 33 kilogrammes. Entassés dans des sacs de 100 kilogrammes valant 3 fr., d'où souvent on ne les sort qu'au bout de dix à douze jours (cela pendant l'hiver seulement, car pendant l'été, ils perdent la faculté de se conserver frais aussi longtemps), les expéditeurs les dirigent principalement sur Nantes, Rennes, Le Mans, Rouen et autres villes moins peuplées, très peu sur Paris, à raison du prix des transports tout à fait disproportionnés à la valeur de la marchandise.

Autre commerce particulier à l'île Tudy et à Loc-Tudy, celui du congre soumis à la dessiccation. C'est dans les provinces basques que le congre, préparé de la sorte, est surtout vendu, et l'on assure qu'on est là-bas très friand de cette denrée dont on ne fait pas grand cas dans nos régions.

Les côtes du quartier de Quimper, notamment à l'embouchure des rivières l'Odet et Port-l'Abbé, de même que les îles situées dans les eaux adjacentes, paraissent douées d'une fécondité peu commune: poissons d'espèces variées, coquillages, crustacés s'y montrent en abondance. Malheureusement leur éloignement des centres de consommation empêche nos marins de tirer tout le profit désirable de ces richesses naturelles.

Auray. La mission que j'ai remplie à Auray, dans le courant du mois de mai dernier, avait pour but de surveiller une série d'opérations consistant à prélever sur la réserve de Bascatique un million d'huîtres et à transplanter ces mollusques sur un gisement voisin, le banc de l'Ours, dont l'appauvrissement a été constaté et signalé depuis plusieurs années, et qu'il importe essentiellement de reconstituer.

Les travaux ont été dirigés avec beaucoup de méthode et de soin par M. le lieutenant de vaisseau Lombard, commandant l'*Albatros*, et exécutés en grande partie par les matelots de l'État. Nonobstant le bon vouloir et l'entrain dont les équipes ont fait preuve, il n'a pas été possible de recueillir plus de 350,000 à 400,000 huîtres, au lieu d'un million, chiffre fixé par l'administration. Le temps matériel a complètement manqué. Quoique restreinte à ces proportions, l'opération sera néanmoins fructueuse et nous ne tarderons pas à en reconnaître les heureux effets. Il sera, d'ailleurs, facile de la continuer utilement à l'une des marées de l'automne prochain.

La réserve de Bascatique semble renfermer plus d'huîtres que ne le laissaient supposer les premières évaluations. Cela n'a toutefois rien de surprenant, si l'on considère que depuis plus de vingt ans elle n'a été l'objet d'aucune pêche rationnelle. Pendant cette longue période, les huîtres ont pu là se propager, se reproduire sans entraves, protégées qu'elles étaient par les entreprises des pêcheurs, et par de longues plantes marines qui, tout en les garantissant contre la nocuité du dragage, les soustrayaient aux influences morbides des chaleurs excessives et des froids rigoureux, et par la surveillance qu'exerce sur elles un garde maritime spécialement préposé à leur préservation. La constatation n'est pas moins bonne à retenir : elle démontre d'une façon irréfutable que pour conserver à un gisement sa fertilité normale et, par extension du système, la lui restituer, il faut simplement éviter qu'il ne soit soumis à une exploitation inconsidérée.

Point n'est nécessaire pourtant que le repos se prolonge outre mesure, comme cela a eu lieu pour l'huîtrière de Bascatique ; ce serait contraire aux lois de l'économie bien entendue. Combien, pendant ces vingt années de tranquillité complète, d'huîtres n'ont-elles pas là péri, non de maladie mais de vieillesse, comme l'attestent les nombreuses vieilles coques vides dont la réserve est parsemée et celles non moins nombreuses que les fouilles dans la vase mettaient à découvert au cours de nos explorations ? Autant de perdu et pour nos marins et pour l'alimentation publique.

Il conviendrait donc, de temps à autre, de procéder à un écrémage de la réserve de Bascatique, afin d'en éliminer les sujets qui par la dimension sont propres à la consommation. Je crois en outre qu'on pourrait notablement augmenter le rendement de la réserve, en y répandant, au moment de la fraye, des collecteurs aptes à recueillir les légions d'embryons que le flot promène et qui, faute d'un corps où se fixer, viennent s'échouer dans la vase et y périssent inévitablement.

La dépense qu'entraînerait l'application du système que je me permets, monsieur le ministre, de soumettre à votre haut examen, serait insignifiante, les ostréiculteurs placés au voisinage de Bascatique s'offrant à donner à la marine tous les débris de tuiles dont elle aurait besoin, et les coquilles mortes à réunir pouvant, d'un autre côté, être recueillies soit par les agents de l'administration, soit par les hommes composant les équipages des annexes de l'*Albatros*.

. L'étude à laquelle nous nous sommes livrés de la réserve de Bascatique nous a, par une pente naturelle, conduits à nous occuper des gisements de la rivière d'Auray, de la rivière de Bono, de la rivière de la Trinité, dont l'épuisement s'accentue d'année en année, et à rechercher à l'aide de quelles mesures administratives, de quels procédés techniques il serait possible d'en prévenir la ruine totale. Après échange d'observations, après consultations et avis, je soumettrai à votre haute appréciation la question suivante : Ne conviendrait-il pas de procéder, pour l'exploitation des bancs, comme on procède pour l'exploitation des forêts, c'est-à-dire de les soumettre à la coupe réglée?

(A suivre.)

Le Marché aux Huîtres.

Paris, 1er septembre 1880.

La liberté donnée par le décret du 13 juin dernier au commerce des huîtres en toute saison, a permis, cette année, de continuer sans interruption, aux Halles de Paris, la vente du précieux bivalve.

Ce sont les huîtres de Bretagne qui ont approvisionné le marché, pendant ces trois derniers mois, et plus spécialement celles de Tréguier, dont la bonne réputation est certainement justifiée.

L'huître de Tréguier trouve difficilement sa pareille. Un peu plus grande à son maximum de développement que l'huître d'Ostende, elle renferme dans ses valves, creusées à l'intérieur, bombées à l'extérieur, un animal qui ne le cède en rien, sous le rapport du goût, à sa congénère de Belgique.

Elle vient ainsi naturellement, sans qu'il soit besoin de recourir à l'éducation spéciale dont cette dernière est l'objet.

Depuis le 15 de ce mois, des arrivages des différents ports ont commencé, et aujourd'hui la série des mois en R s'est ouverte, et, avec elle, la période la plus active de commerce pour les ostréiculteurs.

Malheureusement, tout dernièrement l'Administration a cru devoir modifier le règlement qui régissait la vente en gros des huîtres, et c'est à partir du 1er septembre prochain, à midi, que le pavillon n° 12 sera fermé aux commerçants des Halles centrales.

Cette mesure inopportune va troubler, sans motifs sérieux, des habitudes commerciales anciennes et nuire, en même temps, à la rapidité de la livraison. Cette année, en raison de l'Exposition et des besoins de consommation plus grands à satisfaire, les inconvénients seront encore plus graves.

LA PÊCHE DE LA SARDINE

La pêche de la sardine subit peu de modifications. A Douarnenez, 400 bateaux ont pêché, pendant cette dernière quinzaine, 2,500 à 3,000 sardines, vendues de 14 à 16 fr., faisant 8 à 10 au quart.

Aux Sables-d'Olonne, la mauvaise mer a causé quelques jours de relâche, mais la pêche a donné en moyenne 5,000 sardines, poisson faisant de 8 à 12 au quart, vendu 10 fr. le mille.

A Audierne, la moyenne n'a pas dépassé 2,000 sardines faisant 7 à 8 au quart, vendues 14 à 15 fr. le mille.

Au Croisic, la moyenne a atteint 5,000; prix du mille, 7 fr. A Batz, Morgat, Saint-Palais, la pêche n'a pas été brillante.

LA PÊCHE DU THON

On nous écrit d'Audierne que la pêche du thon a faibli un peu pendant cette dernière quinzaine. Les arrivages sont venus en

petite quantité. Le poisson se vendait de 25 à 30 fr. la douzaine.
Les usines ralentissent par suite la fabrication.

Aux Sables-d'Olonne, au contraire, le thon arrive toujours en grande quantité; les usines achètent aux prix de 24 à 26 fr. la douzaine. Le poisson est très beau et d'une qualité supérieure.

LA PÊCHE DU MAQUEREAU

De Douarnenez, on nous écrit que la pêche du maquereau va toujours son train. Le 16 août dernier, 45 à 50 bateaux et canots ont fait la pêche à la ligne et ont pris de 4 à 5,000 petits maquereaux, vendus aux usines, 12 fr. le mille.

LA PÊCHE DE LA MORUE

On écrit de Dunkerque, 14 août :

« Hier, à midi, est arrivée au port, la première goélette de notre flottille islandaise : c'est la *Mardyckoise*, capitaine Benard. Ce navire qui, on le sait depuis longtemps, est l'un des mieux partagés de notre flottille, nous apporte 533 tonnes morues.

» La *Mardyckoise*, qui a quitté la mer hyperborée le 26 juillet, a passé ses dernières journées de pêche près de l'île de Flore, où elle avait trouvé du poisson. Plusieurs navires qui avaient cherché fortune dans le nord de l'île en ont été pour leur peine. Ils sont retournés dans le sud vers le 12 juillet, n'ayant absolument rien fait. D'après les renseignements que nous avons recueillis, la seconde période de pêche n'a pas été fructueuse et fait supposer que la première goélette qui nous arrive sera la reine cette année. La *Mardyckoise* rapporte qu'elle ne sera pas suivie à bref délai par d'autres bâtiments. Nous n'avons heureusement aucun accident à signaler, et les nouvelles que nous avons reçues des autres ports sont des plus rassurantes.

» Voici la liste des bâtiments pêcheurs visités dans les fiords ou rencontrés en mer par le navire de guerre *Château-Renault*

» Goélette *Marie-Laure*, avec 275 tonnes morues, rencontrée en mer le 6 mai. Goélette *Eugénie*, avec 360 tonnes morues, 20 tonnes huile et 1 tonne rogues, visitée à Reyckjavik le 12 mai. Goélette *Travailleur*, avec 250 tonnes morues, le 19 mai. Sloop Pilote nº 1 avec 100 tonnes morues, le 20 mai. Goélette *Mouette*, avec 250 tonnes morues, le 22 mai. Ces trois derniers navires se trouvaient à Onundarfiord aux dates indiquées.

» Goélette *Irma*, avec 280 tonnes morues et 15 tonnes huile, visitée à Reyckyavick le 23 juin. Goélette *Victoire*, avec 317 tonnes morues, rencontrée le 20 juin par le travers du cap Langanais. Goélettes : *Emma*, 400 tonnes, *Fiancée*, 160 tonnes, *Foi*, 150 tonnes, *Gentille*, 400 tonnes, *Madeleine*, 350 tonnes, *Marie-Juliette*, 400 tonnes, *Pauline*, 400 tonnes, *Reine*, 400 tonnes. Les renseignements pour ces huit derniers navires ont été donnés au *Château-Renault* par la goélette *Eugénie*. Goélette *Sainte-Louise*, avec 214 tonnes, visitée à Onundarfiord le 25 mai ; goélette *Hirondelle*, avec 400 tonnes, visitée à Faskrunfiord le 25 juin. »

— On nous écrit de Dunkerque, 16 août :

« Contrairement à toute attente, nous avons à signaler l'arrivée de nouveaux pêcheurs. La goélette *Emma*, capitaine Boulogne, armateur M. Numa Vancauwenberghe, est entrée à la marée de ce matin, avec une pêche de 549 tonnes morues. L'*Emma* est partie de Walesback (sud de l'Ile) le 4 août ; elle se trouvait dans ces parages avec plusieurs autres navires.

» A la marée de ce soir, à 3 heures et demie, deux goélettes sont entrées au port, ce sont : la *Madeleine*, capitaine Zoonckindt, armateur M. H. Durin, avec 607 tonnes morues et la *Léona*, appartenant à M. Vincent-Antoine, avec 503 tonnes.

» On signale comme bien partagée la goélette *Belle-Hélène*, capitaine Zoonckindt, armateurs MM. Deck et Zoonckindt.

» On signale l'arrivée à Gravelines de la goélette *Frégate*, capitaine La Vallée, armateur M. Gombert La Vallée, avec 600 tonnes morues. »

— On nous écrit de Bergen (Norwège), 16 août :

« L'article huile a été très animé, et, pour quelques qualités les prix ont haussé. La cause de cette amélioration dans les cours est due à une de nos plus importantes maisons d'exportation, qui spécule sur les huiles.

» Stockfish : La position de cet article est à peu près inchangée ; cependant, les qualités inférieures sont assez demandées.

» Le stock des assortiments coupés comme brosmes, rongfish, etc., demeure toujours restreint.

» On cote aujourd'hui :

» Huile brune blonde, à 54 fr. ; blonde ordinaire, à 55 fr. 50 ; blanche médicinale, à 56 fr. 40 ; blanche à la vapeur, à 66 fr. le baril, coût, assurance et fret Bordeaux. »

Les Pêcheurs de Saint-Pierre-et-Miquelon.

On mande d'Ottawa que le gouvernement canadien a décidé de ne plus accorder aux pêcheurs français de Saint-Pierre-et-Miquelon le droit dont ils ont joui jusqu'à présent de débarquer leur poisson à Halifax pour l'expédier ailleurs.

Cette question a été longuement discutée par les députés des provinces maritimes pendant la dernière session ; le général Laurie insista surtout sur le désavantage qui résultait, pour les pêcheurs canadiens, du fait que le gouvernement français accordait une prime de 10 francs par quintal sur tout le poisson exporté par les pêcheurs français.

La *Patrie* de Montréal dit à ce propos :

Nous avons annoncé que le gouvernement fédéral avait retiré aux pêcheurs français le droit de préparer leur poisson en Nouvelle-Écosse, et de le réexpédier en France sans payer de droit.

Cette concession au fanatisme de quelques gallophobes est à la fois une sottise et une lâcheté.

A la dernière session, l'honorable A.-F. Jones, de Halifax, a prouvé qu'une mesure de ce genre serait de nature à faire un tort considérable aux hommes qui s'occupent, à Halifax, de la préparation et de l'expédition du poisson français, comme aux navires canadiens qui sont employés à ce transport.

Le Ministre des douanes, qui assistait à la discussion, a déclaré être du même avis que l'honorable M. Jones, et s'est opposé à l'enlèvement du privilège de franchise.

Aujourd'hui c'est lui qui le recommande pour prouver sa haine antifrançaise. Quelle triste chose que le fanatisme !

— On écrit de Saint-Pierre (Terre-Neuve), le 29 juin 1889 :

« Les marchés des États-Unis et de la Nouvelle Écosse commencent à nous faire des offres, elles varient de 3 fr. 50 à 4 fr. 25 ; nous pensons obtenir pour nos belles qualités de morue 4 fr. 50 à fin juillet et courant août, ce qui accentuera la hausse de la morue sur notre marché où l'on ne trouvait pas à acheter 15 fr. quoique le disponible soit coté 14 fr.

» L'administration de la marine fait la guerre aux armateurs pêcheurs égard aux primes et elle a souvent raison ;

car, avant tout, la prime est instituée pour favoriser la pêche et aider la formation des marins. C'est ce que ne veulent pas comprendre beaucoup d'intéressés.

» Il est urgent que l'on exige pour obtenir la prime à l'armement à la pêche à la morue et à l'exportation que :

» 1° Le navire soit de *construction française;* gréé, approvisionné de produits *essentiellement français* et monté par un *équipage français* (du minimum de ??? à fixer).

» 2° Que le navire français pêcheur de morue devra, pour être armé avec sécherie, avoir un complément d'équipage réel et une grave, soit à Terre-Neuve, soit à Saint-Pierre et Miquelon, où le complément de l'équipage sera débarqué pour y sécher les produits quand l'on jugera à propos de sécher et éviter qu'ils soient séchés par des mains étrangères; car, dans ce cas, tout le monde peut sécher la morue et le but proposé d'élever et de créer des pupilles, des apprentis marins, n'est plus atteint et la prime n'atteint pas son but si par exemple on fait sécher la morue par des femmes anglaises, comme cela se fait ici, ou si l'on emprunte le personnel de son voisin, qui a des garçons, des femmes, etc., au lieu de prendre des jeunes gens en France, comme mousses, novices, de les conduire à Terre-Neuve, ce qui les habitue jeunes à la mer et fait presque toujours des pêcheurs ou des marins de l'État et de les faire sécher leurs morues, les morues qu'aura pêchées le navire sur lequel ils ont été embarqués. Il est certain que si la même maison a plusieurs navires, les jeunes gens appartenant à cet armement devront sécher indifféremment la morue provenant de l'un ou de l'autre des navires de la maison, sans préjudice pour personne.

» 3° Que toutes les goélettes et navires armés à Saint-Pierre soient obligés, comme les navires de France, d'avoir pour être armés avec sécherie un minimum réel de complément d'équipage à terre et une grave pour sécher les produits; et que les conditions de construction et d'armement exigées pour les navires français de la métropole leur soient applicables dans toute la rigueur,

» Par ces moyens, nos constructeurs, qui ne font plus

rien, feront de la besogne; nos fabricants de chaînes, d'ancres, de lignes, de câbles, de toiles, de voiles, etc., trouveront un élément de travail nouveau dont profite l'étranger, et l'argent du contribuable français employé aux primes rentrera en France, et sera utile à la France sous tous les rapports.

» En un mot, il faut que tout soit français et de provenance française pour obtenir, pour que l'on accorde la prime. — Il ne faut pas que nos primes servent à faire marcher les industries anglaises et américaines. — Tout argent de contribuable français doit revenir à l'industrie française sans exception — libre à l'armateur d'armer ou non dans ces conditions, d'armer avec prime ou sans prime.

» En 1890 cette question de primes va revenir à nouveau, il est indispensable qu'elle soit votée, mais il faut que les industries françaises seules profitent de ces armements spéciaux, à prendre ou à laisser.

» L. VINCENT, armateur. »

La pêche et le transport des langoustes.

La consommation de la langouste, ce délicat crustacé décapode qui porte en histoire naturelle le nom de « palinurus locusta », devient chaque année plus grande dans nos ports.

Sur le littoral français de la Méditerranée et sur les côtes de Corse, le nombre des langoustes qui sont pêchées annuellement s'élève à 200,000. Sur ce chiffre considérable, le quartier maritime de Marseille ne fournit que 15,000 langoustes, tandis que celui d'Ajaccio en donne à lui seul près de 60,000.

C'est donc surtout en Corse, ainsi qu'en Sardaigne, que la pêche de la langouste se fait sur une grande échelle, d'avril à novembre, principalement pour l'alimentation du midi de la France.

Les côtes d'Espagne fournissent une grande partie des langoustes qui se consomment dans le Nord et notamment à Paris.

En Corse et en Sardaigne, on compte près de 350 barques armées pour cette pêche, avec un équipage de sept ou huit hommes chacune. Les endroits les plus propices sont les fonds rocheux où le corail abonde. C'est en mai et juin que la pêche est la meilleure, les langoustes se tenant alors de 12 à 15 mètres de profondeur, pour descendre à 40 mètres et plus.

Tous les navires venant de Corse, particulièrement les vapeurs de la Compagnie Morelli, apportent un grand nombre de langoustes. Il en arrive environ 5,000 kilogrammes par semaine, dont une partie est expédiée dans le Nord. Il y a quelque temps, tous ces envois se faisaient dans des paniers; aussi la chaleur tuait-elle plus de la moitié des langoustes pendant la traversée.

C'est pour obvier aux inconvénients nombreux résultant des défectuosités de ce mode de transport que des jeunes armateurs de Marseille, MM. Bolo et Panon, ont eu récemment l'heureuse idée d'installer un vivier à bord de deux jolies goélettes de plaisance : la *Reine-Margot* et le *Souvenir,* jaugeant l'une 18 et l'autre 15 tonneaux. C'est au centre de ces petits navires que se trouve un vivier spacieux, en communication directe avec la mer par des grilles métalliques et pouvant contenir 3,000 kilogrammes de langoustes vivantes. Dans ces sortes de chambres la langouste se trouve comme au sein de son élément naturel et peut voyager en excellente santé.

Ces bateaux-viviers font un voyage par semaine, et il est certain que ce nouveau moyen de transport donnera un développement plus grand encore au commerce de la langouste.

Dans quelques mois, MM. Bolo et Panon joindront à leurs goélettes un vapeur pourvu d'une installation analogue.

NOUVELLES DIVERSES

Le commandant du garde-côtes espagnol *Selva,* s'étant aperçu que des pêcheurs français se trouvaient dans les eaux espagnoles, leur a fait intimer l'ordre de s'arrêter ou de se retirer.

Le canot du garde-côtes, qui avait été détaché du *Selva* pour leur intimer cet ordre, ne s'était pas sitôt approché des bateaux français que les Espagnols qui le montaient faisaient feu sur nos nationaux.

Exaspérés, nos pêcheurs prirent une telle attitude que les marins espagnols furent obligés de gagner Port-Bou en toute hâte.

Dans ce regrettable incident, personne, du reste, n'aurait été blessé, mais devant un pareil procédé, l'ambassade française va protester énergiquement et demander la punition des coupables.

Ce cas ne serait pas le seul exemple de brutalité commise par l'autorité espagnole vis-à-vis de nos marins.

— Le Conseil d'arrondissement d'Aurillac a émis le vœu que le nombre des gardes-pêche fût augmenté et que des peines plus rigoureuses fussent appliquées aux empoisonneurs de rivières.

Chemin de fer d'Orléans.

Un train de plaisir sera mis à la disposition des populations des départements du Cantal, de la Corrèze et de l'Aveyron pour leur permettre de se rendre à Bordeaux.

Ce train partira de Brive le lundi 9 septembre à 1 h. 20 soir.

Il desservira les stations comprises entre Villefranche-de-Rouergue, Rodez, Decazeville, Aurillac, Figeac, Saint-Denis-près-Martel, Souillac, Ussel, Tulle, Limoges, Nexon, Brive, La Gelie, Ribérac et Périgueux.

Au retour, le départ de Bordeaux aura lieu le lundi 16 septembre à 6 h. 30 du matin.

Prix des places aller et retour :

De Villefranche-de-Rouergue, Rodez, Decazeville, Aurillac, Montvalent et des stations intermédiaires à Bordeaux : 2e classe, 23 fr. ; 3e classe, 16 fr.

De Saint-Julien-le-Vendomois, Limoges, Thiviers, Lubersac, Ussel, Brive, Saint-Denis-près-Martel, Souillac, La Bachellerie et des stations intermédiaires à Bordeaux : 2e classe, 18 fr. ; 3e classe, 12 fr.

De Négrondes, Thenon, La Gelie, Ribérac, Périgueux et des stations intermédiaires à Bordeaux : 2e classe, 13 fr. ; 3e classe, 9 fr.

La Compagnie ne pouvant disposer pour ce train que d'un nombre limité de billets, la distribution cessera dès que ce nombre sera délivré et au plus tard le 8 septembre à 6 heures du soir.

Le Gérant, J. CHAPEAU (✸, ✸ ✸).

REVUE

DES

PÊCHERIES MARITIMES

LES CONCESSIONS MARITIMES

Rapport

Présenté au Ministre de la marine au nom du Comité consultatif des pêches maritimes, relativement à l'octroi des concessions sur le domaine public, par M. Am. BERTHOULE.

(Suite.)

Chaque année, les demandes de concessions de parcs deviennent plus nombreuses, repoussent devant elles la pêche au filet, l'évincent complètement, même, de certaines criques où naguère elle prospérait. Il n'y a toutefois pas trop à le déplorer, car la pêche, rejetée de quelques parties du rivage, a encore pour elle l'immensité des mers ; et, d'autre part, l'ostréiculture crée, pour ainsi dire, ses produits, sans rien enlever aux richesses naturelles des eaux, ce qui la rend doublement intéressante. Il faut donc plutôt se réjouir de son envahissement, et se borner à le réglementer d'une manière équitable. La nécessité d'une telle réglementation est impérieuse ; la mise en valeur de quelques plages a vivement excité les compétitions, on se dispute avidement leur possession, on a recours à tous les moyens, on use de tous les artifices pour s'en faire investir ; on en tire d'énormes revenus, sans payer de redevances, ou en en payant d'insignifiantes ; on s'ingénie à frauder la loi, à s'affranchir de ses entraves, à la détourner de son application, et cela, le plus souvent, sous le couvert de l'inscription maritime, qui a fait précisément l'objet des plus constantes sollicitudes administratives, et qui est dépouillée manifestement des prérogatives que, de tout temps, le législateur lui avait réservées. Ces abus regrettables, dont le comité consultatif des pêches maritimes a le devoir de demander la répression, dans l'intérêt d'une bonne administration, comme dans celui des marins eux-mêmes, ont été signalés, dans des termes saisissants, par M. l'Inspecteur général des pêches maritimes, dans un rapport présenté par lui à M. le Ministre de la marine et des colonies, sur les résultats d'une inspection à Arcachon (¹).

Il en est, dans le nombre, qui détiennent, tant à Arcachon, à Marennes, à la Tremblade, qu'à l'île d'Oléron, à Auray, au Havre, etc., jusqu'à 50 hectares de concessions, sans payer au domaine la moindre redevance ; ce seraient ces inscrits tardifs, dont la vocation pour le métier de marin ne se révèle irrésistiblement (à 39 ans parfois) que le jour où, en se faisant immatriculer, ils savent se soustraire à des charges fiscales, inscrits qui ne gagnent pas moins doucement leurs invalides, frustrant ainsi doublement le Trésor public, sans offrir à l'État d'autres compensations que d'irréalisables espérances.

Selon un édifiant tableau, dressé d'après les registres du quartier de La Teste, 250 personnes se seraient tardivement fait incorporer, dans le but avoué d'esquiver les charges domaniales. Sur ces 250 personnes, 20 seulement exercent ordinairement la profession de marin ou d'ostréiculteur. Parmi les autres, on trouve des merciers, des forgerons, des entrepreneurs, des rentiers, des négociants, des bergers, des cochers, des horlogers, des boulangers et des bouchers, jusqu'à des clercs d'huissier, des domestiques, des selliers, des employés de chemins de fer, des coiffeurs et des cafetiers.

Ce qui se passe à Arcachon se passe également sur la Seudre et en Bretagne, à des degrés divers.

Certes, il n'entrait pas dans les vues de l'administration maritime, quand elle demanda pour ses marins l'exonération des charges fiscales, d'étendre aussi loin sa tutelle et sa protection ; ce moyen de provoquer des vocations lui avait échappé ; au surplus ce sont là des recrues peu en état de fournir le service actif qu'on peut à la rigueur exiger d'elles. Mais une fissure s'est ouverte, bien d'autres abus s'y sont glissés.

Un ostréiculteur civil a-t-il besoin d'accroître son champ d'exploitation ? S'il n'a pas les titres requis pour obtenir la concession sur laquelle il a jeté son dévolu, il trouvera peut-être quelque

(¹) Rapport inséré au *Journal officiel* du 3 mars 1888.

marin malheureux qui la sollicitera pour son propre compte, l'obtiendra et la lui revendra ensuite.

On a vu des marins se défaire de leurs parcs contre argent pour en redemander peu après de nouveaux. Cela ne s'appelle pas vendre, le mot serait dangereux, car la loi défend expressément la vente et le trafic du domaine maritime public; cela s'appelle simplement céder, transmettre. Il existe, en outre, un moyen non moins ingénieux de tourner la loi, celui qui consiste à spécifier, dans les actes de transfert des concessions, que l'on vend seulement le matériel et la marchandise qui y sont renfermés.

Supposons un parqueur non inscrit, concessionnaire direct, ou possesseur, après acquisition, de 50, 60 hectares de parcs pour lesquels il paie chaque année au Trésor 2,500 ou 3,000 fr.

Qu'a-t-il à faire pour se soustraire à la redevance?

Simplement ceci : s'il a les quelques mois de navigation exigés à cet effet, se faire inscrire; au cas contraire, faire passer les concessions sur la tête d'un inscrit qu'il aura pris soit comme associé ou simple employé, et voilà les agents du fisc désarmés.

Un détenteur vient-il à décéder, ses concessions vont généralement à ses héritiers, pourvu que ceux-ci aient eu le soin d'en demander la transmission. Ils n'acquitteront de ce chef ni droits de succession, ni droits de mutation, ni droits d'aucune sorte. Il y a deux ou trois ans de cela, des collatéraux, neveux, petits-neveux et cousins, recueillirent en héritage des parcs produisant un revenu net de 30, 40, jusqu'à 50,000 fr. l'an. Le défunt avait, par ses efforts, son travail, acquis des droits incontestables aux faveurs de l'administration ; chacun était du même avis sous ce rapport; mais les héritiers, eux, il y avait aussi unanimité d'opinion à ce sujet, n'en avaient pas, en tous cas infiniment moins que beaucoup de marins et que beaucoup de vieux serviteurs de l'État qui sollicitent, sans l'obtenir, un pauvre bureau de tabac.

En cas de faillite, les choses ne se passent pas d'une façon moins illégale. Le liquidateur, ne pouvant mettre les parcs aux enchères, les vend de gré à gré, ayant soin, bien entendu, de ne faire figurer dans les actes passés devant notaire que les marchandises ou l'outillage contenus dans les parcs.

Je me borne à ces quelques exemples, qu'il serait aisé de multiplier, car il est encore bien des moyens de frustrer le Trésor et de violer l'esprit de la législation. Ils suffiront, j'espère, à démontrer l'urgence de procéder sans retard à la revision des règlements caducs, au nom desquels on livre le domaine public à l'exploitation industrielle, règlements reconnus défectueux, particulièrement par les agents de la marine chargés de les appliquer;

injustes pour la classe la plus intéressante de nos marins, et préjudiciables aux intérêts de l'État.

Les abus relevés, on le voit, sont de trois sortes : tantôt il s'agit de transactions que la loi prohibe formellement, mais qu'on prend soin de dissimuler par quelque détour ; tantôt les concessionnaires réussissent à accaparer dans leurs mains des étendues considérables dont ils tirent de gros revenus, tandis qu'à côté d'eux, des marins, moins favorisés, sollicitent en vain des terrains dont on ne peut plus disposer ; tantôt enfin, et le fait est plus grave, l'inscription maritime ouvre ses portes à des hommes qui n'ont jamais fait et qui ne feront jamais aucun service dans la flotte, qui souvent n'ont jamais navigué qu'en tillole ou avec le pousse-pied, et n'en obtiennent pas moins des concessions, tout en gagnant doucement leurs invalides.

Le principe de l'interdiction pour les titulaires de disposer par acte entre vifs, ou autrement, des concessions qu'ils ont obtenues, est écrit en tête de notre droit public, qui proclame solennellement l'inaliénabilité et l'imprescriptibilité du domaine ; il résulte de la nature même de ces faveurs, qui sont, nous l'avons dit, essentiellement personnelles et révocables. Enfin, il est formellement inscrit dans les décrets des 4 juillet 1853, 19 novembre 1859 et 5 mai 1888.

Et cependant, on ne saurait le nier, c'est chaque jour que les établissements de pêche font l'objet de contrats de cette nature ; on les aliène par actes publics, comme on ferait d'une terre ; on en dispose par donation ou par testament, on se les dispute entre cohéritiers comme une parcelle du patrimoine privé ; après plusieurs transmissions successives, qui ont distendu de plus en plus le lien de dépendance originaire, on finit par se considérer comme étant irrévocablement investi ; on crie à la spoliation lorsqu'un acte administratif vient un jour vous rappeler au souvenir de la précarité du titre, au respect des règlements établis, ou apporter, dans un but d'intérêt général, la moindre gêne à la libre exploitation de ces portions du domaine public, que le possesseur tient pour une propriété désormais inviolable entre ses mains. Peut-être même celui-ci aura-t-il la bonne fortune de trouver quelque puissant et complaisant appui pour soutenir utilement sa cause auprès des pouvoirs administratifs.

En ce qui concerne les parcs à huîtres, jusqu'à présent on y a mis plus de formes : on ne les vend pas ostensiblement ; dans le contrat il n'est question que du matériel et de l'agencement.

Sans doute, l'administration interviendra par ses agents ; l'un d'eux se rendra sur les lieux, estimera à son tour cet outillage, un rapport attestera que les déclarations des contractants sont parfaitement sincères, et tout sera pour le mieux.

Mais si, par cet ingénieux subterfuge, et au moyen de ces subtilités de formes, les apparences sont sauvées, au fond, l'acte équivaut véritablement à une vente de la concession, puisque le matériel reste sur place et va servir à l'exploitation du même parc, sans durée de temps limitée, l'acquéreur étant astreint à une simple formalité, la demande d'une investiture administrative qu'on ne refuse jamais. On aura donc tourné la loi et atteint le même but; bien mieux, on y sera parvenu avec le concours de l'autorité qui, par son intervention, aura solennisé et ratifié des transactions que la loi prohibait. Ainsi, le détenteur se trouvera-t-il dans une situation assez analogue à celle d'un véritable propriétaire.

Est-il admissible qu'un tel état de choses puisse se perpétuer indéfiniment? N'importe-t-il pas, au suprême degré, et pour l'ordre public, et pour la sauvegarde des droits dont ils ont le dépôt, que les pouvoirs publics soient les maîtres et les libres dispensateurs du domaine, et qu'ils l'administrent au mieux des intérêts de la communauté? Il faut que chacun s'incline devant la loi et que les intérêts privés fléchissent devant l'intérêt général. Les transmissions de concessions, de particulier à particulier, sous quelque forme qu'elles se produisent, sous quelque voile qu'elles soient dissimulées, sont illégales et sans valeur; tout parc non exploité par son concessionnaire direct doit faire retour à l'État, qui en disposera de nouveau comme il le jugera opportun. Ainsi disparaîtront ces riches apanages, sortes de biens de mainmorte, qui, s'ils donnent la fortune à leur heureux tenancier, n'en versent qu'une part dérisoire dans les caisses du Trésor.

Y a-t-il sur place un matériel de quelque valeur, le propriétaire ou ses héritiers ne seront pas en peine d'en tirer profit; quant aux ouvrages à demeure sur les parcs d'élevage, ils ne consistent, le plus souvent, qu'en travaux de terrassement et dé balisage, dont la durée est très courte, car il faut les défendre incessamment contre la mer et les relever à chaque saison; ils ne représentent donc, à vrai dire, qu'une main-d'œuvre d'exploitation et d'entretien, qui a pu être couverte par les gains réalisés; rien n'empêche, au surplus, qu'on en tienne compte pour leur juste valeur.

A ce point de vue, le système de baux donnés par adjudication, dont nous avons déjà dit quelques mots, par la stabilité qu'il assurerait à l'exploitation, ne serait-il pas infiniment préférable, pour les possesseurs, à l'irrégularité et aux incertitudes de leur situation présente? Quelle est leur sécurité? Quelles garanties ont-ils du lendemain? Nantis de par la faveur souveraine de l'État, ne dépendent-ils pas, dans une certaine mesure, des capricieux hasards de la politique? Cette grave, mais trop légitime appréhension n'est-elle pas de nature à paralyser l'essor de leur industrie, en les faisant hésiter à y engager tous les capitaux dont elle aurait besoin pour se développer?

Combien différente ne serait donc pas leur situation, si elle reposait sur les bases inébranlables d'un contrat synallagmatique sanctionné par la loi civile!

Les concessions accordées aux inscrits sont exonérées de toute redevance; c'est là une faveur qu'aucun de ceux qui connaissent le rude métier de la mer ne songerait à leur disputer, si elle atteignait réellement son but : d'une part, elle est destinée à ajouter aux maigres profits de leur travail de quoi subvenir à leur existence; de l'autre, elle doit aider au recrutement de la flotte, en fixant au rivage les populations soumises à l'inscription maritime.

Cette institution toute française de l'inscription maritime a, depuis son origine ancienne, rendu les plus précieux services au pays. C'est grâce à elle que notre marine de guerre a pu se tenir au premier rang comme puissance militaire. Elle a pesé lourdement, pendant plus de deux siècles, sur les populations qui y ont été soumises; et encore de nos jours, quoique la nouvelle loi militaire ait mieux égalisé les charges de la défense entre les les soldats de l'armée de terre et les marins, on peut dire que le service de la flotte comporte une plus grande part de fatigues et de périls; aussi bien les prérogatives dont ceux-ci jouissent sur les choses de la mer restent-elles pour eux légitimes. Mais, s'il serait injuste de les leur disputer, faut-il du moins qu'elles profitent aux seuls inscrits dignes de ce nom; or, il est malheureusement trop constant qu'il n'en est pas ainsi : l'inscription maritime, dans ces temps derniers surtout, s'est laissé envahir par des hommes qui n'ont de marins que le nom usurpé, par des hommes qui, le plus souvent, non seulement n'ont jamais servi sur la flotte, mais qui ne se sont jamais livrés qu'à une navigation fictive, et prennent soin de ne se faire classer qu'à un âge où il n'y a plus d'appel à redouter, dans le seul but d'obtenir des concessions avec le bénéfice de la gratuité, et de gagner paisiblement leurs invalides.

« Les marins possesseurs de bouchots, écrivait M. l'inspecteur de Rochefort (¹), ne font guère d'autre navigation que celle qui

(¹) Le 29 décembre 1887. Extrait d'un dossier relatif à la navigation dans le port de La Rochelle.

consiste à aller de terre à ces bouchots, et le plus souvent avec le pousse-pied. La pêche ainsi pratiquée constitue une navigation fictive qu'il est bien difficile de surveiller. Une proportion assez considérable des inscrits de ce quartier se compose d'anciens militaires, qui se font inscrire pour obtenir des bouchots et être exempts de redevances. Ils acquièrent, en dehors des conditions normales, des droits à la demi-solde... Il en résulte que, dans l'avenir, la caisse des invalides aura à payer des pensions à toute une classe de gens qui, en cas de mobilisation, seraient des non-valeurs. »

« Pour jouir de l'exemption de la redevance, disait de son côté M. le commissaire adjoint Alquier [1], certains riverains naviguent d'abord comme inscrits provisoires, puis cessent de naviguer lorsqu'ils réunissent les conditions pour l'inscription définitive, et se font ensuite classer définitivement lorsqu'ils se croient, par leur âge, à l'abri de toute obligation militaire, c'est-à-dire à quarante ans. »

C'est dans cette catégorie qu'on trouve le bizarre assemblage de tous les corps de métier, hormis un seul, celui de marin, qu'a si vivement dépeint M. l'inspecteur général des pêches maritimes, dans le rapport cité plus haut. Pour Arcachon seulement, la proportion des inscrits tardifs n'est pas inférieure à un tiers du nombre total des inscrits. En même temps qu'ils se multipliaient dans ce bassin, et par une conséquence immédiate, le produit des redevances s'abaissait de 82,919 fr. qu'il était en 1878, à 46,828 fr. en 1887.　　　　　*(A suivre.)*

A la suite d'une pétition adressée au Conseil général du Morbihan par M. A. Martin, de Kergurioné, le Conseil général de ce département a voté à l'unanimité le vœu suivant :

Le Conseil général du Morbihan,

Considérant le rapport publié par le Journal officiel et adressé à M. le Ministre de la marine par M. le commissaire général Renduel au sujet des concessions maritimes ;

Considérant, comme identique, l'intérêt des ostréiculteurs et celui de la population maritime, intérêt qui serait lésé par l'adoption du dit rapport, sans aucun bénéfice pour les finances du pays,

Émet le vœu :

1° Qu'il ne soit pas donné suite au rapport du Comité consultatif des pêches maritimes ;

2° Que l'affectation de l'impôt sur les concessions soit versée à la caisse des invalides de la marine.

[1] 17 mars 1888. *Loc. cit.*

LA CLASSE 77

Le *Journal officiel* publie la note suivante sur l'exposition de pisciculture et d'ostréiculture dans le pavillon de la classe 77 :

L'exposition particulière du département de la marine, dans la classe 77, mérite d'autant plus de fixer l'attention qu'elle est la première de ce genre ; on n'avait jamais pu jusqu'ici grouper des produits si divers. Les richesses des côtes de France en tant que gisements huîtriers et en productions conchylifères de toute sorte y sont exposées de façon à bien faire apprécier toute leur valeur. On y compte notamment trente variétés d'huîtres naturelles prélevées sur les bancs du littoral de la France continentale, de la Corse et de l'Algérie.

L'agencement du monument est heureux et la décoration bien appropriée ; de longs filets drapent le sommet du monument et complètent l'ensemble. L'appareil a été disposé de telle sorte que l'eau est aérée d'une façon continue, condition indispensable pour conserver vivants les animaux exposés.

Tout d'abord, nous croyons juste de signaler spécialement la carte ostréicole de la France, dressée sous la direction de l'administration. C'est un travail intéressant, exécuté avec goût et clarté, qui comble une lacune, car il n'en existait pas de semblable. Cette carte indique le rapport entre les huîtres naturelles et les huîtres cultivées ; elle met en évidence la quantité d'huîtres produites, qui sont classées par catégories.

Les ingénieux appareils d'élevage des huîtres mis en essai par le département figurent également à cette exposition. Les résultats qu'ils ont donnés à Paimpol, Auray, Vannes et Saint-Servan méritent de fixer l'attention générale ; en nul autre endroit du littoral on n'en a obtenu de supérieurs par l'emploi des autres méthodes en usage. On sait en quoi consiste l'économie de ces appareils, dont l'idée première appartient à M. l'inspecteur général des pêches maritimes : utilisation des couches d'eau, des courants et des laisses de basse mer.

Le comité consultatif des pêches maritimes a, de son côté, présenté les travaux de ses rapporteurs. Les questions traitées par le comité ont été les suivantes :

Destruction des marsouins, rapport de M. E. Périer ;

Pêche de la crevette, rapport de MM. Giard et Roussin ;

Vente et consommation des moules, rapport de M. Henneguy ;

Pêche du gangui, rapport de M. le commissaire général Renduel ;

Octroi des concessions du domaine public maritime, rapport de M. Berthoule ;

Attribution à la caisse des invalides du produit des redevances des concessions du domaine public maritime, rapport de M. le commissaire général Renduel ;

Pêche du saumon, rapport de M. Berthoule.

Ainsi qu'on l'a dit plus haut, le département expose des variétés nombreuses d'huîtres naturelles recueillies sur les bancs du littoral. On y remarque particulièrement :

Les belles huîtres de la baie du Havre, qui se distinguent par leur coquille si pure et si fine ;

Les huîtres de la baie du mont Saint-Michel (cancale, etc.), universellement appréciées des consommateurs ;

Les petites huîtres de Tréguier et celles de la rade de Brest, justement renommées les unes et les autres ;

Celles de la baie de Bourgneuf, qui méritent une attention spéciale, car, si les bancs naturels de cette région sont très appauvris, il s'opère actuellement une transformation complète dans cette baie, qui semble pouvoir devenir une station ostréicole capable de rivaliser même avec Arcachon ;

Les huîtres de l'île de Ré, celles de Marennes dont la réputation est universelle ; la gravette d'Arcachon, remarquable par sa forme virgulée, qui tend à disparaître, ce dont il ne faut pas trop s'alarmer puisque les emplacements où elle se reproduisait sont aujourd'hui affectés à l'ostréiculture.

A signaler encore les huîtres des bancs d'Agde qui atteignent des dimensions vraiment extraordinaires ; celles de la rade de Toulon dont la succulence est connue, celles de la Corse qui se distinguent par leur finesse, et enfin les huîtres d'Algérie, peu répandues sur le continent, mais qui sont cependant fort belles.

A côté des animaux vivants, le département expose une collection complète, empruntée à tous les points du littoral, de la faune conchyliologique réduite à la spécialité des coquillages comestibles. Cette collection offre un réel intérêt, précisément parce qu'elle se présente pour la première fois sous cette forme.

En terminant, nous ajouterons que l'œuvre du département ne s'est pas bornée à l'installation de son exposition particulière. La marine a contribué dans une large mesure à la préparation de l'exposition d'ostréiculture tout entière. Elle a fourni la plus grande part du crédit nécessaire pour les installations ; ses fonctionnaires ont donné leur concours dévoué aux organisateurs dans leurs travaux préparatoires ; ils ont adressé aux ostréicul-

teurs de leur circonscription un appel qui a été entendu ;
enfin ils ont contribué au succès de l'exposition en aidant au
groupement des producteurs et à la formation des syndicats. Nous
sommes heureux de constater le lien qui unit les administrateurs
aux administrés.

OSTRÉICULTURE

La Pêche des Huîtres.

L'ouverture de la pêche des huîtres, dans la partie sud-est du
banc de Jau et sur le banc de Richard (quartier de Pauillac) a
lieu depuis le 5 septembre. Les bateaux étrangers au quartier y
prennent part. Les huîtres n'ayant pas la dimension réglementaire sont reportées par les pêcheurs eux-mêmes sur la partie
nord-ouest du banc de Jau. La pêche a lieu chaque jour, du
lever au coucher du soleil. Lorsque les bancs paraîtront suffisamment exploités, les agents de la marine auront la faculté de
suspendre l'exercice de la pêche.

— On écrit d'Arcachon que cette semaine les transactions ont
été à peu près nulles, les ordres du dehors ayant été de peu
d'importance.

Depuis la maline dernière, la pousse commence à s'accentuer,
l'état des huîtres s'est aussi amélioré, et il y a tout lieu d'espérer que dans une quinzaine de jours elles parviendront à leur
état normal et que les ordres nous arriveront de façon à animer
un peu notre marché.

Les parqueurs sont occupés pour la plupart au lavage des
collecteurs, et ce n'est pas sans besoin, car les tuiles posées principalement pendant la première maline de juin, et surtout dans
les rangs inférieurs des ruches, sont couvertes d'axidies qui né-
cessitent un lavage au balai de bruyère. Ce travail très long
exige une dépense relativement élevée, car une personne ne peut
guère laver dans une marée qu'une centaine de tuiles seulement.

Les crabes ont aussi commencé leurs déprédations sur les
tuiles et ont fait déjà perdre une certaine quantité d'huîtres. Les
mois durant lesquels ils font les plus grands dégâts sont ordinairement ceux de mars et d'octobre, c'est-à-dire pendant les
saisons tempérées, car en été ainsi qu'en hiver la chaleur ou le
froid les oblige à séjourner à l'abri dans le fond des chenaux.

Paris, 14 septembre.
Les huîtres arrivent en assez grande abondance depuis une

quinzaine. La grande consommation s'explique par la présence des nombreux étrangers qu'y a amenés l'Exposition. Les Cancales valent : pied de cheval, 23 fr., n° 1, 15 fr. 50. Les Marennes blanches : extra 13 fr. 50 à 14 fr.; n° 1, 10 fr.; n° 2, 9 fr.; n° 3, 7 fr. Les vertes sont cotées : extra, 18 à 20 fr.; n° 1, 12 fr. 50 à 14 fr.; n° 2, 10 fr.; n° 3, 7 fr. 50. Les Arcachonnaises : n° 1, 10 fr.; n° 2, 6 fr. 50 à 7 fr.; n° 3, 5 fr.; n° 4, 3 fr. Les Hollandaises valent : royales, 16 à 17 fr. Les Portugaises s'élèvent facilement à : belles ordinaires, 4 fr. à 4 fr. 50; petites, 3 fr. à 3 fr. 25.

L'abondance des matières nous oblige de remettre au prochain numéro de la *Revue* la suite de la publication de l'intéressant rapport de M. Bouchon-Brandely sur l'ostréiculture.

LA PÊCHE DE LA SARDINE

On nous écrit de Douarnenez :

« La pêche de la sardine est médiocre. Les chaloupes ont pêché, pendant cette semaine, une moyenne de 1,800 sardines (grosse) par jour et par bateau, qu'elles ont vendu de 18 à 20 fr. le mille. On pêche également de très petites sardines que l'on ne vend que 1 fr. 50, 2 fr. et 3 fr. le mille.

» Cette sardine est si petite que l'on trouve difficilement des filets assez petits pour la pêche. »

Sans être bonne, la pêche en général a été moins mauvaise cette semaine; il y a eu quelques mille de gros ou petits poissons dans presque tous les ports, mais à peine la dixième partie de ce qu'il faudrait pour alimenter régulièrement les usines et produire la journée des pêcheurs.

Conséquemment, le prix du poisson reste élevé; la moyenne de la semaine est d'environ 18 fr. le mille pour le poisson de 7 et de 8 au 1/4, et de 3 fr. 50 pour celui de 15 à 20.

Les produits fabriqués ont été l'objet d'une vive demande; les quarts de 8 1/2 et 10 1/4 ont obtenu de 30 à 32 fr., usages, suivant marques; le petit poisson de 12/18 a été enlevé de 27 à 29, et aujourd'hui on cite une vente à livrer de ce petit poisson à 30 fr.

Le Portugal est absolument sans pêche; les quelques sardines gros poisson qui paraissent sont vendues pour le vert à des prix élevés.

Encore quelques jours de cette situation, et le stock, déjà si faible, disparaîtra complètement.

TRANSPORT DE LA MARÉE

On sait combien le prix exagéré du transport de la marée pèse lourdement sur les transactions de cette marchandise.

Alors que les Compagnies de chemins de fer accordent une réduction de 15 pour 100 sur les tarifs aux envois de l'étranger, nos mareyeurs sont frappés sans pitié, et ne peuvent lutter contre cette concurrence protégée que par l'avilissement d'un prix de vente insuffisamment rémunérateur.

La Compagnie du chemin de fer d'Orléans serait-elle disposée à entrer dans une voie meilleure? On annonce que les mareyeurs d'Audierne viennent d'être appelés à Douarnenez pour s'entendre au sujet de la réduction des prix de transport de la marée.

Nous ne connaissons pas la décision que prendra la Compagnie d'Orléans, mais il faut espérer qu'elle sera favorable aux réclamations si nombreuses qui lui ont été faites.

Puisque nous parlons du transport du poisson, n'oublions pas de dire que depuis quelque temps la marée qui arrive par la ligne de l'Ouest rentre à Paris beaucoup plus tard. Les poissons d'eau douce qui sont expédiés par la ligne du Nord, font leur apparition aux marchés de Paris à 8 heures du matin. Par cette température lourde, l'incommodité du chemin de fer n'est point faite pour donner de l'essor à l'industrie de la pêche. Ne pourrait-on faire mieux? Nous le croyons, aussi nous permettons-nous d'espérer que la Compagnie de l'Ouest va faire le nécessaire pour y arriver.

NIXON DESVARENNES.

LA PÊCHE DANS LE 1er ARRONDISSEMENT MARITIME EN 1888

Statistique *(suite)*.

Dunkerque. — Le port de Dunkerque arme de nombreux bateaux pour la pêche à la morue; 92 bâtiments se sont rendus en 1888 sur les côtes d'Islande pour pratiquer cette pêche, ils représentaient un port de 10,242 tonneaux et étaient montés par 1,574 hommes. Les quantités prises se sont élevées à 5,482,138 kilog. et se sont vendues 2,629,035 fr. Il y a lieu de remarquer que les pêcheurs ont tendance à abandonner la côte Est de l'Islande pour se porter à la côte Ouest. La statistique constate, en effet, que 40 bateaux seulement sont allés à la côte Est en 1888 au lieu de 72 en 1887 et 52 à la côte Ouest au lieu de 22 en 1887.

La pêche de la morue au Dogger's-bank a donné une légère augmentation sur le prix de vente, mais les quantités pêchées subissent une baisse sensible et nos marins abandonnent peu à peu ce lieu de pêche; de 128,804 kilog., pêchés en 1885, on n'arrive qu'au chiffre de 39,899 kilog. en 1888, cette pêche suit une décroissance régulière.

La pêche du poisson frais a été peu satisfaisante; 117 bateaux y ont été employés, ils étaient montés par 266 hommes, soit 166 hommes de moins qu'en 1887. Les quantités pêchées évaluées à 435,300 kilog. ont été vendues 244,375 fr., soit une diminution de 38,360 fr. sur les résultats de 1887.

Des bateaux belges ont apporté 166,100 kilog. de poisson frais, vendus 87,000 fr. Des bateaux de Gravelines, Calais, Boulogne et Trouville ont vendu sur le marché de Dunkerque 786,700 kilog. de poisson frais au prix de 470,683 fr.

La pêche à pied occupe 1,298 personnes; elle a produit 258,340 fr., soit une diminution de 40,632 fr. sur les résultats de l'année précédente.

L'industrie ostréicole n'existe pas dans ce quartier.

Gravelines. — La pêche à la morue qui occupe, tant pour l'Islande que pour le Dogger's-bank, 26 bateaux avec un personnel de 267 hommes, a donné des résultats supérieurs à ceux de l'année précédente aussi bien comme quantité que comme prix de vente; 608,619 kilog. de poisson ont été vendus 331,200 fr., soit une différence de plus de 56,854 fr. sur l'année 1887. Il faut remarquer toutefois que les quantités pêchées au Dogger's-bank, bien qu'inférieures à celles de 1887, ont cependant donné sur cette dernière année une différence en plus de 5,511 fr.

Les résultats de la pêche du poisson frais ont subi une légère diminution; 114 bateaux du port de 2,848 tonnes, montés par 912 hommes, ont été employés à ce genre de pêche, 2,473,156 kilog. de poissons capturés ont été vendus 940,757 fr. C'est sur le maquereau principalement qu'a porté la diminution constatée.

La pêche à pied a été pratiquée par 212 personnes; elle a produit 67,000 kilog., vendus 38,600 fr., soit une augmentation de 21,950 fr. sur 1887.

Dans ce quartier comme à Dunkerque, les pêcheurs ont à lutter contre la concurrence des pêcheurs étrangers, soit belges, soit des quartiers avoisinants.

Calais. — 127 bateaux du port de 2,738 tonneaux et montés par 851 hommes se livrent à la pêche du poisson frais ; le rendement en argent en 1888 a été à peu près le même qu'en 1887, malgré une diminution sérieuse dans les quantités pêchées. La statistique constate une différence en moins de 88,268 kilog., sur le hareng frais, 174,331 kilog., sur les soles, turbots, plies, etc., et une légère augmentation de 33,828 kilog. sur le maquereau. Le produit brut de la vente a été de 1,092,243 fr. pour 1,097,488 en 1887.

La pêche à pied occupe 445 personnes ; la vente des produits de cette pêche s'est élevée au chiffre de 74,347 fr., soit une augmentation de 4,120 fr. sur l'année précédente.

Il a été pêché 12,054 huîtres.

Boulogne-sur-mer. — Un seul bateau du port de 142 tonneaux et monté par 22 hommes est allé pêcher sur la côte d'Islande, il a rapporté 79,800 kilog. de morue qui ont été vendus 44,800 fr. Au Dogger's-bank, la pêche a été contrariée par le mauvais temps ; 32 lougres montés par 561 hommes se sont rendus sur ce lieu de pêche.

Les quantités capturées ont été de 840,200 kilog., et ont été vendues 210,244 fr. ; les résultats de cette pêche en 1887 avaient été de 1,886,600 kilog., vendus 631,530 fr.

La pêche du hareng de salaison à laquelle ont été employés 80 bateaux et 1,749 hommes a produit 13,888,400 kilog., vendus 2,943,746 fr.

La pêche du poisson frais occupe 328 bateaux avec 3,224 hommes d'équipage, elle a donné comme résultats 17,370,200 kilog., vendus 8,676,697 fr.

Il a été pêché 10,200 huîtres, vendues 2,500 fr., et 4,600 homards ou langoustes, vendus 4,600 fr.

Les résultats complets de la pêche en bateau donnent une augmentation de 575,350 fr. sur l'année précédente.

La pêche à pied est pratiquée par 820 personnes ; la vente des produits s'est élevée à la somme de 223,500 fr. donnant une augmentation de 7,650 fr. sur 1887.

Les parcs à huîtres ont livré à la consommation 10,000 huîtres indigènes provenant de dragages au prix de 550 fr. et 2,000 portugaises au prix de 40 fr. ; le stock restant dans les établissements est de 6,000 huîtres indigènes et de 6,000 portugaises.

Saint-Valéry-sur-Somme. — Ce quartier n'arme pas de bateaux pour la pêche des poissons de salaison ; la pêche des poissons frais est pratiquée par 1,403 hommes, elle a produit 1,233,335 fr., soit une différence en moins de 98,933 fr. sur les résultats de 1887.

La pêche à pied occupe 913 personnes, la vente de ses produits s'est élevée à la somme de 234,975 fr., soit 19,825 fr. de moins que pendant l'année précédente.

Tréport. — 95 bateaux ont été employés à la pêche du poisson frais et étaient montés par 570 hommes ; cette pêche a produit 742,528 fr., soit 78,055 fr. de moins qu'en 1887. La diminution constatée porte surtout sur les maquereaux, soles, turbots, plies et autres espèces, tandis que, au contraire, la pêche du hareng frais a eu un rendement supérieur à celui de l'année précédente tant en quantités pêchées que comme prix de vente.

La pêche à pied occupe 267 personnes, contrairement à ce qui a eu lieu pour la pêche en bateau, la statistique relève une augmentation de 20,561 fr., sur les produits vendus, le total brut de la vente s'est élevé à 57,346 fr.

Il est entré dans les parcs 60,000 huitres provenant d'Arcachon, il en a été vendu 40,000 au prix de 3,600 fr.

Dieppe. — Un seul bateau s'est, en 1888, rendu à Terre-Neuve pour se livrer à la pêche à la morue, il était monté par 22 hommes ; il a rapporté 179,861 kilog. de poisson vendus 58,030 fr., soit une différence en moins sur la campagne précédente de 120,027 kilog. et de 63,076 fr. ; 122 bateaux montés par 642 hommes ont pratiqué la pêche du poisson frais, les résultats on été inférieurs à ceux obtenus en 1887 ; la différence porte surtout sur le hareng frais, soles, turbots, plies, etc. Le total général de la pêche en bateau accuse une diminution de 180,603 fr.

La pêche à pied a donné de meilleurs résultats : l'augmentation sur la vente a été de 9,609 fr ; elle occupe 543 personnes.

Les paquebots anglais faisant le service entre Dieppe et Newhaven est apporté en transit pour 397,300 fr. de poisson frais.

Un certain nombre de bateaux étrangers au quartier sont venus vendre leur poisson à Dieppe.

La vente des poissons de cette provenance a donné les résultats suivants :

Poissons frais............F.	588,507	70
Maquereaux	111,945	10
Harengs frais et salés.........	370,504	65
Total........F.	1,070,957	45

Les parcs à huîtres ont reçu pendant l'année 22,000 huîtres provenant d'Arcachon et en ont livré à la consommation 24,600 au prix de 1,968 fr.

La barque de pêche *Estafette* s'est perdue avec son équipage composé de 7 hommes, qui ont laissé 5 veuves et 9 orphelins.

Saint-Valéry-en-Caux. — Saint-Valéry a armé 4 bateaux du port de 843 tonneaux et montés par 92 hommes pour la pêche de la morue à Terre-Neuve ; ces bateaux ont rapporté 643,646 kilog. de poisson qui ont été vendus 283,267 fr., résultat inférieur de 34,439 fr. à celui obtenu en 1887. En Islande, où 2 bateaux montés par 44 hommes se sont rendus pour ce genre de pêche, les quantités capturées ont été de 400,680 kilog., soit 41,720 kilog. de plus qu'en 1887 ; mais malgré cette augmentation, le prix de la vente n'a pas dépassé le chiffre obtenu l'année précédente, soit 56,000 fr.

La pêche du hareng frais et du hareng de salaison a donné des résultats supérieurs à ceux de 1887, elle a occupé 4 bateaux montés par 82 hommes. La pêche du poisson frais sur les côtes a été pratiquée par 82 hommes et 18 bateaux.

Les résultats de la campagne ont accusé pour l'ensemble de la pêche en bateau une différence en moins de 28,023 fr. sur l'année précédente.

La pêche à pied occupe 653 personnes et a produit 72,200 fr., chiffre inférieur de 359 fr. à celui obtenu en 1887.

(A suivre.)

LA PÊCHE DE LA MORUE

On nous écrit de Dunkerque :

« Nos pêcheurs continuent à rallier leur port d'attache ; chaque marée nous amène cinq, six, voire même dix goélettes. Dans quelques jours tout le monde sera de retour.

» C'est avec une véritable joie que nous n'avons aucun sinistre à enregistrer pendant la dernière campagne. Le seul navire qui menaçait de rester sur les côtes d'Islande, le lougre *Galoper*, nous est revenu, le commandant du croiseur *Chateaurenault* ayant levé sa condamnation.

» A part la goélette *Victoire* qui a éprouvé quelques avaries dans son échouement sur les rochers près de Skagen, nous n'avons pas le moindre accident à signaler, en admettant bien entendu que les navires qui sont encore à la mer nous arrivent dans de bonnes conditions comme tout le fait prévoir.

» Nous avons déjà eu l'occasion de signaler, d'après nos renseignements, que la pêche se présentait dans les meilleures conditions. Une quarantaine de navires actuellement dans le port nous donne une moyenne de 500 tonnes environ. C'est là un résultat des plus satisfaisants, résultat qui n'a pas été atteint depuis 1880. Sous le rapport de la quantité c'est parfait. De son côté, la qualité sera, elle aussi, au-dessus de la moyenne ; il est à noter, en effet, que le poisson de dérive — toujours beau — rentre pour beaucoup dans la pêche cette année.

» Aucun prix n'a été établi jusqu'à présent, mais nous apprenons que nos armateurs doivent avoir au premier jour une réunion qui, espérons-le, viendra les mettre complètement d'accord sur ce point.

» Dans cette réunion seront agitées diverses questions de la plus haute importance pour cette industrie essentiellement locale qui a nom : la pêche de la morue.

» On nous cite notamment le règlement du départ à une date fixe, dans le courant du mois de mars. Nous n'avons cessé un seul instant de combattre en faveur de cette combinaison, en énumérant tous les avantages qu'elle entraînerait, sans oublier une notable diminution des frais d'armement, but qui sera poursuivi avec ténacité par nos armateurs pour la campagne prochaine.

» Souhaitons donc de voir cette réunion apporter les fruits qu'on est en droit d'en espérer.

» L'appel fait par notre Chambre de commerce aux pêcheurs islandais pour les expériences du filage de l'huile pour calmer la mer, n'est pas resté sans résultat ; plusieurs capitaines ont établi des rapports très intéressants et les primes promises seront incessamment distribuées. »

Dunkerque, 11 septembre.

Toutes les goélettes employées pour la pêche en Islande sont rentrées. Voici le résultat de la campagne : quatre-vingt-un navires ont rapporté 39,670 tonnes de morue. En 1888, la pêche avait été de 39,899 tonnes, et de 128,804 en 1885.

NOUVELLES DIVERSES

Le préfet du Finistère vient de prendre un arrêté déclarant d'utilité publique le projet d'établissement d'échelles à poissons et de grilles sur la rivière l'Elhrn.

— M. Fallières, ministre de l'instruction publique, accompagné de M. Buisson, directeur, vient de visiter le laboratoire de zoologie maritime de M. Lacaze-Duthiers, à Roscoff.

Un zoologiste russe a été présenté au ministre ainsi que les élèves venus de Londres, de Bruxelles, de Washington et de Moscou.

Le ministre a promis de faire tous ses efforts pour assurer de nouveaux crédits à cet établissement, qui est appelé à rendre de si grands services, non seulement au point de vue scientifique, mais aussi au point de vue de la richesse de nos populations côtières. Les conditions de conservation et de reproduction d'animaux marins, tels que les poissons, les mollusques, les huîtres, y sont, en effet, étudiées avec le plus grand soin, et ces études ont déjà donné de merveilleux résultats.

Le ministre s'est ensuite rendu à Brest, d'où il est allé visiter le laboratoire de M. Pouchet, à Concarneau.

— Le capitaine d'un schooner américain rapporte qu'un croiseur de la même nationalité a saisi deux bateaux anglais : le *Pathcinder* et le *Mimnie*, qui faisaient la pêche aux phoques dans la mer de Behring.

Il a accosté ensuite plusieurs autres bateaux dans lesquels il a fait des perquisitions.

— Nous lisons dans le *Havre :*

Un pêcheur a apporté, ces jours-ci, à la vente, un poisson assez rare sur nos côtes : le *squale-renard* (*Squalus vulpes*, de Linné). Ce squale, assez commun dans la Méditerranée et dans l'Océan, est rare dans la Manche ; plusieurs exemplaires de l'espèce figurent dans la collection icthyologique de notre Muséum. Le sujet pêché samedi dans nos mers mesure environ deux mètres de long ; la queue, qui a la forme d'une faux, a presque un mètre de longueur. Dans l'eau, les mouvements du squale-renard sont excessivement rapides, et l'on prétend qu'à l'aide de sa queue il frappe les animaux dont il veut faire sa proie, et les étourdit. Les dents ne sont pas dentelées sur les bords ; elles sont très aiguës et placées sur quatre rangs. Le museau est pointu, la tête courte et conique, les yeux grands, la peau recouverte de petits tubercules, le dos d'un gris bleuâtre ; le ventre est blanc.

Le plus grand exemplaire du squale-renard capturé en Normandie est celui qui fut pris à Dieppe en l'an VIII, et qui mesurait cinq mètres de long.

Les écrevisses dans l'Est.

Il y a quelques années, dans presque tous les cours d'eau du département de la Meuse et dans ceux des Ardennes, l'écrevisse était devenue si rare que l'interdiction absolue de cette pêche fut décidée. Depuis, grâce aux mesures prises par le fermier, on a déjà obtenu dans les deux départements de premiers et satisfaisants résultats, tout en tenant compte que les eaux polluées par les ingrédients chimiques provenant de certaines usines ont beaucoup contribué à éloigner l'écrevisse là où elle avait été toujours abondante.

Aujourd'hui, l'écrevisse, jadis produit important des cours d'eau en Lorraine, serait devenue tellement rare que les préfets de Meurthe-et-Moselle et des Vosges ont dû prendre des arrêtés qui interdisent la pêche de ce crustacé pendant un an dans tous les cours d'eau de leurs départements.

Le colportage et la vente des écrevisses ne seront autorisés que pour celles qui proviennent de cours d'eau appartenant à des propriétés privées.

C'est bien, mais à quand le repeuplement pratique de tous les cours d'eau?....

LES ANGUILLES

M. E. Blanchard a présenté à l'Académie des sciences, au nom de M. Jourdain, une note sur les anguilles, et a fait suivre cette présentation des considérations suivantes, destinées à résoudre la question de l'origine des anguilles :

Les notes qui ont été récemment présentées à l'Académie, touchant la montée des anguilles, m'engagent, dit-il, à formuler un plan d'expériences et à faire appel à toutes les bonnes volontés.

Si les observations attestent que, chez les anguilles qui ont fait un séjour dans les eaux salées, le développement des organes de la génération est notamment plus avancé que chez les grosses anguilles demeurées en eau douce, il est avéré, néanmoins, que ce développement reste très incomplet. En un mot, nous voyons encore dans les anguilles, comme je l'annonçais il y a près d'un quart de siècle (*les Poissons des eaux douces de la France*), des êtres incapables de reproduire, c'est-à-dire des larves, comme l'attestent à la fois la condition de certaines parties de leurs squelettes et l'état de leurs organes de reproduction.

On sait que, sur leurs pêcheries de saumon en Écosse et en Irlande, on a réussi à faire l'histoire entière de ce poisson migrateur, en attachant à l'un des rayons de la nageoire caudale, sur de nombreux sujets, une petite plaque permettant de reconnaître chaque individu après un voyage à la mer. Sans doute, le saumon revenant dans le cours d'eau vers le point de départ, il n'était peut-être pas très difficile de repêcher les individus après une absence plus ou moins longue. La difficulté est, certes, plus grande pour les anguilles qui, après avoir quitté les eaux douces, n'y rentrent jamais. La difficulté, cependant, n'est pas insurmontable. Il s'agirait, au moment où les grosses anguilles descendent les cours d'eau pour se rendre à la mer, d'en saisir sur tous les points de notre littoral de nombreux individus, et à chacun d'eux d'attacher une petite plaque métallique, puis de rendre à tous la liberté. Selon toute probabilité, il arriverait que des sujets seraient repêchés après un séjour à la mer de plusieurs mois ou d'une année, et que ces sujets, portant la marque de leur origine, nous instruiraient à l'égard d'un phénomène jusqu'ici demeuré sans démonstration.

Pour un tel travail, nous faisons appel, dit M. Blanchard, à tous les amis de la science qui habitent au voisinage de l'embouchure des cours d'eau, et, avec confiance, nous sollicitons l'intervention de M. le Ministre de la marine. MM. les Commissaires de l'inscription maritime, suivant les prescriptions du ministre, ont déjà recueilli d'utiles renseignements sur la montée des jeunes anguilles. Je pense que leur concours serait particulièrement précieux pour faire mettre l'estampille aux anguilles sur le point de quitter les eaux douces pour aller vivre désormais dans les eaux salées. Il y a, dans la connaissance de l'histoire complète de l'anguille, une question scientifique d'un très haut intérêt, une question économique peut-être d'une grande importance.

La Sardine océanique.

On ignore dans quelle région de l'Océan pond la sardine et se passent les premières phases de son développement. La plus petite sardine connue des pêcheurs est déjà âgée de plusieurs mois. On sait, d'autre part, que, tout au moins d'une manière générale, la sardine *de rogue* grossit du milieu à la fin de la saison sur les lieux de pêche. Ceci est démontré par l'examen du régime de la sardine pendant plusieurs années. M. Pouchet a pu vérifier que, depuis l'âge où la sardine mesure 130 millimètres jusqu'à l'état complètement adulte, son poids augmente assez sensiblement de 1 gramme par millimètre d'accroissement en longueur. En partant de ces diverses données, on pouvait se demander s'il ne serait pas possible de calculer la croissance de la sardine pendant la saison de pêche et, par suite, de déterminer son âge quand elle arrive sur nos côtes. N'allait-il pas suffire de rapporter les dimensions du poisson pêché, en un même lieu, au temps écoulé, pour avoir la loi de sa croissance ? Soit que les indications industrielles, les seules sur lesquelles on puisse ici se baser, se prêtent mal à ce calcul ; soit, ce qui est plus probable, que le poisson, même alors qu'on croit qu'il demeure, continue à subir d'incessants déplacements, les chiffres obtenus, comme nous l'indiquons, présentent de trop grands écarts pour qu'on puisse les considérer comme l'expression d'une loi. C'est ainsi qu'en 1888 la sardine semble grandir, à Douarnenez, de 23 millimètres en 56 jours ; à Belle-Isle, de 25 millimètres en 81 jours ; au Croisic, de 5 millimètres seulement en 61 jours.

Tout indique, au contraire, que la croissance d'une espèce pélagique doit être très uniforme, au moins tant qu'elle habite des eaux de température uniforme, ce qui est le cas pour les bancs de sardines sur la côte de France. Des observations journalières instituées au laboratoire de Concarneau, par M. Biétrix, assistant de M. Pouchet, ont montré que l'abondance des proies variées dont la sardine fait sa nourriture ne paraît subir aucune modification capable d'accélérer ou d'entraver son développement. On est donc porté à penser que, même alors que la sardine paraît grandir sur les mêmes lieux de pêche, les bancs de sardines n'en continuent pas moins de subir un renouvellement incessant.

Les observations résumées dans cette note, qui a été communiquée à l'Académie des sciences par M. Georges Pouchet, n'ont pu être faites que grâce au concours généreusement prêté par la marine aux études océanographiques qui se poursuivent au laboratoire de Concarneau.

Chemin de fer d'Orléans.

Depuis le 1er juillet dernier, deux nouveaux trains rapides de luxe quotidiens composés exclusivement de voitures-salons et d'un restaurant, sont mis en marche entre Paris et Bordeaux.

A l'aller, le départ de Paris (gare d'Orléans) a lieu à 3 h. 25 soir pour arriver à Bordeaux à 11 h. 59 soir.

Au retour, le départ de Bordeaux Saint-Jean a lieu à 3 h. 24 soir pour arriver à Paris à 11 h. 59 soir.

Le train des mercredi et samedi a une voiture-lits allant directement de Paris à Bagnères-de-Luchon où elle arrive à 7 h. 58 du matin, pour en repartir les jeudi et dimanche à 8 h. 50 matin et arriver à Paris à 11 h. 59 soir.

L'administration de la Compagnie d'Orléans a l'honneur d'informer le public que les billets aller et retour réduits de 25 0/0, délivrés par la gare de Bordeaux pour Paris, aux prix et conditions du tarif spécial A n° 9, jusqu'à la clôture de l'Exposition, ont une durée de validité de 15 jours, y compris les jours de départ et d'arrivée.

Ces billets peuvent être prolongés, à deux reprises, de moitié de leur durée moyennant le paiement, pour chaque prolongation d'un supplément égal à 10 0/0 du prix du billet d'aller et retour.

Le Directeur-Gérant, J. CHAPEAU (✳, ✸ ✸).

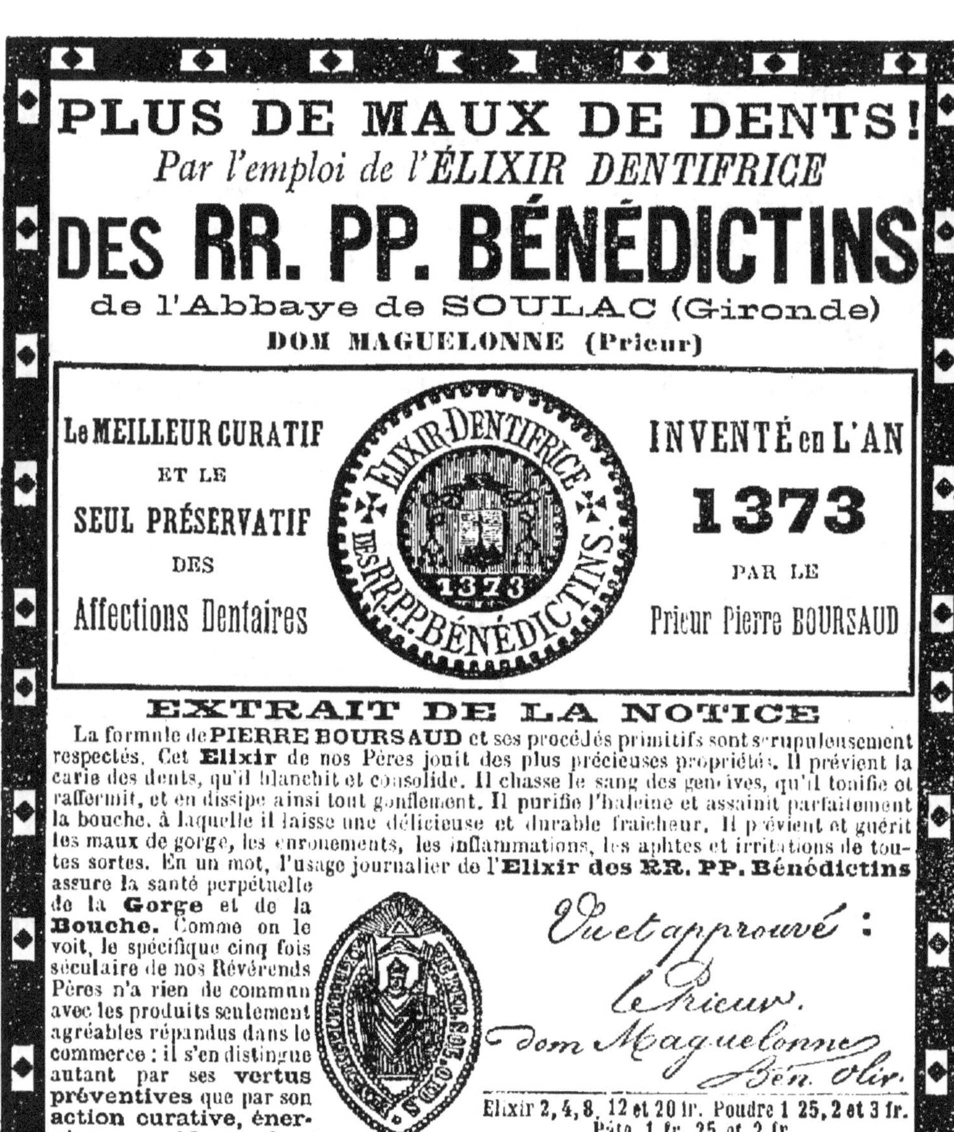

FABRIQUE DE TOILES MÉTALLIQUES

L. LESCURE

Breveté S. G. D. G.

A LA COURONNE (Charente)

Toiles spéciales pour parcs à huîtres galvanisées avant et après fabrication, Grillages
galvanisés, pointes, conduites, etc., etc.

USINES A LA COURONNE, AUX RICHARDIÈRES, A NEUZAC ET A CLAIX

PRIX MODÉRÉS

Bordeaux. — Imprimerie G. GOUNOUILHOU, rue Guiraude, 11.

5me année.   N° 8 (2me série)   1er Octobre 1889.

REVUE

DES

PÊCHERIES MARITIMES

LES CONCESSIONS MARITIMES

Extrait du compte rendu analytique du Conseil général de la
Gironde. (Séance du 3 septembre 1889.)

M. Lanoire, rapporteur, au nom de la Commission d'agriculture, du commerce et des travaux publics, propose le vœu
suivant :

Les soussignés, s'associant au vœu voté par le Conseil d'arrondissement de Bordeaux dans sa dernière session et relatif au
changement du mode de concession des parcs à huîtres, dans le
domaine public maritime du bassin d'Arcachon ont l'honneur
de proposer au Conseil général de le sanctionner par un vote.
Ce vœu est ainsi conçu :

Considérant que la proposition du Comité consultatif des
pêches tendant à la mise aux enchères des parcs à huîtres du
bassin d'Arcachon, peut être considérée comme contraire à des
droits acquis par une paisible jouissance de plusieurs années;

Considérant que cette mesure entraînerait les plus graves
conséquences et occasionnerait la ruine d'une grande partie de
la nombreuse population qui vit de l'industrie ostréicole;

Considérant que, contrairement à l'esprit de nos institutions
démocratiques, elle favoriserait les classes aisées au détriment
des classes pauvres;

Considérant qu'en l'espèce aucune véritable raison d'intérêt
ne saurait être légitimement invoquée,

Le Conseil général émet le vœu qu'il ne soit pas donné suite
à la mesure proposée par le Comité consultatif des pêches en

ce qui concerne la mise à l'adjudication des terrains du domaine public maritime actuellement concédés à l'exploitation privée.

Signé : LESCA. — DUVIGNEAU. — CAZAUVIEILH. — BARREYRE.

RAPPORT DE LA COMMISSION.

Messieurs, le vœu qui vous est présenté par nos honorables collègues et que votre Commission de l'agriculture, j'ai hâte de le dire, vous demande d'appuyer à l'unanimité, a été motivé par un rapport du Comité consultatif des pêches inséré au *Journal officiel* du 7 juillet dernier, concluant à « concéder, par voie d'adjudication, la jouissance des parcelles du domaine public maritime susceptibles d'une exploitation privée », c'est-à-dire, en ce qui nous regarde, la mise aux enchères publiques des parcs à huîtres du bassin d'Arcachon.

Il a paru utile à votre rapporteur de rechercher et de vous exposer rapidement les origines de ces concessions ostréicoles, qui font la fortune du bassin d'Arcachon et procurent du travail à 35,000 personnes.

Lorsque le législateur édictait les principes de l'inaliénabilité du domaine maritime, il n'avait pas la pensée de l'immobiliser dans les mains de l'État, mais il voulait en réglementer sagement l'usage afin d'éviter la destruction des fonds de pêche. Aussi, en même temps que la liberté de la pêche en mer était proclamée, les établissements de pêche fixes établis sur les fonds poissonneux de nos plages n'étaient créés ou maintenus qu'en vertu d'une tolérance. Nous avons vu dans la Gironde nos gords supportés pendant de longues années par l'Administration de la marine détruits un jour sur un simple arrêté ministériel. Mais l'État ne devait pas se borner à la garde vigilante de ce domaine maritime, il avait le devoir de chercher à en tirer parti, à le mettre en valeur et il adopta le régime des concessions.

Deux genres de concessions furent créés. La concession gratuite pour les marins, pour ces hommes qui, soumis les trois quarts de leur vie aux lourdes charges de l'inscription maritime, sont toujours prêts à quitter au premier appel famille et foyer, et qui, soit sur mer, soit sur terre, savent supporter les plus rudes privations et mourir avec intrépidité pour l'honneur du drapeau. Cette gratuité des concessions leur était bien due.

Pour tout autre que les inscrits, la concession fut à titre onéreux.

De toutes les concessions accordées sur le domaine maritime, la concession ostréicole est devenue la plus nombreuse et nous pouvons même dire qu'elle a absorbé toutes les autres.

De tout temps on s'est livré à l'ostréiculture et les riches praticiens romains estimaient fort les huîtres du lac Fusaro, mais le développement de cette industrie date de nos jours.

Un Français dont la statue serait bien placée sur les bords du Bassin d'Arcachon, M. Coste, a consacré tous ses efforts à répandre le résultat de ses études et de ses expériences sur l'élevage artificiel. Après bien des déboires, bien des épreuves, on reconnut que tous les fonds, toutes les eaux ne se prêtaient pas également à l'élevage ou à la croissance des huîtres, mais aujourd'hui il est un fait acquis, incontesté, c'est que la baie d'Arcachon est merveilleuse pour la récolte du naissain et alimente toutes les stations d'élevage. Les établissements ostréicoles ont pris un développement immense en France. En 1871, les concessions ne portaient que sur 588 hectares, et, en 1885, il y avait, d'après le rapport de M. Léon Renard, sous-directeur au ministère, 23,000 concessions occupant 13,000 hectares dont près de 5,000 hectares dans le seul bassin d'Arcachon.

Il était nécessaire, Messieurs, de vous indiquer l'immense extension de cette industrie et de vous exposer combien serait regrettable une mesure qui bouleverserait le régime de concession des parcs à huîtres. Il y a pour ainsi dire des droits acquis par des sacrifices considérables de temps, de travail et d'argent, et ce serait un déni de justice que de venir jeter la perturbation et le désordre dans une masse si nombreuse et si intéressante de travailleurs.

On prétend qu'il existe quelques abus que la Commission a cru atteindre en proposant la mise en adjudication des concessions. On peut poursuivre les abus sans jeter cette industrie dans l'inconnu. Comment admettre la mise aux enchères du droit d'usage d'un terrain propice aujourd'hui, mais qui, quelques années plus tard, par suite d'un concours de circonstances qu'il n'y a pas lieu d'énumérer ici, peut avoir perdu les trois quarts de sa valeur? N'est-ce pas, du reste, le travail incessant qu'on opère sur les parcs qui en fait le rendement et la prospérité? Et ne voit-on pas, d'un autre côté, le danger de livrer par l'adjudication le Bassin d'Arcachon aux mains d'une société de capitalistes qui l'exploiterait et deviendrait maîtresse du marché au détriment des petits parqueurs et des marins?

Le rapport présenté au Ministre de la Marine au nom du Comité consultatif des pêches maritimes a provoqué parmi les détenteurs des parcs situés dans le Bassin d'Arcachon une profonde surprise et une légitime émotion.

Grâce au régime de tolérance et de liberté, et grâce à la confiance que l'Administration maritime avait réussi à inspirer dans la continuation de ce régime, l'industrie ostréicole est née à Arcachon; au prix de lourds sacrifices de travail et d'argent, malgré de nombreux et infructueux essais, elle a grandi et s'est développée ne laissant improductive aucune parcelle utilisable du vaste domaine maritime autrefois tout entier stérile; elle a amélioré le sort des marins; elle a augmenté les revenus de l'État par accroissement de la fortune privée; elle a enfin favorisé le recrutement des équipages de la flotte, en déterminant une notable augmentation dans le nombre des inscrits maritimes.

Telles sont les raisons que les ostréiculteurs font valoir pour sauvegarder leurs droits menacés dans une pétition adressée au Ministre de la Marine.

Le Conseil d'arrondissement de Bordeaux a émis un vœu analogue à celui qui vous est soumis. Nos honorables députés, MM. Raynal et Cazauvieilh, ont porté en haut lieu ces revendications et ont obtenu satisfaction, tout au moins pour l'instant. Mais le rapport et l'avis du Comité consultatif n'en subsistent pas moins et demain un ministre bien moins bienveillant ou subissant l'influence du Comité des pêches, peut adopter son avis et provoquer une loi qui porterait un coup fatal à cette industrie. Il importe que les intérêts menacés soient complétement rassurés; on ne vit pas au jour le jour dans l'industrie et l'ostréiculture exige l'avance de capitaux pendant plusieurs années. Il faut que le lendemain soit assuré aux parqueurs, et il convient que le Conseil général de la Gironde, le plus haut défenseur des intérêts départementaux, donne son avis et fasse entendre sa voix. C'est pour cela que votre Commission d'agriculture, s'appropriant avec une légère modification la proposition de nos honorables collègues, vous propose d'émettre le vœu qu'il ne soit pas donné suite *(ni dans le présent ni dans l'avenir)* à la mesure proposée par le Comité consultatif des pêches en ce qui concerne la mise à l'adjudication des terrains du domaine public maritime actuellement concédés à l'exploitation privée.

M. Lesca dit qu'en sa qualité de représentant du canton de La Teste, et par conséquent d'Arcachon, il ne peut se dispenser d'insister sur l'importance considérable des intérêts qui se rattachent à la question soulevée par la proposition de vœu.

Sur 12,000 hectares concédés dans l'ensemble du domaine de l'inscription maritime, 5,000 environ appartiennent au Bassin d'Arcachon. La valeur moyenne de l'hectare avec ses travaux d'aménagement peut être estimée 4,000 fr., cela représente une valeur de 20 millions : tel est l'intérêt de la question soumise en ce moment au Conseil général.

Ces 5,000 hectares, où travaille une population de 30,000 à

35,000 âmes, hommes, femmes, enfants, donnent une production annuelle de 300 à 400 millions d'huîtres, représentant une valeur de 6 à 7 millions de francs.

La proposition soumise au Ministre de la Marine par le Comité des pêches maritimes est fondée sur des rapports qui ne sont point exacts, du moins en ce qui concerne les concessions du Bassin d'Arcachon; mais, comme M. le Ministre attache la plus grande importance à l'appréciation de ce Comité, il est nécessaire que le Conseil général, après le Conseil d'arrondissement, intervienne avec la plus grande énergie pour concourir au rejet d'une mesure qui a causé aux intéressés la plus vive et la plus pénible émotion.

Les concessions de parcs sont faites, jusqu'à présent, à titre précaire, gratuitement pour les marins, qu'on indemnise ainsi, en quelque sorte, des charges spéciales qui pèsent sur eux, et, pour les civils, moyennant une redevance variant de 40 à 50 fr. par hectare environ.

Le Comité des pêches a pensé que, pour faire participer tous les marins du territoire, sans exception, au bénéfice de ces concessions, il y avait lieu désormais de les mettre en adjudication, pour en verser le montant à la caisse des invalides. L'intention était bonne; mais l'examen le plus superficiel montre que le bénéfice résultant de cette opération par tête d'inscrit maritime se réduirait à une somme insignifiante, alors qu'elle porterait le plus grave préjudice aux concessionnaires de la région du Bassin d'Arcachon.

C'est pour un tel résultat qu'on va compromettre les intérêts et les moyens d'existence des détenteurs actuels des parcs et de la population qui y gagne son pain quotidien.

L'orateur n'hésite pas à dire que l'adoption de la mesure proposée au Ministre de la Marine pourrait avoir les conséquences les plus graves. Il ne doute pas que le Conseil général n'adopte à l'unanimité la proposition de vœu, et remercie la Commission et son honorable rapporteur de l'étude si complète qu'ils y ont consacrée et des conclusions favorables qu'ils ont prises.

M. LE PRÉSIDENT, en sa qualité de représentant de l'un des cantons intéressés à la question, demande à s'associer aux observations si judicieuses de M. Lesca, ainsi qu'aux conclusions du rapport.

Il ajoute qu'il croit être l'interprète du Conseil général tout entier, en priant M. le Préfet d'insister très vivement auprès du Ministre de la Marine pour qu'il soit donné satisfaction aux légitimes réclamations des concessionnaires actuels des parcs et de la population qui pratique l'industrie ostréicole.

8.

(Les conclusions du rapport sont mises aux voix et adoptées à l'unanimité.)

————

M. Jardin, président de la Société ostréicole du Bassin d'Auray, a reçu la lettre suivante du Préfet maritime de Lorient en réponse à une requête qu'il lui avait adressée.

« Lorient, 16 septembre 1889.

» Le vice-amiral comte de Marquessac, commandant en chef,
préfet maritime du 3e arrondissement,
à Monsieur le Président de la Société ostréicole du Bassin d'Auray.

» Monsieur le Président,

» Ainsi que je vous l'avais promis lorsque vous m'avez présenté les délégués de la Société ostréicole du Bassin d'Auray, j'ai entretenu le ministre du projet de modification des concessions, qui avait ému les parqueurs de la région. L'amiral Krantz m'a donné l'assurance que le *statu quo* serait maintenu.

» J'ai l'honneur de vous transmettre cette réponse que je fais porter, par l'Administration maritime, à la connaissance des aquiculteurs du 3e arrondissement maritime.

» Agréez, Monsieur le Président, l'assurance de ma considération très distinguée,

» Comte DE MARQUESSAC. »

————

Rapport

Présenté au Ministre de la marine au nom du Comité consultatif des pêches maritimes, relativement à l'octroi des concessions sur le domaine public, par M. Am. BERTHOULE.

(Fin.)

La facilité avec laquelle on arrivait à se faire exonérer de toute redevance produisait cet autre inconvénient, non moins sérieux, que bon nombre de parcs restaient incultes, sans être abandonnés par leurs concessionnaires, parce que ceux-ci, n'étant assujettis à aucun tribut envers le Trésor, n'avaient aucun intérêt pratique de renoncer à leurs concessions. C'est ainsi que, dans le Bassin d'Arcachon, sur 716 parcs concédés durant ces dix dernières années, il n'y en avait pas moins de 197 absolument incultes en 1888. Telle était aussi la situation à Marennes ; M. le commissaire du quartier l'a dépeinte en des termes très nets, dans une note jointe au dossier [1] : « Les réclamations

————

[1] Note du commissaire de l'inscription maritime à Marennes, à M. le conseiller d'État directeur de la comptabilité générale, du 7 juillet 1888.

contre la faveur accordée aux inscrits sont nombreuses : on voit beaucoup d'inscrits laisser de grandes étendues de terrain, sans les cultiver suffisamment, et sans·y renoncer cependant, parce que, ne payant pas la moindre redevance, ils n'ont aucun intérêt à en faire l'abandon... On prétend, de plus, que le service des inscrits est plus doux que celui des hommes du recrutement, et on ne s'explique pas, dès lors, les priviléges dont les premiers jouissent en matière de redevances.

» La vérité est que les inscrits qui pratiquent l'ostréiculture (et ils sont nombreux dans le quartier) ne sont pas de vrais marins... La question de la navigation fictive se relie donc intimement à celle des redevances. »

Dans ce même ordre d'idées, n'a-t-on pas vu, en Algérie, d'immenses étendues de terres demeurer stériles tant qu'elles étaient données gratuitement aux colons, devenir au contraire le centre de grandes exploitations rurales dès qu'elles furent soumises à un régime différent et placées dans le commerce ?

Le comité consultatif des pêches s'était préoccupé de cette situation lorsqu'il aborda l'étude de la question qui nous occupe ; une réforme énergique s'imposait, en effet ; il était urgent de fermer les portes à cet envahissement de bras étrangers à la marine, qui ne s'étaient jamais levés pour le service de la patrie, et qu'avait animés le seul appât du lucre. La loi de finances du 29 décembre 1888 les a enfin écartés définitivement pour l'avenir, par son article 25 qui est ainsi conçu :

« Ne seront pas exonérés de la redevance à payer, conformément à l'article 2 de la loi du 20 décembre 1872, pour occupation temporaire du domaine maritime, les concessionnaires qui, postérieurement à la promulgation de la présente loi, ne seront devenus inscrits maritimes définitifs qu'après l'âge de trente ans révolus, à moins qu'ils n'aient servi pendant trente-six mois dans les équipages de la flotte. »

La réforme est capitale, mais ce ne saurait être qu'un premier pas, car elle ne supprime qu'une partie des abus que nous avons relevés, et il importe d'en tarir radicalement la source. Les concessions n'en continueront pas moins de passer librement de mains en mains, en dehors de l'autorisation et du contrôle de l'autorité ; elles resteront improductives pour le Trésor, tandis qu'elles devraient lui fournir des ressources qui pourraient servir à une plus large dotation de la caisse des invalides de la marine ; elles ne seront encore que l'apanage de quelques-uns dans la grande famille des vrais inscrits, puisqu'elles ne peuvent bénéficier qu'à ceux qui habitent sur le littoral, disons même sur les portions de plages qui se prêtent à la création de parcs ou de pêcheries, et ce n'est pas le plus grand nombre ; enfin, même parmi ceux-là, combien en est-il qui possèdent les capitaux indispensables à une mise en œuvre industrielle ?

N'en seront-ils pas encore réduits, le plus souvent, à se constituer les prête-noms complaisants de bailleurs de fonds, qui s'adjugeront les plus clairs profits de la récolte, frustrant à la fois et l'inscrit, qui ne retirera de son travail qu'un maigre salaire, et le Trésor, auquel, au moyen de ce frauduleux détour, ils ne payeront aucune redevance ? C'est ainsi que se réunissent dans les mains de quelques privilégiés de la fortune des étendues considérables de terrains ; on en pourrait citer dont les énormes revenus suffiraient amplement à assurer l'aisance à plusieurs pauvres familles déshéritées. On s'est ingénié à tourner la loi, à en fausser l'esprit, ou même à la transgresser, et on y est parvenu au delà de toute mesure, à tel point qu'on peut avancer aujourd'hui que ceux qui se trouvent généralement exclus de cette catégorie des profits de la mer sont ceux-là précisément auxquels le législateur avait voulu les réserver. Il n'y a plus de bonnes concessions à donner aux vieux marins, et en ce moment, à Arcachon, par exemple, pour quelque sept hectares disponibles, il n'y a pas moins de 600 demandes d'inscrits méritants, pendant qu'autour de là d'excellents parcs sont détenus par de riches industriels qui supportent, au profit du Trésor, des charges insignifiantes, sans la moindre proportion avec leur rendement, ou qui même en sont totalement affranchis, ainsi que nous le montrions ci dessus. D'après un recensement de 1885, sur un nombre total de 45,681 établissements de toute nature, sur le domaine public, 30,000 environ étaient détenus par des non-inscrits.

Plusieurs systèmes ont été proposés et étudiés pour remédier à ce déplorable état de choses :

Dans un premier, aussi ingénieux qu'il est simple, on proposait de soumettre les concessions à une règle uniforme et de fixer une base fixe et invariable, en adoptant pour toutes une mesure d'un hectare, par exemple, au delà de laquelle les titulaires, même inscrits, seraient astreints au payement d'une redevance, étant bien entendu que les vrais marins seuls seraient admis au bénéfice de la gratuité en deçà de cette limite.

Pour que cette réglementation fût réellement équitable, il faudrait que partout les terrains eussent une valeur sensiblement égale ; mais il est loin d'en être ainsi, et, en réalité, rien ne serait plus malaisé que de déterminer l'unité métrique qu'il conviendrait de prendre ; avouons même qu'à notre sens la chose est matériellement impossible. Ne faudrait-il pas, tout d'abord, distinguer entre les industries pour lesquelles la concession est demandée? Comment assimiler des pêcheries à poissons, des bouchots à moules, et des parcs à huitres? Telle portion de côte convient aux uns et pas aux autres, et l'espace qui leur est nécessaire est très différent; ici on pourra faire la récolte du naissain et l'élevage; là seulement l'élevage ou l'engraissement; dans certaines eaux, les mollusques pourront être impunément entassés, dans d'autres, on ne devra les mettre qu'en petit nombre, pour obtenir les mêmes produits. L'égalité qu'on croirait établir de la sorte serait la plus flagrante des inégalités : avec un hectare à Tréguier ou à Paimpol, aux Sables, à Marennes, l'inscrit se trouverait dans une situation absolument privilégiée, comparativement à celui de Concarneau, de Morlaix, et même de certaines parties du Bassin d'Arcachon, auquel une égale superficie ne donnerait pas de quoi vivre.

Prenons-nous ce dernier bassin pour type? nulle part peut-être, dans un espace plus réduit, les oppositions de valeur ne sont plus tranchées : ce bassin, on le sait, est formé par une série de chenaux plus ou moins profonds, encadrant des terrains qui découvrent à marée basse et qu'on désigne sous le nom de crassats. Ces chenaux sont autant de bancs naturels d'une grande richesse; c'est sur la vaste étendue de crassats que s'est établie et que prospère l'industrie ostréicole qui n'occupait pas moins de 4,142 bras en 1887. Les vicissitudes par lesquelles elle est passée, son développement actuel, son ancienneté, ont permis de fixer d'une manière assez précise les rendements possibles, et par conséquent la valeur, au point de vue qui nous occupe, des différentes parties des terrains émergents; les plus recherchés sont ceux qui avoisinent immédiatement les chenaux; ils découvrent peu de temps entre chaque marée, et sont moins exposés aux effets souvent désastreux des perturbations atmosphériques. A mesure qu'on s'en écarte, au contraire, la déclivité du sol s'accentue, et les crassats, recouverts, seulement à haute mer, d'une couche d'eau de moins en moins épaisse, restent à sec trois, quatre, et jusqu'à six heures, entre les marées; les jeunes huîtres ont d'autant moins de temps pour se nourrir, et elles ont à subir et les fortes chaleurs de l'été, et les froids de l'hiver, et les violentes bourrasques qui, en quelques instants, comme le fait s'est produit au printemps 1888, bouleversent les fonds, détruisent tous les ouvrages, emportent les coquillages, et ruinent l'infortuné parqueur. Dans ces hauts parcs, l'huître met plusieurs années à atteindre la taille de cinq centimètres qui la rend marchande, tandis qu'elle y arrive en dix-huit mois dans les bas parcs, ou au cap Ferret.

Combien, dans de telles conditions, ne serait pas dissemblable la situation de ces deux inscrits, l'un possédant un hectare en bordure sur les chenaux, l'autre occupant la même étendue sur le haut des crassats !

De ce qui précède, il résulte de la manière la plus manifeste que, si la limitation uniforme des concessions à telle ou telle mesure pouvait apparaître, de prime abord, comme la réforme la plus simple pour mettre fin à un fâcheux état de choses, on doit se convaincre, après examen, que cette règle blesserait l'équité ; elle serait assurément mal accueillie de ceux-là mêmes dans l'intérêt desquels on l'aurait édictée ; enfin, de l'avis à peu près unanime des hommes compétents les plus considérables, que l'administration a consultés sur ce point, elle serait impuissante pour la répression des abus. Ainsi se sont prononcés MM. les vice-amiraux Duburquois, Zédé, Conrad, Bergasse du Petit-Thouars et MM. les commissaires généraux Michelin, Decreux, Huas, Giraud.

L'essai a été fait, du reste, à la suite du décret du 7 février 1863, qui avait fixé pour Arcachon le maximum d'étendue des parcs à quatre hectares, et on peut juger, par ce qui précède, des résultats obtenus.

D'après un autre système, on laisserait à l'autorité administrative toute liberté dans l'attribution des lots, en prenant pour limite extrême la surface nécessaire, dans chaque région, à la subsistance d'un marin et de sa famille. L'administrateur local aurait à s'enquérir de la situation personnelle du demandeur et de sa famille ; une enquête servirait en quelque sorte de contrôle à son dire, en même temps qu'elle déterminerait l'importance des terrains à attribuer.

Personne, assurément, ne saurait mettre en doute la loyauté des décisions qui seraient prises dans ces conditions ; mais que d'embarras, que de difficultés dans ce rôle délicat du commissaire de quartier ! Quelles intrigues n'aurait-il pas à déjouer ! Quelle responsabilité pèserait sur lui ! Quelle serait sa situation au milieu des compétitions ardentes qui se produiraient à chaque heure !

Quoi qu'on fasse, si énergiquement qu'on applique ces remèdes, ou tous autres analogues, ils ne seront que d'impuissants palliatifs, tant qu'on ne se résoudra pas à attaquer le mal dans ses racines. Quelle surveillance assez rigoureuse obligera les inscrits, selon la loi de leur acte de concession, à exploiter eux-mêmes leurs parcs, et les empêchera de servir de prête-noms à des non-inscrits ?

Comment stimuler les détenteurs de parcs à leur exploitation, et obtenir la mise en valeur de cette partie du patrimoine national? Sur quelles bases s'appuyer pour déterminer la valeur réelle des concessions données à des non-inscrits, et pour fixer le chiffre de la redevance qu'on est en droit d'exiger d'eux? Car il est incontestable que le mode de procéder, actuellement en usage, est incertain autant qu'illogique, quelque attention que puissent apporter, dans l'accomplissement de leur mission, des agents du fisc étrangers et au pays et à l'industrie qu'ils ont à taxer. Comment faire pour établir une égale répartition entre tous les inscrits, et quelle compensation donner à ceux qui ont leurs foyers loin de la mer, ou sur des grèves stériles?

Une seule solution s'impose, solution rigoureuse si l'on s'en tient aux apparences, profondément équitable, et de nature à exercer la plus salutaire influence sur le sort des marins, et d'une portée économique considérable si on l'examine de plus près, sans prévention, sans parti pris, et en dehors de toute préoccupation d'intérêt personnel : c'est celle que nous indiquions dès le début, et qui consisterait à supprimer absolument la gratuité, et à livrer tout le domaine public maritime à l'exploitation privée par la voie d'adjudication, aux enchères, le produit des baux ainsi consentis devant être intégralement versé dans la caisse des invalides.

Cette solution ne serait-elle pas, de toutes celles qu'on pourrait imaginer, la plus équitable, puisque, seule, elle attribuerait à tous les inscrits une part égale dans ces produits des domaines maritimes, qui aujourd'hui constituent un privilège exclusif au profit du petit nombre, sans dédommagement pour ceux qui ne peuvent pas prendre part à ce partage?

Elle exercerait sur leur sort, disons-nous, la plus salutaire influence, et, en effet, elle assurerait pour l'avenir une large dotation de la caisse des invalides, constamment menacée, et toujours trop pauvre, en tous cas, pour faire face à tous les besoins et soulager toutes les misères.

La navigation fictive serait frappée au cœur par une telle réforme, car elle perdrait son principal objet. Pour la supprimer radicalement, il ne resterait plus qu'à réformer aussi les règlements relatifs à la demi-solde.

Enfin, en livrant à des capitaux tenus à l'écart de vastes étendues peu ou mal cultivées, sinon totalement incultes, quelle puissante impulsion n'imprimerait-on pas aux diverses industries qui peuvent s'exercer sur nos plages? Et quelles n'en seraient point les conséquences au point de vue de la mise en valeur et du développement de cette portion de la fortune publique?

Nous n'entendons point parler, certes, d'une dépossession

immédiate et violente des concessionnaires actuels ; ce n'est pas
en un jour qu'on devrait généraliser l'application de ce nouveau
régime ; certaines baies pourraient même en être affranchies
pour un temps assez long. En tous cas, on procéderait avec dou-
ceur, avec ménagements, avec le juste respect des droits acquis.
Mais, assurément, il ne faudrait pas une longue épreuve de ce
système pour en démontrer les mérites. N'est-il pas déjà appliqué, avec succès, dans certains pays justement fiers des gloires
de leur marine et jaloux de les conserver ? Et chez nous, n'est-ce
pas précisément le régime qu'un sage législateur a imposé pour
la gestion des biens de l'État, des biens des communes et des
établissements publics ?

Notre honoré collègue, M. le commissaire général Renduel, a
bien voulu se charger de nous aider dans notre tâche ; nous lui
cédons la parole pour exposer l'économie de ce système et les
avantages qu'en retirerait la caisse des invalides.

Nous aurons ensuite l'honneur, Monsieur le Ministre, de vous
faire connaître, dans leur formule, les vœux du comité consultatif des pêches sur cette importante question.

Le député, président du comité, *Le rapporteur,*
C. GERVILLE-RÉACHE. Am. BERTHOULE.

LA PÊCHE DANS LE 1er ARRONDISSEMENT MARITIME EN 1888

Statistique *(suite).*

Fécamp. — La pêche de la morue a été pratiquée par les
marins de ce quartier tant à Terre-Neuve qu'en Islande ; 46 bateaux, montés par 1,143 hommes, se sont rendus dans le premier de ces lieux de pêche. Les résultats de la campagne ont été
inférieurs à ceux obtenus en 1887 ; 8,968,654 kilog. de morue
ont produit 3,665,549 fr. ; l'année 1887 avait donné 10,800,448
kilog., vendus 4,341,464 fr., soit une différence de 676,915 fr.
en faveur de cette dernière année. Un seul bateau s'est livré à la
pêche sur la côte ouest de l'Islande, il a rapporté 60,200 kilog.
de morue qui ont été vendus 28,000 fr. ; il était monté par
21 hommes. Aucun bateau ne s'est rendu au Dogger's-Bank.

La pêche en bateau sur nos côtes a occupé 1,148 hommes et
171 bateaux, elle a produit 1,859,447 fr. La statistique constate
par le total général de la pêche en bateau pendant l'année 1888
une différence en moins de 835,623 fr. sur l'année précédente.
Cette différence énorme (15 0/0 environ) porte principalement

sur la pêche de la morue. La pêche du maquereau de salaison a donné, au contraire, une différence en plus de 111,587 fr.

La pêche à pied, qui occupe 270 personnes, a été assez fructueuse; elle a donné une augmentation de 2,554 fr. sur l'année 1887.

90 personnes se livrent à la récolte des amendements marins; 4,469 mètres cubes ont été recueillis et ont été vendus 16,690 fr.

Les réservoirs à huîtres ont reçus pendant la campagne 17.000 huîtres indigènes de dragues, 60,000 d'élevage, ces dernières provenant des parcs de Cancale et de Saint-Vaast, et 12,000 portugaises; il a été livré à la consommation 72,000 huîtres indigènes, valeur 8,900 fr. et 11,000 portugaises, valeur 780 fr.

Le mouvement des entrées des réservoirs à poissons et établissements coquilliers a atteint le chiffre de 3,210 fr. et celui des sorties 3,964 fr.

Le Havre. — La pêche en bateau occupe 405 hommes et 236 bateaux. Le total brut de la vente des produits s'est élevé à 278,570 fr. Dans ce total les maquereaux entrent pour une somme de 8,416 fr., les soles, turbots, plies, etc., pour 117, 800 fr. et les huîtres pour 46,375 fr. Le résultat obtenu a été inférieur de 15,313 fr. à celui de l'année 1887.

La pêche à pied est exercée par 37 personnes; elle a donné comme total des ventes 17,481 fr. 50, soit une différence de 8,706 fr. 50 sur les résultats de l'année 1887, d'où une diminution de plus de 50 0/0. Le mouvement des huîtres se chiffre par 4,600,000 à l'entrée et 4,504,000 à la sortie.

Rouen. — La pêche en bateau a été pratiquée par 268 embarcations montées par 360 hommes; les quantités capturées ont été de 202,134 kilog. vendus 253,049 fr. 25, soit une différence en moins de 43,513 fr. 50 sur l'exercice 1887. La pêche à pied n'est pas exercée dans ce quartier.

Honfleur. — La pêche en bateau occupe 156 embarcations et 282 hommes; il a été pris 351,461 kilog. de poisson ou crevettes et 8,000 hectolitres de moules. Le total de la vente a atteint 277,090 fr., soit 120,380 fr. de moins que l'année précédente.

Trouville. — 148 bateaux, montés par 758 hommes exercent la pêche. Les produits en sont ainsi répartis : 25,000 kilog. de harengs frais, 1,583,700 kilog. de soles, turbots, plies, etc., 2,560 hectolitres de moules et 357,600 kilog. de crevettes et ont donné comme total de la vente 1,968,860 fr., chiffre inférieur de 446,702 fr. atteint en 1887.

La pêche à pied occupe 134 personnes et a produit 98,000 fr., soit 5,000 fr. de moins que l'année précédente. 14 barques du quartier ont séjourné à Ostende ou sont allées y vendre les produits de leur pêche. L'état des moulières de Trouville et de Villerville est très florissant.

Trois marins célibataires ont disparu en mer.

Le parc de dépôt de Deauville a reçu 280,000 huîtres indigènes d'élevage et en a livré à la consommation 210,000, vendues 7,980 fr.; le mouvement des huîtres portugaises dans ce parc a été de 157,000 à l'entrée et à la sortie de 150,000, vendues 4,800 fr.

Caen. — La pêche en bateau occupe 300 barques et 816 hommes; les quantités prises ont été inférieures à celles de l'année précédente et l'on ne constate d'amélioration que pour la pêche du hareng frais dont il a été capturé 27,858 kilog. de plus qu'en 1887. Le total brut de la vente s'est élevé à 798,960 fr., soit une différence en moins de 34,220 fr. sur la précédente campagne.

768 personnes ont pris part à la pêche à pied. Les produits en ont été vendus 162,060 fr., soit 7,340 fr. de moins qu'en 1887.

La vente des amendements marins s'est élevée à la somme de 26,125 fr.

Les parcs de dépôts ont reçu 1,775,000 huîtres indigènes provenant de la drague et 4,030,000 provenant de l'élevage; il en a été vendu 4,758,000 au prix de 358,350 fr. Le stock actuellement existant est de 307,000. 415,000 huîtres portugaises ont été introduites dans les établissements et 405,000 en sont sorties. La vente a produit 12,400 fr.

Isigny. — La pêche en bateau occupe 441 hommes et 167 embarcations; les résultats obtenus ont été quelque peu supérieurs à ceux de 1887; les quantités prises de soles, turbots, plies, etc., se sont élevées à 572,965 kilog., soit 20,702 kilog. de plus que l'année précédente. Le total de la vente a atteint 603,716 fr., somme supérieure de 1,491 fr. à celle obtenue en 1887.

Les amendements marins récoltés en bateau ont produit 63,045 fr.

La pêche à pied a été pratiquée par 173 personnes et le total de la vente de ses produits s'est élevé au chiffre de 82,192 fr.; on a constaté de ce chef une augmentation de 10,072 fr. sur la précédente campagne.

Les amendements marins recueillis à la côte ont été vendus pour la somme de 10,192 fr.

2 sloops du quartier sont venus à la côte dans un coup de

vent, un seul a pu être relevé. Les équipages ont été sains et saufs.

La Hougue. — La pêche en bateau est pratiquée par 640 hommes et 207 embarcations; les résultats en ont été assez satisfaisants et, bien que tous les articles, sauf un, présentent des différences en moins comme quantité sur l'année 1887, le total brut de la vente, qui a atteint le chiffre de 416,572 fr., est supérieur de 44,539 fr. à celui obtenu l'année précédente, grâce à l'article soles, turbots, plies, etc., pour lequel s'est produite une augmentation sur 1887 de 83,565 kilog. comme quantité et de 58,553 fr. comme prix de vente.

37,000 mètres cubes d'amendements marins ont été recueillis par les bateaux et ont été vendus 92,500 fr.

La pêche à pied occupe 3,200 personnes; la vente de ses produits a atteint le chiffre de 77,350 fr., présentant une augmentation de 38,131 fr. sur celui de l'année précédente.

La récolte des amendements marins sur la côte a été de 172,000 mètres cubes vendus au prix de 516,000 fr.

Les parcs à huîtres ont reçu 250,000 huîtres indigènes provenant de la drague et 4,200,000 provenant de l'élevage et en ont livré 4,300,000 de 5 centimètres et au-dessus et 820,000 au-dessous de 5 centimètres; elles ont été vendues au prix de 461,800 fr. Le stock restant dans les claires est de 5,000,000 et dans les parcs de 3,500,000. Le personnel employé est de 114 personnes.

Il est entré dans les établissements d'ostréiculture 1,800,000 huîtres portugaises dont il a été livré à la consommation 900,000 au prix de 29,000 fr.

Cherbourg. — La pêche en bateau a donné d'assez bons résultats pendant l'année 1888. La statistique constate sur le total brut de la vente, qui s'est élevé à 510,320 fr., une différence en plus de 22,690 fr. Cette amélioration porte principalement sur les articles soles, turbots, plies, etc., pour une somme de 22,450 fr. et homards et langoustes pour une somme 11,100 fr. Les harengs frais, dont les quantités capturées présentaient une augmentation de 47,000 kilog., ont produit une différence de 7,880 fr. en moins sur le chiffre de l'année 1887; le prix en a donc été peu rémunérateur.

309 bateaux ont exercé cette pêche, ils étaient montés par 640 hommes. Des bateaux ont récolté 5,150 mètres cubes d'amendements marins qui ont été vendus 25,750 fr.

La pêche à pied a donné des résultats à peu près identiques à ceux de 1887, soit 15,800 fr. avec une augmentation de 640 fr. sur le chiffre de cette dernière année. 472,000 mètres cubes d'amendements marins d'une valeur de 856,800 fr. ont été recueillis sur la côte.

On a eu à constater la perte d'un bateau monté par un seul homme; deux autres marins ont péri victimes d'événements de mer, ils laissent deux veuves et quatre orphelins.

43,000 huîtres indigènes de drague et 177,000 d'élevage ont été introduites dans les parcs de dépôts et ont été livrées à la consommation pour le prix de 12,180 fr. 58,000 huîtres introduites dans les parcs ont été vendues 2,030 fr.

Les produits des réservoirs à poissons et des établissements coquilliers sont représentés par les chiffres suivants. Entrées : 104,800 homards et langoustes d'une valeur de 209,600 fr., 430 hectolitres de moules et autres coquillages, 4,300 fr. Sorties : 104,300 homards et langoustes vendus 242,000 fr., 430 hectolitres de moules et autres coquillages, 6,450 fr.

OSTRÉICULTURE

Rapport (*Suite et fin*).

Le principe étant admis, je proposerais de le consacrer par la disposition suivante : diviser en cinq zones ou sections, par exemple, l'ensemble des gisements du quartier d'Auray, de façon à ce que chacune des sections ou zones soit exploitée à tour de rôle et une fois tous les cinq ans seulement. Cinq années suffisent généralement à un banc pour se repeupler, se reconstituer, et si, d'ailleurs, on reconnaissait que ce laps de temps ne suffit pas, on aurait toujours la ressource d'en augmenter la durée.

Ce système si rationnel serait, vu sa simplicité même, facilement compris par nos marins. Ils sauraient ainsi à quoi s'en tenir sur les époques précises où tel et tel gisement sera livré à la pêche; ils attendraient, sinon avec patience, du moins avec résignation, les échéances périodiques de pêche, sachant bien que rien de ce qu'ils considèrent comme leur bien propre ne leur sera ravi ; que le magasin où s'accumulent les richesses leur sera ouvert au moment convenu.

Telle serait la règle, et à cette règle ils se soumettraient d'autant plus volontiers que leurs convoitises ne seraient plus excitées par les espérances souvent décevantes que les rapports des commissions de visite annuelle les portent à concevoir trop facilement, car ils s'imaginent que les commissions ont pour devoir essentiel de toujours se prononcer dans un sens pessimiste.

Après la pêche, les bancs exploités recevraient des collecteurs du genre de ceux indiqués plus haut, ainsi que des huîtres adultes à tirer de la réserve de Bascatique.

Veuillez permettre, Monsieur le Ministre, que j'appelle particulièrement votre attention sur un point qui me semble très vivement intéresser et l'avenir des huîtrières du quartier d'Auray et l'industrie ostréicole elle-même.

Au terme des règlements, toutes huîtres d'une taille inférieure à cinq centimètres, capturées au moyen de la drague, doivent être, dans un but de régénération, rejetées à l'eau à l'issue de chaque pêche. Outre les difficultés pratiques que l'application stricte du règlement présente, outre les récriminations qu'elle provoque de la part des pêcheurs, qui, tout naturellement, cherchent à se dérober à une obligation qui réduit leurs bénéfices, cette disposition du règlement offre un grave inconvénient, celui d'occasionner la perte à peu près certaine de la plupart des jeunes mollusques immergés dans de semblables conditions. Comment supposer que, détachés des collecteurs qui les protègent, ils vont pouvoir vivre et se développer sur les fonds où le hasard d'une dispersion inattentive les aura projetés? Si encore il était de règle de les verser sur la réserve, où çà et là se rencontrent des fonds solides? — et c'est ce qu'a sagement fait M. le commandant Lombard lors de la dernière campagne de pêche. — Non. L'usage veut qu'on les répande sur le lit même du gisement où ils ont été capturés, c'est-à-dire, le plus souvent, sur des fonds vaseux dans la profondeur desquels, n'étant plus soutenus par le collecteur tutélaire, ils doivent fatalement s'enfouir. Autant d'huîtres rejetées, presque autant d'huîtres perdues qui, dans les parcs d'élevage, auraient grandi, procurant au pêcheur et à l'ostréiculteur un bénéfice dont on les prive inutilement.

En envisageant la question au seul point de vue de la propagation de l'espèce, n'est-on pas, sous ce rapport même, fondé à dire que, vu leur âge, ces jeunes huîtres n'y contribuent pas dans une large mesure?

Au surplus, elles se reproduiraient tout aussi bien ailleurs que sur les gisements d'où on les a extraites; leur action contributive, quant à la reproduction, ne serait pas diminuée. On ne saurait non plus admettre, en l'état actuel de la science, que là où des huîtres sont fixées, là elles ont été engendrées. Les déplacements de la masse liquide, dus à l'action des marées, les courants, la vie pélagique que traversent les embryons avant d'arriver à l'état parfait, portent à repousser pareille doctrine, doctrine pourtant si en honneur il y a quinze ans, qu'on vit des ostréiculteurs recouvrir les huîtres mères d'un vase de terre cuite dans l'espoir d'en retenir et d'en capturer les larves. Aujourd'hui, plus instruits de l'histoire naturelle de l'huître, plus au courant de son mode de reproduction, nous savons que tous les individus participent à la génération, proportionnellement à leur volume et à leur énergie génésique, et que le naissain, produit d'une réciprocité sexuelle, va au gré du flot qui le véhicule, le portant de préférence sur tel ou tel point des fonds marins, ce qui explique comment un banc huîtrier se forme et reforme en un endroit de préférence à un autre.

Ce qui vaudrait mieux, pour l'entretien de nos gisements naturels en général et en particulier pour l'entretien de ceux de la rivière d'Auray, ce serait d'y semer, après chaque pêche, des huîtres adultes de dimension raisonnable, prélevées à raison de tant pour cent sur les produits de la drague. A cette combinaison les pêcheurs trouveraient de réels avantages et l'œuvre de repeuplement permanent serait du même coup assurée.

En conséquence de ce qui précède, voici, Monsieur le Ministre, les conclusions que j'ai l'honneur de vous présenter :

Tous les ans ou deux ans faire pêcher sur la réserve de Bascatique un certain nombre de sujets adultes et les répandre sur les bancs naturels en voie de reconstitution ;

Aux approches de la saison de la fraye, verser sur la même réserve, des collecteurs formés de débris de tuiles et de coquilles mortes chaulées ;

Tenter, par voie d'expérimentation, de soumettre les gisements huîtriers du quartier d'Auray au régime de la coupe réglée. Les diviser en cinq zones, chaque zone ne devant être livrée à la pêche que tous les cinq ans ;

Vers le milieu du mois de juin, c'est-à-dire aux approches de la ponte, disperser sur les gisements, notamment sur les gisements récemment exploités, des collecteurs du genre de ceux indiqués plus haut ;

Donner aux marins toute latitude en ce qui concerne la dimension des huîtres capturées au moyen de la drague, mais les obliger à remettre aux agents de la marine, lesquels seraient chargés de les répandre sur les bancs à repeupler, un dixième ou un douzième par exemple du produit total de la pêche, ce dixième ou douzième ne devant comprendre que des huîtres d'une taille supérieure à six centimètres.

Je persiste à croire enfin qu'il n'y aurait non seulement aucun inconvénient, mais qu'il y aurait, au contraire, avantage à concéder à l'industrie ostréicole, qui étouffe, faute de place, dans la rivière d'Auray, les parties stériles de la réserve de Bascatique.

Vannes. — Envisagée sous le rapport de l'extension de l'industrie huîtrière dans l'avenir, dans un avenir prochain, peut-on dire, la mer du Morbihan est digne de figurer au rang de la baie de Bourneuf et de la rade de Brest, sur lesquelles je me suis efforcé d'appeler l'attention de nos ostréiculteurs et de devenir le pendant du Bassin d'Arcachon, d'être à la Bretagne ce que ce dernier est aux côtes du sud-ouest.

Que de progrès réalisés depuis l'époque où furent entrepris, dans le Morbihan, il y a quelque vingt ans de cela, les premiers essais sur la culture de l'huître! Ils furent peu encourageants au début, ces essais, et il fallut que les initiateurs eussent une foi robuste pour qu'ils ne les abandonnassent pas.

A ce moment M. Coste, sous les auspices de la marine, commençait son œuvre, du moins cherchait à l'étendre, car elle avait déjà donné des résultats inespérés. L'ostréiculture, dont il dirigeait les premiers pas avec une sollicitude toute paternelle, en était encore à la période des tâtonnements. Personne n'eût osé placer un parc en plein courant; on considérait comme étant les meilleurs les fonds tranquilles, émergeant à toutes marées. Il n'en est plus de même aujourd'hui. Les courants, on sait les utiliser; les fonds bas situés, où se fait vivement sentir l'action de la mer, sont ceux que l'on recherche le plus. Les procédés de culture alors usités ont été remplacés par des procédés nouveaux, procédés à leur tour appelés à subir de profondes modifications étant donné l'élan vers le progrès qui se manifeste si énergiquement d'un bout du littoral à l'autre.

Quoi qu'il en soit, un mouvement est donné aujourd'hui, qui porte les marins d'Auray, de la Trinité, de Saint-Philibert, de Bélon, non à émigrer complètement dans le Morbihan, mais à aller y conquérir les territoires qui leur font défaut chez eux. Déjà des parcs nombreux y ont été créés par leurs soins, au prix de sacrifices considérables, il convient de le dire. Mais ils sont arrivés à vaincre les difficultés jugées jusqu'à ce jour insurmontables. Et bientôt, il n'y a pas d'optimisme à le prédire, dans la petite mer intérieure, au pied de ses innombrables îles qui en font une sorte de Polynésie française, sur le bord des chenaux où les courants passent rapides, se presseront les établissements zoologiques où l'huître parcourra toutes les phases de son éducation.

A raison des conditions particulièrement favorables énumérées ci-dessus, nous avons pensé, avec M. le commissaire de

Vannes, qu'il y aurait intérêt à placer dans le Morbihan quelques-uns de nos appareils d'élevage. Nous en avons, en effet, remis plusieurs à des ostréiculteurs expérimentés qui ont bien voulu se charger de les poser, de les garnir et de les surveiller. D'après les renseignements qu'ils ont eu l'obligeance de nous communiquer, les résultats obtenus sont excellents et laissent, comme à Paimpol et à Saint-Servan, présager un succès complet.

Qu'est aujourd'hui le Morbihan sous le rapport des huîtrières naturelles? Pour appauvri, il l'est, si l'on compare la situation actuelle à celle où il se trouvait il y a un demi-siècle. Mais on est heureux de constater que les bancs huîtriers sont en bonne voie de reconstitution. Ce résultat magnifique, inespéré, est dû, il est juste qu'on le sache, aux soins éclairés, aux efforts infatigables d'un ancien administrateur du quartier, M. Coste; c'est à lui que revient l'honneur d'avoir entrepris cette œuvre de régénération, qui eût porté depuis longtemps ses fruits, si les *forbans des eaux*, comme on appelle là-bas certaines catégories de maraudeurs, n'en avaient entravé l'épanouissement. Le moment n'est pas éloigné, peut-être, où les gisements du Morbihan auront recouvré une partie de leur fertilité disparue, et cela :

En premier lieu, par la continuation de la surveillance qu'exerce aujourd'hui très efficacement un petit bateau à vapeur nommé le *Surveillant*, bateau admirablement approprié à un tel rôle et dont le modèle serait à recommander si jamais l'administration maritime venait à disposer des crédits nécessaires à l'organisation d'un service complet pour la protection des eaux :

En second lieu, par la prolongation du repos, du repos absolu pendant une période de quelques années.

Les sujets reproducteurs entretenus dans les établissements, et dont le nombre va tous les jours grandissant, contribueront puissamment, de leur côté, au peuplement de la mer du Morbihan.

Le Croisic. — Au rapport si compétent et si complet adressé au département par M. Le Beau, chef du service de la marine à Nantes, à la suite de la tournée que nous avons récemment effectuée à Penbaye, j'ajouterai quelques mots sous forme de résumé et de conclusion. Le trait de Penbaye représente quelque chose d'analogue à la rivière de Bélon, dans le Finistère, connue par ses produits universellement renommés.

Plus exposée qu'elle, il est vrai, aux mauvais temps, circonstance dont on s'inquiète de moins en moins, de nombreux endroits s'y désignent pour recevoir des parcs de premier ordre.

Les fonds en sont propres, sablonneux en quelques parties, riches en calcaire. L'huître y vient naturellement ; la coquille en est légère, blanche, translucide, le goût en est exquis. Un petit noyau de population ostréicole bien modeste s'est formé en Penbaye, autour de la réserve de l'État. Il est composé de braves et honnêtes habitants du voisinage auxquels ne manquent ni le courage ni la bonne volonté et qui ne ménagent pas leurs efforts pour faire prospérer leur industrie. Mais leurs ressources sont réduites et ne leur permettent pas de consacrer beaucoup d'argent à l'installation des parcs ; ils ont en outre contre eux l'exorbitance des tarifs de transport, ce qui les empêche d'envoyer leurs produits là où ils pourraient être appréciés ; ils ne sont pas non plus très au fait des méthodes de culture en honneur dans les grands centres d'exploitation.

Néanmoins tout porte à croire que, se sentant soutenus, encouragés par l'administration, dont ils attendent la protection, ils triompheront de ces divers obstacles.

Les stations capables de produire des huîtres de la qualité des huîtres de Bélon sont trop rares en France pour que nous ne souhaitions pas ardemment d'en voir se fonder une nouvelle dans le trait de Penbaye.

La population maritime qui nous intéresse ici et dont l'isolement a quelque chose de pénible, car c'est à peine, vu son éloignement de toute ville, si elle participe à la vie nationale, est digne à tous égards de la sollicitude particulière du département. Pensant en cela répondre à vos intentions bienveillantes, M. le chef du service de la marine à Nantes, M. le commissaire du Croisic et moi avons pris la liberté de vous soumettre diverses propositions que vous avez daigné accueillir et dont je rappellerai la substance :

1° Chercher à réunir la réserve du bile ou gisement principal, étendre les limites de ce dernier de façon à créer dans la baie un foyer de reproduction assez riche pour fournir la quantité de naissain nécessaire au peuplement des parcs ;

2° Verser à cet effet des coquilles enduites de chaux sur les portions jugées favorables à l'opération ;

3° Interdire la pêche à la drague sur les gisements existants et sur les emplacements à régénérer ;

4° Entreprendre des expériences ayant pour but de propager, de vulgariser les meilleurs procédés de culture ;

5° Tenter, enfin, des démarches tendant à la réduction du taux des transports.

La réserve du bile, dans la baie de Penbaye, créée et entretenue par les soins de l'administration maritime, a répondu aux espérances du département. Elle est en parfait état et donne asile à de nombreuses huîtres bien venues. Les collecteurs qu'on y a placés sont chargés de naissains; bientôt il faudra les remplacer. La reproduction s'y accomplit enfin d'une façon très satisfaisante.

Le trait du Croisic. — Encore un endroit admirablement approprié pour l'élevage, quand on aura résolu le problème, en bonne voie de solution, de l'utilisation des courants. Des appareils d'expérimentation ont été mouillés ces jours derniers derrière la pointe de Pimberon.

Je signalerai en terminant l'extension prise par la mytiliculture dans l'estuaire de la Vilaine. Sur la rive gauche du fleuve, entre la pointe du Halguen et Trébiguier, tout auprès de Pennetin, des industriels ont établi tout un système de bouchots au moyen desquels on élève de très belles moules valant les moules de l'anse de l'Aiguillon. On les goûterait à Paris, si les tarifs de chemins de fer, d'ailleurs beaucoup améliorés ces temps derniers en ce qui concerne la moule, ne mettaient un obstacle à leur expédition vers les contrées éloignées.

G. BOUCHON-BRANDELY.

CHEMIN DE FER D'ORLÉANS

Exposition universelle de 1889

Distribution des Récompenses aux Exposants

Extension de la durée de validité des Billets
Aller et Retour pour Paris

Afin de permettre aux habitants de la Province d'assister aux fêtes qui auront lieu, à Paris, à l'occasion de la **Distribution des Récompenses aux Exposants**, et aussi pour leur donner la facilité de visiter l'Exposition, la Compagnie du Chemin de fer d'Orléans a décidé de rendre valables jusqu'aux derniers trains partant de **Paris**, le Vendredi 4 Octobre, les Billets Aller et Retour, réduits de 25 %, qui seront délivrés **pour Paris**, aux conditions de son Tarif spécial A n° 9, par toutes les gares et stations de son réseau, à partir du Mercredi 25 Septembre.

Le Directeur-Gérant, J. CHAPEAU (♦, ❋ ❋).

5me année.   No 9 (2me série)   15 Octobre 1889.

REVUE

DES

PÊCHERIES MARITIMES

LES RÉCOMPENSES DE L'EXPOSITION

La distribution des récompenses de l'Exposition universelle a eu lieu au Palais de l'Industrie, le 30 septembre dernier, sous la présidence de M. Carnot. A cette occasion, M. le Président de la République et M. Tirard, président du Conseil des ministres, ministre du commerce, de l'industrie et des colonies, commissaire général de l'Exposition, ont prononcé deux magnifiques discours, qui ont été fort applaudis.

Cette solennité avait réuni un nombre considérable d'exposants internationaux et de fonctionnaires. Elle a eu lieu dans le plus grand éclat.

Nous publions la liste des récompenses attribuées à la classe 77, la seule qui intéresse notre spécialité. Nous la publions extraite du *Journal officiel,* lequel a paru après l'impression du dernier numéro de la *Revue des pêcheries maritimes.* Ce qui indique que ce numéro ne pouvait contenir la liste des récompenses que nous publions aujourd'hui.

Voici cette liste :

CLASSE 77

Poissons, Crustacés et Mollusques

Liste du jury : MM. Gerville-Réache, président, Périer, Bouchon-Brandely, Lacaze-Duthiers, Chabot-Karlen, Raveret-Watel.

Grands prix.

Ministère de l'agriculture. Ministère de la marine. Société ostréicole du Bassin d'Auray. Union syndicale des parqueurs du Bassin d'Arcachon.

Médailles d'or.

MM. Bernettes et Desclaux ; E. Berthoule ; Charles ; Chauvassaigne ; Durègne ; Ezanno ; Gémon ; Gestalin ; Grangeneuve et Dasté ; Grenier ; Lévêque ; Lugrin ; Rousseau-Méchin ; Société coopérative des ostréiculteurs et Syndicat ostréicole de La Teste ; Société ostréicole du Bassin d'Arcachon ; Syndicat des marins ostréiculteurs et pêcheurs de Gujan-Mestras ; Vidal du Plessis ; Ville de Paris (organisation de la pisciculture au Trocadéro) ; Vincent.

Médailles d'argent.

MM. Baleste ; Corlouer (V^e) et ses fils ; Cornilleau ; Deney ; Ferré ; Guézennec (Mlle) ; Alavick-Royen et Cie (Ostende, Belgique) ; Hage (Pays-Bas) ; Jeunet ; Jouette (de) ; Lecart ; Maignen ; Morin ; Saint-Martin de Grangeneuve ; Salmon ; Sigogneau ; Vacher ; de Walbock.

Médailles de bronze.

MM. Arcanet ; Blancho ; Daimé ; Fonteneau ; Loisel ; Nadeau ; Pagot ; Pastourel ; Rathelot ; Reigner.

Mentions honorables.

MM. Causse ; Radlé.

Le *Journal officiel,* on le voit, est tout à fait incomplet puisqu'il ne donne que le nom propre de chaque exposant, purement et simplement. Il s'ensuit qu'il est très difficile d'attribuer la récompense décernée à son véritable titulaire dont on n'a ni le prénom ni le lieu de résidence, voire même l'indication précise de la récompense. En effet, on ignore si l'exposant a été récompensé pour un lot d'huîtres, de crevettes, de coquillages, de poissons, ou pour un filet ou un appareil quelconque.

Nous ne voulons pas être incomplet comme le *Journal officiel*. Nous pensons qu'il est utile, dans l'intérêt même de chaque récompensé, de donner les indications qu'on a omis volontairement ou involontairement, nous n'avons pas à l'apprécier. Nous offrons donc nos colonnes à ceux de nos abonnés qui voudront nous faire parvenir les dites indications que nous publierons gracieusement.

Ninon Desvarennes.

P.-S. — Adresser les communications à M. Jules Chapeau, directeur de la *Revue des Pêcheries maritimes*, 103, cours d'Alsace-et-Lorraine, à Bordeaux.

Pour les victimes de la mer.

M. le commandant Riondel a adressé à M. le Ministre de la marine la lettre suivante :

Monsieur le Ministre,

La France toujours généreuse ne manque pas une occasion de secourir toutes les infortunes.

Le Parlement a soulagé les misères de Saint-Étienne en votant 200,000 fr. pour les familles des mineurs décimés et brûlés dans leurs puits.

La catastrophe d'Anvers a trouvé également dans

notre pays des cœurs généreux qui ont voulu assister les familles belges si cruellement éprouvées. Le gouvernement de la République a pris la tête de ce mouvement qui honore le pays.

Comme chef de la famille maritime, vous trouverez certainement, Monsieur le Ministre, que les 179 familles de marins de l'*Ella* et des *Quatre-Frères* engloutis sur les Bancs de Terre-Neuve sont dignes, elles aussi, d'une bienveillance égale de la part de Paris et du gouvernement.

Je sollicite avec confiance votre appui pour obtenir le même secours à nos pêcheurs.

Je demande respectueusement qu'il soit donné *gratuitement,* au Palais de l'Industrie, un festival semblable à celui qui a eu lieu au bénéfice des victimes de la catastrophe d'Anvers.

Nos marins ne réclament jamais. Ils ne connaissent que leur devoir et leur dévouement est sans bornes. Leurs familles méritent la bienveillance du gouvernement au même degré que celles des victimes d'Anvers et de Saint-Étienne.

Veuillez agréer, Monsieur le Ministre, l'assurance de mon très profond respect.

Signé : Commandant Albert RIONDEL.

Les familles des victimes de l'*Ella* et des *Quatre-Frères* sont certainement dignes du plus grand intérêt, aussi applaudissons-nous de tout cœur à la démarche du dévoué commandant Riondel.

LES CONCESSIONS MARITIMES

Voici le texte de la lettre adressée par M. le Président de la Chambre de commerce de Lorient à M. le Ministre de la

marine, au sujet du rapport du Comité consultatif de
pêche maritime, et de la réponse faite par M. le Ministre :

« Monsieur le Ministre,

» La Chambre de commerce du Morbihan est fort émue des
protestations unanimes qui s'élèvent de toutes les parties de
notre côte occupées par de nombreux établissements d'ostréiculture.

» La cause de cette profonde émotion provient d'un rapport
du Comité consultatif des pêches maritimes, demandant la mise
en adjudication des concessions maritimes.

» Si les conclusions de ce rapport devaient être exécutées, ce
serait l'anéantissement de l'industrie ostréicole et la ruine de
toutes les familles des ostréiculteurs qui, depuis vingt-cinq
années, ont dépensé toute leur fortune pour mettre en valeur
les terrains concédés par la marine.

» Il n'est pas possible de comprendre que l'administration
veuille déposséder un ostréiculteur d'un terrain concédé par la
marine, sur lequel il aura été engagé à dépenser tout son argent
pour le mettre en valeur et le rendre propre à y faire naître des
huîtres. La reprise de ce terrain par l'administration, pour le
mettre en adjudication, serait une injustice qu'on ne peut pas
admettre de la part de la marine, qui s'est toujours montrée si
bienveillante pour tous les industriels qui ont aidé à la création
de cette importante industrie.

» Cependant, en présence de l'inquiétude générale des intéressés, la Chambre de commerce du Morbihan s'adresse à vous,
Monsieur le Ministre, pour solliciter les explications nécessaires
afin de rassurer les inquiétudes de ses administrés.

» Quand les premiers ostréiculteurs du Morbihan ont créé
leurs établissements (il y a de vingt-cinq à vingt-sept ans), l'administration de la marine faisait savoir par son représentant,
M. Coste, inspecteur général des pêches, que les concessions des
terrains n'avaient aucune limite de durée : du moment que l'enquête déclarait les terrains inutiles à la marine et l'exploitation ne
gênant pas la navigation. C'est par suite de cette assurance d'une
durée illimitée d'exploitation que les capitaux abondants sont
arrivés à faire naître cette industrie.

» Les industriels, tout en reconnaissant que les terrains
concédés étaient toujours révocables, n'ont jamais pensé qu'ils
pouvaient être dépossédés de leur vivant ; ils sont toujours restés
propriétaires des travaux d'aménagements exécutés par eux, et
par suite de décès ou d'abandon, les familles trouvaient, auprès

des nouveaux concessionnaires acceptés par la marine, une partie des dépenses faites par leurs parents.

» Pour résoudre la question des garanties à offrir aux capitaux qui s'engagent dans cette industrie, il serait nécessaire que toutes les concessions nouvelles eussent une durée de quarante à cinquante ans, afin que les travaux entrepris fussent rémunérateurs après l'amortissement des sommes engagées.

» Si on laisse l'industrie ostréicole dans l'état précaire où elle se trouve, sans garantie, sa ruine sera prompte.

» Enfin, Monsieur le Ministre, en présence d'une question si grave, la Chambre de commerce du Morbihan pense qu'il serait utile de nommer une commission composée des personnes compétentes dans chaque quartier ostréicole pour étudier une réglementation nécessaire, en vue de défendre les intérêts divers qui sont en cause.

» Les revendications des parqueurs et ostréiculteurs sont les suivantes : temps illimité dans la concession; retrait seulement pour cause d'utilité publique avec la formation du jury d'expropriation.

» Faculté d'hériter de la concession sans formalités, soit à titre d'héritier, soit à titre de légataire; faculté de vente ou de location avec, bien entendu, pour le Trésor, la perception des droits de succession, mutation, etc., etc.; redevances payées par les marins comme par les autres.

» Une loi faite dans ce sens amènerait forcément les capitaux qui font aujourd'hui défaut et qui relèveraient l'industrie ostréicole du marasme dans lequel elle végète.

» Veuillez agréer, etc.

» Le Président de la Chambre de commerce,
» E. CHARLES. »

Voici, d'autre part, la réponse de M. le Ministre de la marine à M. le Président de la Chambre de commerce de Lorient :

« *A Monsieur le Président de la Chambre de commerce*
de Lorient.

» Monsieur le Président,

» En réponse à la lettre que vous avez bien voulu m'adresser sous la date du 22 de ce mois, j'ai l'honneur de vous faire connaître que le rapport du Comité des pêches, auquel vous faites allusion, ne saurait être considéré que comme un exposé de vues résultant d'un consciencieux travail d'étude, mais qui ne lie en aucune manière l'administration.

» Votre lettre dit, elle-même, que l'industrie ostréicole est actuellement dans le *marasme*, *régête*, est menacée d'une *prompte ruine*, en raison de sa trop grande *précarité*, de *son manque de garanties* quant à l'occupation des terrains sur lesquels elle opère. Veuillez remarquer que l'une des idées fondamentales du rapport est précisément la recherche de ces garanties de sécurité dans la mesure conciliable avec le principe de l'inaliénabilité du domaine public. C'est aussi la pensée du département responsable qui, vous ne sauriez en douter, a pour première préoccupation de faire produire au domaine dont il a la gestion tous les fruits qu'il peut donner.

» Les solutions proposées par le Comité peuvent n'être pas les meilleures pour arriver à ce résultat, le gouvernement ne saurait encore se prononcer à cet égard ; mais il examinera la question dans l'ordre d'idées que je viens d'indiquer, et d'ailleurs, avec l'intention formelle d'assurer aux intérêts actuellement engagés toute la protection à laquelle ils peuvent légitimement prétendre.

» C'est la loi seule, du reste, qui statuera, et, par conséquent, les intérêts dont je parle peuvent compter non pas seulement sur les dispositions bienveillantes du département, mais encore sur les garanties de la discussion parlementaire publique.

» *Le Ministre de la marine,*
» KRANTZ. »

LES COURTIERS JURÉS

Nous recevons d'un de nos abonnés, qui occupe dans l'ostréiculture une situation très respectable, la lettre suivante :

« Monsieur Jules Chapeau, directeur de la *Revue des Pêcheries maritimes.*

» Au cours d'un entretien récent, j'ai eu l'honneur de vous exposer la situation d'infériorité dans laquelle se trouve le commerce des huîtres par rapport à la plupart des autres commerces, infériorité que j'attribue à l'absence de courtiers jurés pour présider aux transactions très importantes dont les huîtres sont l'objet.

» Permettez-moi, Monsieur, d'appeler de nouveau votre

attention sur ce point, et de vous exposer sommairement les faits qui me semblent militer en faveur de la création de la nouvelle institution que votre compétence des questions ostréicoles vous feront certainement obtenir des pouvoirs publics, si vous voulez bien vous en faire le défenseur.

» Les ostréiculteurs du Bassin d'Arcachon exportent chaque année en Angleterre, ou livrent aux éleveurs de Marennes, La Tremblade et Oléron d'énormes quantités d'huîtres. Les marchés se passent directement entre l'acheteur et le vendeur et donnent lieu parfois à des contestations qui se terminent le plus souvent au détriment du vendeur, — ce dernier étant à peu près entièrement désarmé vis-à-vis de son acheteur par suite des conditions défectueuses dans lesquelles il a effectué la vente de sa production.

» Le parqueur apporte à l'acheteur un échantillon de ses huîtres ; l'acheteur fixe un prix sur le vu de cet échantillon et c'est au moment de la livraison que les difficultés se produisent.

» Lorsque le parqueur apporte sa marchandise, l'acheteur est naturellement enclin à la trouver inférieure à l'échantillon qui lui a été remis ; il refuse d'en prendre livraison si un rabais ne lui est pas consenti. Le vendeur, qui a déboursé des frais de main-d'œuvre pour aller pêcher les huîtres qu'il présente à la réception, préfère subir une diminution de prix plutôt que de les rapporter sur son parc, car non seulement ces frais seraient perdus, mais encore il aurait manqué la vente de sa production et courrait le risque de garder son stock jusqu'à la campagne suivante.

» Le besoin de réaliser lui fait donc subir le plus souvent les exigences de l'acheteur. Celui-ci, d'autre part, n'a contre le vendeur aucune garantie d'exécution du marché qu'il a passé avec lui si, dans l'intervalle qui s'écoule entre la conclusion de l'achat et la livraison des huîtres, une hausse s'est produite sur les cours.

» Il suffit de signaler cet ordre d'idées pour démontrer l'utilité de courtiers jurés qui, s'interposant entre les contractants, feraient respecter les droits de chacun, aplaniraient les conflits et assureraient l'exécution loyale des engagements réciproques auxquels il aurait présidé.

» Vous estimerez certainement, Monsieur, que cette thèse mérite d'être soutenue par vous. Ce sera une nouvelle preuve de dévouement aux intérêts des parqueurs du Bassin d'Arcachon, à ajouter à la liste déjà longue des services que vous avez rendus à l'ostréiculture.

» Veuillez agréer, etc.

> » Un ostréiculteur du Bassin d'Arcachon. »

L'initiative de notre honorable correspondant est, en effet, de celles qui méritent d'être encouragées et nous nous promettons bien de l'examiner dans notre prochain numéro.

LA PÊCHE DANS LE 2ᵉ ARRONDISSEMENT MARITIME EN 1888

Statistique *(suite)*.

Regnéville. — La pêche en bateau a été pratiquée par 120 chaloupes montées par 225 hommes ; les résultats en ont été inférieurs de 9,273 fr. 40 à ceux obtenus en 1887, malgré une augmentation de 8,655 fr. sur l'article « harengs frais ». Le total de la vente des produits s'est élevé à 54,399 fr. 50. Les diminutions ont porté surtout sur les articles « soles, turbots, plies, etc. », pour une valeur de 4,976 fr., et « homards et langoustes », pour une valeur de 12,737 fr.

La récolte en bateau des amendements marins a produit une somme de 37,640 fr.

La pêche à pied a donné des résultats supérieurs à ceux de l'année précédente, bien qu'elle ait été pratiquée par 80 personnes de moins ; 547 pêcheurs seulement y ont pris part. Les produits ont été vendus 129,664 fr., soit une augmentation de 21,463 fr. en faveur de 1888. Les articles « diverses espèces de poissons » et « crevettes » ont donné les meilleurs résultats, le premier produisant une différence en plus de 17,990 fr., le second, de 4,440 fr.

La vente des amendements marins recueillis sur la côte s'est élevée au chiffre de 108,665 fr., inférieur de 12,246 fr. à celui obtenu en 1887.

Les mouvements d'entrée et de sortie des huîtres dans les établissements ostréicoles ont été sans importance ; 4,000 huîtres entrées au prix de 380 fr. ont été vendues 575 fr.

Granville. — La pêche de la morue a donné, comme quantité et comme prix de vente, des résultats inférieurs à ceux de 1887, bien que 44 bateaux au lieu de 32 se soient rendus sur les lieux de pêche, et que 1,030 marins au lieu de 801 y aient été employés. Tous les navires sont allés à Terre-Neuve, au banc. Il a été capturé 5,474,401 kilog. de morues qui ont été vendus 1,919,859 fr., soit une différence en moins, sur la campagne précédente, de 541,729 kilog. comme quantité, et de 97,018 fr. comme prix de vente.

La pêche côtière en bateau a donné des produits satisfaisants et a, dans une certaine mesure, atténué les mauvais résultats de la pêche de la morue. Elle a été pratiquée par 91 embarcations montées par 360 hommes. La vente des produits a atteint le chiffre de 268,971 fr., soit une différence en plus de 36,670 fr. sur l'année 1887 ; le seul article « soles, turbots, plies, etc. » a donné une augmentation de 43,443 fr.

Le total général de la pêche en bateau, tant à Terre-Neuve que sur les côtes, accuse une diminution de 60,348 fr. sur le prix de vente.

La récolte en bateau des amendements marins a produit la somme de 8,560 fr.

La pêche à pied, qui est pratiquée par 2,250 personnes, a été peu favorable. La vente brute des produits s'est élevée à 200,110 fr., donnant une différence en moins de 22,314 fr. sur l'année 1887 ; il y a, toutefois, lieu de remarquer que le nombre des personnes qui ont pris part à cette pêche était inférieur de 690 à celui de l'année précédente.

La vente des amendements marins recueillis sur la côte a atteint la somme de 212,500 fr.

La pêche des huîtres décroît chaque année ; de 519,900 huîtres pêchées en 1885, on tombe au chiffre de 88,600 en 1888.

Il a été introduit dans les réservoirs à poissons 23,000 crustacés, d'une valeur de 80,500 fr., dont il a été livré à la consommation 21,330 au prix de 87,281 fr.

Pendant l'année 1888, il a été enregistré 4 décès en mer et 31 disparitions sur les navires de Granville ; dans ce nombre, 16 des décédés étaient célibataires et 19 mariés laissant 27 orphelins. 21 d'entre eux faisaient partie de l'équipage du brick-goëlette *Medellin*, coulé à la suite de l'abordage avec le vapeur anglais *The Queen*.

Cancale. — Le port de Cancale a armé 5 navires montés par 113 hommes, pour la pêche de la morue à Terre-Neuve ; les résultats ont été inférieurs à ceux obtenus pendant la campagne précédente. Il a été capturé, en 1888, 419,670 kilog. de morue au lieu de 547,000 en 1887 ; le total de la vente s'est élevé à 144,334 fr., somme inférieure de 30,166 fr. au chiffre de la dernière année. Pour la pêche côtière, qui est pratiquée par 383 bateaux montés par 1,855 hommes, la vente des produits, bien qu'inférieurs en quantité à ceux de 1887, a donné une augmentation sensible pour certains articles. Les soles, plies, turbots, etc., ont atteint la somme de 348,365 fr., soit une différence de 10,443 fr. en faveur de 1888 ; l'article « maquereaux frais » a donné également une différence en plus de 16,755 fr.

Le total général de la vente des produits de la pêche en bateau qui s'est élevé à 623,670 fr., accuse une différence en moins de 314,646 fr., supportée presque entièrement par l'article « huîtres » qui, de 410,170 fr., chiffre obtenu en 1887, n'a donné que 100,600 fr. en 1888.

La récolte en bateau des amendements marins a produit 500 mètres cubes vendus 1,400 fr.

La pêche à pied n'a été pratiquée que par 1,500 personnes, soit 2,000 de moins qu'en 1887 ; la vente des produits a cependant donné une différence en plus sur cette dernière année ; elle a atteint le chiffre de 56,087 fr. contre 40,179 fr. en 1887.

La pêche des huîtres à pied a subi la même baisse que la pêche des huîtres en bateau ; de 9,660 fr., chiffre atteint en 1887, on tombe, en 1888, à 1,025 fr.

La vente des amendements marins recueillis sur la côte a produit 19,240 fr.

Les parcs d'élevage et d'expédition ont reçu 1,006,000 huîtres indigènes de drague, d'une valeur de 100,600 fr., et 957,000 huîtres d'élevage, d'une valeur de 27,925 fr. ; il a été livré à la consommation 3,896,000 huîtres au prix de 349,590 fr.

Le stock existant actuellement dans les établissements d'ostréiculture, est de 3,412,000 huîtres estimées 297,970 fr.

Pendant l'année 1887, on a eu à constater le décès de 2 marins laissant 1 veuve et 1 orphelin.

Saint-Malo. — Le quartier de Saint-Malo a armé, en 1888, 19 navires pour les côtes de Terre-Neuve, 38 pour le Banc et 2 pour l'Islande. Ces navires étaient montés par 4,225 hommes, tant passagers que marins de l'équipage.

Les produits de la pêche de la morue se répartissent ainsi :

Côtes de Terre-Neuve : 141,699 kilog. vendus 563,236 fr. ; différence en plus sur 1887, 89,353 fr.

Banc : 4,480,951 kilog. vendus 1,800,860 ; différence en moins, 395,512 fr.

Islande (côte ouest) : 71,200 kilog. vendus 34,176 fr. Aucun bateau ne s'était rendu, en 1887, à la côte d'Islande.

La pêche côtière, qui occupe 212 bateaux montés par 454 hommes, a donné une légère amélioration sur l'année précédente. On constate pour les harengs de salaison une augmentation de 15,455 fr. sur le produit de la vente, et pour les soles, turbots, plies, etc., une augmentation de 7,894 fr.

Le total brut de la vente des produits de la pêche en bateau, y compris la morue, s'est élevé à 2.484,484 fr., soit une différence en moins de 251,014 fr. sur 1887.

Les amendements marins récoltés en bateau ont donné 10,095 fr.

La pêche à pied, qui est pratiquée par 727 personnes, a produit 13,117 fr., soit 864 fr. de plus qu'en 1887.

La vente des amendements marins recueillis sur la côte a atteint le chiffre de 52,654 fr.

26,627 crustacés, d'une valeur de 39,233 fr., ont été introduits dans les réservoirs ; il en a été livré à la consommation 21,275 pour le prix de 44,352 fr.

Le total des hommes morts ou disparus pendant l'année 1888, a été de 14, qui ont laissé 7 veuves et 6 orphelins.

LA PÊCHE DE LA MORUE

A Saint-Pierre-Miquelon, les pêcheurs sont très émus par une découverte qui, selon toute apparence, va révolutionner l'industrie de la pêche de la morue. Trois navires français, au lieu d'aller chercher de la boëte à Saint-Pierre-Miquelon. s'approvisionnèrent de paniers ronds et plats, avec une petite ouverture sur le dessus. Ils plongèrent ces paniers à 70 ou 80 brasses d'eau, et les retirèrent bientôt remplis de bigorneaux de grande taille qui remplacèrent les boëtes après que les écailles eurent été enlevées. Les morues mordirent vigoureusement à cet appât, et les bateaux se trouvèrent bientôt chargés. Les pêcheurs mirent le cap vers la France dans les premières semaines de juillet au lieu de partir en octobre, comme d'habitude, économisant ainsi des centaines de piastres de boëte et trois mois de temps.

Si cette nouvelle méthode obtient du succès, dit le *Moni-*

teur industriel, elle apportera une solution à la question des pêcheries qui est actuellement pendante entre le Canada et les États-Unis.

— Un de nos correspondants de Saint-Pierre-Miquelon nous télégraphie le 7 octobre :

« Un arrêté du gouverneur a prononcé la dissolution du Conseil municipal de Saint-Pierre.

» La pêche a été assez médiocre cette saison. Cependant, les derniers arrivages sont meilleurs, et la campagne paraît devoir être continuée assez avant dans l'automne. Le temps s'est maintenu fort beau pendant tout le mois de septembre. »

Un mot sur la classe 77.

« Paris, 14 octobre.

» Mon cher Directeur, je vous avais promis une seconde relation de mes visites à la classe 77. J'avoue que l'exécution de ma promesse a été un peu tardive; mais, dit-on, il n'est jamais trop tard pour bien faire. Je vais essayer de bien faire, ce sera là mon excuse.

» L'exposition des aquiculteurs, pêcheurs et pisciculteurs n'a pas le développement de celle de 1878. Il y a plusieurs raisons à cela. La première, c'est qu'en 1878 on éprouva de nombreux mécomptes; les poissons de mer ne résistèrent pas ou résistèrent mal au régime des réservoirs. Quand on les plongea dans ces bacs vitrés où ils devaient faire l'admiration de tous les peuples du monde, ils se mirent à tournoyer d'un air absolument affolé, comme s'ils étaient en proie à une espèce de danse de Saint-Guy sous-marine ! Il fallut les renouveler à plusieurs reprises; on a craint le retour de ces accidents nerveux... Une autre raison, c'est que l'aquarium d'eau douce du Trocadéro contient déjà de nombreux spécimens des espèces les plus intéressantes.

» Dans l'exposition marine de cette année j'ai enfin vu une espèce de poisson dont j'avais entendu parler et qui est, à un certain point de vue, une des choses les plus curieuses de l'Exposition. Et d'abord, ce poisson offre cela de particulier qu'il n'est pas un poisson : c'est un amblystôme; il se rattache à la famille des batraciens et provient des lacs du Mexique. On en trouve aussi dans les lacs du sud au Canada. Il a la peau tigrée; il nage comme le poisson; seulement, au lieu de nageoires, il a des bras ou des pattes terminées par des espèces de mains minuscules. Quelle est la place de cet être bizarre dans le mouvement de l'évolution? Je n'ai pas à le rechercher ici; je me borne à appeler l'attention sur l'axolot, ou plutôt l'axololl, qui a donné lieu, au Muséum, à d'intéressantes expériences.

» Ce sont les huîtres qui occupent la presque totalité de l'exposition de pisciculture. Je n'ai pas à rappeler le développement de l'industrie ostréicole depuis quelques années; il a été considérable et il ne paraît pas devoir se ralentir. Il existe actuellement sur les côtes de la France 36,290 établissements d'ostréiculture qui livrent en moyenne 600 millions d'huîtres à la consommation annuelle, ce qui représente plus de 13 millions d'affaires. Et cela sans parler des huîtres pêchées en mer. L'estomac de Paris absorbe, pour son compte particulier, environ 7 millions d'huîtres entre les mois de septembre et de mai. Le délicieux mollusque, qui n'était autrefois servi que sur les tables élégantes, est aujourd'hui le régal fréquent des plus humbles ménages parisiens. Il n'est pas rare de voir, à la terrasse des marchands de vins et des petits traiteurs, des ouvriers ou des cochers de fiacre savourant « leur douzaine ». Il faut souhaiter que, grâce aux progrès de l'ostréiculture, ces petits *extras* gastronomiques puissent se multiplier de plus en plus.

» Les ostréiculteurs du Bassin d'Arcachon ont fait une exposition importante. Le Syndicat de marins ostréiculteurs et pêcheurs de Gujan-Mestras (350 membres) expose des huîtres de un à quatre ans; puis voici les bancs des huîtrières de Notre-Dame-d'Arcachon; ceux de la Société coopérative des ostréiculteurs de La Teste qui accusent 147 hectares de parcs d'élevage et d'engraissement. Une des expositions les plus dignes de remarque est celle de MM. Grenier père et fils d'Arcachon. Elle présente des spécimens nombreux, bien classés. En outre, M. Grenier père a imaginé de reproduire dans tous ses détails un parc — le sien probablement — avec des figurines représentant les divers travaux de culture ou élevage et de préparation de toute sorte. Cette réduction permet au visiteur de pénétrer d'un coup d'œil tous les mystères de l'ostréiculture.

» Il y a du reste, dans le pavillon, des échantillons de tout le matériel d'élevage et de pêche, des outils, des tuiles, des clayonnages, des bottes de pêcheurs, des engins classiques ou nouveaux employés soit dans le Bassin d'Arcachon, soit à Marennes, ou en Bretagne et en Normandie.

» A noter aussi les viviers de homards et de langoustes des Côtes-du-Nord et un modèle de grand établissement à fumer le poisson.

» Les huîtres reçoivent de nombreux visiteurs, et je remarque qu'on les contemple avec une sorte de recueillement respectueux. L'huître est devenue un des éléments importants de notre industrie maritime, et on ne se sent plus enclin à la railler ou à la calomnier comme le faisait ce personnage d'un vaudeville de Siraudin, intitulé *le Télégraphe électrique* :

» — Mon futur gendre, vous êtes une huître !

» — Comment, une huître !...

» — Oui, monsieur ; une huître mâle, avec un grand cercle noir autour ; c'est-à-dire, tout ce qu'il y a de plus bête au monde !

» Tel n'était pas l'avis de l'académicien Arnault ; il célébra, en ces termes, les délicats mollusques :

> » Avec des huîtres
> » On est mieux qu'avec des savants.
> » On lit de moins quelques chapitres,
> » Mais on ne perd jamais son temps
> » Avec des huîtres.

» D. »

PISCICULTURE

Dans sa session d'avril 1887, le Conseil général de la Loire-Inférieure avait émis le vœu qu'un laboratoire de pisciculture fût installé à Nantes, pour assurer le repeuplement des cours d'eau de la région et l'acclimatation d'espèces nouvelles destinées à augmenter rapidement leur richesse.

Après divers ajournements, le rapport a été présenté au Conseil général, dans sa dernière session, par M. de La Ferronnays.

Le rapporteur s'exprime ainsi :

« La question qui nous est soumise se subdivise en deux autres : La création de cet établissement est-elle utile? Les dépenses qu'elle entraînerait peuvent-elles être supportées par les finances départementales?

» Sur le premier point, nous n'hésitons pas à répondre affirmativement. La pêche fluviale est une importante ressource pour la population de la Loire-Inférieure, mais les cours d'eau qui sillonnent notre département sont si puissamment exploités que, malgré les réserves ménagées par l'Administration, ils s'appauvrissent d'année en année : ne nous en plaignons pas du reste; ce fait est dû en grande partie au développement des moyens de communication qui a ouvert à l'industrie de nouveaux débouchés.

» Aujourd'hui, la culture des eaux douces se fait aussi sûrement que celle du sol, et, en présence des encouragements que vous donnez avec une si judicieuse générosité à l'agriculture, nous pensons que vous ne refuserez pas votre protection aux riverains de nos nombreuses rivières, qui tirent de leur sein leurs principaux moyens d'existence. A côté du repeuplement industriel, pour ainsi dire, qui aurait pour résultat de jeter chaque année dans nos eaux douces une grande quantité d'alevins d'espèces communes, carpes, brèmes, tanches, etc., le laboratoire aurait à poursuivre des expériences sur l'intéressante famille des salmonides, afin d'acclimater chez nous certaines variétés quasi sédentaires qui apporteraient un précieux élément de richesse aux riverains de la Loire et de la Sèvre. Dans cette voie, l'établissement de Nantes pourrait aller plus loin encore, et peut-être ferait-il faire un pas décisif à la question si douteuse encore, si obscure, malgré les progrès qu'elle a récemment faits, de la reproduction du saumon. »

D'après le projet sommaire dressé, la dépense s'élèverait annuellement à 12,000 francs, somme infiniment inférieure à l'augmentation de ressources qu'il apportera aux pêcheurs, si nombreux et si dignes d'intérêt.

Le Conseil général a partagé l'opinion de son rapporteur et a donné un vote de principe en faveur de la création du laboratoire de pisciculture. L'affaire reviendra en avril prochain.

LES STATIONS DE ZOOLOGIE

A l'occasion de la visite du ministre de l'instruction publique à la station de zoologie marine de Roscoff, M. de Lacaze-Duthiers a appelé l'attention de l'Académie des sciences sur les nouveaux progrès qu'il est parvenu à réaliser dans cette station, qui, bien que faite de pièces et de morceaux enlevés successivement de haute lutte par des acquisitions difficiles et coûteuses, renferme, indépendamment des salles de travail, un aquarium d'une superficie de 3 ares, et 16 chambres fournissant le logement aux ouvriers.

La station est aujourd'hui complète; son extension est terminée, et les salles de travail ainsi que l'aquarium sont dès maintenant éclairés par la lumière électrique, de telle sorte que les deux stations sœurs : Roscoff, l'été, et Banyuls, l'hiver, placées sur le même pied, et possédant aujourd'hui les moyens de travail les plus perfectionnés, se complètent heureusement au plus grand profit des études zoologiques.

M. de Lacaze-Duthiers a fait remarquer, en terminant, que ces deux laboratoires, fondés (Roscoff) au moyen de sacrifices de l'État et (Arago) à l'aide de dons, sont les premiers à avoir joui des avantages de la lumière électrique.

D'autre part, M. de Quatrefages, en présentant une note de M. Armand Sabathier sur la station zoologique de Cette, rappelle que c'est à ce savant qu'en est due la création, il y a huit ans, ainsi que l'outillage scientifique qui y est installé, grâce au concours de l'État, du département de l'Hérault, des villes de Cette et de Montpellier, et de quelques particuliers.

Cette station contient deux laboratoires, l'un où peuvent travailler aisément dix ou douze personnes, l'autre pour le directeur et dans lequel la bibliothèque est installée; une troisième salle renferme des collections de la faune locale. Outre les instruments, on trouve encore, dans cette station, des appareils de dragage appropriés aux milieux à explorer, l'étang de Thau, en particulier.

M. Sabathier a cité un certain nombre de savants français et étrangers qui y ont entrepris d'importants travaux zoologiques, et a annoncé que la station de Cette, rattachée à l'école des hautes études et établie jusqu'à présent dans un local fourni par la municipalité de cette ville, va être installée dans un nouveau et plus vaste local, en rapport avec la richesse et la variété de la faune aquatique de la région et des recherches auxquelles cette faune donne lieu de la part des zoologistes.

LA TRUITE DE MER

L'abondance de la truite de mer *(Salmo tructa)*, dans le Wimereux et dans la mer, au voisinage de l'embouchure du fleuve, a permis à M. A. Giard de faire, depuis quelques années, des observations intéressantes sur les mœurs de ce poisson.

On sait que les ichtyologistes s'accordent à dire que les habitudes de la truite marine sont très analogues à celles du saumon commun, et quelques-uns prétendent seulement qu'elle séjourne plus longtemps dans les eaux douces. Or, à Wimereux, les truites remontent pour frayer, depuis la fin de septembre jusqu'en janvier et même en février; la descente des jeunes à l'état de *smolts* a lieu entre mars et juin, et l'on admet généralement que les jeunes salmonides restent à peine quelques semaines en mer (parfois moins de deux mois), à ce premier voyage, et reviennent en eau douce sous forme de *grilses*, après avoir pris un accroissement très rapide. Cependant, d'après les observations de M. Giard, il n'en serait pas toujours ainsi, et une grande quantité de truites jeunes, et même un certain nombre d'adultes, feraient dans la mer un séjour plus prolongé qu'on ne le pense. Cette opinion de l'auteur est basée sur l'existence du parasite spécial, exclusif à la truite, le *Caligus tructa*. Ce caligus est chargé d'embryons complètement mûrs, et en pleine éclosion, aux mois d'avril et de mai, c'est-à-dire à l'époque favorable pour infester les jeunes *smolts* qui descendent la rivière. Si ceux-ci remontaient tous, deux ou trois mois plus tard, ou même vers l'hiver, en compagnie des adultes, la race des caliges serait fatalement anéantie; car une expérience très simple démontre que ces crustacés périssent rapidement en eau douce.

D'autre part, la présence de certaines algues exclusivement littorales sur les truites indique que celles-ci ne vont pas bien loin en mer et ne gagnent pas les profondeurs. De plus il est rare, que des algues, surtout des laminaires, se fixent sur des animaux à mouvements rapides, d'où il suit qu'on peut considérer la truite marine comme menant en mer une existence assez sédentaire et indolente.

LES EAUX SAUMATRES

M. Chabot-Karlen a fait à la Société nationale d'agriculture une intéressante communication sur les eaux saumâtres qui, réglementées par les décrets de 1853 et 1859, représentent en France une surface de 15 à 16,000 hectares pour les fleuves, 67,000 hectares pour le continent, 4,000 hectares pour la Corse, 47,000 hectares pour le littoral océanique; plus de 35,000 hectares pour Arcachon, Berre et Thau, soit ensemble 130,000 hectares. M. Chabot-Karlen expose comment un jeune pisciculteur, M. Pierre Vincent, contrairement à ce que l'on croyait, pense que l'alose peut frayer dans la Seine et comment, pour démontrer ce fait, il a étudié la Seine jusqu'à Troyes, l'Yonne jusqu'à Cravant, l'Oise jusqu'à La Fère, l'Aisne jusqu'en amont de Soissons.

Une baraque en planches avec un hangar abritant une petite machine à vapeur qui entretient la circulation de l'eau dans de grandes coupes de verre posées sur des escabeaux, plus un bassin de zinc recevant des alevins d'aloses à leur éclosion : tel est le matériel de pisciculture de M. Pierre Vincent, de Saint-Pierre-lès-Elbeuf, définitivement installé en 1889.

En 1888, 4,119 aloses donnèrent 6,100,000 œufs qui furent incubés à Poses au moyen d'une installation provisoire ou déposés sur des frayères naturelles de la Seine.

C'est par 4,000 aloses prises la première année qu'ont sérieusement commencé les opérations. Ces 4,000 aloses ne représentent certainement pas la dixième partie de l'entrée en Seine de ces poissons. M. Vincent n'opère la fécondation que par le procédé Wrasky, dit *méthode sèche*.

4,000 aloses prises à 500 grammes en moyenne donnent 2,000 kilog. de matière alimentaire à 2 fr. le kilog. marchand, soit 4,000 fr.

Tous les résultats de cette entreprise ne seront appréciables que dans un ou deux ans, c'est-à-dire à l'époque où les millions d'aloses nées à Saint-Pierre-lès-Elbeuf, arrivant à leur tour à maturité, remonteront aux frayères, sur lesquelles M. Vincent en dépose depuis deux ans.

Deux poissons peuvent être encore utilisés pour les eaux saumâtres, ce sont : l'éperlan et l'anguille à la montée.

La culture de 135,000 hectares d'eaux saumâtres, a dit M. Chabot-Karlen, s'impose donc à la pisciculture de l'avenir, et, étant connus les résultats obtenus dans la Seine, elle s'impose aux préoccupations du pays.

NOUVELLES DIVERSES

Goélette perdue. — La goélette *Frère-et-Sœur*, de Paimpol, venant de Terre-Neuve avec un chargement de morues pour Bordeaux, s'est échouée sur les roches de Cantin (île d'Yeu).

L'équipage est sauvé, mais le navire est considéré comme perdu.

Une huître phénoménale. — Nous cueillons la nouvelle suivante dans le *Patriote*, d'Angers :

« On voit en ce moment, dit-il, à l'étalage d'une poissonnerie, en face de l'hôtel du Faisan, une huître si énorme que les marchands de notre halle au poisson ne se souviennent pas d'en avoir jamais vu de semblable.

» Cette huître provient de Cancale.

» Elle mesure en hauteur 0m18; en longueur 0m20, et de tour 0m57.

» Son poids est de 1 kilog. 10.

» L'âge probable de cette huître, apprécié par les stries de son écaille, est de 13 à 14 ans.

» Elle ferait à elle seule, dit le *Patriote*, le déjeuner d'un gastronome de bon appétit, mais elle ne sera pas mise en vente. Son heureux possesseur attend qu'elle s'ouvre d'elle-même pour conserver les coquilles intactes, avec l'espoir d'y rencontrer quelques perles de respectables dimensions. »

Notions de pisciculture. — On sait que la loi du 30 juillet 1875 a décidé d'introduire les notions élémentaires de pisciculture dans l'enseignement agricole, et notamment dans les écoles nationales, les fermes-écoles et les écoles pratiques d'agriculture.

En 1879, M. le Ministre de l'agriculture a confié ce soin à M. Chabot-Karlen, et aujourd'hui l'enseignement théorique et pratique de la pisciculture est organisé dans dix fermes-écoles ou écoles pratiques d'agriculture des départements de la Meuse, Haute-Saône, Haute-Marne, Doubs, Rhône, Corrèze, Creuse, Haute-Vienne, Sarthe et Finistère, où, au moyen d'une subvention annuelle de 150 fr. par école, soit 4,500 fr. pour les trois années, on a produit et mis à l'eau 415,000 alevins de salmonides.

Singulière coïncidence :

M. André Rakus, de Trzynietz, en Silésie autrichienne (sans avoir jamais entendu parler des richesses de Lugrin), au moyen d'eaux de lavage auxquelles il ajoute des excréments humains, de la poulaite et de la colombine qu'il arrose dans des mares avec du purin, a produit une quantité immense de mouches d'eau ou daphnides, en tel nombre que la présence de ces mouches donne aux eaux une teinte rougeâtre; il les capture avec un filet de gaze et les donne en pâture à ses jeunes poissons. C'est un procédé analogue qui est adopté depuis plusieurs années par M. Rivoiron, à Servagette (Isère), et ailleurs en France. M. André Rakus élève aussi de la sorte des larves d'insectes qui servent au même usage.

NOUVELLES MARITIMES

M. le capitaine de frégate Cordier, officier de la maison militaire du Président de la République, a pris le commandement de la station de la mer du Nord et de l'aviso *Mouette*, en remplacement de M. de Bernardières.

⚓ Le croiseur *Châteaurenault* est mis en réserve et sera tenu prêt à armer pour reprendre, au mois de mars prochain, sa station dans les mers d'Islande.

⤙ M. Machenaud, premier maître torpilleur en retraite, syndic des gens de mer, à l'île d'Aix, est nommé à l'emploi d'inspecteur des pêches au Château d'Oléron, en remplacement de M. Charron, atteint par la limite d'âge.

⤙ L'administration de la marine a décidé que la pêche des huîtres, à pied ou à la drague, serait suspendue jusqu'au 31 octobre inclus, dans le quartier maritime de Rochefort, sur les bancs de l'*Estrées*, des *Pallés*, des *longées nord et sud*, de *Tridoux*, du *Jamblet*, de l'*Équille* et d'*Enet*.

CHEMIN DE FER D'ORLÉANS

BILLETS D'ALLER ET RETOUR DE FAMILLE
Pour PARIS

Des Billets d'**Aller** et **Retour de Famille** seront délivrés, pour **Paris**, jusqu'au 31 Octobre, à toutes les gares et stations du réseau d'**Orléans** situées à plus de 50 kilomètres de **Paris**, avec les réductions suivantes calculées sur les prix du Tarif général :

Pour une Famille de 3 personnes . . . . 25 %
—   —   4   —   . . . . 30 %
—   —   5   —   . . . . 35 %
—   —   6   —   et plus . . . . 40 %

Durée de validité : **10 jours**
NON COMPRIS LES JOURS DE DÉPART ET D'ARRIVÉE

La durée de validité des Billets de famille peut être prolongée une ou deux fois de **5 jours** moyennant le paiement, pour chacune de ces périodes, d'un supplément égal à 10 % du prix du Billet de famille.

Ces Billets sont collectifs et nominatifs ; ils ne peuvent être utilisés que par les membres d'une même famille et les serviteurs de la famille.

La Compagnie d'Orléans, tenant compte d'un désir souvent exprimé par les habitants de Bordeaux, a organisé dans son dernier service un train express partant de Bordeaux dans l'après-midi et arrivant à Paris dans la soirée du même jour.

Ce train, qui comporte des voitures de toutes classes, part de Bordeaux-Bastide à midi 20 et arrive à Paris à 11 h. 46 du soir.

La lacune qui existait entre le départ du rapide à 8 h. 35 du matin et celui du train-poste à 6 h. 45 du soir se trouve ainsi comblée.

Le Directeur-Gérant, J. CHAPEAU (✧, ✹ ✹).

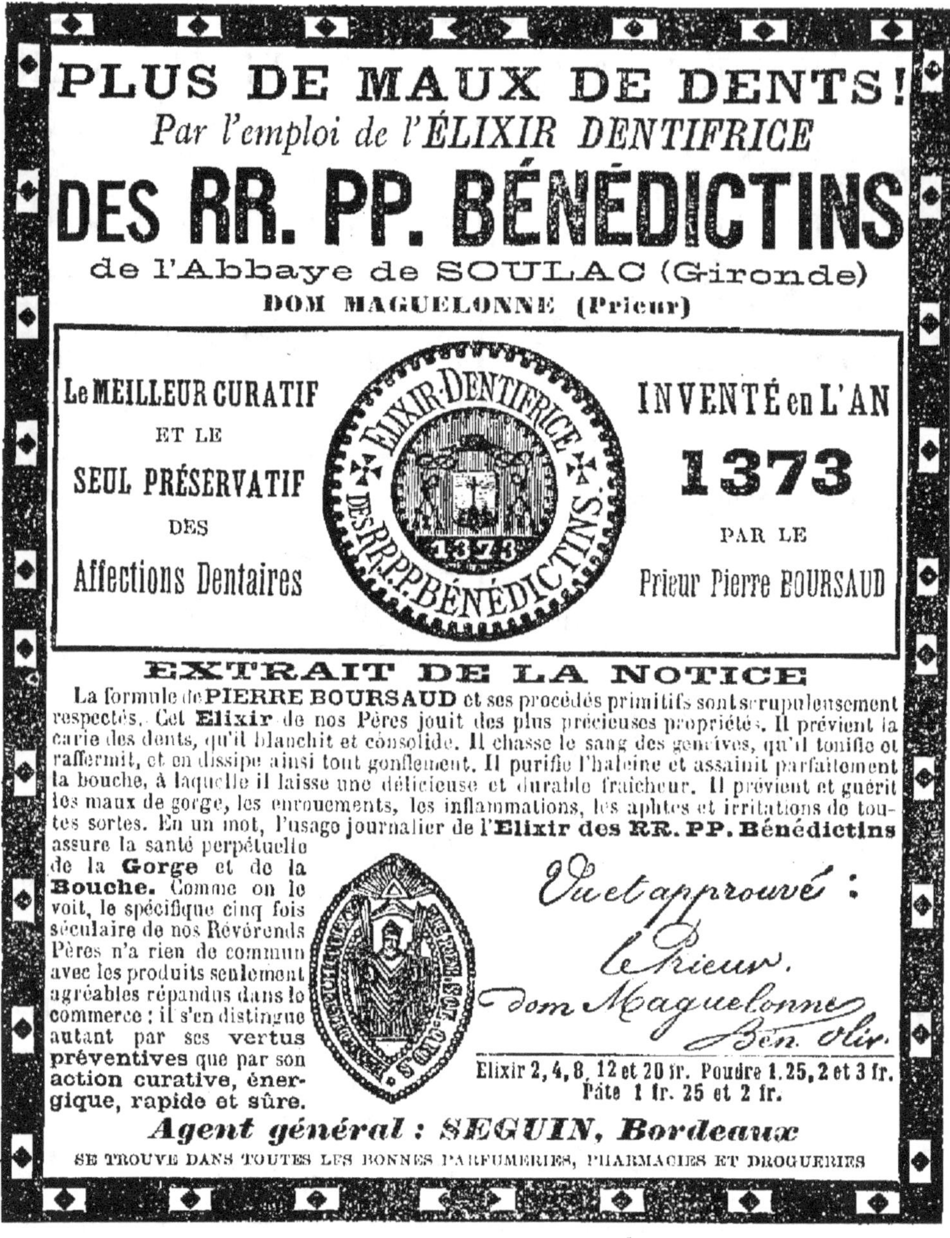

FABRIQUE DE TOILES MÉTALLIQUES

L. LESCURE

Breveté S. G. D. G.

A LA COURONNE (Charente)

Toiles spéciales pour parcs à huitres galvanisées avant et après fabrication, Grillages galvanisés, pointes, conduites, etc., etc.

USINES A LA COURONNE, AUX RICHARDIÈRES, A NEUZAC ET A CLAIX

PRIX MODÉRÉS

Bordeaux. — Imprimerie G. GOUNOUILHOU, rue Guiraude, 14.

REVUE

DES

PÊCHERIES MARITIMES

LA PÊCHE EN ALGÉRIE

En partant de la frontière marocaine, les premiers points où l'on rencontre des poissons en très grand nombre sont Camérata et les îles Habibas, entre Nemours et Oran. A l'ouest du premier de ces ports les fonds sont très peuplés, mais les pêcheurs de Nemours n'osent pas trop s'aventurer du côté de la frontière, de crainte d'être attaqués par les indigènes. Dans le golfe de Mers-el-Kébir-Oran et dans la baie d'Arzew, la pêche est très active; mais à partir de ce dernier point jusqu'à Castiglione, c'est-à-dire sur une étendue d'environ 200 kilomètres, elle est moins importante par suite du manque de moyens de communication à l'intérieur, et ses produits se consomment sur place à Mostaganem, Tenès, Cherchell, Tipaza. Les pêcheurs de ces localités ne s'écartent pas de leurs ports, de sorte qu'une grande partie de cette côte reste à peu près inexploitée, bien qu'elle soit très riche en poissons de toutes espèces. Cette fâcheuse situation disparaîtra à mesure que l'accès du littoral avec l'intérieur deviendra plus facile.

Depuis la baie de Castiglione jusqu'au cap Matifou, le littoral est exploité sur tous ses points : Alger et ses environs sont des centres importants de consommation qui assurent l'écoulement de tout le poisson pêché. En outre, dans la baie de Castiglione et à Cherchell, il existe plusieurs ateliers de salaisons auxquels les pêcheurs livrent une assez grande quantité de sardines et d'anchois. De Dellys à Collo, il n'y a pas de centre important de pêche, mais les baies de Collo et de Stora-Philippeville sont très fréquentées par les pêcheurs; les Italiens y viennent en grand nombre au printemps, époque de la pêche du poisson de passage (sardines anchois), dont s'approvisionnent les usines de salaisons et de conserves existant dans ces localités. Il en est de même à Bône et à la Calle, mais dans des proportions moindres. Sur ces derniers points on prend beaucoup d'espèces sédentaires. Les différentes espèces qu'on rencontre sur le littoral algérien se retrouvent à peu près partout de l'est à l'ouest et diffèrent peu de celles qui vivent sur les côtes méridionales de France.

La qualité du poisson pêché en Algérie est généralement bonne. Elle varie naturellement selon les espèces et les parages où les sujets sont capturés. Les fonds rocheux recouverts d'une végétation abondante fournissent les meilleurs produits. Au point de vue de la qualité, le poisson peut être divisé en quatre catégories :

Dans la première, figurent les poissons et crustacés les plus appréciés et dont voici les espèces : Brochets, daurades, saures, ombrines, soles, pageaux, loups, rougets, mérous, thons, espadons, bonites, rascasses, merlans, mustelles, congres, murènes, homards, langoustes, cigales, crevettes.

Dans la seconde catégorie sont compris, les aublades, anchois, maquereaux, carrelets, plies, saurels, mulets, aloses, raies, tortues, seiches, encornets, vieilles, grondins, serreaux et les coquillages.

Dans la troisième, on trouve les aiguilles, bagues, poissons volants, pilotes, chiens de mer, salpes, requins, roussettes, crabes.

Enfin, on classe dans la quatrième catégorie les sardines, allaches, girelles, goujons de mer, fretin, poulpes.

Les établissements de pêche existant en Algérie sont peu nombreux, et sauf une madrague établie près de la jetée sud du port d'Alger, ils ne donnent que de médiocres résultats. Les moules sont de deux sortes : les unes vivent sur les fonds vaseux, comme les huîtres et avec elles ; les autres s'attachent aux rochers et vivent dans la mousse et le fucus : ce sont les plus estimées. Les oursins se trouvent partout en quantité considérable. On en fait une grande consommation. De loin en loin on prend quelques tortues de mer.

La pêche des huîtres est nulle. Un banc de ce précieux mollusque, de l'espèce dite « pied de cheval » a existé dans la baie d'Alger et a été exploité en 1870. Mais les Commissions qui l'ont visité depuis ont constaté qu'il était envahi par le limon sortant du lit de l'Harrach et qu'il avait complétement disparu. On n'y a trouvé que des coquilles vides ensevelies sous un monceau de vase. Un autre banc a été signalé près du cap Matifoux, mais les huîtres ont été trouvées par la Commission en si petite quantité qu'il n'a pu être de long-temps livré à l'exploitation. La pêche des huîtres a produit en totalité, pour l'Algérie, pendant la campagne de pêche de 1886 : 2,391 fr.

Un ostréiculteur d'Arcachon avait fait des tentatives de culture d'huîtres à Alger. Les coquillages provenaient du Bassin d'Arcachon. Ils paraissaient s'acclimater, ils ont même frayé, mais aucun naissain n'a pu être recueilli ni sur les fascines disposées autour du parc, ni sur les collecteurs en tuiles ou en coquilles d'huîtres, ni sur ceux en liège peints à la chaux dont l'essai a été tenté. Cet ostréiculteur a été moins heureux que ceux qui ont planté leur tente dans la baie de Santoña, en Espagne, où le naissain arcachonnais obtient une pousse d'une étonnante rapidité.

Les filets et engins employés le plus généralement en Algérie sont les suivants : Filets sédentaires : madragues, muginières. Filets dormants et flottants : aiguillères, boni-tières, thonaires, trémails, sardinals, ménaïtas, lamparos.

Filets traînants : bœuf, tartamon, seine, seine à crevettes, dragues à huîtres, nasses et paniers. Palangres, lignes diverses, foëne.

Les filets viennent généralement d'Italie, où la main-d'œuvre est moins cher qu'en Algérie, et où l'industrie de leur fabrication s'exerce en grand. On n'en fait que très peu en Algérie et la France n'en livre que depuis peu à bon marché. Parmi les filets et engins usités en Algérie, quel-

ques-uns ne présentent aucun inconvénient au point de vue
de la reproduction et de la conservation du poisson. Ce sont,
à l'exception du lamparo, les filets flottants ou dormants,
dans lesquels le poisson se maille lui-même, tels que le
sardinal, l'aiguillère, le trémail, etc. Les madragues et les
muginières sont aussi sans danger, à la condition que leurs
mailles ne soient pas de dimensions assez restreintes pour
retenir le fretin, et, en général, le poisson n'ayant pas
atteint les dimensions au-dessous desquelles le règlement
interdit de le pêcher.

Les pêcheurs étrangers, notamment les Italiens, font à
nos pêcheurs une concurrence à outrance. Indépendamment
de ceux qui sont domiciliés en Algérie et qui y exercent leur
industrie d'une manière permanente, il vient chaque année
d'Italie et d'Espagne, mais principalement de Livourne, de
Gênes, de Naples et de Sicile, un certain nombre de bateaux
qui exploitent les côtes d'Algérie pendant la belle saison.

En 1886, le nombre des bateaux étrangers s'élevait à 521
et leurs équipages à 3,051 hommes, alors que les indigènes
avaient à l'eau 616 bateaux, montés par 1,818 hommes.

Les bateaux étrangers arrivent dans le mois d'avril pour
repartir en juillet et en août, c'est-à-dire vers la fin de la
saison de pêche des sardines et anchois. Ils salent et embar-
rillent à bord ou sur la plage le produit de leur pêche et s'en
retournent dans leur pays lorsqu'ils ont un complet chargement. Ces bateaux s'approvisionnent, avant leur départ
d'Italie, de tout ce qui peut leur être nécessaire pendant la
campagne : engins, vivres, ils ont tout à bord, jusqu'au sel
qui leur sera nécessaire pour conserver leur poisson. Ils
n'achètent donc rien ou presque rien en Algérie, y consomment peu et n'y font aucune dépense sérieuse. Ces pêcheurs
se servent du sardinal, cependant quelques-uns d'entre eux
emploient le lamparo.

On trouvait autrefois, à peu près sur toute la côte de
l'Algérie, des gisements corallifères, mais leur exploitation
abusive en a amené l'épuisement. Dans le quartier d'Oran,
la pêche du corail avait, il y a peu d'années encore, une très
grande activité. Il en était de même à Djidjelly et à Stora.
Aujourd'hui, on ne rencontre plus de pêcheurs dans ces

parages. Les points où on trouve actuellement le corail sont : les environs d'Oran, très dépeuplés, quelques gisements sans importance entre Oran et Philippeville, puis Takouck, le cap Rosa, le cap de Fer et le cap de Garde, dans le quartier de Bône ; enfin tout le littoral du quartier de la Calle et de la Tunisie, notamment jusqu'à Bizerte. Un banc très étendu, situé au nord de la Calle, à une distance de six à huit milles et allant de l'ouest à l'est est particulièrement riche. La Calle est le point central de la pêche du corail, et c'est dans ses environs que se concentrent tous les pêcheurs. En 1885, le produit de la pêche du corail a atteint 512,692 fr. ; en 1886, cette pêche avait perdu 219,000 fr., alors qu'en 1882 elle avait donné 983,500 fr. aux pêcheurs.

Le corail recueilli sur les côtes d'Algérie est, en général, de très belle qualité et très estimé. Il est d'un grain fin et serré, susceptible d'être bien travaillé et parfaitement poli. Au point de vue de la qualité marchande, le corail peut se diviser en quatre catégories : 1° malaguasta : corail pourri ou mort ; 2° corail en caisse : mélange de toutes sortes de rameaux, de brins et de débris non triés et contenant aussi bien du mauvais que du bon ; 3° rameaux de choix : tiges choisies, grosses, peu tortueuses et permettant à la bijouterie d'en tirer de belles pièces ; 4° corail rose : la variété connue sous le nom de *peau d'ange* est très recherchée, tant à cause de sa rareté, que de la beauté de ses nuances.

La valeur du corail dépend nécessairement de sa qualité ; mais il est difficile d'assigner à ce produit une valeur moyenne, même approximative, car le prix du corail varie suivant les fluctuations de la pêche et l'importance des transactions. Néanmoins, les prix les plus ordinaires sont les suivants : corail en caisse : 50 à 60 fr. le kilogramme ; corail de choix : 150 à 200 fr. Le corail rose se vend jusqu'à 2 et 3,000 fr. le kilogramme. Quant au corail *peau d'ange*, il n'a pas de prix en raison de sa rareté.

L'engin qui sert à la pêche du corail est composé d'une croix de bois, formée par deux barres de longueur variable, suivant la dimension du bateau (trois à quatre mètres ordinairement). Au centre de cette croix est fixé un lingot de plomb, une grosse pierre ou un poids quelconque pour la

10.

maintenir au fond. Aux bras, sont suspendus des paquets de filets à grandes mailles peu serrées, dont le nombre varie suivant les dimensions de la croix (de 20 à 36). Ce sont ces paquets de filets ou fauberts qui constituent le véritable engin de pêche. Sous l'action du mouvement de descente et d'ascension imprimé à la croix et sous celle des courants, les filets s'écartent et étendent leurs nombreuses branches dans toutes les directions, s'entortillent autour des rameaux de corail, les cassent et les retiennent dans leurs filaments.

L'engin est attaché par son centre au moyen d'une assez forte corde que le patron tient à la main pendant la pêche. Quand la croix est au fond de l'eau, il fait son possible pour l'engager dans les anfractuosités des rochers en employant les avirons, la voile ou le cabestan et quelquefois, tous ces moyens combinés ; il la relève ensuite et la laisse retomber plusieurs fois, toujours de la même façon. Cette manœuvre terminée, l'engin est remonté à bord, où le corail est recueilli.

Ce genre de pêche est autorisé, mais il n'est pas le seul employé par les pêcheurs. Ils mettent aussi en usage clandestinement un instrument appelé *gratte*, qui n'est autre chose que la croix ci-dessus décrite, munie des mêmes filets, mais armée aux quatre extrémités d'une sorte de casserolle en fer, sans fond, dont le bord supérieur est dentelé ou coupant ; les parois sont percées de trous auxquels est fixé un sac en filets à mailles très serrées. Les armatures de fer de cet engin grattent la roche et déracinent le corail qui tombe dans le sac placé au-dessous. Cet engin est prohibé. On se sert aussi du scaphandre, mais on ne peut employer ce moyen que sur les petits fonds, et aujourd'hui il n'y reste plus beaucoup de corail.

En résumé, les pêches ont, en Algérie, une importance qu'on ne saurait méconnaître, et il est certain qu'au point de vue de l'alimentation et de l'intérêt général, la pêche tient une bonne place parmi les industries algériennes.

La Pêche territoriale.

Les Alpes racontent d'une façon humoristique, mais qui n'exclut pas la vérité, un dialogue entre un préposé à la surveillance du repeuplement de nos cours d'eau et un paysan de Leschaux.

Le fonctionnaire du gouvernement, dit notre confrère, se promenait sur les bords du Laudon où, ce printemps dernier, l'on a essaimé des milliers d'alevins d'une certaine espèce de *truite saumonnée* qui nous promet déjà beaucoup.

Notre pisciculteur est en train de s'extasier sur leur précoce développement, lorsqu'il voit venir à lui, marchant à pas comptés, un paysan de Leschaux qui s'extasie à son tour d'un air capable :

— N'est-ce pas, Monsieur, qu'on les pourra bientôt faire sauter dans la poêle?... Tout de même le gouvernement a eu une bonne idée d'en remettre dans notre rivière, car il n'en restait plus des anciennes.

— Oui, mais celles-là, il faudra leur laisser le temps de croître et de multiplier selon la loi de nature.

— Oh! jusqu'à l'an prochain, elles n'ont rien à craindre; mais pour sûr, il faudra que le gouvernement nous fasse une nouvelle faveur l'an d'après... Ce sera bien honnête de sa part.

— Vous êtes donc de bien terribles pêcheurs dans votre pays?

— Faut s'entendre. Ici, voyez-vous, on ne pêche pas avec des engins, comme vous autres à la ville; mais avec un kilo de chlore ou de chaux, on ramasse tout de même sa petite friture; et quand c'est la saison à Aix, c'est d'un bon rapport.

— Mais c'est défendu ce que vous faites là.

— On le dit bien.

— Alors, pourquoi le faites-vous?

— Parce que c'est la coutume; et puis il y a aussi la dynamite; seulement ça fait trop d'éclat, sans compter qu'on n'ose pas garder ça chez soi, à cause des enfants.

Notre pisciculteur jugea inutile de prêcher davantage ce malfaiteur inconscient, et il revint quelque peu déconcerté, sinon humilié, à Annecy, où l'on saura désormais à quoi servent et à qui profitent les coûteuses tentatives de repeuplement.

Il n'y a malheureusement pas à s'illusionner : aussi long-temps que la justice ne sera pas mieux armée contre les empoisonneurs de rivières, tous les essais de pisciculture seront en pure perte. Quant à la surveillance de la pêche, elle ne pourra être effective et efficace que le jour où le personnel des eaux et forêts en aura repris la haute main.

LA PÊCHE DANS LE 2° ARRONDISSEMENT MARITIME EN 1888

Statistique *(suite)*.

Dinan. — 126 embarcations, montées par 293 hommes, ont pratiqué la pêche en bateau ; les résultats en ont été assez satisfaisants ; presque tous les articles ont donné une augmentation : « maquereaux frais », différence en plus pour l'année 1888 sur la campagne précédente, 7,699 fr.; « soles, turbots, plies, etc., », 14,841 fr. 20.

Le total brut de la vente des produits a atteint le chiffre de 104,283 fr. 50, soit une différence en plus de 22,528 fr. 70 sur l'année 1887.

La récolte en bateau des amendements marins a produit la somme de 15,885 fr.

La pêche à pied est exercée par 187 personnes; le produit brut de la vente a été de 16,688 fr. 05, soit une augmentation de 869 fr. 15 sur la dernière année.

Les amendements marins recueillis sur la côte ont été vendus 79,570 fr.

Les établissements d'ostréiculture ont reçu 807,205 huîtres indigènes, d'une valeur de 26,440 fr. 70, provenant de l'élevage, et en ont livré à la consommation 603,132 au prix de 21,543 fr. 90 c. Le stock existant actuellement dans les parcs est de 1,531,975, estimées 28,955 fr.

Le quartier de Dinan a perdu 12 de ses hommes, disparus à la mer pendant la campagne de Terre-Neuve. Plusieurs parmi ces inscrits étaient mariés et pères de famille.

La barque de pêche *Antoinette-Marie* a sombré le 7 septembre 1888 ; sur les 4 hommes qui composaient l'équipage, 3 ont été sauvés; le corps du quatrième a été recueilli quelques jours après sur les parages de l'accident.

Saint-Brieuc. — Le quartier a armé pour la pêche à la morue 7 bateaux, qui se sont rendus au banc de Terre-Neuve et 9 qui sont allés à la côte ouest de l'Islande. Ils étaient montés par 334 hommes. Aucun navire n'est allé pêcher à la côte de Terre-Neuve.

Sur le Banc, il a été pêché 748,500 kilog. de morue, vendus 232,000 fr., soit une différence en plus de 125,888 fr. sur l'année 1887. Sur la côte ouest de l'Islande, les quantités capturées ont été de 490,300 kilog., vendus 216,500 fr., soit une augmentation de 75,305 fr. sur la précédente campagne.

La pêche côtière, qui occupe 156 embarcations montées par 607 hommes, a donné des résultats peu satisfaisants; certains articles ont subi une diminution sensible : « soles, turbots, plies, etc. », a éprouvé une différence en moins de 84,065 fr., que n'a pu couvrir une augmentation de 55,366 fr. sur l'article « maquereaux frais ».

Le total brut de la vente des produits pêchés, y compris la morue, s'est élevé à la somme de 886,112 fr., avec une différence en plus de 160,813 fr. sur l'année 1887.

Il a été récolté par les bateaux 6,356 mètres cubes d'amendements marins, qui ont été vendus 19,068 fr.

La pêche à pied est exercée par 500 personnes; les résultats ont été à peu près les mêmes que ceux de l'année 1887; la vente des produits a atteint le chiffre de 97,347 fr., soit une différence de 4.279 fr. sur cette dernière; les articles « crustacés » et « autres coquillages » ont été les plus favorisés.

Les amendements marins recueillis sur la côte ont été vendus 79,390 fr.

Les mouvements dans les établissements d'ostréiculture sont ainsi répartis : entrées, 36,000 huîtres indigènes de drague, d'une valeur de 1,080 fr.; 50,000 huîtres d'élevage, d'une valeur de 5,000 fr. Sorties, 34,200 huîtres, au prix de 4,495 fr.

Le stock dans les établissements est de 57,000 huîtres estimées 1,500 fr.

Les sinistres ont été nombreux parmi les hommes du quartier : 2 matelots sont décédés à Terre-Neuve; ils étaient célibataires; en Islande, au début de la campagne, s'est perdu corps et biens le *B.-C.*, monté par 15 hommes qui ont laissé 3 veuves et 3 orphelins; 1 matelot disparu sur un autre bâtiment a laissé 1 veuve et 1 orphelin. Sur la côte, un bateau de pêche s'est perdu avec son équipage composé de 5 hommes, laissant 1 veuve et 2 orphelins; 2 autres marins se sont noyés isolément et ont laissé 2 veuves et 7 orphelins.

Binic. — Le quartier a armé pour la pêche de la morue 18 bateaux montés par 410 hommes : 2 se sont rendus sur les

côtes de Terre-Neuve, 1 au Banc, 2 à la côte est de l'Islande et
13 à la côte ouest.

Les quantités capturées ont été :

A la côte de Terre-Neuve   56,100 kilog. vendus   41,850 fr.
Au Banc.   38,400   —   —   28,000
A la côte est d'Islande . . . 144,080   —   —   65,932
A la côte ouest.   835,861   —   —   379,666

La pêche à la morue a donné une différence en plus de
63,431 fr. sur l'année 1887.

La pêche côtière a été pratiquée par 175 hommes montant
57 bateaux ; elle a été généralement peu satisfaisante, sauf pour
les « homards et langoustes »; cet article donne une augmentation de 19,150 fr. sur la campagne précédente.

Le total brut de la vente des produits de la pêche en bateau a
donné le chiffre de 555,120 fr., soit une différence en plus de
76,350 fr.

La récolte des amendements marins par les bateaux a donné
12,500 mètres cubes, vendus 12,500 fr.

La pêche à pied occupe 228 personnes ; les résultats en ont
été de beaucoup inférieurs à ceux obtenus en 1887 ; le total brut
de la vente a été de 2,064 fr., somme inférieure de 2,861 fr. au
chiffre atteint l'année précédente.

Les amendements marins recueillis sur la côte ont été vendus
au prix de 7,075 fr.

8 hommes sont morts ou disparus en mer; ils laissent 7 veuves
et 5 orphelins.

Paimpol. — Le quartier a armé 35 navires montés par
706 hommes pour la pêche de la morue en Islande : 2 seulement
se sont rendus à la côte est et 33 à la côte ouest. Ils ont rapporté
2,860,100 kilog. de morue vendus 1,306,848 fr., soit une différence en plus sur l'année 1887 de 242,555 fr.; il y a lieu de
remarquer que 10 bateaux de plus que pendant la dernière campagne ont pris part à cette pêche.

La pêche côtière a donné des résultats sensiblement inférieurs
à ceux obtenus l'année précédente ; 417 bateaux montés par
1,240 hommes, l'ont pratiquée. Les diminutions dans le rendement portent sur les « soles, turbots, plies, etc. », pour une
somme de 5,650 fr.; les « huîtres », pour 4,225 fr., les « homards
et langoustes », pour 15,960 fr.

Le total brut de la vente des produits, y compris la morue,
s'est élevé à 1,477,481 fr., soit une différence en plus, pour 1888,
de 217, 696 fr.

La récolte en bateau des amendements marins a donné 43,149 mètres cubes vendus 175,475 fr.

La pêche à pied a été pratiquée par 2,625 personnes ; les résultats en ont été à peu près identiques à ceux de 1887 ; le total brut de la vente a été de 6,435 fr., soit 150 fr. de plus que cette dernière année.

Il a été recueilli à la côte 23,750 mètres cubes d'amendements marins qui ont été vendus 57,610 fr.

137,000 huîtres indigènes de drague, d'une valeur de 4,100 fr. et 400,000 huîtres d'élevage, d'une valeur de 10,000 fr., ont été introduites dans les parcs ; 319,000 huîtres ont été livrées à la consommation pour le prix de 9,600 fr. Le stock restant dans les établissements est 230,000 huîtres estimées 5,750 fr.

Les réservoirs ont reçu 8,730 crustacés et en ont livré 6,545 pour le prix de 13,635 fr.

4 bâtiments islandais se sont perdus corps et biens en 1888. Le nombre des marins embarqués sur ces navires était de 44, qui ont laissé 25 veuves et 60 orphelins.

Tréguier. — Le quartier a armé 4 navires pour la pêche de la morue : 2, dont l'un a fait naufrage, sont allés au banc de Terre-Neuve, 1 s'est rendu à la côte est de l'Islande, mais a fait de telles avaries dès les premiers jours de son arrivée sur les lieux de pêche, qu'il a dû rentrer sans avoir rien pris ; le quatrième a pratiqué la pêche sur la côte ouest d'Islande. Leurs équipages comprenaient 79 hommes. Les résultats ont été bien inférieurs à ceux de 1887 ; il y a lieu d'attribuer leur infériorité aux 2 sinistres qui viennent d'être signalés.

50,000 kilog. de morue ont été pêchés au Banc et ont été vendus 45,000 fr., et 41,090 à la côte d'Islande, vendus 30,000 fr. La campagne précédente avait donné 163,000 kilog. vendus 130,500 fr. soit une différence de 60,500 fr. en faveur de 1887.

La pêche côtière occupe 121 bateaux montés par 303 hommes. Les résultats comme quantité ont été à peu près les mêmes que l'année précédente, mais les prix de vente ont été moins avantageux. Le total général de la vente des produits, y compris la morue, s'est élevé à 206,446 fr., soit une différence en moins de 39,508 fr.

La pêche des huîtres qui a eu lieu en rivière de Tréguier deux jours de l'année et à laquelle ont pris part, le premier jour, 283 bateaux montés par 1,084 hommes, et le second jour par 212 bateaux montés par 848 hommes, sans compter plus de 6,000 individus pêchant à pied, a rapporté 1,445,000 huîtres qui, au prix moyen de 25 fr. le mille, ont été vendues 36,125 fr.

Ces résultats sont inférieurs à ceux des pêches de 1884 et 1886.

La pêche du saumon a produit 657 kilog. vendus 2,352 fr..

Il a été récolté par les bateaux 23.627 mètres cubes d'amendements marins qui ont été vendus 72,275 fr.

La pêche à pied est pratiquée par 731 personnes ; elle a donné des résultats supérieurs à ceux obtenus en 1887, grâce à la pêche des huîtres dans la rivière de Tréguier.

Le total brut de la vente des produits a atteint le chiffre de 76,662 fr., soit une différence en plus de 6,432 fr. sur l'année précédente ; dans ce total entrent 30,183 mètres cubes d'amendements marins pour une somme de 63,483 fr.

Les mouvements des huîtres dans les parcs se répartissent ainsi :

Entrées : 210,000 huîtres indigènes de drague d'une valeur de 4,360 fr.
— 2,931,500 huîtres d'élevage d'une valeur de 64,020 fr.
Sorties : 1,923,500 huîtres de 5ᵉ et au-dessus vendues 85,360 fr.
— 400,000 — au-dessous de 5ᵉ — 5,000 fr.

Le stock restant dans les établissements d'ostréiculture est de 4,751,000 huîtres évaluées 104,870 fr.

Toutes les huîtres d'élevage proviennent des quartiers de Vannes et d'Auray.

4 bateaux de pêche ont sombré pendant l'année 1888, 1 seul s'est perdu totalement, les 3 autres ont pu être renfloués. 3 hommes ont disparu dans ces naufrages.

Lannion. — La pêche côtière occupe 161 embarcations montées par 400 hommes ; les résultats ont été inférieurs à ceux obtenus en 1887, bien que certains articles aient fourni des quantités plus considérables que celles de cette dernière année. La vente des sardines notamment, dont il a été pêché 11,038,500 en 1888 contre 3,716,000 en 1887, n'a produit que 68,230 fr., soit une différence en moins de 9,770 fr. sur la précédente campagne. Le total brut de la vente des produits s'est élevé à 272,445 fr., soit une différence en moins de 72,685 fr. sur 1887.

Les amendements marins récoltés en bateau ont fourni 37,971 mètres cubes qui ont été vendus 122,819 fr.

La pêche à pied est pratiquée par 116 personnes ; ses résultats ont été meilleurs qu'en 1887 ; l'article « Diverses espèces de poissons » a donné une augmentation de 5,367 fr. sur le chiffre de vente de la dernière année. Le total brut a atteint la somme de 22,163 fr., soit une différence en plus de 5,932 fr. en 1887.

7,600 mètres cubes d'amendements marins recueillis sur la côte ont été vendus 20,900 fr.

La Pêche de l'étranger à l'Exposition.

Le visiteur qui traverse les salles du Palais des Beaux-Arts affectées à la peinture norwégienne y peut admirer des paysages scandinaves représentant des ports défendus par de gigantesques rochers, des côtes abruptes et des montagnes neigeuses. C'est bien le pays des grands lacs et des immenses forêts de sapins qu'il voit représenté devant ses yeux, et il comprend tout de suite quels doivent être les moyens d'existence de ce peuple du Nord : la mer et la forêt ont fait inévitablement des habitants de cette région un peuple de marins, de forestiers et de chasseurs.

Une ceinture presque interrompue d'îles et de brisants entoure cette côte rocheuse de Norwège, qui a 2,820 kilomètres de la frontière suédoise à la frontière russe, sans compter dans cette longueur les nombreux fjords qui entaillent profondément le rivage, et les îles innombrables qui le bordent. Une longue suite de montagnes couvertes de neiges éternelles semble sortir des eaux, montrant d'un côté un intérieur montagneux avec des étés courts, défavorables au développement d'une agriculture régulière ; de l'autre, une mer admirablement protégée, toujours libre et exempte de glaces hivernales, et renfermant des richesses prodigieuses en poissons de toutes espèces.

Ces conditions naturelles expliquent l'importance donnée à la pêche dans cette contrée. Au Palais de l'alimentation, la section norwégienne a exposé des conserves des principaux poissons pêchés sur les côtes : la morue, le hareng, l'esprot, le saumon et le homard sont les produits importants des pêcheries. La morue, qui abonde dans ces parages, se trouve surtout près du groupe des îles Lofoden, vers le promontoire de Stadt et sur les côtes de la Laponie. Quant au hareng, dont la pêche est très productive, on en distingue plusieurs espèces : le hareng printanier, le gros hareng et le hareng gras ou hareng d'été.

La pêche norwégienne est essentiellement une pêche côtière pratiquée soit à l'intérieur et à l'abri de la ceinture rocheuse, soit à peu de distance du rivage. Les barques dont les pêcheurs se servent sont tantôt le bateau du Nordland, reconnaissable à sa voile carrée, à sa hauteur considérable avant et arrière, et à ses formes souples et élancées, tantôt un simple coureur de bordées, facile à manier, commode à la rame, et plus agréable lorsqu'il s'agit de louvoyer. On peut voir à l'Exposition des modèles de ces barques, ainsi que des filets et d'autres instruments de pêche.

LA PISCICULTURE A L'EXPOSITION

La pisciculture à l'Exposition de 1889 composait la classe 77 du groupe VIII, poissons, crustacés et mollusques; le catalogue officiel portait 61 exposants, lesquels avec les écoles d'agriculture, les étrangers et quelques noms acceptés postérieurement par le Comité d'installation, portèrent à environ 80 les faits soumis au jury.

Ces faits furent classés en trois grandes divisions :

1° L'enseignement de la pisciculture par le ministère de l'agriculture, 6 numéros; 2° la pisciculture proprement dite, 11 numéros; 3° l'ostréiculture comprenant le reste.

L'exposition des écoles se composait : 1° de cahiers d'élèves ; 2° de spécimens de poissons fécondés pour l'enseignement et élevés dans quelques-uns de ces établissements; 3° des cantonnements empoissonnés ; 4° de pièces justificatives.

C'est dans cet ordre que M. Chabot-Karlen, dont on connaît la grande compétence, en rend compte dans le *Journal de l'Agriculture :*

« Le Ministère de l'agriculture a mis en pratique depuis 1883 dans 14 de ses établissements la loi du 30 juillet 1875 sur l'enseignement et l'application de la pisciculture; 1,035 élèves en ont déjà profité, 1,400,000 alevins de salmonides ont été mis à l'eau, et cela avec une dépense de 10,500 fr. Six de ses établissements ont été signalés au jury. C'est d'abord l'école pratique d'agriculture de Saint-Remi (Haute-Saône) dirigée par M. Cordier, qui, à elle seule, n'a pas lancé moins de 300,000 alevins dans la Lanterne aujourd'hui réempoissonnée en truite d'où elles avaient à peu près disparu.

» Une subvention du Conseil général et la création d'un autre établissement de pisciculture départementale ont été la conséquence de ces succès. Les rapports de l'ingénieur en chef, ainsi que ceux du directeur de cet important centre d'enseignement, à l'administration, ne permettent pas le moindre doute sur les résultats obtenus. Tous ces alevins proviennent de fécondations faites sous les yeux des élèves qui surveillent eux-mêmes l'incubation, l'éclosion et assistent à la mise à l'eau.

» En deuxième lieu, vient la ferme-école de la Pilletière, dont le directeur, M. de Villepin, fait du poisson comme il fait du mouton ; il opère les fécondations avec des reproducteurs conservés pour l'enseignement, achète des œufs, vend des alevins au département dans les eaux duquel ils sont laissés sous le contrôle de l'administration des ponts et chaussées.

» Les pièces officielles prouvent qu'il y a eu là des succès du plus haut intérêt parallèlement à l'enseignement des élèves, mais surtout par l'application dans le pays où la pisciculture a maintenant pris rang dans ses préoccupations. Les preuves en sont mises sous les yeux du jury, et, depuis, une délibération du Conseil d'arrondissement de Saint-Calais (20 août 1889) a prié l'administration de vouloir bien continuer l'empoissonnement des eaux de la contrée, ces essais ayant *cette année* donné d'excellents résultats.

» L'école de viticulture de Beaune, M. Lyoen directeur, obtient un succès sérieux par son enseignement et l'application dans le Musin, la Vouge et dans l'Ouche où, antérieurement aux essais de réempoissonnement faits par l'école, il n'existait plus une seule truite ; on en pêche en ce moment qui pèsent jusqu'à 1,125 grammes à 27 mois, faits constatés par les rapports de M. l'Ingénieur en chef du département de la Côte-d'Or.

» Dans les trois autres établissements, Finistère, Rhône et Doubs, avec MM. les directeurs Baron, Deville, Tardy, il y aurait des faits du plus haut intérêt à signaler ; mais il faut se limiter.

» Sur ces faits, le jury a accordé un grand prix au Ministère de l'agriculture, recommandant à sa justice les directeurs
des établissements précités dans l'ordre indiqué ci-dessus.

» Pour la pisciculture, nous nous arrêterons d'abord aux
travaux de M. Berthoule dans les lacs d'Auvergne, savoir
l'empoissonnement du lac Chauvet, la transformation complète de la faunule de certains autres, la série des produits
obtenus, avec plans des lieux et des différents cours d'eau
où ont eu lieu les opérations. Nous n'oublierons pas de rappeler que c'est à MM. Lecoq et Rico que nous devons d'avoir
connu la prédestination de l'Auvergne pour la pisciculture.
Ce dernier n'avait-il pas ouvert la voie pour l'empoissonnement du lac Pavin ; aussi est-ce avec plaisir que le jury a
constaté que MM. Berthoule et Chauvassaignes y poursui-
vaient ces nobles traditions.

» L'établissement fondé au château de Theix, par ce dernier, fournit des œufs pour les régions moins riches en
reproducteurs que l'Auvergne, et des alevins pour l'entretien des ruisseaux où ils se les procurent en dehors de ceux
élevés à cet effet dans son établissement.

» A ces deux enthousiastes pionniers de la pisciculture
militante, le jury a, sans hésitation, accordé deux de ses
médailles d'or, regrettant que le règlement ne lui permit
pas davantage. Il y ajouta cependant ses vœux pour des
récompenses supérieures. »

LES RÉCOMPENSES A L'EXPOSITION

Le *Journal officiel* publie un décret, en date du 29 octobre,
accordant aux exposants des croix de l'ordre de la Légion d'honneur. Nous remarquons parmi les heureux le nom de M. Chabot-
Karlen. Le nouveau chevalier est membre de la Société nationale d'agriculture, professeur de pisciculture et membre du jury
de la classe 77.

Nous prions l'honorable et savant professeur d'agréer nos bien
sincères félicitations.

Au nombre des exposants récompensés appartenant au Bassin
d'Arcachon, nous avons eu le plaisir de pouvoir compter notre

ami et collaborateur M. Durègne, directeur de la station zoologique d'Arcachon. La médaille d'or attribuée à la si intéressante création de la Société scientifique d'Arcachon, est la juste récompense des services rendus tant à la culture pratique des eaux qu'à l'enseignement supérieur de la région.

Nous pouvons dire que le jury, par cette récompense exceptionnelle, a voulu encourager d'une façon particulière une tentative de décentralisation scientifique, dont le Conseil général de la Gironde a depuis longtemps compris l'importance.

Répondant à l'offre gracieuse que nous avons faite à nos abonnés, MM. Bernettes et Desclaux, ostréiculteurs à Cap-Breton, qui ont obtenu une médaille d'or, nous envoient copie de la mention qui figure sur le catalogue général relativement à leur exposition :

« *Bernettes et Desclaux*, Tarnos et Cap-Breton. Produits des » huîtrières d'Ossegor (Cap-Breton), huîtres vivantes. Matériel » d'exploitation. Table à trier les huîtres. Écluse de bassin. »

M. *Constant-Lévêque*, de Saint-Vaast-la-Hougue (Manche), nous écrit :

« La médaille d'or que j'ai obtenue à l'Exposition universelle m'a été décernée pour les produits de mon établissement ostréicole des parcs de la Balise. J'ai présenté des échantillons de mon élevage, depuis le naissain de détroquage, de un centimètre jusqu'aux huîtres de quatre à cinq ans ayant de onze à douze centimètres.

» J'ai présenté aussi un lot d'huîtres de la Manche dont les grosses, les « pied-de-cheval », avaient de quinze à dix-huit centimètres de diamètre, pesant cent kilogrammes au cent : poids des huîtres que j'ai fournies au buffet de dégustation.

» Les membres du jury, à trois reprises différentes, ont dégusté de mes huîtres, et, à la dernière séance, j'ai reçu les plus vives félicitations du président, tant en son nom qu'au nom des membres du jury. Je n'avais jamais exposé ; l'élevage des huîtres à Saint-Vaast ne date que de 1881.

» Comme renseignement sur les produits que nous pouvons obtenir ici, j'ai en ce moment dans mes claies de la Balise, en caisse, des détroquages du mois de mai dernier parmi lesquels j'ai constaté des pousses de sept et huit centimètres, et sur le sol, sorties des caisses en mai 1889, j'ai beaucoup d'huîtres de neuf à dix centimètres. Après deux années de sol, le dix-centimètres n'est pas rare. »

Et puisque nous apportons à notre œuvre la plus grande impartialité, bien qu'elle ne réponde pas tout à fait à la question posée, nous insérons l'appréciation suivante extraite du journal *l'Avenir de la Bretagne*, journal que nous trouvons marqué au bleu dans notre courrier avec les réponses publiées plus haut :

« Parmi les récompenses décernées aux ostréiculteurs de notre région, nous remarquons une médaille d'argent attribuée à notre compatriote et ami M. le vicomte de Wolbock.

» Après tous les travaux qu'il a exécutés, notamment à Noirmoutier où il a aménagé un parc de neuf hectares dans un centre ostréicole nouveau ; après les nouveaux bassins insubmersibles qu'il vient de créer cette année en rivière de la Trinité, les étendages considérables d'huîtres qu'il a également établis dans cette même rivière, nous trouvons qu'il eût mérité mieux. »

LA PÊCHE DE LA MORUE

On écrit de Dunkerque :

« Dans leurs précédentes réunions nos armateurs à la pêche de la morue s'étaient pour ainsi dire exclusivement occupés des cours à établir pour la vente des produits de la campagne de 1889. L'accord étant parfait sur ce point, la réunion tenue à la Bourse de Dunkerque a permis d'effleurer d'autres questions. On a notamment parlé de la revision du règlement de la pêche et une commission spéciale a été nommée pour examiner les articles à modifier.

» Tous les marins sont d'accord pour déclarer que les quantités de morues apportées durant ces dernières années n'équivalent pas aux pêches d'autrefois et que le poisson laisse souvent à désirer et par suite rend sa vente difficile.

» En arrivant sur les lieux de pêche à la fin du mois de février, nos pêcheurs détruisent la *rogue*, et la morue n'a pas le temps de grandir ; le départ à la fin de mars laisserait au poisson le temps de se développer.

» Au point de vue de l'humanité, un départ plus tardif mettrait nos pêcheurs à l'abri des sinistres qui sont toujours à craindre au commencement de la saison, attendu que la première pêche se fait précisément aux endroits les moins propices de la côte d'Islande, sans baies et constamment exposés au mauvais temps.

» Il a été décidé que jusqu'à nouvel ordre aucun marin ne serait embarqué pour la campagne de 1890. »

Voici le dernier cours officiel établi par le syndicat des armateurs à la pêche de la morue :

Gros poisson, 105 fr.; moyen, 80 fr.; petit, 68 fr.; blessé, 70 fr.

La tonne repaquée prise à Dunkerque.

LA PÊCHE DU HARENG

On écrit de Dunkerque :

« Il y a bientôt un mois que l'on a signalé l'arrivée du hareng sur la côte d'Écosse, au cap Bachan-Ness et au nord du Tay ; c'est sans aucun doute à ce moment que les grandes colonnes qui se forment chaque année dans les mers d'Islande se sont trouvées au rendez-vous annuel dans la Manche, pour nous arriver ensuite par détachements.

» Si le hareng a mis quelque retard à faire son apparition sur nos côtes, il faut en accuser le mauvais temps. Un fait inconnu, en effet, c'est que tout en supportant facilement le froid, le hareng fuit la tourmente des vagues. Lorsque la mer est mauvaise, il s'enfonce à une très grande profondeur où il reste tant que dure la tempête. Depuis son arrivée dans l'arrondissement maritime de Dunkerque, les coups de vent se sont succédé et, fidèle à son habitude, l'intéressant poisson est resté le *bec dans le sable*.

» Mais s'il faut en croire Nick, nous aurons maintenant une série de temps secs que nos pêcheurs s'empresseront de mettre à profit pour commencer leur moisson ; c'est le moment : voici venir les brouillards qui avec la dernière feuille qui tombe marquent d'ordinaire le fructidor du calendrier maritime.

» Quoique Dunkerque ne soit pas, tant s'en faut, le centre des pêcheries du hareng, le départ de notre flottille par un beau temps ne manque pas de pittoresque. Ce qui est surtout intéressant, c'est l'arrivée sur les fonds de pêche. De tous côtés, on voit les mâts s'abattre, les cordages s'enrouler, et quand il n'y a plus sur les lames blanches qu'une coque noire, l'aussière est jetée par-dessus bord, l'aussière, ce câble énorme qui, avec son liège et ses barils vides, tient suspendus comme des draperies flottantes les filets de coton.

» Lorsque le dernier filet vient de tomber à la mer, un calme profond règne à bord. La lourde masse, traînant sa queue longue parfois de plusieurs kilomètres, dérive au gré des vents et des marées, présentant toutes ouvertes ses millions de petites mailles aux milliards de harengs que le clair de lune attire à la surface des eaux.

» Au petit jour, les filets sont halés à bord. Si la pêche est bonne, la cale ne suffit pas ; la masse gluante de poissons envahit les bastingages et arrive parfois jusqu'à la lisse du bateau. En toute hâte, on regagne le port. Quels soubresauts dans les cours ! On ne vend plus les harengs, on les donne. »

On écrit de Dunkerque 22 octobre :

« Le bateau de pêche de Boulogne, le n° 1618, est entré au port de Dunkerque, mardi matin, avec 70,000 harengs ; c'est une des plus fortes pêches qui nous soient parvenues depuis le commencement de la harengaison. A signaler aussi plusieurs autres petits bateaux avec des pêches variant de 5 à 15,000.

» Les prix continuent à se maintenir à 18 fr. en moyenne les 400.

» Ce matin, après avoir débuté à 20 fr., le cours est tombé à 15 fr. Le beau temps a permis à un grand nombre de petits bateaux de prendre la mer. »

— Du 27 octobre :

« Malgré le temps relativement mauvais, les arrivages sont assez nombreux. En outre d'une quinzaine de bateaux qui apportaient de 4 à 6,000 harengs, il est entré un boulonnais dont le chargement comportait une cinquantaine de mille. Les cours restent fermes, variant de 19 fr. 50 à 21 fr. 50 les 400. Les expéditions à l'intérieur sont toujours nombreuses. »

NOUVELLES DIVERSES

Capture d'un requin. — Une étrange capture a été faite, le mardi 15 octobre dernier, au hameau du Brusc, près Saint-Nazaire (Var). Des pêcheurs retirant des filets à thon, sur la côte du Brusc, ont amené à la rive un énorme poisson qui a été classé dans la catégorie des *peau-bleu* ou *mouronnes*. Il mesurait 4 mètres de long et environ 1^{m}5 de circonférence au milieu. Son poids a été estimé à plus de 1,200 kilog. La bouche mesurait, à la rangée des dents extérieures, 50 centimètres de pourtour.

L'animal était mort, mais la chair était fraîche encore. On a mis huit heures à le haler à terre.

Lorsque les pêcheurs capturent des poissons de ces grandes dimensions, ils ouvrent aussitôt les entrailles pour juger, par le contenu, de la nature de la pêche qu'ils pourront faire dans les mêmes eaux.

Le monstre capturé ayant été ouvert, quelle ne fut pas la surprise des personnes présentes en voyant, à l'intérieur de l'estomac, au milieu des débris de marsouins pesant de 15 à 20 kilog., un tronçon de cadavre humain allant des reins à la hauteur de la quatrième vertèbre lombaire.

Ce corps devait être celui d'un noyé séjournant depuis assez longtemps dans l'eau ; mais il n'avait été absorbé que depuis peu par le squale. Les pieds et les organes manquaient ; les chairs, macérées et bleuâtres, se détachaient toutes seules. Aux dimensions du bassin, il a été reconnu que c'était le cadavre d'un homme. L'ossification dénotait un sujet ayant dépassé la vingtaine.

Ce sont là les seuls signalements recueillis. Ces débris funèbres ont été inhumés au cimetière de Six-Fours. La chair de ce monstre marin a été vendue en détail à la halle aux poissons de Toulon.

Interdiction de pêche. — Par arrêté préfectoral sont interdits, dans toute l'étendue du département de la Seine, du 20 octobre 1889 au 31 janvier 1890, la pêche, le colportage, la vente et l'exportation de la truite, du saumon et de l'ombre-chevalier, et, du 15 novembre au 31 décembre, le colportage et la vente du lavaret.

Curieuse collection. — La galerie française du Musée ethnographique installé au Trocadéro renferme, on le sait, un grand nombre d'objets curieux. Elle vient de s'enrichir de deux nouvelles collections, celles de MM. Borelli et John Peppin. La collection de ce dernier a été rapportée de la presqu'île d'Alaska, dans la mer de Behring. On y remarque des gants de bébé en peau de phoque; une superbe pipe taillée dans l'ivoire d'une dent de morse; des bottes en peau de chien de mer; des billes en dent de morse, servant de fronde pour tuer les gros oiseaux. La pièce la plus curieuse est un vêtement complet en peau de poisson.

Sinistre. — Un terrible accident vient de jeter la consternation parmi la population maritime du Grand-Fort-Philippe (Gravelines).

Dans la nuit de samedi à dimanche, trois marins s'étaient aventurés en mer dans une embarcation pour faire la pêche au maquereau, à la ligne.

Le temps était incertain et la mer grosse. Le vent d'ouest soufflait avec une certaine violence. Rien n'arrêta les pêcheurs qui affrontèrent ainsi les plus grands dangers pour se livrer à leur industrie.

Mal leur en prit, car l'embarcation, fort malmenée par les vagues, reçut une lame plus forte par le travers, qui la fit chavirer.

A ce moment, le canot se trouvait à plusieurs centaines de mètres de la côte et les appels réitérés des malheureux restèrent sans réponse.

Un seul des marins, excellent nageur, réussit à gagner la grève après des efforts inouïs; quant à ses deux compagnons, ils ont trouvé la mort dans cette excursion. Ce sont les sieurs Cailloux, marié depuis trois ans, sans enfant, et Léon Crétonne, célibataire, âgé de vingt-deux ans.

Les cadavres des victimes n'ont pu être retrouvés.

Chemin de fer d'Orléans.

La Compagnie d'Orléans vient de supprimer, depuis le 15 octobre courant, les deux trains de luxe quotidiens composés de voitures-salons et d'un restaurant, et partant l'un de Paris à 3 heures 25 du soir pour Bordeaux, et l'autre de Bordeaux à 3 heures 24 du soir pour Paris.

Le Directeur-Gérant, J. CHAPEAU (☙, ✳ ✳).

5me année.   No 11 (2me série)   15 Novembre 1889.

REVUE

DES

PÊCHERIES MARITIMES

Récompenses honorifiques.

Par décret rendu sur la proposition du ministre de l'agriculture, en date du 10 novembre, ont été nommés dans l'ordre du mérite agricole, à l'occasion de l'Exposition universelle de 1889 :

Au grade d'officier : M. François Grenier, ostréiculteur à Arcachon, chevalier du 14 juillet 1886.

Au grade de chevalier : M. Gémon, ostréiculteur à La Tremblade (Charente-Inférieure), médaille d'or à l'Exposition de 1889.

OSTRÉICULTURE

L'industrie ostréicole.

Un de nos collaborateurs, revenant sur l'Exposition qui vient de prendre fin, nous écrit les réflexions suivantes qui nous semblent pleines d'intérêt pour nos lecteurs :

Sur les bords de la Seine, le long du quai d'Orsay, se voit un petit pavillon sur lequel sont écrits ces simples mots : « Industrie ostréicole, » et à côté, sous un toit en auvent, la partie pratique de cette avenante industrie se révèle par la vue de ces quelques lettres : « Dégustation. »

Et il est curieux de voir combien un assemblage de lettres, insignifiantes à l'étranger qui n'en saisit pas le sens, a d'influence sur une foule qui en apprécie immédiatement toute la portée. On voit les curieux venir là en grand nombre, entrer dans le pavillon, et jeter un regard d'envie sur les bienheureux dégustateurs !

C'est que, depuis quelques années, ce mets sain et exquis a pénétré peu à peu jusqu'aux plus petites villes de la province la plus reculée. Il est peu de personnes aujourd'hui n'ayant eu, un jour ou l'autre, l'occasion d'apprécier *de gustu* le précieux mollusque.

S'il est une industrie bien française, c'est assurément celle de la culture et de l'élevage de l'huître, puisque c'est au Français Coste, dont Arcachon veut immortaliser le nom en lui élevant une statue, que nous devons les premières tentatives sérieuses de cette industrie nouvelle, maintenant répandue en France et à l'étranger.

Lorsque nous parcourons la carte de notre pays, nous trouvons, en effet, sur nos côtes de l'Océan une longue suite d'établissements où l'élevage de l'huître se fait d'après des procédés rationnels. Les principaux d'entre eux sont, en partant de Dunkerque, Courseulles, Saint-Waast-la-Hougue, Régneville, Cancale, Vivier-sur-Mer, Concarneau, Pont-Aven, Auray, Carnac, Le Croisic, les Sables-d'Olonne, La Rochelle, Rochefort, l'île de Ré, l'île d'Oléron, Marennes, la Tremblade, le Verdon, Arcachon, Saint-Jean-de-Luz.

L'étranger est moins avancé. En Norwège, où existent quelques bancs d'huîtres (l'huître violette), on tente à peine quelques essais de culture. On est plus avancé en Danemark, et le gouvernement trouve déjà quelques revenus dans cette industrie. La Hollande est un des pays producteurs de ce mollusque, et chaque année elle expédie ne Allemagne plusieurs millions d'huîtres. La Belgique a le célèbre (?) port d'Ostende. L'Angleterre a marché rapidement sur les traces de la France, et plusieurs établissements sont exploités d'après nos méthodes. Il est vrai de dire que les Anglais sont sur ce point des gourmets insatiables et qu'il leur arrive des huîtres un peu de tous les pays où la nature a bien voulu placer l'huître comestible. En 1881, 70,000 barils, contenant cent six millions d'huîtres américaines, sont entrés à Liverpool. L'Italie, l'Espagne et le Portugal commencent à suivre les exemples que nous leur avons tracés.

L'Amérique possède une huître qui n'est pas tout à fait notre *ostrea edulis;* elle est plus grande; la valve supérieure est très plate; on la nomme *ostrea virginiana;* elle existe en bancs considérables, heureusement pour les Américains, qui se sont jusqu'ici peu occupés de créer des établissements similaires aux nôtres et qui se contentent de puiser aux sources mêmes de la nature.

De tous les centres d'élevage français, il n'en est pas de plus important qu'Arcachon, grâce à son magnifique Bassin de 15,000 hectares, où la culture de l'huître peut se faire dans des conditions exceptionnellement favorables. Aussi l'industrie ostréicole y a-t-elle pris un développement considérable. En 1865, Arcachon expédiait 10 millions d'huîtres renfermées dans 297 parcs. Aujourd'hui, l'exportation atteint 270 millions d'huîtres, et les parcs sont au nombre de 5,000.

Il était intéressant de montrer aux Parisiens, qui ne connaissent guère le mollusque cher à leur gourmandise que pour l'avoir vu sur leurs tables ou à l'étalage des marchands, par quels soins et quels procédés on arrive à lui donner sa valeur marchande et gastronomique. Malheureusement, il n'était pas facile d'improviser un petit Océan entre la Seine et le quai d'Orsay! Aussi le pavillon de l'ostréiculture donne-t-il une faible idée du mode d'élevage de l'huître. Il est donc utile de le rappeler ici, pour l'instruction des personnes étrangères à cette industrie.

L'huître plate, l'*ostrea edulis,* comme disent les naturalistes, se féconde elle-même : elle est hermaphrodite. Les œufs fécondés restent quelque temps à l'intérieur même de la coquille, pour y continuer leur évolution. Les embryons éclos et rejetés dans la mer possèdent des organes spéciaux qui leur permettent de nager pendant quelque temps; lorsqu'ils trouvent à leur portée un corps solide auquel ils peuvent s'enrocher, ils perdent ces organes et commencent leur œuvre nouvelle, c'est-à-dire le développement de la coquille dans laquelle ils vont vivre et grandir.

Le premier travail de l'homme consiste donc à s'emparer des jeunes embryons, du naissain, comme on l'appelle, en mettant à proximité des objets convenables sur lesquels il puisse se fixer. Le choix s'est produit, après divers essais, sur des tuiles que l'on prend la précaution d'enduire d'une couche de chaux hydraulique. Ce procédé a le double avantage de permettre le détachement plus facile de la coquille, tout en donnant au jeune mollusque un des éléments principaux nécessaires à la formation de cette coquille.

La pose des collecteurs varie suivant la latitude. Elle a lieu, pour le Bassin d'Arcachon, du 12 au 15 juin; pour la Bretagne, on peut attendre du 1er au 15 juillet. Si on les posait trop tôt, ils se couvriraient de polypes et d'ascidies, ce qui serait nuisible au naissain. D'un autre côté, lorsque la pose a lieu trop tard, une partie du naissain, ne trouvant pas de refuge à sa portée, tombe au fond de la mer et se perd.

Les collecteurs chargés du précieux fardeau doivent être déplacés avant l'entrée de l'hiver et placés dans des bassins, à l'abri des mauvais temps. C'est, du moins, une opération recommandable à tous égards.

Au bout d'un an ou de dix-huit mois, a lieu le détroquage, c'est-à-dire l'enlèvement de l'huître des tuiles où elle s'est fixée. On place ensuite les jeunes mollusques dans des caisses ou châssis fermés par une toile métallique, pour les mettre à l'abri de leurs nombreux ennemis. Toutefois, cette pratique n'est pas générale, et souvent le naissain est placé directement dans les bassins d'élevage. S'il y a économie d'un autre côté, de l'autre il y a perte d'une certaine quantité d'huîtres.

Lorsque les mollusques ont atteint une taille convenable et un degré suffisant d'engraissement, on les livre à la consommation.

Depuis quelques années, l'huître commune ou huître plate a une rivale sérieuse dans l'huître portugaise, plus puissante et plus prolifique qu'elle, et qui, grâce à son bon marché, est beaucoup plus demandée. La ville de Paris, notamment, en consomme des quantités prodigieuses. Sur les 6 millions 582,000 huîtres entrées dans la capitale en 1886, 4 millions 695,000 étaient des portugaises.

On a fait aux parcs d'Arcachon un reproche assurément mal fondé. On a dit que l'huître plate s'était croisée avec l'huître portugaise, et que, par suite, la qualité des mollusques expédiés de ce centre ostréicole allait diminuer de valeur. Quelques parqueurs anglais se sont même empressés de mettre en quarantaine les huîtres d'Arcachon et les ostréiculteurs bretons refusent l'entrée de leurs parcs aux portugaises.

Ce reproche n'est pas sérieux. L'huître portugaise n'appartient pas au genre *ostrea*: c'est une gryphée. C'est un fait généralement admis parmi les naturalistes. Appartiendrait-elle au même genre, qu'elle ne fait certainement pas partie de la même espèce. Or, les hybridations entre animaux d'espèces différentes sont presque toujours infertiles, et lorsque, dans des cas très rares, la fécondation a lieu, les métis sont toujours inféconds. De plus, l'huître plate est hermaphrodite, et la portugaise est unisexuée. Les croisements, dans ces conditions, paraissent presque impossibles, et si par hasard il s'en était produit quelques-uns, ces derniers n'auraient pas laissé de postérité. C'est d'ailleurs l'opinion des hommes les plus compétents en la matière, et notamment de M. Brocchi, dont les travaux font autorité.

Tous ces faits indiquent quelle place l'ostréiculture occupe aujourd'hui dans les préoccupations publiques. On comprend, après cela, qu'elle n'ait été oubliée ni à l'Exposition universelle ni au Congrès international d'agriculture.

Il est inutile de dire que le département de la Gironde a fait de nombreux envois au pavillon de l'ostréiculture, MM. Baleste, Bouseaut, Castro, Durègne, Grangeneuve et Dasté, Grenier, Michelet, Peponnet, de Saint-Martin, Vidal-Duplessis, et les Syndicats ostréicoles d'Arcachon et de La Teste représentent dignement l'industrie ostréicole de ce département. De son côté, la Charente-Inférieure n'a pas voulu être en retard, et nous avons remarqué les envois de MM. Arcouet, Daimé, Fonteneau, Gemon, Goulvant, Jodeau, Morin, Nadeau, Pagot, Pastourel, Reignier, Rousseau-Méchin, Salmon, Sigogneau, Tessier, et du Syndicat ostréicole de l'Estrée.

Mais l'ostréiculture réclame, avec juste raison, diverses réformes, notamment une protection plus efficace contre les maraudeurs, une unification de redevances payées à l'État, et des tarifs plus réduits sur les chemins de fer.

Espérons qu'une partie au moins de ces réformes ne tardera pas à être accordée aux ostréiculteurs, et que cette industrie, dont la prospérité assure aujourd'hui l'existence à un nombre considérable de familles, continuera à grandir et à se développer, pour le bien-être de nos populations maritimes et la satisfaction des gourmets.

Les huîtres américaines.

Pour la première fois depuis dix ans, l'huître américaine de Baltimore vient de faire son apparition au parc aux huîtres des Halles centrales.

Ces huîtres ont beaucoup de ressemblance avec nos portugaises et nos huîtres de dragues des rivières d'Auray et de Vannes. Elles sont de deux sortes comme couleurs : les unes blanches, ont la bavure grisâtre; les autres, les vertes, ont la chair et la coquille vert-de-gris.

Le goût de ces huîtres est estimable; la chair est grasse, quoique ne rivalisant pas avec nos produits français, mais, frites, elles sont excellentes. Les huîtres de Baltimore se trouvent aux embouchures de fleuve; l'élevage et le parquage les amélioreraient très certainement.

Les huîtres d'Arcachon.

Les journaux de Paris publient l'information suivante, que nous avons publiée nous-même, mais avec les chiffres officiels, dans notre numéro 3 de cette série. Nous l'insérons pour les commentaires qui suivent la statistique, tout en faisant nos réserves sur les huîtres d'Ostende, dont il est question. A ce propos, nous publierons une étude qui jettera la lumière sur une industrie spéciale et importante, qui prospère au détriment de l'industrie française et bien par la faute de celle-ci :

Arcachon, le principal centre de l'ostréiculture française,

a produit, en 1888, 203 millions d'huîtres, représentant une valeur de 4,500,000 fr. Cet énorme chiffre s'est uniquement partagé entre la France, qui en a consommé 100 millions, et l'Angleterre, dont les importations ont atteint 80 millions ; l'excédent, 23 millions, a servi au repeuplement des huîtrières de Marennes, des Sables-d'Olonne, etc. Malgré la sollicitude dont cette industrie est entourée sur nos côtes, la gelée, les changements brusques de température, l'arrivée d'eaux de mauvaise qualité, les maladies, les poissons de proie et autres animaux, détruisent 70 0/0 du *naissain*. Outre les huîtres d'Arcachon proprement dites, on élève dans cette région beaucoup d'huîtres portugaises. Elles sont beaucoup plus grossières et plus communes. Les huîtres expédiées en Angleterre n'entrent pas immédiatement dans la consommation ; on les conserve pendant plusieurs mois dans des *claires*, situées à l'embouchure de la Tamise, dont l'eau, fortement chargée de matières organiques, convient à merveille à l'engraissement des jeunes mollusques. Les unes sont alors vendues comme huîtres anglaises ou écossaises ; les autres, effectuant une nouvelle migration, sont envoyées à Ostende, où on régularise leur coquille en brisant les bords, de manière à obtenir l'huître dite d'Ostende.

LA PÊCHE A ARCACHON

QUESTIONS POSÉES.

Un groupe de pêcheurs du Bassin d'Arcachon nous pose les questions suivantes :

— Peut-on pêcher sur les huîtrières de l'État ?
— M. X..., propriétaire d'un canot n'est pas inscrit maritime. Il fait armer ce canot pour la pêche par un inscrit maritime, qui en est le patron. Dans quelles conditions M. X... peut-il circuler et pêcher sur ce bateau ?

Nous répondrons à la première question que :

Toute espèce de pêche de jour et de nuit, par quelque procédé que ce soit, est interdite sur les huîtrières réservées des Gravières, des Danils, de Bounon, du petit et du grand Cès, de Hautebelle et des Argiles, situées dans le Bassin d'Arcachon.

Les contrevenants seront punis des peines édictées à

l'article 8 de la loi du 9 janvier 1852. *(Décret du 21 décembre 1888.)*

Cette mesure récente a été prise en conformité de l'article 7 du décret du 10 mai 1862, comme seule de nature à mettre un terme aux *déprédations* et à assurer le repeuplement des réserves que l'État entretient précisément en vue de favoriser l'ostréiculture.

Réponse à la deuxième question :

D'après les règlements sur la police de la pêche et de la navigation, nul ne peut embarquer sur un navire sans figurer sur le rôle d'équipage, soit à titre de matelot, soit à titre de passager, lorsque le navire est autorisé à prendre des passagers, ce qui n'est pas le cas des bateaux de pêche.

M. X... n'étant pas inscrit maritime et ne figurant pas sur le rôle du bateau, ne peut par conséquent pas embarquer, ni par suite se livrer à la pêche.

Ce ne serait qu'à titre très exceptionnel et avec une autorisation spéciale du Commissaire de l'inscription maritime qu'il pourrait de temps en temps *assister* dans son bateau à une partie de pêche, et à titre de passe-temps.

Si M. X... se livre à la pêche dans son canot avec son patron, celui-ci se trouve en contravention et devient passible des peines édictées en la matière et prononcées par le tribunal correctionnel sur procès-verbaux dressés par les agents assermentés de la marine.

Toute différente est la situation des bateaux armés *en plaisance;* on peut, avec ce permis de navigation, naviguer sans être inscrit maritime; mais *on ne peut pêcher qu'à la ligne.*

LA PÊCHE DE LA MORUE

Le syndicat des armateurs de Dunkerque s'est réuni à nouveau vendredi 8 novembre, après-midi, et a décidé ce qui suit :

« 1° Quoique la demande soit active, et que le déficit du *grand banc* fût considérable, il a été décidé qu'en principe les cours actuels seraient maintenus;

» 2° Que le départ de la flottille serait fixé du 10 au 15 mars (cette décision a été accueillie avec une vive satisfaction par toute la population maritime qui, depuis plusieurs années, la réclamait) ;

» 3° Que les marins tonneliers seraient payés à raison de 17 fr. du last ; que les gratifications de ces derniers seraient réduites de 150 à 125 fr.

» (Pour les marins, rien n'a encore été décidé ; toutefois ils seront payés comme les tonneliers, soit à raison de 12 tonnes au last repaqués et du poids de 145 kil.)

» Que pour chaque last dont le nombre de queues excéderait 70 à la tonne repaquée, les salaires seraient réduits de moitié, et que la réduction serait portée au tiers pour chaque last de morue blessée, maigre ou tachée, de même pour les tonnes dont le chiffre excéderait le nombre de 80 à 100 queues.

» Les rogues draches seraient payées dans les mêmes conditions que ces derniers. »

LA PÊCHE DANS LE 2° ARRONDISSEMENT MARITIME EN 1888

Statistique *(suite)*.

Lannion. — 5,500 crustacés ont été introduits dans les réservoirs, il en a été vendu 5,000 au prix de 6,250 fr.

On a eu à constater un seul accident, un novice s'est noyé à bord d'un bateau qui a rempli sous voiles.

Morlaix. — 134 barques montées par 398 marins sont employées à la pêche côtière ; la campagne de 1888 a donné une légère augmentation sur la précédente, et tous les articles présentent des différences en plus, tant comme quantité que comme prix de vente. Le total brut s'est élevé à 126,040 fr., chiffre dans lequel les « soles, turbots, plies, etc. » entrent pour 95,032 fr.. et les « homards et langoustes » pour 28,120 fr. L'augmentation sur le total obtenu en 1887 est de 11,137 fr.

33,185 mètres cubes d'amendements marins ont été récoltés en mer et ont été vendus 81,455 fr.

La pêche à pied occupe 192 personnes ; les résultats en ont été assez satisfaisants. La vente des produits a atteint la somme de 23,273 fr., soit une augmentation de 2,605 fr. sur la dernière année.

Il a été recueilli sur la côte 4,024 mètres cubes d'amendements marins, qui ont été vendus 7,768 fr.

2,000 kilog. de poissons ont été introduits dans les viviers et ont été vendus, à leur sortie, 3,800 fr. ; il a été placé dans les réservoirs des crustacés pour une somme de 18,477 fr., ils ont été livrés à la consommation pour le prix de 24,636 fr.

Pendant l'année 1888, 2 marins du quartier ont disparu en mer, l'un d'eux laisse une veuve et 4 enfants.

Roscoff. — La pêche côtière a été pratiquée par 760 hommes et 313 embarcations pendant l'année 1888. Les résultats en ont été assez satisfaisants. Les sardines ont été bien plus abondantes que pendant la précédente campagne, il en a été capturé 2,000,000 de plus qu'en 1887, ce qui porte à 5,000,000 la totalité des prises. L'article « soles, turbots, plies, etc., » présente une différence en moins de 5,500 kilog. comme quantité et de 8,900 fr. comme prix de vente.

Le total de la vente des produits s'est élevé à 280,115 fr., soit 3,375 fr. de plus qu'en 1887.

La récolte des amendements marins par les bateaux a été de 44,000 mètres cubes, vendus 147,000 fr.

La pêche à pied occupe 140 personnes, la vente des produits présente une augmentation de 186 fr., elle a atteint le chiffre de 12,230 fr.

Les amendements marins, dont il avait été recueilli sur la côte 900 mètres cubes, ont été vendus 17,000 fr.

98,000 crustacés d'une valeur de 180,000 fr. ont été introduits dans les réservoirs, il en a été vendu 96,200 au prix de 186,000 fr.

Un pêcheur est tombé à la mer en revenant au port et s'est noyé.

L'Aberwrach. — 219 hommes montant 73 embarcations ont exercé la pêche côtière. La pêche des crustacés et celle des poissons frais sont les seules pratiquées dans le quartier. Les « soles, turbots, plies, etc., » avaient donné une légère augmentation sur l'année 1887, mais les « homards et langoustes » ont subi une différence en moins de 30,528 fr. sur la précédente campagne.

Le produit brut de la vente s'est élevé à 120,284 fr., soit 29,228 fr. de moins qu'en 1887.

La récolte des amendements marins a donné : en bateau, 46,962 mètres cubes, vendus 231,420 fr., et sur la côte, 11,570 mètres cubes, vendus 57,850 fr.

La pêche à pied n'a pas eu de résultats appréciables.

Il a été introduit dans les réservoirs 9,400 crustacés, qui ont été vendus 14,400 fr.

Un seul pêcheur, célibataire, s'est noyé pendant l'année.

Le Conquet. — 467 embarcations, montées par 1,407 hommes, ont été employées à la pêche; de même qu'à l'Aberwrach les seules pêches pratiquées sont celles des poissons frais et des crustacés; les résultats en ont été peu satisfaisants. La vente des produits a donné 261,158 fr., soit 66,079 fr. de moins qu'en 1887.

La pêche à pied n'a pas donné de résultats appréciables.

La récolte des amendements marins tant en mer que sur la côte a produit 185,000 mètres cubes, qui ont été vendus 55,500 fr.

1,798 kilog. de poissons frais ont été introduits dans les réservoirs et ont été vendus 3,596 fr.

Trois bateaux de pêche de Molène ont été brisés ou perdus pendant la tempête du 10 février 1888.

Camaret. — Le quartier compte 275 embarcations pour la pêche côtière dont 154 sont affectées spécialement à la pêche de la sardine; elles sont montées par 1,263 hommes. Les résultats de la pêche en bateau n'ont pas été satisfaisants. La sardine, pour laquelle une augmentation comme quantité de 13,760,000 s'était produite, n'a trouvé d'écoulement qu'à des prix très bas, et sur cet article on a eu à constater une différence en moins de 187,279 fr. sur l'année 1887.

Le total brut de la vente des produits pêchés s'est élevé à 313,898 fr. soit, 189,592 fr. de moins que l'année précédente.

La récolte en mer des amendements marins a donné 2,285 mètres cubes, vendus 3,582 fr.

On ne peut évaluer les produits de la pêche à pied tant comme quantité que comme prix.

1,020 mètres cubes d'amendements marins ont été recueillis sur la côte et ont été vendus 2,030 fr.

Une seule chaloupe de pêche s'est perdue en 1888, son équipage a été sauvé.

Brest. — 268 bateaux montés par 664 hommes ont pratiqué la pêche côtière en 1888. Les résultats ont été à peu près les mêmes que ceux obtenus en 1887. Le maquereau frais a été assez abondant, et de ce chef on constate une augmentation de 6,570 fr., mais les « soles, turbots, plies, etc., » ont laissé une différence en moins de 29,523 fr. Le total brut de la vente

part à la pêche côtière en 1888 ; si, dans ce quartier, la campagne a été signalée par l'extrême abondance des sardines, elle est surtout remarquable par une diminution considérable dans le rendement des produits pêchés. L'année se solde par une différence en moins de 1,097,235 fr., dans laquelle entrent : les sardines pour 68,980 fr. malgré une augmentation de 28,551,000 sardines sur les quantités capturées, les « anchois et sprats » pour 16,070 fr., les « soles, turbots, plies, etc., » pour 330,024 fr., les « homards et langoustes » pour 29,305 fr. Une légère augmentation de 35,042 fr. s'est produite sur le « maquereau frais ».

Le total brut de la vente des produits a atteint 1,220,731 fr., tandis qu'en 1887 il était arrivé au chiffre de 2,317,966 fr.

La récolte en mer des amendements marins a donné 4,105 mètres cubes vendus 5,000 fr.

La pêche à pied, qui est pratiquée par 70 personnes, a donné aussi de mauvais résultats : le total de la vente des produits a été de 9,900 fr., accusant une différence en moins de 13,955 fr. sur l'année précédente.

Il a été recueilli à la côte 39,765 mètres cubes d'amendements marins vendus 58,300 fr.

Les parcs à huîtres ont reçu 55,000 huîtres indigènes de drague d'une valeur de 825 fr., et en ont livré à la consommation 258,000 au prix de 7,740 fr. Le stock actuellement existant dans les parcs est de 2,185,000 huîtres estimées 25,100 fr.

Les réservoirs ont reçu pour 1,700 fr. de poissons. Il a été introduit dans les établissements 3,425 crustacés, d'une valeur de 6,850 fr., et il en a été livré 3,640 à la consommation au prix de 10,920 fr.

5 marins ont disparu en mer, laissant 5 veuves et 19 orphelins.

Audierne. — 1,950 hommes avec 378 embarcations ont pratiqué la pêche côtière. Le quartier d'Audierne a été moins malheureux que ceux de Douarnenez, Concarneau et Quimper ; le déficit sur les sardines a pu être couvert, en partie, par des plus-values sur le « maquereau frais » et les « homards et langoustes ». Il a été pris 64,190,000 sardines, soit 40,891,000 de plus qu'en 1887 ; malgré cela le total de la vente ne s'est élevé qu'à 264,070 fr., soit 176,606 fr. de moins que cette dernière année. Les « soles, turbots, plies, etc., » ont subi une différence en moins de 35,493 fr., mais la statistique constate une augmentation de 43,280 fr. sur les « maquereaux frais », de 5,802 fr. sur les « crabes et araignées de mer », et de 66,553 fr. sur les « homards et langoustes ».

La pêche à pied, qui n'est guère pratiquée que par une dizaine de personnes, a donné comme total de vente 490 fr.

Il a été recueilli sur la côte 82,263 mètres cubes d'amendements marins, qui ont été vendus 94,393 fr.

En outre des résultats constatés ci-dessus, il a été pêché dans les eaux du quartier et débarqué à Audierne ou à l'île de Sein :

Par les bateaux de Douarnenez : 260,670 kilog. de maquereaux vendus 114,553 fr.; 30,325 kilog. de soles, turbots, plies, etc., vendus 8,895 fr.; 31,808,000 sardines, vendues 131,371 fr.

Par les bateaux de Paimpol : 30,468 homards et langoustes, vendus 49,951 fr.

Par les bateaux du Conquet : 11,626 homards et langoustes, vendus 18,859 fr.

La statistique indique comme mouvements de sorties des parcs : 10,000 huîtres de 5 centimètres et au-dessus, vendues 250 fr.; 540,000 huîtres au-dessous de 5 centimètres, vendues 1,350 fr.

Le stock restant dans les parcs est de 5,000 huîtres, estimées 125 fr.

30,000 crustacés, d'une valeur de 45,000 fr., ont été introduits dans les établissements et livrés à la consommation au prix de 55,000 fr.

On a constaté, pendant l'année 1888, le naufrage de 12 bateaux de pêche, 5 ont pu être relevés et réparés; 19 marins pêcheurs ont péri en mer, laissant 12 veuves et 38 orphelins.

PÊCHES DIVERSES

Nos correspondants nous écrivent le 9 novembre :

— *De Douarnenez :* « Bonne pêche. Moyenne des poissons pêchés par bateau, 2,000 à 5,000 (7-8 au quart). Prix moyen par mille, 15 à 18 fr.

» Les petits maquereaux sont vendus de 10 à 12 fr. le mille. »

— *D'Ile Tudy :* « Les pêcheurs à la ligne continuent à prendre des merlans ainsi que quelques dorades. Vendredi dernier, un bateau avait capturé à lui seul 15 douzaines de ces derniers poissons, dont il a trouvé 7 fr. 50 la douzaine. La douzaine de merlans se vend 2 fr.

» Il arrive sur notre marché quelques gros mulets du Cap, qui sont vendus de 2 fr. 25 à 2 fr. 50 pièce. »

— *De Gravelines :* « La pêche du maquereau ne donne pas cette année de brillants résultats. Le bateau le mieux favorisé en a capturé sept mille. Le prix varie entre 25 et 35 fr. le cent. Comme les années précédentes, notre port a armé une quarantaine de bateaux montés chacun par 13 et 14 hommes d'équipage.

» Les pêcheurs se plaignent beaucoup. »

— *D'Audierne :* « La pêche de la sardine est à peu près terminée dans la baie. Six bateaux avaient continué cette pêche ; ils ont capturé 8 à 10,000 poissons chacun, vendus 25 fr. le mille (5 au quart).

» La pêche des merlans est médiocre. On ne prend que 5 à 6 de ces poissons par bateau, cédés à 1 fr. 50 la pièce. »

— *De Boulogne :* « Par suite du brouillard intense qui règne sur le littoral, la pêche du hareng devient de plus en plus abondante. Le last, qui valait encore ce matin 120 et 150 fr., est tombé l'après-midi à 85 fr. Plus de 15 bateaux sont rentrés avec des chargements très importants. »

— *De Boulogne,* 10 novembre : « Cinq petits côtiers sont rentrés ce matin avec un chargement moyen de six mannes de maquereaux qui ont été vendus à raison de 75 c. pièce.

» La pêche du hareng bat son plein ; plus de 30 bateaux viennent de rentrer avec des pêches tellement importantes que le last est tombé à 80 fr., prix excessivement bas. »

— *De Boulogne,* 14 novembre : « Les arrivages de harengs deviennent chaque jour de plus en plus importants. Aux grands bateaux se livrant de coutume à cette pêche, sont venus s'ajouter les petits côtiers qui ramènent en moyenne par marée 40 et 50 mesures de harengs. Les cours se maintiennent et le last vaut encore aujourd'hui 120 à 150 fr.

» La pêche au chalut et à la traille, qui est surtout destinée aux expéditions, est assez fructueuse cette année ; les thons ou gros rougets de 2 et 3 livres se vendent de 1 fr. 25 à 1 fr. 50 ; c'est le seul poisson qui, en ce moment, conserve encore des prix assez élevés. »

— *De Concarneau :* « La pêche de la sardine a donné de bons résultats. Bateaux sortis, 500. Hier, il a été pêché en moyenne par bateau quelques centaines de grosses sardines et 5,000 petites ; avant-hier, 10,000 petites. Le prix du mille des grosses sardines a été de 22 et 18 fr. Le prix des petites a varié : hier, elles se vendaient 7 fr. 50 ; avant-hier, 5 fr. 50.

» La pêche des maquereaux a été bonne aussi. Les gros ont

été cédés à 25 et 28 fr.; les moyens à 6 et 8 fr.; les petits à 1 fr. 50 et 2 fr.

» Il a été aussi pêché 1,000 anchois par bateau, vendus à raison de 3 fr. et 3 fr. 50 le mille. Les merlans ont été payés 6 fr. 50 et 7 fr. le cent. »

La ponte chez les poissons.

Selon M. Jousset de Bellesme, le meilleur signe extérieur indiquant le moment de la ponte chez les poissons est la dilatation de l'oviducte, qui se présente sous le ventre comme un bourrelet qui peut atteindre un centimètre, comme chez les vandoises. Pour les salmonides, qui n'ont pas d'oviducte, le pore génital est hypertrophié. Les œufs montrent deux types. Les uns sont séparés après la ponte, comme ceux des truites, des saumons; les autres sont agglutinés ou se collent aux herbes.

L'épinoche mâle fait un nid gros comme un demi-œuf de poule. Il le construit en accolant des brindilles avec le mucus du ventre. Puis il chasse les femelles, en force trois ou quatre à passer dans son nid, à y pondre, referme l'ouverture et reste à le surveiller jusqu'à l'éclosion des œufs.

Le nombre des œufs varie avec les espèces.

Une perche de 250 grammes a 20,600 œufs; un brochet de 2 kilog. 500 en produit 42,000; un gardon de 675 grammes, 48,000 œufs; une morue de 10 kilog. en possède 2,800,000, et une morue de 24 kilog. en a plus de 7 millions.

Dans la fécondation, les poissons n'ont pas de rapprochements sexuels, excepté les raies. Les mâles suivent les femelles et se battent entre eux. Quand une femelle a déposé ses œufs dans un endroit convenable, le mâle répand aussitôt quelques gouttes de laitance. La fécondation consiste en la pénétration de cellules spermatiques dans le vitellus germinatif par le micropyle. Les cellules disparaissent dans la masse et l'embryon peut se développer.

Il y a plusieurs indices pour savoir si les œufs sont fécondés. On voit une rétraction dans le vitellus qui primitivement remplissait l'œuf.

Puis, dans la masse vitelline se forme une tache, qui sera l'embryon, et dans cette tache une ligne qui sera la corde dorsale. Puis, les organes se forment. Les premiers qui apparaissent sont les yeux. Quand l'œil est visible, on dit que l'œuf est embryonné. Il devient alors transportable. Après un temps qui varie de 6 à 50 jours, selon les espèces, l'embryon brise la coque de l'œuf. Comme il était recourbé sur le vitellus, la tête et la queue se redressent; mais il garde sous le ventre le jaune de l'œuf qu'il n'a pas encore absorbé. Ils possèdent donc une vésicule abdominale, tapissée de vaisseaux sanguins, et qui sert à leur nutrition. Ce n'est que quand elle est presque entièrement résorbée qu'ils commencent à manger. Ils sont alors appelés alevins.

Les alevins ont la forme des parents, excepté la lamproie qui passe par deux états. La larve s'appelle ammocet.

TIMBRE DES RÉCÉPISSÉS DE TRANSPORT

EN PETITE VITESSE.

La Chambre syndicale des Transports de Paris vient d'adresser, aux sénateurs et aux députés, une protestation contre la nouvelle tarification du timbre des récépissés de transport en petite vitesse, en ce qui concerne les expéditions par groupe, qui doit, conformément à la loi votée en juillet dernier, entrer en vigueur à partir du 1er janvier 1890.

On sait que l'ancien droit de timbre, qui était uniformément de 70 centimes, a été remplacé par un droit proportionnel.

Par le fait du nouveau tarif à appliquer, 60 colis d'une valeur de transport inférieure à 3 fr. chacun, expédiés directement par les commerçants et industriels eux-mêmes, donneraient lieu à une perception de droit de timbre de 60×0 fr. $20 = 12$ fr.; tandis que s'ils passent par l'intermédiaire d'un groupeur ils seront taxés de la manière suivante :

1º Droit collectif pour l'expédition entière d'un transport

supérieur à 100 fr. . . . . F.   2 10
2° Droit pour 60 récépissés spéciaux à 1 fr. 40 l'un. 84   »

TOTAL. . . . . . F. 86 10

Les Chambres de commerce de Dunkerque et d'Elbeuf viennent de protester contre la tarification nouvelle.

NOUVELLES MARITIMES

La question du transfèrement au ministère du commerce et des colonies des services de la marine marchande et des pêcheries maritimes, auquel l'amiral Krantz était tout à fait opposé, va être reprise de nouveau. Les intéressés viennent d'adresser une nouvelle pétition à M. Tirard et à M. Barbey en appuyant leur demande sur de nouveaux arguments.

M. J. Blanc, premier maître vétéran en retraite, est nommé à l'emploi de syndic des gens de mer à Lormont (quartier de Bordeaux), en remplacement de M. Guillot, démissionnaire.

M. H.-M. Kéraudren, premier maître de timonerie en retraite, est nommé à l'emploi de garde maritime à Saint-Jean de Monts (quartier de Saint-Gilles-sur-Vie), en remplacement de M. Naulet, décédé.

M. J.-C. Ribouleau, gendarme de la marine en retraite, est nommé garde maritime à la Cotinière (quartier de l'île d'Oléron), en remplacement de M. Tardy, nommé syndic des gens de mer à l'île d'Aix.

M. Deschamps, syndic des gens de mer à Urt (quartier de Bayonne), est placé au syndicat de Dieppe.

Nouvelles du 4° arrondissement maritime.

La pêche des huîtres à la main est autorisée, à compter du 23 de ce mois, du lever au coucher du soleil, sur le banc de Saint-Georges-de-Didonne (Royan). Cette pêche aura lieu dans les conditions et sous les obligations ordinaires. Les habitants des communes du quartier de Royan pourront seuls y prendre part.

— A compter du 10 de ce mois, la pêche des huîtres est interdite sur les bancs de Jau et de Richard (quartier de Pauillac).

— Aux termes d'un arrêté du vice-amiral, préfet du 4° arrondissement maritime, il est interdit de s'amarrer sur les bouées peintes en noir, marquées D. S. M., avec l'inscription : *Défense de s'amarrer*, et placées :

1° Dans le chenal de la Garrigue, à l'accore du banc de la Ronce ;

2° Dans le chenal de Bry, à 40 mètres environ dans le nord de la jetée du bateau de sauvetage ;

3° Entre le fort Enet et la pointe de l'Épée.

Il est également interdit de mouiller, de draguer, de chaluter et de pêcher à pied avec des outils tranchants, à 50 mètres à droite ou à gauche des alignements suivants :

1° Chenal de la Garrigue. De la bouée noire marquée D. S. M. à l'observatoire placé à mi-distance entre le Galon-d'Or et la pointe aux Herbes ;

2° Chenal de Bry. De la bouée noire marquée D. S. M. au bout de la jetée du canot de sauvetage.

Il est interdit, en outre, de détacher les coquilles qui pourraient se fixer sur les chaînes, bouées, crapauds ou câbles armés qui y aboutissent.

CHEMIN DE FER D'ORLÉANS

VOYAGE DANS LES PYRÉNÉES

La Compagnie d'Orléans délivre toute l'année des billets d'excursion comprenant quatre itinéraires différents, permettant de visiter le **centre de la France**, les **stations balnéaires des Pyrénées** et **des bords du golfe de Gascogne.**

Les prix des billets sont les suivants :

1er itinéraire : 1re classe, 225 fr. ; 2e classe, 170 fr.

Durée de validité : 45 jours.

2e, 3° et 4e itinéraires : 1re classe, 180 fr. ; 2e classe, 135 fr.

Durée de validité : 30 jours.

La durée de ces différents billets peut être augmentée, moyennant supplément, d'une, deux ou trois périodes successives de 10 jours.

Enfin, il est délivré de toute gare des Compagnies d'Orléans et du Midi, des billets *Aller et Retour* réduits de 25 0/0, pour aller rejoindre les itinéraires ci-dessus, ainsi que de tout point de ces itinéraires pour se rendre à des points en dehors des dits itinéraires.

Le Directeur-Gérant, J. CHAPEAU (✤, ✳ ✳).

5me année.   No 12 (2me série)   1er Décembre 1889.

REVUE

DES

PÊCHERIES MARITIMES

LES MUSÉES DE PÊCHE

La pêche maritime est, sans contredit, une des industries les plus importantes de la France.

Non seulement l'État s'impose de sérieux sacrifices pour l'encourager, mais encore la pêche intéresse des intermédiaires de toutes sortes : commissionnaires qui reçoivent le poisson, chemins de fer qui le transportent, octrois qui perçoivent les droits, fabricants qui le salent et le conservent; jusqu'aux forts de la halle qui déchargent les bourriches, jusqu'aux marchandes qui poussent leur petite voiture en criant le « merlan à frire » et le « hareng qui glace »; sans compter les constructeurs de bateaux, marchands de filets, d'engins, etc., etc., c'est à n'en pas finir.

Quant à la population qui vit, sans avoir d'autres ressources, du travail de la pêche, elle est considérable.

La pêche en bateau, au large ou sur la côte, occupe

près de 88,000 hommes, montant plus de 23,000 navires ou embarcations de toutes sortes. La pêche à pied occupe plus de 50,000 personnes : hommes, femmes, enfants. Le produit total de ces pêches s'élève à près de 90 millions de francs.

Il y a donc là une branche très intéressante de l'industrie nationale. Eh bien! cette industrie est en décadence. On a pu le voir par la statistique que nous publions dans chacun de nos numéros. Tous les ans le produit de la pêche est en baisse sur les années précédentes. Comparée à l'année 1887, on a vu jusqu'ici combien la campagne de pêche de 1888 avait encore perdu en hommes, en bateaux et surtout en résultat financier!

Pourquoi cela? Apparemment parce que la pêche ne fait plus vivre son homme.

Et pourquoi encore? Parce que nos pêcheurs ne sont pas au courant des procédés nouveaux, des moyens perfectionnés dont se servent les pêcheurs américains, anglais, hollandais, norvégiens.

La routine, qui, en d'autres endroits, nous fait tant de tort, sévit là comme ailleurs.

N'y a-t-il point de remède?

Assurément il y en a un, et ce remède c'est l'instruction professionnelle des populations côtières.

On a créé des musées industriels dans les villes de fabriques, et, assurément, un progrès immense a été réalisé.

On a fait très peu de chose, on n'a rien fait, puisqu'il faut le dire, pour les pêcheurs de nos côtes.

Sans doute, on a organisé, depuis une trentaine d'années, des expositions de pêche. Mais ceux-là seuls visitent ces expositions qui habitent près du lieu où elles se tiennent, ou qui ont le temps et l'argent nécessaires pour se déplacer et s'instruire. La grande majorité des intéressés n'a ni le loisir ni le moyen de se déranger.

Ces expositions, excellentes en principe, n'ont donc pu donner tous les résultats désirables.

Il faudrait créer des *musées de pêche*.

Dans ces musées, on réunirait tout ce qui concerne cette industrie : engins perfectionnés, dessins et modèles réduits de bateaux spécialement aménagés, cartes renseignant exactement sur la profondeur des mers et sur les poissons qui fréquentent tels ou tels parages, livres traitant de la pratique de la pêche et de la législation qui régit la matière.

En un mot, on mettrait sous les yeux des populations tout ce qui est capable d'élargir leurs idées et leurs connaissances.

Ces musées, bien entendu, devraient être aussi nombreux que possible. Il en faudrait un partout où il y a une population agglomérée de pêcheurs, cette fraction si importante de l'armée ouvrière de la France.

Les moyens d'exécution sont faciles à trouver.

Chaque mairie peut fournir une salle très suffisante. Il n'y a guère de commune côtière qui refuse une petite subvention à une institution dont elle retirera tout le profit.

Il n'y a pas de Conseil général, pas de Chambre de commerce, dans nos départements maritimes, qui ne leur assure son puissant patronage.

Enfin, il est certain qu'il se trouvera, dans bien des endroits, des propriétaires, des commerçants,

12.

des armateurs, des philanthropes, qui se feront une gloire de participer au développement de ces musées.

Les dons de livres, d'engins, d'instruments, de dessins, y abonderont promptement. Dans un pays comme le nôtre, toute idée généreuse et utile fait vite son chemin.

Et tout cela peut s'accomplir sans que l'État ait, en somme, aucun déboursé à faire.

Il surveillera, il encouragera, il tiendra les musées au courant en leur communiquant tout ce que nos agents consulaires trouveront de nouveau à l'étranger.

Et ainsi nos populations côtières, dont la prospérité intéresse toute la France, participeront à cette instruction professionnelle qui nous est si nécessaire pour lutter contre la concurrence effrénée que nous font, en toutes choses, les autres nations.

Ainsi, de progrès en progrès, avec une ténacité remarquable, notre pays, grâce aux efforts d'hommes éclairés, s'arme de mieux en mieux pour se maintenir au niveau commercial et industriel où il a toujours été.

L A

QUESTION DE LA RÉGÉNÉRATION DES FONDS HUITRIERS

A L'ÉTRANGER

Deux exemples récents nous permettent de juger, non sans une certaine satisfaction, l'avance qu'a prise la France sur les nations maritimes voisines au point de vue du repeuplement des eaux salées. Arcachon et les autres stations ostréicoles ont reçu cette année la visite de deux spécialistes

chargés à des titres divers de recueillir chez nous les indica_
tions nécessaires pour la régénération des fonds huîtriers.

La *Société autrichienne de pêche et de pisciculture
marine*, récemment fondée à Trieste, a chargé d'une
mission sur nos côtes, au mois d'avril dernier, M. R. Allodi,
membre de son Conseil, et nous avons eu le plaisir de lui
donner l'hospitalité à la station zoologique d'Arcachon. Nos
procédés d'ostréiculture sont encore fort peu connus dans
l'Adriatique, et malheureusement, pour la population riveraine du golfe de Trieste, du moins, le peu d'amplitude des
marées et la forme des baies, largement ouvertes à la houle,
ne permettent pas d'espérer de modifications bien sensibles
aux procédés primitifs de l'exploitation.

Les collecteurs sont de simples perches plantées dans le
sol vaseux, sur lesquelles les mollusques viennent se fixer
et se développer jusqu'au moment de la récolte. Ces supports
sont très rapidement détruits par les tarets, et les recherches
de M. Allodi se portaient particulièrement sur les moyens
de combattre ce véritable fléau.

La population riveraine qui se livre à cette exploitation
est très misérable, et les faibles résultats qu'elle obtient ne
peuvent décider, quant à présent du moins, les capitalistes
à lui venir en aide pour substituer à ce système rudimentaire
un ensemble de mesures perfectionnées et susceptibles de
donner un meilleur rendement.

Nous ignorons le résultat de la visite faite par M. Allodi
aux autres centres huîtriers.

Des espérances plus certaines sont à fonder sur les travaux
entrepris en Écosse. Il est vrai qu'il ne s'agit plus ici d'une
simple société scientifique, mais bien d'une administration
de l'État, fonctionnant avec l'autonomie d'un département
ministériel, le *Fishery Board for Scotland*, disposant d'un
budget imposant, d'une flottille indépendante de l'amirauté,
et divisée en deux sections : l'une purement administrative,
l'autre scientifique.

M. Fullarton, zoologiste du *Board*, s'occupant tout particulièrement des mollusques des côtes de l'Écosse, tant au
point de vue des espèces de consommation directe que de
celles qui servent d'appât à la grande pêche, a fait sur nos

côtes une tournée dont le point de départ était également Arcachon.

Si nos procédés de culture sont connus en Écosse, il n'en est pas de même de nos règlements administratifs, et M. Fullarton, tout en recueillant sur place les renseignements pratiques qu'avec l'aide des principaux ostréiculteurs nous avons pu lui fournir, a fait porter la majeure partie de son enquête sur la législation qui régit les concessions ostréicoles en France.

Tout est à faire, en effet, à ce point de vue, sur les côtes d'Écosse. Le domaine public maritime n'existe pas, la propriété des bancs huîtriers est une question très peu résolue, donnant lieu à de nombreuses difficultés. Ces difficultés n'ont pas empêché, au contraire, la presque destruction des fonds productifs, et la question qui domine toutes les autres est actuellement le repeuplement général, tant par la réglementation de la pêche sur les anciennes huîtrières, que par l'ostréiculture dans les localités bien disposées, avec une protection efficace pour ceux qui s'y livrent.

Nous espérons que la mission de M. Fullarton portera ses fruits; le *Fishery Board* pourra, à l'aide des documents qu'il a recueillis, élaborer un projet de réglementation de la pêche; nos expéditeurs français n'auront alors qu'à se tenir prêts à fournir aux côtes appauvries de l'Écosse le stock d'huîtres-mères nécessaire pour régénérer les anciens bancs.

Bien que certains points, relatifs à la salure et surtout à la *température* des eaux, soient encore assez indécis, il n'en paraît pas moins vrai qu'il semble très probable que des essais d'ostréiculture, d'après les procédés français, pourront être tentés dans les nombreux fjords de la côte occidentale, baignés par les dernières expansions du Gulf-Stream; cette question à laquelle s'intéresse le *Board* au point de vue national, est poursuivie également, au point de vue de l'amélioration du sort de la classe pauvre de la côte, par M. le marquis de Lorne, un des hôtes que la ville d'hiver d'Arcachon s'honore d'avoir abrité l'an dernier; il n'est pas douteux que sa situation de gendre de la reine d'Angleterre lui permette d'obtenir, en faveur de son œuvre éminemment philanthropique, le concours efficace du gouvernement britannique.

E. DURÈGNE.

OSTRÉICULTURE

Arcachon. — La pousse de l'huître n'a pas donné cette année tout ce que l'on en pouvait attendre. Il y a une déception chez les éleveurs. Les transactions se font avec assez d'activité. On manque d'huîtres comestibles, le stock est sur le point d'être épuisé.

Des marchés importants d'huîtres de deux ans ont été traités en prévision des expéditions pour l'exportation. On compte sur un relèvement des cours très prochainement.

Voici les prix établis actuellement : huître de trois ans : petit cinq, 8 fr.; cinq un quart, 14 à 15 fr.; six un quart, 25 à 26 fr.; sept un quart (rare actuellement), 50 à 55 fr. le mille et dix, sans engagement de quantité.

Le mouvement commercial de la deuxième quinzaine de novembre a été assez actif. Il a été exporté environ 10 millions d'huîtres.

Le vapeur *Ville-d'Arcachon* a transporté à Santander (Espagne) 2 millions d'huîtres. Le même vapeur a transporté au château d'Oléron deux autres millions d'huîtres. Le vapeur *Ville-d'Oléron* a également transporté 2 millions d'huîtres au château. Le vapeur *Ville-de-Rochefort* en a transporté au même lieu 1 million et demi. Enfin, le steamer *Pétrel* a transporté à Sligo (Irlande) 2 millions 500,000 huîtres dont 1 million et demi de portugaises.

Ce dernier prépare un second chargement.

Les Anglais ont parfaitement réussi cette année leur engraissement.

Marennes. — La pousse a été relativement bonne. Le prix des huîtres de deux ans (sans triage) a été jusqu'ici, suivant dimension et qualité, de 45 à 60 fr. On prévoit à bref délai une hausse sur cette catégorie de marchandise. Le prix des huîtres de l'année a été de 32 à 37 fr. (le mille

et cinquante). Les Anglais paraissent acheteur de cet article.
L'expédition des portugaises se fait toujours dans des proportions considérables. Cette huître tend à envahir les marchés au détriment de l'huître indigène, néanmoins il faut reconnaître que l'Exposition universelle de 1889 a contribué puissamment aux débouchés de Marennes, qui est sans conteste le plus grand centre expéditeur.

Cap Breton. — La pousse a été satisfaisante. L'écoulement du produit, en petite quantité du reste, se fait assez facilement. Des marchés ont été traités ces jours derniers à des prix inconnus.

LES PARCS A HUITRES DE LA BELGIQUE

Nous avions promis à nos lecteurs, dans notre précédent numéro, de publier une note sur l'ostréiculture en Belgique et sur les huîtres d'Ostende en particulier; fidèle à notre promesse, nous nous exécutons aujourd'hui.

Ces derniers temps, le bruit avait couru qu'afin de s'affranchir de l'indépendance dans laquelle ils sont vis-à-vis de nous et des Anglais, sous le rapport de la reproduction de la jeune huître, les parqueurs belges s'étaient mis à développer à grands frais les établissements qu'ils possèdent à Nieuport, sur les rives de l'Iser. Déjà, toujours d'après ces bruits, des résultats inespérés assuraient le succès de leurs tentatives; les produits provenant des nouveaux parcs, soumis à l'examen du jury des récompenses de l'Exposition qui vient de prendre fin le 6 novembre, avaient obtenu une médaille d'argent.

Ce dernier fait est cependant exact.

Frappée par ces bruits alarmants pour notre industrie ostréicole, l'administration de la Marine a tenu à s'assurer de ce qu'ils avaient de fondé. Elle a immédiatement délégué un des membres du Comité des pêches à Nieuport et à Ostende pour y visiter les établissements si redoutés de nos ostréiculteurs. La vérité, c'est qu'il n'y a pas grand progrès quant à l'accroissement des parcs, pas plus que sous d'autres rapports, ni à Ostende ni à Nieuport.

A Nieuport, il n'existe que trois établissements dont le plus spacieux, et c'est précisément celui qu'on est en train d'agrandir, n'a pas l'étendue de trois claires moyennes de Marennes. Des deux autres, l'un est une sorte de vivier à poisson, où l'on met des huîtres en dépôt dans les trois ou quatre réservoirs qui le composent, et où, comme dans le premier, on introduit à marée haute et au moyen de vannes, les eaux de l'Iser, qui coule à vingt ou trente mètres de là. Le troisième, enfin, est formé d'une coque de bateau autour de laquelle sont immergées les caisses en toile métallique destinées à conserver les huîtres : un vivier flottant.

Si, parfois, dans les deux premiers, on obtient de bons résultats sous le rapport de la pousse et de la beauté du test des animaux, résultats identiques à ceux que le jury de l'Exposition a constatés, c'est tout à fait accidentellement. Souvent aussi, il s'y produit des désastres : l'invasion des eaux douces peut en un seul jour occasionner la perte de toutes les huîtres qui y sont enfermées. Si donc les Belges sont pour nous de redoutables rivaux au point de vue commercial, nous n'avons rien à craindre d'eux en ce qui concerne la reproduction et l'éducation de l'huître. Les côtes de la Belgique ne se prêtent guère à ce genre d'exploitation.

Arrivons à Ostende. Les ostréiculteurs français auraient le plus grand intérêt à le proclamer bien haut, à faire savoir aux consommateurs de l'Europe que l'huître d'Ostende, qu'ils prisent si fort, n'existe pas à proprement parler. C'est-à-dire que l'huître indigène, l'huître native d'Ostende, est un mythe. Toutes les huîtres vendues à Ostende proviennent soit de parcs anglais, soit de parcs français. On débite souvent sous le nom d'huîtres d'Ostende des huîtres venant directement de nos établissements de Lorient ou de Belon. Mais le plus ordinairement, les huîtres livrées par les Ostendais à la consommation viennent des parcs anglais, qui sont excellents pour l'engraissement. A leur tour, les Anglais tirent la plupart des sujets dont ils peuplent leurs claires d'Arcachon et d'Auray, simplement.

De telle sorte qu'on peut avancer que les trois quarts peut-être des huîtres vendues sous le nom d'huîtres d'Ostende sont originaires des côtes françaises. Le plus curieux est que nos belles huîtres de Belon, après un séjour à Ostende, qui parfois ne dure pas plus de vingt-quatre heures, reviennent sur les marchés français avec le titre pompeux d'huîtres d'Ostende. Elles n'ont évidemment pas changé de goût, elles sont plus chères, voilà tout.

Encore, si les parqueurs belges avaient une spécialité dans la façon de traiter les huîtres, si par des soins entendus, des procédés particuliers, ils parvenaient à l'améliorer? Rien de cela. Il se fait à Ostende un grand commerce d'huîtres, mais l'industrie ostréicole y est inconnue. Les parqueurs belges, sont des revendeurs mais non des éleveurs. Leurs parcs sont simplement des entrepôts situés dans l'intérieur de la ville, au delà du renflement formé par la dune, et alimentés par des canaux souterrains qui y distribuent les eaux à marée haute; ils ressemblent assez aux réservoirs à poissons dont se servent chez nous les expéditeurs de marée et ne sont pas plus étendus qu'eux. Tels ils étaient il y a un demi-siècle, tels on les retrouve aujourd'hui. D'ailleurs, les Ostendais ne songent pas à faire progresser l'industrie ostréicole. Ils se contentent d'être marchands et n'ont d'autre souci que d'asseoir encore mieux et d'étendre de plus en plus leur suprématie commerciale.

On se demande comment il se fait que les parqueurs anglais et français, dont les Belges sont les tributaires obligés, ne cherchent pas à s'entendre pour disputer à leurs rivaux un monopole dont ils font eux-mêmes les frais; comment ils ne savent pas se passer de l'intermédiaire onéreux des marchands belges; comment ils laissent revêtir leurs produits d'une fausse marque de fabrique. On a, sur ces bases économiques si rationnelles, ébauché des projets d'entente, mais aucun d'eux n'est encore entré en voie de réalisation.

Le principal obstacle à cette entente consiste, de l'avis de beaucoup d'ostréiculteurs, dans l'absence de parcs d'élevage et de dépôts sur la partie de notre littoral la plus rapprochée de l'Angleterre.

Nous croyons savoir que l'administration de la Marine, si soucieuse des intérêts du domaine public et de ses inscrits, étudie actuellement un projet, et que des mesures seront prises pour protéger l'ostréiculture française.

LA PÊCHE DANS LE 3° ARRONDISSEMENT MARITIME EN 1888

Statistique *(suite)*.

Lorient. — La pêche côtière a été pratiquée par 3,682 hommes montant 784 bateaux. La campagne de 1888 a donné des résultats supérieurs à ceux de l'année précédente ; l'augmentation, tant comme quantités capturées que comme prix de vente, s'est répartie sur tous les genres de pêche, sauf sur les « anchois » pour lesquels une différence en moins de 11,590 fr. est à constater. Les « sardines » ont été particulièrement abondantes ; les quantités pêchées ont été de 152,480,000 sardines, soit une augmentation de 139,820,000 sur l'année 1887 ; le prix du poisson ayant subi une baisse très sensible, le total des ventes ne s'est élevé qu'à 762,400 fr., soit une différence en plus de 308,300 fr. Pour les autres articles, les prix ont été assez rémunérateurs.

Le total brut de la vente des produits a atteint la somme de 1,335,383 fr., soit 356,170 fr. 50 de plus qu'en 1887. Cette augmentation, abstraction faite de la sardine, a porté principalement sur les « maquereaux frais », pour 11,080 fr.; sur les « soles, plies, turbots, etc. », pour 5,875 fr., sur les « crabes et araignées de mer », pour 2,900 fr. ; sur les « homards et langoustes », pour 12,000 fr.; et sur les « crevettes », pour 25,000 fr.

Il a été recueilli en mer 45,900 mètres cubes d'amendements marins, qui ont été vendus 47,700 fr.

La pêche à pied, comme la pêche en bateau, a donné des résultats satisfaisants ; elle est pratiquée par 643 personnes. Le total brut de la vente des produits a atteint la somme de 109,500 fr., soit une différence en plus de 34,000 fr. sur la précédente campagne ; les articles les plus favorisés ont été les « diverses espèces de poissons frais », avec une augmentation de 8,500 fr., et les « moules », avec une augmentation de 23,800 fr.

La récolte à pied des amendements marins a donné 70,000 mètres cubes, qui ont été vendus 85,000 fr.

Les établissements d'ostréiculture Belon, Charles, Le Dref et Turlure ont reçu ensemble, pendant la campagne, 1,630,000 huîtres indigènes de drague estimées 33,900 fr., et 28,395,000 huîtres d'élevage estimées 412,125 fr. Les mouvements de sortie des parcs ont été de 13,370,000 huîtres de 5 centimètres et au-dessus, vendues 458,720 fr.; 5,300,000 huîtres au-dessus de 5 centimètres, vendues 48,000 fr.; et 200,000 huîtres portugaises vendues 2,500 fr.

Le stock restant dans les établissements est de 29,525,000 huîtres valant 482,621 fr.

Il a été introduit dans les réservoirs 49,758 crustacés, d'une valeur de 93,851 fr., dont 41,564 ont été livrés à la consommation pour la somme de 107,430 fr.

12 matelots du quartier ont disparu en mer et ont laissé 7 veuves et 20 orphelins.

Groix. — 248 bateaux montés par 2,538 hommes ont pratiqué la pêche côtière. Les résultats en ont été satisfaisants, comme quantités pêchées, et le prix de vente a été rémunérateur, sauf, toutefois, pour les sardines qui ont été si abondantes que les usines de conserves du pays n'ont pu suffire à les employer. Le total brut de la vente des produits a atteint la somme de 2,038,150 fr., soit une différence en plus de 402,950 fr. sur la précédente campagne. Les articles sur lesquels a porté cette augmentation ont été les « maquereaux », pour 21,150 fr.; les « sardines », pour 25,800 fr.; les « soles, plies, turbots, etc. », pour 24,200 fr.; les « thons », pour 303,400 fr.; et les « homards et langoustes », pour 37,900 fr. L'année a été mauvaise pour les deux seuls articles « crabes et araignées de mer » et « crevettes »; le premier a donné une différence en moins de 3,830 fr., et le second, de 2,670 fr.

La pêche à pied occupe 76 personnes; le total de la vente de ses produits ne s'est élevé qu'à 1,837 fr. 50, soit une différence en moins de 75 fr.

Il a été recueilli 675 mètres cubes d'amendements marins, qui ont été vendus 2,025 fr.

2 chaloupes du quartier se sont perdues en 1888, l'une près de Port-Tudy, l'autre à l'Audierne. 2 marins se sont noyés, dont un dans le naufrage de l'une de ces chaloupes.

Auray. — 844 embarcations et 3,319 hommes ont été employés à la pêche en bateau. La campagne de 1888 eût été des plus satisfaisantes si pour les maquereaux et les thons on n'avait eu à constater une diminution sensible dans les quantités capturées; de ces deux articles, le premier a donné, comme total de la vente, 19,900 fr., soit une différence en moins de 8,300 fr. sur 1887, et le second, 360,000 fr., soit une différence en moins de 308,737 fr. Malgré ces déficits sérieux, l'année se solde par une légère différence en plus de 1,436 fr., grâce à des augmentations ainsi réparties : « sardines », 123,245 fr.; « soles, turbots, plies, etc. », 169,921 fr.; « huîtres », 23,965 fr. 50; « coquillages », 2,900 fr., etc.

Le total brut de la vente des produits a atteint le chiffre de 1,236,399 fr.

Il a été récolté en mer 24,440 mètres cubes d'amendements marins, qui ont été vendus 73,320 fr.

1,430 personnes pratiquent la pêche à pied. Le total de la vente des produits s'est élevé à la somme de 42,102 fr., donnant une différence en plus de 901 fr. sur 1887.

L'ostréiculture occupe une place importante dans le quartier, tant au point de vue de l'élevage qu'au point de vue des huîtrières naturelles. La rivière d'Auray et la rivière de la Trinité-sur-Mer renferment plusieurs bancs d'huîtres dans une situation assez florissante. La drague a donné de bons résultats : 3,669,200 huîtres ont été pêchées et ont été vendues à un prix rémunérateur. Il y a lieu, cependant, de remarquer que l'émission du naissain a été peu abondante.

Les mouvements dans les parcs ont été les suivants :

Entrées :

1,083,000 huîtres indigènes de drague, d'une valeur de 16,245 fr.

56,452,000 huîtres d'élevage, d'une valeur de 602,896 fr.

Sorties :

13,986,000 huîtres de 5ᶜ et au-dessus, vendues 369,515 fr.

20,000,000 — au-dessous de 5ᶜ — 180,000 fr.

Le stock restant dans les établissements est de 73,445,000, estimées 1,856,000 fr.

Il a été introduit dans les réservoirs 800 crustacés, d'une valeur de 1,100 fr., qui ont été vendus 1,360 fr.; 40 hectolitres de moules, d'une valeur de 100 fr., ont été placés dans les établissements coquilliers, qui en ont livré 45 hectolitres à la consommation pour le prix de 157 fr. 50.

12 marins du quartier sont morts ou disparus en mer laissant 9 veuves et 20 orphelins.

Vannes. — 881 bateaux, dont 18 pour le « hareng frais », 8 pour le « maquereau », et 133 pour les « soles, turbots, plies, etc. », sont employés à la pêche côtière; ils sont montés par 2,344 marins. La campagne a été peu favorable et sauf pour les articles « harengs frais », « huîtres » et « homards et langoustes », qui ont présenté une différence en plus assez sensible, les autres genres de pêche, et surtout les « soles, turbots, plies, etc. », ont subi des diminutions considérables, tant comme quantités capturées que comme prix de vente. La statistique enregistre, pour ce dernier article, une différence en moins de 76,867 fr.; pour les « moules », de 5,506 fr.; pour les autres coquillages, de 6,200 fr.; et pour les « crevettes », de 5,762 fr.

Le total brut de la vente des produits s'est élevé à 312,632 fr., soit 83,422 fr. de moins qu'en 1887.

Il a été récolté en mer, par les bateaux, 6,160 mètres cubes d'amendements marins, qui ont été vendus 7,285 fr.

La pêche à pied, qui occupe 1,469 personnes, a donné des résultats à peu près identiques à ceux de l'année précédente, soit 135,117 fr. contre 137,426 en 1887. La différence porte sur les « huîtres », pour 1,576 fr., et sur les autres coquillages pour 2.389 fr.; l'article « crevettes » a donné une augmentation de 1,600 fr.

16,260 mètres cubes d'amendements marins recueillis sur la côte ont été vendus 10,569 fr.

Les parcs ont reçu 1,918,300 huîtres indigènes de drague, d'une valeur de 48,580 fr., et 25,393,500 huîtres d'élevage, d'une valeur de 69,357 fr. Ils ont livré à la consommation 2,196,200 huîtres de 5 centimètres et au-dessus pour la somme de 52,250 fr., et 350,000 huîtres au-dessous de 5 centimètres pour la somme de 5,300 fr.

Le stock restant dans les établissements est de 4,548,000 huîtres estimées 197,000 fr.

Les établissements coquilliers ont reçu 10,600 hectolitres de « moules » et autres coquillages estimés 32,000 fr., et en ont livré 6,060 hectolitres pour la somme de 42,300 fr.

Pendant l'année 1888, 4 marins pêcheurs ont disparu; 3 d'entre eux étaient pères de famille.

Belle-Ile. — 1,020 marins, avec 245 embarcations, ont pratiqué la pêche côtière. Les résultats de la campagne de 1888 ont été satisfaisants. En dehors des « crabes et araignées de mer » et « homards et langoustes », tous les articles ont donné des différences en plus : les « maquereaux frais », 19,000 fr.; « sardines », 20,811 fr.; « anchois », 2,500 fr.; « soles, turbots, plies, etc. », 3,000 fr.; « thons », 4,200 fr.; « crevettes », 12,800 fr. L'année a donc été fructueuse; le total brut de la vente des produits a atteint la somme de 575,111 fr., soit une différence en plus de 52,311 fr.

Les sardines sont arrivées avec une telle abondance que les usines n'ont pu toutes les employer, d'où une baisse considérable dans le prix de vente. Il a été pris 4,500 kil. de thon; 2 barques seulement ont pris part à cette pêche.

La pêche à pied, pratiquée par une centaine de personnes, est de peu d'importance ; la statistique relève seulement 60 hectolitres de moules, vendus pour la somme de 270 fr.

Il a été recueilli à la côte 2,000 mètres cubes d'amendements marins, qui ont été vendus 5,000 fr.

Aucun marin pêcheur n'a péri dans l'année par suite d'accident de mer.

PÊCHES DIVERSES

Nos correspondants nous écrivent :

— *De Dunkerque-sur-Mer :* « Depuis quelques jours, la pêche se maintient dans les mêmes limites ; nos bateaux prennent de 200 à 1,000 mesures, mais la moyenne est de 300 à 400 mesures, vendues de 150 à 180 fr. Comme on le voit, les prix ne varient pas non plus. Les arrivages continuent avec abondance et les prix se maintiennent assez bien.

» D'autre part, nous apprenons que certains de nos bateaux, en présence de cette affluence, se rendent à Dunkerque pour y vendre leur poisson. Un seul de ces bateaux en avait pêché 50,000.

» Ces harengs ont été minckés à des prix exceptionnels. C'est ainsi que le beuth de 416 se vendait 3 fr. 50 et 3 fr. 75. En ville, la douzaine de harengs était vendue 20 et 25 centimes. »

— *D'Audierne :* « La pêche à la drague, pratiquée aujourd'hui par une soixantaine de bateaux, fournit une moyenne de 30 fr. de poissons par sortie : turbots, soles et raies.

» La pêche au filet et au casier, pratiquée par une centaine de bateaux, donne en moyenne 25 à 30 fr. par sortie : raies et langoustes. Le prix de la douzaine de langoustes, qui était au commencement de la semaine de 36 à 40 fr., est tombé aujourd'hui à 26 fr., par suite de l'abondance de ces crustacés. Chaque bateau en prend environ une douzaine par sortie.

» La pêche à la ligne est faite par une vingtaine de bateaux. Elle rapporte en moyenne de 7 à 8 fr. de poissons par sortie : lieus, congres, vieilles et tacots. »

LA MORUE ROUGE

Il est assez rare de trouver dans nos pêches d'Islande des morues rouges dont la consommation présente quelque danger. Le mode de préparation et les soins donnés au poisson peu d'instants après sa capture sont d'excellents préservatifs contre l'invasion du rouge. Les pêcheurs d'Islande ont acquis dans ce métier une réputation qui n'est nullement surfaite.

Il n'en est pas de même des pêcheries de Terre-Neuve où la morue est chargée en vrac pour être ensuite soumise au séchage.

Plusieurs savants ont fait des recherches approfondies sur les causes et les effets du rouge de la morue et nous croyons intéressant de donner ici l'opinion de M. Randon, médecin de 1re classe de la marine, qui a été désigné tout spécialement par M. le Ministre de la marine pour faire des expériences sur les lieux de pêche à Terre-Neuve.

C'est durant l'une des dernières campagnes du croiseur *le Laclochelerie*, que M. Randon a étudié à Saint-Pierre-Miquelon cette question assez complexe de la morue rouge. A cette demande : D'où vient le rouge ? l'éminent médecin répond :

« Le rouge de la morue, comme celui qui apparaît sur beaucoup de substances, blanc d'œuf cuit, pomme de terre, pain, hostie, colle, lait, est constitué par certains végétaux inférieurs que les bactériologistes placent dans les algues microscopiques plutôt que dans les champignons, présentant un polymorphisme considérable, qui explique l'incertitude et le peu d'accord des auteurs sur leur terminologie et leur classification.

» Jusqu'à ce jour, il était généralement admis que, pour la morue en particulier, les éléments du rouge venaient exclusivement du sel marin employé au salage.

» En ce cas, il était facile de comprendre que, puisque le sel contenait le microbe, le poisson, qui reste si longtemps en contact avec lui, devait être fatalement envahi quand certaines conditions de chaleur et d'humidité, reconnues comme aptes au développement des organismes inférieurs, se présentaient.

» Pendant notre campagne, dans des recherches qui ont porté sur l'eau de mer et le poisson frais avant l'opération du salage, recherches que personne avant nous n'avait pu faire, et qui ont été contrôlées dans le laboratoire de botanique de la Faculté des sciences de Marseille, nous avons éliminé ces deux éléments comme cause du rouge. »

M. Randon conclut :

« 1° Les éléments du rouge sont dans l'air, ils se déposent sur la morue et s'y développent pour certaines raisons et dans certaines conditions.

» 2° Le sel peut contenir des chromogènes, mais c'est une cause secondaire.

» On comprend pourquoi les auteurs qui n'ont pas observé à Terre-Neuve, ayant trouvé dans le sel des microbes chromogènes, leur ont attribué un rôle prépondérant dans l'étiologie du *rouge*, et pourquoi ceux qui ont trouvé plus de microbes dans les sels de Cadix, pour des raisons spéciales, que dans les autres sels, ont attribué la fréquence de la morue rouge, depuis quelques années, à l'usage presque exclusif que l'on fait actuellement de ces sels inusités autrefois. »

La morue rouge présente-t-elle de graves dangers? Nos savants sont d'accord pour déclarer que la morue rouge n'est pas toxique en principe.

Dans son étude sur le rouge, le professeur Édouard Heckel établit que la morue devient rouge sans être toxique, mais qu'elle peut, dans certains cas, heureusement rares, devenir toxique par le rouge.

Tous nos pêcheurs sont d'accord pour déclarer que l'une des conditions de la conservation de la morue est une bonne dessiccation. Le séchage actuel n'est plus porté aussi loin dans nos sécheries métropolitaines que dans les sécheries de Terre-Neuve, ce qui paraît devoir contribuer dans une certaine mesure à la propagation du rouge depuis une dizaine d'années.

Ajoutons que chaque jour apporte de nouveaux progrès dans le perfectionnement du séchage de la morue et qu'il n'est pas douteux que l'on arrivera dans un avenir prochain à faire disparaître complètement le rouge de la morue, en modifiant le mode de préparation.

PISCICULTURE

Par où le poisson respire-t-il? demande M. Jousset de Bellesme. Le corps est couvert d'écailles qui rendent la peau imperméable à l'eau. Mais, de chaque côté de la tête, se trouvent des ouvertures où l'eau pénètre. C'est donc par là qu'il s'assimile l'oxygène. Une grenouille respire presque autant par la peau que par les poumons; chez elle la respiration cutanée est telle qu'elle peut vivre longtemps après l'ablation des poumons.

L'appareil respiratoire, ou branchies, varie de forme. Chez les axolotls, ou les jeunes salamandres et tritons, elles ont la forme d'un arbre, d'où leur est venu leur nom. Chez les poissons, l'aspect en est différent. Elles se composent d'une sorte d'arc recourbé, cartilagineux, blanc, appelé arc branchial, qui sert de charpente à l'appareil. Sur cet arc s'implantent, comme les dents d'un peigne, mais deux à deux, des lamelles fines, minces, ténues. Du pied de chaque lamelle part un vaisseau sanguin qui va vers l'extrémité, se ramifie et redescend, en se réunissant en un second vaisseau, sur l'autre bord de la lamelle. De chaque côté de la tête, il y a 4 arcs branchiaux, donc 8 en tout.

Dans la concavité de l'arc branchial, on trouve aussi d'autres lamelles blanches, très développées quelquefois, comme dans l'alose. Mais elles ne servent qu'à empêcher les aliments de passer dans l'appareil respiratoire.

Le nombre de lamelles des branchies varie beaucoup. Un goujon en a 800, une tanche 1,500, un barbeau 1,700, une carpe 2,160. Quand il y a un grand nombre de lamelles, le poisson peut vivre dans une eau peu aérée, car le peu d'air qu'il y a, il l'absorbe.

Les cavités branchiales se trouvent des deux côtés de la tête. Les arcs branchiaux y sont suspendus par leurs extrémités. Elles se trouvent entre la langue et l'os hyoïde en bas, les os du crâne en haut et les opercules, que l'on appelle *ouïes*, bien qu'ils n'aient aucun rapport avec l'appareil auditif.

Les ouïes varient de forme. Quelques-unes sont larges, comme chez les truites, d'autres étroites, comme chez les anguilles, d'autres enfin sont circulaires, comme dans la lamproie. Un poisson qui a les ouïes très petites peut rester très longtemps hors de l'eau. Le contraire a lieu quand ils ont les ouïes très larges. Tout l'appareil respiratoire est très mobile, surtout le dessous de la cavité où sont les rayons branchiogènes. Tout peut se dilater.

Voici comment s'opère le mécanisme de la respiration : le poisson contracte les rayons branchiogènes, ferme les opercules et réduit sa bouche au minimum. Puis, tout en laissant les opercules fermées, il ouvre la bouche et dilate les rayons branchiogènes. L'eau entre dans la cavité branchiale. Alors il ferme la bouche, l'eau pressée sort par les opercules qu'il a entr'ouverts. Les lamproies ont la bouche collée sur le fond ou les parois du bassin, comme on peut le voir à l'aquarium du Trocadéro. Leurs ouïes sont de forme circulaire, et par les mêmes trous entre et sort l'eau.

Dans le passage de l'eau sur les branchies réside le phénomène de la respiration. Pour le comprendre, il faut s'appuyer sur le principe physique de l'osmose. Un long tube de verre, ouvert en haut, est fixé à une vessie renfermant de l'eau sucrée, par exemple. On la plonge dans un vase contenant de l'eau pure, on voit alors le niveau de l'eau monter dans le tube. Il y a donc un passage du liquide à travers la vessie. C'est une diffusion qu'on appelle *osmose*.

Ce principe existe aussi pour les gaz; du reste, on sait que les membranes livrent passage facilement au gaz. Pour les poissons, quand l'eau passe sur les branchies, l'air dissous dans cette eau passe par osmose dans le sang, et en même temps le sang rend à l'eau son acide carbonique par le même principe. Le sang prend donc l'oxygène de l'eau et lui rend son acide carbonique. C'est là la respiration. Donc quand l'eau ne contient pas assez d'air, les poissons montent à sa surface et finissent par mourir.

Mais il n'y a pas rien que l'air qui passe ainsi. Les

poissons peuvent absorber certaines substances en dissolution. Des poisons comme la noix vomique, la coque du
Levant peuvent tuer ainsi ces animaux. Les eaux coulant
en différents terrains peuvent devenir calcaires, siliceuses
et marneuses, selon les substances minérales qu'elles tiennent en dissolution. Mais les poissons n'absorbent pas ces
sels. Et quand on dit que telle espèce vivant dans la Loire ne
peut vivre dans la Seine, on se trompe. Les eaux n'ont
aucune différence pour les poissons.

Ajoutons maintenant du sel marin dans l'eau. Les poissons d'eau douce, d'abord agités, finissent par mourir.
Quand l'eau salée est de même densité que le sang, il y a
osmose, c'est-à-dire passage du chlorure de sodium dans
le sang. Les poissons meurent alors.

Si certaines espèces, comme les saumons, peuvent vivre
en eaux douces et eaux salées, c'est que, par l'habitude, les
membranes et leurs branchies n'absorbent plus le chlorure
de sodium. Il en est de même de la plupart des poissons
d'embouchure : les anguilles, lamproies, flais, etc.

NOUVELLES MARITIMES

Un arrêté de M. le Ministre de la marine a décidé que M. le
sous-commissaire Le Clésio, chef du quartier maritime de La
Teste, irait continuer ses services au port de Cherbourg.

Par un autre arrêté, M. le Ministre de la marine a nommé à
la tête du quartier de La Teste M. Guerry, sous-commissaire du
port de Lorient.

Nous ne laisserons pas partir M. Le Clésio sans exprimer tous
les regrets que causera son départ de La Teste. Fonctionnaire
laborieux et très expérimenté dans les questions de pêcheries et
d'ostréiculture, il a rendu de nombreux services au quartier
maritime, services qu'on n'oubliera pas dans le Bassin d'Arcachon tout entier.

Le successeur de M. Le Clésio n'est pas un inconnu pour
nous, nous le savons également très laborieux. M. Guerry
s'est occupé de pêche, il a suivi avec beaucoup d'attention tous
les travaux publics sur les pêcheries, et depuis longtemps, il n'a
négligé aucune occasion de s'instruire sur cette question. Il
n'ignore pas quels sont les besoins du quartier qu'il est appelé
à diriger. Puisque nous devons perdre l'honorable M. Le Clésio,
nous reconnaîtrons que le choix de M. Guerry pour le remplacer
est excellent.

Le Directeur-Gérant, J. CHAPEAU (✳, ✳ ✳).

REVUE

DES

PÊCHERIES MARITIMES

OSTRÉICULTURE

Un Parc d'expérimentation.

Nous apprenons que le Ministre de la marine aurait décidé que, pour protéger l'ostréiculture française, si habilement exploitée par un groupe de capitalistes belges, ainsi que nous l'avons clairement démontré dans la note que nous avons publiée dans notre dernier numéro, des mesures seraient prises pour créer immédiatement, sur les côtes de la Manche et de la mer du Nord, un parc d'expérimentation. Boulogne-sur-Mer serait, nous assure-t-on, déjà choisi pour champ d'expérience.

Nous applaudissons des deux mains à ces sages résolutions qui indiquent, de la part de l'administration, des tendances à s'occuper de défendre énergiquement l'industrie si intéressante de l'ostréiculture française.

La Portugaise ;
Par M. E. Yoc.

On lit dans le *Bulletin de la Société centrale d'aquiculture* :

Le Bulletin du mois de septembre dernier reproduit une lettre de M. de Wolbock relative à l'introduction et à l'élevage des Portugaises dans les eaux du Morbihan.

Nous n'avons pas l'intention de discuter la question en litige. Nous ne prenons parti ni pour M. de Wolbock ni contre l'administration et reconnaissons que la prudence est mère de la sûreté, bien que nous jugions un peu chimériques les craintes d'envahissement de la Portugaise dans la Bretagne.

Mais nous voudrions réagir contre certaines préventions dont est l'objet ce mollusque si dédaigné, si redouté, ce pelé, ce galeux...

Nous ne prétendons pas proclamer la saveur et la qualité des Gryphées. On est généralement d'accord pour trouver leur goût détestable, ce qui n'empêche pas qu'il s'en fasse une consommation incroyable. Nous n'en voulons pour preuve que le poids des arrivages constatés à l'octroi de Paris en particulier. Il ne faudrait pas juger par là du bon goût des Parisiens.

Pourquoi lui en veut-on tant à cette malheureuse Portugaise? C'est moins à cause de son infériorité que de la concurrence qu'elle fait à l'huile plate, l'*Ostrea edulis*, le mets favori des bouches fines, l'élevage de prédilection des gros ostréiculteurs, celui qui donnait autrefois de si jolis bénéfices avant l'apparition de la Gryphée dans nos parages.

L'*Ostrea edulis* est restée l'huître du riche et du bourgeois; la Portugaise est devenue l'huître du pauvre et de l'ouvrier, qu'on se place au point de vue de l'élevage ou de la consommation.

C'est une erreur de croire (à notre avis du moins) que la Portugaise ait fait tant de tort à la consommation de l'huître plate et qu'elle disparaîtra des marchés le jour désirable, sans doute, mais non prochain, où les ostréiculteurs pourront livrer l'huître française à un prix peu élevé.

Nous ne prévoyons guère, en effet, qu'on puisse réduire beaucoup le prix de revient de l'*Ostrea edulis*. On aura beau augmenter la production sur collecteurs, reconstituer les bancs naturels, multiplier les parcs d'élevage, l'huître plate, qui ne vaut pas plus à l'état de naissain que la Portugaise du même âge, nécessitera toujours des frais de préservation et de culture, un choix de terrains, une durée d'élevage qui maintiendront son prix très sensiblement égal à ce qu'il est aujourd'hui.

Ces deux espèces n'ont de commun que le nom générique. Ce sont, en réalité, deux coquillages différents qui ont

chacun leur clientèle comme ils ont des cultivateurs différents, à quelques exceptions près.

L'élevage et la culture de l'huître plate n'auraient certes
pas suffi à sauver de la misère nos marins, nos sauniers et
nos cultivateurs depuis une quinzaine d'années que le cabotage à voile est remplacé par les vapeurs et les chemins de
fer, que les marais salants sont en partie abandonnés ou
improductifs, que le phylloxera a envahi et détruit nos
vignobles. — C'est un hasard providentiel, un accident dont
on ne pouvait prévoir les bienfaisantes conséquences, qui,
juste au moment opportun, est venu peupler nos côtes de
ces infâmes et informes Portugaises auxquelles nos populations besogneuses doivent le bien-être relatif dont elles
jouissent aujourd'hui.

Nous lisons dans le compte rendu de la séance du
27 juin 1889 de la Société centrale d'aquiculture que « M. le
» Président, qui a reçu une grande quantité de brochures
» concernant les huîtres de Portugal, les considère comme
» des impedimenta aussi bien pour la navigation que pour
» les pêcheurs, qui ne trouvent pas dans leur vente des
» prix rémunérateurs. »

A cela, nous répondrons que la concurrence, et surtout le
défaut d'éducation commerciale, ont certainement amené
l'avilissement des prix. Mais il n'en subsiste pas moins que,
dans les quartiers maritimes de Marennes et de l'île d'Oléron, l'élevage, la culture et l'expédition de la Portugaise
occupent peut-être autant de bras, aident à vivre autant,
sinon plus, de familles que la manutention de l'huître plate.

Si l'élevage de la Portugaise ne payait pas le temps qu'on
y consacre, il se restreindrait au lieu d'augmenter chaque
année. Assurément, cette industrie ne rapporte pas ce qu'on
serait en droit d'en attendre en tant qu'industrie. Toujours
est-il que le produit en est encore beaucoup plus rémunérateur que celui de la terre.

Pour ce qui est des impedimenta qu'on reproche aux
Portugaises d'être pour la navigation, nous ignorons à quoi
M. le Président a voulu faire allusion. Nous ne voyons pas
quelles entraves cet élevage peut apporter à la navigation,
du moins dans notre contrée.

13.

Nous ne saurions partager davantage l'opinion qui a été émise que l'huître portugaise contracte la saveur et l'odeur de la vase dans laquelle elle vit. Beaucoup de Portugaises sont élevées sur fonds de sable et de roches. Nous n'avons pas constaté que leur goût ordinaire et *sui generis* en fût sensiblement modifié, et les moins appréciées ne sont pas celles qui proviennent des chenaux vaseux qui se déversent dans la Seudre. — Comment expliquer et admettre, au surplus, que la vase qui sert de lit et sans doute aussi quelque peu de nourriture à nos excellentes Marennes vertes, exerce une influence diamétralement opposée sur la qualité de la Portugaise?

Quant à la comparaison qui a été faite de l'huître amateur de vase au porc amateur de fange, elle ne tendrait qu'à démontrer, au contraire, le peu de rapport qui existe entre la saveur de certains produits et les milieux d'où ils sont sortis. Pour nous, l'huître ne contracte pas plus le goût de vase que la chair du porc l'odeur de fange.

En ce qui concerne le prix de vente de l'huître portugaise, il est exact que le consommateur paie à Paris la douzaine de 60 à 90 centimes, ce qui constitue au profit du détaillant un bénéfice plus que normal. — Cependant le prix de vente sur les lieux d'élevage n'est pas aussi dérisoire que celui qui a été indiqué. La Portugaise comestible de 2 et 3 ans (plus forte que la plate de 4 et 5 ans) vaut, suivant grosseur, de 10 à 12 fr. le mille, et revient à Paris, avec les frais d'expédition, transport et octroi, de 20 à 35 fr. environ (et non à 9 fr.). Le détaillant paie au marchand en gros de 2 fr. 50 à 4 fr. le cent, qu'il revend de 5 à 8 fr. au consommateur, c'est-à-dire à peu près le double de ce qu'elle lui coûte.

Il y a certainement là un bénéfice exorbitant (presque scandaleux si on le compare à celui de l'éleveur) qui entrave la consommation d'une denrée à laquelle l'avenir réserve, croyons-nous, une plus large place dans l'alimentation générale. — Mais l'étude de cette question nous entraînerait trop loin.

Nous nous proposons d'y revenir une autre fois à propos des tarifs de chemins de fer et des octrois, ces deux ennemis de l'industrie ostréicole, ceux qui paralysent le plus son expansion à leur propre détriment et au préjudice de toutes les localités éloignées des lieux de production.

Observations sur la note précédente;
Par M. le D' Brocchi.

On nous permettra de faire suivre l'intéressante note de M. E. You de quelques observations.

Tout d'abord, notre collègue s'imagine bien à tort que nous sommes animés de mauvais sentiments envers l'huître portugaise. Nous avons toujours été d'avis que ce mollusque, ne présentant aucun inconvénient au point de vue de l'alimentation publique, devait avoir libre accès sur nos marchés. Nous nous contentons de lui trouver une triste apparence et un goût déplorable.

C'est bien à tort aussi que M. You pense que les Parisiens ont une préférence marquée pour le mollusque du Tage.

Seulement, ils sont gens d'imagination, et grâce à cette qualité ils s'imaginent déguster une huître de Marennes en avalant une portugaise. Ce ne sont, d'ailleurs, ni les *pauvres* ni les *ouvriers* qui consomment les Gryphées. L'immense majorité des huîtres *plates* est consommée soit dans les restaurants de premier ordre, soit, au contraire, chez les marchands de vin fréquentés par les ouvriers.

C'est parmi la petite bourgeoisie peu fortunée qu'il faut chercher les consommateurs d'huîtres portugaises. Certes, les employés, fonctionnaires, etc., préféreraient manger les huîtres charentaises ou bretonnes, mais ils sont raisonnables, et pour cause!

Nous voulons espérer encore, malgré les assertions de notre collègue, que le prix des huîtres ordinaires pourra être abaissé.

Il suffirait, peut-être, pour arriver à ce but si désirable, que les ostréiculteurs s'entendissent pour supprimer une partie au moins des intermédiaires, que les Compagnies de chemins de fer... Mais M. You nous promet de traiter cette question; nous prenons note de cette bonne promesse.

Encore un mot cependant. En 1887, les Portugaises se vendaient 3 francs le mille au Verdon. A la même époque, plusieurs ostréiculteurs de cette région nous ont déclaré qu'ils ne relèveraient pas leurs collecteurs, cette opération devant les entraîner à des frais non compensés par les prix de vente. Nous sommes très heureux d'apprendre que les prix se sont relevés, mais il n'en est pas moins vrai que nous payons 80 centimes la douzaine d'huîtres revenant au débitant 35 centimes environ. Par conséquent, si le bénéfice prélevé par ces industriels sur les huîtres *plates* est dans les mêmes proportions, nous pouvons bien espérer obtenir une diminution dans des temps plus heureux.

Nous nous permettrons à notre tour de faire suivre de quelques courtes observations la note de M. le Dr Brocchi. Nous ne croyons pas, comme lui, que le goût des huîtres portugaises ait un tel rapprochement du goût des huîtres de Marennes, que les Parisiens ne sachent pas en faire la différence : leur puissance d'imagination n'arriverait pas à accomplir un tel prodige. Nous nous permettrons encore de ne pas être de l'avis de M. le Dr Brocchi quand il affirme que les huîtres plates sont consommées aussi bien dans les restaurants de premier ordre que dans les restaurants populaires. Hélas ! non. L'ouvrier qui déguste « sa douzaine » avale exclusivement des Portugaises, non point qu'il ne les trouve inférieures aux huîtres vertes de Marennes, mais parce qu'elles sont plus économiques, sous le double rapport du prix et de la grosseur.

Nos lecteurs d'Arcachon et d'Auray ne nous en voudront pas de donner à l'huître portugaise un aussi grand luxe de polémique, mais nous croyons qu'il y a précisément intérêt pour eux à savoir quelle importance prend l'huître du Tage dans l'alimentation populaire et surtout à Paris.　　　　NINON DESVARENNES.

Le *Journal officiel*, sous la signature « Noël Bretagne », publie la note suivante :

La campagne ostréicole bat en ce moment son plein ; les expéditions des centres de production sont considérables, de même que les arrivages à Paris. Les cours s'établissent ainsi :

Huîtres d'Arcachon, de 3 à 7 fr. ; Armoricaines d'excellente qualité, d'Ezzano-Carnac, s'expédiant à domicile par colis postaux, de 6 à 10 fr. ; Bretonnes de Gestalin-Riec, très en chair et supérieures aux Ostende, de 13 à 20 fr. ; Marennes blanches et vertes, de 8 à 16 fr. ; Portugaises, de 3 à 5 fr.

Nous entrons en ce moment dans la période de complet engraissement des huîtres et sommes arrivés à l'époque où elles possèdent leur saveur et toutes leurs qualités nutritives.

Lettre d'un Ostréiculteur.

Nous avions résolu de clore la polémique qu'avait soulevée le rapport de M. Berthoule sur les concessions ostréicoles, mais, sur l'instante prière qui nous est adressée, nous insérons la lettre suivante qui démontrera encore une fois combien est grande notre impartialité :

« Le Château d'Oléron.

» Le rapport de M. Berthoule expose qu'il faut bien le reconnaître, après la longue expérience qui a été faite, cette tradition administrative est mauvaise, elle a engendré des abus déplorables ; on propose de traiter cette partie du domaine comme les forêts, les chasses, qui passent par le feu des enchères qui en fixe la juste valeur. C'est surtout depuis dix-huit années que les abus ont gagné du terrain : de 588 hectares de terrain concédés en 1871, on est arrivé à 13,000 hectares en 1885. Les abus sont de trois sortes :

» 1° Des transactions que la loi prohibe formellement ;

» 2° Des concessionnaires qui occupent des étendues considérables, tandis qu'à côté d'eux des marins sollicitent en vain : on ne peut plus en disposer ;

» 3° Le principe de l'interdiction pour les titulaires de disposer des concessions qu'ils ont obtenues est écrit en tête du droit public, qui proclame solennellement l'inaliénabilité et l'imprescriptibilité du domaine. La faveur des concessions est essentiellement personnelle et révocable.

» C'est dans le but, louable sans doute, de faire cesser tous les abus que la mise en adjudication des parcelles du domaine maritime susceptible d'une exploitation privée est proposée, pour le produit être versé dans la caisse des Invalides et réparti également entre tous les marins de toutes les catégories, tant ceux des rivages de la mer que ceux des fleuves, des rivières et des canaux navigables.

» Cette répartition, faite également entre les marins de toutes les catégories, serait une juste mesure si tous les marins avaient les mêmes aptitudes, couraient les mêmes dangers, supportaient les mêmes souffrances et les mêmes privations, rendaient enfin les mêmes services : ils devraient, en effet, dans ce cas, avoir les mêmes droits ; mais il en est bien autrement : les marins forment deux catégories bien distinctes, la première renferme les marins du rivage de la mer, ceux que l'on se plaît à appeler familièrement les loups de mer, parce que, depuis leur enfance, ils se sont habitués à affronter les tempêtes. Lorsqu'ils sont surpris par un gros temps dans leurs barques de pêcheurs, au danger qu'ils courent tous les habitants de leur village sont sur la grève, souffrant toutes les angoisses à chaque lame écumante qui soulève l'embarcation ; c'est que trop souvent ils ne retournent pas, et dans la famille il y a des veuves et des orphelins de plus ; et encore lorsque ces marins font la grande pêche ou les grands parcours sont-ils trop souvent privés du nécessaire, couchés sur un peu de paille, n'ayant pour manger que des biscuits véreux et de la salaison gâtée ; privés d'eau douce, les effets mouillés sur le corps sans pouvoir les remplacer ni les nettoyer ; le scorbut dans la bouche et des pustules autour du col et des poignets, voilà le sort et la vie du marin du commerce, et c'est toujours sur le rivage de la mer que sont choisis ces marins pour les services les plus durs et les plus dangereux.

» Tous sont appelés au service de la flotte ; mais à bord des vaisseaux de l'État, ce sont toujours les marins des rivages de la mer qui montent dans la mâture ; tous les postes périlleux sont occupés par ceux-là ; les marins des rivières et des canaux sont occupés en bas, dans les batteries ; ce sont bien tous des hommes braves, courageux, intrépides, mais encore faut-il faire une plus large part à ceux qui ont le plus souffert.

» Les marins qui fréquentent les rivières, les canaux navigables, y vivent de longues années ; s'ils transportent dans leurs gabares la cargaison par toutes les intempéries des saisons, c'est absolument comme les rouliers qui transportent leur chargement sur les grands chemins, eux aussi, par tous les temps. Ce sont là de rudes métiers ; mais encore le marin qui fréquente les rivières est-il mieux nourri : toujours des vivres frais; si le temps est trop mauvais, il peut amarrer sa galiote à un arbre et se coucher dans sa cabine; en arrivant devant un village, il peut facilement descendre à terre et aller se rafraîchir ou se reposer. Voilà pourquoi on doit faire une différence entre les deux catégories de marins, et pourquoi une répartition absolument égale entre tous ne serait pas une mesure juste.

» De plus grands services étant rendus à l'État par les marins de la mer, c'est à ceux-ci qu'il importe de donner davantage, et voilà pourquoi sans doute le législateur a réservé des concessions sur le domaine public maritime aux marins du littoral, à titre gratuit, personnel et révocable, sans pouvoir ni vendre ni louer leurs concessions sous peine de déchéance. Cependant, si la veuve d'un de ces braves marins, à laquelle on a accordé la jouissance de quelques viviers pour améliorer sa situation, ne peut plus aller à la côte pour y travailler, soit à cause de son grand âge ou de ses infirmités, et qu'elle se trouve dans l'obligation de les faire exploiter par un autre ou bien de les affermer, peut-on dire que c'est un abus? le Commissaire de l'inscription maritime du quartier qui aura fermé les yeux sur un cas semblable ou analogue pourra-t-il être repris? Assurément non, car il n'aura fait là qu'une tolérance bienfaisante.

» Combien est grande la différence entre une tolérance bienfaisante et le tolérantisme qui seul a engendré tous les abus signalés dans le rapport de M. Berthoule!

» Quoi qu'il en soit de l'octroi des concessions à des personnes ayant des droits légitimes ou non, il n'en existe pas moins que tous les concessionnaires sont munis d'un titre de jouissance autorisé par une décision ministérielle. Chaque concessionnaire a été autorisé à créer un établissement sur une parcelle de terrain stérile absolument improductif; chacun a apporté ses soins, son intelligence, son argent, pour arriver à métamorphoser ce sol sans valeur, en un terrain productif à ce point que, dans le rapport, on dit que les ostréiculteurs livrent 600 millions d'huîtres à la consommation.

» Ainsi, ces terrains autrefois sans valeur, produisent

600 millions d'huîtres; mais à 75 kilogrammes le mille, c'est une augmentation de transport, pour les chemins de fer, de 45 millions de kilogrammes; le droit d'entrée à 0 fr. 75 le mille, c'est encore une augmentation d'octroi pour les villes de 450,000 fr.; les 13,000 hectares doivent produire au Trésor, à 50 fr. par hectare de redevance, 450,000 fr.; et les 22,000 concessionnaires qui exploitent ces terrains payant au Trésor 22,000 patentes à 50 fr. l'une en moyenne, produisent au Trésor plus d'un million de francs; ces terrains seraient donnés même en toute propriété, à ceux qui ont fait les sacrifices pour en changer la nature et le produit, que l'État y trouverait encore un grand intérêt.

» Eh bien, c'est aujourd'hui que ces terrains ont été mis en culture ostréicole, à l'aide de la persévérance et d'énormes sacrifices, qu'il est proposé de confisquer pour ainsi dire, à ceux qui en ont fait tous les frais, ces établissements si durement acquis; on ne dit pas le nombre considérable de personnes de tous rangs et de tous grades civils ou militaires en retraite, qui se sont ruinées pour avoir essayé l'élevage et la reproduction des huîtres; on ne parle pas des gelées, ni de l'invasion des moules, ni de tous les aléas de la mer, qui ruinent beaucoup d'ostréiculteurs, et privent les marins de bénéfices sur ces terrains dont ils ont reçu la jouissance pour améliorer leur situation.

» La mise en adjudication de ces parcelles du domaine public maritime aura-t-elle pour effet d'accorder aux marins et aux petits la faculté d'acquérir, même au prix de la concurrence des enchères, trois ou quatre viviers qui leur sont nécessaires? Un vivier ou une claire étant d'un are environ, si on admet quatre ares indispensables à un marin ou à une autre personne peu fortunée, on se trouvera dans l'obligation de procéder à 325,000 adjudications pour les 13,000 hectares accusés dans le rapport.

» En procédant, comme pour les chasses, par des lots d'une grande étendue, il n'y aurait que des riches ou des sociétés financières qui pourraient aborder les enchères; et pour permettre à ces gros détenteurs de concessions de subdiviser en parcelles, qu'ils céderaient à prix d'argent aux petits et aux humbles, il faudrait mettre le pied sur la loi qui déclare ces terrains inaliénables et imprescriptibles.

» Il convient donc, comme le poète, de laisser les roses aux rosiers et les choses comme elles sont, puisque le législateur a très bien fait ce qui existe; seulement, à l'avenir, que les abus disparaissent, en exécutant simplement les règlements, sans distinction ni favoritisme, et les choses redeviendront tout doucement sans préjudice pour personne dans leur état normal, d'où elles n'auraient pas dû sortir.

» Le marin, le vrai marin auquel on accorde trois ou quatre viviers gratuitement, devrait posséder cette jouissance sans aucune inquiétude, en se conformant aux règlements; puis s'il lui plaît, ou bien s'il le peut, obtenir comme les autres ostréiculteurs une plus grande quantité de concessions pour étendre ses affaires et faire du commerce, il devrait alors payer à l'État la même redevance que tous les ostréiculteurs, pour le surplus.

» La caisse des Invalides ! Mais par ce principe que la mer appartient aux marins, il semble qu'elle devrait s'augmenter du produit des redevances payées à l'État pour l'occupation temporaire des concessions, au lieu d'être perçues par l'administration des domaines, au profit du Trésor, et si chacun paye désormais les redevances conformément aux règlements, la caisse des Invalides sera suffisamment pourvue pour satisfaire à ses charges et fournir aux veuves et aux orphelins des braves marins dont on se plaît tant à louer les services rendus à l'État, des secours plus en rapport avec leur situation. » J. »

LA PÊCHE DANS LE 3ᵉ ARRONDISSEMENT MARITIME EN 1888

Statistique *(suite)*.

Le Croisic. — 345 bateaux montés par 1,750 hommes sont employés à la pêche côtière. La campagne de 1888 a été généralement bonne, et, sauf la sardine pour laquelle les pêcheurs ont éprouvé de sérieux mécomptes, tous les genres de pêche ont donné d'heureux résultats.

Les harengs ont été très abondants, mais leur prix a été peu rémunérateur. 114,280 kilog. de ce poisson ont été vendus

18,500 fr. La pêche du maquereau a été assez fructueuse. Les sardines ont été capturées en quantités considérables, mais elles étaient de si petite dimension qu'il était presque impossible de les vendre aux prix les plus modiques; plusieurs marins n'ont pu couvrir leurs frais. Cet article donne une différence en moins sur le total de la vente, en 1887, de 105,214 fr. bien qu'il ait été pêché 43,292,000 sardines, soit 30,196,700 de plus que pendant cette dernière année. L'article « soles, turbots, plies, etc.,» a été le plus favorisé. 3,925,750 kilog. de poissons ont été vendus 3,500,000 fr., soit une différence en plus de 278,386 fr. sur 1887. Il a été capturé 270,550 « homards ou langoustes » qui ont été vendus 542,825 fr., soit une augmentation de 106,825 fr. sur le total de la vente de l'année précédente. Les crevettes ont été rares, mais grâce au prix rémunérateur la vente a produit, à 311 fr. près, le même total qu'en 1887, soit 154,075 fr.

Le total brut de la vente des produits de tous les articles a atteint la somme de 4,434,168 fr., donnant 291,729 fr. de plus que l'année précédente.

La pêche à pied est exercée par 1,130 personnes; les résultats en ont été à peu près les mêmes que ceux de 1887. Il faut cependant constater une différence en moins de 3,175 fr. sur le total brut de la vente des produits, qui a atteint la somme de 89,680 fr. Les articles les moins favorisés ont été les poissons frais et les coquillages qui ont subi une diminution, les premiers de 5,600 fr., et les seconds de 8,100 fr. La pêche des huîtres a donné de bons résultats. 551,000 huîtres ont été vendues 16,550 fr.

La récolte des amendements marins sur la côte a produit 10,000 mètres cubes, vendus 45,000 fr.

2,662,200 huîtres d'élevage, d'une valeur de 28,500 fr., ont été introduites dans les parcs qui ont livré 2,176,076 huîtres de 5 centimètres et au-dessus, au prix de 65,844 fr. et 230,000 au-dessous de 5 centimètres, au prix de 4,286 fr. Le stock restant dans les établissements est de 2,500,000 huîtres estimées 48,500 fr.

Les parcs à huîtres de la baie du Bile sont, pour la plupart, dans un état très satisfaisant. Les coquillages que renferment ces établissements, alimentés par la réserve de l'État, sont d'excellente qualité et de belle dimension, et croissent rapidement.

30,000 crustacés, d'une valeur de 60,000 fr., ont été introduits dans les réservoirs qui en ont livré 31,000 au prix de 93,000 fr. Les établissements coquilliers ont reçu 1,900 hectolitres de moules d'une valeur de 300 fr., et 10,000 hectolitres de coquillages d'une valeur de 4,500 fr. Ils ont livré à la consommation 900 hectolitres de moules pour la somme de 13,500 fr. et 7,500 hectolitres de coquillages pour la somme de 6,000 fr.

2 bouchots à moules, d'une superficie de 3 hectares et de 2 hectares 50, ont été créés à Treliguier (syndicat de Penestin), et le second sur le littoral du syndicat de la Turballe.

Un réservoir à poissons de 10 ares 89 de superficie est en voie de construction près du chenal de Croisic.

Deux bateaux de pêche, l'*Ami du peuple* et le *Beaumanoir*, montés chacun par trois hommes d'équipage, se sont perdus corps et biens, le premier sur les récifs du Four, le 18 mai 1888, et le second à l'entrée du chenal de l'île Dumet le 28 décembre suivant.

Saint-Nazaire. — La pêche côtière occupe 68 bateaux avec 112 hommes d'équipage ; elle n'est pratiquée que dans des proportions très limitées dans ce quartier. Les résultats de l'année 1888 sont meilleurs que ceux de la précédente campagne ; le total brut de la vente des produits a atteint 33,300 fr., soit une augmentation de 10,000 fr. sur 1887. Dans ce chiffre, les « soles, turbots, plies, etc., » entrent pour 26,900 fr. avec une différence en plus de 7,700 fr., et les « crevettes » pour 6,400 fr. avec une différence en plus de 2,300 fr.

La pêche à pied est exercée par 285 personnes; elle a plus d'importance que la pêche côtière ; comme pour celle-ci, les résultats ont été meilleurs que ceux de l'année 1887.

Le total brut de la vente des produits s'est élevé à la somme de 45,435 fr., dont 43,000 fr. pour le poisson frais, 600 fr. pour les « moules », 615 fr. pour les « autres coquillages », et 1,220 fr. pour les « crabes et araignées de mer ». La précédente campagne n'avait produit que 39,618 fr.

La récolte sur la côte des amendements marins a donné 917 mètres cubes vendus 2,521 fr.

Nantes. — La pêche côtière emploie 837 bateaux montés par 1,012 hommes. Les pêcheurs de ce quartier pêchent exclusivement dans la Loire et les espèces qu'ils prennent sont de deux sortes : les poissons migrateurs, c'est-à-dire ceux qui vivent alternativement dans les eaux douces et salées, saumon, alose, lamproie, mulet, et les poissons d'eau douce, brochet, carpe, barbillon, anguille, etc.

La pêche des poissons de la première catégorie, la plus abondante et la plus fructueuse, commence en février et se termine en juin ; les engins employés sont la senne, le filet courant, le carrelet, etc. Pendant l'année 1888, où les crues de la Loire ont été fréquentes, les pêcheurs se sont souvent vus forcés de rester inactifs, les produits de la pêche ont été par suite inférieurs en quantité à ceux de la campagne précédente; 445,789 kilog. de poissons ont été capturés au lieu de 471,117 kilog. en 1887, mais les prix ont été très rémunérateurs. Le total brut de la vente des produits a atteint la somme de 1,884,468 fr., soit une différence en plus de 706,676 fr.

La pêche à pied, qui est exercée par 183 personnes, a été moins favorisée que la pêche en bateau. Le total brut de la vente des produits s'est élevé à 237,802 fr., soit une différence en moins de 8,960 fr. sur l'année 1887.

Quelques embarcations de pêches ont été emportées par les grandes eaux ou les glaces ou perdues avec leurs engins, mais ces sinistres n'ont pas eu d'importance et il n'y a pas eu de victimes.

Paimbœuf. — 93 bateaux montés par 280 hommes sont employés à la pêche côtière. Les résultats en ont été des moins satisfaisants; le total brut de la vente des produits a atteint la somme de 47,885 fr., soit une diminution de 37,420 fr. sur la précédente campagne; cette différence considérable porte sur les « soles, turbots, plies, etc., » pour 34,000 fr.; sur les « moules », pour 270 fr.; les « crabes et araignées de mer », pour 150 fr.; les « homards et langoustes », pour 2,000 fr., et les « crevettes », pour 1,000 fr. — Aucun article n'a présenté d'augmentation.

La pêche à pied est exercée par 895 personnes (les femmes et les enfants ne figurent pas dans ce chiffre). Le total brut de la vente des produits a atteint la somme de 73,910 fr., soit 19,790 fr. de moins qu'en 1887; cette diminution provient de l'article « diverses espèces de poissons » (poissons frais), qui n'a produit que 39,810 fr. au lieu de 63,000 fr. en 1887. Les « moules » ont donné une différence en plus de 3,000 fr.; et les « autres coquillages » 400 fr.

Le quartier ne possède plus que 2 parcs à huîtres, les Caves, commune de la Plaine, et la Mare du Petit-Ours, commune de la Bernerie; ces deux parcs n'ont pas été exploités en 1888.

Noirmoutier. — La pêche côtière est pratiquée par 731 marins montant 286 embarcations. Les « sardines » ont été particulièrement abondantes, mais leur abondance même a amené une baisse considérable dans le prix de vente : 7,866,200 sardines ont été vendues 47,197 fr., alors qu'en 1887, 3,559,400 sardines seulement avaient été vendues 64,069 fr. L'article « soles, turbots, plies, etc. » a été assez favorisé et a donné une augmentation de 17,086 fr.; tous les articles, sauf les « homards et langoustes », ont produit des différences en plus: les « moules », 7,238 fr.; les « autres coquillages », 10,843 fr.; les « crabes et araignées de mer », 1,263 fr.; et les crevettes, 3,777 fr. Le total brut de la vente des produits a atteint la somme de 403,725 fr., soit 30,531 fr. de plus qu'en 1887.

Les amendements marins forment une partie importante de pêche, soit en bateau soit à pied; il a été recueilli en mer 73,386 mètres cubes d'amendements marins, qui ont été vendus 73,386 fr.; sur la côte, 224,377 mètres cubes, vendus 224,377 fr.

La pêche à pied est exercée par 3,972 personnes; les résultats en ont été satisfaisants. Les poissons frais ont donné une différence en plus de 8,694 fr.; les coquillages, 10,861 fr.; les crevettes, 9,967 fr.; il n'a pas été pêché d'huîtres en 1888. Le total brut de la vente des produits s'est élevé à 150,101 fr., avec une augmentation de 16,163 fr. sur la précédente campagne.

Les mouvements dans les parcs à huîtres sont ainsi répartis :

Entrées :

193,000 huîtres d'élevage, d'une valeur de 3,088 fr.

8,000 — portugaises, — 48 fr.

Sorties :

92,900 huîtres indigènes de 5ᵉ et au-dessus, vendues 3,716 fr.

6,000 — portugaises 90 fr.

Le stock restant actuellement dans les établissements est de 101,000 huîtres indigènes estimées 1,616 fr.

Les réservoirs à poissons ont reçu 965 kilog. de poissons, d'une valeur de 868 fr., et ont livré à la consommation 1,238k, vendus 1,435 fr. Les mouvements dans les établissements coquilliers sont les suivants :

Entrées :

520 hectolitres de moules, d'une valeur de 1,560 fr.

561,400 palourdes — 2,245 fr.

Sorties :

460 hectolitres de moules, vendues 2,760 fr.

428,300 palourdes, — 2,569 fr.

Trois pêcheurs du quartier se sont noyés pendant l'année 1888.

LA PÊCHE DE LA MORUE

Circulaire ministérielle.

Le ministre de la marine a adressé aux chambres de commerce intéressées la circulaire suivante, au sujet des dispositions du gouvernement de Terre-Neuve, relatives à la mise en exploitation du *Boëll-Bill* :

Paris, novembre 1889.

Monsieur le Président,

Il résulte d'une communication de M. le Vice-Consul de France à Saint-Jean de Terre-Neuve, que les élections législatives qui ont lieu actuellement dans la Colonie, donnent l'occasion aux partis politiques de faire des déclarations explicites sur la question du *Boëtt-Bill*.

Cette question semble même constituer leur principale occupation.

Le Gouvernement espère trouver dans l'adoption de nouvelles mesures prohibitives le moyen de ruiner la pêche française sur les bancs et de régler à son avantage les difficultés inhérentes au French-Shore. Il attribue l'insuccès partiel du *Boëtt-Act* au *modus vivendi* dont les États-Unis doivent profiter jusqu'en 1890, mais il ne doute pas que, dès la campagne prochaine, grâce à l'augmentation des bâtiments de surveillance, nos nationaux ne soient placés dans l'impossibilité de s'approvisionner d'appât.

L'opposition, de son côté, promet de modifier le *Boëtt-Bill* de telle manière que la colonie en retirera un revenu considérable, dont le montant sera distribué aux pêcheurs de Terre-Neuve.

Quoi qu'il en soit, les partis en présence sont d'accord sur ce point, qu'ils doivent nous rendre le commerce de la boëtte difficile, sinon impossible, soit en nous le prohibant en fait, soit en nous obligeant à payer le produit fort cher.

Pour conjurer cette double éventualité, il importe donc que tous nos efforts tendent à nous rendre indépendants de Terre-Neuve pour la fourniture de l'appât de pêche; il y aurait même lieu de nous méfier d'un relâchement dans la sévérité des mesures actuellement appliquées pour la protection de la boëtte, relâchement qui serait une feinte habile tendant à inspirer à nos armateurs une trompeuse sécurité, très propre à désorganiser le service d'approvisionnement de la boëtte française, et qu'une expérience laborieusement acquise tend à la constituer.

— Notre correspondant particulier de Saint-Pierre et Miquelon nous écrit la lettre suivante :

« Saint-Pierre, le 15 novembre 1889.

» Monsieur le Directeur,

. . . .

» La fin de la campagne de pêche a été troublée par des actes d'insubordination, soit isolés, soit de la majeure partie de l'équipage à bord de quelques navires ; ces actes ont eu leur dénouement devant le tribunal maritime commercial de Saint-Pierre et de nombreuses condamnations ont été prononcées.

» Voici à quelle occasion s'est manifestée cette insubordination. Un usage dont l'origine est très ancienne avait fixé comme date extrême de la pêche sur le Banc le 29 septembre, jour de la Saint-Michel ; cet usage avait d'ailleurs été consacré par un règlement de l'administration locale, et bien qu'il fût reconnu dans certains engagements approuvés tant par les matelots que par les armateurs, que la période de pêche pouvait être prolongée au delà de cette date, la Saint-Michel, cependant, était l'époque où les durs travaux de la pêche prenaient fin et où les équipages s'apprêtaient à regagner leurs foyers.

» Il ne devait pas en être de même cette année. Le Ministre de la marine, sur de nombreuses réclamations et vraisemblablement dans le but de rendre la campagne plus fructueuse, décida que la date du 29 septembre pouvait être dépassée et que les armateurs, si bon leur semblait, pouvaient prolonger le temps de pêche.

» Cette mesure paraissait ne devoir rencontrer aucune opposition. Il arrive, en effet, que bien des marins retournent en France non seulement sans avoir gagné d'argent, mais devant encore à l'armement une partie des avances reçues au moment de prendre la mer, et après une mauvaise année, un nouveau délai devait sembler le bien venu. Il n'en a pas été ainsi ; mais avant de reprocher aux équipages leur manquement aux ordres donnés, il faut se figurer l'état d'excitabilité auquel ils sont réduits par une navigation de plus de huit mois, au milieu de fatigues sans nombre et de dangers continuels.

» Presque tous ces hommes, mariés, pères de famille, ne supportent leurs travaux excessifs que dans l'espérance d'apporter un peu de bien-être dans leurs maisons, ils font abnégation de leur personne pour un temps déterminé et traversent, sans y songer, les terribles péripéties de la pêche de la morue, dans l'espoir d'un prompt retour.

» En leur faisant connaître au milieu de la campagne, voire même à la fin, que ce temps d'épreuves pouvait être prolongé, ils ont manqué de patience et ils se sont révoltés contre une détermination dont ils pouvaient être les premiers à bénéficier, mais dont le grand crime était de retarder de quelques jours leur départ pour la France.

» C'est à cet état d'esprit qu'il faut attribuer les désordres qui ont eu lieu ; la faute commise n'en est pas moins grave, mais il faut espérer que les condamnés seront l'objet de mesures de bienveillance ; car, c'est en cours de campagne qu'il leur a été donné communication de la dépêche ministérielle et ils ont eu à en subir les effets sans avoir été consultés sur les modifications qu'elle introduisait dans leurs engagements.

» Agréez, etc. » J. P. »

— Le rapport de mer du capitaine morutier de la *Dona Luisa*, que nous publions à titre de renseignement, démontre que le métier de pêcheur n'est pas toujours enviable :

« Je suis parti de Saint-Pierre le 21 mai, ayant à bord 50 hommes d'équipage, sel, vivres et ustensiles nécessaires pour faire la pêche à la morue, faisant route pour le Grand Banc.

» Le 23 mai, j'y ai mouillé et continué ma pêche jusqu'au 17 juin, jour où j'ai débarqué avec 8,000 morues de ce voyage et fait route pour Cap Rouge où j'ai pêché mon capelan.

» Le 30 juin, je suis parti de Cap Rouge pour le banc où j'ai mouillé le 2 juillet et continué ma pêche jusqu'au 16 octobre, qui m'a donné comme résultat 4,900 morues, 2 barils 1/4 de rogues et 24 barriques d'huile, ensuite j'ai fait route pour l'Ile-de-Ré.

» Le 20 octobre, j'ai reçu un coup de vent épouvantable qui m'a défoncé le petit foc, la misaine, le fixe, l'intermédiaire, la grande voile d'étai, le perroquet et la grande voile ; j'ai continué ma route pour l'Ile-de-Ré jusqu'au 27, à 9 heures du matin ; le navire se trouvait alors par latitude 44º 53 N., longitude 19º0'30 ; toutes les petites voiles étaient serrées à l'exception du perroquet ; la mer était houleuse et le navire tenait la lame debout.

Dans un grand coup de tangage, le mât de misaine a cassé en trois bouts ainsi que toute la mâture, qui, entraînant dans sa chute le grand mât de flèche, brisa l'encornat de la grande voile, lequel, en tombant sur les potences, les a fortement avariées. Sur ces potences se trouvaient quinze embarcations qui ont été toutes plus ou moins écrasées et y compris mon canot qui est entièrement démoli. A ce moment le nommé Viot (Ambroise), étant à travailler sur la vergue du volant, a été lancé à la mer; tous nos efforts réunis pour le sauver ont été inutiles.

» J'ai fait aussitôt dégager le monceau de tronçons de mâts, vergues, voiles, haubans et manœuvres, et retrouver les galhaubans cassés, et plusieurs étais et drailles de voiles d'étai et focs dans le même état, tous les ferrements de mât et vergues cassés, une quantité de poulies brisées également et tombées à la mer, les barres de perroquet brisées et la hune de misaine broyée, mes étagues et bastagues de hune et de perroquets cassées, toutes mes manœuvres et rides perdues et coupées, pour parvenir à dégager le navire.

» Mes voiles de rechange ont été déchirées et défoncées.

» J'ai gréé une mâture de fortune et, pour l'installer, j'ai été forcé de couper dans le pont, mais le navire ne gouvernait pas bien avec cette voilure. Les vents prenant au sud-ouest, j'ai fait route pour un port de la Manche. Le 3 novembre, j'ai pris connaissance de Ouessant et je suis entré ce jour à Granville, ayant été obligé de demander le remorqueur, mon navire ne gouvernant pas, malgré une embarcation qui était à nager devant. Je n'osai me risquer à tenir la mer avec une voilure semblable : étant à l'entrée d'un port, j'y suis entré ce jour.

» Granville, le 5 novembre 1889.   » Signé : E. Bosquet. »

La Pêche au Cambodge.

Le *Journal officiel* du 3 décembre, continuant la publication de ses notes sur l'Exposition de 1889 (partie coloniale), met sous les yeux de ses lecteurs des explications intéressantes parmi lesquelles nous trouvons celles-ci qui concernent la pêche sur le territoire de notre protectorat :

« La classe des instruments de pêche nous offre la collection la plus intéressante de cette exposition au point de vue de l'importance commerciale des produits qu'elle sert à capturer. Le délégué de la colonie a bien voulu nous expliquer que cette collection unique de plus de cent engins ou instruments spéciaux avait été réunie par M. de Lopez; elle a valu au roi Norodom un diplôme d'honneur. Voici comment se pratique la pêche : Formé de terres basses alluvionnaires, le Cambodge est traversé par un fleuve immense, le Mékong, qui tous les ans, en mai, déborde et inonde progressivement le pays; des migrations de poissons venant de la mer et du fleuve se répandent pour frayer dans toute la contrée, pendant les six mois que dure l'inondation; en novembre, les eaux commencent à baisser; de tous les points de la Cochinchine et du Cambodge partent alors des familles de pêcheurs qui vont établir sur les bords du grand lac leur village de pêche. 25,000 individus viennent ainsi chaque année construire leurs cases sur pilotis et leurs sections et préparer leurs filets pour le moment où la baisse des eaux permettra de commencer la pêche.

» Dans le reste du pays, l'opération est encore plus simple : les plaines, toujours en contre-bas pendant la saison des hautes eaux du niveau du fleuve, sont séparées de ce dernier par les berges interrompues par des coupures fréquentes; lorsque les eaux commencent à baisser, toutes ces coupures sont barrées par des clayonnages derrière lesquels demeurent prises les masses serrées de poissons qui suivent le retrait de la crue; la pêche miraculeuse vient de commencer, et c'est par pleins sampans ou par pleines charrettes que se compte le poisson. Le grand lac lui-même peut, comme le fait remarquer M. Fabvre, être considéré comme formé par une coupure de la berge : le bras de Toulé-Sap qui s'amorce à Pnom-Penh. Quoi qu'il en soit, la masse de poissons prise ainsi, puis salée et séchée, est telle que l'exportation due à la saison de la pêche dépasse 12 millions de kilogrammes.

» Dans la classe 70, M. Planté a exposé une collection assez complète des poissons salés exportés par le Cambodge, ainsi que des produits secondaires de cette industrie : vessies de poisson, huile de poisson, colle de poisson, etc. Ajoutons qu'un grand nombre de ces produits restent sur place où ils se putréfient et que, de ce chef, il y a des sommes importantes perdues annuellement. »

Le Directeur-Gérant, J. CHAPEAU (❉, ❉ ❉).

REVUE

DES

PÊCHERIES MARITIMES

LÉGENDE A DÉTRUIRE

Paris, le 31 décembre 1889.

Nous trouvons dans le *Journal de la Santé*, sous le titre *Causerie scientifique*, un article signé H. G., dont nous reproduisons la première partie parce qu'elle touche de très près à la grande industrie que nous avons entrepris de défendre. Cette partie, la voici; nous nous garderons bien d'en changer le moindre mot, ce serait détruire un chef-d'œuvre :

Ma dernière causerie était envoyée au journal et *composée*, sans doute, lorsque j'ai lu l'intéressant article de M. Voinesson de Laveline sur les *huîtres*, et je ne puis, par conséquent, qu'aujourd'hui, à titre de commentaire, et non de rectification des énonciations de mon confrère, fournir un renseignement qui plongera, hélas! bien des gourmets dans la désolation.

Savez-vous que nous sommes menacés de ne plus manger de *Marennes?* Oui, ces huîtres, d'une saveur si délicate, à la chair tantôt verte, tantôt blanche, vont disparaître dans un temps donné, cédant la place aux *Portugaises*, dont je ne voudrais pas dire trop de mal, car, par raison d'économie, je mange plus de celles-ci que de celles-là; mais quelle différence!

— « Lorsque j'ai mangé de vos Portugaises, me disait une dame à qui j'osai persuader d'en admettre sur sa table, il ne me reste au palais qu'un arrière-goût de concombre. » De fait, elles sont un peu fades et demandent impérieusement à être additionnées de citron; mais, en raison de leur volume, de la grande quantité d'eau qu'elles renferment, on peut les conserver fraiches bien plus longtemps et les consommer au bout de quatre ou cinq jours, même après un transport de 500 à 800 kilomètres en grande vitesse, pourvu qu'elles soient tenues au frais et bien serrées les unes contre les autres de manière à ne pouvoir entr'ouvrir leurs coquilles.

Mais avec tout cela je ne vous dis pas pourquoi les Marennes sont destinées à succomber. C'est un singulier hasard. Figurez-vous qu'il y a peu de temps un navire fit naufrage près des parcs à huîtres de Marennes — au grand dommage du bâtiment (¹) et de la cargaison, et je ne parle pas des passagers et de l'équipage : ils purent être sauvés ; quant aux animaux destinés dans l'origine à leur alimentation, ils furent asphyxiés par immersion. Il n'en fut pas de même des Portugaises qui remplissaient quelques paniers : ces acéphales, se retrouvant dans leur élément, y pullulèrent en peu de temps, couvrirent le pont, les flancs du navire, les mâts, puis gagnant de proche en proche les bancs couverts de Marennes, se substituèrent à ces dernières. Et voilà comment le *struggle for life*, le fameux *combat pour la vie*, dont on parle tant depuis la pièce de M. Alphonse Daudet, est applicable aux huîtres aussi bien qu'aux hommes.

Fait plus étrange encore! les Marennes qui ont résisté à l'invasion, ou plutôt qui sont nées, depuis, aux environs, ont pris, probablement à la suite d'échange d'œufs et de spermatozoïdes, le goût des Portugaises. Avis donc aux consommateurs de ne pas se fier à l'apparence et d'avoir soin, s'ils veulent se faire ouvrir quelques douzaines de Marennes, de goûter au préalable les mollusques si beaux qu'ils soient, leur aspect pouvant être bien trompeur.

A-t-on jamais vu accumuler plus d'inexactitudes en si peu de lignes? Les lecteurs du *Journal de la Santé* doivent être des gens bien renseignés maintenant. Si vous le permettez, pendant que le pusillanime docteur regarde monter les Portugaises tout en haut des mâts du navire naufragé *devant les parcs de Marennes*, — ce qui doit être un spectacle bien attendrissant... et bien instructif — nous allons sortir de la désolation où les a plongés cet attristant médecin *Tant-pis*, les gourmets d'huîtres de Marennes. Et nous ne saurions mieux y parvenir qu'en faisant à l'excellent docteur une courte leçon.

Cher docteur, permettez-nous de vous dire que vous êtes

(¹) Un paquebot des Messageries maritimes, sans doute!..... lugubre histoire!...

bien en retard sur les progrès de la science aquicole —
l'avez-vous jamais étudiée? — Comment osez-vous prétendre que des huîtres sont nées à Marennes? On n'y pratique
pas l'élevage. Les claires des environs de Marennes ne servent qu'à l'engraissement et au verdissement aussi bien des
huîtres plates que des huîtres portugaises. Toutes les huitres qui sont dans lesdites claires y ont été transportées.
Elles ne sont pas davantage, comme vous le dites — d'une
manière si ingénue qu'elle vous le fait pardonner — tantôt
vertes, tantôt blanches; elles sont naturellement blanches,
toutes, quand on les transporte des parcs d'élevage dans les
claires; on les verdit, ou on les engraisse simplement, dans
les claires des environs de Marennes. Vous avez donc dû
faire rire beaucoup de vous — et avouez avec nous que
c'était justice — lorsque vous êtes venu, sans rire vous,
avec le sérieux d'un vieux docteur à lunettes d'or, dire:
« Madame, les huîtres de Marennes ont pris, à la suite
d'échange d'œufs et de spermatozoïdes, le goût des Portugaises!... » Et vous avez soin de pousser la délicatesse du
procédé jusqu'à inviter vos clientes à bien déguster une première huître avant d'en faire ouvrir quelques douzaines : il
ne faut pas se fier à l'apparence!... Cette précaution, en
effet, n'était pas de trop. Ah! çà, mais qu'avez-vous donc
appris à la Faculté, si vous ignorez les lois de la reproduction chez les mollusques?... Il vous y faudra retourner,
savez-vous?

Il y a encore une autre question que vous avez traitée avec
autant de... bonne humeur, et que nous allons vite rectifier
dans votre esprit, car il nous est particulièrement pénible
de penser que vous prenez un tel souci du paquebot naufragé *devant les parcs de Marennes*. Entre nous, vous
savez que Marennes n'est pas sur le bord de la mer, ni sur
ceux de la Seudre, là précisément où on verdit les huîtres!..
Votre naufrage est une fausse légende que vous avez eu tort
de croire et surtout d'écrire. Imaginez-vous qu'un jour — il
n'y a pas, comme vous paraissez le croire, quelques mois,
mais quelque vingt ans — un navire à vapeur chargé *spécialement* de Portugaises, arrivait en droite ligne du Tage
et voulait aborder un port des environs de la Gironde, mais
très loin de Marennes.

14.

La mer fut si mauvaise pendant plusieurs jours qu'il ne fut pas possible au vapeur de franchir les passes. Le capitaine prit alors le parti d'entrer en Gironde et de monter jusqu'à Bordeaux d'où il pourrait faire véhiculer son chargement vers le port en question. Mais, arrivé près de Pauillac, le service de la santé, en visitant le navire, trouva une partie du chargement avarié et donna l'ordre au capitaine d'aller jeter le tout à la mer. Celui-ci se contenta de verser son chargement devant le banc du Richard. Toutes les huîtres encore vivantes du stock qui formait ledit chargement, ont trouvé dans le vaste lit du fleuve une facile pâture et se sont reproduites en quantités considérables — mais ce lit est très loin de Marennes. Consultez une carte ou le plus élémentaire des guides et vous le verrez.

Mettons les points sur les i si vous le voulez : le navire se nommait *Brestois*, il n'a pas fait naufrage, il sert aujourd'hui de ponton dans le port de Blaye à quelques lieues mêmes du banc du Richard. Le capitaine existe toujours, il est plein de santé. Et, chose bizarre, il commande un autre navire qui se nomme *Brestois* comme le premier, et qui navigue entre Bordeaux et le Havre. Ce capitaine s'appelle Roturier.

Voilà la vérité, cher docteur, inspirez-vous en. Vous voyez que vous étiez bien renseigné — vos lecteurs le sont aussi — car à part les quelques *légères* rectifications que nous venons de faire subir à votre *Causerie scientifique*, cette dernière était d'une scrupuleuse exactitude et donne une excellente mesure de vos connaissances ostréicoles. Grand merci de vos sages conseils, docteur, et que le ciel préserve l'aquiculture de vos lumières, les huîtres blanches et les huîtres vertes de Marennes ne s'en porteront que mieux.

Ninon-Desvarennes.

LA PÊCHE DANS LE 5ᵉ ARRONDISSEMENT MARITIME EN 1888

Statistique *(suite)*.

Port-Vendres. — La pêche côtière est exercée par 1,025 hommes, avec 291 embarcations. Les résultats, quoique inférieurs à ceux de la dernière campagne, sont cependant assez satisfaisants. La sardine a été très abondante : 26,295,000 sardines, au lieu de 16,899,680 l'année précédente, ont été pêchées en 1888; mais les prix en ont été peu rémunérateurs. Cet article a cependant produit une différence en plus de 249,414 fr. Les anchois ont subi une sérieuse diminution, tant comme quantité que comme prix de vente : 255,750 kilog. au lieu de 401,850 et 281,325 fr. comme total de la vente, au lieu de 690,300 fr., soit 408,975 fr. de moins. Les « soles, turbots, plies, etc. », présentent une différence en moins de 17,555 fr.; les « thons », de 5,600 fr., et les « homards et langoustes », de 7,375 fr. Le total brut de la vente des produits a atteint la somme de 953,905 fr., soit 190,091 fr. de moins qu'en 1887.

Cinq marins sont morts ou ont disparu pendant l'année 1888.

Saint-Laurent-de-la-Salanque. — 221 bateaux montés par 514 hommes sont employés à la pêche côtière. L'année a été particulièrement heureuse, et le rendement a presque doublé la moyenne des années précédentes. Cette augmentation est due à la sardine, dont l'abondance a été extraordinaire : 43,610,000 sardines ont été capturées en 1888, soit 30,682,000 de plus qu'en 1887, et la vente a produit 572,550 fr., soit une différence en plus de 423,450 fr. Sur les autres articles, la statistique constate une diminution qui tient à ce que les pêcheurs ont abandonné en partie les autres genres de pêche pour se livrer à la capture de la sardine. L'article « soles, turbots, plies, etc. », a produit une différence en moins de 28,356 fr.

Le total brut de la vente des produits s'est élevé à 835,924 fr., soit une augmentation de 395,004 fr. sur la dernière campagne.

Narbonne. — La pêche côtière occupe 775 hommes et 505 embarcations. Les résultats ont été assez favorables comme quantités capturées; mais le prix de vente, par suite du manque de débouchés, a été peu rémunérateur. Les sardines ont été très abondantes : 9,286,000 ont été capturées au lieu de 2,565,950 l'année précédente, et ont produit 53,270 fr., soit 14,618 fr. de plus qu'en 1887. Les maquereaux, dont il a été pris 149,850 kil., ont donné une différence en plus de 55,516 fr. Pour les « soles, turbots, plies, etc., » on constate une diminution de 30,303 fr., et pour les « homards et langoustes », une légère augmentation 150 fr.

Le total brut de la vente des produits a atteint la somme de 350,039 fr., soit une différence en plus de 39,981 fr. sur l'année de 1887.

La pêche à pied, peu importante, a donné, comme total de vente, 26,303 fr., soit 2,272 fr. de moins qu'en 1887. Cette diminution provient de la pêche du poisson frais pour 5,302 fr., que n'a pu compenser l'augmentation qui s'est produite sur la vente des coquillages.

La récolte des amendements marins sur la côte a donné 500 mètres cubes, qui ont été vendus 1,250 fr.

Agde. — La pêche côtière est exercée par 614 marins avec 278 embarcations. Les résultats en ont été satisfaisants. Tous les articles, sauf les « soles, turbots, plies, etc. », et les « sardines », ont donné des différences en plus comme rendement de la vente. Il y a lieu de remarquer, toutefois, que pour ce dernier, les quantités prises ont été supérieures à celles de l'année précédente. Cette diminution provient de la baisse sur le prix de vente. Les « maquereaux » ont produit une augmentation de 7,500 fr.; le « thon », de 2,300 fr.; les « moules », de 2,840 fr.; les « autres coquillages », de 20,000 fr.; les « homards et langoustes », de 1,440 fr. Le total brut de la vente des produits s'est élevé à 421,060 fr., soit une différence en plus de 17,905 fr. sur 1887.

La pêche à pied a donné des résultats quelque peu supérieurs à ceux de 1887 : 9,040 fr. ont été retirés de la vente au lieu de 7,040 fr., cette dernière année.

La récolte des amendements marins (algues épaves) a produit 500 mètres cubes, vendus 500 fr.

Cette. — 1,453 pêcheurs pratiquent la pêche côtière avec 1,008 bateaux. L'année 1888 a donné des résultats à peu près égaux à ceux de l'année précédente; la statistique constate cependant une petite différence en moins sur la vente. Cette diminution porte principalement sur les « soles, turbots, plies, etc. » pour 21,060 fr.; sur les « coquillages », pour 8,400 fr. Elle n'a pu être compensée par les plus-values des articles : « maquereaux frais », 1,541 fr.; « sardines », 13,669 fr.; « thon », 12,240 fr. Il a été capturé sur les étangs 9,500 « canards et macreuses », qui ont été vendus 14,250 fr., soit une diminution de 3,750 fr. sur 1887. Le total brut de la vente des produits a atteint la somme de 1,987,489 fr., soit 4,038 fr. de moins que l'année précédente.

Il a été récolté en mer 9,500 mètres cubes d'amendements marins, vendus 9,500 fr.

La vente des produits de la pêche à pied a donné 16,690 fr., soit une différence en moins de 1,005 fr. sur 1887.

La récolte à la côte des amendements marins a produit 1,800 mètres cubes, qui ont été vendus 2,700 fr.

L'industrie ostréicole se développe assez rapidement dans le quartier de Cette et donne des résultats très appréciables.

Les mouvements d'entrées et de sorties dans les parcs se répartissent ainsi :

Entrées :

3,195,000 huîtres d'élevage, d'une valeur de 51,030 fr.
3,100,000 — parquées à l'état adulte, 77,500 fr.
170,000 — portugaises, 5,100 fr.

Sorties :

4,000,000 huîtres d'élevage, vendues 160,000 fr.
3,450,000 — parquées à l'état adulte, 138,000 fr.
160,000 — portugaises, 6,400 fr.

Le stock restant dans les établissements est de 1,955,000 huîtres, estimées 60,400 fr.

La mortalité a atteint 8 0/0 environ.

Le détroquage est considéré comme nul.

La moule est élevée simultanément avec l'huître dans les établissements d'ostréiculture ; elle est très estimée en Algérie et en Espagne ; elle a donné lieu aux mouvements suivants :

Entrées : 92,100 kilogrammes, d'une valeur de 13,845 fr.
Sorties : 322,350 — vendues 70,917 fr.

Trois matelots, laissant une veuve et un orphelin, sont morts ou ont disparu pendant l'année 1888.

Arles. — La pêche côtière est pratiquée par 228 marins montant 92 embarcations. Les résultats ont été un peu inférieurs à ceux de 1887, et on constate sur la vente une différence en moins de 2,240 fr., provenant : du « maquereau frais », pour 230 fr. ; des « soles, turbots, plies, etc. », pour 1,660 fr., et des « moules », pour 350 fr. Le total brut de la vente des produits a atteint la somme de 100,680 fr.

Neuf personnes seulement se livrent à la pêche à pied ; la vente de ses produits a donné 630 fr., soit 222 fr. de plus que l'année précédente.

Aucun mouvement d'entrée ou de sortie n'a eu lieu dans les établissements d'ostréiculture. Sur les 100,000 huîtres introduites en 1887, 60,000 ont été envasées, et le stock actuellement existant est de 40,000, estimées 480 fr.

Martigues. — 1,098 marins avec 565 embarcations pratiquent la pêche côtière. Les résultats pour l'année 1888 sont satisfaisants, et quelques articles ont été très favorisés : les « soles, turbots, plies, etc. », avec une augmentation de 386,267 fr. ; les « moules », de 8,500 fr. ; les « homards et langoustes », de 3,982 fr. Les autres articles ont subi des diminutions peu sensibles : le « maquereau frais », 2,980 fr. 40 ; les « sardines », 4,217 fr. 60 ; le « thon de madrague », 2,817 fr. ; le « thon provenant de la pêche », 3,930 fr. 80. Le total brut de la vente des produits s'est élevé à 1,699,308 fr., soit une différence en plus de 384,309 fr. sur 1887.

Les amendements marins récoltés en mer ont donné 5,200 mètres cubes, vendus 8,320 fr.

La pêche à pied occupe 13 personnes; elle ne porte que sur les moules, dont il a été pris 406 hectolitres, vendus 2,025 fr., soit une diminution de 1,475 fr. sur la vente des produits en 1887.

Il a été recueilli sur la côte 5,935 mètres cubes d'amendements marins, vendus 11,870 fr.

Marseille. — La pêche en bateau occupe 1,517 hommes avec 716 embarcations. Tous les articles, sauf les « homards et langoustes » et les « crevettes », ont donné de légères augmentations : le « maquereau frais », 3,000 fr.; les « sardines », 5,000 fr.; les « anchois », 1,800 fr.; les « soles, turbots, plies, etc. », 4,000 fr.; le « thon provenant des madragues », 2,000 fr.; le « thon provenant de la pêche », 6,700 fr.; les « moules », 1,500 fr.; les « coquillages », 6,000 fr., et les « crabes et araignées de mer », 1,200 fr.

Le total brut de la vente des produits a atteint la somme de 894,000 fr., soit une différence en plus de 29,400 fr. sur l'année précédente.

Les produits pêchés par les étrangers se classent ainsi : 20,000 kilog. de maquereaux, vendus 15,600 fr., et 31,000 kilog. de poissons de diverses espèces, vendus 32,600 fr., soit un total de 48,200 fr., avec une augmentation de 23,000 fr. sur 1887.

Trois marins ont disparu pendant l'année 1888, dont deux dans le naufrage de l'*Antoinette*, le 15 juin 1888.

La Ciotat. — 231 pêcheurs montant 129 bateaux pratiquent la pêche côtière. Les résultats en ont été sensiblement supérieurs à ceux de 1887; le « maquereau frais » et le « thon provenant de la pêche » seuls ont subi une diminution : le premier, de 2,677 fr.; l'autre, de 3,063 fr. Les autres articles ont été en augmentation sur la précédente campagne : les « sardines », pour 12,649 fr.; les « anchois », pour 2,437 fr.; les « soles, turbots, plies, etc. », pour 26,690 fr., et les « homards et langoustes », pour 3,973 fr.

Le total brut de la vente des produits s'est élevé à 245,743 fr., soit une différence en plus de 39,859 fr. sur 1887.

Les produits pêchés par les étrangers se décomposent ainsi : 40,932 sardines, vendues 1,263 fr.; 409 kilog. de « soles, plies, raies, etc. », vendues 613 fr., soit un total de 1,876 fr., avec une diminution de 302 fr. sur l'année précédente.

Quatre marins, laissant une veuve, ont disparu dans le naufrage du bateau de pêche *Saint-Antoine*, le 16 mai 1888, au large du bec de l'Aigle.   *(A suivre.)*

LA PÊCHE DE LA MORUE

A Terre-Neuve.

Nous trouvons dans le journal *le Matin* un exposé qui résume fort bien la question des pêcheries à Terre-Neuve et que nous reproduisons ci-après, en faisant subir à l'article de notre confrère une légère rectification. *Le Matin* publiait son article jeudi 19 décembre, mais M. Spuller, souffrant, n'ayant pu se rendre à la Chambre des députés, l'interpellation qu'il annonçait n'a, par suite, pu se produire :

Aujourd'hui viendra devant la Chambre l'interpellation annoncée sur les affaires de Terre-Neuve. Il s'agit, on le sait, des obstacles que rencontrent dans ces parages ceux de nos nationaux qui s'y livrent à la pêche de la morue et du homard. Outre que des intérêts économiques graves sont en jeu, le litige dont la solution relève de la diplomatie, menace de nous créer des difficultés avec l'Angleterre, indirectement responsable des agissements de sa colonie.

Désireux d'être renseigné exactement sur les faits en discussion, nous nous sommes rendu auprès de M. G. Pouchet, professeur au Muséum. Très versé dans les questions de pêche, le savant naturaliste s'est rendu, il y a un an, à Terre-Neuve, pour y étudier les choses sur place : il était donc tout désigné pour cet interview. Avec sa bonne grâce habituelle, il nous a fourni les renseignements suivants, dont on appréciera tout l'intérêt.

— La question est complexe, nous dit-il, et les intérêts engagés sont multiples. Il y a d'abord nos pêcheurs qui sont de tous les plus intéressants à nos yeux, dont la pêche à la morue est la principale ressource. Leurs bateaux sortent, au commencement de l'automne, des ports de Granville, Fécamp, Dieppe, et font voile, les uns pour l'Islande, les autres pour Terre-Neuve.

Arrivés sur les lieux de pêche, nos marins commencent par se munir de l'amorce nécessaire pour attirer la morue. C'est dans les ports de Terre-Neuve qu'ils faisaient autrefois leurs approvisionnements de boëte, — c'est le nom de cet appât, composé de différentes espèces de poissons salés : hareng, capelan, encornet.

Mais voilà que, depuis trois ou quatre ans, l'administration de l'île interdit formellement aux étrangers de venir s'approvisionner à Terre-Neuve, et les pêcheurs français étaient forcés, ou de préparer leur amorce eux-mêmes, ou de tourner ce règlement draconien.

Ce n'est pas tout : la pêche au homard étant fructueuse dans ces régions, nombre de nos pêcheurs se sont spécialement occupés de la capture de ce crustacé, et ont créé sur le littoral l'industrie des conserves de homards. Par une décision non moins vexatoire, le gouvernement leur a contesté le droit de pêcher le homard, arguant du texte même du traité d'Utrecht. Toute la discussion porte sur le mot poisson qui seul est employé dans ce traité. Le homard doit-il être considéré comme un poisson? Assurément, au sens strict, il n'en est pas un; mais, au XVIIe siècle, cette appellation comprenait, comme pour beaucoup de gens encore aujourd'hui, tous les animaux de la mer : poissons, coquillages, anémones de mer, etc.

— Alors c'est le traité d'Utrecht qui nous garantit le droit de pêcher dans ces parages?

— Oui, c'est ce traité et les divers instruments diplomatiques qui en ont renouvelé les clauses relatives à Terre-Neuve. C'est en vain, par exemple, que nous réclamons depuis longtemps de l'Angleterre une formule nouvelle et définitive qui reconnaisse et délimite nos droits. Elle atermoie, espérant que, peu à peu, ils deviendront caducs.

— Alors ce traité stipule des avantages sérieux pour la France?

— Outre qu'il nous concède la faculté de pêcher sur toute l'étendue des bancs, il nous garantit le droit exclusif de pêche le long de toute une bande étendue sur le littoral nord-ouest de l'île dite French Shore. Mais il se trouve qu'un grand nombre de Terre-Neuviens ont fini par venir pêcher dans cette zone, les homardiers français leur ayant fourni les prétextes qui leur permettent de s'installer à nos côtés, en bravant les canons des navires français.

Les homardiers, en effet, ont besoin d'un nombreux personnel pour leur industrie des conserves, et, tout naturellement, comme nous n'avons pas de colonie fixe sur le terri-

toire qui nous appartient, ils se sont adressés à la population
de Terre-Neuve. Une fois installés, les Terre-Neuviens y
sont restés, et, après avoir pêché la boëte et la morue pour
le compte des Français, ils ont, dans la suite, opéré pour
leur propre compte. Et il ferait beau voir qu'on cherchât à
les déloger! Voilà un élément de complication de plus.

— Mais puisque les Terre-Neuviens ont besoin de la bienveillance des pêcheurs français, pourquoi en usent-ils avec
tant de rigueur avec nous? Faut-il voir la main de l'Angleterre dans les mesures tracassières dont nos pêcheurs sont
l'objet?

— Oh! non. L'Angleterre ne peut guère être rendue responsable dans tout ceci. Terre-Neuve est une colonie anglaise
absolument autonome, faisant ses lois. Le gouvernement de
la reine n'est représenté que par le Grand-Juge, lequel n'a
qu'un droit de véto sur les lois votées par l'Assemblée législative, dans le cas où ces lois porteraient atteinte à l'intégrité
de l'empire britannique. Mais il faut dire aussi que Terre-
Neuve n'a pas d'armée propre, et que c'est la marine
anglaise qui fait la police et veille au respect des droits de
pêche. Je pense que si le gouvernement local voulait être
conciliant, l'Angleterre ne mettrait pas de bâtons dans les
roues.

— Alors la simple concurrence suffit à expliquer l'animo-
sité des Terre-Neuviens contre les étrangers en général et
les Français en particulier?

— Détrompez-vous, cette hostilité n'existe pas; le mouvement contre les étrangers était absolument factice et ne
répondait pas au sentiment réel des Terre-Neuviens. L'état
de choses actuel, les mesures tracassières en vigueur ne
doivent pas survivre à la dernière législature. A dire vrai,
les récentes élections se sont faites sur cette question de la
boëte. Il y a eu dans l'île une véritable petite révolution,
toute pacifique et légale. Le parti dit des capitalistes, le
parti des riches négociants de morue, une infime minorité,
a été battu à plate couture, malgré les efforts qu'il a faits
pour s'assurer le succès. M. Thornburn, le meneur, n'a pu
se faire réélire, et ne compte que six partisans dans la législature qui va entrer en fonctions au 1er janvier, alors que le

parti opposé, qui a triomphé sous la conduite de M. White-way, compte trente-quatre membres. Le *workingmen party*, parti des travailleurs, représente la portion la plus nombreuse et aussi la plus pauvre de la population, le petit nombre d'agriculteurs qui existent à Terre-Neuve et surtout les pêcheurs de boëte. On conçoit aisément que ces derniers aient été fort mécontentés d'un état de choses qui les empêchait de vendre le produit de leur pêche, leur boëte, aux pêcheurs de morue étrangers, et qu'en votant pour M. Whiteway et la majorité de l'Assemblée prochaine, ils aient entendu signifier, par leur vote, l'abolition de mesures prohibitives dont ils étaient les premiers à souffrir.

Il est infiniment probable que le premier soin de la prochaine législature sera de rapporter la *baite law*, rendue par l'Assemblée précédente, et en vertu de laquelle il était interdit aux étrangers de se munir de boëte dans les ports de Terre-Neuve.

Quoi qu'il en soit, le changement de l'administration de l'île promet d'inaugurer une ère de détente dans les affaires de Terre-Neuve et rendra nécessairement nos rapports plus faciles avec la population de Terre-Neuve.

Extrait du rapport de M. le docteur Randon.

Plusieurs armateurs du nord nous prient de publier l'extrait du rapport de M. le docteur Randon [1] qui a trait au traitement du rouge de la morue. Nous n'avions donné qu'une analyse de ce rapport dans notre précédent numéro. Nous nous faisons un plaisir aujourd'hui de répondre aux justes désirs de nos abonnés.

. . . .

Les moyens que nous avons en main pour combattre le rouge sont de deux sortes : les uns, les premiers expérimentés avec succès et déjà passés dans la pratique, sont destinés à le combattre une fois déclaré et en pleine évolution, ce sont les curatifs; les autres, destinés à en prévenir l'apparition, et par conséquent

[1] Nous avons la douleur d'apprendre que le jeune et savant docteur, après avoir contracté un germe de terrible maladie à l'hôpital Saint-Mandrier, à Toulon, où il prodiguait ses soins, vient de succomber, victime de son dévouement. C'est une grande perte pour la science.

supérieurs, n'ont été expérimentés que par nous, et ne sont pas encore entrés dans la pratique.

Le docteur Heckel, professeur à la Faculté des sciences de Marseille, membre correspondant de l'Académie de médecine, s'est occupé le premier du traitement curatif; il en a nettement formulé le mode d'emploi dans une note adressée à M. le Ministre du commerce. Les nombreux succès obtenus (notamment l'hiver dernier, où un navire arrivé à Alger avec sa cargaison envahie par le rouge, a pu, en peu de jours, le faire disparaître rapidement), ont amené le savant professeur de Marseille à se demander si les mêmes agents qui détruisaient le rouge et enrayaient son développement sur la morue déjà attaquée, ne pourraient pas, à titre de préventifs mélangés au sel sur les lieux de pêche, empêcher complètement son apparition sur le poisson encore indemne. Ce qu'il faut, en effet, c'est que nos armateurs puissent expédier la morue dans des conditions qui suppriment la dépréciation qu'elle subit lorsque, partie blanche de Saint-Pierre, elle arrive rouge à Bordeaux, à Marseille ou ailleurs.

Le traitement préventif, là comme partout, est le meilleur.

Il était temps qu'un représentant autorisé de la science française s'occupât de cette question, devant les agissements des Américains qui, assez peu scrupuleux, ne demandaient qu'à nous livrer, à des prix assez élevés toutefois, de soi-disant poudres préservatrices que nous avons signalées l'année dernière comme dangereuses.

Le nombre des agents antiseptiques qui tuent les micro-organismes du rouge est considérable, et si nous voulions faire ici une étude purement spéculative de ces agents, nous aurions une liste assez longue à passer en revue; mais là n'est pas le cas.

Avant tout, il faut que l'antiseptique à mettre en contact avec une substance alimentaire capable, par sa valeur vénale médiocre et par sa grande richesse en albuminoïdes, de constituer une base sérieuse d'alimentation pour des populations entières, soit absolument inoffensif à tous les points de vue et d'un prix abordable. Les Américains, et les Allemands surtout, ont vanté le *borax* et l'*acide borique*. (Les poudres préservatrices dont j'ai parlé plus haut étaient à base de borax.) Si le borax ou l'acide borique étaient des antiseptiques absolument inoffensifs, il est probable que, connaissant leurs propriétés antifermentescibles, nous n'aurions pas hésité en France à les employer; mais il n'en est rien. En dehors de son prix assez élevé, ce qui est important dans la question qui nous occupe, le borax est toxique. Il a une action directe sur l'épithélium des tubuli du rein, dont il amène la desquamation. Des recherches faites dans ce sens, à la suite d'accidents consécutifs au lavage des biberons au moyen de solutions boratées à l'Hôpital des enfants l'ont rendu suspect. Comme nous l'avons dit, c'est d'Allemagne surtout que nous vient cette idée que le borax peut être impunément employé pour conserver le poisson : Liebreich, en juillet 1887, a soutenu cette idée à la Société de médecine berlinoise. Le fait ne nous étonne pas dans un pays qui essaye de nous envoyer des bières salicylées. Nous ne pensons pas qu'en France on veuille se mettre à la remorque de la science peu scrupuleuse d'outre-Rhin.

Après de nombreuses recherches, le professeur Heckel est arrivé à trouver le préservatif ayant les qualités d'innocuité requises, dans le *bisulfite de soude,* dont le prix de revient est peu élevé, et qui pourra être facilement livré en grande quantité par l'industrie. Le professeur de Marseille avait d'abord expérimenté le sulfi-benzoate de soude, qui avait donné d'excellents résultats comme curatif, et dont nous avions éprouvé la valeur comme préventif dans nos expériences de 1887. Toutefois, il y avait à craindre que l'opération du *trempage,* qui précède l'apprêt culinaire de la morue, ne débarrassât pas complètement le poisson de ce sel, dont la solubilité est relativement faible, et que l'antiseptique, bien que non toxique, pût entraver dans une certaine mesure, en sa qualité d'antiferment, les actes digestifs, qui ne sont en somme qu'une fermentation. Avec le bisulfite de soude, il n'y a rien de cela à craindre : il est d'abord inoffensif, et, de plus, sa solubilité dans l'eau est telle que le *trempage* en fera rapidement disparaître les moindres traces.

TRAITEMENT CURATIF

Quand le *rouge* n'est pas trop développé, que la superficie seule est attaquée, le lavage et le brossage, que nos sécheurs connaissent bien, peuvent le faire disparaître ; mais il faut faire remarquer que ce mode de traitement, inoffensif sur la morue verte qui n'a pas encore été séchée, est très nuisible à la morue desséchée qu'il faut faire sécher de nouveau. Cette seconde dessiccation, nécessaire pour assurer une conservation suffisante, doit être poussée assez loin, et il en résulte un déchet considérable dans le poids. Le lavage et le brossage sont applicables à la morue *verte* légèrement attaquée, mais il faut y renoncer pour la morue qui a été séchée.

C'est sur cette dernière et sur la morue verte, quand elle est plus sérieusement attaquée, que le traitement curatif, proprement dit, avec un agent qui s'oppose au microbe, fait merveille. C'est au professeur Heckel que revient le mérite de l'avoir le premier nettement formulé. Il suffit de badigeonner les parties sur lesquelles se montre le *rouge*, avec un pinceau plongé dans la solution antiseptique, pour donner à la morue son aspect primitif.

Le professeur Heckel avait tout d'abord essayé le chloro-benzoate et le chloro-cinnamate, mais ils donnaient mauvais aspect à la fibre musculaire. Il en est de même de l'acide sulfureux, qu'on emploie dans certaines sécheries : l'acide sulfureux détruit rapidement le microbe, mais il arrive, à un moment donné, à se transformer en acide sulfurique aux dépens des composés albuminoïdes de la morue, et la fibre, qui a très belle apparence au début, prend au bout de quelque temps un aspect rôti tout à fait défavorable.

Devant tous ces inconvénients, qui ont une importance considérable au point de vue commercial, M. Heckel fut amené à trouver définitivement le bisulfite de soude qui, en solution dans l'eau, fait non seulement disparaître le *rouge*, mais encore assure à la chair de la morue une bonne tenue et un lustre particulier.

Le prix du bisulfite de soude est minime.

Avec un litre de solution, à 15 de sel pour 100 d'eau, on peut facilement badigonner 200 morues. La dépense étant presque insignifiante, c'est surtout la main-d'œuvre qu'il y a à considérer. En un jour, un homme payé 4 fr. par jour, peut traiter 400 kilog. de morue; par conséquent, les 100 kilog. de morue rouge ont coûté la somme modique de 1 fr. à blanchir. Or, on sait qu'en rendant à une morue rougie son aspect primitif, on lui fait gagner le double de la valeur qu'elle aurait à l'état *rouge*. En admettant le prix moyen de 60 fr. les 100 kilog., il en résulte que la morue traitée gagne 30 fr. à son propriétaire.

Ce traitement curatif, si simple, si facile à appliquer, peut être employé : à Saint-Pierre, quand la morue commence à rougir dans les entrepôts ou sur les *graves*, quand on veut la sécher; en France, quand le chargement arrive envahi par le rouge ; dans les sécheries, pendant le séjour en magasin avant le séchage, pendant les opérations du séchage, et, enfin, dans les magasins longtemps après, si le rouge apparaît.

Ce traitement est évidemment très sûr, mais il est inférieur au traitement préventif qui, lui, s'oppose à l'apparition du rouge.

Le traitement curatif n'empêchera pas un chargement parti indemne de Saint-Pierre d'arriver attaqué par le rouge à Marseille ou à Bordeaux. C'est là, au moment où on ouvrira les panneaux de la cale, que la dépréciation se fera sentir, et que le retard produit par le temps employé au traitement curatif pourra être très préjudiciable.

Il faut donc empêcher la morue de rougir; c'est ce qui constitue le traitement préventif que nous avons longuement étudié et dont nous allons poser les règles.

Devant les succès obtenus par le *bisulfite* de soude dans le traitement curatif, le docteur Heckel fut amené à se demander si ce même agent qui tue les microbes du *rouge* en pleine évolution, ne pourrait pas s'opposer à leur apparition en le mélangeant dans certaines proportions avec le sel marin. Une pareille expérience ne pouvait se faire que sur les lieux de pêche, où l'on pourrait en choisir les conditions et en étudier l'application pratique pour en tirer des conclusions précises.

Pour se rendre un compte exact de la valeur du traitement préventif, il fallait se placer dans les meilleures conditions favorisant l'apparition du *rouge*. A Saint-Pierre, on y arrive facilement. Aux mois de juin, juillet et août, alors que les brumes sont épaisses et fréquentes, la morue verte, empilée dans les entrepôts, rougit fréquemment : certains recoins de ces entrepôts sont connus comme donnant constamment du *rouge*, et il n'y a pas de gérant d'*habitation* qui ne les connaisse. Cette année, en particulier, nous avions trouvé dans les magasins de la Compagnie des sécheries de la Méditerranée un endroit qui, d'après le gérant, réunissait les conditions les plus favorables à notre expérience.

Nous avons donné dans un précédent rapport les résultats obtenus en 1887, tout à l'avantage du sulfo-benzonate de soude qui, mélangé au sel marin dans la proportion de 10 0/0, avait protégé la morue contre l'invasion du rouge, alors que celle qui servait de témoin, salée avec le sel marin sans correctif, était attaquée. L'expérience avait duré trois mois, c'est-à-dire plus qu'il ne faut à un navire qui part de Saint-Pierre pour arriver à Bordeaux ou à Marseille. Nous l'avons recommencée cette année en plaçant le poisson dans des conditions encore plus favorables au développement du *rouge* s'il y avait moyen, en employant le *bisulfite de soude,* et nous avons comparé non seulement le sel *bisulfité* au sel marin ordinaire, mais encore au sel gemme et au sel fondu, dont nous avons déjà parlé au début de ce travail. Dans un coin du magasin, désigné par le gérant de la Compagnie des sécheries de la Méditerranée, à proximité d'une porte qui restait presque toujours ouverte (contact de l'air), on a construit un cloisonnement en planches ayant 2 mètres de hauteur, ouvert largement en haut et admettant facilement l'air qui arrivait par la porte. Dans ce compartiment on a placé 4 piles de *morue verte,* disposées de la façon suivante :

N° 1, morue au sel ordinaire.

No 2, morue au bisulfite 10 0/0.

No 3, morue au bisulfite 15 0/0.

No 4, morue au sel gemme.

Les piles se touchaient de façon à permettre aux micro-organismes de s'étendre, par le contact, de l'une à l'autre. Il y avait là humidité, entassement, chaleur, puisque l'expérience allait se faire en été, dans un magasin en planches de sapin, accès facile de l'air arrivant par la porte, et en même temps, grâce au cloisonnement construit, un certain degré d'obscurité nous donnant les conditions d'une cale qui aurait son panneau ouvert. Après avoir étiqueté chaque pile à la date du 18 juillet, on a laissé l'expérience se faire.

Le 15 septembre, nous avons fait abattre la cloison, de façon à bien examiner ce qui allait se présenter, et voici ce que nous avons constaté, le gérant et moi :

Le n° 1 (morue au sel ordinaire), était *archirouge* et puant.

Le n° 2 (morue bisulfitée à 10 0/0), présentait de légères traces de *rouge*.

Le n° 3 (morue bisulfitée à 15 0/0) était *intact*.

Le n° 4 (morue au sel gemme) était *archirouge*.

Ainsi voilà deux piles de morue traitées préventivement qui, flanquées de deux piles archirouges, dans un local où de tout temps il y avait eu du *rouge*, et réalisant spécialement cette année les conditions requises, ont résisté pendant trois mois. Ces conditions se présenteront relativement peu dans la pratique; aussi, bien que la pile à 10 0/0 ait été légèrement attaquée, je pense qu'en prenant un moyen terme entre 10 et 15 0/0, on aura une protection efficace.

A l'Ile-aux-Chiens, dans les magasins A. Lemoine, la morue était disposée par piles séparées, n'ayant aucun point de contact, dans un endroit qui offrait de moins bonnes conditions pour le *rouge*; trois mois après le commencement de l'expérience, la pile au sel ordinaire était attaquée, mais bien moins que dans notre expérience à Saint-Pierre; la morue au sel fondu commençait à rougir légèrement, mais les deux piles bisulfitées à 10 0/0 et à 15 0/0 étaient indemnes.

De ces expériences on est en droit de conclure que le *bisulfite de soude*, mélangé au sel dans la proportion de 15 0/0, protège efficacement la morue placée dans les plus mauvaises conditions de transport ou de magasinage.

Reste la pratique : l'antiseptique est sûr, son prix de revient est des plus minimes. La morue attaquée par le *rouge* est dépréciée de la moitié de sa valeur, en admettant toutefois que le mal ne soit pas très étendu, car quand elle est réduite à l'état de *pulpe rougeâtre, elle est absolument perdue.* Le commerce de cette substance alimentaire étant de 60 millions environ, et les morues étant rougies dans la proportion de 1/3 environ, il en résulte chaque année une perte de 20 millions que nous pourrons faire cesser à peu de frais.

Le mélange du bisulfite de soude avec le sel marin doit être fait avec soin, de façon à répandre également partout le *préservatif.* Il pourra être fait à Saint-Pierre par un certain nombre d'armateurs qui disposent d'un outillage et d'un personnel suffisants. Pour certains autres, qui n'entreposent pas le sel qu'ils reçoivent d'Europe, qui est transbordé directement sur la goélette qui va pêcher, l'opération faite à Saint-Pierre serait une perte de temps. Il faudrait, dans ce cas, de même que pour les navires qui partent de la métropole pour pêcher sur le Banc sans séjour à Saint-Pierre, que le mélange fût fait en France.

Nous avons déjà dit que le *rouge* attaquait les parties superficielles. Dans nos expériences, les tas de morue étaient intacts à la partie centrale, même quand le reste était rouge ; il en est de même dans les cales des navires : le mouvement de propagation est donc lent, et, en somme, comme c'est l'air, avec les chromogènes qu'il contient, qui est surtout l'ennemi, en répandant sur les parties superficielles d'un chargement une couche de bisulfite de soude, opération facile à faire avec des pelles en bois, comme pour le sel, on pourrait constituer un véritable matelas protecteur entre l'air et le poisson. On serait sûr ainsi qu'un chargement parti en bon état de Saint-Pierre, arriverait dans les mêmes conditions au port de débarquement, quelque longue que puisse être la traversée. Il ne serait même pas nécessaire, dans ce cas, de répandre du bisulfite pur ; en faisant un mélange à 15 0/0 [1] avec le sel marin on aurait une protection parfaite, puisque, dans nos expériences, un mélange à 15 0/0 était suffisant.

Dans les entrepôts on pourra agir de la même façon.

Mais, là n'est pas tout. Les cales des navires, les magasins doivent être sérieusement désinfectés. Les spores des microorganismes du *rouge* résistent au froid rigoureux de l'hiver de Saint-Pierre, et là où il y a eu de la morue rouge il y en a souvent l'année suivante. Ces spores se déposent sur les parois, et quand l'été arrive, elles retrouvent sur la morue verte empilée

---

[1] M. A. Lemoine a fait, en octobre 1888, une expérience probante sur l'action préservatrice du bisulfite de soude : il a expédié à Marseille un de ses navires, le *Tambola,* dont le chargement avait été traité préventivement avec une solution de ce sel. Le résultat a été l'indemnité complète de toutes les morues composant le chargement.

dans les magasins leur terrain de prédilection et entrent en évolution.

Il en est de même à bord d'un navire si le chargement a été attaqué : sans désinfection sérieuse on s'expose à voir le prochain chargement envahi par le *rouge*.

Cette question est des plus importantes et vaut la peine d'être prise en considération.

Le manque de soin, la saleté de nos pêcheurs sont notoires ; ils devraient pourtant profiter des leçons que leur donnent, à ce point de vue, les Anglais, et surtout les Américains, leurs rivaux sur le *Banc*. Qu'une goélette arrive à Saint-Pierre à la fin de la deuxième pêche, par exemple, avec du *rouge*, elle n'en repartira pas moins, dès qu'elle aura déchargé sa morue, pour continuer sa pêche, sans nettoyer sa cale. Nos grands *navires chasseurs* sont-ils sérieusement désinfectés après avoir débarqué leur chargement de morue verte ? D'une manière très imparfaite. De même pour les magasins.

A notre avis, voici comment il faut procéder pour les magasins, à Saint-Pierre, par exemple :

Avant l'arrivée de la première morue : « désinfection à l'acide sulfureux ». Il suffit, une fois toutes les ouvertures fermées, de faire brûler sur des réchauds de la fleur de soufre à la dose de 30 grammes par mètre cube. Le moyen est sûr et peu dispendieux. En agissant ainsi au commencement et à la fin de la saison de pêche, on se mettra à l'abri contre les germes qui peuvent rester.

Les 180 goélettes qui arment à Saint-Pierre pourraient facilement se livrer à la même opération au commencement et à la fin de la pêche ; il suffit de fermer les panneaux pour cela, le bateau en entier sera désinfecté ; un badigeonnage à la chaux sera ensuite fait. Si dans le cours de la campagne le *rouge* se déclare, on devra faire la même opération après le déchargement, avant de repartir pour le Banc. Pour les grands navires, à Marseille, à Bordeaux, on aura sous la main les moyens de désinfection les plus énergiques avec la vapeur d'eau, sans compter l'acide sulfureux qu'on pourra toujours employer avec badigeonnage à la chaux. Les entrepôts qui reçoivent la morue séchée devront être aussi désinfectés ; il y en a qui, depuis plus de cent ans, sont consacrés à cet usage, à Marseille notamment. « L'acide sulfureux trouverait là son emploi. »

La morue, une fois séchée, devra être conservée dans des magasins bien secs ; on évitera de l'entasser, le mieux serait de la placer sur des claies. Elle sera surveillée, et si le rouge apparaissait, il y aurait à passer à ce niveau un pinceau imbibé de solution de bisulfite de soude, qui arrêtera immédiatement l'évolution du parasite.

Après les observations et les recherches que nous avons faites pendant nos deux campagnes à Terre-Neuve, et dans nos visites aux grandes sécheries de notre littoral Méditerranéen, nous pouvons dire que, quand nos armateurs et nos pêcheurs le voudront, ils n'auront plus de *rouge*, car ils ont à leur disposition des moyens sûrs et peu coûteux de le combattre efficacement. Cette première cause d'altération de la morue une fois disparue, il faut que les sécheurs de la métropole sachent que, quand ils voudront pratiquer d'une façon plus complète la dessiccation du poisson, ils auront fait disparaître la seconde. Les accidents, malheureusement trop fréquents, qu'on signale depuis quelques années, seront ainsi conjurés, et on pourra donner de nouveau à cette industrie si française de la morue les débouchés que la toute récente circulaire du ministre de la guerre vient de lui fermer. L'étranger nous menace assez pour que nous ne négligions aucun moyen de lutter contre lui. Ce droit de pêche, que le traité d'Utrecht nous avait laissé comme dernière épave, nous est contesté de jour en jour par le Parlement de Terre-Neuve, qui veut nous chasser du *French-Shore*. Le boëtt-bill récemment promulgué a pour but de nous priver de l'appât indispensable à la première pêche, et il est facile de prévoir le moment où de nouvelles difficultés surgiront. Cette pêche à Terre-Neuve est une rude école pour nos marins, elle fait vivre en même temps une grande partie de nos populations normandes et bretonnes, nous devons donc tout faire pour que nos armements ne diminuent pas.

Qu'il me soit permis, en terminant, de remercier hautement M. le capitaine de vaisseau Human, commandant la division navale de Terre-Neuve, pour l'intérêt dont il a bien voulu honorer mes recherches, qui n'ont eu d'autre but que de contribuer, dans la limite de ma compétence, à assurer la prépondérance du pavillon dans cette question de Terre-Neuve, qui intéresse à la fois et notre marine de commerce et notre marine militaire.

Dr RANDON,
Médecin de 1re classe de la marine.

Le Directeur-Gérant, J. CHAPEAU (✦, ✳ ✳).

5me année.   N° 15 (2me série)   15 Janvier 1890.

REVUE

DES

PÊCHERIES MARITIMES

OSTRÉICULTURE ET PISCICULTURE

Nous extrayons du *Journal officiel* la note suivante, qui a été publiée sous la signature de M. Paul Chansarel, sous-chef du bureau des pêches au ministère de la marine. Cette note est la plus complète qui ait été publiée jusqu'à ce jour sur l'exposition de la classe 77, et nous croyons qu'elle sera parcourue avec intérêt par nos lecteurs :

Un pavillon de modeste apparence en charpente et briques de couleur, couvert en tuiles, tel était, sur la berge du quai d'Orsay, le bâtiment affecté à l'exposition d'ostréiculture et de pisciculture. Un peu écrasée par le voisinage de son important voisin, le panorama de la Compagnie transatlantique, la classe 77 n'a cependant pas manqué de visiteurs pendant toute la durée de l'Exposition.

En 1878, la section d'ostréiculture-pisciculture maritimes avait peu réussi, et les archives de la précédente Exposition disaient les déboires sans nombre éprouvés par les organisateurs pour renouveler l'eau de mer des bassins. Cette question préoccupait très vivement la direction de l'exploitation, et M. Berger n'autorisa l'installation de la section que lorsque M. Perrier, le savant professeur du Muséum, put affirmer qu'il alimenterait l'exposition ostréicole de 1889 avec de l'eau de mer artificielle. L'expérience de M. Perrier a d'ailleurs bien réussi, et les mollusques ont parfaitement véou dans cette eau ingénieusement insufflée au moyen d'un petit moteur.

Cette difficulté levée, un Comité d'organisation fut nommé, sous la présidence de M. Gerville-Réache, député, président du Comité consultatif des pêches maritimes, et, grâce au concours financier de la marine, aux démarches sans nombre du président et des membres du Comité, la classe 77 a pu, quelques jours à peine après l'ouverture de l'Exposition, offrir aux Parisiens, si curieux des choses de la mer, une exposition très complète des divers types d'huîtres du littoral français et algérien, et aussi de tous les systèmes de parcs, claires, engins et instruments servant soit à l'élevage du précieux mollusque, soit à la reproduction artificielle des poissons. Il est certain que l'administration de la marine, quoique ayant pris en main cette organisation à la dernière heure seulement, a obtenu un résultat digne d'elle. Avec un peu plus de temps, d'argent et aussi de place, elle eût pu, toutefois, faire sinon mieux, du moins plus complet. En effet, on a pu regretter qu'en dehors des produits coquilliers, il n'ait pas été possible d'exposer des échantillons variés de nos richesses ichtyologiques et de donner à l'appui des indications sur l'importance de l'industrie de la pêche et sur l'activité commerciale qu'elle provoque en France.

Environ cinquante ostréiculteurs avaient envoyé leurs produits : on pouvait plus particulièrement remarquer l'exposition collective de la Société ostréicole d'Auray, si gracieusement installée; celle des syndicats du Bassin d'Arcachon, et autour desquels la foule s'empressait curieusement.

Bien des visiteurs, étonnés de la fécondité de nos eaux, se sont arrêtés devant les tuiles provenant du bassin d'Arcachon couvertes de petites huîtres pas plus grosses qu'une tête d'épingle. L'un de ces collecteurs comptait 3,000 petits sujets. A vrai dire, de semblables résultats de production ne sont obtenus qu'à Arcachon, où le naissain pourrait être recueilli à l'infini. Aussi, se demande-t-on pourquoi, dans une pareille région, capable de peupler tous les parcs de l'Europe, le commerce du naissain se trouve si strictement interdit. Nous n'avons pas à rechercher les motifs invoqués par les éleveurs du Bassin pour défendre leur système de prohibition ; mais il est à présumer que l'Administration rapporterait, sans difficulté, le décret d'interdiction, si les intéressés sollicitaient un autre régime économique.

Au fond du hall, un petit monument en forme de fontaine, d'apparence artistique et parfaitement agencé, présentait au public une exposition, organisée par le ministère de la marine, de toutes les variétés d'huîtres provenant des bancs naturels du littoral. Répartis dans des compartiments de verre alimentés d'eau de mer artificielle, on pouvait contempler vivantes les grandes huîtres de la rade du Havre, mesurant 15 centimètres de diamètre, à côté des petites huîtres si délicates de Tréguier et du Trieux, de belles gravettes d'Arcachon de forme virgulée, l'huître rustique, corsée et pleine des bancs du Morbihan, celles si réputées de Cancale, et enfin du littoral méditerranéen (France, Corse et Algérie). Cette collection d'huîtres de bancs est certainement la plus belle et la plus complète qui ait jamais été réunie.

La partie supérieure du monument de la marine était occupée par une autre collection de tous les coquillages réputés comestibles des côtes de la France. Elle n'a peut-être point été remarquée autant qu'elle le méritait ; avec un peu plus de place, on eût pu rendre cette exposition assurément très attrayante ; en tout cas, l'administration a mis pour la première fois en pratique une idée qui mérite d'être reprise, dans des conditions meilleures, à une prochaine occasion.

Enfin, au-dessus des étagères supportant ces coquillages se trouvait une superbe carte, dressée par les soins du ministère, indiquant par des procédés graphiques très heureusement imaginés l'emplacement et l'importance des bancs huîtriers et des centres ostréicoles.

Sur une table avaient été réunis les principaux travaux présentés par le Comité consultatif des pêches maritimes. Nous n'avons plus à faire l'éloge de ce Comité, dont les membres éminents ont assumé la tâche de résoudre les questions de pisciculture et d'ostréiculture les plus diversement commentées. Parmi les rapports exposés, nous mentionnerons le rapport si impartialement étudié de M. Gerville-Réache sur la pêche de la sardine, les sujets si bien traités par M. Berthoule : la pêche du Saumon, etc. MM. Giard et Roussin ont étudié sous toutes leurs faces les procédés de pêche de la crevette; M. Perrier a fourni un travail sur la destruction des marsouins; M. Henneguy a présenté une très intéressante étude sur la vente et la consommation des moules. Enfin, M. le commissaire général Renduel, à propos de la pêche du gangui, a exposé une refonte de la réglementation de la pêche sur tout le littoral de la Méditerranée. Ces divers travaux ont attiré l'attention des naturalistes étrangers qui ont visité le pavillon de la pisciculture et de l'ostréiculture, et l'Administration avait dû, à la suite de plusieurs demandes, autoriser le don gratuit de ces brochures aux personnes qu'elles pourraient intéresser. Le stock mis ainsi à la disposition du public a été enlevé dès les premiers jours de l'Exposition. Cette constatation est le meilleur éloge qu'on puisse faire de ces savants opuscules.

En 1878, l'ostréiculture française donnait de sérieuses promesses; on a pu voir à l'Exposition de 1889 qu'elles se sont réalisées. Aujourd'hui, l'élevage de l'huître a pris en France une telle importance qu'elle occupe 300,000 individus.

Les parcs à huîtres concédés actuellement sur le domaine public maritime s'étendent sur une superficie de près de 13,000 hectares; ils sont détenus par 18,000 inscrits, femmes ou enfants d'inscrits, et par 29,000 non inscrits. Sur les propriétés privées, 1,940 hectares sont affectés à l'ostréiculture; ils appartiennent à 250 inscrits et à 2,500 non inscrits. Enfin, d'après les dernières statistiques publiées par la marine, les parcs, claires, viviers, etc., du littoral ont livré à la consommation 62 millions d'huîtres, dont la vente a produit 11 millions de francs.

Ces chiffres, comparés à ceux antérieurement publiés, permettent de se rendre compte des progrès constants accomplis dans la production des huîtres destinées à la consommation. A côté des anciens centres ostréicoles de Cancale, de Courseulles et de Marennes, qui avaient assis de longue date la réputation de l'huître française, se sont créés des établissements nouveaux, tels que ceux d'Arcachon, d'Auray, de Vannes, de Tréguier, de la rivière du Trieux, de l'île d'Oléron, de Lorient, des Sables-d'Olonne, de la rivière de Belon, et tout récemment la station de l'étang d'Ossegor, qui prendra avant longtemps une certaine importance. Enfin, dans le courant de cette année même, s'est créé dans la baie de Bourgneuf un centre plein d'avenir qui rivalisera avec les plus importants; les résultats obtenus après quelques mois d'exploitation sont concluants.

Les huîtres des Sables-d'Olonne, de Belon et de Lorient méritent, à raison de leur qualité exceptionnelle, une mention particulière; elles sont aujourd'hui les rivales d'une huître généralement appréciée, l'ostende, qui tient toujours la place d'honneur. Or, l'huître d'Ostende n'est pas autochtone; elle vient, sans exception, de France ou d'Angleterre. Il se produit sur cet objet de consommation un phénomène économique curieux à signaler aux gastronomes : la majeure partie des huîtres d'Ostende consommées en France sont originaires des parcs des Sables, de Belon et de Lorient, et rentrent sur nos marchés décorés d'une appellation réputée, quant à présent, plus recommandable. Parfois, on a pu constater que des huîtres de Belon entrées à Paris sous le nom d'ostendes avaient séjourné à peine vingt-quatre heures dans les eaux belges. Nous ne prétendons pas, d'ailleurs, en signalant cette importation de nos propres produits, toute à l'honneur de notre industrie, que les huîtres d'Ostende ne méritent pas leur haute réputation; nous demandons seulement à nos nationaux, sans vouloir être trop chauvins, de constater avec satisfaction que l'ostréiculture française n'est pas dépassée par l'élevage belge, jusqu'à ce jour le plus renommé.

Cette supériorité de notre industrie s'accentuera encore, nous en avons la certitude, pour cette raison capitale que nous sommes non seulement des éleveurs, mais aussi des producteurs. Et même notre production, dont nous signalions plus haut l'importance, spécialement pour le bassin d'Arcachon, est considérable. Quant à nos méthodes de culture, il suffira, pour les faire apprécier, d'observer qu'elles nous dispensent de recourir aux gisements naturels pour peupler les parcs d'élevage et d'engraissement.

Ces méthodes, pratiquées chez nous depuis moins de cinquante ans, ont modifié presque partout le régime de l'industrie huîtrière. Naguère, on ne faisait point de l'ostréiculture à proprement parler : on se contentait de pêcher le coquillage sur les bancs naturels et de le conserver dans les parcs de dépôt. Actuellement, on traite l'huître depuis sa naissance jusqu'au moment où elle est en état d'être consommée.

Le prix de revient du mollusque éduqué dans ces conditions n'a pas manqué de s'élever; mais la facilité des communications ayant augmenté la demande, limitée autrefois aux localités du littoral et des grands centres, la culture artificielle s'est cependant généralisée, parce qu'elle seule permettait de satisfaire aux besoins croissants de l'alimentation publique. Aujourd'hui la production est devenue si abondante que nos parcs d'élevage regorgent de sujets et cherchent des débouchés dans plusieurs pays voisins. Et cependant, l'huître est restée un aliment de luxe interdit aux petites bourses. Le prix élevé de l'huître en France a pour cause la haute considération dont l'honorent, pour le plus grand préjudice du consommateur, les compagnies de chemins de fer et les municipalités. Les unes et les autres traitent l'huître moderne sur le pied du rare et précieux coquillage d'autrefois; tarifs de transport et d'octroi le chargent à l'envi : un cent d'huîtres de bonne grandeur (6 à 7 centimètres), payé à Arcachon 3 fr. ou 3 fr. 50, suivant les cours, revient, rendu à Paris, à 6 fr. ou 7 fr. Dans les conditions de la production actuelle, les habitants des villes ne devraient pas payer plus de 1 fr. au maximum une douzaine d'huîtres moyennes. Tel est le desideratum pratique par lequel nous terminons cet exposé économique de la situation de l'ostréiculture.

Disons, à ce propos, que la production n'est pas près de décroître; avec les nouveaux appareils présentés par M. Bouchon-Brandely pour l'élevage en eau profonde, il paraît possible de pratiquer la culture intensive dans les courants et les épaisseurs d'eau, et d'utiliser ainsi des emplacements

réputés inexploitables par les procédés ordinaires. Des parcs
flottants consistant en des radeaux auxquels sont suspendus
les appareils, des parcs en eau profonde, sur les laisses de
basses mers toujours battues par les courants, ont été établis, pour l'expérience, dans la Rance, dans la rivière de
Trieux, dans la baie de Penbail et dans les rivières d'Auray
et de Vannes. De nouvelles expériences vont être tentées
sur des points divers du littoral, et M. l'Inspecteur général
des pêches pense pouvoir en faire connaître avant longtemps
les résultats pleins de promesses. Une voie nouvelle va être
ouverte à l'activité des populations riveraines, et c'est encore
à la marine que nous devrons ce progrès.

Ne laissons pas l'ostréiculture sans rappeler qu'un décret
rendu le 30 mai 1889 a aboli la période d'interdiction de
vente des huîtres s'étendant, dans ces dernières années, du
15 juin au 1er septembre. C'est encore sur l'initiative du
département de la marine, saisi d'une proposition émanant
de M. l'Inspecteur général des pêches, que le Comité des
pêches, puis le Comité d'hygiène publique ont émis un avis
favorable à la liberté de ce commerce, déclarant, l'un et
l'autre, qu'ils ne se croyaient pas autorisés à conclure que
l'huître en frai, si redoutée naguère pendant la saison
chaude, fût dangereuse pour la santé publique.

Les innombrables consommateurs qui ont ingéré des
milliers d'huîtres au buffet de dégustation annexé au pavillon de l'Exposition pendant les chaleurs torrides du dernier
été, ont offert un champ d'expérience assez vaste pour que
le préjugé des « mois sans R » ne rencontre plus aucune
crédulité.

La pisciculture maritime, qui se développe chaque jour
et qui compte actuellement d'importants et nombreux laboratoires, s'est trouvée à peine représentée dans le pavillon
du quai d'Orsay. Citons cependant le plan de la station
zoologique d'Arcachon, les brochures et statistiques relatives au laboratoire de cette station, le tout, d'ailleurs très
intéressant, exposé par M. E. Durègne, dont l'initiative et
les recherches méritent d'être signalées. C'est dans l'établissement de M. Durègne que se sont effectuées, sous les
auspices de la marine et avec la collaboration de M. Henne-

guy, le distingué préparateur du Collège de France, des expériences de reproduction sur les différentes espèces de poissons recherchées, et en particulier des pleuronectes ou poissons plats.

L'administration suit, du reste, avec une sollicitude tous les essais qui se poursuivent dans les stations zoologiques et ne ménage pas, à l'occasion, ses encouragements. Parmi les laboratoires qui, avec ceux d'Arcachon, de Concarneau, de Saint-Waast-la-Hougue, de Roscoff, se sont mis à la tête de ce mouvement, nous citerons le laboratoire de zoologie de Marseille, dirigé par le savant professeur Marion. L'intérêt que témoigne le département pour les recherches scientifiques indique bien que l'administration persiste à se maintenir dans la voie où elle était entrée en 1887, en créant ou plutôt en reconstituant un service téchnique des pêches, comprenant un inspectorat général et le Comité consultatif dont nous avons rappelé plus haut les travaux compétents.

Il est regrettable que les engins et instruments servant à la pêche n'aient pas été groupés dans une exposition spéciale. Ces objets se trouvaient dispersés un peu partout dans les diverses classes; on en a vu notamment dans les sections de l'alimentation, où la Suède et la Norwège avaient présenté des filets et engins des plus curieux. Tous ces outils de l'exploitation maritime eussent été à leur place naturelle dans la classe 77. L'industrie de la pêche aurait eu, dans ces conditions, une exposition en rapport avec son importance considérable. Cette industrie jette, en effet, chaque année sur les marchés pour plus de 100 millions de produits provenant non seulement de la capture du poisson en mer, mais aussi des pêcheries sédentaires de la côte. Il existe à Cancale et dans la rivière de l'Arguenon des pêcheries qui sont exploitées depuis plus de quatre cents ans; on trouve encore des pêcheries en pierre à Regniville; des réservoirs formant également pêcheries sont installés aux environs d'Arcachon; enfin, dans la Méditerranée, on voit les madragues, les bordigues et des réservoirs naturels.

Les pêcheries de Cancale et de l'Arguenon consistent en clayonnages formant une série de V, dont la pointe regarde la mer. Elles ne conservent pas l'eau et on y recueille le poisson à marée basse; celles en pierre gardent l'eau et on les vide après le retrait de la mer, afin d'en extraire le poisson emprisonné. Les pêcheries d'Arcachon sont de petits étangs salés où l'on fait entrer le poisson à l'état d'alevin et où on le laisse grossir jusqu'à ce qu'il atteigne la taille marchande. Les lagunes du Roussillon et du Languedoc, qui présentent tant d'analogie avec les établissements de Comachio, situés à l'embouchure du Pô, forment de vastes réservoirs naturels fermés à certaines époques de l'année et où on se livre constamment à la pêche, à l'abri du mauvais temps. Les bordigues sont des enceintes fermées avec des claies comprenant une série de labyrinthes dans lesquels le poisson va se perdre; on en rencontre dans les étangs de Fos, de Caronte et de Biguglia (Corse). Les madragues sont des parcs fixes servant à la capture des thons, formés de filets supportés par des aussières frappées à des ancres. Toutes ces pêcheries sont des propriétés privées; mais elles n'en sont pas moins utiles à l'alimentation publique, en ce sens qu'elles permettent d'avoir du poisson, même lorsque la tempête a empêché les pêcheurs d'aller à la mer.

La pêche fait vivre environ 85,000 marins embarqués et 55,000 hommes, femmes et enfants qui pratiquent la pêche à pied. Les bateaux employés sont au nombre de 24,000, jaugeant plus de 160,000 tonnes et d'une valeur totale de 45 millions de francs. Les filets et engins en service pour la capture des produits de la mer sont estimés à 23 millions.

Sur le littoral nord et ouest, la pêche est beaucoup plus active que dans la Méditerranée; on pêche à la fois le poisson de côte et le poisson du large. Les marins ne se bornent pas à explorer le proche voisinage du littoral; ils étendent leur sphère d'action jusqu'à 30 ou 40 milles en mer.

La façon différente dont le pêcheur de la Méditerranée exerce son métier ne tient pas à l'ingratitude des fonds qu'il exploite, bien au contraire, car ces fonds seraient depuis longtemps épuisés, ruinés par les pratiques abusives dont ils sont le théâtre. Si le pêcheur du midi ne va pas au large, s'il ne fréquente que le voisinage des côtes et les calanques, il faut croire qu'il y trouve suffisamment de poisson et qu'il est porté, par son indolence, à s'en contenter. Cette pêche, presque exclusivement limitée aux régions très rapprochées du littoral, a d'ailleurs pour résultat de protéger les fonds du large, qui deviennent ainsi de merveilleuses frayères.

La côte algérienne, moins ravagée par les arts traînants que le littoral français, est très poissonneuse, et Maltais, Italiens et Espagnols, aussi souvent qu'ils croient pouvoir échapper à la surveillance de nos gardes-pêches, viennent y concurrencer nos nationaux, à qui la loi du 1er mars 1888 a réservé l'exploitation exclusive de la mer territoriale. L'application de cette loi, disons-le incidemment, a amené, en Algérie comme en Provence, de nombreuses demandes de naturalisation émanant de marins étrangers, jaloux du droit de pratiquer la pêche dans nos eaux. Les magnifiques coraux de la côte algérienne, qui s'étendent jusqu'en Tunisie sont pour la colonie une source de richesse inappréciable.

La pêche en Algérie est assez abondante non seulement pour fournir les marchés de ce vaste territoire, mais aussi pour permettre d'expédier à Marseille des quantités considérables d'excellents poissons, dits de bouillabaisse.

On recherche, en ce moment, les moyens de doter encore nos populations maritimes d'une nouvelle branche d'industrie : il s'agit d'introduire et d'acclimater dans les eaux algériennes la *pintadine* ou huître perlière. Ce coquillage n'est pas, comme on pourrait le croire, l'hôte exclusif des mers intertropicales. On ne le trouve pas seulement dans l'archipel des Tuamotou, en Australie, aux îles de la Sonde ou dans le golfe du Mexique, qui sont les sources principales de la production ; on le rencontre encore au nord de la mer Rouge et du golfe Persique, dans les mers tempérées de la Chine, c'est-à-dire dans des régions dont la latitude ne diffère pas sensiblement de celle des côtes d'Algérie. Étant donné encore qu'il y a des bancs de coraux dans ces parages et que des essais d'acclimatation, entrepris il y a quelque vingt ans dans le port d'Alexandrie, ont donné d'heureux résultats, on est en droit d'espérer que les essais projetés par la marine réussiront aussi. Le succès de cette acclimatation serait d'autant plus intéressant que nous sommes, pour la nacre, tributaires de l'Angleterre, malgré la richesse incomparable de nos pêcheries océaniennes, les plus riches qui soient au monde. Si nous parvenions à nous soustraire à cette dépendance onéreuse, nous arriverions à rendre au commerce national, qui consomme annuellement 2,150 tonnes de nacre, un service signalé. Ajoutons que la *pintadine* ne fournit pas seulement la *nacre*; c'est chez cette espèce qu'on trouve les perles fines, ce qui lui a valu sa dénomination vulgaire d' « huître perlière ».

Actuellement, une réglementation de la pêche tunisienne est à l'étude ; les mesures proposées paraissent assurer une sage exploitation des eaux si riches de notre protectorat.

(A suivre.)

NOUVELLES DIVERSES

Nous avons à enregistrer deux récompenses décernées par M. le Ministre de l'instruction publique à l'occasion du 1er janvier 1890. MM. Larroque et Durègne ont été nommés officiers d'Académie.

M. Larroque est l'honorable et sympathique maire de Gujan-Mestras, grand ostréiculteur dans cette commune. La distinction qui vient de lui être accordée a été accueillie avec le plus vif plaisir par tous les pêcheurs et ostréiculteurs du Bassin d'Arcachon, où il ne compte que des amis.

Il en a été de même de notre savant et aimable collaborateur M. Durègne, directeur de la station zoologique d'Arcachon. En lui, le ministre a décoré le naturaliste qui, par les travaux scientifiques auxquels il se livre depuis plusieurs années, a rendu de réels services aux pêcheries et à l'ostréiculture.

Nous prions les deux nouveaux décorés d'accepter nos bien sincères félicitations.

— Le *Journal officiel* a publié un décret du 31 décembre, en vertu duquel la pêche du saumon a été autorisée à partir du 10 janvier courant. Nous publierons dans notre prochain numéro le texte de ce décret et le rapport qui l'a précédé.

— Un nouveau laboratoire maritime, dépendant du Muséum d'histoire naturelle de Paris, s'ouvrira le 1er mars prochain à Saint-Wast-la-Hougue.

— Les stationnaires le *Drac* et le *La Clocheterie*, qui sont affectés au service des pêches maritimes de Terre-Neuve, sont rentrés en France dans un état qui ne leur permet pas de faire la prochaine campagne. Ils seront remplacés par l'*Indre* et le *Dupetit-Thouars*, qui entreront en armement à Lorient et à Toulon, le premier au commencement de mars et le second au commencement d'avril prochain.

— Pendant le cours de l'épidémie d'influenza qui a frappé Paris, le docteur Roger a employé dans l'alimentation des malades l'huître avec beaucoup de succès. Au lieu de prescrire la diète complète, il ordonnait à ses clients, au déjeuner, un menu composé uniquement d'une douzaine d'huîtres plates bien grasses, arrosées d'un verre de Bordeaux chauffé, et ainsi au dîner. Cette alimentation a maintenu dans une bonne proportion les forces de presque tous ses malades atteints d'influenza ou de maladies des voies respiratoires, et il a conservé la conviction que l'huître avait beaucoup aidé à leur guérison.

Cela ne nous étonne pas; nous connaissons un docteur, actuellement député d'Orléans, qui guérit ses maux de gorge en avalant des huîtres. Beaucoup de personnes en ont fait avec succès l'expérience.

— On nous écrit d'Audierne que, par suite du mauvais temps qui a régné ces jours derniers, la pêche a été très contrariée. La semaine passée, un certain nombre de bateaux sont rentrés, ayant à bord de 10 à 22 merlus chacun, vendus 1 fr. 90 à 2 fr. pièce. La baie est pleine de spinecs. Ces poissons causent de graves avaries aux pêcheurs, en détériorant leurs filets et en mangeant les autres poissons qui sont pris en même temps qu'eux. Certains bateaux avaient jusqu'à 100 spinecs dans leurs filets. Les pêcheurs sont désolés de l'abondance de ces parasites.

Les pêcheurs à la ligne rentrent avec 7 à 8 fr. de lieus, vieilles et tacols.

— Le marché aux huîtres de Paris est en pleine activité. Aux approches de la fin de l'année 1889, la consommation a été plus considérable que les années passées ; elle a suivi la progression de la consommation quotidienne, qui, pendant cette campagne, est en train de tripler le chiffre de la campagne précédente. Les prix, à peu de chose près, ne varient pas. Il y aurait peut-être une légère tendance à la baisse, du moins sur les prix de vente des petits intermédiaires.

La portugaise donne toujours beaucoup.

Nous signalerons un fait qui nous paraît de nature à amoindrir la réputation des huîtres de Marennes et d'Arcachon.

Certaines écaillères, dans le but d'allécher une clientèle de passage, ne craignent pas d'afficher des paniers sous le couvert d'huîtres de Marennes et d'Arcachon à des prix dérisoires. Par exemple, 1 franc la douzaine les premières et 40 centimes la douzaine les secondes. Il y a tromperie sur la nature de la marchandise vendue. Les huîtres étiquetées « Marennes » sont des arcachonnaises de 0^{m}05. Quant aux autres, on sait à Arcachon que le produit qui a subi le prix du transport et de l'octroi à Paris, ne peut être livré à la consommation à des prix semblables. Nous avons vu également des Courseulles affichées à 1 fr. 25. Nous soumettons le cas aux intéressés.

Il y va tout simplement de la bonne renommée des parcs.

— Le superbe immeuble la Bourse de commerce de Paris, situé au centre de la capitale, vient de s'enrichir d'un Musée commercial dû à l'initiative privée. Nous félicitons sincèrement les organisateurs de cette affaire appelée à un succès certain et prochain, et nous engageons vivement les industriels français et coloniaux à se mettre en communication avec son directeur.

— A partir du numéro prochain, la *Revue* publiera un résumé commercial de l'ostréiculture et de la pêche.

LA PÊCHE DANS LE 5ᵉ ARRONDISSEMENT MARITIME EN 1888

Statistique *(suite)*.

La Seyne. — La pêche côtière occupe 329 embarcations montées par 486 marins. La campagne a été assez bonne, bien que sur la plupart des articles on ait eu à constater de légères diminutions. L'ensemble de la pêche a produit la somme de 220,275 fr., soit 10,679 fr. de moins qu'en 1887.

Les pêcheurs étrangers ont capturé pour 23,376 fr. de poissons, soit une différence de 649 fr. en faveur de la précédente campagne.

L'ostréiculture a donné lieu aux mouvements suivants :
Entrées :
1,840,000 huîtres d'élevage, d'une valeur de 56,000 fr.
  35,000   —   portugaises,   —   630 fr.
    Sorties :
1,500,000 huîtres de 5 c. et au-dessus, vendues 76,000 fr.
  24,000   —   portugaises,   —   560 fr.
Le stock restant dans les parcs est estimé à 340,000 huîtres, représentant une valeur de 18,200 fr.

Il a été introduit dans les réservoirs à poissons et établissements coquilliers pour 1,156 fr. de poissons, crustacés et coquillages, qui ont été revendus 1,360 fr.

Toulon. — 318 embarcations montées par 640 marins sont employées à la pêche côtière. La pêche a donné en 1888 des résultats bien moins satisfaisants que l'année précédente, ce qui tient principalement aux mauvais temps fréquents qui ont régné sur les côtes; tous les articles sauf trois ont donné des différences en moins importantes. Le total brut de la vente des produits capturés a atteint le chiffre de 204,305 fr., soit une différence en moins de 187,680 fr.

Le quartier ne compte ni parcs d'ostréiculture, ni réservoirs ni établissements coquilliers.

Saint-Tropez. — La pêche côtière est pratiquée par 320 marins avec 160 embarcations. La campagne a été assez fructueuse grâce à l'abondance des sardines qui ont donné une augmentation de 24,725 fr. dans le produit de la vente; les autres articles ont tous donné des différences en moins.

Le total brut de la vente des produits a atteint le chiffre de 192,776 fr., soit une différence en plus de 2,183 fr. sur l'année 1887.

Deux ateliers de salaisons ont fonctionné à Saint-Tropez et

ont livré 45,700 kilog. de sardines dans le Gard, le Vaucluse et le Rhône.

6 pêcheurs, laissant 5 veuves sans enfants, sont morts ou disparus pendant l'année 1888.

Cannes. — 240 marins pratiquent la pêche côtière avec 92 embarcations. Les résultats de la campagne de 1888 diffèrent peu de ceux de 1887. La légère amélioration constatée provient de la sardine qui a été assez abondante particulièrement en mai, juin, octobre et novembre. L'anchois, au contraire, a été très rare. La somme totale de la vente des produits s'est élevée à 124,304 fr., accusant une différence en plus de 12,526 fr. sur 1887.

Il n'existe dans le quartier de Cannes que trois dépôts de coquillages, dont l'un flottant. On y conserve les huîtres expédiées des ports de l'Océan et destinées à la consommation locale. Il y a été introduit 480,000 kilog. de coquillages, autres que les moules, entrés pour une valeur de 32,000 fr.; ils ont été livrés à la consommation pour la somme de 52,000 fr.

Antibes. — La pêche est pratiquée par des bateaux non pontés au nombre de 145; ils sont armés à la part et leurs équipages forment un ensemble de 432 marins. Les résultats de la pêche pendant l'exercice 1888 ont été inférieurs à ceux de la précédente campagne. Cette diminution est due en grande partie à la « sardine » et aux « anchois », qui ont été moins abondants dans les eaux du quartier.

La campagne se solde par une différence en moins de 12,490 fr. sur le total brut de la vente des produits, qui s'est élevée à la somme de 243,600 fr.

Nice. — 46 bateaux seulement, montés par 146 marins, sont employés à la pêche côtière. Les espèces sédentaires ont plus donné en 1888 qu'en 1887 et les « soles, turbots, plies, etc., » ont produit une légère augmentation de 1,924 fr.; en revanche, les poissons de passage ont été bien moins abondants.

Le total brut de la vente des produits s'est élevé à la somme de 91,062 fr., soit une différence en moins de 29,526 fr. sur l'année 1887.

Les parcs à huîtres du quartier ne sont pas de simples dépôts; 4 ont été en activité pendant l'année 1888 et ont donné lieu aux mouvements suivants :

Entrées : 275,000 huîtres d'élevage, d'une valeur de 12,265 fr.

Sorties : 245,400 huîtres de 5 centimètres et au-dessus, vendues 46,812 fr.

Le stock restant dans les établissements est de 29,600 huîtres, estimées 1,349 fr.

Les réservoirs et établissements coquilliers ont reçu : 1,600 kilog. de crustacés, d'une valeur de 5,025 fr., 1,200 kilog. de moules, d'une valeur de 400 fr.; et ont livré : 1,530 kilog. de crustacés pour le prix de 7,150 fr.; 1,090 kilog. de moules pour le prix de 530 fr.

Villefranche. — 203 bateaux montés par 338 hommes ont pratiqué la pêche côtière en 1888. Les résultats de la campagne ont été assez satisfaisants.

Le total brut de la vente des produits s'est élevé à 168,118 fr., soit une différence en plus de 16,678 fr. sur 1887.

Les réservoirs à poissons et parcs à huîtres ont reçu : 950 kilog. de poissons, d'une valeur de 3,325 fr.; 20,000 huîtres, d'une valeur de 1,200 fr. La vente pour le poisson a atteint la somme de 3,800 fr. et pour les huîtres, 1,700 fr.

CORSE

Rogliano. — La pêche est pratiquée par 208 marins montant 58 embarcations. Bien que le poisson ait été moins abondant pendant la campagne 1888 que l'année précédente, le prix de vente a été plus rémunérateur.

Le total brut de la vente des produits péchés a atteint le chiffre de 29,860 fr., soit 2,530 fr. de plus qu'en 1887.

Les pêcheurs étrangers (Italiens admis à domicile) avaient armé pour la pêche 2 bateaux avec un équipage de 9 hommes. Le résultat de leur pêche se décompose ainsi : 8,700 kilog. de « soles, turbots, plies, etc., » vendus 6,200 fr. ; 250 kilog. de crustacés, vendus 250 fr., soit un total de 6,450 fr., accusant une différence en faveur de 1888 de 5,350 fr.

Bastia. — 109 embarcations montées par 304 hommes ont été employées à la pêche en bateau. L'année a été peu fructueuse par suite des mauvais temps qui ont été très fréquents. L'anchois est le seul des articles qui ait produit une augmentation.

Le total brut de la vente des produits s'est élevé à la somme de 286,000 fr., soit une différence en moins de 12,000 fr. sur 1887.

Il a été péché sur la côte 70 hectolitres de coquillages, vendus 1,000 fr.

Les pêcheurs étrangers ont capturé 15,000 kilog. de « soles, turbots, plies, etc., » qui ont été vendus 11,000 fr. ; ils avaient armé 7 bateaux montés par 18 hommes.

Ajaccio. — Le quartier arme pour la pêche 103 bateaux montés par 320 marins. Tous les articles, par suite des mauvais temps qui ont régné pendant l'année, ont subi des diminutions comme quantités capturées; mais le prix de vente, qui s'est élevé en raison de la rareté de la denrée, a donné des différences en plus sur l'année 1887.

Le total brut de la vente des produits pêchés s'est élevé à 130,089 fr., soit une différence de 20,764 fr. en faveur de 1888. La pêche à pied n'a pas été exercée cette année et le quartier ne compte plus de pêcheurs étrangers.

Les parcs d'élevage pour les huîtres ont livré à la consommation 40,000 huîtres au prix de 2,000 fr. Le stock restant dans les établissements est de 3,000,000 d'huîtres, d'une valeur de 150,000 fr.

PISCICULTURE

La Pêche du Saumon.

Répondant à une question de M. Sibille, député de Nantes, à la séance de la Chambre du 23 décembre dernier, M. le Ministre des travaux publics a fait la déclaration suivante (extrait du *Journal officiel*) :

M. Yves Guyot, *ministre des travaux publics.* Messieurs, en vertu d'un décret pris, le 10 août 1873, par le Ministre des travaux publics, et d'un autre décret pris, le 20 octobre de la même année, par le Ministre de la marine, la pêche des salmonides est interdite depuis le 20 octobre jusqu'au 31 janvier.

A plusieurs reprises, on a réclamé contre la durée de cette interdiction. M. de La Ferronnays, entre autres, s'est fait, il y a deux ans, l'interprète des pêcheurs de l'embouchure de la Loire, qui la trouvent gênante.

Mais cette intervention n'a prouvé qu'une chose : c'est qu'on envisageait trop souvent la question avec les préoccupations d'un intérêt local, sans savoir exactement quels en étaient les termes.

M. de La Ferronnays avait allégué, le 19 novembre 1888, que les saumons ne frayaient pas en eau douce. Or, nous verrons qu'il a été constaté que cette assertion était absolument erronée.

A la suite de ces diverses réclamations, le Comité consultatif des pêches maritimes a étudié la question de la reproduction du saumon ; cette étude a été complétée par une commission nommée le 15 novembre 1888 par le Ministre des travaux publics et se composant d'inspecteurs généraux, d'ingénieurs et de naturalistes.

Quelles sont les conclusions de cette commission ? D'abord, les enquêtes faites ont permis de constater que le saumon était bien un poisson d'eau douce et non pas un poisson de mer ; que, par conséquent, les réglementations appliquées aux poissons d'eau douce devaient être appliquées aux saumons et que, par conséquent, l'interdiction de la pêche devait exister pendant la période de la fraie. Ensuite la Commission a déterminé de la manière la plus nette que le saumon frayait dans les eaux douces, que les œufs des salmonides étaient fécondés dans les eaux douces, et — le fait a été constaté après une série d'expériences, — qu'ils ne se développaient pas dans l'eau salée. Voilà donc deux faits acquis.

Quant à la période pendant laquelle a lieu la reproduction des saumons en France, je dois dire qu'à cet égard nos renseignements sont beaucoup plus vagues.

Pour généraliser les indications fournies par cette Commission, je dirai que, dans le premier groupe, de l'Adour et des rivières voisines, la reproduction paraît avoir lieu du 1er novembre au 15 janvier; dans le second groupe, de la Gironde et de ses affluents, la reproduction paraît avoir lieu du 15 octobre au 31 janvier; dans la Loire et ses affluents, depuis les premières gelées blanches d'octobre jusqu'au 15 décembre, avec des retards s'étendant jusqu'au 1er février.

M. le marquis de La Ferronnays. Jusqu'au 15 décembre.

M. le Ministre des travaux publics. Oui, jusqu'au 15 décembre, mais avec des retards s'étendant jusqu'au 1er février.

M. le marquis de La Ferronnays. Normalement jusqu'au 15 décembre.

M. le Ministre. Je continue mon énumération. Dans les rivières de la Bretagne et de la Normandie, du 15 octobre au 31 décembre, avec des retards s'étendant également jusqu'au 1er février; dans la Seine et ses affluents, du mois d'octobre au 15 janvier.

Tels sont les résultats des enquêtes faites par la Commission et qui sont constatés par un graphique dressé par M. Caméré.

D'après ce graphique, la période de reproduction du saumon dure encore presque partout pendant les vingt premiers jours de janvier.

Voici maintenant quelles ont été les conclusions du Comité consultatif des pêches maritimes : il a limité au 10 janvier l'interdiction de la pêche du saumon.

La Commission du ministère des travaux publics a cru pouvoir la réduire au 1er janvier.

Le Conseil d'État saisi de la question, ne considérant que les termes de la loi qui déclarent que la pêche doit être interdite pendant la période de la fraie, n'a pas cru devoir abaisser la limite de l'interdiction en deçà du 10 janvier.

Tel est l'état de la question.

Je dois vous dire que j'avais le plus vif désir que l'on pût manger du saumon non pas seulement en carême, mais encore aux fêtes de la Noël et même au premier de l'an. Mais je me suis trouvé en face de la décision du Comité des pêches maritimes et de l'avis du Conseil d'État. Que devais-je faire? passer outre? Allais-je demander à mon collègue de la marine, qui doit signer un décret en même temps que moi, allais-je proposer à mes collègues du Conseil des ministres et ensuite à M. le Président de la République d'abaisser cette date avant le 1er janvier?

Pour cela il me fallait des documents décisifs, et alors, à mon tour, je me suis livré à une petite enquête personnelle.

J'ai examiné le compte rendu du Congrès de pisciculture qui a eu lieu à Paris; j'ai prié M. Jousset de Bellesme, le directeur du laboratoire municipal du Trocadéro, de venir conférer avec moi et, enfin, j'ai envoyé des dépêches à un certain nombre de personnes s'occupant du saumon, pour savoir quelle était l'époque de la fraie du saumon et si certaines assertions, que j'avais trouvées, certifiant que cette opération était terminée le 1er décembre, étaient exactes.

J'ai demandé, par exemple, à M. Geneste, qui a des frayères dans la Dordogne, s'il existe actuellement du saumon en période de fraie. Voici la réponse que j'ai reçue :

« Les fécondations ont commencé depuis vingt jours avec saumon en réservoir. Aujourd'hui, fécondations 10,000 œufs. On peut assister à l'opération tous les jours. »

Je me suis adressé au département du Finistère pour savoir dans quelle situation se trouvait le saumon à l'embouchure de l'Ellé. J'ai reçu la dépêche suivante :

« Les saumons de l'embouchure de l'Ellé sont en période de fraie. »

Je me suis également adressé à Boulogne pour demander dans quelle situation se trouvait le saumon de la Conche et j'ai reçu la même réponse :

« Les saumons sont en période de fraie. »

En présence de ces réponses affirmant de la manière la plus nette que les saumons étaient encore en période de fraie, et devant l'incertitude des renseignements qui ont été communiqués à la Commission du ministère des travaux publics, je n'ai pas cru pouvoir, en ce moment, passer outre à l'avis du Conseil d'État, et le décret que je proposerai à la signature de M. le Président de la République portera la date du 10 janvier comme terme de l'interdiction de la pêche du saumon.

Voilà ce que je puis faire pour l'instant; mais je ne considère pas que la question soit fermée, précisément parce qu'il reste une part d'incertitude dans les réponses qui ont été adressées à la Commission. Je crois que l'enquête doit être continuée et qu'en dehors des renseignements qui ont été pris plus ou moins par ouï-dire, il est utile de procéder à des observations directes et à de nouvelles expériences relativement à la reproduction du saumon.

Aussi le décret sera suivi immédiatement d'un arrêté mettant en fonction la Commission du ministère des travaux publics, y ajoutant un certain nombre de membres et, en même temps, étendant le programme qu'elle avait été chargée d'examiner à l'étude de la reproduction d'autres espèces de poissons, au sujet desquels je constate également de grandes incertitudes.

Telle est, Messieurs, la réponse très nette que j'ai l'honneur de faire à l'honorable M. Sibille.

Je ne crois pas pouvoir autoriser l'ouverture de la pêche du saumon avant le 10 janvier, mais elle sera avancée à cette date, et de cette façon les pêcheurs de la Loire comme les autres pêcheurs de saumon gagneront vingt jours.

Mais la question n'est pas fermée, et j'espère que l'année prochaine nous pourrons faire un pas de plus. Si aujourd'hui nous essayons de faire ce pas, sans nous être assurés par des documents incontestables que cette mesure ne serait pas préjudiciable à la reproduction du saumon...

M. Le Cour. Et l'enquête de l'année dernière?

M. le Ministre. ... nous risquerions de provoquer une réaction et de nous heurter à des protestations dont la conséquence serait peut-être de faire rétablir les choses en l'état où elles se trouvent actuellement. (Très bien! très bien!)

M. Le Cour. Mais l'enquête révèle que les savants se sont prononcés en faveur de l'ouverture de la pêche au 1er janvier.

M. le Ministre. Mais, Monsieur Le Cour, c'est précisément sur l'enquête à laquelle ont procédé les savants que je m'appuie. (Mouvements divers.)

M. le Président. L'incident est clos.

Chemin de fer d'Orléans.

Des billets d'aller et retour de famille, de 1re et de 2o classe, sont délivrés toute l'année à toutes les stations du réseau d'Orléans, avec faculté d'arrêt à tous les points du parcours :

Pour Arcachon, Biarritz, Dax, Guéthary (halte), Pau, Saint-Jean-de-Luz et Salies-de-Béarn.

Les réductions suivantes, calculées sur les prix du tarif légal d'après la distance parcourue, sous réserve que cette distance, aller et retour compris, sera d'au moins 500 kilomètres :

Pour une famille de 3 personnes........ 25 p. 100
    —   de 4   — .... 30 p. 100
    —   de 5   — .... 35 p. 100
    —   de 6   — et plus.. 40 p. 100

Durée de validité : 33 jours, non compris les jours de départ et d'arrivée.

La durée de validité des billets de famille peut être prolongée une ou deux fois de 30 jours moyennant le payement, pour chacune de ces périodes, d'un supplément égal à 10 p. 100 du prix du billet de famille.

Le Directeur-Gérant, J. CHAPEAU (※, ※ ※).

5me année.   N° 16 (2me série)   1er Février 1890.

REVUE

DES

PÊCHERIES MARITIMES

BULLETIN COMMERCIAL

Paris, le 31 janvier.

Des différentes communications que nous recevons des principaux centres de consommation, il résulte que les affaires ont été très calmes pendant cette dernière quinzaine. L'ostréiculture en a souffert, la marée également. Le peu de commandes qui ont été faites n'ont pas non plus laissé que de causer certains embarras aux expéditeurs ; la tempête qui a sévi sur nos côtes pendant toute la dernière partie de la quinzaine, n'a pas permis de tenir la mer et a fermé la route des parcs. Les parqueurs qui ne s'étaient pas approvisionnés avant le mauvais temps s'en sont mal trouvés et leurs clients aussi.

On nous signale quelques dégâts commis par la bourrasque sur des parcs qui ont été inondés ou endommagés par des paquets d'eau. Hâtons-nous d'ajouter que ces dégâts ne sont pas irréparables, mais les frais de revient de l'huître n'en sont pas moins augmentés par suite d'une mortalité imprévue et de réparations à exécuter au matériel.

Cette maudite influenza, si elle n'est pas cause de la tempête dont nous parlons, n'en est pas moins responsable de la lenteur actuelle des affaires. Dans la consommation générale de l'huître, il faut comprendre une très grande partie du stock employé aux dîners de famille ou aux dîners officiels. L'huître, sur la table, n'est pas considérée encore comme

un élément appréciable de saine alimentation ; elle est plutôt
un signe de réjouissance, une invitation au convive, un
délicieux hors-d'œuvre ; il s'ensuit qu'elle subit des hausses
et des baisses de consommation considérables dès qu'un
deuil frappe la famille ou que la santé publique laisse à
désirer, comme pendant cette période d'épidémie.

Il y a encore tout à faire pour donner à l'huître la place
qu'elle doit occuper dans l'alimentation. Nous serions heureux, pour notre part, que la science, qui n'ignore pourtant
pas les précieuses qualités des mollusques au point de vue
alimentaire, lui témoignât, dans l'intérêt des malades, des
estomacs affaiblis, une plus grande bienveillance. Nous ne
demandons pas qu'on renverse les choses, c'est-à-dire que
l'on supprime l'huître du menu des festins pour la faire
inscrire au laboratoire des hôpitaux, mais, tout en lui con-
servant sa première place, nous trouvons injuste et fâcheux
qu'on la proscrive dès que la maladie se montre, alors que
le plus souvent elle pourrait être un puissant agent de
guérison. Cela, en attendant qu'on prenne l'habitude de
considérer l'huître comme un plat, au même titre que la
viande.

On nous écrit de Marennes que les prix ne subissent
guère de variation. L'ensemble du poisson de vivier, de
deux ans, a été vendu par certains ostréiculteurs *cinquante-
cinq francs* (55 fr.). La portugaise, *prise sur place*, se
vend encore de 9 à 10 fr. le mille.

A Arcachon, il s'est traité quelques marchés à 14 fr. le
5 1/4 à 6 ; du petit 5, à 8 et 9 fr. ; et du 6 1/4, à 25 et
28 fr. ; le 7 à 8 (très rare) vaut 50 fr.

Il s'est traité des marchés d'huîtres d'élevage de 5 à 6, de
trente mois, de 10 à 15 fr. Le 5 à 6, de dix-huit mois, se
vend de 9 à 10 fr. On vend la crevette rose à Arcachon 3 fr.
le kilog.

Nous avons signalé l'abus que commettaient certaines
écaillères de Paris, lesquelles affichent des prix dérisoires
sur des paniers d'huîtres de provenances fausses. Nous
recevons à ce sujet des réclamations qui nous semblent plus
ou moins fondées. La vérité, c'est que nous jugeons impos-

sible de vendre à Paris l'huître comestible de Marennes à 1 fr. la douzaine. Un fait qui nous servira d'exemple est celui-ci. Nous disons plus haut que l'huître prise au vivier vaut 55 fr. La portugaise ne vaut, elle, que 10 fr. Or, comment se fait-il que cette même portugaise se vende à Paris sur le pied de 90 centimes la douzaine!..... Comment explique-t-on l'écart entre l'huître plate de Marennes et la portugaise provenant des mêmes parcs? Nous concluons que : ou l'huître plate vendue 1 fr. n'est pas de Marennes ou, si elle est de Marennes, elle provient d'une source douteuse que nous engageons les inspecteurs de pêche à vérifier.

Quant à l'arcachonnaise vendue 40 centimes la douzaine, celle-là est originaire, mais son colportage n'en est pas moins du domaine des inspecteurs des marchés. C'est une huître non comestible, de l'année ou de dix-huit mois tout au plus, d'une maigreur compromettante et qui est amenée sur les marchés de consommation au mépris des lois sur la pêche. Un peu de surveillance, s. v. p.

Mouvement. — Au début de la maline, le steamer *Ville-d'Arcachon* est parti d'Arcachon pour l'île d'Oléron avec un chargement de 2 millions d'huîtres d'élevage. Il était affrété pour deux autres millions d'huîtres, qu'il n'a pu transporter par suite de la violence de la tempête, qui l'a obligé de relâcher à La Rochelle avec quelques avaries. Il a rapporté, à son retour à Arcachon, 800,000 huîtres comestibles de Marennes de 6/7 et 7/8.

Le steamer *Ville-de-Rochefort* a également effectué un premier voyage d'Arcachon au Château-d'Oléron avec quinze cents mille huîtres d'élevage, et il est attendu pour un deuxième chargement.

Le stock des huîtres d'élevage est, cette année, de beaucoup inférieur à celui de l'année dernière ; les cours ont une tendance à se relever, et tout fait supposer que la hausse s'accentuera vers la fin de la campagne actuelle. On a payé les huîtres de deux ans, selon la pousse, de 12 à 15 fr. ; on cite un lot des parcs du Phare vendu 18 fr.

Le 6/7 comestible de trois ans est toujours très demandé

à 26 et 28 fr. On considère même, d'ores et déjà, cette qualité comme presque épuisée.

OSTRÉICULTURE ET PISCICULTURE

(Suite et fin.)

La région méditerranéenne est la mieux partagée par la nature au point de vue des ressources de la pêche. D'après des renseignements recueillis *de visu* par M. l'Inspecteur général des pêches maritimes, les rivages découpés de la Corse seraient fréquentés par toutes les espèces ichtyologiques comestibles connues dans la Méditerranée et les poissons atteindraient là leur développement maximum. Cependant ces richesses accumulées ne donnent lieu à aucun mouvement commercial; elles restent en réserve pour le jour où, des moyens de communication plus rapides mettant en relations suivies et faciles les villes de l'île entre elles et l'île elle-même avec le continent, les pêcheurs de la Provence, un peu serrés chez eux, se décideront à émigrer.

Le Corse est riche également en produits huîtriers. Presque partout, dans les anses, on rencontre l'*Ostrea edulis;* on la trouve en quantités innombrables notamment dans l'étang de Diana, qui communique avec la mer pendant une partie de l'année seulement.

Rien ne peut donner une idée de la prodigieuse fécondité de cet étang; le fond est couvert d'huîtres qui débordent jusque sur les parties les plus proches du rivage, à mesure que les sujets adultes émettent, chaque année, du naissain dans des proportions inconnues même à Arcachon. — M. de Jouette de la Seyne est cependant le seul industriel qui ait entrepris jusqu'ici l'élevage de l'huître corse. Il a obtenu dans son parc d'Ajaccio d'excellents résultats. Malheureusement, il en est des huîtres comme des poissons; il est difficile, lorsqu'on se trouve éloigné d'une ville, d'en assurer l'écoulement.

La pisciculture fluviale, comme la pisciculture maritime, n'a pas occupé à l'Exposition le rang que lui assignait son importance économique. Nombreux, en effet, sont ceux qui la pratiquent; plus nombreux encore ceux qui pourraient l'exercer avec fruit, et quelles ressources considérables à ajouter à nos richesses naturelles! Après l'engouement du début elle était tombée, il faut le reconnaître, dans une période de regrettable torpeur, dont elle paraît enfin sortir, entraînée par l'exemple de quelques succès au dedans et par sa vive extension à l'étranger. Depuis une dizaine d'années, et en vertu d'une loi du 30 juillet 1875, l'enseignement pratique de la pisciculture a été introduit dans quelques-unes de nos écoles départementales et d'agriculture; il tend à s'y généraliser de jour en jour davantage. On a réussi à mettre en liberté dans nos cours d'eau plus de 400,000 alevins pendant ces trois dernières années. Ce n'est là qu'un début, sans doute, mais il est du meilleur augure pour l'avenir, et, à ce point de vue, les documents produits par le ministère de l'agriculture offraient le plus sérieux intérêt.

L'outillage présenté au quai d'Orsay par quelques praticiens, quoique dérivé, en somme, de l'ancien système Coste, s'en distinguait par certaines modifications assez remarquables. L'augette lourde et fragile en terre cuite est aujourd'hui assez généralement remplacée par des modèles en métal avec courant ascendant, destiné à prévenir les dépôts de sédiments, si funestes aux œufs et aux alevins, et à assurer l'aération de l'eau. Nous citerons entre autres les appareils de M. Vacher et ceux de M. Rathelot; ces derniers sont pourvus, en outre, d'un ingénieux régulateur hélicoïde, qui permet de modifier à volonté le niveau de l'eau.

La question de l'alimentation du poisson pendant le premier âge était, jusqu'à présent, une des plus difficiles à résoudre, une de celles qui entravaient le plus gravement l'élevage. M. Lugrin, directeur de l'établissement de pisciculture de Gremaz, lui a fait faire un pas décisif; il est parvenu à obtenir la production, en nombre illimité, des animaux inférieurs (cyclops, crevettes, daphnées, etc.) qui constituent la plus saine nourriture de l'alevin. Il a exposé des aquariums peuplés de myriades de ces êtres minuscules, qu'il multiplie, affirme-t-il, à volonté dans de simples cuves.

La divulgation de son secret serait d'un grand prix pour la pisciculture artificielle.

Les montagnes d'Auvergne sont riches en eaux vives qui constituent de vastes champs de culture, dont un grand nombre sont encore stériles. Là, cependant, plus que partout ailleurs, l'élan donné a été suivi, et le pays compte déjà plusieurs laboratoires modèles. Un seul était représenté à l'Exposition, celui de M. Chauvassaigne. Créé en 1876, à la naissance de sources abondantes, dans le parc de Theix, à quatre lieues de Clermont, avec un luxe qu'on ne s'attend pas à trouver dans des installations de cette nature, cet établissement est un palais des eaux. De larges viviers ont été aménagés dans le parc afin d'entretenir les sujets reproducteurs. Leur nombre est tel qu'ils peuvent fournir à chaque campagne un million et plus d'œufs, vendus et expédiés dans toutes les directions. C'est par de semblables travaux que nous arriverons à nous affranchir de notre dépendance envers les producteurs étrangers et à récolter sur notre sol toutes les semences nécessaires à la fécondation de nos rivières dépeuplées.

A quelques pas de cette exposition, qui comprenait un plan en relief de la propriété et les divers appareils qui y sont en usage, s'en trouvait une autre faite à un point de vue plus général et offrant un intérêt d'un ordre différent. M. Berthoule, dont on connaît l'infatigable activité comme secrétaire général de la Société d'acclimatation, et qui a tant contribué à l'extension des pratiques piscicoles, s'est livré à une étude orographique et zoologique des lacs du Plateau central; il a fait, en quelque sorte, l'inventaire de leurs richesses et placé sous les yeux des visiteurs, en même temps que ce travail encore inédit, une série de vues panoramiques des lieux, la collection complète de leur faune (faune naturelle, faune introduite, faune inférieure, faune des fonds et faune pélagique), et celle des animaux supérieurs, ennemis naturels du poisson.

La plupart de ces lacs, presque tous de formation volcanique et groupés, au nombre de plus de quinze, dans un périmètre relativement restreint, n'ont été encore l'objet d'aucune tentative d'empoissonnement. On ne peut guère citer que le lac Pavin et le lac Chauvet, dans lesquels une population nouvelle ait été introduite. Dans celui-ci, où vivaient autrefois de paisibles essaims d'ablettes et de goujons, seuls hôtes de cette nappe d'eau de 45 hectares de surface, on a acclimaté la truite et l'ombre-chevalier. Dans le lac Chauvet, M. Berthoule a naturalisé successivement les espèces de salmonides les plus précieuses d'Europe et d'Amérique : le *Salmo lacustris*, le *Salmo trutta*, le *Salmo fontinalis* et le *Rainbow-trout* de Californie, le *Coregone fera*, etc. Là, cependant, les difficultés étaient sérieuses, car les perches y étaient en nombre considérable et constituaient un danger redoutable pour les nouveaux venus. Néanmoins, le succès a été complet et les échantillons de la faune introduite, exposés auprès de ceux de la faune naturelle, font avec eux un contraste frappant et démontrent d'une manière saisissante ce que peut la culture de l'eau habilement pratiquée.

Cette partie de l'exposition a une portée qui ne saurait échapper, car elle montre quel horizon est ouvert à la pisciculture dans ces pittoresques montagnes.

PISCICULTURE

L'Aquiculture en Belgique.

Parmi les États qui ont pris à cœur la reconstitution de leurs richesses ichtyologiques, la Belgique n'est pas un des moins ardents à y travailler ; une commission, instituée il y a quelques années auprès du ministère de l'agriculture et des travaux publics, est spécialement chargée de mener à bien cette importante entreprise. Les cours d'eau du pays étaient ruinés ; la Meuse, coupée par de nombreux barrages, était abandonnée par le saumon, les anciens règlements en vigueur n'apportaient au libre exercice de la pêche que d'insignifiantes entraves — il y avait donc tout un ensemble de mesures à prendre pour remédier à ce fâcheux état de choses.

La commission, aussitôt formée, se mit résolument à

l'œuvre, poursuivant à la fois ces deux objectifs : d'une part, le réempoissonnement des eaux, par de nombreux déversements d'alevins ; de l'autre, l'ouverture de voies de migration aux poissons anadrômes ; elle se préoccupa, enfin, d'étudier les réformes à apporter à la législation en vigueur et de provoquer la conclusion de conventions internationales, en vue d'une réglementation uniforme à appliquer aux cours d'eau communs à plusieurs nations.

Les déversements d'alevins ont commencé en 1885, et se continuent, depuis lors, à chaque saison. Ils se sont élevés, pour les deux premières années, au chiffre de 740,000 jeunes poissons, répartis entre différentes rivières ; en 1888, le nombre des alevins mis en liberté a été de 350,000. On peut remarquer que les saumons n'y figurent que pour une douzaine de mille ; la commission a jugé, non sans raison, que le réempoissonnement avec cette espèce ne pourrait être pratiqué utilement que le jour où ces grands cours d'eau seraient soumis à un même régime de protection sur toute leur longueur ; jusque-là on s'exposerait à semer en Belgique pour voir les récoltes moissonnées par les pêcheurs hollandais ou allemands. Rien n'est plus juste ; malheureusement, la divergence des intérêts entre les États en cause, suivant la portion du bassin soumise à leur domination, rend l'accord laborieux sur une réglementation commune et véritablement protectrice.

Le moment choisi pour la mise en liberté des alevins est celui qui suit immédiatement la résorption de la vésicule ombilicale ; la plupart des praticiens sont d'avis que c'est, en réalité, le plus favorable, alors surtout qu'on fait un élevage très important. Outre les difficultés qu'on éprouve à conserver les jeunes dans des réservoirs toujours trop étroits, et à leur assurer une alimentation suffisante et appropriée à leurs besoins, on les expose à une mortalité accidentelle qui peut, en quelques heures, devenir désastreuse. Nous ne craignons pas d'ajouter que la stabulation, trop longtemps prolongée, est fâcheuse aussi à d'autres points de vue : les poissons grandissent, il est vrai, à l'abri des dangers, si, par de fréquents triages, on veille à les diviser par tailles dans des réservoirs séparés, et s'habituent à recevoir, à heures réglées, leur nourriture sans la chercher. Dans ces conditions, leurs instincts naturels se développent mal, s'atrophient en quelque sorte, ou s'émoussent, et plus tard ils se trouveront, une fois abandonnés à eux-mêmes en eaux-libres, dans un état d'infériorité notoire. Il n'y aurait véritablement avantage à ce système que si on disposait à la fois de larges crédits, d'un personnel nombreux, d'eaux abondantes, de viviers étendus, de manière à faire le lâcher des alevins, non pas à sept ou mois d'âge, c'est-à-dire à l'entrée de l'hiver, mais bien au printemps de leur deuxième année, à un moment où la faune inférieure s'est multipliée suffisamment pour les préserver de jeûnes dangereux, toutes conditions qui se réunissent rarement.

On a effectué, en outre, en Belgique, quelques déversements d'autres espèces, comprenant, en 1887, 11,000 carpes-miroir; en 1888, 40 à 50,000 carpes et plusieurs milliers de tanches et d'anguilles.

« En 1889, a bien voulu nous écrire M. le Secrétaire de la commission, nous avons déversé jusqu'à présent près de 200,000 truites ordinaires et 40,000 truites de lacs. Je signalerai aussi un déversement de 23,000 carpes et de 1,000 perches dans le canal d'embranchement de Hasselt et des tentatives d'acclimatation au moyen de la perche noire, la perche-truite, la truite arc-en-ciel, la carpe-miroir et la carpe-cuir. Les essais faits avec la carpe-cuir et la truite des fontaines ont donné de mauvais résultats. — Au contraire, la truite arc-en-ciel se reproduit admirablement et donne des résultats superbes. Il en est de même pour la carpe-miroir. »

En même temps qu'elle remplissait cette partie de sa tâche, la commission étudiait les moyens d'ouvrir tous les barrages par l'établissement d'échelles ou passes migratoires. Elle a adopté quatre types principaux, qui sont conçus de manière à ne nuire en rien à la navigation, à la manœuvre des écluses, ni au libre écoulement des eaux; construits en maçonnerie, à plan incliné subdivisé en compartiments par des cloisons en pierre, ils offrent au poisson des chemins d'abords faciles. Cependant, leur pente nous semble trop forte, elle atteint jusqu'à 0^m227 p. 100, tandis que, pour les rendre aisément praticables, il ne faudrait jamais dépasser 10 à 12 p. 100.

Ces ouvrages présentent ces avantages de s'ouvrir au centre même et à la base du flot, et d'offrir peu de prise au braconnage; le courant y est assez bien rompu; peut-être cependant les passes sont-elles un peu trop resserrées; en tous cas, nous venons de le dire, leur pente devrait être ramenée à un maximum de 10 à 12 p. 100. Vingt-cinq échelles seront établies, d'après ces données, à brève échéance, sur la Meuse. On a prévu de ce chef une dépense de 100,000 fr.

Tous ces travaux, toutes ces dépenses seraient en pure perte, si le législateur n'intervenait de son côté pour protéger l'œuvre de reconstitution entreprise, et si, par des mesures concertées entre tous les États riverains d'un même fleuve, on n'assurait sur son parcours le libre passage des poissons adultes, au temps de la reproduction. La commission n'a pas manqué de se préoccuper aussi de cette question, et elle a élaboré, dans cette pensée, un projet de convention franco-hollando-belge, dont voici l'économie générale :

Interdiction de barrer, en aucun point, le cours de la Meuse au moyen d'engins de pêche, sur plus de moitié de la largeur de son lit. — Fermeture annuelle de la pêche aux filets flottants et à la senne pendant deux mois, du 16 août au 15 octobre en Hollande, du 27 août au 26 octobre en Belgique ou en France, avec prolongation de cette période jusqu'au 31 décembre dans la Meuse supérieure et de ses affluents, où se trouvent les frayères.— Interdiction, pendant tout le reste de l'année, de la pêche au saumon et à l'alose, vingt-quatre heures chaque semaine, du samedi soir au dimanche soir. — Défense de pêcher au même moment et au même endroit avec plus d'un filet. — Enfin, détermination de la taille au-dessous de laquelle le saumon ne pourra être capturé.

Ce projet de convention est à peu près conforme à celui qui a été adopté, dans un traité, dit « traité du saumon », par l'Allemagne, la Hollande et la Suisse, à la date du 1er juin 1886. L'esprit en est excellent, il serait à souhaiter que l'accord se fît dans ce sens entre tous les intéressés, et que l'exécution en fût partout sévèrement assurée. Qu'il nous soit permis, toutefois, d'y faire ces quelques observations :

Et d'abord, la période de clôture annuelle nous paraît un peu courte ; sans doute, dans le cours supérieur, elle se prolonge jusqu'au 31 décembre ; mais, en aval, l'ouverture au 15 ou au 26 octobre est prématurée, la remonte des poissons reproducteurs n'étant assurément pas terminée encore à ce moment.

En second lieu, les traités prohiberaient seulement la pêche au moyen de la senne et du filet flottant, la laissant libre, par conséquent, au moyen de tous autres engins. Cette lacune, si elle n'était pas comblée, serait profondément regrettable.

Ne serait-il pas bon, enfin, que chaque puissance s'engageât à défendre rigoureusement le colportage et la vente du poisson à protéger, quelle que pût être sa provenance, sur son territoire, pendant la durée de la fermeture? Cette mesure nous paraît être le complément obligé de toute loi de protection, car l'expérience prouve, d'une manière manifeste, qu'elle est la seule garantie sérieuse de son exécution.

On ne trouvera pas de telles dispositions trop sévères, on les subira partout sans se plaindre, si on veut bien se convaincre que les récoltes produiront bientôt au centuple ce qu'on aura ainsi épargné.

Nous sommes fortement intéressés, en France, à la conclusion de traités semblables. La Meuse et la Moselle sont absolument dépeuplées de saumons, tandis qu'autrefois leur pêche y avait une importance réelle. Ainsi, d'après les vieux comptes du chapitre de la cathédrale de Metz, le produit des pêcheries de Pont-à-Mousson constituait un revenu considérable; il y a moins de quarante ans, la pêche des *renays,* ou jeunes saumons, à Remiremont, était aussi abondante que celle de la truite. Ce dépeuplement a pour cause première la création des barrages d'aval et celle des grandes pêcheries de Hollande, lesquelles envoient annuellement sur le marché de Kralingen des saumons de Meuse pour une valeur d'au moins 5 millions de francs. Aussi bien, est-ce avec une vive satisfaction que nous avons vu, après le Comité consultatif des pêches maritimes, la com-

mission de législation,' instituée au ministère des travaux
public, sous l'active présidence de notre éminent collègue
M. Ed. Leblanc, inspecteur général des ponts et chaussées,
partager les idées que nous n'avons cessé de défendre et
formuler des vœux dans ce sens.

L'importance de l'œuvre entreprise par la Belgique n'é-
chappera à personne. Tous les États soucieux de l'accroissement de leurs richesses naturelles, qui ne l'ont pas pré-
cédée dans cette voie, devraient sans hésiter l'y suivre avec
une généreuse émulation.　　　　　Amédée BERTHOULE.

LA PÊCHE DE LA MORUE

Saint-Pierre et Miquelon à l'Exposition de 1889.

La caractéristique de l'industrie des îles Saint-Pierre et
Miquelon, c'est la pêche et la préparation de la morue. Le fait
dominant de l'exposition de cette colonie était l'absence absolue
de ce produit. Fort heureusement, si nous n'avions pas le produit, nous avions les engins qui servent à le capturer, et ils sont
fort curieux.

Sur les immenses hauts-fonds de 500 kilomètres d'étendue
qui constituent le banc de Terre-Neuve, le grand fleuve de
l'Océan roule ses eaux chaudes et fécondes. Dès les premières
manifestations du printemps, quittant leurs stations hivernales
encore inconnues, arrivent en flots pressés les migrations de la
gent aquatique. Est-ce l'instinct de la reproduction? est-ce la
facilité de l'alimentation qui amène là ces légions de poissons?
Je l'ignore. En tout cas, cette station est privilégiée. Elle réunit
un double avantage : des fonds peu élevés et une eau tiède, sans
parler d'une faune et d'une flore anormales. Tels sur le parcours
de ce même fleuve, à l'extrémité de la péninsule bretonne,
croissent en pleine terre et en plein hiver, camélias, palmiers et
araucarias, toutes plantes qui ne pourraient ainsi vivre même à
quelque cent kilomètres plus au Sud.

Sur ces vastes étendues du banc de Terre-Neuve où grouille
la vie animale, la goélette de pêche vient mouiller; on met à
l'eau les *doris*, embarcations légères à fonds plats dans lesquelles
s'entassent les lignes de pêche. Deux hommes y descendent;
ils vont, à l'aide d'un grappin, mouiller dans les endroits les

plus poissonneux, à une distance maxima fixée d'avance, ces lignes sur lesquelles sont fixés de distance en distance des *empis*, cordelettes de 1ᵐ 50 de long terminées par l'hameçon. Il y a des lignes qui ne portent pas moins de 6,000 hameçons garnis d'appâts ou *boittes (baets)* : harengs, capelans, turlutes ou bucardes, suivant la saison. D'autres pêcheurs se servent de la senne ou de la trappe, engins capteurs d'une grande puissance. C'est par millions que se laissent prendre ainsi les morues. Malgré ce carnage énorme, chaque année reviennent régulièrement, se poursuivant les unes les autres, les migrations périodiques : harengs, dont on fait de l'engrais tant ils sont abondants ; capelans, qu'une vague déferlante jette sur le rivage en tas de quarante centimètres de hauteur ; gadoïdes de différentes espèces ; flétans énormes, etc. On peut pêcher sans scrupule. Sans ces razzias annuelles et sans les grands poissons, plus voraces que l'homme, la morue, avec une ponte atteignant presque neuf millions d'œufs, aurait vite fait de transformer l'Océan tout entier en une masse animée et grouillante.

Un armateur de Saint-Malo et une religieuse de Saint-Pierre ont exposé de l'huile de foie de morue blonde fabriquée avec des foies frais.

M. Ledrenet, de Saint-Pierre, a exposé un doris qui se trouvait sur la petite pièce d'eau de l'Exposition ; cet industriel a eu le mérite de transporter en sol français la fabrication de ces barques pour l'achat desquelles nous étions jusqu'ici tributaires des Américains.

Ce que M. Ledrenet a fait pour les doris, deux autres Français l'ont tenté pour les homards ; sur quelques points de ces régions, les homards américains à larges pinces sont en telle quantité que les matelots, en enfonçant au hasard leur gaffe, sont assurés d'en piquer un. Nos compatriotes ont donc toutes chances de concurrencer avec succès les fabriques de *lobsters* de Terre-Neuve et de la Nouvelle-Écosse. Les conserves qu'ils ont exposées nous ont d'ailleurs paru fort bonnes. Ajoutons à cette courte nomenclature le nom d'un pharmacien, M. Natton, qui expose des échantillons de *Sarracenia purpurea*, plante employée contre la goutte, et nous aurons terminé la courte liste des exposants particuliers.

Le service local a exposé des filets de pêche, des avirons, des ancres, des grappins, des chaînes et des lignes ; on a fait de tout cela une panoplie murale fort décorative. Dans une armoire vitrée nous apercevons encore une collection de produits fabriqués importés à Saint-Pierre ; tous ces articles sont de provenance américaine.

Voici le tableau commercial de la colonie de Saint-Pierre et Miquelon :

Mouvement maritime à l'entrée, 3,543 navires.

Mouvement maritime total, 422,334 tonneaux.

Nombre de navires français à l'entrée, 2,362.

Nombre de matelots français à bord des navires français, 9,065.

Fret de Saint-Pierre à Bordeaux, par tonne, 35 fr.

Fret de Saint-Pierre aux ports de la Manche, 40 fr. (sel 35 fr.).

Fret de Saint-Pierre aux ports de la Méditerranée, 45 fr.

Population fixe de Saint-Pierre et Miquelon, 6,000 habitants.

Importations : 1867, 7,082,149.

    —   1887, 12,239,210.

Exportations : 1867, 9,010,864.

    —   1887, 17,923,993.

LA PÊCHE DU SAUMON

RAPPORT

Au Président de la République française

Paris, le 26 décembre 1889.

Monsieur le Président,

J'ai l'honneur de soumettre à votre signature un décret ayant pour objet de modifier, en ce qui concerne la pêche du saumon, les articles premier du décret du 18 mai 1888 et 8 du décret du 10 août 1875 sur la pêche fluviale.

Aux termes de ce nouveau décret :

1° La période annuelle, pendant laquelle la pêche du saumon est interdite dans les fleuves, rivières et canaux, est fixée du 30 septembre exclusivement au 10 janvier inclusivement, au lieu du 20 octobre au 31 janvier ;

2° La dimension au-dessous de laquelle le saumon ne peut être pêché est portée de 0^{m}25 à 0^{m}40, distance mesurée de l'œil à la naissance de la queue.

Les dispositions qui fixaient uniformément du 20 octobre au 31 janvier la période d'interdiction de la pêche du saumon, aussi bien dans les eaux douces que le long du littoral maritime, ont été édictées pour la première fois par deux décrets, l'un du 19 octobre 1863, rendu sur la proposition du Ministre des travaux publics, l'autre du 24 octobre suivant, rendu sur la proposition du Ministre de la marine.

Bien que cette réglementation fût peu rigoureuse et fonctionnât depuis assez longtemps pour qu'on pût la croire passée dans nos usages, elle a suscité, dans ces derniers temps, d'assez vives réclamations de la part d'un certain nombre de pêcheurs. Les uns ont demandé qu'on avançât les dates de fermeture et d'ouverture de la pêche; les autres, affirmant que le saumon est un poisson de mer qui ne fréquenterait que très accidentellement les eaux douces, ont sollicité la liberté absolue de la pêche à toute époque de l'année.

Ainsi posée, la question appelait à la fois une étude scientifique pour déterminer les mœurs du saumon et une enquête administrative pour rechercher s'il y avait lieu de reviser les règlements sur la pêche de ce poisson. Elle a été successivement déférée par le Ministre de la marine au Comité consultatif des pêches maritimes et, par mon administration, à une commission spéciale composée d'ingénieurs et de savants. Les deux commissions ont été chargées, chacune de son côté, de préciser les données de la science à cet égard et de vérifier si ces données sont d'accord avec les dispositions qui réglementent la pêche du saumon en eau douce et en eau salée.

En ce qui concerne les mœurs du saumon, l'étude faite par les deux commissions a établi une fois de plus qu'on pouvait regarder comme hors de toute contestation les faits suivants :

1º Le saumon fraie dans les eaux douces en des points généralement fort éloignés de l'embouchure des fleuves, ainsi qu'il résulte d'observations séculaires faites chaque année, non seulement par les naturalistes et les pêcheurs, mais encore par les personnes les plus étrangères à ces sortes d'étude ;

2º Les essais tentés dans différents pays en vue de rechercher si les œufs du saumon pouvaient se développer dans l'eau de mer, n'ont donné jusqu'ici que des résultats négatifs ;

3º Bien qu'à partir d'un certain âge le saumon, dans nos régions, descende chaque année à la mer et y passe plusieurs mois pendant lesquels son poids s'accroît dans des proportions considérables, néanmoins on ne l'a jamais rencontré au large de nos côtes, et s'il est pris dans les eaux salées, c'est à l'époque où il se rapproche de l'embouchure des fleuves.

En présence de ces faits, les deux commissions ont conclu, à l'unanimité, que le saumon doit être considéré comme un poisson d'eau douce au point de vue des mesures à prendre pour protéger sa reproduction.

Ainsi tombent les allégations d'un certain nombre de pêcheurs qui affirmaient que le saumon est un poisson de mer et se fondaient sur cette affirmation pour réclamer la liberté absolue de a pêche.

Restait à examiner celles des réclamations des pêcheurs qui tendaient plus particulièrement à la modification des dates fixées pour l'interdiction annuelle de la pêche.

Ces dates, ainsi que nous l'avons dit plus haut, ont été arrêtées pour la première fois en 1863, à la suite d'une étude très approfondie de la question et d'un examen raisonné des législations étrangères. Elles coïncident avec les époques adoptées par ces législations. Il est même à remarquer que la période annuelle d'interdiction commence plus tôt et finit plus tard à l'étranger que chez nous, sauf peut-être pour le Rhin, où, d'après les dernières conventions intervenues entre l'Allemagne, la Hollande et la Suisse, elle commence le 16 août pour finir le 31 décembre.

Convenait-il de modifier les dates extrêmes : 20 octobre, 31 janvier, inscrites dans notre législation ?

La plupart des pêcheurs demandaient qu'on avançât à la fois l'époque de la fermeture et celle de la réouverture de la pêche, quelques-uns qu'on abrégeât en même temps la durée totale de la période d'interdiction.

Une enquête fut ouverte et poursuivie successivement par les soins du commissaire de la marine et du service des ponts et chaussées. Des résultats de cette enquête, le Comité consultatif des pêches maritimes conclut qu'on pouvait, sans inconvénient, avancer l'époque de la fermeture de la pêche du 20 octobre au 15 septembre et celle de la réouverture du 31 au 10 janvier. La Commission des travaux publics alla plus loin ; tout en adoptant la date du 15 septembre pour le point de départ de la période d'interdiction, elle proposa de fixer au 31 décembre la fin de cette période.

J'inclinais même à penser, en raison des premiers renseignements qui m'avaient été donnés, qu'il était possible, sans compromettre aucun des intérêts en présence, de donner une satisfaction un peu plus large aux vœux des pêcheurs en rouvrant la pêche le 23 décembre.

Mais le Conseil d'État, à qui j'avais soumis un projet de décret préparé dans cet ordre d'idées, a fait observer que si la période active de la remonte des saumons reproducteurs a lieu d'octobre à décembre, il convenait de ne pas perdre de vue que, dans certains cas, la fraie peut se prolonger jusque vers la fin de janvier et que, dans ces conditions, la date du 23 décembre, et même celle du 31, paraissaient prématurées.

Le Conseil a, en conséquence, émis l'avis qu'en tenant compte des divers éléments de l'instruction, il pourrait être donné une satisfaction suffisante aux intérêts en cause en fixant au 10 janvier la date de l'ouverture de la pêche du saumon, et au 1er octo-

bre celle de la fermeture, de manière à maintenir à la nouvelle
période d'interdiction la durée de la période actuelle.

J'ai cru devoir me ranger à l'avis du Conseil d'État.

Cependant, tout en adoptant les nouvelles dates indiquées par
cette assemblée, j'ai pensé qu'il pouvait être intéressant de poursuivre les observations commencées lors de l'enquête ouverte à
la fin de 1888 en vue d'arriver expérimentalement à une détermination aussi précise que possible des époques de remonte et
de fraie du saumon.

Je me propose, en conséquence, de maintenir en fonctions,
en en élargissant le cadre, la commission de savants et d'ingénieurs qui a présidé au premier travail. Je vais d'autre part
adresser à tous les ingénieurs en chef, chargés d'un service de
pêche, de nouvelles instructions pour leur recommander de
continuer les observations suivant le programme qui sera tracé
par la Commission et de recueillir autour d'eux tous les renseignements qui leur paraîtraient de nature à compléter les résultats de leurs expériences directes. L'enquête sera assidûment
poursuivie pendant une ou deux campagnes, ou, pour mieux
dire, pendant tout le temps qui sera nécessaire pour élucider les
questions si complexes qu'on se propose d'étudier. Les résultats
qu'elle fournira pourront être contrôlés et vérifiés, s'il est
besoin, au moyen d'une contre-enquête faite à l'étranger. Bref,
lorsque l'expérience sera complète, la Commission sera appelée
de nouveau à examiner si les nouvelles dates mises en vigueur
concordent exactement avec les données de l'observation et doivent être considérées comme définitives. L'administration mettra
d'ailleurs en même temps à l'étude d'autres améliorations de
nos règlements sur la pêche.

Telles sont, Monsieur le Président, présentées sous une forme
aussi concise que possible, les différentes raisons qui ont conduit
à modifier, au moins à titre provisoire, les dates actuellement
fixées pour l'interdiction de la pêche du saumon.

La seconde modification, consacrée par le nouveau décret et
qui porte sur la dimension au-dessous de laquelle les saumons
ne peuvent être pêchés, n'exige que de brèves explications.

La dimension prescrite par les règlements existants est celle
de 0^{m}25; le Conseil d'État a demandé qu'elle fût portée à 0^{m}40.

On peut admettre, en effet, qu'un saumon de 0^{m}25 ne s'est pas
encore rendu à la mer et n'a pu, par suite, accomplir sa fonction
économique qui consiste à aller puiser dans l'Océan des éléments nutritifs pour les ramener spontanément dans les régions
où l'homme est à même d'en tirer profit. A considérer le développement rapide, invraisemblable même, que le saumon

acquiert à chacun de ses voyages à la mer, il est permis de se demander s'il est raisonnable de laisser pêcher un sujet qui, deux ou trois mois plus tard, aurait atteint le double ou triple de son poids actuel. N'a-t-on pas vu des saumons de 0m40 à 0m45, marqués dans les pêcheries de Sutherland, descendre à la mer en avril et remonter deux mois après ayant atteint le poids de 3 livres?

Dans ces conditions, il a paru qu'autoriser la pêche du saumonneau de 0m25, ce serait autoriser un véritable gaspillage.

Il ressort, au surplus, de l'examen des législations étrangères, que la tendance générale est d'augmenter la longueur minima des saumons dont la pêche est autorisée. Dans la plupart des pays étrangers, on en est arrivé actuellement à exiger la longueur de 0m50 mesurée, il est vrai, de la pointe de la tête à l'extrémité de la queue; avec le mode de mesurage usité en France, cette longueur équivaut à 0m40, comptés de l'œil à la naissance de la queue.

Afin d'éviter aux tribunaux toute incertitude dans l'application de cette prescription, on a introduit dans le décret une énumération détaillée, mais non limitative, des différents noms attribués aux saumoneaux suivant les localités.

En résumé, Monsieur le Président, les dispositions du nouveau décret me paraissent de nature à concilier, aussi convenablement que possible, tous les intérêts en présence; les termes en ont été arrêtés par le Conseil d'État à la suite d'une discussion minutieuse où tous ces intérêts ont été successivement pesés et débattus. D'accord avec mon collègue, M. le Ministre de la marine, je vous prie de vouloir bien revêtir ce décret de votre signature.

Je vous prie d'agréer, Monsieur le Président, l'assurance de mon profond respect. *Le Ministre des travaux publics,*

YVES GUYOT.

———

Le Président de la République française,

Sur le rapport du Ministre des travaux publics,

Vu les lois du 15 avril 1829 et du 31 mai 1865;

Vu les décrets du 10 août 1875 et du 18 mai 1878;

Vu les lettres du Ministre de la marine du 11 octobre et du 8 novembre 1889;

De Conseil d'État entendu,

Décrète :

Article premier. — L'article premier du décret du 18 mai 1878 et l'article 8 du décret du 10 août 1875, sont modifiés de la manière suivante :

« Article premier du décret du 18 mai 1878.

» Les époques pendant lesquelles la pêche est interdite, en vue de protéger la reproduction du poisson, sont fixées comme suit :

» 1° Du 30 septembre *exclusivement* au 10 janvier *inclusivement*, est interdite la pêche du saumon ;

» 2° Du 20 octobre *exclusivement* au 31 janvier *inclusivement*, est interdite la pêche de la truite et de l'ombre-chevalier ;

» 3° Du 15 novembre *exclusivement* au 31 décembre *inclusivement* est interdite la pêche du lavaret ;

» 4° Du 15 avril *exclusivement* au 15 juin *inclusivement* est interdite la pêche de tous les autres poissons et de l'écrevisse.

» Les interdictions prononcées dans les paragraphes précédents s'appliquent à tous les procédés de pêche, même à la ligne flottante tenue à la main.

» Article 8 du décret du 10 août 1875.

» Les dimensions au-dessous desquelles les poissons et écrevisses ne peuvent être pêchés, même à la ligne flottante et doivent être rejetés à l'eau, sont déterminées comme il suit pour les diverses espèces :

» 1° Les saumons et anguilles, 0^{m}40 de longueur. — *En ce qui concerne les saumons, la prescription s'applique indistinctement à tous les sujets de l'espèce n'ayant pas la dimension ci-dessus fixée, quels que soient d'ailleurs les différents noms dont on les désigne, suivant les localités : tacons, tocans, glizicks, glézys, guimoisons, cadets, orgeuls, castillons, reneys, etc., etc.*

» 2° Les truites, ombres-chevaliers, ombres-communs, carpes, brochets, barbeaux, brêmes, meuniers, muges, aloses, perches, gardons, tanches, lottes, lamproies et lavarets, 0^{m}14 de longueur.

» 3° Les soles, plies et flets, 0^{m}10 de longueur ;

» Les écrevisses à pattes rouges, 0^{m}8 de longueur, celles à pattes blanches, 0^{m}6 de longueur.

» La longueur des poissons ci-dessus mentionnés est mesurée de l'œil à la naissance de la queue ; celle de l'écrevisse, de l'œil à l'extrémité de la queue déployée. »

Art. 2. — Le Ministre des travaux publics est chargé de l'exécution du présent décret. »

Fait à Paris, le 27 décembre 1889.

CARNOT.

Par le Président de la République :

Le Ministre des travaux publics,

YVES GUYOT.

NOUVELLES DIVERSES

Une mauvaise interprétation de la loi sur le transport des huîtres d'élevage fait en ce moment, sous forme de circulaire, le tour de la presse et jette le désarroi dans le monde des parqueurs. La *Revue des Pêcheries maritimes,* dans son prochain numéro, publiera une note rétablissant les faits dans leur ordre véritable.

— *La pêche du saumon.* — On écrit de Donges (Loire-Inférieure), le 20 janvier 1890 :

« Monsieur le Directeur, l'on dit ici que les commissaires que M. le Ministre a chargés de l'enquête sur la production des saumons emploient aujourd'hui quatre canots de Basse-Indre à la pêche du saumon pour voir s'ils ont du frai. Selon moi, c'est bien trop tard, car je crois que si l'on commençait à prendre quelques saumons dans le mois d'octobre pour voir ce qu'ils contiennent de frai, autant en novembre et décembre, de même qu'en janvier et février, on verrait si ceux d'octobre ont le même frai que ceux de février. S'il en était ainsi, ce serait la preuve convaincante que les saumons qui viennent en octobre sont confortés et repartis frayer dans les mers polaires, et que ceux qui sont venus dans les derniers mois sont des arrivants qui viennent aussi se conforter pour partir vers la fin de février, car cette date est à peu près la fin du départ de la grosse espèce, et il en serait ainsi pour ceux qui arrivent en mars et suivront à la fin de mai, enfin et pour les madelainaux qui arrivent avec le mois de juin et s'en retournent à la fin de juillet.

» Monsieur le Directeur, si vous jugez que cette lettre soit utile, je vous prie de l'insérer dans une des colonnes de votre bon journal.

» Recevez, Monsieur, mes salutations les plus respectueuses.   » Jacques MOYON. »

Le Directeur-Gérant, J. CHAPEAU (⚜, ✳ ✳).

5me année.   N° 17 (2me série)   15 Février 1890.

REVUE

DES

PÊCHERIES MARITIMES

LA QUESTION DE LA LIBERTÉ COMMERCIALE

L'Administration de la Marine, à laquelle de nombreuses plaintes contre la violation du décret du 30 mai 1889, concernant la sortie des huîtres du Bassin d'Arcachon, avaient été portées, a rappelé les termes dudit décret aux préfets maritimes des arrondissements intéressés. Dans la publication de la note qui a été faite par la presse, l'article 3 a été omis. Or, cet article contient une disposition prohibitive spécialement prise pour le Bassin d'Arcachon. Voici, d'ailleurs, le texte du décret :

Article premier. — La vente, l'achat, le transport et le colportage des huîtres *ayant plus de cinq centimètres de diamètre* sont autorisés en tout temps.

Art. 2. — La vente, l'achat, le transport et le colportage des huîtres de *moins de cinq centimètres de diamètre* sont également autorisés en tout temps, mais uniquement dans l'intérêt de l'élevage et du peuplement des établissements ostréicoles.

Les huîtres d'une dimension inférieure à cinq centimètres ne pourront, en aucun cas, être exposées sur les marchés ou livrées à la consommation.

Art. 3. — Les dispositions contenues dans le précédent article ne s'appliquent pas à l'exportation des huîtres de moins de cinq centimètres du Bassin d'Arcachon, qui continue à être interdite en tout temps.

Quelques journaux, à la suite de la publication des deux premiers articles ont ajouté des commentaires destinés à jeter la perturbation dans les affaires ostréicoles du Bassin d'Arcachon. La population maritime en a pris ombrage, elle a organisé nombre de réunions, et finalement les ostréiculteurs déléguaient MM. Lesca, conseiller général, Larroque, conseiller d'arrondissement, et Vidal du Plessis, président du Syndicat des parqueurs d'Arcachon, auprès de de M. le Ministre de la marine pour appeler, sur la situation qu'elle croyait menacée, sa bienveillante attention. M. le Ministre de la marine a reçu la délégation vendredi, 7 février, à deux heures de l'après-midi. Elle lui a été présentée par MM. Raynal et Cazauvieilh, députés de la Gironde.

Les délégués ont remis à M. Barbey la pétition suivante couverte de signatures :

1er février 1890.

A Monsieur le Ministre de la marine.

Monsieur le Ministre,

Une décision ministérielle, en date du 30 mai 1889, maintient l'interdiction de la sortie du Bassin d'Arcachon des huîtres n'ayant pas une dimension de cinq centimètres.

De nombreuses infractions à l'arrêté ministériel sont signalées.

Commises pour la plupart par des gens sans aveu et sans ressources, que les condamnations judiciaires laissent indifférents et que les poursuites fiscales n'atteignent pas, elles causent de très graves préjudices à l'industrie ostréicole.

Le seul mode d'action efficace contre la fraude, parce qu'elle tarit la source même de ses revenus, consiste dans la confiscation de la matière frauduleuse.

Mais avec le nombre restreint d'agents dont dispose l'autorité locale maritime, les chances de saisie sont nulles; il conviendrait de les rendre probables par une surveillance plus rigoureuse et mieux organisée.

Dans ce but, les soussignés, parqueurs du Bassin d'Arcachon, en attirant votre attention, Monsieur le Ministre, sur la situation de plus en plus précaire qui leur est faite par l'extension croissante de la fraude, ont l'honneur de soumettre à votre bienveillant examen les propositions suivantes :

1° Nomination de gardes spéciaux à l'ostréiculture et, afin

d'épargner au budget de l'État la charge nouvelle qui résulterait de l'adoption de cette mesure, établissement temporaire d'une redevance annuelle maxima de cinq francs par hectare, la dite mesure applicable à tous les parcs concédés.

Avec un personnel notablement accru, M. le Commissaire de la marine serait mis dans la possibilité d'organiser des services de nuit sur les chemins avoisinant le territoire maritime; de faire exécuter la visite des colis d'huîtres dans les gares expéditrices; d'obtenir un contrôle sérieux des huîtres en chargement ou chargées, tant dans l'intérieur de la baie d'Arcachon qu'à la sortie.

2º Obligation dans les limites des exigences de leurs services respectifs pour les préposés des douanes, gendarmes et autres agents assermentés, d'exercer le droit de visite et de saisie, si besoin est.

3º Concours effectif réclamé aux agents des douanes et de la marine des divers quartiers maritimes pour le contrôle, à bord des navires et dans les gares, des huîtres provenant du Bassin d'Arcachon, pour lesquelles le visa des préposés des Douanes ou des gardes maritimes du quartier de La Teste n'aurait pas été délivré.

4º Attribution à tout agent d'une part importante dans le produit de la prise opérée par ses soins, ainsi qu'à toutes personnes dont les indications auraient déterminé la saisie.

5º Modification, dans un sens beaucoup plus sévère, des pénalités édictées dans la loi du 7 janvier 1852.

Les soussignés, quelle que soit la solution que vous estimiez devoir donner à leurs propositions, attendent de vous, Monsieur le Ministre, dont ils connaissent l'esprit de bienveillance à leur endroit, les mesures propres à réprimer des abus dont la continuation pourrait occasionner la ruine de l'industrie ostréicole du Bassin d'Arcachon, et, par suite, celle de l'ostréiculture française.

Ils vous prient, Monsieur le Ministre, de vouloir bien agréer l'hommage de leur respect et de leur dévouement.

(Suivent les signatures.)

Les délégués ont dit alors à M. le Ministre que, sur leur initiative, trois réunions publiques avaient été tenues les 30 et 31 janvier et le 1ᵉʳ février dans les communes de Gujan-Mestras, La Teste et Arcachon. Quinze cents parqueurs ont répondu à leur appel; tous établirent d'une manière formelle l'existence de la fraude et son développement toujours

17.

croissant. Ils étudièrent les moyens de la prévenir. Séance tenante, huit délégués furent nommés dans chaque commune et avec les membres composant le bureau à chaque séance, une quatrième réunion fut décidée pour le 2 février. Elle avait pour but de rédiger les conclusions d'un mémoire qui accompagnerait la pétition destinée au Ministre.

Ce mémoire contient les dispositions suivantes :

« Dans le cas où M. le Ministre de la marine ne pourrait accepter l'ingérence des ostréiculteurs pour désigner à son choix les agents, objet de l'article premier de la pétition, ne pourrait-on nommer des gardes particuliers, marins inscrits, sous l'autorité des maires du littoral, qui ne recevraient de l'Administration maritime que l'investiture de pouvoirs assez étendus pour instrumenter sur toute la région du Bassin d'Arcachon, sur le Bassin même, et partout où les petites huîtres seraient susceptibles d'être saisies? Il est de nécessité absolue que les dits agents soient jeunes, actifs et connaissent à fond la région; aussi convient-il d'aplanir toutes les difficultés qui pourraient empêcher de faire cadrer ces exigences avec les nécessités administratives.

» La plus grande prudence dans les offres d'impôts ou redevance supplémentaires à établir doit être observée; cette nouvelle charge devra être garantie d'ailleurs de toute désaffectation et de tout virement possibles.

» Vu les modes d'expédition et de transport des huîtres (bateaux ou chemins de fer), ne pourrait-on enlever aux fraudeurs toutes chances de succès soit en exigeant la présence à bord des bateaux durant le chargement ou au départ dans les gares de deux employés (douanes et marine)? Cela sans préjudice des acquits-à-caution qui pourraient être appliqués aux expéditions d'huîtres, comme il est spécifié à un autre point de vue dans la loi du 14 janvier 1882.

» Une préoccupation constante est d'arriver à empêcher les huîtres saisies dans d'autres centres ostréicoles d'y être vendues et parquées. Quant à ce qui est de la répression de la fraude, on la voudrait même excessive, mais sans perdre de vue cependant que le courant d'opinion, de plus en plus accentué dans notre région, tend à obtenir que les concessions deviennent de moins en moins précaires et arrivent à être la propriété absolue des détenteurs.

» La part de prise à affecter à l'encouragement de la surveillance de la fraude a semblé devoir jouer un grand rôle dans l'efficacité à attendre des moyens de garantie proposés. On a émis l'idée d'accorder à l'agent qui saisira un fraudeur la plus grosse part du produit de la vente des marchandises saisies par lui. »

M. le Ministre de la marine a prêté une oreille attentive aux explications des délégués et a promis d'examiner leurs doléances avec soin. En principe, il s'est montré disposé à leur donner satisfaction sur la plupart des points visés. Il s'agit de savoir si l'application ne rencontrera pas d'obstacle. Ce sera l'objet d'une étude. Les délégués ont profité des bonnes dispositions de l'Administration pour demander la disparition de l'inutile *Chamois,* qui fait si triste figure à la pointe de l'Aiguillon. Là aussi, on s'est montré favorable, au ministère. Il y a donc tout lieu de penser que la démarche des délégués n'aura pas été sans résultats.

Ce n'est pas la première fois que le ministère de la marine est appelé à trancher la question de la prohibition. Le 16 décembre 1868, une dépêche ministérielle est envoyée au port de Rochefort, sur la demande des intéressés, pour l'interdiction du transport hors du Bassin d'Arcachon des huîtres dont le diamètre est inférieur à cinq centimètres. La prohibition prononcée par cette dépêche est consacrée par le décret du 12 janvier 1882, contresigné par M. Gougeart, et enfin par le récent décret du 30 mai 1889. Tel est, en principe, l'état de la législation actuelle, à laquelle cependant il a été apporté quelque tempérament. C'est ainsi qu'un arrêté du 21 mars 1887, pris sur la demande des intéressés, a établi une tolérance de 15 0/0 d'huîtres mesurant de quatre à cinq centimètres *pour les expéditions à l'élevage.*

L'article 2 de ce décret dit, en effet, que « les huîtres ramassées au râteau sur le terrain où elles ont été élevées ne sont pas toutes de la même dimension quoique étant du même âge ; que dans ces conditions il est nécessaire d'accorder aux parqueurs dudit bassin une tolérance pour la composition de leurs envois. » L'article ajoute que « l'expéditeur qui dépassera la proportion tolérée, ou comprendra dans cette proportion des huîtres inférieures à quatre centimètres, sera poursuivi conformément à la loi du 9 janvier 1882. »

L'article 7 de cette loi punit d'une amende de 25 à 125 fr.

ou d'un emprisonnement de 3 à 20 jours, quiconque aura contrevenu aux dispositions spéciales établies par les règlements pour prévenir la destruction du frai ou du poisson assimilé au frai, ou pour assurer la conservation ou la reproduction du poisson et du coquillage. Ce même article inflige les mêmes pénalités à quiconque aura pêché, transporté et mis en vente le poisson ou le coquillage dont les dimensions n'atteindraient pas le minimum déterminé par les règlements.

L'article ajoute à son dernier paragraphe : « la peine sera double lorsque le transport aura lieu par bateau, voiture ou bêtes de somme. »

Art. 11. — En cas de récidive, le contrevenant sera condamné au maximum de la peine de l'amende ou de l'emprisonnement, ce maximum pouvant être élevé jusqu'au double. On considère comme récidivistes ceux contre lesquels a été rendu un jugement pour contravention de pêche dans les deux dernières années précédentes.

Les huîtres faisant l'objet de la contravention sont en tout cas saisies et vendues au profit de la caisse des Invalides.

Jetons un rapide coup d'œil sur la constitution des gardes jurés que vise la pétition des ostréiculteurs du Bassin d'Arcachon.

Les populations maritimes du littoral méditerranéen sont régies par des prud'hommies dont la révolution de 1789 a respecté l'institution.

Ces institutions ressemblent fort à de petits états dans l'État. Elles font leurs lois et les appliquent, elles se gouvernent elles-mêmes. Mais si tout n'est pas parfait dans cette institution, il n'en est pas moins vrai qu'il y a dans sa constitution propre des éléments excellents et c'est de ceux-là que voudraient s'inspirer les ostréiculteurs du Bassin d'Arcachon pour s'administrer eux-mêmes : la république arcachonnaise, au point de vue maritime, s'entend. Ils demandent des gardes jurés. Le décret du 4 juillet 1853, sur la pêche côtière, prévoit parmi les agents autorisés à verbaliser en matière de pêche les prud'hommes pêcheurs et les gardes jurés de la marine. Les prud'hommes sont nommés sur la proposition des commissaires de l'inscription maritime, par le préfet maritime, et dans le sous-arrondissement de Bordeaux par le chef du service de la marine de ce port. Cette prud'hommie n'a rien de commun avec celle du 5e arrondissement dont nous parlons plus haut. Les prud'hommes pêcheurs sont choisis parmi les patrons de bateaux, les capitaines au long cours, les maîtres au cabotage, les armateurs de bateaux de pêche, etc. Le nombre des prud'hommes est déterminé par les préfets maritimes. Leurs fonctions sont gratuites.

Il peut être établi des gardes jurés dans chaque syndicat d'un quartier maritime. Ils sont choisis parmi les patrons de bateaux de pêche ayant au moins vingt-quatre mois d'exercice en cette qualité, sachant lire et écrire, âgés de quarante ans accomplis et réunissant deux années et plus de services à l'État. Ils sont nommés à l'élection par scrutin de liste et pour un an ; ils sont rééligibles. Ils prêtent serment devant le tribunal. Leurs fonctions ne les privent pas du droit de se livrer à leurs occupations ordinaires ; ils sont exempts de service public.

Les gardes jurés élus par les communautés ou associations de pêcheurs, reçoivent sur les caisses particulières de ces associations une indemnité dont elles fixent le chiffre et qui ne peut, en aucun cas, excéder 20 fr. par mois. Toutefois, lorsqu'ils sont détournés de l'exercice de leur industrie dans l'intérêt des pêcheurs et sur leur demande, ils reçoivent une indemnité de 3 fr. par jour. La même indemnité leur est allouée lorsqu'ils sont déplacés sur l'ordre du Commissaire de l'inscription maritime et dans l'intérêt du service. Ils touchent aussi dans ce cas des frais de route à raison de 1 fr. 50 par myriamètre.

L'article 25 ajoute que les communautés qui les emploient leur allouent un traitement annuel dont elles déterminent la quotité, ils ont le droit au cinquième du produit des amendes et des confiscations prononcées par suite de leur vigilance.

Les ostréiculteurs d'Arcachon peuvent donc en toute confiance demander au Ministre l'investiture de leurs gardes jurés, mais maintenant qu'ils pressent l'organisation de leur association, leur ligue de protection. Les fraudeurs n'auront qu'à se bien tenir désormais !

P.-S. — On estime à cinquante millions d'huîtres la quantité passée en fraude pendant l'année dernière.

Quelques esprits pensent que les parqueurs d'Auray sont partisans de la liberté commerciale. Bien que les parqueurs bretons aient moins à perdre que les parqueurs girondins, ils y sont opposés. Quant à Arcachon, lorsqu'au mois de mars 1887 l'Administration fit procéder à une enquête, elle a eu 8 oui, représentant 27 hectares de concessions, et 2,059 non, représentant 2,667 hectares de parcs cultivés.

L'opinion des ostréiculteurs, on le voit, ne s'est pas modifiée depuis.

La Tolérance de 15 pour cent.

Au cours de l'entrevue qu'ils ont eue avec M. le Ministre de la Marine, ces jours derniers, les délégués du Bassin d'Arcachon ont instamment demandé qu'on maintienne la tolérance de 15 0/0. Voici ce que nous disions à propos de cette tolérance, en rendant compte d'une réunion tenue à Audenge le dimanche 20 mars 1887 :

« L'*Union syndicale* a émis le vœu que la tolérance de 15 0/0, adoptée dans la pratique pour les expéditions d'huîtres, fût maintenue. Un arrêté ministériel donne satisfaction sur ce point important.

» Un autre vœu, dont l'importance n'est pas moindre, a été formulé à l'unanimité, par cette association professionnelle. C'est que la vérification des chargements pour l'exportation soit faite au départ et qu'il soit délivré un *laissez-passer* constatant que cette vérification a eu lieu; le tout, sans préjudice de la surveillance à exercer jusqu'à ce que les navires aient quitté les eaux du Bassin, dans le cas d'expédition par voie de mer, afin d'empêcher toute manœuvre frauduleuse.

» La résolution dont il s'agit s'appuie sur les motifs suivants :

» 1° L'huître pêchée à cinq centimètres juste, ainsi que les règlements le permettent, ne peut plus avoir cette dimension lorsqu'elle arrive sur les parcs d'élevage du dehors. L'emballage dans les sacs ou paniers, l'embarquement, l'arrimage, le déchargement ou le répandage sur les exploitations des acheteurs, font perdre à l'huître, dont l'extrémité des valves est d'une grande fragilité, de deux à cinq millimètres environ.

» C'est un fait matériel qui ne peut être mis en doute.

» 2° Si un ostréiculteur du littoral transporte sur les viviers de Marennes, par exemple, de la marchandise ayant plus que la dimension réglementaire, il se trouve encore à la merci de ses voisins qui n'ont qu'à répandre quelques sacs d'huîtres de deux ou trois centimètres sur son parc pour le mettre en contravention et lui faire dresser un procès-verbal qui le conduit en police correctionnelle et l'expose à la dépossession. On sait que cette action coupable peut d'autant mieux se commettre que les petites huîtres, même le détroquage, peuvent s'importer de Cap-Breton et de la Bretagne, qui jouissent d'une liberté absolue quant à l'expédition de leurs produits sur les parcs d'élevage.

» 3° Par suite de la liberté dont il vient d'être parlé, si certains viviers sont garnis à la fois d'huîtres de diverses dimensions, comment pourra-t-on constater que les petites viennent d'Arcachon plutôt que d'une autre station du littoral ?

» 4° Enfin, les difficultés plus haut énumérées ont pour résultat de créer des entraves sérieuses au commerce d'exportation, car l'acheteur, dans la crainte d'être pris en contravention, ne peut se permettre d'acheter des cinq juste, catégorie de marchandises qui domine toujours sur le Bassin d'Arcachon. Il exige un triage à partir de cinq et demi et ne paie pas davantage. De sorte que le petit parqueur, c'est-à-dire la masse des intéressés, se trouve directement atteint, contrairement au désir de l'Administration maritime.

» Tels sont les considérants sur lesquels se fonde le vœu de l'*Union syndicale*.

» En somme, elle demande beaucoup moins qu'on ne voulait accorder naguère aux ostréiculteurs, ou plutôt elle ne demande aucune dérogation aux règlements en vigueur, mais bien l'application rationnelle de ces règlements, application telle que le bon sens et la raison l'indiquent.

» Si l'huître de cinq centimètres a le droit de partir, elle doit avoir le droit d'arriver à destination. La loi ne peut pas se contredire en disant blanc et noir sur le même point. Pour faire disparaître tous les inconvénients et mettre le règlement d'accord avec lui-même, il suffira de satisfaire au désir des parqueurs, c'est-à-dire de procéder à la vérification d'usage, non pas à l'arrivée, mais au départ.

» Le laissez-passer qui devra suivre la marchandise, n'est pas non plus une innovation ; il est usité notamment pour les huîtres destinées aux établissements ostréicoles situés à l'étranger, et les huîtres transportées de parc en parc, en France. »

Pour être complet sur cette question, disons qu'au mois d'avril 1887, les ostréiculteurs des quartiers maritimes de Marennes et de l'île d'Oléron ont pétitionné pour que la vérification des huîtres ne soit plus faite sur les viviers, à cause des difficultés inévitables qui en résultent. Ils demandaient qu'il soit procédé à cette vérification sur les lieux de provenance même.

Réunion du Syndicat ostréicole d'Arcachon.

Dans sa dernière réunion, le Syndicat ostréicole d'Arcachon a traité deux questions importantes : celle qui a trait au régime actuel des concessions, et la question de la fraude qui a fait l'objet de plusieurs réunions, et finalement de l'envoi à Paris d'une délégation dont on a lu plus haut le résultat de la démarche.

La première question a été résumée en un vœu présenté par un certain nombre de parqueurs et dont voici le texte :

« Le Syndicat d'Arcachon, réuni ce jour en assemblée générale, émet le vœu que la loi de 1853 et le décret de 1863 sur la pêche soient modifiés au point de vue de l'ostréiculture, notamment les articles touchant les concessions de terrains. C'est-à-dire que les concessionnaires deviennent libres de louer, sous-louer ou céder leurs parcs sans contrôle; que les concessions ne puissent leur être retirées que pour cause d'intérêt public et qu'elles passent à leurs héritiers jusqu'à déshérence.

» Émet en outre le vœu que l'exploitation de l'industrie et du commerce ostréicoles soit régie par le Ministère du commerce et de l'industrie et rattachée à ce département ministériel. »

Un orateur fait remarquer combien ces *desiderata* sont justifiés par les circonstances. L'ostréiculture est régie par de vieilles lois qui ne sont plus en harmonie avec les nécessités actuelles et qui paralysent l'essor de cette industrie.

Il n'est pas admissible, continue-t-il, que les parqueurs accumulent leur argent, s'ils sont capitalistes, ou dépensent des sommes considérables d'efforts, de peines, pour se voir déposséder un jour où peut-être ils y compteront le moins, et où ils seraient en droit de recueillir les fruits de leurs labeurs ou de leurs économies. Il demande qu'un nouveau règlement intervienne pour régler cette question dans le sens de l'équité.

Le vœu, qui est le même, quant au fond, que celui qui a été exprimé par les parqueurs d'Auray, est adopté à l'unanimité des membres présents.

La discussion est ouverte sur la deuxième question. M. P... demande s'il ne serait pas possible de trouver un moyen pratique et surtout économique d'empêcher la fraude qui ruine ceux qui respectent les règlements en vigueur, sans enrichir ceux qui les violent.

Il pense que, puisque les pêcheurs font leur police eux-mêmes, les parqueurs pourraient bien en faire autant.

Il suffirait d'obtenir de qui de droit l'autorisation de nommer des gardes jurés parqueurs. Les parqueurs, réunis dans leur localité sous la présidence de M. le Commissaire de la Marine, désigneraient par le vote (comme du reste cela se pratique pour les pêcheurs) leurs gardes jurés.

Les gardes jurés, élus pour un an, auraient qualité, soit pour verbaliser, au tout au moins pour dresser des rapports en vertu desquels l'autorité pourrait poursuivre les délinquants. On pourrait nommer dix gardes jurés par commune ce qui ferait soixante à soixante-dix pour le littoral.

Leurs fonctions seraient gratuites, car on trouverait facilement des hommes dévoués et suffisamment intéressés à la chose pour remplir ces fonctions.

Ces gardes seraient des auxiliaires précieux pour les

gardes maritimes qui, en trop petit nombre, ne peuvent, malgré leur bonne volonté, exercer une surveillance suffisante.

Ces gardes auraient l'avantage, n'étant pas connus des parqueurs des localités auxquelles ils n'appartiendraient pas, d'inspirer, partant, plus de crainte aux fraudeurs.

M. D... partage, dit-il, l'avis de M. P..., mais il voudrait que ces gardes fussent payés.

M. P... répond à M. D... que c'est précisément là que surgit la difficulté. Pour payer, il faut de l'argent, et le moyen de s'en procurer n'est pas facile. Il reste convaincu qu'on trouvera aisément des hommes qui accepteront sans indemnité ces fonctions honorifiques, d'autant plus que ces gardes ne seront pas astreints à un service régulier, et que tous les parqueurs honnêtes ont intérêt à empêcher la fraude.

Plusieurs membres prenant la parole, déclarent être de l'avis de M. P...

Cette proposition, mise aux voix, est adoptée à l'unanimité des membres présents et sera soumise à l'Union syndicale et aux autres syndicats de la région.

Un Monopole.

Les journaux du littoral se sont faits l'écho d'un bruit qui a jeté quelque peu le désarroi dans le monde aussi intéressant que laborieux des pêcheurs de sardines. Il s'agit tout simplement de l'accaparement par une puissante compagnie financière des usines qui pratiquent la conserve de la sardine. Non seulement, écrivent certains de nos grands et de nos petits confrères de la presse quotidienne, ce syndicat de financiers accaparerait nos usines du littoral, mais encore celles du littoral portugais. La nouvelle ainsi présentée n'est pas tout à fait exacte, pas plus que la formation de la société anonyme qui, dit-on, ne comprendrait que des membres allemands et voudrait exploiter l'industrie sardinière au profit de la nation teutone.

La vérité, c'est qu'une société anonyme a pris pour champ de spéculation l'industrie de la conserve de la sardine et que depuis plusieurs semaines elle négocie le rachat de certaines usines de la Bretagne. Cette compagnie financière a, paraît-il, la prétention de faire croire aux pêcheurs et aux consommateurs que son unique but est de supprimer les intermédiaires qui sont la plaie de la pêche et de l'usine. Nous inclinons à penser qu'au contraire les sardiniers et les consommateurs n'ont qu'à perdre à cette combinaison d'une sorte de monopole qui permettra aux accapareurs de faire la hausse et la baisse à volonté, selon qu'ils y trouveront un intérêt, au détriment, bien entendu, du pêcheur et du consommateur. Les petits ménages seront le plus frappés par la nouvelle combinaison, car la conserve de la sardine entre dans leur alimentation pour une part très importante.

Nous aurons l'occasion de revenir sur ce sujet du monopole, car nous avons bien des raisons de croire que la sardine n'est pas l'unique objectif de la compagnie monopolisatrice.

NOUVELLES DIVERSES

Par décision présidentielle en date du 27 janvier 1890, rendue sur la proposition du ministre de la marine, M. le capitaine de vaisseau Mac-Guckin de Slane (Eugène-Michel-Thomas) a été nommé au commandement du croiseur de 2ᵉ classe *le Châteaurenault*, à Cherbourg.

— Par décision présidentielle en date du 12 février 1890, rendue sur la proposition du ministre de la marine, M. le capitaine de vaisseau Maréchal (Eugène-Albert) a été nommé au commandement du croiseur de 2ᵉ classe *le Dupetit-Thouars* et de la division navale de Terre-Neuve.

— *Correspondance.* — Nous recevons la lettre suivante :

« Cette, le 3 février 1890.

» Monsieur le Directeur de la *Revue des Pêcheries maritimes,*

» Dans le numéro de la *Revue* du 15 janvier 1890 (note de M. Chansarel, sous-chef de bureau des pêches au Ministère de la marine, parue au *Journal officiel*), j'ai remarqué un paragraphe, page 322, commençant par ces mots : « Disons à ce propos, » et finissant par ces mots : « et c'est encore à la marine que nous devons ce progrès. »

» Rendant justice au talent et à l'expérience de MM. les fonctionnaires s'occupant d'ostréiculture, on doit reconnaître que l'initiative privée, elle aussi, a sa bonne part dans les créations et innovations apportées à l'industrie des eaux lorsqu'elle est encouragée par les fonctionnaires directement en rapport avec elle, ce qui, malheureusement, n'a pas toujours lieu.

» C'est pour cela que je viens à ce sujet, Monsieur le Directeur, vous faire connaître que c'est à mon père, Pierre Lafite, ostréiculteur à Cette, originaire du Bassin d'Arcachon, auquel revient l'honneur, il y a environ dix ans, d'avoir imaginé les appareils indispensables à l'élevage dans les courants et épaisseurs d'eau, et par lesquels la culture intensive de l'huître peut s'effectuer dans les parties du littoral de la Méditerranée ainsi que dans les chenaux où les eaux profondes de l'Océan qui ne sont pas trop battus par le mauvais temps.

» Encouragé par l'honorable et compétent inspecteur général des pêches, M. Bouchon-Brandely, après de longues recherches et des expériences nombreuses et souvent infructueuses, il est parvenu à créer les appareils en question et il a vu ses efforts complètement couronnés de succès.

» Voici, le plus brièvement possible, en quoi ils consistent : quatre caisses rectangulaires en bois, à claire-voie, contenant les huîtres et espacées par des taquets y adhérant sont superposées sur des chaînes et mises à l'eau au moyen d'un palan et d'appareils spéciaux. Après y avoir ajouté une quantité suffisante de caisses, selon le fond où elles doivent être immergées ; on place, sur la dernière, un « siège » devant supporter une barrique (type pétrole) et on amarre le tout. Cela forme une « pile » ; cette barrique est destinée à servir de flotteur. La pile flotte et se manœuvre facilement. Elle est, avec ses pareilles, amenée dans des radeaux, où elles forment des chapelets au moyen de chaînes d'amarre, et peut y rester de deux à trois mois avant de faire un premier triage. Les radeaux et les baraques servant à l'exploitation, sont supportés par des barriques qui leur permettent de flotter.

» Des expériences faites dans l'étang de Thau permettent de supprimer les radeaux ; les chapelets de piles sont simplement amarrés à des piquets. L'élevage peut se faire aussi au moyen de caisses isolées avec pieds adhérents, reposant sur le sol, à l'abri des crabes et coquillages perceurs.

» Je sollicite toute votre bienveillance, Monsieur le Directeur, au sujet de ma longue lettre qui pourra, peut-être, intéresser vos nombreux lecteurs, et vous prie de croire que si la note de M. Chansarel n'avait pas paru dans votre *Revue,* je ne me serais pas permis de mettre ainsi mon père en évidence. En ces circonstances, je crois de mon devoir de le faire.

» Recevez, etc.   G. LAFITE, *ostréiculteur à Cette.* »

Nous sommes heureux de rendre hommage à l'ingénieux appareil de M. Lafite, mais le souci de la vérité nous oblige à déclarer que l'idée première n'appartient ni à l'Administration ni à M. Lafite. Elle nous a été transmise par les Grecs, et elle est mise en pratique à Tarente par les ostréiculteurs. Dans le lac Fusaro, on emploie depuis longtemps le même appareil.

— Il n'est guère de semaines où les tribunaux correctionnels de Nantes, de Paimbœuf ou de Saint-Nazaire n'aient à juger, surtout en temps d'interdiction de la pêche du saumon, des pêcheurs de la Basse-Indre surpris en contravention aux règlements.

C'était le garde-pêche Mallet qui, avec un zèle auquel ses supérieurs aimaient à rendre hommage, constatait la plupart de ces contraventions.

Or, voici ce qui vient de lui arriver :

Dernièrement, un colis était expédié de la gare de Pont-Rousseau à l'adresse d'un habitant d'Indre-et-Loire. L'expéditeur était un sieur Antoine. Le colis parut suspect et l'était, en effet, puisqu'il contenait un superbe saumon.

L'instruction ouverte permit de savoir que l'envoi avait été fait sous un faux nom au beau-père du garde-pêche Mallet, des Couëts.

A la suite de cette instruction, M. Lefort a demandé au ministre des travaux publics la révocation de cet agent.

D'autre part, le parquet a décidé des poursuites contre le garde-pêche Mallet devant la Cour d'appel de Rennes, seule compétente, le délinquant étant, en sa qualité, considéré comme un officier de police judiciaire.

— Par décision du 17 janvier dernier, le ministre de la marine, sur la proposition de l'administration du sous-arrondissement de Nantes, a accordé à 4 marins du Croisic des secours s'élevant ensemble à la somme de 475 fr. pour les aider à reconstituer leur matériel de pêche perdu ou avarié par suite d'événements de mer.

BULLETIN COMMERCIAL

Paris, le 14 février.

On constate, d'une manière générale, une nouvelle reprise des affaires. Les expéditions ont été plus actives cette quinzaine que la quinzaine précédente. Les prix se sont quelque peu relevés à la suite de cette reprise. Les Marennes valent :

Huîtres vertes : Extra, de claires, 120 fr. le mille; vertes, dites communes, 95 fr.; n° 2, 55 fr.; n° 3, 35 fr.

Huîtres blanches : Extra, de claires, 100 fr. le mille; n° 1, 85 fr.; n° 2, 50 fr.; n° 3, 30 fr.

Arcachon. — Les huîtres d'élevage ont, par contre-coup, subi une petite hausse qui a une tendance à s'accentuer.

Auray. — Huîtres armoricaines : Bélon, 8 à 16 fr. le cent, selon qualité. Les autres marques valent 5 à 12 fr. le cent. La vente des huîtres d'élevage est nulle et ne reprendra que dans un ou deux mois; ce n'est, généralement, que dans le courant de mars que la situation se dessine et que les prix s'établissent.

PISCICULTURE

Le Saumon.

Jusqu'à ces derniers temps, les mœurs des saumons semblaient bien connues et fort simples. On admettait que ces poissons remontent les cours d'eau pour pondre, puisqu'ils retournent à la mer, et qu'après avoir repris des forces, ils reviennent l'année suivante, pour recommencer le même cycle. Cette croyance a trouvé son application pratique dans la législation qui régissait la pêche de nos fleuves : du 20 octobre au 1er février, il était interdit de pêcher les saumons. On voulait ainsi permettre à une certaine quantité de ces poissons d'atteindre les régions montagneuses, que l'on supposait être leur but constant, et ménager ainsi une réserve d'animaux reproducteurs suffisante pour assurer la conservation de l'espèce.

Des recherches récentes, faites sur les bords de la Dordogne par M. Kunstler, professeur à la Faculté des sciences de Bordeaux, avec l'active collaboration de M. Geneste, fermier de la pêche du barrage de Bergerac, il résulte que les phénomènes de la reproduction du saumon sont bien loin de la simplicité qu'on leur attribuait.

Les saumons apparaissent dans la Dordogne par montées successives, se présentant principalement au moment des crues, constituées par des poissons progressivement plus petits. On peut établir cinq catégories principales, composées d'individus différant de l'une à l'autre en moyenne par une perte graduelle de deux kilogrammes par catégorie. Les saumons les plus gros montent d'abord, puis, graduellement, et toujours en diminuant, les autres séries.

On reconnait aisément les saumons qui viennent de la mer à leur éclat et à leur coloration intense. Le dos est verdâtre foncé, moucheté de taches noirâtres : les flancs sont gris, argentés, à reflets bleuâtres; le ventre est blanc, argenté; à ce moment, leur chair est savoureuse et de première qualité; elle est très colorée, rouge. Cet aspect constituerait, pour les auteurs qui se sont autrefois occupés de cette question, la *livrée de noce* de ces êtres, livrée que les saumons ne revêtiraient que pour aller frayer. Mais l'anatomie démontre, avec une netteté indubitable, que cette opinion n'est pas fondée. En effet, les œufs, à cette époque, ne sont pas développés; ils sont encore aussi petits qu'une tête d'épingle.

En principe, les saumons qui remontent les cours d'eau ne vont pas frayer. Il ne faut donc pas chercher les individus reproducteurs parmi les poissons nouvellement arrivés et présentant une coloration brillante.

Les saumons arrivant de la mer, par exemple, en hiver, ne fraieront qu'à l'automne suivant, après avoir passé le printemps et l'été dans les eaux des rivières. Pendant ce séjour prolongé dans l'eau douce et plus ou moins chaude, ces poissons se métamorphosent progressivement, acquièrent une coloration orangée, maigrissent, perdent une partie de leur poids et deviennent bien différents de ce qu'ils étaient à leur arrivée. C'est là une marche lente et progressive vers la maturité sexuelle, et les saumons ainsi métamorphosés sont appelés *bécards* ou *ancros*. Ce sont les bécards — et eux seuls — qui pondent. A la dissection, ils présentent de gros œufs orangés, analogues à ceux que l'on peut féconder par la pratique de la reproduction artificielle.

L'époque où les bécards arrivent au terme de leur métamorphose est assez fixe. En moyenne, on peut constater que ce phénomène a lieu du 15 octobre au 15 novembre. Ce n'est donc qu'à cette époque que la ponte a lieu. Après avoir frayé, ils retournent à la mer pour reprendre des forces et revenir plus tard à l'état de saumons ordinaires. Il n'y a donc qu'une seule descente, qui est à peu près terminée du 15 au 20 novembre. Chose curieuse : ainsi que le démontrent bien les travaux récents, le saumon ne pond que de deux ans en deux ans. Sa reproduction est biennale. Il séjourne alternativement pendant une année dans la mer, puis pendant une autre année dans l'eau douce, et c'est au terme de celle-ci qu'il pond.

D'après ce qui précède, la prohibition légale de la pêche, dont il a été question plus haut, perd toute utilité à partir de la fin du mois de novembre. La réforme de cette législation s'est imposée avec tant de force, que M. le ministre des travaux publics a accordé une diminution de la période prohibitive. Dorénavant, l'interdiction de la pêche des saumons ne s'étendra plus que jusqu'au 10 janvier.

Nous sommes, d'ailleurs, loin de nous déclarer entièrement satisfaits de cette concession. En effet, l'interdiction légale, même telle que l'a faite le remaniement récent, n'exerce qu'une action insuffisante sur la conservation de l'espèce. Elle ne protège pas les saumons au début de la période reproductrice, et par contre, elle perd son utilité à partir de la fin du mois de novembre. Pour être mieux adaptée au rôle qu'on lui assigne, elle devrait porter sur les mois d'octobre et de novembre, ou, si on désirait l'aggraver, on pourrait l'étendre aux mois antérieurs, septembre et août, qui sont les plus rapprochés de l'époque du frai. Une extension postérieure au mois de novembre ne saurait que nuire. Les saumons sont alors gros, très beaux et le plus éloignés des phénomènes à la protection desquels vise la prohibition. Le mal est d'autant plus considérable qu'à cette époque certains de nos marchés sont envahis par les produits venant de l'étranger, pendant que nos pêcheurs se voient dans la nécessité d'attendre la fin d'une période prohibitive parfaitement inutile au point de vue de la conservation de l'espèce.

En Hollande, où l'interdiction légale n'est que de deux mois, l'exportation du saumon a cependant quintuplé en dix ans.

Ce n'est d'ailleurs pas seulement par les progrès de l'exportation qu'on peut juger du degré de prospérité d'une industrie de ce genre dans une région. L'effet le plus immédiat est une consommation locale considérable. A ce propos, nous citerons une anecdote typique, dont l'un des héros fut un Bordelais.

Désireux d'apprendre la langue allemande à ses enfants, il fit venir des bords du Rhin une domestique parlant couramment cette langue. Sa surprise fut grande lorsque, dans le débat des conditions d'engagement, cette jeune fille demanda qu'il ne lui soit pas servi de saumon plus de trois fois par semaine. Qu'on juge par ce simple fait de la consommation qu'elle avait dû en faire dans son pays et du degré de satiété auquel elle en était arrivée!

La prospérité que nous venons de signaler pour les bords du Rhin, et particulièrement pour la Hollande, tient à ce qu'on n'attend pas seulement de la protection légale et de la nature les résultats que l'on peut obtenir au prix de quelques efforts. C'est la pisciculture intensive pratiquée dans ce pays qui est le principal facteur de cette prospérité. En France, malgré les sacrifices que fait l'État, la reproduction artificielle du saumon n'est réellement pratiquée que chez M. Geneste, à Bergerac. Tous les autres pisciculteurs français achètent à l'étranger des œufs qu'ils font éclore ensuite. L'établissement de pisciculture de M. Geneste, organisé d'après les principes nouveaux par M. Kunstler, féconde, à Bergerac même, des œufs de saumon pêchés dans la Dordogne, les fait éclore et conserve les alevins jusqu'au moment où ils se trouvent en état de vivre librement dans la rivière. Ce résultat, dû à une initiative intelligente, est d'autant plus remarquable qu'il nous affranchit de la tutelle de l'étranger pour une industrie où, jusqu'à présent, nous n'avions même pas suivi l'exemple de celui-ci.　　　　A. B.

CHEMIN DE FER D'ORLÉANS

FÊTES DU CARNAVAL 1890

Billets d'aller et retour à prix réduits.

A l'occasion des **Fêtes du Carnaval**, les billets *d'aller et retour* comportant une réduction de 25 0/0 sur le prix du tarif général, délivrés le samedi gras, dimanche, lundi et mardi gras (15, 16, 17 et 18 février), seront valables pour le retour jusqu'aux derniers trains de la journée du mercredi des Cendres (19 février).

Les billets de ou pour Paris conserveront leur durée de validité, lorsqu'elle sera supérieure à celle fixée ci-dessus.

EXCURSIONS

aux stations hivernales et balnéaires des Pyrénées.

Des billets d'aller et retour, avec réduction de 25 % sur les prix calculés au tarif général d'après l'itinéraire effectivement suivi, sont délivrés toute l'année, à toutes les stations du réseau de la Compagnie d'Orléans, pour :

Arcachon, Biarritz, Dax, Guéthary (halte), Pau, Saint-Jean-de-Luz et Salies-de-Béarn.

Durée de validité : 40 jours, non compris les jours de départ et d'arrivée.

Le Directeur-Gérant, J. CHAPEAU (🎖, ✳ ✳).

REVUE

DES

PÊCHERIES MARITIMES

LA LIBERTÉ COMMERCIALE

M. le Ministre de la marine, répondant à une communication de MM. Raynal et Cazauvieilh, députés de la Gironde, relativement aux démarches qu'ils ont faites auprès de lui ces jours derniers en compagnie des délégués d'Arcachon, leur a écrit la lettre suivante :

« Messieurs les Députés,

» J'ai l'honneur de vous faire connaître que j'ai examiné avec attention et étudié l'objet de la pétition des ostréiculteurs du Bassin d'Arcachon que vous m'avez transmise par votre lettre du 5 de ce mois et dont vous êtes venus, avec une députation des intéressés, me recommander encore plus particulièrement l'objet, le surlendemain de la date de votre lettre.

» Je vais adresser aux autorités maritimes des côtes de l'Océan des instructions très pressantes pour qu'une surveillance active soit exercée par nos agents sur les transports d'huîtres de dimension inférieure, et particulièrement sur celles qui proviennent d'Arcachon, et que tous les produits saisis, de cette origine, ne soient pas remis dans la circulation. Je prierai également mes collègues des finances et de l'intérieur de vouloir bien assurer le concours de leurs agents à cette œuvre de police.

» Quant à l'accroissement du personnel de la surveillance

sur le parcours du Bassin, je ne puis pas, en raison de l'exiguïté de mes ressources budgétaires, le procurer par les moyens de mon département, mais je serais tout disposé à conférer la qualité de garde juré aux marins qui réuniraient les conditions requises et que les ostréiculteurs se chargeraient de rémunérer.

» J'ai recherché, ainsi que vous m'en avez fait la demande, par quels moyens le corps de ces industriels pourrait arriver à se constituer un droit de perception sur chacun de ses membres ; je dois dire que je n'en ai pas trouvé d'autre que l'adoption d'une loi que le gouvernement hésiterait probablement à présenter. En effet, les lois du 16 septembre 1807 et du 21 juin 1865 ne visent que la création de ressources pour des *travaux* d'intérêt général ; on se convainc en les lisant, qu'elles ne sauraient autoriser l'imposition de taxes dans un but économique et pour la protection de l'industrie d'une région. Il ne serait pas davantage possible, pour arriver au même but, d'étendre à Arcachon le système des prud'homies de la Méditerranée, même en dépouillant les nouveaux prud'hommes de leur qualité de juge : là encore il faudrait une loi, car les prud'homies sont des institutions *locales* et tirant leur titre d'actes législatifs anciens qui renferment leurs pouvoirs dans un rayon territorial déterminé.

» Je ne vois donc pas d'autre moyen de constituer les ressources nécessaires que celui de la loi, ou bien encore — et celui-là défierait toute contestation — celui de l'engagement volontaire des intéressés, conformément aux règles du droit commun. Puisqu'il s'agit d'un intérêt général pour le Bassin, une association de ce genre aurait vraisemblablement l'adhésion de la très grande majorité des intéressés.

» Veuillez agréer, Messieurs, etc.

» Le Ministre de la marine,
» E. BARBEY. »

RAPPORT

Au Président de la République française

Paris, le 28 janvier 1890.

Monsieur le Président,

L'article 2 du décret du 8 février 1868 sur la récolte des

herbes marines dans la Manche et dans l'Océan, modifié le 31 mars, est conçu dans ces termes :

« La récolte des goëmons de rive appartient aux habitants des communes riveraines.

» Tout habitant a droit de participer à cette récolte.

» Les propriétaires des terres situées dans les communes du littoral ont droit à la récolte des goëmons de rive sans être tenus de justifier du fait d'habitation.

» Ils ne peuvent employer à cette récolte que des habitants des communes riveraines. »

A la faveur de ce texte, un nombre considérable d'étrangers aux communes riveraines y ont acheté, pour constituer un droit à la récolte, des parcelles insignifiantes, souvent incultes, et n'ayant même pas toujours de limites déterminées. Certains contrats de vente ont même été passés au nom de plusieurs acquéreurs de façon à conférer à chacun des propriétaires indivis le droit à la récolte.

Quelques communes riveraines s'élevèrent contre de pareilles pratiques qui, si elles n'avaient rien d'irrégulier selon la lettre du décret de 1868, étaient cependant en contradiction avec les principes énoncés dans l'ordonnance de 1681 et dans les décrets du 4 juillet 1853 sur la pêche côtière, qui réservent exclusivement la coupe des herbes maritimes aux habitants du littoral. Des contestations surgirent, des procès-verbaux furent dressés, et les tribunaux appelés à se prononcer ont rendu sur le point en litige des décisions très diverses.

Il importait, devant une pareille situation qui a créé dans bien des communes intéressées un fâcheux état de malaise, de se préoccuper de réglementer à nouveau la matière.

J'ai donc préparé et j'ai soumis au Conseil d'amirauté et au Conseil d'État un décret dont j'ai l'honneur de vous exposer ci-après l'économie et qui modifie l'article 2 du décret du 8 février 1868 déjà amendé en 1873.

Le texte de ce décret, tout en maintenant les droits des forains, les oblige à justifier d'une propriété sérieuse et, à cet effet, il exige que les terres leur appartenant aient une contenance d'au moins 15 ares et soient cultivées effectivement par eux-mêmes. En outre, pour les propriétaires indivis, il a paru utile, afin d'entraver la fraude, de ne concéder le bénéfice de la coupe qu'aux copropriétaires dont la part dans les terres cultivées faisant partie de la propriété totale est, en surface, au moins de 15 ares.

Des communes riveraines se trouvant, par ces dernières dispositions, mieux garanties que par le passé contre l'abus du

18.

droit de propriété des forains, il a été prévu, par mesure de réciprocité en faveur de ces derniers, certains avantages énoncés au 2° paragraphe de l'article 2 *bis*; ils pourront récolter non seulement par eux-mêmes, mais de plus par leurs conjoints et par leurs enfants légitimes habitant avec eux; mais toute autre personne employée par eux devra habiter la commune riveraine.

Enfin l'article 2 *ter* édicte des mesures transitoires ménageant les droits acquis des propriétaires forains actuels. Ceux d'entre eux qui ne posséderaient qu'un terrain de moins de 15 ares continueront, à titre viager, à jouir de leur droit de récolte dans les conditions de l'article 2 *ter*. Toutefois, ce droit viager n'existera qu'au profit des détenteurs de terrains cultivés qui pourront produire des titres de propriété ayant date certaine, antérieure à la promulgation du décret ci-joint.

Telles sont, Monsieur le Président, les principales dispositions nouvelles contenues dans le décret que j'ai l'honneur de soumettre à votre signature.

Je vous prie d'agréer, Monsieur le Président, l'hommage de mon profond respect.

Le Sénateur, Ministre de la marine,
E. BARBEY.

Le Président de la République française,

Sur le rapport du ministre de la marine,

Vu l'ordonnance de la marine du mois d'août 1681;

Vu l'arrêté du 18 thermidor an X;

Vu le décret-loi du 9 janvier 1852, en particulier l'article 3 ainsi conçu :

« Des décrets détermineront, pour chaque arrondissement ou sous-arrondissement maritime...

» 6° Les dispositions spéciales propres à prévenir la destruction du frai et à assurer la conservation du poisson et du coquillage, notamment celles relatives à la récolte des herbes marines... »

Vu les décrets du 4 janvier 1853;

Vu le décret du 8 février 1868 et celui du 31 mars 1873;

Vu l'avis du Conseil d'amirauté;

Le Conseil d'État entendu,

Décrète :

Article premier. — L'article 2 du décret du 8 février 1868 et les dispositions du décret du 31 mars 1873 sont abrogés et remplacés par les articles suivants :

« Art. 2. — La récole des goëmons de rive appartient aux habitants des communes riveraines et aux propriétaires de terres cultivées situées dans ces communes, lorsqu'ils sont de nationalité française ou admis à domicile en France, sous les conditions suivantes :

» Tout habitant qui réside dans la commune depuis six mois a le droit de participer à cette récolte.

» Les propriétaires de terres cultivées situées dans les communes du littoral ont droit à la récolte du goëmon de rive sans être tenus de justifier du fait d'habitation, lorsque ces terres ont une contenance de 15 ares au moins et qu'elles sont exploitées par eux. Cependant pour les propriétés indivises ou communes, ce droit n'appartient qu'aux copropriétaires dont la part dans les terres cultivées faisant partie de la propriété totale est, en surface, au moins de 15 ares.

» Art. 2 *bis*. — Les propriétaires non habitants admis à la récolte doivent présenter leurs titres de propriété dûment enregistrés.

» Ils peuvent exercer leur droit non seulement par eux-mêmes mais, de plus, par leurs conjoints et par leurs enfants légitimes habitant avec eux. Toute autre personne employée par eux doit être habitante de la commune riveraine.

Art. 2 *ter*. — Les personnes n'habitant pas les communes riveraines qui se trouveraient déchues, en vertu des articles précédents 2 et 2 *bis*, du droit qu'elles possèdent de participer à la récolte, notamment celles qui sont propriétaires dans lesdites communes de parcelles d'une contenance inférieure à 15 ares, continuent à jouir de ce droit, mais seulement à titre viager.

» Elles pourront l'exercer suivant les conditions prévues au 2° paragraphe de l'article 2 *bis*.

» Dans tous les cas, ce droit viager n'existera que si les terres qui le confèrent sont cultivées, et si les titres de propriété invoqués ont une date certaine, antérieure à la promulgation du présent décret. »

Art. 2. — Le Ministre de la marine est chargé de l'exécution du présent décret, qui sera publié au *Journal officiel* et inséré au *Bulletin des lois* et au *Bulletin officiel* de la marine.

Fait à Paris, le 28 janvier 1890.

CARNOT.

Par le Président de la République :

Le Sénateur, Ministre de la marine,

E. BARBEY.

La pêche du Saumon dans les eaux salées.

Voici le texte des instructions que M. le Ministre de la marine vient d'envoyer aux préfets maritimes, aux commissaires chefs de services et aux commissaires de l'inscription maritime, relatives à la pêche du saumon dans les eaux salées :

Messieurs, j'ai l'honneur de vous notifier le décret portant modification à la réglementation de 1875 sur la pêche des espèces vivant dans les eaux salées.

Les dispositions qui fixaient uniformément du 20 octobre au 31 janvier la période d'interdiction de la pêche du saumon aussi bien dans les eaux douces que dans les eaux salées, ont suscité, dans ces derniers temps, de vives réclamations de la part des pêcheurs. Les uns demandaient que l'Administration avançât les dates d'ouverture et de fermeture ; les autres, prétendant que le saumon est essentiellement un poisson de mer, sollicitaient la liberté absolue de cette pêche.

La question, ainsi posée, fut déférée à l'examen du Comité consultatif des pêches maritimes, qui, dans un rapport présenté à l'un de mes prédécesseurs et publié au *Journal officiel* des 2, 4, 10 et 11 juillet 1888, proposa, pour des motifs longuement développés et que je crois inutile d'exposer à nouveau, d'observer l'époque réglementaire de fermeture de la pêche au 15 septembre, en fixant l'ouverture du 1er au 15 janvier.

Mon prédécesseur, s'appropriant les conclusions du Comité des pêches, saisit de la question le Ministre des travaux publics, avec qui il était nécessaire de se mettre d'accord afin d'arrêter une réglementation uniforme pour les eaux douces et salées.

M. Yves Guyot chargea une Commission spéciale, composée d'ingénieurs et de savants, d'examiner les conclusions présentées par la Marine, qui furent en principe admises.

Un premier projet concernant uniquement les eaux douces fut alors préparé et soumis au Conseil d'État, qui émit l'avis que la pêche du saumon devait être permise du 10 janvier au 1er octobre, et demanda de plus, comme mesure de protection, que les pêcheurs ne fussent plus autorisés à livrer à la consommation des saumons d'une dimension inférieure à 0m40 centimètres.

Le décret pris par M. le Ministre des travaux publics, sous la date du 27 décembre 1889, est conforme en tous points à l'avis du Conseil d'État. Le texte que j'ai dû soumettre à la signature du Président de la République, et qui porte la date du 1er février 1890, ne pouvait que reproduire pour la réglementation dans les eaux salées les dispositions édictées pour les eaux douces.

En conséquence, ce décret, qu'il vous appartient de faire appliquer dans l'étendue de votre arrondissement maritime, porte :

1° Interdiction de la pêche du saumon dans la partie des fleuves, rivières, étangs et canaux où les eaux sont salées, du 30 septembre exclusivement au 10 janvier inclusivement, au lieu du 20 octobre au 31 janvier;

2° Interdiction de pêcher, de vendre, transporter ou exporter des saumons ayant moins de 0m40 de longueur.

J'ai lieu de penser que cette nouvelle réglementation est de nature à concilier les divers intérêts en cause. Toutefois, elle ne saurait produire les effets qu'on est en droit d'en attendre, si les dispositions édictées n'étaient très rigoureusement observées.

Aussi vous prierai-je de ne rien négliger pour faire rechercher les délinquants. Les agents dont vous disposez devront, pendant la durée de la fermeture de la pêche du saumon, exercer la surveillance la plus active pour empêcher la capture, la vente et le colportage de ce poisson.

Je n'ai, d'ailleurs, pas attendu plus longtemps pour provoquer, de mon côté, toutes les mesures les plus propres à entraver, en temps prohibé, la libre circulation du saumon sur les chemins de fer et l'entrée en France des poissons de cette espèce qui viendraient de l'étranger. Je me suis concerté, à cet effet, avec MM. les Ministres des travaux publics et des finances, et les instructions suivantes ont été déjà données à tous les fonctionnaires et agents qui relèvent de ces deux administrations.

Les directions frontières des douanes ont reçu l'ordre de n'admettre à l'entrée en France, pendant la période de fermeture, que les poissons provenant d'étangs ou de réservoirs, qui peuvent être importés et transportés moyennant la production d'un certificat d'origine.

Une tolérance d'entrée a, en outre, été depuis longtemps consentie en ce qui concerne les saumons congelés qui sont accompagnés d'un certificat délivré par les autorités locales et visé par l'agent consulaire français le plus proche du lieu de provenance. Pour le moment, cette exception a été maintenue. Mais afin que les marchands de poisson ne puissent pas se servir de ce certificat pour des opérations illicites, il a été entendu que toutes les pièces accompagnant les envois de saumon congelé seraient oblitérées par le bureau de la douane et porteraient, en outre, le visa daté. De plus, les saumons en question devront être munis d'une ficelle passée à travers la bouche et l'ouïe et dont les extrémités seront réunies par un plomb portant l'empreinte de la marque de la maison expéditrice.

Enfin, d'une manière générale, le service des douanes exercera une surveillance des plus sévères afin d'empêcher l'exportation, en temps de prohibition de la pêche, des saumons de pêche française.

D'autre part, M. le Ministre des travaux publics se propose de rappeler aux compagnies de chemin de fer qu'elles devront formellement refuser, du 1er octobre au 10 janvier, le transport des saumons importés ou exportés, à l'exception de ceux qui proviennent d'étangs ou de réservoirs ou qui sont importés de l'étranger et conservés par la congélation. De plus, MM. les ingénieurs ont été invités à exercer la surveillance la plus rigoureuse sur les expéditions des gares de chemins de fer, et à faire visiter tous les colis suspects.

Enfin, M. le Préfet de police, à Paris, a pris les mesures nécessaires pour empêcher, pendant l'interdiction de la pêche, la mise en vente aux Halles centrales et dans les marchés de la ville, des saumons dont la provenance licite ne serait pas dûment justifiée.

Recevez, Messieurs, l'assurance de ma considération la plus distinguée.

Signé : E. BARBEY.

LES HUITRES VERTES

La duchesse de X... nous écrit une longue lettre dont nous retenons l'extrait suivant :

« .....Vous, Madame Desvarennes, qui vous occupez d'ostréiculture, vous me tirerez certainement d'embarras. Voici la question qui fait l'objet de ma longue et diffuse missive. Depuis fort longtemps, chaque matin pendant les mois d'hiver les huîtres vertes figurent sur mon menu. Chose bizarre, moi qui suis curieuse comme nous le sommes toutes, je ne m'étais jamais préoccupée de savoir d'où venaient ces huîtres et comment on obtenait leur couleur verte qui leur donne un goût particulièrement agréable, lorsqu'aux environs de Noël passé, je vis un de mes invités repousser avec horreur les huîtres vertes que le maître d'hôtel lui présentait. Intriguée, je voulus connaître le mobile qui faisait agir ce profane et je l'interrogeai au dessert. Croyez-vous qu'il m'apprit que les huîtres étaient verdies artificiellement au moyen de sels de cuivre!... Dès le lendemain, je proscrivis les huîtres vertes de mon menu. Mais je dois vous avouer, Madame, que ma table se trouve très privée de cette prohibition... moi surtout. Ne suffit-il pas que ce soit un fruit défendu pour que ma gourmandise en soit doublée ? Vous me comprendrez bien, Madame. Gourmande, est-ce un si grand défaut ? Pourquoi Dieu a-t-il fait de bonnes choses et pourquoi nous a-t-il fait de belles dents si ce n'est pour les croquer ? Dites-moi si en faisant reparaître sur ma table des huîtres vertes, ma responsabilité de maîtresse de maison peut encourir des reproches... »

— Permettez-moi de vous répondre, Madame la duchesse, que votre invité était imparfaitement renseigné. On peut verdir les huîtres sur de nombreux points du littoral et la simplicité avec laquelle opère la nature, quand on la charge de ce soin, est ignorée de bien des ostréiculteurs, à plus forte raison des maîtresses de maison. Mais avant de vous indiquer les moyens de la nature, laissez-moi fournir une excuse à votre profane. La nature a une concurrente en l'industrie anglaise. Ainsi les huîtres vendues sur le marché de Falmouth — que l'on transporte rarement en France — sont colorées par les eaux cuivrées des usines avoisinant cette ville. On y a constaté 23 centigrammes de cuivre par douzaine. Mais il est impossible de les confondre — si jamais elles arrivaient à Paris — avec les huîtres vertes de Marennes dont vous appréciez si justement le goût délicieux. On verdit les huîtres dans la Seudre, à l'île d'Oléron, à Cap-breton, pour ne parler que des côtes françaises.

N'avez-vous pas remarqué, Madame la duchesse, sur les bords de la mer, non point sur les plages dorées d'un sable fin, mais vers ce que les marins désignent par « la côte sau-vage », des couches d'argiles bleues, noir-velours, vertes ? Eh bien ! les huîtres blanches disposées sur ces fonds dans des claires préparées pour avoir quarante à cinquante centi-mètres d'eau à marée basse, et deux mètres environ à haute mer, verdissent selon que la température de l'eau est plus ou moins élevée, selon aussi que les vents sont favorables ou non. La couleur verte de l'huître est obtenue simplement par la lumière du soleil ou de la lune. Ces deux astres, le dernier surtout, ont une influence sur les choses de la mer aussi grande que celle que vous avez vous-même sur tous ceux qui ont l'envieux privilège de vous approcher, — par la lumière des astres, dis-je, et par la chaleur qu'entretiennent les couches d'argile. C'est aux mois de septembre et octobre surtout que verdissent les huîtres, mais par un beau temps on a vu verdir des huîtres dans la Seudre au mois de jan-vier, en moins d'une semaine.

Je vous fais grâce, Madame la duchesse, de l'étude scien-tifique qu'il vous faudrait lire pour avoir toutes les données sur le verdissement des huîtres, et puisque vous voulez bien vous en rapporter à moi, je proclame bien haut la parfaite innocuité des huîtres vertes, dites de Marennes ; votre jolie bouche peut sans crainte se livrer à son péché mignon, le mollusque engraissé et verdi dans les claires françaises est délicieux et nutritif au premier chef.

Veuillez agréer, Madame la duchesse, l'assurance de ma considération la plus distinguée.

NINON DESVARENNES.

LA PÊCHE EN ALGÉRIE EN 1888.

Statistique *(suite)*.

Oran. — Les résultats généraux de la pêche dans le quartier d'Oran, en 1888, n'ont pas été satisfaisants, bien qu'ils paraissent accuser à première vue une certaine supériorité sur ceux de l'année précédente pour quelques espèces ; mais il y a lieu de remarquer que les armements à la pêche du poisson frais ont presque doublé. En effet, la pêche a été pratiquée en 1888 par 292 hommes, au lieu de 138 l'année précédente, et l'on a employé 278 embarcations au lieu de 130.

Les pêches les plus fructueuses ont été celles du « maquereau frais, du thon, de l'allache, de la sardine et de l'anchois » ; par contre, une décroissance sensible s'est produite dans les « soles, turbots, plies, etc. », ainsi que dans les huîtres, moules, crabes, homards et langoustes, etc, qui deviennent de plus en plus rares dans les eaux du quartier.

Le total brut de la vente des produits s'est élevé à 254,619 fr., soit une différence en plus de 39,595 fr.

Par suite de l'application de la loi promulguée le 1er mars 1888, les pêcheurs étrangers, italiens et espagnols, n'ont pêché que pendant les mois de janvier, février et mars ; il en résulte une diminution considérable sur les quantités capturées et sur les produits de la vente, diminution qui a été loin d'être compensée par la différence en plus signalée plus haut sur les résultats de la pêche des pêcheurs français. 322 marins espagnols avec 61 bateaux et 441 marins italiens avec 84 bateaux ont pris part à la pêche. Les « sardines » seules ont donné une différence en plus de 9,364 fr. ; tous les autres articles ont été en décroissance. Le total brut de la vente des produits pendant les trois premiers mois de l'année a été de 135,023 fr., il avait été pour l'année 1887 entière de 301,054 fr., soit donc une différence en moins de 166,031 fr.

L'exploitation des réservoirs à poissons et établissements coquilliers a donné de bons résultats ; les quantités introduites pour une valeur de 33,379 fr. 20 ont été livrées à la consommation pour la somme de 71,236 fr. 50.

Alger. — 1,332 hommes, au lieu de 1,193 en 1887, ont pratiqué la pêche dans le quartier d'Alger et ont employé 333 bateaux, soit 49 de plus que l'année précédente. Les résultats obtenus ne diffèrent que bien peu de ceux de 1887 au point de vue des quantités pêchées et du produit de leur vente, mais grâce au système de naturalisation en vigueur, il y a eu un véritable progrès accompli, en ce sens que l'élément français a presque été complètement substitué à l'élément étranger, qui exploitait nos côtes, et la colonie est parvenue cette année à effectuer par ses propres moyens les armements aux divers genres de pêche. Les « sardines et anchois » ont donné d'excellents résultats ; une partie des produits a été consommée sur place à l'état frais, l'autre a été livrée aux établissements de salaison du quartier au nombre de quatre, ou mise en barils et salée par les pêcheurs eux-mêmes dans des baraques provisoires. La plus grande partie de ces salaisons a été exportée en Italie, où l'écoulement en est facile et rémunérateur.

Les « allaches, soles, turbots, plies, thon, etc. », ont subi des diminutions assez considérables.

Le total brut de la vente des produits de la pêche en bateau s'est élevé à la somme de 1,713,884 fr., soit une différence en plus de 789 fr. sur les résultats de l'année précédente.

La pêche à pied, qui est pratiquée par 17 personnes, a produit 3,000 fr., soit une augmentation de 1,454 fr.

Les réservoirs ont reçu 9,000 kilog. de poissons frais d'une valeur de 9,000 fr. et en ont livré 8,500 kilog. pour le prix de 17,000 fr.

Les établissements à crustacés en ont reçu 7,300 d'une valeur de 10,950 fr. et en ont livré à la consommation 7,000 pour le prix de 21,000 fr.

Le bateau de pêche *Zéphir* a naufragé devant Azeffoun et a entraîné la perte de deux hommes de l'équipage.

Philippeville. — La pêche côtière est pratiquée par 764 hommes, qui y emploient 178 bateaux. La campagne de pêche de 1888, moins fructueuse que celle de 1887 en ce qui concerne la sardine, l'allache et l'anchois, lui a été supérieure pour les autres espèces de poissons. Cette augmentation d'un côté et cette diminution de l'autre sont la conséquence des nouvelles lois qui ont interdit aux étrangers la pêche en Algérie. La pêche n'ayant été faite que par des bateaux et des marins français ou étrangers en instance de naturalisation établis dans le pays, la saison de la sardine terminée, les désarmements n'ont pas été effectués selon l'usage des années précédentes, d'où l'augmentation des quantités de poissons autres que la sardine, l'allache et l'anchois.

Le total brut de la vente des produits a atteint le chiffre de 788,367 fr., soit une différence en moins de 56,410 fr. sur l'année 1887. Cette diminution est plutôt apparente que réelle. Dans ce total ne sont pas compris les résultats de la pêche faite sur les côtes du quartier par les bateaux venus de l'extérieur.

Or, ces bateaux sont venus au nombre de 22, de Bône, de La Calle ou de Corse et ont pris une quantité d'anchois qu'on peut évaluer à plus de 100,000 kilog.

Un bateau de pêche, *la Flore*, s'est perdu. Deux hommes se sont noyés, le patron seul a pu se sauver.

Bône. — La pêche est pratiquée dans le quartier par 618 marins montant 132 embarcations. La campagne de pêche pour l'année 1888 a été peu fructueuse. La sardine, l'anchois et l'allache ont peu fréquenté les parages de Bône. Tous les articles ont eu à subir des diminutions assez considérables et, sauf les coquillages et les crustacés, pour tous on a eu à constater des différences en moins.

Le total brut de la vente des produits a atteint la somme de 789,178 fr. 65, soit une différence en moins de 87,921 fr. 35.

Depuis la découverte des bancs de corail de la Sciacca en Sicile, l'exploitation des bancs de corail de la Calle est considérée comme peu rémunératrice. Il en a été cependant pêché cette année 5,311 kilog., qui ont été vendus 265,550 fr., soit une augmentation de 900 fr. sur 1887.

BULLETIN COMMERCIAL

Paris, 27 février 1890.

Pendant cette quinzaine, les affaires ostréicoles ont marché sur une bonne moyenne. Nous avons constaté que le mouvement contre les fraudeurs avait rendu ceux-ci prudents. On ne voit plus aux boutiques des écaillères l'huître d'Arcachon à 30 centimes la douzaine. On en signale encore cependant à Angers et à Bordeaux. Dans cette dernière ville on crie : « La bonne *gravette* à deux sous la douzaine! » Les fraudeurs jouissent de leurs derniers jours.

D'Arcachon et de Marennes on nous écrit que la tendance à la hausse des prix commence à s'affirmer. La portugaise ne varie pas, le stock est encore considérable. Cette quinzaine Paris en a moins consommé que pendant les précédentes. Au contraire, la consommation a été plus grande sur les huîtres plates.

On nous signale un fait anormal et bien digne de fixer l'attention publique. Un mille de portugaises n° 1, qui vaut 10 fr. brut et qui pèse environ 130 kilog., revient à 30 fr.

rendu à Paris, alors que rendu sur le marché de Londres, ce même mille ne revient qu'à 20 fr. Le prix du fret ne vaut de Marennes pour Londres que 28 fr. la tonne. Ajoutons que le marché de Londres pour les huîtres est franc : il n'y a pas de droits d'entrée à ajouter au prix de revient. Tandis que de Bordeaux à Paris l'ostréiculture, quelle que soit la marque d'huître, paie 147 fr. la tonne et Paris fait subir à ce prix de revient un droit d'entrée de 60 fr. par mille kilog. A ce compte-là, les Anglais peuvent renvoyer nos huîtres à Paris avec leurs moyens de transport et les vendre meilleur marché que nos producteurs. Vraiment, les intermédiaires, les compagnies de chemins de fer et les municipalités sont plus qu'une entrave à l'industrie, ils en sont les parasites.

LA PÊCHE DE LA MORUE

Nos lecteurs du Nord et de la Bretagne qui s'apprêtent à armer pour la pêche de la morue, nous prient de reproduire la discussion de la question faite par M. Flourens à M. Spuller, ministre des affaires étrangères et relative à la question du *French-shore*. Nous y souscrivons d'autant plus volontiers que les débats offrent un réel intérêt pour les pêcheurs de morues et pour les pêcheurs de homards à Terre-Neuve.

(Séance de la Chambre du 20 janvier 1890. Présidence de M. Floquet.)

M. le Président. La parole est à M. Flourens pour adresser à M. le Ministre des affaires étrangères, qui l'accepte, une question sur les pêcheries de Terre-Neuve.

M. Flourens. Messieurs, j'ai l'honneur de poser à M. le Ministre des affaires étrangères, qui veut bien l'accepter, une question sur les pêcheries de Terre-Neuve.

Cette question est motivée par les empêchements que les sujets de Sa Majesté britannique à Terre-Neuve ont apportés à l'exercice des droits de pêche que la France possède sur une partie des côtes de cette île, et par l'intervention des officiers de la marine royale britannique qui, contrairement aux traités, ont enlevé des engins de pêche déposés par nos nationaux pour l'exercice de leur industrie.

S'il ne s'agissait, dans cette affaire, que de l'intérêt des armateurs qui ont pu être directement lésés, quelque digne de considération et de sympathie que pussent être ces intérêts, je ne serais pas monté à cette tribune; mais il s'agit de l'existence et de la conservation de nos pêcheries de Terre-Neuve; il s'agit de la dignité et de l'indépendance de notre marine marchande; il s'agit, à une époque surtout où, sous des prétextes humanitaires et philanthropiques, on parle de faire revivre cet ancien droit de visite qui porte atteinte à la liberté des mers, il s'agit de sauvegarder ce principe que, la première dans le monde, la France a proclamé, fait prévaloir et respecter. *(Très bien! très bien!)*

La Chambre, dont le patriotisme n'a reculé devant aucun sacrifice pour assurer le développement normal de nos forces navales, est convaincue qu'à quelque degré de perfectionnement que la science puisse amener nos moyens d'attaque et de défense sur mer, la meilleure sauvegarde de la France sera toujours le dévouement de nos populations maritimes. Elle n'ignore pas que, pour une portion notable, l'existence de ces populations maritimes est attachée à la conservation des pêcheries de Terre-Neuve; elle sait que c'est dans ces pêches qui se prolongent pendant des saisons entières, sous les brumes éternelles et des ouragans incessants, que se forment ces existences de marins qui résistent ensuite à toutes les épreuves comme elles atteignent à tous les héroïsmes. *(Très bien! très bien!)*

Elle voudra donc bien, j'ose l'espérer, m'accorder quelques instants d'attention et de bienveillance pour le développement d'une question qui, en raison du très grand nombre de faits accumulés, ne laisse pas que d'être assez complexe. *(Parlez!)*

En 1713, le traité d'Utrecht, qui nous a enlevé l'Acadie et les derniers vestiges de notre empire du golfe du Saint-Laurent que nous avions si rapidement conquis et si facilement colonisé, nous a laissé néanmoins, sur une partie des côtes de Terre-Neuve qui ont reçu le nom de *French-shore*, des droits de pêche qui, dès cette époque, ont été reconnus indispensables à l'existence des populations maritimes du nord-ouest de la France, de Dunkerque à Brest et à Nantes.

Tous les traités qui, depuis, se sont occupés de cette question — je citerai notamment le traité de Versailles de 1783 et les traités de Vienne de 1815 — ont confirmé l'existence de ce droit.

Quelles sont la nature et la portée de ce droit? C'est ce qu'il importe de bien préciser dès le début de cette discussion.

Si nous nous reportons aux différents textes que je viens de citer, nous arriverons à nous convaincre que ce droit, s'il est limité quant à l'étendue des côtes sur lesquelles il peut être exercé, s'il est limité quant à la saison pendant laquelle il est autorisé, est illimité quant à la nature et au genre de pêches qui peuvent être exercées ; qu'il est absolu, exclusif de toute concurrence étrangère.

Pour démontrer à la Chambre l'exactitude de mon assertion sur ce point, je n'aurai qu'à lui lire la déclaration du roi Georges en date du 3 septembre 1783, qui a été annexée au traité de Versailles et qui fait partie intégrante de ce traité :

« Pour que les pêcheurs des deux nations ne fassent pas naître de querelles journalières, Sa Majesté britannique prendra les mesures les plus positives pour obtenir que ses sujets ne troublent en aucune manière par leur concurrence les pêches des Français pendant l'exercice temporaire qui leur est accordé sur les côtes de Terre-Neuve et elle fera retirer, à cet effet, les établissements sédentaires qui y seront formés. »

Ainsi, par cette déclaration, l'Angleterre prenait vis-à-vis de la France un double engagement. D'abord, elle s'opposerait de la manière la plus positive à ce que ses sujets habitant Terre-Neuve fissent une concurrence quelconque, troublassent par leurs opérations les opérations de pêche de nos nationaux ; elle s'engageait en outre à faire supprimer et retirer tous les établissements sédentaires appartenant à des nationaux britanniques sur toute l'étendue du French-shore.

Nos droits paraissaient, à cette époque, si bien établis, si bien définis, que certains optimistes s'écriaient, en parlant de la perte du Canada : « Que nous importe d'avoir perdu sur des terres un droit improductif, puisque nous avons conservé un droit infiniment plus précieux : le droit de pêche, qui, lui, est efficace et productif! »

Malheureusement la conservation de ce droit de pêche devait donner naissance à bien des conflits et à bien des négociations.

Je craindrais d'abuser des instants de la Chambre si je tentais de faire ici l'esquisse même sommaire et rapide de l'ensemble de ces négociations. Il y a seulement deux points que je me bornerai à retenir, parce qu'ils me semblent essentiels pour la démonstration que je poursuis en ce moment.

D'abord, à aucune époque, sous aucun Gouvernement, la France n'a permis que le caractère exclusif et absolu de notre droit fût, en théorie, mis en contestation. A aucune époque non plus, jusqu'à la saison de pêche de 1889, la France n'a permis que le caractère exclusif de ce droit fût, en fait, méconnu.

A l'appui de cette assertion, sans remonter bien haut, je pourrais citer les déclarations qui ont été faites à la tribune du Sénat par le Gouvernement à propos des questions posées par l'honorable amiral Véron en 1887 et en 1888; le Gouvernement y a affirmé de la manière la plus positive le caractère exclusif du droit, et ces déclarations ont été portées, par les soins de notre ambassadeur, à la connaissance du gouvernement anglais.

Voilà donc, Messieurs, quel est en théorie le terrain sur lequel le gouvernement français s'est toujours placé. Examinons maintenant quels ont été les faits.

En 1713, en 1783, et même en 1814 et en 1815, le French-shore était presque complètement inhabité. Aux termes des différents traités passés à ces époques, il aurait dû rester inhabité, puisque, d'une part, en vertu de l'article 13 du traité d'Utrecht, les Français s'engageaient à n'y élever aucune construction permanente, à n'y avoir que des installations provisoires et temporaires qui devaient disparaître à la fin de chaque saison de pêche, et que, d'un autre côté, en vertu de la déclaration du roi Georges III, les Anglais s'engageaient d'une façon non moins explicite et absolue à ne tolérer de la part de leurs nationaux l'existence d'aucun établissement sédentaire.

Néanmoins, peu à peu, les habitants de Terre-Neuve sont venus, et en quantité considérable, s'établir sur le French-shore; ils s'y sont introduits et glissés sous le couvert des services qu'ils rendaient à nos marins. Ils se sont fait tolérer en se chargeant de garder, pendant la morte-saison de pêche, le matériel et les approvisionnements que nos armateurs avaient intérêt à ne pas transporter chaque année de France à Terre-Neuve et de Terre-Neuve en France; ils se sont fait accepter aussi en se chargeant d'aller chercher dans l'île les bois qui devaient servir à la construction des ateliers provisoires où se prépare et sèche la morue; mais ils se sont fait agréer surtout en se chargeant de pêcher, pour nos marins et nos armateurs, les différents crustacés et poissons qui servent d'appât pour amorcer l'hameçon à l'aide duquel on prend la morue.

Ainsi, petit à petit, les habitants de Terre-Neuve se sont introduits et installés sur le French-shore comme auxiliaires de nos marins, sous le prétexte des services qu'ils rendaient à nos pêcheurs. Aujourd'hui, ils y sont en grand nombre et ils ne parlent de rien moins que de chasser et d'expulser tous les Français.

Préoccupés des conflits auxquels devait nécessairement donner naissance une situation aussi anormale et aussi contraire aux traités, animés l'un et l'autre d'un égal désir — il faut le reconnaître et le proclamer hautement — de tarir ces sources de difficultés, au mois de novembre 1885 les deux gouvernements de la Grande-Bretagne et de la France posèrent les bases d'une convention nouvelle. Cette convention, qui donnait aux habitants de Terre-Neuve des avantages considérables, devait calmer leurs appétits, assouvir leurs convoitises et prévenir les différends.

Cette convention a reçu l'approbation des deux gouvernements. Non seulement le gouvernement anglais l'a approuvée, mais dans un discours du trône, dans un message de la reine d'Angleterre au Parlement, la reine s'est félicitée hautement d'avoir pu conclure un arrangement qui devait supprimer la cause de difficultés entre deux peuples voisins et amis.

Malheureusement, les sentiments qui animaient la reine d'Angleterre et son gouvernement n'étaient pas ceux qui guidaient le Parlement de Terre-Neuve, et ce Parlement était beaucoup plus préoccupé de satisfaire les convoitises de certains riches industriels que les désirs de sa gracieuse souveraine. Par ses refus successifs, il fit avorter la convention. Non content de ce premier succès et poussant plus loin ses avantages, il vota une loi qui a reçu le nom de *bill-boët*.

La boët est le terme générique dont on se sert dans ces parages pour désigner toute espèce d'appât destiné à amorcer les différents engins employés à la pêche. Par cette loi, le Parlement de Terre-Neuve interdisait à tous les habitants de cette île de vendre à tous nos pêcheurs les appâts qui leur étaient nécessaires. Le but de cette prohibition ne pouvait pas être contesté et il ne l'était pas: c'était de nous rendre impossible la pêche sur le banc de Terre-Neuve. Il faut rendre cette justice au gouvernement anglais qu'il hésita longtemps à donner à cette loi l'approbation qui était nécessaire pour qu'elle devînt exécutoire contre nous.

La diplomatie britannique eut des scrupules, — et on sait que la diplomatie britannique n'a pas des scrupules à la légère.

Le gouvernement anglais, qui se réclame volontiers des principes de libre-échange, qui se targue de son attachement à ces principes et qui en tire, le cas échéant, des bénéfices appréciables, comprit ce qu'il y avait d'anormal et d'exorbitant à sanctionner une prohibition aussi sauvage et aussi monstrueuse. Sauvage et monstrueuse non seulement vis-à-vis des Français, puisqu'elle n'avait évidemment d'autre but que de leur nuire, que de rendre inefficace à leur détriment la clause d'un traité au bas duquel était la signature de la Grande-Bretagne, mais sauvage encore et monstrueuse vis-à-vis de la population de Terre-Neuve, population pauvre dont l'industrie de la fourniture des appâts était la principale ressource, à qui elle rapportait plus d'un million par an, population qui se sentait exploitée et pressurée au profit de quelques riches industriels établis sur la côte et qui, pour la plupart, ne sont pas même habitants de Terre-Neuve, mais viennent des côtes de la Nouvelle-Écosse ou des îles du Prince-Édouard. Le gouvernement anglais hésita donc, tergiversa pendant deux ans, mais finit par céder. Depuis quelques années, la Grande-Bretagne semble ne gouverner ses colonies qu'à la condition de leur obéir.

Le *bill-boët* fut ratifié. Cette ratification entraînait, pour le Gouvernement français, de nouvelles obligations et de nouveaux devoirs, sous peine de laisser péricliter une industrie dont j'ai signalé tout à l'heure à la Chambre l'importance nationale. Le Gouvernement comprit et agit avec promptitude et décision. Il fit procéder à une exploration méthodique des différentes baies du French-shore, fit reconnaître, parmi ces baies, celles qui présentaient le plus d'avantages pour la pêche de l'appât. Ce travail confié à un officier supérieur très distingué, le commandant Humann, qui est aujourd'hui contre-amiral, a été publié par les soins du Ministère de la marine et distribué aux Chambres de commerce, qui l'ont porté à la connaissance des intéressés. Mais avoir constaté la possibilité de se passer du concours des habitants de Terre-Neuve pour la pêche de l'appât, avoir déterminé les baies dans lesquelles cette pêche pouvait être exécutée, ce n'était là qu'une partie de la tâche qui incombait au Gouvernement, et ce n'était peut-être pas la plus difficile.

En effet, la pêche de l'appât devait être coûteuse parce qu'elle nécessiterait des équipages plus nombreux et des engins particuliers, et elle ne pouvait pas être par elle-même lucrative, puisqu'elle ne pouvait s'exercer que pendant une période de temps très courte, au moment où les navires banquiers viennent s'approvisionner à la côte. Mais le Ministère de la marine se convainquit que si à l'industrie de la pêche de l'appât on joignait celle de la fabrication des conserves de homard, l'opération pouvait devenir fructueuse.

En effet, depuis quelques années, l'industrie de la fabrication des conserves de homards a pris une grande extension dans ces parages. Sur le French-shore, des fortunes considérables se sont faites rapidement. Si on consulte les états de statistique qui sont dressés chaque année par le gouvernement de Terre-Neuve, on arrive à reconnaître qu'en 1885 les exportations de Terre-Neuve, en conserves de homards, pour la France, se sont élevées à 144,000 kilog.; en 1886, à 185,000 kilog.; et en 1887 à 555,000 kilog., représentant une valeur totale de 3 millions 500,000 fr.

Malgré les attraits que pouvaient exercer sur certains esprits les bénéfices à réaliser dans cette opération, le ministère de la marine eut beaucoup de peine à déterminer les industriels à exposer leurs capitaux dans cette entreprise.

Après de nombreuses démarches, on mit enfin la main sur un armateur de Nantes, M. Thubé, qui, avec deux associés, consentit à risquer l'entreprise.

M. Thubé se fit complètement l'homme de l'administration ; il se mit en rapport direct avec les représentants du ministère de la marine ; il suivit de tous points leurs conseils et leurs instructions, se soumit aux prescriptions de la circulaire ministérielle du 6 octobre 1887, émanant de M. Barbey, qui était alors, comme aujourd'hui, ministre de la marine.

M. Thubé se rendit au point indiqué et exerça son industrie exactement dans les conditions prescrites.

M. Thubé rendit ainsi des services appréciables. Il arriva, en fondant l'industrie nouvelle pour nous de la pêche de la boët, à approvisionner à l'instant opportun et en fort peu de temps, douze cents pêcheurs et vingt navires banquiers. C'était un premier service rendu à notre industrie de la pêche de Terre-Neuve.

De son côté, notre Gouvernement tenait, en 1888, scrupuleusement les engagements pris vis-à-vis de M. Thubé.

Sous la direction du ministère des affaires étrangères, le ministère de la marine et des colonies donna des instructions très fermes et très précises.

Le commandant de la division navale reçut l'ordre de faire respecter les droits exclusifs de nos nationaux ; il s'en acquitta avec fermeté et modération.

Deux associés anglais, MM. Andrews et Murphy, vinrent s'établir auprès de M. Thubé pour lui faire concurrence et entraver ses opérations. M. Thubé signala le fait au commandant de la division navale, qui se rendit sur les lieux et expulsa les intrus. Cet acte de vigueur fut approuvé non seulement par nos nationaux, mais même par les habitants de l'île de Terre-Neuve, qui, ainsi que je l'ai dit, sont exploités, non moins que leurs crustacés et leurs poissons, par ces industriels étrangers venant des côtes voisines. *(A suivre.)*

L'hôtel des Princes et de la Paix est le plus confortable, le mieux tenu et le plus recherché par les familles aristocratiques qui séjournent à Bordeaux. Il est situé, 40, cours du Chapeau-Rouge, au centre même de la ville et dans le plus beau quartier.

Le Directeur-Gérant, J. CHAPEAU (🎖, ✳ ✳).

5me année.   **N° 19** (2me série)   15 Mars 1890.

REVUE

DES

PÊCHERIES MARITIMES

L'ÉTANG DE THAU

Comme on le verra plus loin, les ostréiculteurs de Cette méritent la sollicitude de l'Administration de la marine. Nous croyons qu'elle ne leur a pas fait défaut jusqu'ici et qu'elle reste très disposée en leur faveur, car il faut reconnaître leur mérite. MM. Lalite et Boudet ont eu, dès la première heure, une confiance absolue dans l'avenir de l'étang de Thau. Rien, cependant, n'était moins encourageant que les essais infructueusement tentés précédemment. M. Coste, vers 1857, et ensuite l'Administration de la marine en 1877, entreprirent dans le voisinage d'une sorte de petit îlot émergeant au centre de l'étang de Thau, appelé rocher du Rouquayrolles, diverses expériences dont le but était d'acclimater l'huître plate de l'Océan. (L'étendue de l'étang de Thau est considérable : elle équivaut à la moitié de celle du Bassin d'Arcachon.) Les sujets qui furent déposés dans ces eaux, aussi bien les huîtres adultes que le naissain, périrent peu de temps après, les *murex* ou bigorneaux perceurs, qui abondent sur les fonds, en ayant eu vite raison.

C'est alors que M. Lafite prit l'initiative du système des clés sur lesquelles il reposa ses caisses ostréophiles. Le *murex* n'étant pas grimpeur, sa mauvaise action ne put s'y faire sentir et les résultats obtenus par la pousse ont été reconnus énormes. On peut dire que l'expérience est aujourd'hui complète et rassurante. M. Lafite avait demandé à la Marine une concession de cinq hectares, mais sa demande, soumise à l'enquête, conformément aux règlements sur la police de la pêche, eut pour principal effet de soulever la jalousie des pêcheurs.

Néanmoins, les protestations de ceux-ci paraissant peu fondées à l'Administration, on aurait passé outre si, se ravisant, les pêcheurs n'en avaient aussitôt fait une question politique. Des députés, des sénateurs, mal inspirés, se sont faits les échos des récriminations, sans envisager cette idée qu'ils allaient porter une grave atteinte à des droits respectables et compromettre l'avenir, à son début, d'une industrie susceptible de prendre une grande extension. Les populations de la contrée devaient y trouver d'autant plus d'intérêt qu'elles avaient eu à souffrir de la maladie des vers à soie et du phylloxera; elles n'avaient eu aucune compensation à ces pertes. Les représentants du pays ont à tel point pesé sur la décision du ministre que les concessions premières ont été réduites d'une manière décourageante pour les initiateurs. Cette mesure aura un côté très fâcheux pour ceux qui l'ont provoquée, car, étant donnés les résultats obtenus aujourd'hui par MM. Lafite et Boudet, les pêcheurs qui se sont plaints seront les premiers à suivre la voie ouverte et ne trouveront plus assez d'emplacement quand le moment sera venu pour élargir l'industrie ostréicole, l'industrie de la pêche étant beaucoup moins productive que celle qui résulterait de la mise en exploitation de ces fonds marins, si particulièrement favorables à l'extension de l'ostréiculture. D'ailleurs, cela répondrait à un véritable besoin, car la consommation des huîtres devrait être beaucoup plus grande qu'elle ne l'est aujourd'hui dans le Midi. Les stations hivernales, fréquentées par des populations riches, sont un précieux élément de consommation. Elles ne trouvent pas à satisfaire leurs goûts : l'huître n'arrive pas régulièrement aux stations, le transport, trop coûteux, décourage l'entreprise commerciale. Il y a donc là une lacune à combler.

Est-ce à dire que nos centres de production du littoral de l'Océan, et particulièrement Arcachon, aient à souffrir de la concurrence éventuelle de ce nouveau centre ? Non ! Car l'étang de Thau et l'étang de Berre, s'ils étaient mis en exploitation, ne pourraient être que des centres d'élevage où les lieux de production, Arcachon notamment, trouveraient un écoulement rémunérateur du trop plein de leurs produits. Sans doute, les intéressés nous objecteront que les conditions de transport, qui sont actuellement une entrave à l'alimentation des stations hivernales, continueront d'empêcher toute relation avec les centres d'élevage méridionaux. A cette objection nous répondrons que certaines compagnies de chemins de fer montrent d'excellentes dispositions pour favoriser cette entreprise, et nous

croyons pouvoir affirmer que la Compagnie de
Paris-Lyon-Méditerranée se prêterait à une combinaison si la Compagnie du Midi voulait s'entendre
avec elle. Nous nous permettrons de donner un conseil aux pêcheurs, aux ostréiculteurs qui sont souvent
disposés à pousser leurs mandataires à tout propos
dans la lice politique : c'est qu'il vaudrait infiniment
mieux les ramener sur un terrain économique, et
dans l'intérêt général les prier d'étudier de très
près les questions d'octroi et les questions de transport comme celle qui nous occupe aujourd'hui. C'est
là qu'est la vraie solution des intérêts ostréicoles.

Jules CHAPEAU.

P.-S. — Nous écrivons plus haut que le système des caisses ostréophiles placées sur des clés
étaient à l'abri des organes perceurs des *murex*.
Nous apprenons que lors des expériences faites
dans les lagunes du Languedoc, à Aiguesmortes, on
a constaté une mortalité extraordinaire parmi les
huîtres portugaises. Les caisses, fermées complètement dessus et dessous pour empêcher la pénétration des goujons de mer, avaient laissé accès aux
alevins de ces derniers, à travers les grillages des
côtés. On sait combien bêtement — si on peut
parler ainsi pour justifier la qualification de « bête
comme une huître » — s'ouvre la portugaise. Il lui
faut un temps inouï pour cela et elle reste ouverte
démesurément. L'agile alevin a eu bientôt fait de
pratiquer autant d'incisions qu'il en a fallu pour
assassiner le mollusque et se repaître de sa chair.
C'est ainsi que ces huîtres, dont les valves avaient
en peu de temps prodigieusement profité, ont été

détruites à raison de 80 pour cent. Ajoutons que les alevins qui avaient fait des caisses ostréophiles leur fromage de Hollande, étaient également en peu de temps devenus assez gros pour ne plus pouvoir sortir par les grillages qui leur avaient servi d'entrée. Bien entendu, on les captura et ils furent condamnés aux honneurs de la poêle à frire. Voilà un fait qui ne peut se produire dans les caisses de M. Lafite, qui sont fermées de tous côtés, et ce n'est pas là un mince mérite pour les sujets qu'elles renferment.   J. C.

<hr>

Nous recevons de Cette la communication suivante :

« Grâce à MM. Louis Boudet et Lafite, de courageux parqueurs qui n'ont pas craint d'engager la plus grande partie de leur avoir dans l'exploitation des parcs, l'ostréiculture a pris à Cette des proportions telles que si le mouvement ascensionnel qu'a pris notre port dans cette industrie continue (et cette prospérité dépend tout entière des Cettois), Cette, qui est déjà le principal centre ostréicole de la Méditerranée, deviendra le seul marché du Midi de la France, et peut-être de l'Algérie, de l'Italie et de l'Espagne méridionale.

» En effet, quel pays est mieux placé que Cette pour l'exploitation de cette industrie? Tête de ligne de deux grandes compagnies de chemins de fer, notre port peut, soit par mer, soit par les voies ferrées, approvisionner très rapidement et économiquement les contrées que nous venons de citer.

» Les bienfaits apportés par cette industrie sont déjà très appréciables et se sont fait sentir dans notre population industrieuse. Depuis la création des parcs, les huîtres se vendent meilleur marché, et l'ouvrier cettois à qui ce mets était pour ainsi dire défendu, en est devenu le principal consommateur. Quarante personnes, hommes ou femmes, sont journellement occupées aux travaux ostréicoles. Ce personnel est considérablement augmenté au moment du gros travail, c'est-à-dire aux époques de réception des huîtres d'élevage.

» Les compagnies de transport par terre et par mer, les consignataires, les camionneurs y trouvent leur part de travail et par conséquent de bénéfices. En un mot, cette industrie prospère tous les jours, et, malgré quelques entraves auxquelles elle a eu à se buter, l'ostréiculture deviendra une source de revenus pour la ville de Cette. Que MM. Boudet et Lafite reçoivent nos félicitations.   » Maroc. »

Nous recevons de M. Lafite, la nouvelle lettre suivante :

« Monsieur le Directeur, en vous remerciant du bienveillant accueil que vous avez réservé à ma lettre du 3 courant, je tiens à vous faire remarquer au sujet des commentaires qui la suivent, que l'ostréiculture est encore à l'état primitif à Tarente ainsi que dans le lac Fusaro, où les procédés qui furent employés dans l'antiquité le sont encore de nos jours ; pas de progrès accomplis. Le naissain y est recueilli sur des pieux ou des fascines suspendues, auquel il reste adhérent jusqu'à ce qu'il soit comestible comme à Tarente, et où il est recueilli (comestible) et mis dans des pannetières à Fusaro.

» Dans cette contrée les parcs de dépôt sont construits sur pilotis, dans l'intérieur du lac. Le souci de la vérité et ma qualité de Français m'obligent à déclarer de mon côté que l'honneur, si honneur il y a, d'avoir créé les appareils en question, n'appartient pas plus aux Grecs qu'aux Italiens. Pourquoi le leur laisser ?

» J'ajoute même, sans craindre d'être démenti, qu'on n'a *jamais employé dans le lac Fusaro*, pas plus qu'en tout autre endroit, les mêmes appareils que les nôtres.

» Que M. le Directeur veuille bien s'en rapporter comme moi au témoignage de M. Bouchon-Brandely, qui, je l'espère, me donnera gain de cause s'il est consulté à ce sujet.

» Recevez, etc.   » G. Lafite,

» *Ostréiculteur, à Cette.* »

Pour clore la polémique sur cette question, nous nous permettrons de répéter à M. Lafite que le principe de l'élevage entre deux eaux a existé de tout temps, traduit ici par des caisses ostréophiles, là par des caisses suspendues, mais le fond est le même. Cela n'enlève en rien le mérite de l'appareil de M. Lafite, qui est très ingénieux.

M. Canac, un Américain, avait imaginé les appareils qu'il employa dans la Rance, près de Saint-Malo. A Auray et à Arcachon, les caisses à compartiments superposés ont été employées, elles ont été abandonnées. Mais l'idée première ne subsiste pas moins parce que les conditions n'étaient pas les mêmes. Quant aux appareils préconisés par la marine, ils diffèrent de ceux de M. Lafite en ce qu'ils répondent à cette idée essentielle de laisser passer et pénétrer l'eau dans tous les sens et qu'ils peuvent être suspendus entre deux eaux ou être assujettis sur les plages les plus bas situées. En un mot, ces appareils répondent aux nécessités des deux régimes qui séparent la Méditerranée et l'Océan. Ils peuvent à la fois recevoir un emploi utile dans les épaisseurs d'eau et dans les courants (être placés au milieu des chenaux) et mettre à profit les laisses de basse mer où, jusqu'à présent, on ne s'est pas établi. Le principe est celui-ci : mettre les huîtres à même de bénéficier des éléments de nutrition chassés par les eaux. Encore une fois, M. Lafite mérite les plus grands éloges pour ses appareils et nous éprouvons le plus légitime orgueil à féliciter notre compatriote de son ingénieux procédé, que lui emprunteront certainement les étrangers.

LES INTERMÉDIAIRES

Un de nos confrères publie la communication suivante, qui lui a été adressée par un de ses abonnés, lequel occupe un des premiers rangs de l'industrie des conserves. Cette communication, écrit son auteur, éclairera le public et sera comprise par tous ceux qui connaissent la question de l' « Industrie des sardines », aujourd'hui à l'ordre du jour.

C'est une grosse question qu'on vient de soulever à propos des fleurs et primeurs qui, envoyées de Provence à Paris, sont très peu payées aux cultivateurs, et cependant coûtent très cher à ceux qui les achètent. Ce n'est ni plus ni moins que la grave et éternelle question de l'intermédiaire, du *commissionnaire*.

L'intermédiaire, c'est-à-dire l'homme qui surgit entre le producteur et le consommateur, et qui s'enrichit aux dépens des deux autres, bien que des trois il soit évidemment le moins utile, se retrouve partout, dans toutes les affaires humaines. Ce ne sont pas seulement les denrées qu'il exploite, c'est tout ce qui se vend. Il n'est pas un objet, il n'est pas une découverte, il n'est pas même un produit artistique ou littéraire, tableau, roman, etc., qui ne trouve l'intermédiaire entre lui et le public. On peut dire que toutes les grosses fortunes viennent de là ou vont là. Laboureurs qui semez le grain, ouvriers qui fabriquez l'œuvre, écrivains qui répandez la pensée, travailleurs de tout genre, inventeurs, savants, vous à qui la société doit tout et sans qui il n'y aurait rien, comparez votre part à celle des intermédiaires, qui n'ont rien créé, rien produit, mais qui se sont approprié vos créations et vos productions pour les transmettre à ceux qui les apprécient ou qui en ont besoin ; la question de l'intermédiaire, mais c'est presque toute la question sociale.

On peut déclarer le fait inévitable ; on peut dire que la suppression de l'intermédiaire est une utopie ; mais ce qu'on ne peut nier, c'est l'iniquité profonde du spectacle qui est donné à quiconque veut ouvrir les yeux. Que les intermédiaires remplissent un rôle, cela est possible ; qu'ils aient une utilité, on peut l'affirmer ; mais est-ce la justice, que celui qui vend le poème ait plus d'argent que celui qui l'a fait, et que, sur dix sous que je paie une poire, il y en ait huit pour le tiers qui n'a même pas pris la peine de la cueillir ?

Ce qu'on rêverait, ce serait un état social *non privé d'intermédiaires*, mais où les intermédiaires, loin d'être maîtres du marché, ne seraient que les *employés des producteurs*. Quand je charge un commissionnaire de porter un objet à quelqu'un, il est juste que je paie le commissionnaire pour sa course ; mais si l'objet vaut 20 francs, et que le *commissionnaire* me rapporte 40 sous, gardant 18 francs pour lui, je trouve que son paiement dépasse la mesure légitime. C'est pourtant ce qui se passe tous les jours, et ce à quoi nous ne faisons nulle attention. Les *commissionnaires prennent la première place, le premier rang et tout le gain.* Pour cela, il leur a suffi de changer de nom; leur course est appelée commerce.

Je le répète, ce n'est pas ailleurs qu'il faut chercher la solution du problème social. Chose curieuse, le jour où le travailleur recevra le prix équitable de son travail, c'est-à-dire plus qu'il ne reçoit aujourd'hui, ce jour-là, et en même temps, le consommateur paiera tout moins cher et dépensera moins d'argent. On s'est souvent moqué des rêveurs qui prétendent augmenter les ressources de l'État en diminuant les charges des contribuables; eh bien! dans la question qui nous occupe, cette plaisanterie peut devenir une réalité. Que faudrait-il pour cela? Le rapprochement du producteur et du consommateur par l'élimination de tous les rouages inutiles qui les séparent. C'est impossible, dites-vous? Pourquoi?   H. M.

L'INSCRIPTION MARITIME

RAPPORT

Au Président de la République française

Paris, le 4 mars 1890.

Monsieur le Président,

La loi du 15 juillet 1889, comme toutes les lois antérieures sur le recrutement de l'armée, a excepté, par son article 30, du régime d'assujettissement militaire qu'elle impose à tous les citoyens français, *les jeunes marins portés sur les registres de l'inscription maritime, conformément aux règles prescrites par les articles 1, 2, 3, 4 et 5 de la loi du 3 brumaire an IV,* et elle a, de cette manière, donné une nouvelle consécration au système d'après lequel la partie de la population qui pratique la navigation maritime acquitte ses obligations militaires, suivant des règles particulières.

Les motifs de ce régime distinct n'ont pas besoin d'être longuement développés. De prime abord, en effet, il semble essentiellement conforme à l'ordre comme à l'accord de tous les intérêts que les hommes qui passent la plus grande partie de leur vie sur mer, qui y acquièrent des aptitudes spéciales essentiellement utilisables à bord des bâtiments de combat, que leur état presque continuel d'absence place en dehors des conditions communes pour lesquelles sont faites les règles du recrutement normal (tirage au sort, congédiements prématurés, appels et rappels simultanés par classes, etc.), payent leur dette militaire exclusivement dans l'armée navale, et cela, suivant des règles adaptées à leurs conditions d'existence, aux nécessités de leur profession et aux intérêts de l'industrie maritime dont ils sont l'indispensable instrument.

Jusqu'en 1824, les inscrits maritimes composèrent à peu près exclusivement les effectifs des bâtiments de guerre. A partir de cette époque, leur charge devenant trop lourde, on fit concourir à leur service un contingent fourni chaque année par le recrutement, mais ils ne continuèrent pas moins à former l'élément fondamental et prédominant des équipages de la flotte et à accomplir un temps d'activité militaire notablement plus long que la durée moyenne imposée à la généralité des citoyens.

Leur état d'assujettissement et de disponibilité s'étendait, d'ailleurs, de l'âge de dix-huit ans à celui de cinquante ans, et ne comportait pas d'exceptions.

Ce régime, fort rigoureux, qui ne s'appliquait qu'à une catégorie déterminée d'individus, méritait et avait obtenu de sérieuses compensations. Avant 1789 et depuis que Colbert avait organisé, sous le nom de *classes*, le mode de roulement suivant lequel les gens de mer étaient appelés à faire leur tour de service, beaucoup d'immunités et de faveurs leur avaient été accordées. La plupart disparurent dans la transformation de nos institutions sociales et civiles. Mais la principale d'entre elles survécut et forme encore aujourd'hui la contre-partie légale des obligations particulières des inscrits; c'est le système des pensions et des secours accordés, moyennant une prestation peu importante sur les salaires, sur les fonds de la *Caisse des invalides de la marine,* établissement public indépendant du Trésor, qui constitue comme le patrimoine de la population inscrite.

Actuellement, le statut de l'inscription maritime, tel que l'ont établi, d'une part, la loi du 3 brumaire an IV et les derniers actes qui en ont réglementé l'exécution, et, d'autre part, les diverses lois qui ont consacré les privilèges des gens de mer, spécialement celles des 13 mai 1791 et 11 avril 1881 sur la Caisse des invalides et les pensions qu'elle sert, peut se résumer ainsi :

1º Égalité d'obligations pour tous ;

2º Disponibilité pour le service militaire de dix-huit à cinquante ans ;

3º Assujettissement étroit pendant une durée de *sept ans* (de vingt à vingt-sept ans), la levée hors de cette durée ne pouvant avoir lieu qu'en vertu d'un décret présidentiel ;

4º Cinq de ces sept années constituant une période de service obligatoire et normale, bien que, en temps ordinaire, la présence effective au pavillon ne sorte guère de ces deux limites : quarante-deux mois au minimum, cinquante mois au maximum ;

5º Sursis de levée, en temps de paix, aux fils aînés de veuve, aînés d'orphelins, etc., dans des conditions analogues à celles prévues par la loi du recrutement ;

6º Privilèges consistant dans la gratuité de la profession de marin et de l'usage du domaine où elle s'exerce, et dans l'obtention de pensions et de secours sur les fonds de la Caisse de la corporation maritime.

Pour être complet, il convient de mentionner encore, bien qu'elles soient moins une compensation de l'inscription maritime qu'un moyen de favoriser à la fois le développement du personnel inscrit et celui de notre industrie nationale, les primes accordées à la pêche maritime et à la navigation de long cours.

Telles sont les grandes lignes du système.

Or, depuis quelques années, la nécessité du maintien de ce régime à part ne paraît plus admise dans l'opinion publique avec la même unanimité. Pendant longtemps on avait reproché à l'inscription maritime son injustice et son désaccord avec nos mœurs; on avait aussi contesté la parfaite légalité de quelques-uns des actes par lesquels le pouvoir exécutif avait modifié des dispositions de la loi de brumaire. Mais aujourd'hui la discussion tend à porter plus haut. Certains esprits, considérant que le service militaire personnel est devenu le commun devoir de tous les citoyens, ne paraissent plus admettre l'utilité d'une loi de sujétion distincte pour la population qui exerce l'industrie maritime. D'autres prétendent que, dans les conditions actuelles, les privilèges des inscrits dépassent la mesure légitime. Ailleurs, enfin, on émet le doute que le nouveau matériel de guerre navale, qui exige des équipages tant d'instruction technique et militaire, trouve encore dans le personnel de la marine marchande une source de recrutement aussi nécessaire et aussi précieuse qu'autrefois. La question que l'on pose, en un mot, c'est celle de savoir s'il n'y a pas lieu d'uniformiser les deux législations, ou de reviser celle de l'inscription maritime de manière à l'adapter plus exactement aux conditions contemporaines de l'industrie de la mer, aux besoins de la nouvelle flotte, et, si c'est possible, au droit commun en matière de recrutement.

Quelle que soit la valeur des critiques et des vues dont je viens de donner une indication générale, j'estime que les questions qu'elles soulèvent sont trop graves et touchent à des intérêts trop importants, pour ne pas s'imposer à l'attention des pouvoirs publics. Je propose donc qu'elles soient l'étude approfondie qui serait confiée à une commission composée de membres du Parlement, du Conseil d'État et du Département de la marine.

Si vous accueilliez cette manière de voir, j'aurais l'honneur de vous demander que la commission dont il s'agit fût composée de la manière suivante :

MM. Lenoël, sénateur, président.

    Huguet, sénateur.

    Mestreau, sénateur.

    Armez, député.

    Delmas, député.

    Félix Faure, député.

    Amiral Vallon, député.

MM. Marquès di Braga, conseiller d'État.
Contre-amiral Dorlodot des Essarts.
Contre-amiral Buge.
Fournier, commissaire général de la marine, directeur de la comptabilité générale du ministère de la marine.
Portier, inspecteur en chef de la marine.
Renduel, commissaire général de la marine.
Fabre, administrateur de l'établissement des Invalides de la marine.
Fenaux, capitaine de frégate, chef du bureau des équipages de la flotte au ministère de la marine.
Toutain, chef du bureau de la navigation commerciale au ministère de la marine.
Féraud, sous-chef du bureau des équipages de la flotte, secrétaire, sans voix délibérative.

Je vous prie d'agréer, Monsieur le Président, l'hommage de mon profond respect.

Le Sénateur, Ministre de la marine,
E. BARBEY.

Approuvé :
Le Président de la République,
CARNOT.

Les huîtres perlières.

Le sous-secrétariat des colonies vient de recevoir communication d'une nouvelle qui serait d'un haut intérêt pour la Nouvelle-Calédonie. Il paraît que l'on aurait trouvé dans les parages de notre grande colonie pénitentiaire des huîtres perlières. Des renseignements complémentaires ont été demandés au sujet de cette découverte que l'on doit à un savant naturaliste, M. R. Germain, et qui serait de nature à faire de la Nouvelle-Calédonie la rivale de Ceylan.

Les pêcheries de Terre-Neuve.

M. l'amiral Véron, sénateur d'Ille-et-Vilaine, a prévenu M. le Ministre de la marine qu'il lui demanderait mardi dès explications sur l'état des négociations engagées avec l'Angleterre au sujet des pêcheries de Terre-Neuve.

Le gouvernement britannique a, on le sait, émis la prétention de se réserver uniquement le droit de pêche dans les eaux de Terre-Neuve.

A ce sujet, l'amiral Véron a dit à un rédacteur de l'*Événement* :

« Les prétentions élevées par les Anglais ne sont pas sérieuses. Elles sont basées d'abord sur une distinction absolument arbitraire entre le poisson proprement dit, la morue et les crustacés, qui abondent aussi sur les côtes de Terre-Neuve.

» On veut bien ne pas trop nous contester le droit de pêcher la morue, mais l'Angleterre voudrait se réserver la pêche des homards et autres crustacés.

» Pour démontrer le peu de fondement de cette prétention, il suffit de jeter un coup d'œil sur le texte des traités de 1713 (traité d'Utrecht), de 1763 et de 1783. Ces traités sont rédigés en français, il n'y est question ni de *cash*, ni de *fish*; aucune distinction n'est faite. Le premier règle nos droits de pêche, nous concède des territoires, les autres confirment le premier.

» Je n'ai pas le moins du monde l'intention de faire échec au ministère. Au contraire, je voudrais, en montrant la question sous son véritable jour, donner plus de force au gouvernement, plus de facilités pour obtenir une solution conforme à nos intérêts. Tout dépend de la réponse qui me sera faite. On ne peut jamais affirmer que l'on se bornera à une question, car il peut se produire tel incident qui vous oblige à la transformer en interpellation. »

L'amiral Véron nous répète encore, en nous reconduisant :

« La France ne doit, à aucun prix, abandonner ses droits de pêche à Terre-Neuve. »

LA PÊCHE DANS LA MER DU NORD

Le *Journal officiel* a publié le texte de la convention conclue entre la France et les États du nord relativement à la police de la pêche. En voici le texte :

Le Président de la République française,

Sur la proposition du Ministre des affaires étrangères,

Décrète :

Article premier. — Une déclaration ayant été signée le
1er février 1889, pour modifier la teneur du paragraphe 5
de l'article 8 de la convention du 6 mai 1882, relative à la
police de la pêche dans la mer du Nord, en dehors des eaux
territoriales, et les ratifications des gouvernements de la
France, de l'Allemagne, de la Belgique, du Danemark, de
la Grande-Bretagne et des Pays-Bas sur cet acte, ayant été
échangées à La Haye le 21 décembre 1889, la dite déclaration, dont la teneur suit, est approuvée :

DÉCLARATION

Les gouvernements signataires de la convention conclue à La
Haye le 6 mai 1882, pour régler la police de la pêche dans la
mer du Nord, en dehors des eaux territoriales, ayant jugé utile
de modifier la teneur du paragraphe 5 de l'article 8, sont con-
venus de ce qui suit :

Article premier. — Le paragraphe 5 de l'article 8 de la convention du 6 mai 1882 est remplacé par la disposition suivante :

« Les mêmes lettres et numéros sont également peints à
l'huile de chaque côté de la grande voile du bateau, immédiatement au-dessus de la dernière bande de ris et de manière à être
très visibles ; ils sont peints sur les voiles blanches *en noir*,
sur les voiles noires *en blanc*, et sur les voiles de nuance intermédiaire, *en blanc* ou *en noir* selon que l'autorité supérieure
compétente le jugera le plus efficace. »

Art. 2. — La date de l'entrée en vigueur de la présente déclaration sera fixée lors du dépôt des ratifications, qui aura lieu à
La Haye aussitôt que faire se pourra, et de la même manière
dont s'est effectué le dépôt des ratifications de la convention du
6 mai 1882.

En foi de quoi, les plénipotentiaires respectifs ont signé la
présente déclaration et y ont apposé leurs cachets.

Fait à La Haye, le 1er février 1889, en six exemplaires.

*L'envoyé extraordinaire et ministre plénipoten-
tiaire de la République française,*

(L. S.) Signé : Louis LEGRAND.

*L'envoyé extraordinaire et ministre plénipo-
tentiaire de S. M. l'empereur d'Allemagne,
roi de Prusse, au nom de l'empire d'Allemagne,*

(L. S.) Signé : Baron SAURMA.

L'envoyé extraordinaire et ministre plénipoten-
tiaire de S. M. le roi des Belges,
(L. S.) Signé : Baron d'ANETHAN.

Le consul général de Danemark,
(L. S.) Signé : C. M. VIRULY.

L'envoyé extraordinaire et ministre plénipoten-
tiaire de S. M. la reine de la Grande-Bre-
tagne et d'Irlande,
(L. S.) Signé : Horace RUMBOLD.

Le ministre des affaires étrangères de S. M.
le roi des Pays-Bas,
(L. S.) Signé : KARNEBECK.

Art. 2. — Conformément à l'accord intervenu entre les parties contractantes, par le procès-verbal d'échange des ratifications, la présente déclaration entrera en vigueur le 24 février 1890.

Art. 3. — Le Ministre des affaires étrangères est chargé de l'exécution du présent décret.

Fait à Paris, le 10 janvier 1890.   CARNOT.

Par le Président de la République :

Le Ministre des affaires étrangères,
E. SPULLER.

BULLETIN COMMERCIAL

On signale une très légère activité sur la vente des huîtres pendant cette quinzaine. Les prix n'ont guère varié. Le gros de la vente est passé, néanmoins ; on sent que la campagne tire à sa fin. Nous nous étions trop pressés à déclarer que les huîtres de fraude avaient boudé le marché parisien la quinzaine dernière ; elles y sont revenues cette quinzaine, et, comme pour braver les protectionnistes, elles ne valaient plus que vingt-cinq centimes la douzaine. Leur prix et leur qualité de poisson sont faits pour éloigner les consommateurs.

Les premières sardines de l'Océan ont fait leur apparition au marché de Paris. Elles sont encore petites et maigres et d'un débit peu facilité par les prix. Cette primeur est peu recherchée.

LA PÊCHE DE LA MORUE

*(Séance de la Chambre du 20 janvier 1890. Présidence
de M. Floquet.)*

(Suite.)

Non seulement cet acte ne souleva que des approbations à
Terre-Neuve, mais le gouvernement anglais lui-même reconnut
la parfaite correction de cette manière de procéder. En effet, les
sieurs Andrews et Murphy rédigèrent une protestation qu'ils
adressèrent au gouvernement anglais. Celui-ci rejeta cette protestation. Les termes de cette décision méritent d'être mis sous
les yeux de la Chambre, car ils définissent très bien, suivant
moi, la situation juridique. La voici :

« J'ai l'honneur de vous demander — répond-on au nom du
gouvernement anglais — de vouloir bien me faire savoir quel
droit ces messieurs — Andrews et Murphy — ont sur les terrains où ils ont commencé à construire leur usine. » Ainsi le
gouvernement anglais reconnaissait parfaitement que ses nationaux n'avaient à faire valoir aucun droit sur le French-shore où
ils avaient construit leur usine.

Cette décision du gouvernement anglais est d'autant plus
importante à noter que les réclamations des sieurs Andrews et
Murphy étaient fondées sur une distinction à la fois scientifique
et juridique qui a cours parmi les politiciens de Saint-Jean à
Terre-Neuve, qui fait la base principale de leur argumentation
contre nous : « Les Français, disent-ils, ont le droit de pêcher,
c'est vrai, mais ils n'ont que le droit de pêcher. Or on ne pêche
que des poissons. Les homards sont des crustacés ; donc on ne
peut pas pêcher des homards, et les Français n'ont pas le droit
de capturer des homards.

Cette distinction, un peu subtile, est en contradiction avec le
texte des traités et avec l'application constante qu'ils ont reçue
depuis 1713.

Mais je veux bien un instant me placer sur ce terrain du droit
strict sur lequel témérairement peut-être nous appellent en ce
moment les habitants de Terre-Neuve. J'admets un instant,
quoique le fait ne soit pas exact, que nous n'ayons pas le droit
de pêcher le homard sur le French-shore, il ne s'ensuivrait nullement que les Anglais auraient le droit d'y exercer cette pêche.
(Très bien! très bien!) Le gouvernement anglais, d'une part, ne
doit pas tolérer là des constructions d'établissements perma-
nents. Or les homarderies anglaises, à la différence des homarderies françaises, sont toutes permanentes.

D'autre part, le gouvernement anglais s'est formellement engagé à ne pas permettre que les pêcheurs britanniques troublassent par la concurrence, d'une façon quelconque, les opérations de pêche de nos marins à Terre-Neuve. Or les homardiers de Terre-Neuve pratiquent leur industrie dans des conditions telles que non seulement ils troublent les opérations de nos pêcheurs, mais qu'ils les rendent impraticables, impossibles.

En effet, ils placent à l'entrée des baies des casiers en bois grossièrement faits, pour prendre les homards. Ces casiers accrochent et déchirent au passage les sennes et les filets de nos pêcheurs, et les rendent inutilisables ; d'autre part, en établissant à l'entrée des baies, soit des trappes pour empêcher le saumon de sortir, soit des casiers, ils empêchent la morue d'entrer dans les baies du French-shore ; ils l'effrayent et la morue gagne les bas-fonds où il devient impossible de la prendre.

Il faut savoir que la morue, à mesure qu'elle remonte vers le détroit du Labrador, sentant le fond diminuer, devient très méfiante et qu'il faut que le capitaine chargé de la pêche dans une baie emploie les plus grandes précautions pour qu'elle consente à entrer dans cette baie.

Les pêcheurs anglais, soit consciemment, soit insciemment, soit qu'ils veuillent ou non nous décourager par le peu de soin qu'ils apportent à la disposition de leurs engins de pêche, trappes ou casiers, effrayent le poisson et l'empêchent de pénétrer dans les baies.

Ainsi donc, si on se place sur le terrain du droit, le Gouvernement français devrait — ce serait son devoir strict et absolu — faire supprimer toutes les homarderies anglaises et faire interdire la pêche du homard, puisque, telle qu'elle est pratiquée, elle constitue une gêne et une entrave à nos opérations de pêche.

Quoi qu'il en soit, comme je l'ai expliqué tout à l'heure à la Chambre, en 1888 le droit exclusif des pêcheurs français avait été proclamé par le Gouvernement français, il avait été respecté par le gouvernement anglais lui-même.

Il n'en a malheureusement pas été de même en 1889. En 1889 comme en 1888, le Ministre de la marine s'est adressé à M. Thubé et lui a demandé de recommencer les expériences qu'il avait faites avec un résultat satisfaisant l'année précédente.

En 1889 comme en 1888, M. Thubé s'est mis dans la main de l'Administration. Il s'est rendu sur les points qui ont été arrêtés d'un commun accord, et il y a exercé son industrie dans les conditions qui ont été déterminées et spécifiées.

Mais en 1889, à la différence de ce qui s'est passé en 1888, quand il a réclamé le concours de la division navale française, quand il a signalé l'établissement des pêcheurs anglais établis à côté de lui et qui lui rendaient impossible, impraticable, l'exercice de son industrie, le commandant de la division navale a dû répondre qu'il n'avait pas d'instructions suffisantes et qu'il ne lui était pas permis de procéder à l'expulsion des pêcheurs.

Et pour se rendre compte de l'étendue du préjudice causé par cette décision, par cette abstention du commandant de la division française, par ce refus de l'aide et de l'assistance promises, il faut savoir que la constitution des baies de Terre-Neuve est telle qu'il est matériellement impossible que deux armateurs, fussent-ils de la même nationalité, y exercent concurremment la pêche.

C'est sur cette nécessité absolue, contrôlée par une expérience plus que séculaire, qu'est basée l'économie de tous les décrets, jusqu'au dernier, datant du 22 mars 1862, actuellement en vigueur, qui ont réglementé la pêche sur les côtes de Terre-Neuve. Par conséquent, en autorisant la concurrence du pêcheur anglais vis-à-vis du pêcheur français, on ne rendait pas moins fructueuses les opérations du pêcheur français, on les rendait absolument impossibles.

J'ai sous les yeux les lettres, les réclamations et les protestations du commandant de pêche envoyé par M. Thubé, le capitaine Philippe. Il écrit au commandant de la division navale française de Terre-Neuve, aux commandants de nos différents croiseurs, le *Drac*, le *Bisson*, etc.; il réclame l'aide et l'assistance promises, il signale les agissements des pêcheurs anglais, qui ravagent et dépeuplent nos bancs de homards, agissements qui tendent à provoquer des rixes entre les hommes de son équipage et les hommes employés par les homarderies, qui sont en plus grand nombre et deviennent provocants; il indique que la situation est si défavorable que, fait sans précédent dans les annales de Terre-Neuve et que les plus vieux pêcheurs ne se rappelaient pas avoir vu, l'équipage français ne peut pêcher assez de poisson pour amorcer les hameçons et même pour nourrir ses hommes.

Et cela se résume dans cette exclamation mélancolique d'un homme de Terre-Neuve : Je n'ai jamais eu plus d'Anglais sur le dos et moins de poissons dans le ventre.

Aux protestations, aux réclamations de M. Philippe se sont jointes les lettres adressées par M. Thubé aux ministres de la marine et des affaires étrangères; le ministre de la marine renvoie au ministre des affaires étrangères; ce dernier ne répond pas. Aux protestations de M. Thubé s'ajoutent les délibérations des chambres de commerce de Nantes et de Saint-Malo.

Cependant, à la suite des réclamations de M. Thubé ou de son capitaine, la division navale française était venue stationner devant la baie où M. Thubé exerçait ses opérations ; mais, à la nouvelle que la division anglaise approche, la division française lève l'ancre et disparaît à l'horizon. *(Mouvements divers.)*

Immédiatement apparaît la division navale anglaise. C'est d'abord le capitaine Walker, à bord de l'*Émeraude,* qui adresse une première sommation, que j'ai ici, au capitaine Philippe, d'avoir à cesser des opérations de pêche qui constituaient, d'après lui, une concurrence illicite aux pêcheries anglaises.

Le capitaine Philippe ne tient pas compte de ces avertissements. Arrive le commandant Russel, à bord du navire le *Lys,* de la marine royale britannique, qui adresse une sommation nouvelle au capitaine Philippe. Celui-ci répond avec modération mais dignité qu'il ne connaît que les officiers de la division française, qu'il ne doit obéissance qu'à eux, qu'il est là en vertu des ordres de son patron, conformément aux instructions de son gouvernement, et qu'il ne quittera son poste que lorsqu'il en recevra l'ordre écrit des officiers français.

Le commandant Russel fait alors débarquer des hommes de son équipage et enlever les engins de pêche.

La Chambre me rendra, je l'espère, cette justice que je ne cherche pas à passionner le débat, que je me renferme dans la discussion calme et impartiale de nos droits. *(Très bien! très bien! sur divers bancs.)*   *(A suivre.)*

Le Directeur-Gérant, J. CHAPEAU (✠, ❊ ❊).

5me année.   No 20 (2me série)   1er Avril 1890.

REVUE

DES

PÊCHERIES MARITIMES

DE L'ÉLABORATION DES RÈGLEMENTS DE PÊCHE

On admet, aujourd'hui, d'une façon unanime, que la pêche maritime est avant tout une question de températures, de densité et de courants. Sans cette triple étude, il est impossible de décrire l'histoire naturelle des espèces animales qui vivent en eau salée ; sans histoire naturelle, la réglementation de la pêche n'en est pas moins rendue impossible.

Or, il n'est peut-être pas d'étude scientifique où les observateurs aient assisté à des faits aussi irréguliers dans leur étendue comme dans leur périodicité.

Ainsi, il est notoire, parmi les populations côtières du Finistère et du Morbihan, qu'aux abords du xive siècle, les marins bretons faisaient des pêches de morue très abondantes à la hauteur du platin de La Chapelle, environ à 200 milles à l'ouest de l'île de Groix.

De l'année 1784 à l'année 1807, le hareng disparut subitement de nos côtes ; quand les banquées reparurent, elles avaient changé de parages. Récemment encore (1883), n'avons-nous point assisté à la disparition de la sardine, qui semble revenir fréquenter nos rivages, après une désertion de cinq années?

Malgré les progrès continuels de la science, ces faits ont été enregistrés par elle sans les expliquer. Le monde savant n'est cependant pas impuissant à rechercher la cause des variations brusques qui se sont produites et qui peuvent se reproduire encore dans le rendement des diverses pêches. Ce sont plutôt les moyens d'action qui manquent aux expérimentateurs, car il ne suffit pas d'examiner dans un laboratoire les organes vitaux de telle ou telle espèce de poisson pour en arriver à une déduction biologique.

Il est nécessaire de se rendre sur les lieux mêmes où sévit le mal, sur les fonds où se pressaient des bancs épais de poissons, qui n'y reparaissent plus, et c'est à la Marine que ce rôle incombe, car elle a à sa disposition le personnel compétent ainsi que les installations qui conviennent à ce genre d'étude.

La pêche est, si l'on peut s'exprimer ainsi, une *res maritima;* elle rentre essentiellement dans les attributions du département de la marine, à quelque point de vue que l'on se place : science, réglementation, commerce des produits.

Ce qui se dit de la pêche doit aussi s'entendre de l'ostréiculture, simple branche de l'industrie maritime, qui prend vie dans la mer et ne saurait changer de tutelle sous raison des effets commerciaux qu'elle détermine.

Que demain une maladie inconnue sévisse sur le

naissain ou sur les huîtres, qu'une sorte de phylloxera vastatrix vienne à décimer nos champs ostréicoles, c'est encore vers la marine que les parqueurs
auraient à se tourner pour lui demander remède et
guérison.

Le Comité consultatif des pêches maritimes est,
nous le savons, préoccupé en ce moment de questions pleines d'actualité auxquelles il consacre ses
laborieuses séances. Mais nous pensons qu'un jour
viendra où son attention sera attirée par la nécessité
de renforcer ses études techniques — condition
sine qua non de toute réglementation — par des
travaux pratiques.

Ces travaux peuvent s'exécuter sans conduire à
des dépenses sérieuses, soit que l'on fasse usage des
bâtiments à vapeur qui pourront être ultérieurement affectés au service de surveillance de la pêche,
soit que l'on emploie momentanément les stationnaires de nos ports de guerre.

D'ailleurs nos ingénieurs des constructions navales
ont prouvé qu'il était aussi de leur compétence de
préparer l'armement des navires destinés à des
études scientifiques sous-marines. L'arsenal de
Lorient n'a-t-il pas entrepris les installations spéciales de l'*Hirondelle*, le yacht de S. M. régnante
de Monaco, dont les expériences se poursuivent régulièrement depuis cinq ans, à chaque saison d'été?
Le même arsenal n'a-t-il pas construit la machine à
sondages, système Thibaudier, à l'aide de laquelle
des découvertes sous-marines de première importance ont été effectuées à bord du même bateau?

Aussi sommes-nous d'avis qu'il y aura lieu un jour
de se préoccuper de l'organisation d'un service de

travaux pratiques en mer, relevant exclusivement
de la marine et qui fonctionnerait pendant la belle
saison ou bien à des époques spéciales de pêche.

L'installation de ce service ne serait, à notre sens,
vraiment pratique que si on utilisait à cet effet les
gardes-pêches ou les stationnaires. Il ne s'agirait
point, en effet, d'entrer dans la voie des campagnes
scientifiques, telles qu'en ont faites le *Travailleur*
et le *Talisman*. Ces missions exceptionnelles, organisées très coûteusement, dépasseraient le but visé,
aussi bien comme dépenses que comme champ
d'études. Leur caractère général nécessiterait le
concours de naturalistes plus animés de désir de
faire progresser la science que de recueillir des
notions suffisantes pour appuyer une réglementation
maritime.

Agir avec les moyens actuels ou avec ceux dont
vraisemblablement la marine ne tardera pas à disposer, telle est la véritable base du personnel et du
matériel à mettre en œuvre pour faire au large des
études ichtyologiques.

Tandis que le personnel scientifique observerait
les phénomènes qui se produisent dans le domaine
pélagique, le personnel marin procéderait à des
reconnaissances hydrographiques adaptées aux
mêmes observations. C'est ainsi que l'on arriverait
à dresser des cartes d'une utilité incontestable pour
les pêcheurs et qui leur permettraient de se rendre
sur les fonds de pêche, sans perdre de temps. Ces
études, il ne faut pas se le dissimuler, seraient assez
longues. Pour en prendre un exemple dans les faits
récents, la disparition de la sardine, les expériences
s'effectueraient tout le long des côtes ouest de

France. Mais le temps vient à bout de tout, et si un jour nous étions à même de connaître les causes de disparition vraies de la sardine, non seulement nous verrions tomber l'échafaudage des suppositions bizarres dressé à propos des mœurs de ce poisson, mais nous aurions rendu un inappréciable service aux populations maritimes comme aux industriels en prouvant que le mal est arrivé par la pêche intensive, par le système de filet employé, ou enfin par la modification des climats sous-marins.

Un service technique de pêche maritime ne peut se concevoir autrement outillé; l'essentiel dans les innovations complémentairement souhaitées est de les réaliser avec une ingénieuse économie.

Royer-Foucaud.

L'ADMINISTRATION DES PÊCHES EN ANGLETERRE

Il nous revient que l'administration de la marine étudie en ce moment les moyens de modifier, ou peut-être de refondre le système du régime des pêches en France. Les règlements actuels datent de fort longtemps et ne sont plus du tout en harmonie avec les besoins de notre époque.

Depuis la création du Comité consultatif des pêches, depuis celle de l'inspection générale de ce service, la pêche en France a fait un pas énorme dans la voie du progrès : les moyens ne sont plus les mêmes qu'autrefois, les engins ont été modifiés, les légendes ont été détruites, mais les règlements qui régissaient le monde des pêcheurs sont restés les mêmes; il en résulte que de nombreux articles de ces règlements sont devenus inapplicables; il apparaissait dès lors urgent d'en réduire le nombre, de rendre les textes plus clairs, en un mot, de les mettre à la portée de ceux qui doivent s'y soumettre et à celle des agents du gouvernement qui sont chargés de tenir la main à leur application.

En Angleterre, où la pêche tient une si grande place, le système de réglementation de la pêche côtière est basé sur un principe qui n'est pas le nôtre : la Grande-Bretagne n'a pas d'inscription maritime. Elle ne peut donc considérer les pêcheurs comme le fait l'administration de la marine française, laquelle, en compensation du service qu'elle exige de l'inscrit, lui accorde, sans redevance à l'État, le droit de pêche sur la domanialité maritime. L'Angleterre impose ses pêcheurs comme des industriels et au même titre que ceux-ci, alors que la France les exonère des impôts et fait les frais d'une administration pour les régir. Si nous parlons du système anglais, c'est moins pour nous en inspirer que pour l'exposer à titre de renseignement. Il y aura toujours, entre l'institution anglaise et la nôtre, l'inscription maritime dont le principe est opposé à tout impôt sur l'inscrit. Aussi n'est-ce pas le ministère de la marine qui dirige, chez nos voisins, le service des pêches, mais bien le *Board of Trade*, le ministère du commerce. Ce qui, en passant, nous permet de dire aux partisans du transfèrement du service des pêches françaises au ministère du commerce et de l'industrie, qu'il ne peut s'accomplir tant que les pêcheurs seront inscrits maritimes. C'est donc au ministère du commerce que l'autorité centrale anglaise réside pour l'application des lois sur les pêches maritimes, côtières et fluviales. La marine lui accorde plusieurs canonnières et bateaux à vapeur destinés à faire respecter les règlements de la pêche internationale dans la mer du Nord et dans la Manche, mais ces bâtiments restent toujours sous les ordres de l'amirauté.

L'administration des pêches fluviales perçoit environ, par an, 340,000 fr. de licences sur les pêcheurs de saumons, de truites, d'eau douce enfin. Elle entretient des conservateurs régionaux (dans le style de nos conservateurs forestiers). Deux inspecteurs du gouvernement, dont l'un a pour spécialité les eaux maritimes, l'autre les eaux fluviales, reçoivent chacun 20,000 fr. de traitement par an.

Une loi récente crée, en Angleterre, des comités locaux qui se chargeront de la surveillance de la pêche côtière. En Écosse, on propose actuellement de prendre les mêmes dispositions pour la pêche côtière. Ce pays est administré par un bureau indépendant, il possède deux canonnières pour la surveillance des règlements internationaux, et un bateau à vapeur destiné à des expériences et à des recherches scientifiques pour le développement des pêches. Le service de l'Écosse a un inspecteur spécial pour la pêche du saumon, et des inspecteurs et officiers régionaux pour la pêche du hareng. Les frais de service se montent à 256,000 fr.

En Irlande, toutes les pêches sont placées sous l'autorité des inspecteurs irlandais dont les traitements s'élèvent à 75,000 fr. Comme en Angleterre, le service de la pêche du saumon comprend des conservateurs régionaux. Les licences imposées sur les pêcheurs de truites, de saumons, s'élèvent au chiffre de 250,000 fr.

En France, nous n'avons pas la ressource du produit des licences, mais notre budget pourrait être plus large pour une industrie aussi intéressante. En attendant que nos législateurs délient les cordons de la bourse nationale, l'administration de la marine française fait bien de refondre ses règlements sur la pêche; elle peut les rendre aussi libéraux qu'elle voudra, ils seront toujours meilleurs pour elle que ceux dont elle demande vainement l'application en ce moment : ils manquent de clarté et de force.

Jules Chapeau.

L'INSCRIPTION MARITIME

La Commission chargée d'étudier les questions se rattachant au régime de l'inscription maritime s'est réunie au ministère de la marine le lundi 17 mars 1890.

Le ministre de la marine a installé lui-même la Commission et a prononcé le discours suivant :

Messieurs,

Vous ne serez point surpris si je me suis fait un devoir de me rendre au milieu de vous, à l'ouverture de votre première séance, pour vous souhaiter la bienvenue.

La question qui vous est soumise est si vaste et si délicate, elle embrasse tant d'intérêts divers, elle a pour la marine et pour le pays tout entier une telle importance, que je ne saurais trop vous demander de l'étudier sous toutes ses faces, avec une entière liberté, en ne vous inspirant que de vos lumières, de votre expérience et de votre patriotisme.

Comme j'avais l'honneur de le rappeler dans mon rapport au Président de la République, l'œuvre de Colbert, frappée au coin du génie, a résisté pendant deux siècles aux transformations successives de notre marine et aux vicissitudes de la politique. C'est au moment même où tant d'institutions s'écroulaient autour d'elle qu'elle s'est élargie et consolidée. Les lois du 13 mai 1791 et du 3 brumaire an IV, en précisant les charges et les privilèges des gens de mer, ont organisé, sinon dans tous ses détails, au moins dans ses grandes lignes, l'inscription maritime telle qu'elle existe encore de nos jours.

Ce régime, spécial à la partie de la population qui pratique la navigation maritime, a donné lieu à des critiques bien différentes suivant l'époque où elles se sont produites. Antérieurement à la loi de 1872, qui a rendu le service obligatoire pour tous les citoyens et qui en a prolongé la durée, on lui reprochait d'imposer aux marins une charge trop lourde ; depuis 1872, on se plaint, au contraire, de ce qu'il leur procure des avantages excessifs. Ce dernier reproche me semble peu justifié.

Le principal privilège accordé à l'inscrit maritime consiste, vous le savez, dans la concession d'une modique pension de retraite, dont il jouit après vingt-cinq années de navigation et lorsqu'il a atteint l'âge de cinquante ans. Cette pension, improprement appelée demi-solde, correspond à la retenue qu'il subit sur son salaire au bénéfice de la caisse des invalides. Elle n'est que la juste compensation des fatigues, des souffrances et des dangers auxquels il est sans cesse exposé.

Il y a une autre objection plus sérieuse ; la voici :

Les équipages de nos bâtiments de guerre se sont longtemps recrutés dans le personnel soumis à l'inscription maritime. Mais, peu à peu, la substitution de la marine à vapeur à la marine à voiles, les progrès de l'artillerie, l'introduction à bord de machines aussi ingénieuses que compliquées, l'usage de l'électricité, l'invention des torpilles ont nécessité la création, dans le personnel des équipages, de nombreuses spécialités pour lesquelles on a dû recourir au recrutement proprement dit. Cet abandon partiel des anciennes traditions a poussé certains esprits à penser que l'inscription maritime n'était plus indispensable, qu'elle avait fait son temps et qu'il fallait la supprimer.

Il ne m'appartient pas, Messieurs, de préjuger votre avis sur cette théorie, que vous allez rencontrer dès le début de vos réunions. Mais il m'est permis de rappeler qu'aujourd'hui les timoniers et les torpilleurs sont fournis, en majorité, par les inscrits et les anciens mousses, qu'il entre les deux tiers d'inscrits dans les contingents de canonniers et un tiers dans ceux des fusiliers, qu'enfin tous nos gabiers et nos chauffeurs appartiennent à l'inscription maritime; nos chauffeurs surtout, dont le rôle est si important et qui, pour bien conduire les feux et éviter des accidents quelquefois terribles, doivent être accessibles aux influences de la mer, si déprimantes pour les hommes de l'intérieur.

Cette proportion des inscrits dans nos effectifs de guerre ne peut qu'augmenter à mesure que l'instruction se répand dans les villages les plus reculés du littoral. Les commandants de nos écoles sont, en effet, unanimes à réclamer, comme apprentis pour les diverses spécialités, les jeunes marins, à la condition qu'ils ne soient pas complètement illettrés. Tous leurs rapports font ressortir, au point de vue de l'instruction professionnelle, leur supériorité sur les engagés.

Sur nos bâtiments de combat, ils se distinguent par leur esprit de discipline, par leur endurance et par leur dévouement. Ces qualités si précieuses, ils les doivent à la vie qu'ils ont menée avant de venir au service. Dès qu'ils embarquent, encore enfants, ils ont, à bord, des supérieurs et, à terre, ils sont élevés dans le respect du commissaire du quartier, qui représente l'autorité.

Nos officiers les connaissent bien. Qu'il s'agisse de ramasser une voile par un gros temps, de tenir la barre du gouvernail, de s'élancer à l'extérieur du navire pour une manœuvre dangereuse, d'amener ou de manier une embarcation, ils savent quels sont les hommes sur lesquels ils peuvent compter, dont le pied est solide comme la main, que la nuit la plus noire ne fait pas hésiter, que les bruits des vents et de la mer ne troublent jamais.

Je n'ai pas besoin d'insister. Votre éminent président, M. Lenoël, et vous tous, Messieurs, n'avez-vous pas vécu au milieu de ces braves gens, ne les avez-vous pas souvent admirés dans leur insouciance et dans leur audace, et n'éprouvez-vous pas pour eux toute la sympathie qu'ils méritent?

C'est donc avec une entière confiance que je vous invite à vous occuper d'eux, et je ne doute pas que de vos délibérations sortent des enseignements utiles et des propositions dont les Chambres et le gouvernement sauront faire leur profit.

LIMITES FLUVIALES

Nous publions le décret suivant, qui porte réglementation de la navigation sur les cours d'eau, fleuves, rivières, etc., pour l'intérêt qu'il offre en raison de la limite tracée entre les droits exercés par l'Administration maritime et l'Administration des travaux publics, ces deux départements réglementant eux-mêmes la pêche dans les eaux salées et dans les eaux douces :

Le Président de la République française,

Sur le rapport du Ministre des travaux publics et du Ministre de la marine,

Vu le décret du 9 avril 1883, portant règlement sur les bateaux à vapeur qui naviguent sur les fleuves, rivières, canaux, lacs ou étangs d'eau douce, et notamment l'article premier, aux termes duquel les dispositions du dit décret « cessent d'être applicables, à l'embouchure des fleuves, en aval d'une limite qui, pour chaque fleuve, est déterminée par un décret rendu après enquête, sur le rapport du Ministre des travaux publics et du Ministre de la marine »;

Vu les propositions, en date du 12 mai 1888, de la commission instituée par les Ministres des travaux publics et de la marine, en vue de la détermination de la limite d'application du décret ci-dessus visé à l'embouchure des fleuves et rivières du territoire;

Vu les dossiers des enquêtes ouvertes suivant les formes prescrites par l'ordonnance du 18 février 1834, au sujet des propositions de la dite commission, dans les départements du Nord, de la Somme, de la Seine-Inférieure, de l'Eure, du Calvados, de la Manche, des Côtes-du-Nord, du Finistère, du Morbihan, d'Ille-et-Vilaine, de la Loire-Inférieure, de la Vendée, de la Charente-Inférieure, de la Gironde, des Basses-Pyrénées et des Bouches-du-Rhône,

Décrète :

Article premier. — Les dispositions du décret du 9 avril 1883, concernant les bateaux à vapeur qui naviguent sur les fleuves, rivières, canaux, lacs ou étangs d'eau douce, cesseront d'être applicables, sur les fleuves et rivières mentionnés au tableau ci-après, en aval des limites indiquées dans le même tableau :

DÉPARTEMENTS	VOIES NAVIGABLES	LIMITES
Nord	Aa	Écluse de garde 63 *bis*, à Gravelines.
Somme	Somme	Pont Ledieu et écluse d'Abbeville.
Seine-Inf^{re}	Seine	Pont métallique de Rouen.
Eure	Rille	Vannage de la société rilloise à Pont-Audemer.
Calvados	Tonques	Pont de Trouville à 1 kil. environ de l'embouchure de la rivière.
Idem	Dives	Embouchure du canal de dessèchement du marais de la Dives, à l'extrémité amont du nouveau quai du port de Dives.
Idem	Orne	Port de Caen. — Passerelle fixe en fer établie en 1873 par la Compagnie des chemins de fer de l'Ouest.
Idem	Aure	Pont d'Isigny (route nationale n° 13)
Manche	Vire	Le pont du Vey.
Idem	Tante et Douves	100 mètres à l'aval de l'écluse du Haut-Dyck.
Idem	Sienne	100 mètres à l'aval de l'Epi de Passevin à Regnéville.
Idem	Sée	Pont de Pontgilbert, sous la route nationale n° 173.

DÉPARTEMENTS	VOIES NAVIGABLES	LIMITES
Manche	Selune	Pont de Pontaubault, sous la route nationale n° 176.
Idem	Couesnon	Le pont de Pontorson.
Côtes-du-Nord	Rance	Ancien pont de la route nationale n° 176, à Dinan.
Idem	Arguenon	Ancien pont de la route nationale n° 168, à Plancoët.
Idem	Gouet	Pont en pierres établi en amont du port du Légué.
Idem	Trieux	Barrage du moulin de la Roche-Jagu, à Pontrieux.
Idem	Jandy	Pont de la Roche-Derrien.
Idem	Guer	Pont Sainte-Anne, à Lannion.
Idem	Douron	Rocher du Bac de Toul-au-Héry, en amont du port de ce nom.
Finistère	Morlaix (rivière de)	Extrémité sud du bassin à flot.
Idem	Pensez	Pont de la route nationale n° 169.
Idem	Dourduff	Pont du chemin vicinal de Morlaix à Plouguasnou.
Idem	Laberwrach	Pont de Paluden.
Idem	Laber-Benoît	Pont de Tréglonou.
Idem	Elorn	Pont de Landerneau.
Idem	Rivière de Daoulas	Pont de Daoulas.
Idem	Rivière de l'Hôpital	Vieux pont de l'Hôpital.
Idem	Faou	Pont du Faou.
Idem	Pont-de-Buis	Débarcadère de Ty-Benz.
Idem	Aulne	Écluse n° 236 de Châteaulin.
Idem	Goyen	Chaussée de Kérideux à Pont-Croix.
Idem	Rivière de Pont-l'Abbé	Chaussée de l'étang de cette ville.
Idem	Odet	Confluent du Steir, à Quimper.
Idem	Belon	Pont de Guilly.
Idem	Laïta	Pont de Bourgneuf, à Quimperlé.
Morbihan	Canal de Blavet	Écluse de Polhuern.
Idem	Rivière de Vannes	Vannes.
Idem	Rivière d'Auray	Le Vieux pont ou pont Saint-Goustant.
Idem	Rivière de Scorff	Le vieux pont.
Idem	Oust non canalisé	Pont d'Ancfer.
Ille-et-Vilaine	Vilaine	Pont de Saint-Nicolas, à Redon.
Loire-Inférieure	Brivet	Pont de Méans (traversée de la route départementale n° 8, de Nantes au Croisic).
Idem	Sèvre-Nantaise et Acheneau	Doivent être soumis, dans toute leur étendue, au règlement fluvial.
Idem	Loire	Ponts de Nantes.

DÉPARTEMENTS	VOIES NAVIGABLES	LIMITES
Vendée.........	Vie............	Pont reliant la commune de Saint-Gilles à celle de Croix-de-Vie (chemin vicinal nº 134).
Idem.........	Jaunay.........	Pont du chemin vicinal nº 4.
Idem.........	Lay............	Extrémité amont du pont de Moricq.
Charente-Inf^{re}.	Sèvre-Niortaise..	Écluse du Carreau-d'Or, à Marans.
Idem.........	Seudre.........	Barrage-écluse du port de Ribéron.
Idem.........	Charente........	Pont suspendu de Tonnay-Charente (situé à 450 mètres en aval de la limite amont du port de Tonnay-Charente).
Gironde........	Isle............	Pont suspendu de Libourne.
Idem.........	Garonne........	Pont en maçonnerie de Bordeaux.
Idem.........	Dordogne.......	Pont en maçonnerie de Libourne.
Basses-Pyrénées	Adour..........	Pont Saint-Esprit (route nationale nº 10).
Idem.........	Nive...........	Pont Mayou (route nationale nº 10).
Idem.........	Nivelle........	Pont de la route nationale nº 10.
Idem.........	Bidassoa.......	Pont du chemin de fer.
Bouch.-d.-Rhône	Rhône..........	Pont fixe qui relie la ville d'Arles au faubourg de Trinquetaille.

Art. 2. — Le Ministre des travaux publics et le Ministre de la marine sont chargés, chacun en ce qui le concerne, de l'exécution du présent décret, qui sera inséré au *Bulletin des lois.*

Fait à Paris, le 4 mars 1890.

CARNOT.

Par le Président de la République :

Le Ministre des travaux publics,
Yves GUYOT.

Le Ministre de la marine,
BARBEY.

Résultats de l'écorage à Dieppe pour l'année 1889.

La pêche fraîche a été pratiquée par 22 chalutiers, dont 3 à vapeur. Les bateaux à vapeur ont rendu chacun pour une moyenne de 55,000 fr. de poisson; le produit de la pêche des chalutiers à voiles a varié de 18,990 fr. 25 à 7,108 fr. 50. Le total de la vente pour les chalutiers a été de 435,249 fr. 30. 12 bateaux polletais et divers canots ont pratiqué la pêche aux merlans et aux congres et la vente de leurs produits a rapporté ensemble 376,467 fr. 95.

L'ensemble des ventes de la pêche fraîche est ainsi récapitulé :

Barques du port...... F.	435,249 30
Barques étrangères.......	287,783 88
Bateaux polletais.........	376,467 95
Divers...................	158,506 87
Total...... F.	1,257,978 »

La pêche des harengs frais et salés a été pratiquée par 172 bateaux qui se subdivisent ainsi :

16 bateaux étrangers.................. F.	53,560 45
4 — de Dieppe	35,334 25
13 — de Fécamp.....................	33,384 85
85 — de Boulogne-sur-Mer...........	199,852 45
2 — de Saint-Valéry-sur-Somme.....	3,430 20
52 canots étentiers dieppois..............	112,429 25
— de Tréport, Fécamp, etc.........	15,084 25
Voitures, pons et divers	33,107 05
Total........ F.	485,879 45

La pêche aux maquereaux salés a été exercée par 20 bateaux de Boulogne-sur-Mer dont le produit s'est élevé à 113,127 fr. 90.

Ainsi qu'il résulte des chiffres ci-dessus, le produit général des ventes faites par le service de l'écorage a atteint la somme de 1 million 856,985 fr. 35, à laquelle il faut ajouter le produit de 2 bateaux terre-neuviens, soit 118,530 fr.

Soit, comme total général : 1 million 975,545 fr. 35.

NOUVELLES DIVERSES

Le Foreign-Office vient de transmettre, au nom d'une société scientifique, au gouvernement français, ainsi qu'aux autres puissances maritimes, une invitation à une conférence internationale qui se réunirait à Londres au mois d'août prochain, pour examiner toutes les questions relatives aux pêches maritimes et étudier les moyens d'arriver à une entente commune. La France s'y fera représenter.

— S. Exc. M. l'ambassadeur de Sa Majesté Britannique à

Paris a adressé au gouvernement de la République, le 15 février dernier, la notification prévue par l'article 6 de la déclaration conclue entre la France et l'Angleterre, le 23 octobre 1889, relativement au sauvetage des navires naufragés sur les côtes des deux États, pour rendre les stipulations de cette déclaration applicables aux colonies britanniques du Canada et de Terre-Neuve.

Acte a été donné de cette déclaration à S. Exc. M. le comte Lytton.

BULLETIN COMMERCIAL

On nous écrit de Londres que la campagne ostréicole en Angleterre a été désastreuse pour les Arcachonnais. Les Hollandais ont, cette année, accaparé le marché. Le tiendront-ils longtemps avec les prix avilis qu'ils ont dû accepter? La chose paraît douteuse.

— D'Arcachon on mande que, hors de la maline dernière, les ventes ont été actives. Les éleveurs de Marennes ont acheté et transporté d'énormes quantités, de là un mouvement à la hausse de 3 à 5 fr. par mille.

— La vente des huîtres à Paris se poursuit de plus en plus mollement, toutefois elle est encore en progression sur celle de l'année dernière.

LA PÊCHE DE LA MORUE

(Séance de la Chambre du 20 janvier 1890. Présidence de M. Floquet.)

(Suite.)

Mais il m'est impossible de taire le sentiment que j'éprouve et que, j'en suis sûr, vous éprouvez tous... *(Très bien! très bien!)* au spectacle de la division navale française levant l'ancre à l'approche de la division navale anglaise, comme si elle n'était plus sûre de la légitimité de l'action qu'elle est appelée à exercer à Terre-Neuve, comme si elle avait perdu confiance et dans sa force et dans son droit ; au spectacle, aussi, d'un capitaine de la marine marchande mis dans un poste qui a été désigné par le ministre de la marine — j'ai les pièces à mon dossier — qui répond que, placé là par son gouvernement, il ne peut se retirer que sur les ordres de ce gouvernement, et qui est obligé néanmoins de subir la mainmise étrangère. *(Très bien! très bien!)*

Je n'insiste pas, Messieurs ; mais de l'ensemble des faits que je viens d'exposer, il me semble résulter avec évidence que le Parlement de Saint-Jean de Terre-Neuve suit un plan méthodique et raisonné pour arriver à un triple résultat. D'abord il veut expulser complètement et définitivement les Français de toute l'étendue du French-shore.

Il veut ensuite, en nous rendant impossible de nous procurer l'appât, ruiner et anéantir nos pêcheries sur le banc de Terre-Neuve. Il veut enfin supprimer la concurrence que la morue française fait, sur certains marchés de l'Europe, à la morue anglaise.

En 1887, l'application du *bill-boët* a été le premier pas dans cette voie. Il a été, suivant l'expression d'un orateur du Parlement de Terre-Neuve qui s'est fait à ce moment l'interprète de sentiments qui étaient ceux de ses collègues, le premier acte de la pièce contre les abominables Français. On voulait nous rendre impossible la pêche par la suppression de l'appât. Nos marins ont détourné le coup et ils ont trouvé le moyen de se procurer de l'appât en dehors de l'intervention et du concours des habitants de Terre-Neuve.

En 1889, l'enlèvement des engins de pêche destinés à capturer le homard qui sert d'appât pour la pêche de la morue, par les officiers de la division navale anglaise, constitue le second acte.

En présence d'un plan conduit avec cet esprit de suite, on se demande si le Parlement français doit, à son tour, se désintéresser complètement de la question. Il ne s'agit pas, en effet, seulement, comme je le disais au début de mes observations, d'un intérêt personnel. Il ne s'agit même pas d'un intérêt exclusivement local, il ne s'agit pas seulement de l'intérêt de tous les armateurs, industriels ou fournisseurs, qui, à un titre quelconque, tirent bénéfice ou vivent de la pêche de la morue : c'est une pêche qui, bon an mal an, rapporte 30 à 40 millions à nos pêcheurs du littoral et pour laquelle on dépense, en achats de vivres et approvisionnements, une dizaine de millions chaque année ; mais il s'agit d'un intérêt supérieur, suivant moi : il s'agit de savoir si, cette pêche venant à disparaître, les 16,200 inscrits maritimes pour lesquels elle constitue une ressource indispensable, pourront y suppléer, et, s'ils ne peuvent y suppléer et si ces inscrits maritimes sont obligés de s'expatrier, comment M. le Ministre de la marine pourra les remplacer dans les cadres de ses équipages. Voilà la question.

La Chambre l'examinera et l'appréciera.

Quant à moi, je me borne à poser à M. le Ministre des affaires étrangères une question bien simple et bien claire et à laquelle, je crois, il lui sera aisé de répondre.

Nous sommes arrivés au moment où les navires destinés à aller pêcher à Terre-Neuve terminent leurs armements et doivent quitter leur port d'attache. En 1888 et en 1889, le Gouvernement n'a pas suivi la même ligne de conduite, ainsi que je l'exposais tout à l'heure à la Chambre. De cette contrariété dans la manière d'agir, dans les décisions du Gouvernement, est née une grande irrésolution de la part des armateurs et une complète incertitude sur les résolutions à prendre.

Il s'agit de savoir si, en 1890 comme en 1888, le Gouvernement dira aux pêcheurs : Je vous donne ma protection, et s'il les protégera, ou si, en 1890 comme en 1889, le Gouvernement s'abstiendra et ne donnera pas aux pêcheurs et armateurs français la protection sur laquelle ils se croyaient jusqu'ici en droit de compter. Je reconnais que M. le Ministre des affaires étrangères a le droit absolu de me faire sur ce point, sous sa responsabilité, devant la Chambre et le pays, la réponse qu'il jugera la plus opportune. Mais M. le Ministre des affaires étrangères pensera comme moi qu'il faut absolument que les intéressés soient fixés, et qu'il n'est pas admissible qu'en 1890 comme en 1889 le Gouvernement dise aux armateurs : « Allez à tel endroit, j'y serai à côté de vous et je vous y protégerai », et refuse ensuite cette protection et livre nos nationaux à l'abandon, à la ruine et à la mainmise étrangère.

M. le comte de Lanjuinais *et plusieurs membres à droite.* Très bien ! très bien !

M. Flourens. M. le Ministre de la marine et M. le Ministre des affaires étrangères voient très nettement le point sur lequel je pose exclusivement ma question. Je désire savoir quelles sont les instructions données. Il ne m'appartient pas de préjuger, à aucun degré, la réponse que va me faire M. le Ministre des affaires étrangères. Mais j'ai lu dans certains journaux que M. le Ministre des affaires étrangères devait me répondre qu'il avait l'intention de porter la question devant un arbitre ; dans d'autres journaux j'ai lu qu'il avait l'intention de me répondre qu'il avait engagé ou qu'il allait engager des négociations.

Je voudrais prévenir toute équivoque et tout malentendu.

Ces deux réponses ne satisfont pas à la question précise que je pose.

Personne plus que moi n'est partisan de l'arbitrage, personne plus que moi ne désire le voir se généraliser, car c'est la manière la plus conforme à l'esprit de notre siècle de terminer les conflits entre peuples civilisés; mais pour qu'il y ait arbitrage, il faut qu'il y ait matière qui puisse y donner lieu. Pour qu'il y ait matière à arbitrage, il faut qu'il y ait un droit contesté. Or ici, il ne s'agit pas d'un droit contesté, notre droit ne l'est pas, il n'est pas même contestable *(Marques d'assentiment);* il s'agit de savoir si le Gouvernement à l'intention de faire respecter notre droit.

Si M. le Ministre des affaires étrangères me répondait qu'il y a des négociations engagées, ce n'est pas pour obtenir de lui une déclaration de cette nature que je me serais permis de déranger M. le Ministre des affaires étrangères; ce que je lui demande c'est de savoir si, nonobstant toutes négociations à engager ou engagées dès à présent, nos armateurs sont fixés sur l'étendue de leurs droits, sur les opérations qui leur seront permises dans la prochaine campagne de pêche. *(Applaudissements sur divers bancs.)*

M. le Président. M. le Ministre des affaires étrangères a la parole.

M. Spuller, *ministre des affaires étrangères.* Messieurs, après l'exposé si clair, si complet, que vient de faire M. Flourens de la question qu'il s'était proposé depuis longtemps de m'adresser, il me semble que j'aurais le droit d'y répondre en très peu de mots. Je n'ai, en effet, rien à apprendre à la Chambre de plus que ce que vient de lui enseigner mon honorable collègue et prédécesseur au Ministère des affaires étrangères.

Il a repris la question dans ses origines, il l'a suivie dans ses développements et finalement il l'a amenée au point où nous en sommes, pour me poser la question qui l'intéresse.

Cependant, en suivant ces développements, en les écoutant avec l'attention que mérite l'orateur, je me suis trouvé en dissentiment avec lui sur plus d'un point.

Il est dans cette affaire des côtés qu'il a volontairement négligés, ou plutôt qu'il a laissés dans l'ombre. Il en est d'autres, au contraire, sur lesquels il a plus particulièrement insisté. Ces points touchent à des questions d'une nature extrêmement délicate et je dirai sans détours que l'honorable orateur jouit de plus de liberté que je n'en ai moi-même pour les discuter dans tous leurs éléments.

La question des pêcheries de Terre-Neuve est très ancienne.

L'honorable M. Flourens a rappelé que, depuis le traité de 1713, bien que nos droits n'aient jamais été contestés théoriquement, — car ils ne peuvent pas l'être sur le terrain des principes, — il y a eu constamment, dans la pratique, des incidents de fait qui ont amené des contestations pouvant aboutir même à de véritables conflits, mais qui se sont toujours jusqu'à présent, grâce aux dispositions conciliantes des deux gouvernements, terminées par des solutions à l'amiable.

Très vraisemblablement, tant que la situation actuelle durera, les mêmes causes de contestations subsisteront; mais il faut espérer qu'en y apportant de part et d'autre un égal désir de conciliation, les mêmes solutions amiables réussiront à prévaloir.

Ce droit de pêche qui nous appartient à Terre-Neuve est une sorte d'usufruit dont nous jouissons dans un pays qui ne nous appartient pas, sur lequel nous n'avons pas une pleine souveraineté, aux termes des traités. Nous n'allons à Terre-Neuve que pour y exercer — je me servirai d'un mot anglais, bien que l'usage de cette langue ne me soit pas familier *(Rires)* — notre droit de « fishing », que pour y pêcher, et seulement que pour y pêcher, et cela pendant la saison, juste le temps nécessaire, passé lequel nos pêcheurs doivent rentrer chez eux. A cet égard, les dispositions des traités sont formelles.

Pendant très longtemps, pendant plus d'un siècle, depuis le traité d'Utrecht, les parages de Terre-Neuve où le droit de pêche nous est réservé ont été ainsi dans l'océan Atlantique et dans le golfe Saint-Laurent comme une sorte de domaine spécial, qui n'était en quelque sorte habité, fréquenté, que pendant la saison de la pêche.

Un membre à droite. C'est encore aujourd'hui comme cela.

M. Riotteau. Il s'agit du Grand Banc. Le Grand Banc n'est pas Terre-Neuve.

M. le Ministre des affaires étrangères. Cependant personne n'ignore que la colonie de Terre-Neuve, car il ne s'agit aucunement des bancs, a pris un développement considérable, surtout depuis les derniers traités, ceux de 1815, qu'il y a aujourd'hui à Terre-Neuve toute une population fort active, très industrieuse, et même ambitieuse...

M. Riotteau. Elle n'a aucun droit sur le Grand Banc; c'est un terrain neutre.

M. le Ministre..... qui supporte difficilement toute espèce de voisinage; et je n'apprendrai à personne, pas même à ceux qui n'ont pas l'habitude d'aller à Terre-Neuve tous les ans, que cette population professe hautement la doctrine que Terre-Neuve appartient ou doit appartenir — je ne dis pas aux Anglais, ni aux Français — mais aux Terre-Neuviens.

M. Riotteau. Le Grand Banc n'a rien à voir dans la question, c'est des rivages même du French shore qu'il s'agit.

M. le Ministre. En effet, et quoi qu'il en soit de la doctrine en question, les traités subsisteront toujours dans toute leur intégrité, quelle que soit la destinée politique de Terre-Neuve.

Nul ne saurait songer à violer les droits de la France sans s'exposer à de justes et nécessaires revendications. Personne ne peut avoir une pareille idée.

Il n'en est pas moins vrai qu'il est absolument impossible de ne pas tenir compte d'un phénomène relativement moderne, et dont les conséquences sont loin d'être épuisées, je veux parler de l'accroissement de la population de Terre-Neuve, des appétits et de l'ambition de cette population; et la preuve que vous êtes obligés d'en tenir compte, je la trouve dans ce fait que les négociations dont a parlé M. Flourens, que nous avions engagées avec l'Angleterre en 1885, qui avaient obtenu l'assentiment du gouvernement de la reine Victoria et qui étaient annoncées comme devant mettre fin à des difficultés datant de plus d'un siècle, ont finalement échoué parce qu'elles se sont heurtées à la résistance du parlement local de Terre-Neuve *(Exclamations et rumeurs sur un grand nombre de bancs)*, résistance dont le gouvernement de la métropole n'a pu triompher. *(Interruptions à gauche.)*

(A suivre.)

CHEMIN DE FER D'ORLÉANS

FÊTES DE PAQUES

Extension de la durée de validité des Billets aller et retour.

A l'occasion des **Fêtes de Pâques**, la Compagnie d'Orléans étendra jusqu'au mardi 15 avril inclus la durée de validité de ses Billets *d'aller et retour* réduits de 25 0/0, qui seront délivrés, pendant la période du mercredi 2 avril inclus au lundi 14 inclus, aux conditions de son Tarif spécial A n° 9.

L'hôtel des Princes et de la Paix est le plus confortable, le mieux tenu et le plus recherché par les familles aristocratiques qui séjournent à Bordeaux. Il est situé, 40, cours du Chapeau-Rouge, au centre même de la ville et dans le plus beau quartier.

Le Directeur-Gérant, J. CHAPEAU (❦, ✾ ✾).

REVUE

DES

PÊCHERIES MARITIMES

LE TRAFIC DES PARCS A HUITRES

Suivant les indications que nous fournit un des précédents numéros de la *Revue des Pêcheries maritimes*, le Syndicat ostréicole d'Arcachon, réuni en assemblée générale, a émis récemment le vœu :

« 1° Que les décrets des 4 juillet 1853 et 7 février
» 1863 soient modifiés au point de vue de l'ostréi-
» culture, notamment en ce qui concerne les con-
» cessions de terrains. C'est-à-dire que les conces-
» sionnaires deviennent libres de louer, sous-louer
» ou transmettre leurs parcs sans contrôle; que les
» concessions ne puissent leur être enlevées que
» pour cause d'intérêt public et qu'elles passent à
» leurs héritiers jusqu'à déshérence;

» 2° Que l'exploitation et le commerce ostréicoles
» soient régis par le Ministère du commerce et rat-
» tachés à ce département ministériel. »

Les ostréiculteurs du Morbihan auraient, paraît-il, formulé des vœux à tendances identiques. De part et d'autre on trouve que les règlements ont vieilli à telle enseigne, qu'ils paralysent l'essor de l'ostréiculture et ne répondent pas aux nécessités actuelles.

Une distinction s'impose et, faute de s'entendre sur les principes, il serait fàcheux que les associations syndicales de nos grands centres d'ostréiculture persistassent dans une manière de voir à laquelle le Département de la marine ne peut invariablement pas se rallier.

Est-il besoin de rappeler ce qui caractérise le domaine public maritime, sur lequel sont établics les exploitations huîtrières : l'imprescriptibilité et l'inaliénabilité? Ces deux principes de notre législation sont immuables, et l'État, gardien d'un domaine dont l'administration est, dans l'espèce, réservée à la Marine, ne peut que confier temporairement aux particuliers les parcelles susceptibles d'être utilisées.

Mais la Marine, tout en administrant un domaine qui, par essence, se trouve hors du commerce, a aussi pour mission de protéger la grande légion des inscrits maritimes, et voici que les marins d'une part et les particuliers de l'autre sont admis à exploiter concurremment le domaine public maritime. De là, le conflit; de là, dualité dans la façon d'envisager l'exploitation de l'industrie ostréicole.

Pour l'inscrit, le parc à huîtres n'est qu'un champ de culture destiné à faire vivre et à occuper sa modeste famille, dont il ne compte retirer, par suite, que des bénéfices très limités.

Pour le particulier, la question se présente sous un autre jour. Il possède des capitaux et se trouve dominé par le besoin de les faire fructifier. Que fait-il, s'il est Arcachonnais ou Morbihannais? Il

s'empresse de les placer dans une entreprise ostréicole.

Mais la loi veut que ce soit sous la sauvegarde
d'une législation étroite et nécessaire que cette
industrie fonctionne. Or, comme la première condition du commerce réside dans la liberté des transactions — et c'est en cette idée que se résument les
vœux dont la *Revue* reproduit la teneur — le particulier ne se sent pas à l'aise de placer ses capitaux
dans une industrie particulière exigeant la tutelle
continue de l'Administration maritime. C'est pourquoi les tendances du Syndicat d'Arcachon ne peuvent être secondées.

En effet, que demandent les parqueurs? La liberté
de trafic des concessions, sous prétexte d'entrave
dans l'industrie de l'élevage des huîtres. Ils demandent de pouvoir louer, sous-louer ou céder leurs
parcs sans contrôle. C'est-à-dire qu'ils réclament la
liberté complète et entière de spéculer sur les emplacements domaniaux.

Or, ceci n'est plus de l'ostréiculture, c'est de
l'agiotage sur les établissements ostréicoles, c'est le
commerce substitué à l'industrie. Nous n'insisterons
pas davantage et nous dirons que de tels desiderata
sont absolument inconciliables avec les plus élémentaires notions de notre droit administratif et qu'ils
ne sont pas l'expression du sentiment de la population maritime.

Tout autre est la question du retrait des concessions et de la transmission des parcelles aux héritiers des détenteurs.

L'État, en gardant le domaine public maritime,
poursuit avant tout le but de faire respecter la pro-

priété du fonds; il ne veut pas que, à l'égal des
détenteurs des anciennes pêcheries à poissons, le
domaine puisse, par la force des choses, tomber
aux mains des particuliers. Ces derniers ne sont,
dès lors, et ne pourront jamais être que des usu-
fruitiers, dont on ne songe guère à troubler la jouissance. Bien rares, en effet, sont les cas où l'évic-
tion des détenteurs est demandée par les autorités
maritimes locales. Elle a lieu, le plus souvent, à la
suite de nombreuses mises en demeure adressées
à des parqueurs dont l'emplacement inexploité est
sollicité par d'autres personnes. C'est d'ailleurs une
des formes de la spéculation que de solliciter un
emplacement et de voir venir, en faisant peu ou
point de travaux de superstructure. En dehors du
fait d'inexploitation, il serait difficile de citer des
cas de reprise de concessions — peut-être celui de
non-payement de redevance, — au demeurant, les
parqueurs sérieux n'ont à redouter la reprise de
leurs concessions que pour cause d'intérêt public :
défenses contre la mer, approfondissement de
passes, etc.

En ce qui concerne la transmission directe des
parcs aux héritiers, elle ne peut être consacrée par
voie réglementaire. Mais il ne nous revient pas que
des ostréiculteurs aient éprouvé de difficultés, aussi
bien de ce côté que lorsqu'ils sont d'accord pour se
recéder entre eux les parcs avec les matériaux
d'exploitation. Si l'Administration a toujours fait
abstraction de la valeur de son terrain domanial, il
n'a jamais été dans ses vues de permettre à un
industriel de bénéficier des installations d'un collègue; ce qui ne peut être consacré en droit se tolère

à la faveur d'une supposition et avec la garantie de la plus stricte équité.

Voilà pourquoi on ne peut laisser le domaine public maritime sans contrôle; voilà pourquoi les mutations de concessions huîtrières ne peuvent se faire sans l'intervention de l'autorité maritime.

ROYER-FOUCAUD.

Bien que l'article de notre savant collaborateur, qu'on vient de lire, ne soit pas du tout en harmonie avec nos idées, nous avons tenu à l'insérer parce qu'il reflète parfaitement l'opinion d'une certaine partie des conseils dont l'Administration est entourée. Notre collaborateur nous fournit une excellente occasion de répondre à cette manière de voir, qui est absolument opposée à la nôtre et qui ne saurait prévaloir dans la pensée du Ministre de la marine. Nous ne manquerons pas de lui démontrer, dans le prochain numéro de la *Revue des Pêcheries maritimes*, combien son opinion est contraire aux véritables intérêts de l'ostréiculture en général et des inscrits en particulier.

J. C.

LA GRANDE PÊCHE

Dans sa séance du 1er trimestre de 1890, la Société bretonne de géographie (Lorient) a exprimé les vœux suivants :

1° *Nécessité de protéger les fonds côtiers.* Dans le premier arrondissement maritime (de Carterets à la frontière de Belgique), la pêche aux filets de tous genres est interdite à moins de trois milles de terre, sauf pour les filets à crevettes. Il serait nécessaire, dans l'intérêt même des pêcheurs, d'appliquer les mêmes prohibitions sur les côtes de Bretagne, au moins en face des plages sablonneuses, où le poisson vient déposer son frai et où se développe le fretin. On créerait ainsi des réserves où l'on pourrait même tenter de reconstituer certaines espèces qui tendent à disparaître.

2° *Encourager la pêche au large.* Dans le même ordre

d'idées, pousser au développement de la pêche au large, pour ainsi dire inépuisable, qui donnera des résultats bien autrement rémunérateurs, au prix de dangers moindres. Cette industrie, il est vrai, exigera de grands bateaux et un outillage dont le coût dépassera souvent les ressources très limitées de nos pêcheurs; mais on trouvera de l'argent quand les résultats seront connus, et même souvent, pour éviter le plus possible d'avoir affaire aux prêteurs, qui se transforment facilement en usuriers, on pourra faire revivre les associations familiales, qui ont donné d'excellents résultats dans le petit cabotage.

3° *Création d'un brevet spécial* pour les patrons pêcheurs, leur permettant d'exercer leur industrie jusque dans les mers du Portugal, d'Espagne, du nord et du nord-ouest de l'Afrique. Nos pêcheurs, en effet, pousseraient jusqu'aux côtes de l'Algérie, où leur industrie est très négligée, ou jusqu'au banc d'Arguin, où l'abondance du poisson a été maintes fois signalée par nos consuls et par nos marins.

4° *Mise à l'étude de l'institution des criées;* faire en sorte que les pêcheurs trouvent dans les marchés, rapidement et dans les conditions nécessaires, la glace et les agrès de rechange, afin de leur épargner toute perte de temps.

5° *Modifications de chemins de fer.* Pour que les produits de la mer puissent arriver sur les marchés de l'intérieur et ceux des usines à glace aux centres de pêche dans les conditions les plus favorables et les moins onéreuses, il serait utile de créer des trains rapides spéciaux et d'étudier les moyens propres à diminuer les frais. A Lorient, par exemple, prolonger de cent mètres la voie du bassin du commerce pour charger directement les paniers dans les wagons à la porte ou même à l'intérieur de la criée, ainsi que cela se pratique dans les villes du Nord, si merveilleusement outillées pour le transport de la marée.

6° *Instructions au personnel enseignant.* Par analogie avec ce qui se fait à l'égard de l'agriculture et des industries propres à certains départements, il y aurait lieu de créer des bibliothèques d'ouvrages élémentaires relatifs à la navigation et à la pêche. Rien de plus facile, en effet, que de donner aux instituteurs du littoral quelques notions élémentaires de navigation qui, répandues dans leur entourage, pourraient rendre de grands services.

7° *Comités pour la pêche côtière.* On a grandement raison d'encourager l'agriculture; mais nos pêcheurs ne sont pas moins dignes d'intérêt et ils ont, eux aussi, beaucoup de connaissances à acquérir. A l'aide de petites dotations des ministères de la marine et du commerce, des conseils généraux et municipaux et des chambres de commerce, on pourrait créer des comités dans les centres de pêche les plus importants. Un jury, composé d'officiers de la marine, d'ingénieurs, de savants, des pêcheurs les plus renommés, des notabilités diverses des localités, examinerait les barques au point de vue des installations, des engins, de la tenue, de l'hygiène et des améliorations tentées dans les diverses branches du métier, et décernerait des prix. Les constructeurs de navires et les différents fabricants d'objets de bord seraient invités à exposer leurs produits. Enfin, des conférences familières seraient faites sur les sujets les plus utiles. Nul doute que de telles réunions n'aient un effet immédiat et puissant sur l'essor de l'industrie de la pêche.

8° *Appel à la marine.* Le ministère de la marine rendrait un grand service aux pêcheurs en chargeant des ingénieurs des constructions navales d'étudier, au point de vue des qualités nautiques, de la solidité, de la durée et de l'économie, les différents types de bateaux de pêche français et étrangers, ainsi que leur gréement et installations diverses.

9° *Inspection des pêches.* La Marine a fait en faveur des pêcheurs tous les sacrifices compatibles avec les ressources de son budget actuel et a témoigné le juste intérêt qu'elle leur porte en créant à Paris un Comité consultatif et une Inspection générale. Pour assurer son œuvre, il y aurait lieu de relier cette organisation centrale avec les populations côtières par des intermédiaires au nombre d'un ou deux, selon les besoins de chaque arrondissement maritime, alliant la pratique à la science, intelligents, actifs. Les fonctionnaires ainsi choisis donneraient une impulsion méthodique, permanente et locale aux études et procédés mis à l'essai sur l'indication du Comité consultatif et de l'Inspecteur général, rendraient compte à celui-ci des résultats obtenus et lui transmettraient leurs observations ainsi que celles des pêcheurs. Ils encourageraient les expériences émanant de l'initiative privée en les éclairant de leur propre savoir, et se feraient en toutes circonstances les éducateurs bienveillants des marins. Ils s'intéresseraient à la conservation et au développement des espèces et aux progrès de l'ostréiculture. Ils établiraient les statistiques à fournir à la Marine, seraient les organisateurs des Comices, etc.

10° *Cartes des fonds.* La Marine voudrait bien examiner les mesures à prendre pour établir successivement et par annuités des cartes teintées des fonds de l'océan Atlantique jusqu'à cent milles au moins des côtes de Bretagne. Il est clair, en effet, que nos pêcheurs n'iront avec confiance au large que lorsqu'ils connaîtront la position des fonds sur lesquels ils peuvent descendre leur chalut sans s'exposer à des avaries ruineuses.

11° *Création d'un bulletin spécial à la pêche,* rédigé et publié d'une façon analogue au *Bulletin du commerce,* c'est-à-dire mettant gratuitement à la portée des intéressés les renseignements les plus propres à leur venir en aide dans l'accomplissement de leurs travaux.

LE DISCOGLOSSE PEINT

(*Discoglossus pictus* OTTH).

Nous lisons, sous ce titre, dans le *Bulletin de la Société centrale d'aquiculture,* l'étude suivante due à M. Ch. Mailles :

Le Discoglosse appartient à la famille des Discoglossidés dont il est le type. Cet anoure habite la Barbarie, l'Espagne, plusieurs îles de la Méditerranée, entre autres la Corse ; c'est même le seul point du territoire français où cet animal existe spontanément.

Certains auteurs croient reconnaître plusieurs espèces dans le genre discoglosse ; d'autres, au contraire, prétendent qu'il ne s'agit que de races ou de variétés. Quoi qu'il en soit, je ne parlerai que de la forme algérienne, la seule que je possède.

Ce batracien atteint la taille d'une grenouille verte de moyenne grosseur. Ses orteils, très peu palmés, indiquent des mœurs aussi terrestres qu'aquatiques. Quant à la coloration, elle varie extraordinairement d'un individu à l'autre, et comme nuances, et comme disposition. Ses sujets peuvent être unicolores, pointillés, maculés ou striés; gris, verdâtres, rouge minium, rosés, jaunâtres, orangés, etc.

Les têtards, de forme allongée, ont un spiraculum inférieur et un médian, comme ceux des Bombinators et des Alytes. Le Discoglosse appartient donc au groupe des anoures *inférieurs; pourquoi inférieurs?* Parce que, dit-on, ils sont voisins des Urodèles. Or, les larves de ces derniers conservent, toute leur vie, des branchies apparentes à l'extérieur, tandis que celles des Discoglossidés ont disparu avant l'éclosion même, et les têtards ont une respiration pulmonaire dès leur naissance. A ce point de vue, au moins, cette famille s'éloigne plus des Urodèles que la plupart des autres, constituant le reste des batraciens anoures, qui, comme les Bufonidés, les Ranidés et les Hylidés ont des larves à respiration branchiale durant les premiers jours de leur existence.

Mais je laisse là ces discussions peu à leur place dans ce recueil. Mon but est de faire connaître l'utilité du Discoglosse.

Les individus que j'élève sont nés en captivité, de parents qui naquirent eux-mêmes dans les mêmes conditions. Ils sont donc de la deuxième génération. C'est à M. Héron-Royer que revient l'honneur de ce résultat, et, à ma connaissance, il est le premier qui en ait obtenu de semblable avec des batraciens anoures. C'est aussi à cet aimable collègue de la Société zoologique que je dois de posséder les Discoglosses que j'élève depuis plus d'un an et qu'il m'avait donnés, pour la plupart, à l'état larvaire. Je suis heureux de lui en témoigner publiquement ma reconnaissance.

Les têtards de cet animal atteignent environ 45 millimètres de longueur, la queue étant plus longue que le corps. Ils sont très vivaces, et, comme ceux de l'Alyte, passent facilement l'hiver quand ils n'ont pu se transformer avant. Ils peuvent donc offrir une ressource précieuse aux poissons, en toutes saisons, ainsi qu'aux ophidiens et même à plusieurs batraciens conservés en captivité et de taille trop petite pour pouvoir avaler les gros têtards de l'Alyte. J'ajouterai que la ponte du Discoglosse se fait à plusieurs reprises, une grande partie de l'année ; aussi a-t-on, en tout temps, des larves de différentes grosseurs.

Un an après la transformation, la plupart des sujets sont aptes à la reproduction ; mais ils croissent encore quelque temps, avec une lenteur progressive. A ce propos, et qu'on me pardonne encore cette digression, je dirai que les anoures, en général, deviennent adultes beaucoup plus rapidement qu'on ne le pense communément, ainsi que je l'ai observé depuis que je m'abandonne à la batrachyculture.

A l'état parfait, le Discoglosse, et notamment celui d'Algérie, présente les avantages suivants :

Ses formes sont gracieuses ; sa coloration, toujours variée, est, le plus souvent, très belle. Il mérite parfaitement son nom de *Pictus*. Sauf le cri de la douleur ou de l'effroi, aigu et imitant le miaulement du chat, cri qu'il ne fait entendre que dans des circonstances exceptionnelles, sa voix est si faible, qu'il faut en être très près pour la percevoir.

Son appétit est insatiable ; la nuit, ou quand le temps est à la pluie, le vorace animal circule dans les prés, avalant insectes, mollusques mous, crustacés, myriopodes, etc.

Enfin, son tempérament est robuste et d'après ce que j'ai pu observer jusqu'ici, je suis convaincu que l'acclimatation de cette espèce, en France, serait des plus faciles.

Mais nous possédons déjà des anoures qui rendent de vrais services, surtout dans les jardins dont les propriétaires ne sont pas assez ignorants pour détruire ces modestes auxiliaires.

Les crapauds, les grenouilles de la section des rousses, l'Alyte, et bien d'autres encore sont les destructeurs des petits ennemis de nos cultures. Mais les uns sont d'un aspect repoussant (pour les profanes, s'entend) ; les autres ont un coassement désagréable ou sont de taille trop minime pour détruire les invertébrés de dimensions moyennes.

Tandis que le Discoglosse est agréable à l'œil, à peu près muet, assez gros pour avaler presque tous les êtres inférieurs de nos jardins, grand mangeur, et, comme il est nocturne, les promeneurs le rencontreront peu dans les allées ou les plates-bandes ; de plus, nous avons vu déjà l'emploi qu'offrent ses têtards. Je crois, aussi, que plusieurs amateurs se plairont à le conserver en captivité, où il vit très bien et se reproduit de même.

Voilà bien des avantages. Quant aux inconvénients, je ne lui en ai pas encore découvert. Que ceux qui ont des jardins clos de murs y lâchent quelques couples de ces intéressants animaux ; un simple baquet rempli d'eau suffira à en assurer la reproduction.

NOUVELLES DIVERSES

Un nouveau laboratoire maritime semblable au laboratoire de zoologie expérimentale qui a été installé, il y a quelques années, à Roscoff, sous la direction de M. Lacaze-Duthiers, va être organisé sur les côtes de la Méditerranée. Un ancien capitaine au long cours, M. Michel, aujourd'hui administrateur général des phares de l'empire ottoman, a donné dans ce but un terrain de 3,000 mètres à la Seyne-sur-Mer.

— Un arrêté de l'Administration de la marine interdit, à compter du 1er mai prochain, la pêche des huîtres sur le banc de Saint-Georges-de-Didonne, qui s'étend depuis Saint-Seurin-d'Uzet, au sud-est, jusqu'aux rochers de Saint-Girard, au nord-ouest.

LA PÊCHE DE LA MORUE

En réponse à l'interpellation dont nous publions le compte rendu, M. Spuller, alors ministre des affaires étrangères, déclarait qu'à la suite de négociations laborieuses, un arrangement concernant les pêcheries de Terre-Neuve venait d'être conclu avec l'Angleterre, et que cet arrangement sauvegardait, dans leur intégrité, les intérêts français.

Le règlement définitif concernant la pêche du homard

devait être l'objet de négociations ultérieures. En attendant, le *statu quo* était maintenu et les représentants de la France et de l'Angleterre dans les eaux de Terre-Neuve étaient chargés de régler, conformément aux coutumes internationales, les différends qui pourraient survenir entre les pêcheurs des deux nations intéressées.

Il semblait donc que cette question des pêcheries de Terre-Neuve, question des plus graves, puisqu'elle intéresse des milliers de familles françaises, était provisoirement réglée et toute crainte de conflit momentanément écartée.

Or, il n'en est rien. D'après une dépêche de Saint-Johns (Terre-Neuve), en date du 5 avril, nous apprenons que le gouvernement de la colonie vient de proposer l'abolition de la loi relative à l'appât. Cette loi serait remplacée par une mesure législative en vertu de laquelle l'appât pourrait être acheté par les pêcheurs de toutes nationalités, moyennant le paiement des droits de licence et de tonnage. L'exportation de l'appât à notre colonie de Saint-Pierre serait défendue.

Tel est le projet dont le gouvernement de Terre-Neuve poursuit, par tous les moyens, la réalisation. Il est le complément prévu d'une politique qui, après avoir, par une lutte persévérante et grâce à la faiblesse des gouvernements qui ont précédé la République, amoindri notre situation privilégiée à Terre-Neuve, tend à la détruire et à nous enlever les derniers débris du beau domaine colonial que nous possédions en Amérique autrefois.

Le traité de 1783 nous reconnaissait la pleine possession d'un millier de kilomètres sur la côte ouest de l'île. Les sujets anglais ne pouvaient ni habiter, ni pêcher sur cette partie du littoral. Aujourd'hui, ils y sont 14,000, et nous avons reconnu à leurs pêcheurs les mêmes droits qu'aux nôtres. Le *French-Shore* n'existe plus. Ce n'est seulement qu'une expression géographique.

Mais cela ne suffit pas aux gens de Terre-Neuve. Leur prétention est de rester les protégés de l'Angleterre, tout en déchirant les traités qu'elle a solennellement souscrits. Voilà pourquoi, tout en protestant, par l'organe d'un envoyé spécial, de leur attachement à la reine et à la patrie anglaise, le gouvernement de Terre-Neuve refuse de reconnaître la convention franco-anglaise et cherche à effacer jusqu'aux traces de notre ancienne domination dans l'île.

Tant que la séparation politique et administrative entre Terre-Neuve et l'Angleterre ne sera pas complète, effective, tant que le lien qui les unit subsistera, si léger qu'il soit, nous ne pourrions admettre que l'Angleterre se déclarât impuissante à faire respecter par ses nationaux les conventions qu'elle a signées. L'Angleterre est forte quand elle veut. Le Portugal en sait quelque chose.

Cette force, il n'est pas admissible qu'elle puisse uniquement servir à protéger ceux qui manquent à la foi jurée.

Nous ne serons pas dupes d'une pareille comédie. On l'a jouée en 1858. C'est assez.

Le devoir de l'Angleterre est tout tracé. Ce que nous lui demandons, c'est l'observation loyale d'engagements librement consentis. Rien de plus.

Le Président de la République française,

Sur le rapport du Président du Conseil, Ministre du commerce, de l'industrie et des colonies, et d'après l'avis conforme du Ministre de la marine et du Ministre des finances ;

Vu les lois des 22 juillet 1851, 20 juillet 1860 et 15 décembre 1880, relatives aux encouragements accordés pour la pêche de la morue ;

Vu les décrets des 29 décembre 1851, 24 octobre 1860, 10 juin 1879, 5 mars et 17 septembre 1881, 16 février et 29 août 1889, relatifs à la composition des équipages des navires armés pour la pêche de la morue ;

Décrète :

Article premier. — Les dispositions des décrets des 16 février et 29 avril 1889 sont temporairement modifiées comme il suit, pour la durée de la saison de pêche en 1890 :

« Le minimum d'équipage des navires expédiés des ports de France pour la pêche de la morue, soit à la côte de Terre-Neuve, soit sur le Grand-Banc, soit à Saint-Pierre et Miquelon, et celui des goélettes armées à Saint-Pierre et Miquelon pour faire la pêche soit sur les bancs, soit dans le golfe de Saint-Laurent, soit à la côte de Terre-Neuve, sont fixés dans les conditions déterminées ci-après :

» Les navires expédiés des ports de France devront comprendre :

» 1° Ceux qui sont destinés pour la pêche à Saint-Pierre et Miquelon ou à Terre-Neuve :

» 25 hommes au moins, si le navire jauge 142 tonneaux et au-dessus ;

» 20 hommes au moins, si le navire jauge de 90 à 142 tonneaux ;

» 15 hommes au moins, si le navire jauge moins de 90 tonneaux ;

» 2° Ceux qui sont destinés pour la pêche au Grand-Banc avec sécherie :

» 25 hommes au moins, si le navire jauge 142 tonneaux et au-dessus ;

» 20 hommes au moins pour les navires au-dessous de 142 tonneaux.

» Les goélettes armées à Saint-Pierre et Miquelon pour faire la pêche, soit sur les bancs, soit dans le golfe de Saint-Laurent, soit à la côte de Terre-Neuve, devront comprendre :

» 25 hommes au moins, si le navire jauge 142 tonneaux et au-dessus ;

» 20 hommes au moins, si le navire jauge de 90 à 142 tonneaux ;

» Et 1 homme par 4 tonneaux cinquante centièmes (4 tonn. 50 c.) pour les navires au-dessous de 90 tonneaux. »

Art. 2.— Le Président du Conseil, Ministre du commerce, de l'industrie et des colonies, le Ministre de la marine et le Ministre des finances sont chargés, chacun en ce qui le concerne, de l'exécution du présent décret, qui sera publié au *Journal officiel* et inséré au *Bulletin des lois*.

Fait à Paris, le 17 mars 1890.

CARNOT.

Par le Président de la République :
Le Président du Conseil,
Ministre du commerce, de l'industrie
et des colonies,
P. TIRARD.

Le Ministre de la marine,
BARBEY.

Le Ministre des finances,
ROUVIER.

M. Burdeau. Nous ne pouvons pas admettre une théorie semblable.

Plusieurs membres à gauche. Nous ne pouvons donc pas nous faire respecter?

M. le Ministre. C'est assez vous faire voir, messieurs, que toutes ces questions sont complexes.

M. le Provost de Launay. Nous ne sommes pas défendus à Londres pas plus dans cette question que quand il s'agit des bestiaux.

M. de Lamarzelle. Tous vos prédécesseurs ont fait respecter nos droits.

M. le Ministre. J'étais obligé de faire remarquer à la Chambre que la question des pêcheries de Terre-Neuve a revêtu un caractère différent de celui qu'elle a longtemps présenté. Si vous ajoutez à cela un événement qui s'est produit il y a trois ou quatre ans et qui a changé en quelque sorte la nature et déplacé pour ainsi dire le point vif des difficultés, qui, dans la pratique, ont toujours existé entre les deux pays, — je veux dire les tentatives faites récemment non seulement pour molester la pêche de la morue, mais aussi pour empêcher celle du homard, — vous comprendrez le caractère et la gravité des embarras nouveaux en présence desquels nous nous trouvons aujourd'hui.

C'est qu'en effet, Messieurs, la pêche du homard à Terre-Neuve est de date toute récente. On ne le pêche guère que depuis 1885, et ce n'est, pour le dire en passant, que le petit côté de la question des pêcheries françaises. J'ai là sous les yeux le chiffre des bateaux et le nombre des hommes employés à cette pêche. La pêche du homard n'intéressait, et encore partiellement, l'année dernière, que 11 navires et 474 pêcheurs, au service de quatre armateurs seulement.

Comparez ces faibles chiffres aux chiffres des bateaux, au nombre des pêcheurs que la pêche de la morue continue à employer, car cette industrie que l'on dit si menacée va au contraire en se développant tous les ans, ainsi qu'en témoignent les rapports des commandants de notre station navale, et vous verrez alors, réduite à ses véritables proportions, l'importance toute relative de la question qui nous est posée par l'honorable M. Flourens au nom de l'un des armateurs pour la pêche du homard.

En 1889, la pêche de Terre-Neuve a employé 9,584 pêcheurs et 797 navires; c'est une augmentation sensible sur les chiffres des années précédentes.

En effet, voici la progression :

En 1887, la pêche à Terre-Neuve avait occupé 693 navires et 7,158 hommes; en 1888, 836 navires et 8,949 hommes.

Nous sommes donc en droit de constater que la pêche à la morue, la grande pêche, comme on dit, est toujours florissante à Terre-Neuve.

Quant à la pêche du homard, on n'a guère songé à y recourir qu'en 1885, à la suite de la diminution momentanée de la morue, à cette date, sur la côte ouest. Nos pêcheurs et nos armateurs cherchèrent très légitimement dans l'exercice de la pêche du homard la source de nouveaux profits. Mais l'initiative intelligente et hardie qu'ils prirent à cet égard fut également, il ne faut pas se le dissimuler, l'origine et la source des difficultés nouvelles que M. Flourens vous a spirituellement fait connaître. Nos concurrents ont prétendu au droit de distinguer entre la morue, qui serait un poisson, et le homard, qui serait un crustacé... *(Rires sur divers bancs.)*

A droite. Qui est! qui est!

M. le Ministre. Messieurs, le traité d'Utrecht, entre autres avantages, a celui de ne pas distinguer entre poissons et crustacés. Je crois que ceux qui l'ont rédigé, que les savants mêmes qui s'occupaient de ces matières à cette époque, ne distinguaient pas entre les différentes espèces vivant au fond de la mer. Dans notre opinion, cette distinction n'a jamais été faite par les traités qui établissent nos droits, et tous les ministres des affaires étrangères se sont prononcés dans ce sens. Exprimée au Sénat en 1887 par l'honorable M. Flourens, et en 1888 par mon honorable prédécesseur M. Goblet, cette opinion est toujours la nôtre, et je la reprends aujourd'hui avec la même netteté et la même conviction : le droit reconnu à la France est absolu, sans aucune restriction; ce droit de pêche doit s'entendre du homard comme de la morue, comme de toutes les espèces vivant au fond de la mer, et nous avons le devoir de protéger ceux de nos marins qui exercent ce droit, sans s'occuper des distinctions que l'on essaye d'établir. *(Très bien! très bien! sur divers bancs.)*

Mais, Messieurs, si je déclare à la tribune, sans aucune difficulté d'ailleurs, que telle est notre doctrine, il ne faut pas en conclure que cette doctrine ne soit pas contestée. Tout au contraire, sur le terrain même des principes, dans le domaine théorique dont nous parlions tout à l'heure, on la conteste formellement. Le gouvernement anglais, je ne dis pas seulement le

Parlement local de Terre-Neuve, conteste formellement aux pêcheurs français le droit de capturer le homard.

M. de Lamarzelle. C'est nouveau, cela?

M. le Ministre. Pas du tout! Telle a toujours été la prétention du gouvernement anglais, depuis que la pêche au homard s'est développée.

M. Freppel. Mais les traités ne distinguent pas.

M. le Ministre. C'est, en effet, notre opinion et tous nos efforts tendent à la faire prévaloir. Aussi bien, si le débat portait uniquement sur la différence qui peut exister en histoire naturelle, entre la morue et le homard, entre le poisson et le crustacé, le débat serait de peu d'intérêt; mais nous sommes obligés d'en venir à l'examen des conséquences de cette distinction, qui offre un intérêt plus pratique. En effet, la pêche de la morue se fait, en camp volant, si vous me permettez cette expression, qui a si longtemps existé : on va, on vient, on prend le poisson, on le tranche, on le sale, on le fait sécher, puis l'on part, on s'en va et on ne laisse rien après soi.

Il n'en est pas de même du homard qui exige un tout autre apprêt, avec des installations toutes différentes.

Et c'est précisément une des questions sur lesquelles on négocie en ce moment; c'est ce qu'on appelle la question des homarderies.

Cet échange de vues dont je vous entretiens, Messieurs, dure déjà depuis quelque temps, puisque dans le discours qu'il a prononcé en 1887 devant le Sénat l'honorable M. Flourens déclarait à l'amiral Véron qu'il jugeait inopportun et imprudent de pousser plus loin l'examen de la question, attendu que des négociations étaient pendantes et qu'il convenait de leur laisser un libre cours. Eh bien! Messieurs, ces négociations durent encore; elles ne sont pas terminées, d'abord parce que toute négociation qui porte sur des questions de détail comporte une série d'examens faits à diverses reprises et à des points de vue différents; mais aussi — et je veux l'ajouter tout de suite — parce qu'elles se compliquent souvent, trop souvent, de réclamations particulières.

M. de Lamarzelle. Mais celui de nos nationaux auquel vous faites allusion, c'est vous-même qui l'avez engagé à aller à Terre-Neuve.

M. le Ministre. M. Thubé, puisque c'est de lui qu'il est question, m'a fait l'honneur de venir me voir, pour me tenir au courant de ce qui lui est arrivé cette année. J'ai écouté attentivement les explications qu'il me donnait, avec le sincère désir de le soutenir dans ses réclamations. Il m'a averti qu'au cours de la campagne de 1889 le capitaine de l'un de ses navires s'était trouvé en contestation avec un capitaine de croiseur anglais et que celui-ci lui aurait fait connaître qu'il n'aurait plus à venir pêcher le homard en cet endroit, l'année prochaine.

Ce propos était en effet très alarmant; j'ai désiré m'enquérir afin de savoir si, véritablement, de telles paroles avaient été prononcées et si les instructions émanant du gouvernement anglais autorisaient ses officiers à tenir un pareil langage. Je me suis informé et voici ce qui m'a été répondu :

Il résulte d'une lettre adressée par le premier ministre de la reine à l'ambassadeur de France à Londres qu'on n'a trouvé nulle trace, ni au Colonial-office ni au Foreign-office, d'aucun avertissement formel qui aurait été donné au commandant de la station navale *(Exclamations sur divers bancs.)*

M. Freppel. Aucun avertissement formel !

M. le Ministre. Messieurs, je ne puis pas employer d'autres expressions que celles que je trouve dans le document qui m'a été envoyé de Londres. Je vous fais connaître la réponse qui m'a été faite.

Vous assurez qu'on a dit au commandant de M. Thubé qu'il ne pourrait plus revenir l'année suivante. J'ai fait connaître au gouvernement anglais, par l'ambassadeur de France, que ce propos avait été tenu, et j'ai demandé si c'était en vertu d'instructions que ce commandant avait parlé ainsi. On me répond qu'aucune trace n'a été trouvée d'un avertissement... *(Interruptions.)*

Sur divers bancs. Formel !

M. le Ministre. Que voulez-vous que je vous dise? Ce sont les paroles du premier ministre. Je ne peux pas répondre à sa place et me servir d'autres expressions que celles qu'il a employées. Aucun avertissement formel n'a été donné par le commandant de la station navale de la Grande-Bretagne, soit au commandant de M. Thubé, soit à un autre citoyen français, pour leur interdire de reprendre cette année leurs opérations de pêche de homard.

Puisque aucun avertissement dans ce sens n'a été donné, je révoque en doute le point spécial, le fait particulier sur lequel M. Thubé avait appelé mon attention. Je dis que le propos qu'il m'a rapporté n'a pas été tenu, et j'en conclus que la situation, pendant l'année 1890, sera la même que celle des années antérieures.

M. de Lamarzelle. Alors nos nationaux ne seront pas protégés?

M. le Ministre. Les avez-vous trouvés protégés lorsque le

commandant Reculoux a fait disparaître les homarderies de
M. Murphy? *(Interruptions à droite)*.

Un membre à droite. Et le commandant Maréchal?

M. de Lamarzelle. Oui, nos nationaux ont été protégés sous
vos prédécesseurs.

Au centre. Laissez parler M. le Ministre!

M. le Ministre. Je ne désavoue nullement ce que mes prédécesseurs ont fait; je déclare, au contraire, que, bien loin de
répudier les instructions de M. Goblet et de M. Flourens lui-
même, je les confirme, je les reprends et j'assure que celles que
j'enverrai seront conçues dans les mêmes termes.

Qu'attendez-vous de moi, et que voulez-vous que je vous dise
de plus? *(Interruptions à droite.)*

Vous ne voulez pas me laisser parler?

M. de Lamarzelle. Vous avez fait le contraire!

M. le Ministre. Nullement.

Au centre. Ne répondez pas!

M. le Ministre. D'ailleurs, Messieurs, pourquoi ne vous le
dirais-je pas? Si vous m'interrogez comme ministre des affaires
étrangères, vous ne pouvez le faire que sur l'interprétation
donnée aux traités; si, au contraire, vous voulez m'interroger
sur les faits, les incidents qui se produisent à Terre-Neuve, sans
décliner aucune responsabilité, sans renier en quoi que ce soit
ma solidarité avec M. le Ministre de la marine, je vous fais
observer que ce n'est pas à moi, mais au chef de l'officier que
vous incriminez que vous devez vous adresser. *(Mouvements
divers.)*

Sur divers bancs. Vous avez raison.

M. Barbey, *ministre de la marine.* Je demande la parole.

M. Le Provost de Launay. Votre ambassadeur est d'une
faiblesse remarquable dans la défense des intérêts de nos nationaux.

M. le Ministre. On me dit que l'ambassadeur de France est
d'une faiblesse remarquable dans la défense des intérêts de nos
nationaux.

Messieurs, il était ambassadeur sous les ministères antérieurs;
il a reçu les instructions des ministres qui m'ont précédé,
comme il a reçu les miennes, et ces instructions n'ont pas varié,
je dirai même qu'elles ne peuvent pas varier.

Il n'est pas de ministre des affaires étrangères qui puisse
laisser mettre en contestation le droit de la France. Ce droit est
absolu, sans restriction, et il ne peut s'exercer que dans des
conditions parfaitement prévues. Voilà pour la théorie, et
M. Flourens a parfaitement exposé la question.

Mais, en fait, l'exercice de ce droit a constamment donné lieu à des contestations, à des conflits, qui ont été heureusement résolus à l'amiable. En 1885, on croyait être arrivé à une solution générale, à un arrangement définitif : loin de là ; de nouvelles difficultés ont surgi qui ont motivé de nouvelles négociations, lesquelles se poursuivent, et puisqu'on a prononcé le mot d'arbitrage, — ce que je n'aurais peut-être pas fait, — il n'est pas impossible, en effet, qu'il devienne nécessaire pour trancher cette question de recourir à un arbitrage. *(Mouvements divers.)*

Sur la question qui nous divise, les uns disent oui : ce sont les Français ; les autres disent non : ce sont les Anglais. Dans ces conditions, il faut bien admettre qu'il peut convenir, qu'il est même expédient et avantageux de recourir à un tiers arbitre. *(Interruptions sur divers bancs.)* Sinon, Messieurs, à qui donc laisseriez-vous la parole ?

Je vous mets au défi, vous qui m'interrompez, de le dire. *(Mouvement.)* Non ! Vous n'oseriez pas le dire. *(Très bien ! très bien ! au centre.)*

Il n'est personne ici qui puisse admettre que si un arbitre, désigné d'un commun accord par les deux parties, acceptait la mission de trancher la question pendante entre la France et l'Angleterre, quelqu'un pût songer à se dérober à la sentence prononcée.

Si l'on doit en arriver là, Messieurs, et je n'envisage ce fait que comme une hypothèse, si l'on doit en arriver là, du moins faut-il que les négociations se poursuivent entre les deux gouvernements, et en attendant je ne puis que vous dire que les instructions seront maintenues, conformes à celles qui ont été données jusqu'ici, et que nous veillerons, comme par le passé, à donner aux armateurs toutes les garanties qu'ils ont le droit de nous demander.

A droite. S'il en est ainsi, les armateurs n'enverront personne !

M. le Ministre. Est-ce que ce sont là des questions que l'on peut résoudre à la tribune ? Quant aux questions de fait, Messieurs, elles ne peuvent être débattues dans cette enceinte. On ne peut les apprécier que sur place. Jusqu'à ce jour, les armateurs sont allés à Terre-Neuve exercer leur industrie sous leur responsabilité. *(Interruptions à droite.)*　　　*(A suivre.)*

Le Directeur-Gérant, J. CHAPEAU (🎖, ⁂).

5me année. — No 22 (2me série) — 1er Mai 1890.

REVUE

DES

PÊCHERIES MARITIMES

LETTRE A M. ROYER-FOUCAUD

Cher et éminent Collaborateur,

Dans votre dernier article portant pour titre : « Le trafic des parcs à huîtres, » vous avez exposé, avec une aisance, un talent qui vous sont familiers, des vues qui se trouvent en opposition complète avec les intérêts de nos ostréiculteurs. Je vous demande humblement la permission de les réfuter. La lutte avec vous serait à mon grand désavantage si la forme de la discussion devait prévaloir dans les conclusions, mais je m'appliquerai, pour me faciliter la tâche, à ne traiter que le fond, où, d'ailleurs, je ferai mes efforts pour ne pas rester.

Vous caractérisez le domaine public maritime, sur lequel sont établies les exploitations huîtrières, par l'imprescriptibilité et l'inaliénabilité. C'est bien, en effet, la réponse immuable de l'administration de la marine à chacune des demandes opposées par les concessionnaires de cette partie du domaine public. Cette chanson est déjà vieille et la résistance de l'administration est une guitare qui n'a cessé de l'accompagner. Cependant, la voix infatigable des intéressés continue de se faire entendre et il faudra pourtant un jour leur donner gain de cause. Les ostréiculteurs se demandent entre eux pour quelle raison la marine se montre si jalouse de la conservation de ce domaine dont elle entrave fatalement l'exploitation. Ce ne pourrait être dans l'intérêt de la défense des côtes puisque cette préoccupation n'est pas de son ressort, et c'est malheureux, il faut le reconnaître. Ce ne peut être non plus dans un but financier, puisque les concessions ne produisent rien ou presque rien au Trésor, car vous savez, mon cher Collaborateur, que les redevances payées par certains concessionnaires échappent à la Caisse des invalides. La marine n'ayant aucun intérêt à faire la besogne des finances, nous préférons penser, avec quelques esprits, que son désir de ne se point séparer du domaine qu'elle possède vient de ce qu'elle pourrait, dans l'avenir, utiliser les côtes à la défense du pays, soit! Les exploitations se trouveraient de ce fait placées dans la zone des servitudes militaires. Cela est parfait pour les huîtrières installées aux environs des batteries ou des forts. Mais croyez-vous qu'il en soit de même, par exemple, pour le bassin d'Arcachon? Certes non! Et veuillez noter que satisfaction pourrait d'autant plus être donnée aux parqueurs qu'ils ne vont pas, dans leurs revendications, jusqu'à réclamer à la marine d'aliéner son domaine à leur profit. Ils demandent de pouvoir bénéficier des frais souvent considérables qu'ils ont faits sur leurs concessions, en ayant le droit de vendre ou de sous-louer ces concessions et en se mettant à l'abri des retraits qui peuvent être prononcés contre eux pour une infraction aux règlements ou pour toute autre cause. En examinant de près ces doléances, on sent qu'elles sont parfaitement légitimes : les parqueurs admettent tout naturellement qu'ils pourraient toujours être expropriés pour un cas de force majeure, comme sont exposés à l'être les propriétaires des terrains avec ou sans construction.

Prenons un exemple, si vous le voulez bien ; voici M. X..., d'Arcachon, qui passe pour un des parqueurs les plus considérables. Sur les nombreuses concessions dont il est détenteur, il a remué les fonds, abaissé ici, élevé là. De mauvais terrains impropres à la culture de l'huître, il a fait — en dépensant beaucoup d'argent, l'avenir de son ménage, de ses enfants — des huitrières de très grand rapport. Nous pourrions citer des fortunes qui se trouvent ainsi engagées. Un jour le concessionnaire meurt — cela arrive à tout le monde ; — la concession cesse de plein droit, elle revient à la marine qui en dispose en faveur de qui bon lui semble. L'avenir de la femme X... et de ses enfants est détruit ; son argent, les efforts du chef défunt profiteront à un autre ; la veuve n'a pas le droit de vendre ni de faire exploiter pour son compte le terrain sur lequel repose tout son avoir. Ne trouvez-vous pas cela injuste et ne pensez-vous pas que les intéressés aient mille fois raison de se plaindre d'une pareille situation?

Je me permettrai d'ajouter, mon cher Collaborateur, qu'à la combinaison proposée par les parqueurs l'État n'a qu'à gagner, parce que du jour où ceux-ci auraient le droit de louer ou de vendre leurs concessions, le fisc étendrait son exercice au domaine maritime et il aurait le champ libre : timbre, enregistrement, actes, ventes, successions, impôts immobiliers, etc., etc. Le domaine maritime rentrerait dans le rang des autres domaines publics, voilà tout. Où verriez-vous le mal?

Ne dites-vous pas aussi, Monsieur Royer-Foucaud, que les particuliers mettent leurs capitaux dans l'industrie ostréicole et ne faites-vous pas le procès de ces derniers parce qu'ils cherchent à faire fructifier leurs fonds? Vous convenez, n'est-ce pas, qu'aujourd'hui il y a prospérité dans les exploitations huitrières, mais il ne faudrait pas remonter bien haut pour trouver cette intéressante industrie encore dans l'enfance. Qui donc lui a apporté cette prospérité si ce ne sont les particuliers avec leurs capitaux? N'ont-ils pas ainsi rendu service et aux inscrits maritimes en employant leurs familles sur les exploitations que ceux-ci ne savaient alimenter avec leurs seuls moyens, et aux populations éloignées des centres ostréicoles qui peuvent aujourd'hui profiter de cette excellente alimentation?

Comment s'y prendraient actuellement nos infortunés inscrits pour faire face à la concurrence — si opiniâtre qu'il a fallu recourir à des droits de protection — par les Belges, les Hollandais, voire même les Anglais, sur notre propre marché? Il leur faudrait le concours des capitalistes. Vous voyez que si le capitaliste n'existait déjà, il faudrait l'inventer. Nous ne sommes plus au temps où le parc à huîtres était le champ de culture destiné à donner un peu de bien-être à la famille de l'inscrit. L'ostréiculture est à présent une grande, très grande industrie, qui remue des capitaux considérables, qui donne lieu à d'importants trafics, enfin qui emploie beaucoup de monde. Voilà pourquoi les ostréiculteurs demandent qu'on s'occupe d'eux, qu'on protége leurs biens au même titre que ceux des autres. Cela ne constitue nullement l'agiotage, comme vous l'écrivez; il ne s'agit en l'espèce que de protéger d'honorables intérêts. Quand les parqueurs du Morbihan et ceux d'Arcachon trouvent que les règlements ont vieilli, à telle enseigne qu'ils paralysent l'essor de l'ostréiculture et ne répondent pas aux nécessités actuelles, ils sont, vous le voyez, complètement dans le vrai.

Telles sont, trop longuement développées peut-être, les réfutations qu'au nom des parqueurs j'ai cru devoir me permettre de faire à votre savant exposé. Au point de vue de la science, de la jurisprudence, vous avez sans doute raison, mais à celui des intérêts des parqueurs il n'en saurait être de même. Cette jurisprudence, qui dicte à la marine une conduite dont elle ne peut s'écarter, est préjudiciable à l'ostréiculture : il faudra la remanier. Ne le pensez-vous pas maintenant?

Jules CHAPEAU.

Les mois sans R.

Le temps fait son œuvre, et chaque jour les vieux préjugés disparaissent de même que les vieux adages.

Autrefois, on ne consommait point d'huitres pendant les mois qui n'ont pas d'R; il n'en est plus ainsi depuis qu'un décret du 30 mai 1889 a proclamé la liberté complète de vente, d'achat, de transport et de colportage des huîtres ayant plus de cinq centimètres de diamètre.

La statistique des pêches maritimes que publie le département de la marine nous fixera, espérons-le, en l'an de grâce 1891, sur le mouvement commercial de l'ostréiculture du 15 juin au 1er septembre 1889. Ce document nous édifiera officiellement sur les conséquences de l'acte du gouvernement qui a rapporté les mesures prohibitives antérieures et qui dataient de 1882.

En attendant qu'il voie le jour, il est bien permis de préjuger de l'effet des nouvelles prescriptions et de se demander si l'industrie ostréicole en a tiré profit.

Nous n'hésitons pas à nous prononcer par l'affirmative — en ajoutant, toutefois, que ce profit a dû être limité.

Pour donner au commerce des huîtres la liberté complète de transactions, le département de la marine a fait valoir l'encombrement des parcs et l'assurance que les foyers de production de naissain étaient suffisamment intenses; de plus, il a été au devant de l'objection tirée du danger, pour la santé publique, de la consommation des huîtres pendant l'été.

Le dicton des mois sans R est trop populaire, et les idées qu'il préconise sont trop ancrées dans les esprits pour que l'on s'attende à une sensible augmentation dans l'écoulement des produits ostréicoles. Néanmoins, on peut espérer que l'opinion du public se refera peu à peu sur cette question.

Les consommateurs qui continueraient à écarter les huîtres de leur table pendant l'été se rassureront vite en leur citant l'exemple de l'huître portugaise, laquelle est toujours en frai, en ce sens qu'elle n'a pas d'époque spéciale de l'année pour se reproduire. En outre, comme la portugaise est par la nature de son appareil génital à même de se trouver souvent à l'état laiteux, et que son prix de vente la rend accessible à toutes les classes de la société, on ne saurait invoquer un meilleur argument en faveur de l'innocuité de la consommation des huîtres en tout temps.

Quoi qu'il en soit, nous demeurons persuadé qu'il y a intérêt à favoriser par tous les moyens possibles l'écoulement des huîtres parce que la production excède de beaucoup les besoins de la consommation.

Nous pensons même que le débit sur une plus grande échelle n'exercerait pas d'influence sérieuse sur le cours des prix de vente, et qu'il y a tout avantage à vulgariser dans le public les mesures libérales dont le département de la marine a pris l'initiative, après s'être entouré de toutes les garanties désirables.

Aussi, serions-nous partisan de porter à la connaissance de nos populations par voie d'affiche, tout au moins les dispositions de l'article premier du décret de 1889, et cela dans le courant du mois d'avril.

Le moment serait d'autant mieux choisi que la pêche fluviale est interdite du 15 avril au 15 juin 1890. Or, comme cette prohibition fait l'objet d'un arrêté pris par chaque préfet dans son département, rien ne s'opposerait à ce que la mention de liberté de vente des huîtres fût ajoutée au pied de cet arrêté. Il suffirait pour cela de recueillir l'assentiment du ministre des travaux publics qui, tout le fait présumer, se prêterait à donner des instructions aux préfets dans le sens indiqué.

L'État et les particuliers y trouveraient chacun avantage :

Le premier, en faisant de la publicité dans la France entière, *sans frais,* à une époque favorable, et avec faculté de toujours pouvoir la renouveler dans des conditions identiques;

Les seconds, c'est-à-dire même les habitants de nos plus petites communes, auraient connaissance de la nouvelle réglementation, et la consommation pourrait dès lors atteindre de sérieuses proportions.

Il convient d'ailleurs de faire observer que l'extension commerciale à laquelle le décret de 1889 va donner lieu, favorisera surtout la vente de l'huître indigène ce qui permettra de concurrencer la propagation de l'huître portugaise.

Admettons que cette extension détermine quelque abaissement des prix, il y a intérêt à ce que le consommateur soit amené par tous les moyens possibles à acheter la première au lieu de la deuxième espèce d'huître.

En interdisant l'introduction de la portugaise dans les parcs du Morbihan, en 1888, le département de la marine montrait évidemment, malgré les réserves formulées au point de vue technique, qu'il était en principe disposé à protéger les parqueurs. Lorsqu'il y a trop plein, semblait-il dire, il faut écouler le plus qu'on peut puisque le foyer de production est comme intarissable.

Or, jusqu'à ce jour, tout nous prouve que le point de vue adopté pour la direction du commerce ostréicole est de faire écouler la marchandise de qualité supérieure et de la protéger contre la trop grande vente d'un produit de qualité inférieure.

On ne peut que se rallier à un tel système et réagir contre l'idée de la nocuité des huîtres en été.

Que les personnes auxquelles il reste des scrupules se privent d'un mets recherché, cela est bien naturel de leur part. Mais n'empêche que la liberté de consommation des huîtres pendant tous les mois de l'année est une excellente mesure qui se vérifiera certainement dans la pratique.

Royer-Foucaud.

PISCICULTURE

Les renseignements suivants relatifs aux époques auxquelles *frayent* les poissons, nous semblent de nature à intéresser ceux de nos lecteurs, amateurs de pisciculture et désireux de peupler leurs réservoirs aux moments propices.

De novembre à février, la *truite.*

Fin février jusqu'en mai, le *brochet.*

Mars-avril, la *perche.*

Avril, la *gremille* ou *perche goujonnière.*

Avril-mai, la *brême*, l'*ombre* et la *lamproie.*

Mai-juin, la *carpe*, le *barbeau*, le *carassin* ou *carpe à la lune*, le *chevaine*, le *gardon.*

Juin-juillet, la *tanche.*

Dans les bassins, une hauteur d'eau de plus de 16 centimètres est défavorable à la reproduction. Autant que possible, cette hauteur ne doit dépasser de 6 à 8 centimètres sur les bords exposés au midi; le fond doit être garni de sable, de gravier, de pierres distancées et de touffes d'herbes. Le sable, le gravier sont nécessaires aux poissons pondant des œufs qui restent libres, les herbes sont indispensables aux poissons dont les œufs sont enduits d'une substance gélatineuse.

La truite, l'ombre, la vaudoise, le barbeau produisent des œufs *libres* ou qui se fixent aux cailloux. La brème, le brochet, la carpe, le chevaine, la perche et la tanche pondent des œufs qui adhèrent aux herbes. R. F.

LES INSCRITS MARITIMES

La statistique des naufrages, publiée par le ministère de la marine dans le numéro du *Journal officiel* du 15 avril, nous amène à parler des inscrits maritimes. Les critiques formulées contre le régime auquel ils sont soumis et qui ont motivé la formation d'une commission d'étude, dont nous avons parlé le mois dernier, portent surtout sur les avantages conférés aux marins, par suite de leur inscription, et ne mentionnent point les faits qui pourraient militer en leur faveur.

On reproche aux inscrits de pouvoir, à l'exclusion de tous autres, se livrer à la navigation et exercer la pêche. C'est un monopole qui leur est reconnu et, pour certains, du moment qu'il y a un monopole, on doit mettre tout en œuvre pour le détruire. Cependant, il faut voir comme ce monopole est enviable! Si l'on ne l'examine que d'un seul côté, il peut paraître tentant, mais qu'on lise la statistique des naufrages, et le désir de prendre part aux actes qui constituent ce monopole sera quelque peu réfréné.

La situation d'inscrit maritime n'a rien en elle-même de bien attrayant, excepté peut-être pour tous ceux qui ne la connaissent que d'après les romans dits maritimes, et, au point de vue pratique, je ne sache pas que les inscrits amassent de fortes rentes par l'exercice leur de métier, je dirais même que leurs salaires n'ont pas suivi la progression des salaires de la généralité des travailleurs. Depuis quelque vingt-cinq ans que je connais les matelots, j'ai toujours vu leurs salaires mensuels rester stationnaires au prix de 55 francs, et si, il y a trente ans, cette somme pouvait paraître avantageuse, elle est tout à fait insuffisante si le marin est marié. Son éloignement de sa famille ne lui permet pas de profiter des bénéfices de la vie en commun et, pour peu qu'il ait à s'entretenir de vêtements, bien faible sera la partie de sa paye qu'il pourra déléguer à sa femme ou à ses enfants.

La navigation, la pêche, ces deux métiers, qui composent le susdit monopole, s'ils n'enrichissent pas, ils ont, en revanche, une foule d'inconvénients, dont les moindres sont les risques journaliers auxquels ils exposent. Nous lisons, en effet, dans la statistique des naufrages, que les chiffres des pertes en hommes, pendant l'année 1888, pour la navigation proprement dite, se sont élevés à 45 pour le long cours, 14 pour le cabotage, 12 pour le bornage, 7 pour le pilotage, 5 pour la navigation de plaisance, soit un total de 82 hommes morts ou disparus, par suite d'événements de mer.

Pour la pêche, c'est encore mieux ; le total s'élève à 314 hommes, dont 221 pour la grande pêche et 93 pour la petite pêche.

Les braves gens qui, tranquillement assis, le dos au feu, mangent du poisson de mer, ne se figurent pas les dangers courus par les pêcheurs ; ils ne savent pas que, pour aller chercher cet aliment qui flatte leur palais, le malheureux matelot a dû risquer sa vie.

La morue, le poisson populaire par excellence, cause, chaque année, des deuils sans nombre ; je cite textuellement le rapport : « La fin du mois d'avril 1888 a été néfaste aux » bâtiments pratiquant la pêche de la morue. Les tempêtes » qui ont sévi sur la côte sud de l'Islande ont causé de nom- » breux sinistres. Onze bâtiments ont péri corps et biens » dans ces parages, aux dates des 23, 28, 29 et 30 avril ; on » a eu à déplorer la mort de 177 marins, qui formaient les » équipages de ces navires. » Le port de Dunkerque a perdu les goélettes *Ambitieuse, Dame-Blanche, Frigga, Jeanne, Sarcelle, Lulu-Zaza, Vaillante ;* le port de Saint-Brieuc, le lougre *B.-C.*; le port de Paimpol, *l'Astre-des-Mers*, le *Souvenir* et la *Marguerite*. L'année 1888 n'a rien d'exceptionnel; les catastrophes de l'année dernière sont encore présentes à la mémoire : les *Quatre-Frères* et l'*Ella*, de Saint-Malo, ont quitté ce port depuis plus d'un an, et jamais on n'en a eu de nouvelles. Ils étaient montés par plus de deux cents hommes.

Les familles de ces malheureux sont secourues dans les plus larges mesures possible, mais on ne peut rendre l'époux à la femme et le père aux orphelins, et si la misère absolue ne vient pas s'asseoir au foyer de la famille, les *pauv' p'tits gars* n'auront qu'un secours à peine suffisant pour leur acheter du pain.

Cette vie de danger a développé chez les marins un grand esprit de solidarité et de dévouement; ils s'entr'aident dans la peine et se secourent dans le danger. Oh! après les détails navrants de la statistique que nous citons, l'esprit se rassérène par la lecture des faits de courage et les sauvetages accomplis; il faudrait les citer tous ou pas un, car, dans tous, on voit l'homme faisant abnégation de sa propre existence pour sauver celle d'un autre homme en péril; ils sont nombreux, car les récompenses accordées aux sauveteurs par le ministère de la marine, atteignent le chiffre de 281, et l'on sait qu'à la marine on n'accorde pas de médaille sans une enquête minutieuse, et que les actes de dévouement ne sont récompensés qu'autant que le sauveteur a réellement risqué sa vie.

Nous avons, non pas résumé, mais seulement esquissé qulques-uns des passages du rapport adressé au ministre par l'administration des Invalides; il est inutile de le commenter, les faits parlent d'eux-mêmes. Les critiques dirigées contre les marins et le régime de l'inscription maritime méritent-elles d'être prises en considération? Nos lecteurs savent à quoi s'en tenir.

La pêche des huîtres à Arcachon.

Il a été décidé que la pêche des huîtres dans le Bassin d'Arcachon pendant la campagne de 1890 aura lieu le 5 mai prochain et durera un jour. Elle se fera à la drague dans les chenaux de Comprian, de Certes, de la Bougèse, de Gujan, sur les bancs des Barrouleyres, de Bétet, de la rade d'Eyrac, de Causse, du Courant, d'Andernos, de Cermanan, d'Arès et de Ville.

Il est expressément interdit de faire la visite des fonds huîtriers avant la pêche; il est également interdit de vendre des huîtres ayant moins de cinq centimètres.

La pêche ne pourra commencer qu'au lever du soleil, après un signal donné par les agents de surveillance; elle devra cesser au coucher du soleil. Le signal sera fait à l'aide du pavillon national, hissé au mât de l'embarcation des dits agents, pour les chenaux autres que celui de Gujan. Pour ce dernier, le signal sera fait à bord du *Chamois*.

Les marins inscrits pourront seuls exercer la pêche, ainsi que les femmes de marins, leurs fils non marins, au-dessous de quinze ans, leurs filles non mariées, ainsi que les veuves de marins non remariées.

Les marins, qui pour la pêche auront l'intention d'embarquer des femmes ou des enfants, devront, avant l'ouverture de la pêche, en faire la déclaration, soit au commissaire de l'inscription maritime, à La Teste, soit aux syndics et gardes maritimes de leur ressort.

Les pêcheurs devront rejeter sur les lieux de pêche les poussiers, sables, graviers et fragments d'écailles; ils devront garder à bord pour les déposer sur le rivage, en dehors de la laisse des plus hautes mers, les goëmons, vases, cormailleaux et autres matières et animaux nuisibles à la reproduction des huîtres.

Toute infraction sera punie conformément aux articles 7, 8, 9 du décret du 9 janvier 1852. Les délinquants s'exposeraient, en outre, *à se voir retirer les concessions de parcs dont ils sont titulaires.*

La question de Terre-Neuve.

Londres, 24 avril.

Chambre des Communes. — M. de Lisle demande si, en raison de l'avis des jurisconsultes de la couronne qui estiment que ni le traité d'Utrecht ni aucun autre traité n'ont donné aux Français le droit d'établir des comptoirs pour la pêche du homard sur les côtes de Terre-Neuve et en présence du *modus vivendi* récent qui sanctionne l'existence de ces comptoirs, le gouvernement est disposé à envisager l'état d'exaspération du peuple de Terre-Neuve qui proteste contre la politique suivie.

Sir J. Fergusson répond que les rapports des jurisconsultes sont toujours confidentiels, cependant les mots que M. de Lisle a cités ne se trouvent pas dans ces rapports; ils représentent néanmoins les vues du gouvernement.

Le *modus vivendi* ne reconnaît aucun droit aux Français d'établir des comptoirs de homards, mais il ne porte en aucune manière atteinte aux prétentions des deux gouvernements.

Le cabinet examinera avec le plus grand soin toutes les représentations faites par Terre-Neuve, qui ne seront pas incompatibles avec les obligations de l'Angleterre et de la colonie en vertu des traités. Il espère voir prochainement les délégués coloniaux et étudiera avec eux leurs propositions.

Lord Hamilton, répondant à M. Harmington, dit que le gouvernement n'a reçu aucune plainte ayant trait à des empiètements quelconques de pêcheurs français sur la côte Kerry.

Le croiseur *Flora* est en croisière sur la côte sud-ouest de l'Irlande pour protéger les pêcheries, il étendra sa protection à la côte de Kerry, si les agissements des pêcheurs le rendent nécessaire.

NOUVELLES DIVERSES

— L'honorable secrétaire du Collège de France, M. Bouchon-Brandely, inspecteur général des pêches au Ministère de la marine, est actuellement en mission sur les côtes d'Algérie afin d'y étudier l'application du règlement des pêches sur le littoral algérien et étendre cette application aux côtes tunisiennes. M. Bouchon-Brandely étudiera en même temps les moyens les plus propres à cultiver sur ces dernières côtes la pisciculture, la mytiliculture et l'épongioculture.

— On sait que, d'accord avec le Ministre de la marine, le Ministre des travaux publics a fait signer un décret interdisant la pêche d'une certaine quantité d'espèces de poissons dont la dimension serait inférieure à 40 centimètres. On comprend quel émoi ce décret a jeté parmi les pêcheurs d'anguilles, ce dernier poisson étant compris dans la mesure prise. Des pétitions nombreuses sont parvenues aux deux Ministères, où des dispositions nouvelles vont être appliquées à bref délai. Il a été décidé que la pêche des anguilles pourrait être autorisée pour les poissons de cette espèce à partir de la dimension de 25 centimètres et *au-dessous* de 7 centimètres. Cette dernière disposition s'applique aux *pibales* dont la montée va avoir très prochainement lieu. Les pêcheurs d'anguilles seront donc satisfaits.

L'OMBRE *(THYMALLUS VEXILLIFER)*
Par M. RAVERET-WATTEL

Par suite du gracieux envoi d'œufs d'ombre commune qui a été fait à notre Société, quelques renseignements sur ce salmonide présenteront peut-être un certain intérêt d'actualité.

L'ombre est un poisson beaucoup plus localisé que la truite. En France, on la trouve principalement dans les rivières de nos départements de l'est, du centre et du sud-ouest. Parmi ces cours d'eau, l'Ain et ses affluents, le Doubs, l'Ognon et surtout, paraît-il, la Lison et la Loue sont ceux où elle existe en plus grande abondance. Quelques auteurs affirment qu'elle ne se rencontre jamais dans notre région sud-ouest, c'est-à-dire dans cette partie du pays qui s'étend de la Dordogne aux Pyrénées et de l'Océan au voisinage du Rhône. Je tiens cependant de M. le Dr Companyo, conservateur du Musée d'histoire naturelle de Perpignan, que l'ombre se trouve dans plusieurs rivières du département des Pyrénées-Orientales et qu'elle y est même plus commune que la truite dans les parties inférieures de ces cours d'eau.

On trouve également l'ombre en Italie, en Suisse, en Angleterre, dans une grande partie de l'Allemagne, en Suède et jusqu'en Laponie (¹); mais c'est comme chez nous, presque toujours dans des localités assez restreintes, et, si l'on en juge par les essais déjà faits, tant en Angleterre qu'en Écosse, il paraît peu aisé de l'introduire dans des eaux où elle n'a jamais existé, tandis qu'on pourrait, au contraire, avec plus de facilité que pour la truite, la propager de nouveau dans des cours d'eau qu'elle peuplait autrefois et dans lesquels elle est devenue rare, ou dont elle a complètement disparu, par suite d'abus de pêche ou autres causes. Peut-être, toutefois, l'insuccès des tentatives d'introduction a-t-il eu simplement pour cause un choix peu heureux des eaux mises en culture. L'ombre ne se plaît et ne peut guère réussir que dans les rivières coulant sur des bancs de gravier, de sable ou de glaise, mais dont le fond inégal présente alternativement des parties creuses, où le poisson trouve un refuge tranquille en eau calme, et des endroits peu profonds, avec courant assez vif. Les sujets les plus forts recherchent les parties profondes tandis que les jeunes poissons se tiennent de préférence sur les bas-fonds, en s'abritant contre le courant derrière les pierres et les touffes d'herbe. Un fond rocheux est absolument contraire à cette espèce qui, tout en ayant besoin d'une eau claire et vive, ne s'y plaît que si cette eau n'est pas trop froide, et surtout si elle ne présente pas de trop grandes et trop fréquentes variations de température. Les crues subites lui sont également défavorables.

L'ombre peut vivre dans les étangs de création récente, dont le fond est propre et résistant; mais elle ne paraît pas s'y reproduire, et elle périt promptement quand on l'introduit dans un étang déjà ancien et à fond vaseux.

Ce poisson, qui se tient près du fond plus volontiers que

(¹) Chez nous, l'ombre est essentiellement un poisson d'eau douce; elle ne va jamais à la mer. Dans le nord de l'Europe, ses habitudes sont un peu différentes, car on la trouve dans la mer du Nord, le Cattégat, la Baltique, etc. D'après M. Lundberg, inspecteur des pêches à Stockholm, on en pêche beaucoup dans le golfe de Bothnie et à l'embouchure des cours d'eau qui s'y jettent. Sir Humphry Davy a toutefois essayé, sans succès, de l'élever en eau saumâtre.

la truite, ne s'élance jamais hors de l'eau, comme le fait celle-ci, pour happer les insectes au vol. Moins vigoureux que la plupart des autres salmonides pour remonter les courants violents ou pour franchir les obstacles, les barrages, etc., qu'elle rencontre sur sa route, l'ombre n'en monte et descend pas moins dans l'eau avec la plus grande aisance, grâce à l'ampleur remarquable de sa nageoire dorsale et surtout aux dimensions proportionnellement considérables de sa vessie natatoire.

L'ombre vit d'insectes, de larves de toute espèce, d'entomostracés, de petits mollusques, tels que les physes et les néritines, etc. ; elle recherche surtout les larves de phryganes, les crevettes d'eau douce et, paraît-il, le frai de poisson ; aussi quelques auteurs considèrent-ils sa présence comme préjudiciable dans les rivières à truites, où elle détruirait les œufs sur les frayères. On cite néanmoins d'assez nombreux cours d'eau en Angleterre où les deux espèces coexistent sans paraître nullement se nuire. Plusieurs clubs de pêche, notamment celui d'Hungerford, sur le Kennet, ont même introduit l'ombre (en anglais, *grayling*), dans des cours d'eau qui ne renfermaient que de la truite, et le rendement de la pêche n'a fait qu'augmenter : aucune diminution n'a été constatée dans l'abondance des truites. Il s'agit, à la vérité, de rivières où la nourriture est abondante, c'est-à-dire dont les eaux sont riches en insectes et en crevettes *(Gammarus)*.

L'ombre fraye généralement en avril ou au commencement de mai. Il est rare de voir frayer des sujets de moins de 500 grammes ; ce qui donne lieu de croire que ce poisson ne commence à se reproduire qu'à l'âge de trois ou quatre ans. Les œufs, dont l'aspect rappelle un peu celui du frai de grenouille, sont toujours, comme ceux du saumon, de la truite ou de l'ombre-chevalier, déposés en nids sur le gravier, mais sous une très mince couche d'eau. Plus nombreux, mais aussi beaucoup plus petits que ceux de la truite, ces œufs, d'une extrême transparence, sont d'abord d'un blanc opalin, puis prennent une teinte cornaline, parfois même orange foncé. Ils sont sensiblement plus délicats que ceux de la truite ou de l'ombre-chevalier, et l'on a constaté que si un refroidissement de la température survient peu après la ponte, les éclosions sont fort compromises. L'embryon est généralement visible dans l'œuf neuf jours après la fécondation, et l'éclosion se produit du douzième au vingt-cinquième jour, suivant la température de l'eau ; mais très peu de jours s'écoulent entre l'apparition des yeux de l'embryon et l'éclosion. Une eau très pure est indispensable pour l'incubation des œufs, comme pour l'élevage des alevins. L'ombre est, sous ce rapport, beaucoup plus exigeante encore que la truite.

Il importe, au fur et à mesure des éclosions, d'enlever soigneusement les coques vides qui, probablement parce qu'elles se corrompent très vite, font périr les alevins quand on les laisse séjourner dans les appareils d'incubation.

Les alevins se développent d'abord très rapidement : dès la fin de juillet ou le commencement d'août, ils mesurent déjà 10 à 12 centimètres de longueur. D'après sir Humphry Davy, ils atteindraient parfois de 20 à 25 centimètres en septembre et pèseraient alors de 150 à 200 grammes. Plus tard, la croissance se ralentit considérablement ; la plupart des sujets que l'on pêche chez nous n'atteignent pas 500 grammes. En Angleterre, on en prend parfois qui pèsent de 2 à 3 livres. On cite même des pièces exceptionnelles de 4 ou 5 livres et, dans le nord de l'Europe, en Suède et en Laponie, on en trouverait fréquemment de 8 et 9 livres.

L'ombre, connue dans la Grande-Bretagne sous le nom de *Grayling*, est appelée *Aesche* dans l'Allemagne du Nord et *Asch* dans l'Allemagne du Sud. Dans la Haute-Autriche, jusqu'à l'âge d'un an, elle porte le nom de *Sprenzling*, la seconde année, celui de *Mailing*, la troisième, celui d'*Aeschling* ; enfin, elle devient l'*Asch* à partir de la quatrième année. Dans plusieurs rivières du même pays, notamment dans la Vokla, on a recours, pour la pêche de ce poisson, pendant la durée du frai, à un moyen assez original. On choisit une femelle qui soit sur le point de pondre, et on l'attache, par un long fil passé dans la nageoire dorsale, à un piquet planté dans le fond de la rivière ; des mâles sont bientôt attirés par la présence de cette femelle, et un filet, adroitement manœuvré, permet de les capturer d'autant plus aisément qu'à l'époque du frai l'ombre perd beaucoup de sa timidité et de sa prudence habituelles.

Ce poisson, très recherché pour la table, a une chair blanche et délicate, qui acquiert toute sa qualité en octobre et novembre. Elle a un parfum spécial que l'on a comparé à celui du thym, d'où serait venu le nom de Thymallus appliqué à ce poisson. D'autres personnes trouvent que cette odeur se rapproche plutôt de celle du concombre, comme chez l'éperlan. D'après M. Lloyd, elle serait due au goût très marqué de l'ombre pour les gyrins (*Gyrinus natator*, Linn.), insectes que ce poisson recherche avec avidité et qui répandent, comme on le sait, une odeur pénétrante.

Des hybrides d'ombre et de truite ont été plusieurs fois obtenus. C'est ainsi qu'en 1872, M. Rico réussissait à féconder des œufs d'ombre du lac Pavin avec de la laitance de truite, et à les faire éclore à l'École de pisciculture de Clermont-Ferrand. Les alevins se développèrent rapidement : ils mesuraient à 6 mois, 0^m09 ; à 22 mois, 0^m17 ; à 32 mois, 0^m28. Ils étaient de couleur ardoisée, à reflets verdâtres, avec le ventre argenté et présentaient sur le dos de larges taches et des points irréguliers d'un brun clair ; à 22 mois, ils donnèrent des signes de fraie. On ne put malheureusement se procurer de mâles ayant encore leur laitance ; mais on réussit à féconder 500 œufs avec de la laitance de truite. Ces œufs, récoltés le 15 novembre 1875, furent éclos en six semaines. Les alevins grossirent plus rapidement que ceux de truite, et, à 10 mois, ils mesuraient déjà de 10 à 15 centimètres de longueur. « Chez ces hybrides, écrivait M. Rico, les formes sont bonnes, les mouvements rapides. Ces poissons se montrent craintifs et cherchent toujours à se cacher. »

En Angleterre, M. Andrews, de Guildford, a également fécondé des œufs d'ombre avec de la laitance de truite, mais il n'a pu en obtenir l'éclosion.

Ces essais d'hybridation présentent certaines difficultés. D'abord, la truite a, presque partout, cessé de frayer quand l'ombre fraye à son tour. En second lieu, les œufs de l'ombre sont, comme il a été dit ci-dessus, beaucoup plus petits que ceux de la truite, et le micropyle laisse difficilement passage aux spermatozoïdes de la truite.

(Bulletin de la Société centrale d'aquiculture de France.)

CHEMIN DE FER D'ORLÉANS

La Compagnie du chemin de fer d'Orléans vient d'être autorisée à appliquer les dispositions du paragraphe 14 ci-après qu'elle a ajoutées à son tarif spécial D nº 3.

Désignation des marchandises : Artichauts, choux-fleurs, haricots verts, petits pois. Par expédition de **50** kilog. au minimum ou payant pour ce poids.

Parcours et prix : De toute gare du réseau à Paris-Ivry, sous condition d'un parcours de 500 kilomètres ou payant pour 500 kilomètres, **0** fr. **16** par tonne et par kilomètre, plus **1** fr. **50** pour frais de manutention.

Conditions : Le transport des marchandises taxées au prix de ce paragraphe a lieu par des trains spécialement désignés à cet effet sans que le délai de transport puisse excéder deux jours, non compris les délais afférents aux opérations de gare de départ et d'arrivée.

La remise doit avoir lieu aux gares trois heures au moins avant le départ de ces trains.

A l'arrivée, les marchandises dont il s'agit sont mises à la disposition des destinataires dans les trois heures qui suivent l'arrivée des trains.

Les expéditions adressées aux halles ou à domicile aux conditions de ce tarif seront livrées par le service du factage dans les mêmes conditions de prix et de délais que les marchandises expédiées en grande vitesse.

Pour les points principaux ci-après les prix par tonne de 1000 kilog. seront les suivants, frais de manutention compris :

LIEUX de provenance.	DISTANCES kilométriques	PRIX par 1,000 kilos, frais accessoires compris.
Bordeaux (Bastide)..	577	93f 80
Libourne.	542	88 20
Marmande. . . , . . .	637	103 40
Agen	650	105 50
Villeneuve-sur-Lot	632	102 60
Montauban.	720	116 70
Toulouse.	750	121 50
Saint-Sulpice (Tarn)	749	116 55
Brive.	501	81 65

L'hôtel des Princes et de la Paix est le plus confortable, le mieux tenu et le plus recherché par les familles aristocratiques qui séjournent à Bordeaux. Il est situé, 40, cours du Chapeau-Rouge, au centre même de la ville et dans le plus beau quartier.

Le Directeur-Gérant, J. CHAPEAU (※, ✳ ✳).

5me année.   N° **23** (2me série)   15 Mai 1890.

REVUE

DES

PÊCHERIES MARITIMES

RÉPONSE DE M. ROYER-FOUCAUD

Paris, le 15 mai 1890.

Mon cher Directeur,

J'ai lu avec un bien vif intérêt la réponse que vous avez faite dans le dernier numéro de la *Revue* aux lignes que j'avais précédemment consacrées à la question des concessions huîtrières.

Je suis loin d'être convaincu — et pour cause; — vous soutenez, avec chaleur, les intérêts immédiats du commerce des parqueurs; je me suis placé sur un terrain plus vaste : la législation et l'administration.

Au demeurant, vous voudriez qu'une loi nouvelle intervint pour donner aux ostréiculteurs l'assurance du lendemain; vous citiez, notamment, le cas d'une exploitation ostréicole ayant nécessité d'importantes mises de fonds et qui pourrait tomber entre les mains de personnes étrangères, lesquelles bénéficieraient injustement des résultats antérieurs.

Vous avez conclu que si en droit j'ai raison, mes

théories sont préjudiciables à l'industrie ostréicole.

Notre discussion ne doit pas rester oiseuse; il faut qu'on puisse en tirer un enseignement et, dès lors, je vous prierais, mon cher Directeur, de me citer des cas où la Marine aurait causé un préjudice, auquel je ne puis croire, préjudice aussi grave que celui d'un retrait immérité ou d'une transmission imprudente de concession.

Jusque-là, permettez-moi de croire que la garantie du lendemain existe pour nos parqueurs, peut-être pas en droit, mais en fait.

Si l'Administration tient à sauvegarder le domaine public, m'est avis qu'elle est restée impeccable, en tout état de choses et de gens, sur le chapitre de la distribution des concessions.

Vous demandez une législation nouvelle sur le domaine maritime: je ne la crois pas nécessaire pour le grand ostréiculteur, qui augmente son industrie et cherche plutôt à agrandir ses concessions qu'à sans cesse changer et rechanger les emplacements d'exploitation.

D'ailleurs, l'impartialité avec laquelle vous accueillez mes idées dans la *Revue* m'est un gage que vos lecteurs en suivront la discussion sans vous en tenir compte.

Croyez, cher Monsieur Chapeau, à toutes mes sympathies.

ROYER-FOUCAUD.

Nous ne manquerons pas de répondre à notre éminent interlocuteur dans le prochain numéro de la *Revue des Pêcheries maritimes.*   J. C.

LA RÉPRESSION DE LA FRAUDE

Au mois de février dernier, la *Revue des Pêcheries maritimes* a longuement entretenu ses lecteurs des démarches faites par une délégation d'ostréiculteurs du Bassin d'Arcachon auprès du Ministre de la marine. Il s'agissait, on se le rappelle, de la répression de la fraude, qui avait pris sur les parcs d'Arcachon une importance telle que les intérêts de l'ostréiculture dans ce Bassin étaient sérieusement menacés. Le ministre a accueilli les délégués avec une très grande bienveillance et leur a promis que satisfaction leur serait donnée sur le plus grand nombre de points de leurs réclamations. Cependant l'administration de la marine se montrait impuissante sur la partie qui touchait au moyen à employer pour percevoir sur les parqueurs un droit destiné à payer les frais nécessités par une augmentation de gardiennage.

Nous apprenons que les dévoués initiateurs de la campagne contre les fraudeurs ont constitué une association, qui, elle, fournira la somme annuelle nécessaire pour payer les nouveaux surveillants des parcs.

Cette Société, dont le Bureau va être élu très prochainement pour fonctionner aussitôt après, a pris le titre de *Société protectrice des intérêts des parqueurs-ostréiculteurs du Bassin d'Arcachon*. Nous publions plus loin le projet de ses statuts. Les noms des honorables initiateurs de la campagne qui va si heureusement aboutir est un gage de complète réussite pour la répression de la fraude. *La Revue des Pêcheries maritimes* les félicite de leur courageuse intervention.

SOCIÉTÉ PROTECTRICE DES INTÉRÊTS

DES

PARQUEURS-OSTRÉICULTEURS DU BASSIN D'ARCACHON

A la suite des explications échangées entre les ostréiculteurs-parqueurs du Bassin d'Arcachon, dans les réunions publiques qui ont eu lieu à Gujan-Mestras, à Arcachon et à La Teste, organisées en vue de rechercher les moyens de combattre et de réprimer les nombreuses infractions à l'arrêté ministériel du 30 mai 1889 maintenant l'interdiction de la sortie du Bassin d'Arcachon des huîtres n'ayant pas la dimension de 5 centimètres de diamètre ;

S'inspirant de la pétition adressée à M. le Ministre de la marine le 1er février 1890, dont les termes ont été discutés et votés par l'unanimité des ostréiculteurs présents aux trois grandes réunions précitées, et définitivement arrêtés et acceptés par une Commission composée de 25 membres nommés en séances publiques par les ostréiculteurs des communes du canton de la Teste ;

En présence du bienveillant accueil que M. le Ministre de la marine a bien voulu réserver aux délégués des ostréiculteurs, ainsi qu'à la pétition précitée, qui lui a été transmise par MM. Raynal et Cazauvieilh, députés de la Gironde, et eu égard aux termes de sa lettre en date du 3 février 1890, adressée aux Députés, faisant connaître « que l'exiguïté de » ses ressources budgétaires ne lui permettait pas l'accrois-» sement du personnel de la surveillance sur le parcours du » Bassin, *mais qu'il était tout disposé à conférer la qua-* » *lité de garde juré aux marins qui réuniraient les con-* » *ditions requises et que les ostréiculteurs se chargeraient* » *de rémunérer ;* »

Dans cette situation, les parqueurs-ostréiculteurs du Bassin d'Arcachon, des cantons de La Teste et d'Audenge, soussignés, pénétrés de l'importance qu'il y a, au point de

— 485 —

vue de l'intérêt de l'industrie ostréicole, de faire respecter
la décision ministérielle en date du   et renou-
velée le 30 mai 1889, ont formé, par les présentes, une
Association ayant pour but de réprimer les fraudes qui se
pratiquent dans d'inquiétantes proportions par l'expédition
des huîtres au-dessous de la dimension réglementaire.

STATUTS

TITRE I

But et organisation de la Société.

Article premier. — Dans un intérêt commun et collectif,
il est formé entre les ostréiculteurs concessionnaires de
parcs à huîtres dans le Bassin d'Arcachon, soussignés, et
ceux qui adhéreront ultérieurement aux présents Statuts,
une Association ayant pour titre : *Société protectrice des
intérêts des Parqueurs-Ostréiculteurs du Bassin d'Arcachon.*

Art. 2. — Cette Société aura pour objet de veiller, au
même titre que les agents de l'Administration de la Marine,
à ce que les règlements édictés en faveur de l'ostréiculture
dans le Bassin d'Arcachon soient rigoureusement observés,
notamment en ce qui concerne la décision ministérielle du
30 mai 1889, maintenant l'interdiction de l'exportation des
huîtres du Bassin d'Arcachon n'ayant pas la dimension de
5 centimètres de diamètre.

Art. 3. — Pour subvenir aux frais qui résulteront du
surcroît de surveillance nécessitée par l'application des règlements et pour la répression de la fraude, chaque membre
de la Société, concessionnaire de parcs à huîtres, sera soumis à une cotisation annuelle calculée à raison de 5 francs
par hectare de parc concédé par l'Administration de la
Marine. La redevance sera proportionnelle à la contenance
jusqu'à concurrence de 50 ares ; elle sera de 2 francs pour
chaque concessionnaire d'une contenance au-dessous de
50 ares.

Art. 4. — Afin d'assurer le recrutement des gardes
offrant toutes les garanties désirables, qui seront affectés à
la surveillance des intérêts de l'ostréiculture, la Société
aura une durée de cinq années consécutives, à partir du

jour où elle sera régulièrement constituée. Toutefois, le détenteur d'un parc qui justifiera du désistement de sa concession ou de son abandon, pourra, sur sa demande, ne plus faire partie de la Société. L'année commencée sera intégralement exigible.

Art. 5. — L'Association pourra être prorogée pour une nouvelle période, à déterminer par les intéressés, par une délibération prise en Assemblée générale.

TITRE II

Administration.

Art. 6. — L'Administration de la Société est confiée à un Comité de dix-neuf membres, qui se compose ainsi :

Un Président;

Deux Vice-Présidents;

Un Secrétaire général ;

Deux Secrétaires adjoints;

Un Trésorier général;

Deux Trésoriers adjoints;

Dix autres membres.

Indépendamment des dix-neuf membres, les Maires des communes ostréicoles des deux cantons font partie, de droit, du Comité.

Art. 7. — Les membres du Comité sont nommés par les Sociétaires réunis en Assemblée générale.

Néanmoins, pour éviter le déplacement des Sociétaires éloignés du lieu de réunion, il pourra être décidé, par cette Assemblée, après la nomination du Président, du Secrétaire général et du Trésorier général, que les Sociétaires des deux cantons de La Teste et d'Audenge nommeront chacun, séparément, un Vice-Président, un Secrétaire adjoint, un Trésorier adjoint et cinq membres du Comité.

Art. 8. — Les fonctions des membres du Comité sont gratuites, sauf celles du Secrétaire général et du Trésorier général qui pourront être salariées à cause de la sujétion et de la responsabilité qu'elles comportent.

Art. 9. — Les membres du Comité sont nommés pour deux ans.

Art. 10. — Chaque année, le Comité rendra compte, en Assemblée générale, des résultats obtenus.

En outre, cette même Assemblée procédera tous les deux ans au renouvellement du Comité et les nominations ne seront valables qu'autant que l'Assemblée réunira, tant comme membres présents que représentés, le quart plus un des sociétaires. Si cette condition n'était pas remplie, il serait procédé à une deuxième réunion, qui délibérerait valablement quel que soit le nombre des votants.

Art. 11. — Le Comité sera chargé de recueillir, directement ou par délégation, les adhésions et le montant des cotisations des parqueurs-concessionnaires ou de leurs fondés de pouvoirs.

Art. 12. — Immédiatement après la formation de la Société, le Comité se réunira à l'effet de statuer sur le nombre de gardes qui seront affectés à la surveillance et à la répression de la fraude. Ce nombre sera subordonné au montant des cotisations souscrites par les Sociétaires.

Art. 13. — Afin d'assurer le bon fonctionnement de la surveillance par des agents sérieux et capables, les membres de la Société prennent l'engagement formel de payer régulièrement leur cotisation pendant cinq années consécutives.

Art. 14. — Le Comité fixera l'époque et le mode de perception le plus avantageux à la Société et le plus commode pour ses membres.

Art. 15. — Le Comité administrera au nom de la Société; il présentera à l'investiture de l'Administration les gardes jurés qui lui auront été désignés par les ostréiculteurs-parqueurs sociétaires, consultés à cet effet en séance générale. Il désignera parmi ces gardes l'agent principal chargé de la surveillance des autres gardes; il aura le mandat de faire exécuter les ordres et instructions du Comité, à qui il rendra compte, dans les formes ultérieurement arrêtées, des opérations résultant de sa mission.

Art. 16. — Dès qu'un délit de fraude sera constaté et la saisie des huîtres effectuée, le garde principal en référera sans retard au Comité, qui fera telles démarches que de droit.

Art. 17. — Le Comité fera les plus actives démarches auprès de M. le Ministre de la Marine, en vue d'obtenir l'application des mesures les plus rigoureuses contre les délits de fraude.

Il insistera pour demander à l'Administration compétente que, dans les cas de fraude grave et manifeste, — mais non pas dans le cas où, sans intention de fraude, il n'y aurait sur la proportion tolérée par les règlements qu'un faible excédent d'huitres au-dessous de 5 centimètres, — la concession des parcs soit enlevée aux délinquants, et, qu'en outre des pénalités de droit, le Comité soit autorisé à attribuer le produit des matières saisies, savoir : un tiers au profit de l'État, un tiers au profit de l'agent qui aura découvert la fraude et opéré la saisie et un tiers au profit de la caisse de la Société.

Lorsque le délit aura été constaté et la saisie opérée à la suite d'indications précises données aux agents de la Société et au Comité, il serait attribué un tiers de la valeur des huitres saisies à ceux qui auraient fourni les indications, un tiers à l'État et le troisième tiers au garde qui aura verbalisé et à la Caisse sociale.

Dispositions diverses.

Art. 18. — Des règlements spéciaux seront dressés par le Comité et proposés à l'acceptation de l'Administration de la Marine, pour les dispositions à prendre en vue des moyens à adopter pour la répression de la fraude à toute heure de jour et de nuit dans toute l'étendue du Bassin d'Arcachon, à bord des navires et bateaux transportant des huitres, dans les gares des chemins de fer, au départ et à l'arrivée, ainsi que dans les ports du territoire de la République.

Art. 19. — Le Comité, aidé de la haute protection de M. le Ministre de la marine, fera les démarches nécessaires auprès des administrations compétentes, des municipalités et des Compagnies de chemins de fer, à l'effet d'obtenir un concours efficace pour atteindre le but proposé, c'est-à-dire la répression énergique de la fraude.

LA PÊCHE EN EAUX DOUCES

La proposition de loi dont nous reproduisons le texte ci-après a été déposée sur le bureau du Sénat au cours de la séance du 28 février dernier. Ce rapport vient d'être imprimé et distribué aux membres du Sénat :

PROPOSITION DE LOI

Sur les associations pour l'**exploitation de la pêche,** dans cours d'eau non navigables ni flottables, présentée par MM. George, Barne, Chaumontel, Charles Ferry, Garrisson, Guyot-Lavaline, baron de Larcinty, Kiéner, Mazeau, Peandecerf, Testelin, Thurel, Vinet, Volland, sénateurs.

Exposé des motifs.

Avec son réseau de près de quatre cent mille kilomètres de cours d'eau, fleuves, rivières et ruisseaux, la France devrait trouver, dans les produits de la pêche de ses eaux douces, un sérieux élément de richesse et en tout cas une abondante ressource pour l'alimentation de ses habitants.

Au lieu de cela, aujourd'hui, presque tous nos ruisseaux et rivières sont improductifs, le surplus est très appauvri : le poisson d'eau douce n'entre que pour une part extrêmement restreinte dans l'alimentation publique, et encore une notable partie de notre consommation, 3,000,000 de kilogrammes environ, est-elle importée par les nations voisines (notamment par l'Allemagne, dont l'importation grandit sans cesse).

Pourquoi, chez nous, cet état d'appauvrissement, alors que d'autres nations voisines, qui ne sont certainement pas dans de meilleures conditions naturelles, savent tirer de leurs eaux douces un tel parti qu'elles sont devenues nos fournisseurs et que, chaque année, nous leur payons de ce chef un tribut de près de trois millions de francs?

L'enquête faite par une Commission du Sénat en 1880 et 1881 a mis en lumière les deux principales causes de ce fâcheux état de choses : c'est d'abord l'insuffisance manifeste de la surveillance et, ensuite, l'état d'abandon complet dans lequel sont laissés tous ceux de nos cours d'eau qui ne sont ni navigables ni flottables.

L'organisation d'une surveillance effective est plutôt du ressort de l'Administration que de celui du Parlement; et comme les vœux formulés à cet égard par la Commission sénatoriale ont été en 1881 renvoyés par le Sénat à M. le Ministre des travaux publics, nous devons supposer que cette question a été étudiée à fond au Ministère, et nous sommes en droit d'espérer une prochaine solution.

Mais l'Administration, toute puissante quand il s'agit des eaux navigables ou flottables, se trouve singulièrement désarmée en ce qui concerne les cours d'eau non navigables ni flottables.

En effet, la loi du 15 avril 1829 a, dans son article 2, abandonné complètement le droit de pêche aux propriétaires riverains : or l'indifférence de ces derniers et l'interprétation regrettable donnée à l'article 36 de la loi de 1829 font qu'en réalité, ce droit de pêche est abandonné au public.

Dans ces conditions, c'est le gaspillage et l'épuisement complet de nos 380,000 kilomètres de ruisseaux et rivières non flottables et, par conséquent aussi, l'appauvrissement persistant des parties de rivières navigables; c'est la déperdition d'une importante ressource pour l'alimentation publique et une perte sans compensation pour la production nationale.

Nous croyons, néanmoins, qu'il serait bien difficile aujourd'hui de revenir sur la loi de 1829 et de décider, comme l'a fait par exemple la loi prussienne du 30 mai 1874, que le droit de pêche appartiendra aux communes avec obligation de l'exploiter par voie de location ou par des pêcheurs spéciaux.

Mais, tout en respectant les droits acquis, il nous semble que l'on pourrait essayer d'atteindre le même but en facilitant la formation, entre les propriétaires riverains, d'associations ayant pour objet la mise en valeur et l'exploitation normale des cours d'eau non flottables.

Aujourd'hui ces associations ne sont possibles qu'avec l'assentiment unanime des propriétaires riverains : or, avec le morcellement actuel de la propriété, cette condition est presque toujours irréalisable; et quelle que soit, au point de vue de l'intérêt public, l'utilité de ces associations, il n'existe aucun moyen de vaincre les résistances isolées qui se produiraient, si mal fondées qu'elles pussent être.

L'application à ce genre d'associations des dispositions de la loi de 1865 sur les associations syndicales semble le moyen tout indiqué pour résoudre ces difficultés.

Déjà, lors de la discussion de la loi du 22 décembre 1888, qui modifie la loi de 1865, le Sénat avait pris en considération et renvoyé à la Commission un amendement qui proposait d'étendre le bénéfice de cette loi aux associations pour l'exploitation de la pêche dans les cours d'eau non flottables; et cet amendement ne fut ensuite écarté que pour ne pas retarder le vote d'une loi depuis longtemps en discussion, et parce que la Commission allégua que cet amendement lui paraissait devoir être présenté sous forme d'un projet de loi séparé. C'est ce projet de loi que nous venons aujourd'hui soumettre à l'approbation du Sénat.

Nous ne faisons qu'appliquer aux associations pour la mise en valeur des cours d'eau celles des dispositions de la loi de 1865 qui nous ont semblé pouvoir s'y adapter; si nous avons cherché à en simplifier les conditions d'application autant que nous a paru le permettre le rôle modeste de ces associations, nous nous sommes également efforcés d'y maintenir toutes les garanties dues aux droits des tiers.

Proposition de loi.

Article premier. — Les propriétaires riverains de cours d'eau non navigables ni flottables peuvent former entre eux des *associations syndicales autorisées* en vue de l'exploitation de la pêche dans tout ou partie de ces cours d'eau.

Art. 2. — L'adhésion à ces associations sera valablement donnée pour les biens des femmes mariées, des mineurs, des incapables, des communes, des départements ou de l'État, par tous ceux qui ont qualité pour consentir des baux et dans les formes et conditions exigées en ce cas par des lois.

Art. 3. — La formation de ces associations peut être provoquée soit par des propriétaires riverains, soit par les maires des communes de la situation des cours d'eau, soit par le Préfet du département.

A cet effet, les propriétaires riverains intéressés seront, par affiches et publication faite au moins huit jours d'avance dans la ou les communes de la situation des cours d'eau, convoqués à une réunion dans laquelle seront exposées et discutées les bases et conditions de l'association, sa durée, le mode d'exploitation et l'emploi à faire des produits en provenant.

La réunion sera présidée par le maire ou l'adjoint de la commune dans laquelle elle aura lieu, ou à défaut par un conseiller municipal dans l'ordre du tableau.

Le président choisira le secrétaire.

Il sera dressé un procès-verbal de la réunion relatant notamment les oppositions ou les objections présentées contre le projet.

Ce procès-verbal sera signé par les membres du bureau.

Les adhésions au projet arrêté seront, soit au moment de la réunion, soit postérieurement, données par écrit.

Art. 4. — Lorsque les *trois quarts* au moins des propriétaires intéressés, représentant plus de *trois quarts* de la longueur des rives du cours d'eau, auront donné leur adhésion, l'association pourra être *autorisée* par le Préfet qui se fera, au préalable, représenter le procès-verbal de la réunion préparatoire et la liste des adhérents certifiée par le juge de paix du canton.

L'arrêté préfectoral sera affiché dans les communes de la situation des cours d'eau, et inséré dans le recueil des actes administratifs.

Toute personne intéressée pourra former un recours contre cet arrêté devant le Ministre des travaux publics et par voie administrative dans le délai d'*un mois* à partir de l'affichage dans la commune.

Art. 5. — Si l'arrêté préfectoral n'a été l'objet d'aucun recours dans ledit délai d'un mois, il sera procédé, en assemblée générale, à la nomination du syndic, ou autres administrateurs qu'il appartiendra, chargés de représenter l'association dans ses rapports avec les tiers et en justice, et de faire tous les actes de gestion et administration; le tout de la manière et dans les limites qui seront stipulées dans l'acte constitutif approuvé par le Préfet.

Ces nominations seront affichées et insérées dans le recueil des actes administratifs.

Art. 6. — Les propriétaires riverains qui n'auraient pas donné leur adhésion pourront, dans les trois mois qui suivront, déclarer par écrit au syndic, qui leur en donnera récépissé, qu'ils entendent rester en dehors de l'association, et qu'à cet effet ils font abandon de leur droit de pêche dans les cours d'eau syndiqués pour la durée de l'association.

En ce cas, si le produit de l'exploitation de la pêche doit être employé à des œuvres d'utilité générale ou communale, le propriétaire qui a fait cet abandon n'a droit à aucune indemnité, mais il n'aura à supporter aucune part dans les frais faits ou à faire; si, au contraire, le produit doit être partagé entre les associés, il recevra dans le produit brut, après prélèvement au profit de l'association de 50 0/0 comme compensation des frais, intérêts et risques, une part proportionnelle à l'étendue des rives dont il a la jouissance.

Après l'expiration de ce délai de trois mois, les riverains non adhérents qui n'auront pas fait la déclaration ci-dessus seront considérés comme faisant partie de l'association et soumis à toutes les obligations des associés.

Art. 7. — Les associations autorisées qui n'auront pas reçu l'adhésion écrite de tous les riverains ne pourront abandonner le droit de pêche à leurs membres; elles ne pourront exploiter la pêche du cours d'eau syndiqué que par voie de location, ou par des pêches spéciales avec vente publique des produits.

BULLETIN COMMERCIAL

Arcachon, le 14 mai 1890.

La situation ostréicole du Bassin d'Arcachon, très mauvaise en décembre dernier, s'est subitement améliorée, et non seulement le cours des huîtres s'est très sensiblement relevé, mais encore on peut dire qu'un véritable dépouillement s'effectue en fin de saison sur le stock des huîtres atteignant la dimension réglementaire de 5 centimètres.

Aussi les ostréiculteurs reprennent-ils courage et se remettent-ils avec une fiévreuse activité à la besogne, essayant à nouveau, par tous les moyens, à donner la plus grande extension possible à leurs parcs.

A quel effet providentiel sont donc dus cette hausse et cet écoulement presque inespérés du stock ? Tous dans le Bassin d'Arcachon le savent aujourd'hui et le mérite en revient aux courageux promoteurs des mesures énergiques pour la répression de la fraude des huîtres n'ayant pas la dimension réglementaire de 5 centimètres.

Depuis quelques années, et surtout en 1889, le trafic des huîtres de fraude était devenu scandaleux; aussi les prix étaient arrivés à un avilissement tel, que cette industrie en paraissait compromise.

On peut évaluer à une vingtaine de millions les huîtres de dimension réglementaire qui ont dû être forcément demandées par les autres centres d'élevage, au Bassin d'Arcachon, faute de pouvoir comme précédemment réunir des huîtres dites *de détroquage ou petit dix-huit mois*.

NOUVELLES DIVERSES

La quatrième section de la Société de géographie commerciale, qui s'occupe plus particulièrement de statistique et d'enseignement géographique, dans sa dernière réunion, a entendu deux intéressantes communications de M. Turquan, sur le commerce coréen, et de M. le Dr Labonne, déjà connu par ses travaux sur les régions arctiques, sur ses voyages dans le nord de l'Europe.

De ses excursions au cap Nord et aux îles Lofoden, M. Labonne a rapporté de très pittoresques descriptions dont nous retiendrons celle-ci :

« A l'époque de la pêche, dit-il, depuis Bergen jusqu'au cap Nord, les côtes désertes s'animent. Des centaines de pêcheurs, le couteau à la main, se partagent les filets pleins de poissons qu'on amène sur les rochers. Le visage couperosé, l'œil brillant, les vêtements ensanglantés, ils choisissent leurs victimes, et, d'un coup sûr, font sauter la tête encore animée dans un tonneau d'huile.

» Parfois, un gourmet saisit à belles dents le foie encore
chaud d'une morue et y mord comme dans une orange.
Heureusement que le proverbe qui dit que tous les goûts
sont dans la nature est là pour sauver la situation. »

Nous ne pensons pas que nos pêcheurs qui se rendent en
Islande et à Terre-Neuve avec les Norwégiens se livrent à
de pareils festins.

— Par décision présidentielle en date du 29 avril 1890,
rendue sur la proposition du Ministre de la marine, ont été
nommés membres titulaires du Comité consultatif des
pêches maritimes :

M. le commissaire général Bliard, membre titulaire du
Conseil d'amirauté, en remplacement de M. le commissaire
général Renduel, admis à faire valoir ses droits à la retraite.

M. le capitaine de vaisseau de Montesquiou-Fézensac
(Bertrand-Pierre-Anatole), président des commissions nautiques du littoral, en remplacement de M. le capitaine de
vaisseau Ferrat, appelé à d'autres fonctions.

— On mande de Montréal, 5 mai :

Les délégués de Terre-Neuve envoyés ici pour engager le
public canadien à manifester sa sympathie pour les habitants
de cette île, dans la question relative à l'établissement d'un
modus vivendi entre la France et l'Angleterre concernant
les pêcheries, sont arrivés hier soir à Montréal et partent
aujourd'hui pour Ottawa. Ils affirment que la population de
Terre-Neuve est très surexcitée, et que, si elle n'obtient pas
satisfaction, elle aura recours aux moyens extrêmes pour
défendre ce qu'elle considère comme son droit.

Cette dépêche motivera une interpellation au Sénat le
16 mai, au Ministre des affaires étrangères. Au cours de
cette interpellation, le Ministre de la marine prendra la
parole.

Ottawa, 7 mai.

La Chambre législative de l'île du prince Édouard a décidé
de joindre sa protestation à celle des Terre-Neuviens contre
le *modus vivendi* qui permet aux Français la pêche du
homard.

— Des pêcheurs de Saint-Sébastien viennent de capturer

non sans peine, et après une lutte fort émouvante, un grand squale qui ne pèse pas moins de cinq tonnes et mesure 32 pieds de long.

LA PÊCHE DE LA MORUE

(Séance de la Chambre du 20 janvier 1890. Présidence de M. Floquet.)

(Suite.)

M. Jules Delafosse. Non! ils sont allés à Terre-Neuve sous la protection du Gouvernement français!

M. le Ministre. Ils y sont allés avec une juste confiance dans la protection que leur a toujours accordée le gouvernement français; pourquoi n'auraient-ils plus confiance dans ce gouvernement, puisque aucun fait nouveau ne s'est produit?

M. Thubé ne nous a, en effet, apporté qu'un seul fait, à savoir qu'un capitaine de la marine anglaise aurait dit à l'un de nos capitaines de pêche : Vous ne reviendrez plus l'année prochaine. Mes instructions m'autorisent à vous le déclarer.

Or, on ne trouve aucune trace de ces instructions. Est-ce que je ne dois pas m'en tenir à la déclaration de notre ambassadeur à Londres ?

Dès l'instant que je vous apporte ces déclarations sur le fond, vous ne pouvez pas me conduire à envisager ici cette affaire par le menu détail et à dire si le Gouvernement prendra des mesures pour que tels ou tels casiers soient placés ou non déplacés. Ce sont là des questions de fait *(Interruptions sur divers bancs)*, et ce n'est pas à cette tribune qu'on peut discuter des questions de ce genre.

M. Millerand. Il fallait commencer par dire cela.

M. le Ministre. Il n'est jamais trop tard pour bien faire.

M. Flourens m'a posé une question sur les instructions que je compte adresser aux commandants de nos croiseurs, de concert avec le Ministre de la marine; je lui réponds que ces intructions sont les mêmes qu'à l'époque où il avait l'honneur d'être ministre des affaires étrangères.

Il m'a demandé si je tiendrai la main à ce que ces instructions soient exécutées; je lui réponds que j'y veillerai avec la plus grande fermeté.

Maintenant j'ajoute, conformément à ce qu'il a dit lui-même, que des négociations sont actuellement engagées avec le cabinet de Londres, et j'ai confiance qu'elles aboutiront à une solution satisfaisante.

Dans ces conditions, la Chambre voudra bien clore le débat, car elle peut s'en rapporter à la vigilance avec laquelle le Gouvernement n'a jamais cessé de défendre les droits de la France. *(Très bien! très bien! au centre et à gauche.)*

M. le Président. La parole est à M. Flourens.

M. Flourens. Messieurs, je remercie M. le Ministre des affaires étrangères des explications qu'il a bien voulu apporter à cette tribune, et je suis heureux de constater que nous sommes absolument d'accord et en parfaite conformité d'idées et d'intentions en ce qui concerne la sauvegarde des droits sur lesquels j'ai l'honneur d'appeler sa vigilante attention.

Cependant, dans les observations qu'il a présentées, il est deux points qu'il m'est impossible de laisser passer sans protester.

Le premier concerne l'opinion émise par M. le Ministre des affaires étrangères relativement à la nature des droits qui nous appartiennent sur le French-shore. Il a dit que nous n'avions pas de droit de souveraineté à exercer sur cette côte.

Je crois que c'est là une erreur de droit, et une erreur capitale.

Les traités que je citais et dont je rappelais le texte tout à l'heure à la Chambre nous ont donné certains droits sur le French-shore; et par là même, ils nous ont donné — sans quoi ils eussent été aussi frustratoires qu'illusoires — les moyens de faire respecter ces droits. *(Très bien! très bien! sur divers bancs).*

Les traités nous ont donné sur le French-shore la possibilité d'exercer certaines opérations de pêche, et par là même, ils nous ont investis des droits de police nécessaires pour assurer l'exécution de ces opérations de pêche. C'est ainsi que nous possédons sur le French-shore une part de souveraineté. *(Très bien! très bien! sur divers bancs.)*

Oui, la France, pendant la saison où la pêche est exercée, a un droit de souveraineté sur le French-shore, et c'est à ce titre que nous pouvons y envoyer une division navale; c'est à ce titre que nos divisions navales évoluent dans les eaux du French-shore, comme dans les eaux territoriales françaises; c'est à ce titre que nous pouvons débarquer sur le French-shore des hommes en armes, que nos officiers peuvent y descendre pour arrêter, en cas de besoin, nos nationaux, comme les nationaux britanniques eux-mêmes. C'est à ce titre qu'ils le font, en cas de délit de pêche, et qu'ils l'ont toujours fait. C'est à ce titre qu'ils peuvent supprimer tout établissement permanent qui serait construit sur le French-shore; c'est à ce titre enfin qu'ils y possèdent un véritable pouvoir de juridiction indéniable et indénié.

Dès lors, quel besoin avons-nous de nous adresser aux Anglais quand nos droits sont méconnus? C'est à nous à les faire respecter. *(Applaudissements à droite et sur divers bancs à gauche.)*

Nous n'avons pas besoin d'engager des négociations avec le gouvernement anglais, et M. le Ministre des affaires étrangères a mal lu le discours qu'il a cité et que j'ai eu l'honneur de prononcer devant le Sénat en réponse à M. l'amiral Véron.

Je n'ai pas dit que j'avais engagé des négociations, mais que des négociations avaient été engagées en 1885 pour arriver à des modifications nouvelles à introduire au droit résultant des traités; qu'en ce qui concernait les atteintes signalées contre nos pêcheurs de la part des pêcheurs de Terre-Neuve, je m'étais adressé à mon collègue de la marine et que j'avais combiné avec lui les instructions nécessaires.

Cela veut-il dire que j'aie jamais pensé que nous devions avoir à Terre-Neuve une action isolée et indépendante de toute entente? Cela veut-il dire que je critique la conduite suivie par M. le Ministre des affaires étrangères quand il propose de soumettre à l'examen du gouvernement anglais et d'étudier de concert avec lui les difficultés de principe qui peuvent se produire? Loin de là.

Je comprends parfaitement que nous ne pouvons pas vivre sur le French-shore dans un état d'hostilité brutale et violente avec le gouvernement anglais.

Le gouvernement anglais ne l'a jamais désiré et les instructions qu'il donne aux officiers qui commandent la division navale anglaise n'ont jamais consisté à leur enjoindre de se mettre en hostilité avec les officiers de la division navale française. Ces instructions leur ont ordonné, au contraire, de conserver une entente aussi cordiale, aussi intime que possible avec les commandants de notre marine.

De notre côté, je suis convaincu que M. le Ministre de la marine donnera toujours à nos officiers, comme première instruction, de maintenir une entente aussi complète que possible avec les officiers de la division navale anglaise, qui, j'ai eu l'occasion de le constater moi-même, apportent dans leurs rapports avec nous la plus grande courtoisie. Mais, Messieurs, cela n'empêche pas que lorsqu'une atteinte de fait est portée à nos nationaux, nous ayons le droit de la faire cesser même *manu militari*.

Ainsi, dans l'espèce que j'ai portée tout à l'heure à cette tribune, dans l'espèce du sieur Thubé, ce qui a donné naissance à tout l'incident c'est la concurrence émanant d'un pêcheur anglais, le sieur Schagres, à l'égard de l'exploitation de Thubé.

Or, ce pêcheur anglais était installé dans une construction permanente, une homarderie qui appartient à un national français et qui, par conséquent, est construite en violation des clauses du traité d'Utrecht.

A aucune époque, toutes les fois que le gouvernement anglais nous en a prévenus ou que nous en avons été avisés de toute autre façon, nous n'avons toléré que nos nationaux conservassent des habitations permanentes sur le French-shore. Sommes-nous désarmés et devons-nous permettre cette grave infraction aux traités par ce seul fait qu'elle profite à un Anglais?

Est-ce parce qu'elle est louée à un Anglais, à un industriel qui nous fait une concurrence illégale et illicite, que nous devons tolérer une construction permanente et, par suite, contraire aux traités? Non, certes. Mais ce sont là des questions de police, ce ne sont pas des questions de négociations.

Il faut, en outre, bien se rendre compte de la nature des faits et des nécessités qui s'imposent à chaque gouvernement. Il est de toute évidence, étant donnée la politique que le gouvernement anglais suit vis-à-vis de ses colonies, et en particulier vis-à-vis de ses colonies du nord de l'Amérique, que, quelque claires, quelque lucides, quelque limpides que puissent être les clauses d'un traité, quelque favorable à nos prétentions que puisse être la décision d'un arbitre, jamais le gouvernement anglais n'assumera vis-à-vis de ses colonies l'odieux de supprimer, d'entraver une industrie qui, comme je vous le faisais remarquer tout à l'heure, se chiffre par des millions de bénéfice.

En effet, des gens d'une compétence reconnue m'ont affirmé que l'industrie des conserves de homard pouvait rapporter 10 millions par an. S'il s'agit d'une somme aussi importante, il est, je le répète, de toute évidence que le gouvernement anglais n'assumera pas l'odieux de faire cesser la concurrence anglaise et les troubles qui en résultent pour notre industrie.

C'est à nous, à nous qui avons à Terre-Neuve une division navale, qui y envoyons des navires spécialement pour protéger nos nationaux et pour empêcher qu'il soit porté atteinte à nos droits, d'en assurer le respect. *(Très bien! très bien! à droite.)*

Loin de moi la pensée d'émettre des critiques contre des négociations que je ne connais pas, que je n'ai pas à connaître, que je n'ai pas à juger, et qui peuvent être engagées entre le gouvernement français et le gouvernement anglais, négociations dont le résultat sera peut-être une amélioration du *statu quo* actuel par la précision de certains points douteux. Il serait, en effet, désirable, puisqu'il s'agit de la pêche du homard, que les deux gouvernements arrivassent à une entente pour protéger ce crustacé, comme il l'est dans les eaux territoriales françaises, contre les abus, les dévastations des pêcheurs.

Ce serait déjà un résultat important que d'empêcher cette ressource précieuse de disparaître par suite de l'impéritie des armateurs ou de l'inattention des deux gouvernements. Mais je prétends qu'en attendant le résultat des négociations, quelles qu'elles soient et quel qu'en soit le but, des instructions doivent être données aux armateurs pour la prochaine campagne de pêche.

M. le Ministre des affaires étrangères m'objecte : « Mais les instructions que nous avons données cette année sont les mêmes que celles qui ont été données les années précédentes. » Je vous en demande bien pardon, Monsieur le Ministre, voici les instructions qui ont été données le 19 mars 1889.   *(A suivre.)*

CHEMIN DE FER D'ORLÉANS

FÊTE DE L'ASCENSION

A l'occasion de la fête de l'Ascension, la Compagnie d'Orléans rendra exceptionnellement valables pour le retour jusqu'au lundi 19 Mai inclus, les billets aller et retour réduits de 25 0/0 sur le prix ordinaire des places, qui auront été délivrés, aux conditions de son tarif spécial A., n° 9, les mardis 13, mercredi 14, jeudi 15 et vendredi 16 mai inclus.

L'hôtel des Princes et de la Paix est le plus confortable, le mieux tenu et le plus recherché par les familles aristocratiques qui séjournent à Bordeaux. Il est situé, 40, cours du Chapeau-Rouge, au centre même de la ville et dans le plus beau quartier.

L'excellent accueil fait à nos bons vins de Bordeaux par nos abonnés et la satisfaction qu'ils en ont obtenue, nous engage à leur recommander une importante maison de liqueurs de Hollande, très soucieuse de ses produits et qui passe à juste titre pour être la plus renommée de Rotterdam. Nous voulons parler de la distillerie

HULSTKAMP ET ZOON ET MOLYN.

On peut adresser les demandes au dépôt de cette maison, à Paris, 12, rue Auber.

Le Directeur-Gérant, J. CHAPEAU (✠, ✳ ✳).

5me année. — N° 24 (2me série) — 1er Juin 1890.

REVUE

DES

PÊCHERIES MARITIMES

RÉPONSE A M. ROYER-FOUCAUD

Paris, 1er juin 1890.

Cher et éminent Collaborateur,

Vous demeurez inébranlable dans vos convictions que les lois et règlements qui s'appliquent à la domanialité maritime, sont une arche sainte. Il ne doit cependant pas y en avoir, en administration comme en législation. Il n'est, dans l'arsenal de nos lois, aucun article qui ne soit susceptible de perfectibilité. Chaque jour on reconnaît que telles mesures qui avaient été prises dans un sens protecteur, sont devenues surannées et reçoivent des modifications qui les mettent en harmonie avec un nouvel ordre de choses. C'est précisément le cas qui nous occupe en ce moment.

C'est la législation de la pêche qu'on applique à l'aquiculture. Les règlements dont se plaignent les ostréiculteurs sont à tel point critiquables, que l'administration de la Marine elle-même, sans subir la moindre poussée des pêcheurs, a pris la sage initiative de les refondre : le Comité consultatif des pêches au ministère de la Marine va être, à bref délai, saisi d'un projet de réglementation nouvelle.

Vous voudrez bien reconnaître avec moi que, s'il y a lieu de féliciter l'administration de cette marque de bienveillance à l'égard des inscrits maritimes, il faut que les règlements en question succombent sous le poids des années et soient bien lourds aux intéressés pour que la Marine, si soucieuse des traditions, si conservatrice des vieilles ordonnances, ait allumé de son plein gré la mèche qui va faire sauter un pavillon de son vieil édifice.

Je n'entrerai pas dans les détails. Toutefois, je me permettrai de ne pas croire avec vous que la garantie du lendemain existe pour nos parqueurs, *même en fait*. Pour vous citer des exemples, il me faudrait évoquer des souvenirs douloureux pour certains, faire des personnalités, alors que je serais désireux de voir débattre la question sur le terrain des généralités. Mais, sans remonter bien haut, je puis vous mettre sous les yeux une menace de l'administration qui, peut-être, modifiera vos idées.

Dans la *Revue des Pêcheries maritimes*, portant la date du 1ᵉʳ mai 1890, vous trouverez, à la page 469, si vous voulez bien prendre la peine de la consulter, la suite d'un avis intitulé : *La pêche des huîtres à Arcachon*. Veuillez lire les deux dernières lignes du dernier alinéa, je les ai indiquées en italiques, vous lirez que les délinquants à l'avis de pêche en question s'exposaient *à se voir* RETIRER *les concessions de parcs dont ils sont titulaires*, et cela, conformément aux articles 7, 8, 9 du décret du 9 janvier 1852. Voulez-vous examiner avec moi en vertu de quel grand crime les maudits ostréiculteurs pourraient être expulsés d'un terrain public sur lequel ils ont semé tout leur avoir?

Voilà : la pêche des huîtres, et à la drague, dans certains chenaux déterminés, était ouverte, dans le Bassin d'Arcachon, le 5 mai dernier — un jour seulement, — du lever au coucher du soleil. Si un détenteur de parcs avait fait la visite des fonds huîtriers la veille de la pêche ou avant le signal des agents maritimes, *il se voyait retirer sa concession.* S'il péchait ou vendait des huîtres de moins de cinq centimètres, *concession retirée.* Si le pêcheur n'était pas inscrit ou dans les conditions suivantes : femme de marin, ou fils de marin au-dessous de quinze ans, ou fille de marin non mariée, ou veuve de marin non remariée, *concession retirée.* Si, avant l'ouverture de la pêche, le pêcheur a omis de déclarer au commissaire du quartier qu'il avait l'intention d'embarquer des femmes ou des enfants dans les conditions ci-dessus, *concession retirée.* Enfin, si le pêcheur n'a pas rejeté sur les lieux de pêche les poussiers, sables, graviers et fragment d'écailles, et s'il n'a pas gardé à bord, pour les déposer sur le rivage en dehors de la laisse des plus hautes mers, les goëmons, vases, cormailleaux et autres matières et animaux nuisibles à la reproduction des huîtres, *concession retirée.* Il n'y a pas d'autre pénalité indiquée dans l'avis de pêche. Si quelque pêcheur a contrevenu, dans le cours de la pêche du 5 mai, à l'une des dispositions que je viens d'énumérer, *il se verra retirer les concessions de parcs dont il est titulaire.*

Ne trouvez-vous pas, mon cher Monsieur Royer-Foucaud, que cela est enfantin, et ne pensez-vous pas qu'on croit assister à une classe tenue, au siècle dernier, dans une école de village?

Ce serait évidemment à en rire si l'industrie ostréicole ne souffrait pas de la férule placée entre les mains des commissaires de quartier par le vieux règlement de pêche, règlement que vous persistez à trouver, sinon bon, au moins pratique. Non! il n'est pas pratique, car il enchaîne l'ostréiculteur, ou mieux le parqueur. Il est temps de songer à briser la chaîne qui entrave cette industrie, qui ne demande qu'à prospérer.

C'est parce que, comme vous, la marine est trop soucieuse des traditions que les parqueurs demandent, comme l'ont obtenu leurs collègues d'Angleterre, de se soustraire à l'action de la Marine pour passer au ministère de l'agriculture. Ils ne demandent pas à acheter les parcelles du domaine public si on ne peut pas le leur vendre, mais à les louer à bail, par périodes consenties d'un commun accord. Ils veulent leur industrie libre, comme toutes les autres industries; ils veulent payer des impôts, comme tout le monde; ils refusent votre privilège, pourquoi le leur imposez-vous?

Ce qu'ils demandent surtout, mon cher et éminent Collaborateur, c'est que vous leviez la crosse devant les vieilles traditions de l'administration et que vous entriez dans leurs rangs, ils vous feront une place d'honneur, très large, certains qu'avec le concours de votre talent ils obtiendront plus facilement gain de cause.

Jules Chapeau.

LA PÊCHE DE LA SARDINE

Depuis l'ouverture de la pêche de la sardine, plusieurs journaux ont parlé des campagnes scientifiques du prince de Monaco faites à bord de son yacht *Hirondelle*. La plupart des récits sont erronés ; nous croyons devoir rétablir les faits. Les recherches du prince portaient surtout sur les points suivants :

1° *Recherches hydrographiques.* — Études sur les courants. — Marche du courant du Gulf-Stream. — Sondages.

2° *Recherches zoologiques.* — Étude de la faune marine à la surface de l'Océan et en eau profonde.

Quatre campagnes successives (1885, 1886, 1887, 1888) ont donné des résultats remarquables.

1° *Recherches hydrographiques.* — Pour l'étude des courants, le prince de Monaco a fait usage de flotteurs lancés méthodiquement, sur divers points, entre l'Europe et l'Amérique. Il n'a pas été lancé moins de 1,672 de ces engins pendant les différentes campagnes ; 170 ont reparu jusques ici sur divers points des côtes de Norvège, d'Angleterre, France, etc.

On a pu, par ces observations, montrer que les eaux superficielles de l'Atlantique nord subissent un mouvement circulaire de gauche à droite autour d'un point situé dans le sud-ouest des Açores.

2° *Recherches zoologiques.* — Les travaux de zoologie ont été confiés à M. J. de Guerne, dont la compétence en pareille matière est bien connue. La campagne de 1886 a fourni plusieurs espèces nouvelles, parmi lesquelles plusieurs amphipodes capturés, à 300 mètres de profondeur, au large de la côte nord d'Espagne. Au cours de la même campagnes, diverses observations ont été faites, notamment sur la pêche et la nourriture de la sardine sur les côtes de la Galice (1).

La campagne de 1887 a donné d'importants résultats au point de vue zoologique : un genre nouveau de poisson,

(1) Prince A. de Monaco, *L'Industrie de la sardine sur les côtes de la Galice (Revue scientifique,* août 1887).

capturé, à 1,300 mètres de profondeur, entre les îles des Açores. Ce poisson a été décrit sous le nom de *Photostomias Guernei*, par M. Collett; un crustacé décapode de grande taille, *Gyron affinis*, A. M. Edwards, pris à 620 mètres de profondeur, près des Açores; de nombreux mollusques, parmi lesquels vingt-cinq espèces nouvelles pour la science, etc.

Dans la dernière campagne, ont été employés divers engins nouveaux pour les dragages. Ces engins présentent des dispositions fort ingénieuses. Il faut signaler en particulier un appareil permettant d'étudier l'influence de la lumière sur les êtres vivant dans les grandes profondeurs de l'Océan.

Tous ces appareils, les résultats obtenus, figuraient d'ailleurs à l'Exposition de 1889, et cette exhibition a justement obtenu la plus haute récompense.

De semblables entreprises, dues à l'initiative d'un particulier, ne sauraient être trop récompensés. Il convient d'en féliciter hautement le prince de Monaco et son collaborateur, M. le baron de Guerne.

TERRE-NEUVE

Nos lecteurs, qui ne sont pas morutiers, ni homardiers, ne nous en voudront pas de donner à la question de Terre-Neuve une si grande importance. Cette question a motivé à la Chambre une interpellation dont nous publions aujourd'hui la fin du compte rendu, et au Sénat une question et une interpellation. Les cabinets de Paris et de Londres négocient actuellement avec une gêne pénible, mais il y a lieu d'espérer que nous triompherons sans conflit des résistances et de la mauvaise volonté des Terre-Neuviens.

De l'interpellation qui a eu lieu au Sénat, le 16 mai, nous retiendrons seulement les documents suivants, qui nous semblent très instructifs. C'est d'abord la proclamation de l'amiral anglais Hamilton, qu'a lue à la tribune du Luxembourg M. Bozérian, l'interpellateur, et qui est peu connue de nos jours :

Proclamation de sir Charles Hamilton, gouverneur et commandant en chef de l'île de Terre-Neuve et de ses dépendances.

« Nous, gouverneur, considérant qu'il est stipulé par l'article 13 du traité définitif de paix conclu entre Sa Majesté et le roi de France, et signé à Paris le 31 mai 1814, que les droits de pêche des Français au grand banc de Terre-Neuve, sur les côtes de l'île de ce nom, et les îles adjacentes situées dans le golfe de Saint-Laurent, seraient remis sur le pied où ils se trouvaient en 1792, lequel article 13 a été confirmé de nouveau par l'article 11 du traité définitif entre la Grande-Bretagne et la France, conclu à Paris le 20 novembre 1815 ;

» Considérant que le droit de pêche réservé aux sujets de Sa Majesté Très Chrétienne par le dit traité s'étend depuis le cap Saint-Jean, par la côte Est de Terre-Neuve, jusqu'au cap Rouge, contournant l'île en remontant par le Nord et descendant par la côte occidentale ;

» Considérant, enfin, qu'il nous a été représenté que des déprédations avaient été commises par des sujets anglais au préjudice de Français établis dans lesdites limites ;

» Faisons connaître, par la présente proclamation, que les sujets de Sa Majesté Très Chrétienne doivent avoir pleine et entière jouissance de la pêche dans les limites et bornes ci-dessus énoncées, pour en faire usage suivant qu'ils y sont autorisés par le traité d'Utrecht ;

» A cette fin, il est expressément enjoint à tous les officiers, magistrats et autres fonctionnaires de notre gouvernement de donner des ordres dans leurs diverses stations et dépendances respectives pour qu'aucun trouble ou empêchement ne soit apporté, sous quelque prétexte que ce puisse être, à l'exploitation de la dite pêche par les Français, à qui les dits officiers et magistrats devront assistance en cas de besoin.

» En conséquence, il a été notifié à tous les sujets de Sa Majesté dépendant de la partie de Terre-Neuve, ci-dessus désignés, de n'interrompre en aucune manière la pêche des sujets de Sa Majesté Très Chrétienne dans les limites qui viennent d'être mentionnées.

» Si aucun des sujets de Sa Majesté refusait de quitter

cette partie de la côte dans un délai convenable, après notification, les officiers sous nos ordres devront prendre des
mesures pour que les échafauds et autres établissements
créés par les récalcitrants pour l'exploitation des dites pêcheries soient enlevés, ainsi que les navires et bateaux en
dépendant et qui se trouveraient dans les limites susdites.

» Les dits officiers sont, en conséquence, autorisés à user
des moyens qu'ils jugeront nécessaires pour contraindre les
sujets de Sa Majesté à quitter cette partie de la côte de l'île,
et ils devront les prévenir qu'ils seront traduits devant les
tribunaux à raison de leur refus conformément à l'acte du
parlement. »

Voici un document plus court, mais qui n'est pas moins
explicite. C'est une proclamation de l'amiral Cockrane :

« Au nom de S. E. sir Thomas John Cockrane, Knight,
gouverneur et commandant en chef de l'île de Terre-Neuve,
ainsi que vice-amiral de la dite île ;

» Attendu que des plaintes ont été faites devant moi,
depuis plusieurs années, plaintes portant que différentes
personnes mal intentionnées, employées dans les pêcheries
anglaises, en se rendant aux pêcheries du Nord et du Labrador, ont mouillé avec leurs bateaux et shooners dans
divers ports et havres de cette partie de l'île communément
appelée *french shore*, qui est réservée aux sujets français
pour y exercer la pêche, et y ont commis de nombreux méfaits sur la propriété des pêcheurs français, et, à diverses
reprises, ont volé divers objets appartenant à ces derniers,
tels que sel, appareils de pêche, etc., et ont aussi détruit
méchamment d'autres objets,

» Moi, gouverneur, en conséquence, je préviens toutes
personnes mal intentionnées que, en cas de renouvellement
de pareils actes de violence, j'appliquerai les procédés les
plus rigoureux que la loi permet d'employer contre les auteurs de pareils méfaits, et, pour pouvoir plus efficacement
les amener devant la justice, les autorités françaises rece-
vront des instructions pour appréhender et envoyer à Saint-
John's, pour y être jugée, toute personne prise commettant
de pareils méfaits. »

Parlons maintenant des plaintes qui ont été adressées au ministère de la marine par les intéressés et qui ont été lues à la tribune du Sénat.

Voici un mémoire qui a été adressé au ministre de la marine, le 5 juillet 1889, par un armateur de Nantes, M. Thubé, qui voulait organiser d'importantes homarderies sur les côtes de Terre-Neuve. Le ministre de la marine était alors l'amiral Krantz. Voici ce que M. Thubé lui écrivait :

« Amiral,

» J'ai l'honneur d'attirer votre haute attention sur le préjudice considérable que me cause l'exercice de la pêche par les Anglais, dans les limites des concessions des baies du Vieux-Ferolle et de Sainte-Geneviève (côte ouest de Terre-Neuve) que vous avez bien voulu m'accorder.

» Le capitaine Philippe, commandant mon navire *Laborieux,* a remis à M. le chef de la division navale une protestation concernant l'exercice de la pêche par les Anglais, en demandant à cet officier supérieur de faire respecter notre droit absolu et exclusif de pêche.

» M. le chef de la division navale a répondu « qu'il n'était pas en son pouvoir d'expulser les Anglais »; et, après avoir passé quelques jours au mouillage de Brig-Bay, il est parti, nous laissant à la merci des Anglais qui ont établi quatre homarderies sur nos concessions, y attirent de nombreux pêcheurs des îles du Prince-Édouard, couvrent les fonds convenables pour la capture du homard de quantités énormes de casiers, épuisent les gisements de homards, en quelque sorte notre propriété, nous enlèvent, par leurs actes et leur présence, la jouissance actuelle et future de notre exploitation.

» Mon capitaine se trouve dans cette situation intolérable de ne pouvoir donner à son exploitation l'importance que comportent les capitaux engagés, les moyens d'action mis à sa disposition et l'énergique bonne volonté de nos pêcheurs qui, outre leur salaire fixe, ont une prime proportionnelle au nombre de poissons pêchés et sont ainsi directement intéressés dans le résultat de cette affaire.

» Conformément à mes instructions formelles, mon capitaine évite toute lutte, tout conflit à main armée, conflit dont les conséquences ne peuvent se prévoir. Aussi, en ce qui concerne notre pêche du homard et l'immersion des casiers, mon capitaine se trouve réduit à pêcher dans l'espace que les Anglais daignent lui concéder, c'est-à-dire sur des fonds déjà épuisés ou médiocres.

» A la date du 31 mai, nous n'avions fabriqué que 60 caisses de homards, alors que, normalement, nous aurions dû en avoir 600; et, à cette même époque, mon capitaine écrit : « Les Anglais exploitent nos concessions comme des enragés. En face de nous, à Brig-Bay, ils prennent quotidiennement de 8 à 12,000 homards. » Il est facile de voir que, dans ces conditions, le homard sera détruit à bref délai, quoique le gisement soit très riche.

» Le 6 mai, M. Michel, l'un de mes associés, présent sur les lieux, écrivait de son côté : « L'impression des habitants nous est favorable; mais ils attendent avec impatience la venue des navires de guerre pour savoir, eux aussi, de quel côté il faut tourner le cap... » Nos pêcheurs ne peuvent pas déloger les Anglais sans conflit : les Anglais sont tous des hommes à se battre, capables de faire une bouchée de nos pêcheurs. Vous voyez quelle importance j'attache à la présence de la station navale ici. Je me propose de lui demander de faire un long séjour, jusqu'à ce que nous soyons délivrés des homarderies anglaises. »

» Quant à la pêche de la morue, elle nous est devenue matériellement impossible. Le passage de ce poisson est, comme l'on sait, de très courte durée à la côte nord-ouest; à l'approche du détroit du Labrador, sentant les fonds diminuer, ce poisson devient très défiant; nos pêcheurs doivent prendre toutes les précautions possibles pour ne pas l'écarter des baies formant les concessions. Selon l'usage, le capitaine, au moment de ce passage de la morue (vers le 20 juin), lève ses casiers, les met à terre, dans la crainte que la morue, en rencontrant ces engins dans sa course, n'accoste par la côte et ne disparaisse au large dans les grands fonds, où elle est imprenable.

» Or, nos concessions sont parsemées de casiers anglais auxquels nos pêcheurs ne peuvent toucher sous peine de rixes et de batailles, et que les propriétaires refusent naturellement de lever.

» Enfin, ces casiers, invisibles au fond de l'eau, déchirent nos sennes et, ainsi que l'a expliqué M. l'amiral Véron au Sénat (séance du 24 décembre 1888, *Journal officiel,* pages 1701 et suivantes), rendent la pêche de la morue impraticable.

» Je ne m'étends pas davantage sur le préjudice causé par cette concurrence ; sur l'impossibilité, à Terre-Neuve, de partager, dans quelque mesure que ce soit, l'exploitation des baies, non seulement avec des ennemis acharnés, mais même avec des amis bienveillants. »

Voilà la situation qui était faite à nos pêcheurs avant le *modus vivendi.* A la suite de ces faits, une réclamation a été adressée au commandant anglais, le capitaine Walker. Voici sa réponse ; elle vaut la peine d'être rappelée. Elle est adressée au capitaine Philippe :

« Monsieur,

» Je vous accuse réception de votre lettre du 29 juillet, et je veux vous assurer que mon intention est d'écarter les obstacles au légitime exercice des opérations de pêches françaises qui sont concédées par traité.

» En ce qui concerne la plainte contenue dans votre lettre, je ferai remarquer que l'industrie que vous pratiquez dans la baie Sainte-Marguerite consiste à capturer des homards et n'est pas comprise dans la liberté d'action *(scope)* des traités existants. Je ne peux donc reconnaître la légitimité de votre plainte, et vous comprendrez, dans ces circonstances, que je ne puis admettre que la propriété des sujets britanniques soit mise en concurrence avec la vôtre.

» Je suis, Monsieur, votre obéissant serviteur.

» Signé : WALKER,
» Capitaine et officier doyen. »

Voilà la nouvelle doctrine des officiers anglais, à laquelle on peut opposer la doctrine de leurs supérieurs, l'amiral Hamilton et l'amiral Cockrane.

Voici en quels termes un conseiller général des Côtes-du-Nord expose les faits, dans une lettre qu'il écrit à un sénateur de ce même département :

« Binic, le 14 mars 1890.

» Monsieur le Sénateur,

» J'apprends à l'instant seulement que c'est aujourd'hui, 14 courant, que M. l'amiral Véron doit interpeller au Sénat M. le Ministre des affaires étrangères sur nos pêcheries de Terre-Neuve. J'aurais voulu vous adresser quelques détails relatifs à cette pêche et vous prier de faire connaître à l'amiral Véron les procédés des Anglais à l'égard de nos nationaux, et comment ils entendent et pratiquent le respect des traités.

» Vous savez combien j'ai eu à souffrir des entraves apportées à la pêche de nos navires par les pêcheurs anglais, et les pertes énormes qui en ont été la conséquence.

» Continuellement en butte à leurs menaces, les capitaines de nos navires, qui occupaient le havre de Kirpon (partie nord de Terre-Neuve), et qui n'avaient pas les moyens matériels de faire respecter leurs droits, sollicitèrent M. le Commandant de notre division navale de venir leur prêter main forte. Le bâtiment d'État *la Clorinde* fut expédié aussitôt au Kirpon, distant de quinze milles environ du lieu occupé par notre station, et six de leurs trappes, qu'ils n'eurent pas le temps de faire disparaître, furent saisies par le commandant Le Clère, et envoyées en dépôt au gouverneur de Saint-Pierre.

» Défense leur fut faite, en outre, au nom des traités consentis par les deux nations, de stationner dans les havres occupés par nos navires et d'y pratiquer la pêche concurremment avec nos nationaux. Mais le bâtiment de l'État à peine parti, ils se vengèrent sur nos marins, qu'ils maltraitèrent, installèrent de nouvelles trappes, et mirent ainsi nos pêcheurs dans l'impossibilité de continuer la pêche.

» Il en est résulté, pour M. Dupuis-Robial et pour moi, une perte de 150,000 fr., d'après un rapport du commandant Le Clère à la suite de l'enquête officielle ordonnée par M. le Ministre de la marine à la côte de Terre-Neuve et dans notre circonscription maritime.

» En pareil cas, le gouvernement britannique n'hésite pas à réclamer et à obtenir satisfaction pour ses nationaux, ou à confisquer nos navires qui s'aventurent hors des parages qui

leur sont assignés par les traités. C'est ainsi que le comman·
dant de la division anglaise donna ordre de capturer, il y a
deux ans, deux goélettes françaises qui défilaient sous voiles
pour pêcher du capelan, petit poisson qui sert d'appât à la
morue, et les fit escorter jusqu'à Saint-Jean, où elles furent
condamnées sommairement à des amendes considérables
sous peine de confiscation.

» Pendant ce temps-là, leurs navires peuvent venir impunément dans nos havres au mépris des traités; s'y livrer à
la pêche concurremment avec nos marins, et lorsque, à la
suite d'une enquête officielle qui établit péremptoirement
l'atteinte portée à nos droits et fixe le montant du préjudice
qui nous a été causé, notre gouvernement fait adresser, par
notre ambassadeur à Londres, une réclamation qui n'est
que trop fondée, le gouvernement britannique se borne à
répondre, par l'organe de lord Salisbury, « que notre réclamation repose moins sur un préjudice direct que sur un
manque à gagner malaisément appréciable. »

» Il est juste d'ajouter que M. Flourens, alors ministre
des affaires étrangères, déclara qu'il ne considérait pas que
cette fin de non-recevoir dût clore le débat, et il invita
M. Waddington à faire une nouvelle démarche auprès du
cabinet de Londres.

» Depuis ce temps, la question n'a pas fait un pas.

» Alf. Besnier. »

NOUVELLES DIVERSES

On mande de Jersey :

« Depuis une huitaine de jours, des pêcheurs français
apportent, sur le marché de Saint-Hélier, une grande quantité de congres qu'ils capturent au delà des Roches-Douvres,
dans les eaux françaises.

» Jaloux de cette concurrence, les pêcheurs jersiais ont
voulu faire un mauvais parti à leurs collègues étrangers, et
la police a dû intervenir afin d'éviter un conflit.

» Mécontents de la protection accordée aux pêcheurs français, les pêcheurs jersiais se sont alors rendus auprès des
principales autorités de l'île pour les prier de faire cesser ce

qu'ils appellent un abus et une injustice ; aucune réponse officieuse n'a été faite encore à leurs doléances.

» Il sera, croyons-nous, fort difficile de satisfaire les réclamants ; car on affirme qu'aux termes mêmes de la convention franco-anglaise réglementant le droit de pêche et de vente du poisson, il est permis aux pêcheurs français d'écouler leurs prises sur les marchés jersiais à la condition seulement que le poisson ainsi vendu ait été capturé dans les eaux françaises.

» D'un autre côté, les marchands en gros de Jersey déclarent formellement que s'ils ne devaient plus compter sur les prises des pêcheurs français, il leur serait impossible, désormais, d'alimenter le marché de l'île, principalement en congres.

» L'incident en est là ; on a tout lieu de croire, néanmoins, qu'il sera réglé au mieux des intérêts et des droits de chacun. »

— On mande de Saint-Jean de Terre-Neuve que la commune commission des deux Chambres a voté à la reine l'envoi d'une adresse portant :

1° Refus de soumettre la question des homarderies à un arbitrage ;

2° Sollicitation de l'assentiment royal aux lois concernant l'emploi des *traps* pour la pêche de la morue, et la création d'une commission des pêcheries ;

3° Interdiction des établissements français qui préparent le homard ;

4° Suppression des privilèges français jusqu'à ce que les primes aient été abolies ;

5° Rejet du *modus vivendi* tel que sir James Fergusson l'a modifié dans ses déclarations à la Chambre des communes.

L'adresse conclut en exprimant la crainte de représailles violentes de la part de la France.

Le bruit court, à Chonnel, que le capitaine d'une barque française a enlevé un filet d'un pêcheur terre-neuvien, et qu'il a gagné le large en emmenant l'huissier qui était venu lui apporter l'ordre de comparaître devant les magistrats pour y répondre de l'acte dont il était accusé.

Une récente dépêche annonce que l'huissier a été débarqué sur une île près de la côte.

— Voici une dépêche de source anglaise, qui n'a pas été confirmée en France :

Londres, 26 mai. — On télégraphie de Saint-John's :

La ville est en effervescence. Un vaisseau de guerre français est entré dans la baie de Saint-Georges et a débarqué une compagnie de matelots, en tenue de campagne. Cette opération est considérée par la population comme une véritable invasion du territoire britannique.

L'officier de service français a commandé à tous les pêcheurs terre-neuviens de cesser immédiatement la pêche, sous peine de se voir confisquer tous les filets trouvés sur leurs bateaux de pêche.

— La question des concessions nouvelles de parcs à huîtres à octroyer au cap Ferret (Bassin d'Arcachon), pendante depuis si longtemps devant l'administration maritime, vient enfin d'être tranchée. M. Bélisaire, le premier pétitionnaire, a reçu satisfaction. L'autre partie des parcs à concéder au cap Ferret sera attribuée à celui des pétitionnaires qui aura réuni le plus de services à l'État. Il n'est pas encore désigné, l'enquête à laquelle se livre l'administration de la marine à ce sujet n'étant pas encore terminée.

— On se préoccupe vivement, au ministère de la marine, sur les instantes démarches de M. Cazauvieilh, député de la Gironde, de nombreuses questions intéressant le Bassin d'Arcachon et notamment du remplacement, dans les eaux du Bassin, du *Chamois*. Une solution va intervenir à bref délai.

— *Le Journal officiel* a publié un arrêté fixant au dimanche 15 juin l'ouverture de la pêche.

LA PÊCHE DE LA MORUE

(Séance de la Chambre du 20 janvier 1890. Présidence de M. Floquet.)

(Suite et fin.)

« Le présent bulletin a été délivré par le commissaire de l'inscription maritime à Binic, au sieur Philippe, capitaine du navire *le Laborieux,* conformément à la loi du 2 mars 1852, pour constater que ledit capitaine a le droit d'occuper dans le havre du Vieux-Ferolle et Sainte-Geneviève, situé sur la côte ouest de l'île, la place avec ses dépendances (n° 142), dite n° 1, bâbord en entrant dans Brig-baie n° 2, île Fish, qui a été assignée audit navire, avec faculté de jouir de ladite place, sans trouble ni empêchement, jusqu'à l'année 1892 exclusivement. »

Ainsi on lui dit : Vous pouvez aller là, vous jouirez sans trouble ni empêchement de la place qui vous est concédée.

Voici maintenant la lettre que m'adressait ce même armateur, le 10 janvier 1890 :

« La réunion des armateurs qui envoient leurs navires à Terre-Neuve a eu lieu, en effet, le 6 de ce mois, à Saint-Servan. Dans cette assemblée, j'ai demandé à M. le commandant Maréchal, qui assistait le chef de service de la marine en qualité de délégué du ministre, s'il était en mesure de me faire connaître la réponse du ministre de la marine à ma lettre du 13 décembre, lettre dans laquelle je priais le ministre de me faire savoir expressément si, en présence de l'inaction de la station navale d'une part, des empiétements anglais, d'autre part, enfin des communications du commandant anglais, je pourrais armer cette année, en pleine sécurité.

» Le chef de service de la marine, président, et le commandant Maréchal m'ont, tous deux, répondu qu'il leur était impossible de me donner un avis quelconque, puisqu'ils n'avaient rien reçu du ministre à cet égard. » *(Rumeurs sur divers bancs.)*

C'est précisément à raison de ce silence que je suis monté à cette tribune et que j'insiste auprès de M. le Ministre pour obtenir une réponse. *(Très bien! très bien! sur divers bancs.)*

Je conçois très bien que des négociations existent; mais, qu'elles soient engagées ou non, il faut que des instructions claires et précises interviennent; il faut que nos armateurs sachent quelles opérations leur sont permises, quelles opérations leur sont interdites, jusqu'où ils auront la protection du Gouvernement et le point précis où cette protection devra s'arrêter. *(Très bien! très bien! à droite.)*

C'est à ce moment qu'il importe d'élucider ce côté de la question; c'est dès à présent et non pas plus tard, sous peine d'être exposés à voir renaître en 1890 les mêmes conflits qu'en 1889, conflits dont je vous ai fait, je vous assure, un tableau bien abrégé et bien atténué.

Jusqu'à ce jour, la patience de nos marins et la fermeté de nos officiers ont empêché qu'il n'y eût des rixes et que les choses n'en arrivassent au point où l'honneur des deux nations se trouvant engagé, il serait difficile, soit à l'une, soit à l'autre, de reculer.

Mais, Monsieur le Ministre des affaires étrangères, êtes-vous sûr qu'il en sera toujours ainsi? Le Gouvernement, ce me semble, ne peut pas échapper à toute responsabilité en se cantonnant dans le silence qu'il observe vis-à-vis des armateurs français, car vous voyez à quelles conséquences ce silence peut aboutir.

Quant à la situation de notre division navale, je n'insiste pas. Dans ma pensée, mieux vaudrait qu'elle restât à Brest ou à Cherbourg, plutôt que d'aller à Terre-Neuve pour y jouer encore un rôle peu conforme à la dignité de la marine française et à toutes ses traditions. *(Applaudissements sur divers bancs.)*

M. le Président. L'incident est clos.

M. Jules Delafosse. Mais M. le Ministre de la marine a demandé la parole. *(Exclamations diverses.)*

M. le Président. Permettez-moi de vous faire observer deux choses, Monsieur Delafosse : c'est que d'abord vous n'avez peut-être pas qualité pour parler au nom de M. le Ministre de la marine, et ensuite que la question étant adressée à M. le Ministre des affaires étrangères, j'éprouverais quelque difficulté à donner la parole à M. le Ministre de la marine. *(Assentiment à gauche.)*

Un membre à droite. C'est la ruine des armateurs!

INTERPELLATION ADRESSÉE A M. LE MINISTRE
DES AFFAIRES ÉTRANGÈRES.

M. le Président. M. La Chambre demande à transformer en interpellation la question qui vient d'être posée par M. Flourens à M. le Ministre des affaires étrangères.

Il s'agit de fixer le jour où cette interpellation sera discutée.

Sur plusieurs bancs. Tout de suite!

M. le Président. Il n'y a pas d'opposition à la discussion immédiate?

Un membre. A un mois. *(Exclamations.)*

M. le Président. On n'insiste pas pour le renvoi à un mois! *(Non! non!)*

La parole est à M. La Chambre.

M. La Chambre. Messieurs, je ne veux pas retenir longtemps l'attention de la Chambre. Déjà la question vient d'être parfaitement élucidée par l'honorable M. Flourens.

Mais il me semble que nous ne pouvons, à aucun prix, laisser nos armateurs dans une indécision, dans une incertitude de laquelle ils ne savent comment sortir aujourd'hui. *(Très bien! très bien! à droite.)*

On vient, Messieurs, de tirer à l'hôtel de la marine, à Saint-

Servan, les places qui sont affectées à chaque armateur pour aller exercer son industrie soit de la pêche de la morue, soit de la pêche simultanée de la morue et du homard sur les côtes qui nous sont réservées par les traités. Or, les places ayant été concédées sous l'autorité de M. le Ministre de la marine, est-il admissible que nos armateurs expédient leurs navires sans savoir s'ils pourront s'y établir *(très bien! très bien! à droite)*, sans savoir si le Gouvernement français viendra les protéger et leur garantir l'usage de ce qu'il leur a concédé.

M. de Lamarzelle. Je demande la parole.

M. La Chambre. M. Flourens est monté à cette tribune parce qu'il y a été appelé par un négociant de Nantes, qui s'est plaint de n'avoir pas été protégé l'an dernier dans l'exercice de ce droit. Défendant, à mon tour, les intérêts maritimes de Saint-Malo, je suis, ici, l'interprète des armateurs qui exercent la même industrie et qui m'ont chargé d'obtenir une déclaration précise de M. le Ministre des affaires étrangères et de M. le Ministre de la marine pour savoir si, oui ou non, ils peuvent partir en sécurité. *(Très bien! très bien! à droite.)*

M. Paul de Cassagnac. Voilà la question bien posée.

M. La Chambre. Je pose donc nettement cette question à MM. les Ministres des affaires étrangères et de la marine.

Nos armateurs qui se disposent à expédier leurs navires à la pêche simultanée de la morue et du homard peuvent-ils en toute sécurité continuer leurs armements fort dispendieux?...

M. le comte de Lanjuinais. Et peuvent-ils compter sur la protection du Gouvernement?

M. La Chambre. ... Sont-ils certains de trouver libres les places qui leur sont concédées par M. le Ministre de la marine, à leur arrivée sur les lieux de pêche? Sont-ils certains de n'y trouver aucun concurrent étranger venant les empêcher de se livrer à leur industrie? *(Très bien! très bien! à droite.)* Sont-ils certains enfin de trouver une protection efficace de la part du commandant de la station navale française, pour être protégés dans l'exercice de leurs droits? *(Applaudissements à droite.)*

Je vous demande, en vérité, s'il est possible de rester davantage dans le doute où M. le Ministre de la marine et M. le Ministre des affaires étrangères nous ont laissés depuis trop longtemps. *(Très bien! très bien! à droite.)* Je leur demande donc une réponse catégorique. *(Applaudissements à droite.)*

M. le Président. La parole est à M. le Ministre de la marine.

M. Barbey, *ministre de la marine.* Messieurs, l'honorable M. La Chambre m'invite à monter à cette tribune et à donner mon appréciation sur la question que mon honorable collègue M. le Ministre des affaires étrangères vient de traiter avec plus de compétence que je ne saurais le faire. *(Rumeurs à droite.)*

Messieurs, je n'éprouve aucun embarras à faire connaître à la Chambre mon opinion, qui est certainement la même que celle de mes prédécesseurs au département de la marine.

Oui, le droit de pêcher sur une partie de la côte de l'île de Terre-Neuve, désignée par les Anglais eux-mêmes sous le nom de French-Shore, qui nous a été concédé par le traité d'Utrecht, qui a été confirmé par la déclaration du roi George et le traité de Versailles en 1783, est absolu, exclusif et sans réserve. *(Très bien! très bien! à gauche.)*

M. La Chambre. Il faut le défendre!

M. le Ministre de la marine. Nos nationaux, s'appuyant sur ces déclarations et sur ces traités, demandent sans cesse à nos croiseurs français qu'ils leur assurent la possibilité de pêcher le homard dans les places qu'ils ont choisies, sans être gênés par les pêcheurs anglais.

Les croiseurs anglais, principalement en 1889, ont soutenu que nos pêcheurs ne jouissent, en ce qui concerne le homard, d'aucun des privilèges résultant des traités et reconnus par le gouvernement anglais.

Le homard, disent-ils, n'est pas un poisson *(rires)*; il ne se pêche pas. *(Interruptions sur divers bancs.)*

Messieurs, je répète les déclarations des croiseurs anglais; voulez-vous vous donner la peine de les entendre?

Le homard, disent les croiseurs anglais, n'est pas un poisson. *(Bruit.)* Il ne se pêche pas, il se capture ; on se sert du mot anglais *catch.* La pêche du homard n'existait pas, en tant qu'industrie distincte, en 1717 pas plus qu'en 1783.

Il est facile de répondre à ces arguments quelque peu subtils.

A droite. Ils sont faux !

M. le Ministre de la marine. Mais il n'appartient pas aux chefs de la division française de poursuivre à Terre-Neuve des négociations diplomatiques; leur rôle est d'agir, de protéger nos pêcheurs. Or, ils sont retenus par des instructions qui n'émanent pas seulement de l'honorable M. Flourens ou de l'honorable M. Spuller, mais qui ont existé de tout temps et qui leur enjoignent, en présence d'un croiseur anglais, de s'adresser à lui pour obliger les pêcheurs anglais à respecter les droits de nos nationaux.

De là des difficultés qui peuvent faire naître les incidents les plus regrettables. Nous jouissons d'un droit souverain qui s'exerce dans la souveraineté d'autrui, et, pour assurer l'exercice de ce droit, nous sommes obligés d'avoir recours à l'intervention de ceux-là mêmes qui le contestent.

Cette situation ne peut durer plus longtemps. Il faut que les malentendus disparaissent ; il faut que les instructions données, après entente, par le ministre de la marine soient bien nettes et bien précises. Le commandant de la division navale de Terre-Neuve a le droit de les réclamer. Quand il les aura reçues, je vous réponds qu'il les exécutera avec sagesse et fermeté. *(Très bien! très bien!)*

M. Paul de Cassagnac. Nous ne demandons pas autre chose.

M. le Ministre. Il est indispensable — et la Chambre tout entière partagera mon sentiment — que lorsque notre pavillon se montre à Terre-Neuve, il y jouisse de la même autorité que sur tous les points du globe. *(Applaudissements.)*

M. le Président. La parole est à M. de Lamarzelle.

M. de Lamarzelle. Messieurs, je me borne à prendre acte des paroles que vient de prononcer M. le ministre de la marine, et je dépose sur le bureau de la Chambre un ordre du jour motivé.

M. le Président. L'ordre du jour suivant est déposé par MM. de Lamarzelle, Freppel et de Cassagnac :

« La Chambre des députés appelle l'attention du Gouvernement sur les droits acquis à la France par les traités relatifs aux pêcheries de Terre-Neuve, et passe à l'ordre du jour. »

M. Boissy-d'Anglas *et plusieurs membres à gauche.* Nous demandons l'ordre du jour pur et simple.

M. le Président. L'ordre du jour pur et simple est demandé ; il a la priorité. Je le mets aux voix.

(L'ordre du jour pur et simple, mis aux voix, est adopté.)

CHEMIN DE FER D'ORLÉANS

CONCOURS RÉGIONAL AGRICOLE & FÊTES
à Périgueux, pendant le mois de juin 1890.

A l'occasion de ces **Concours et Fêtes,** la Compagnie d'Orléans fera délivrer du 30 Mai au 8 Juin, les 14, 15 et 16 Juin, des billets d'aller et retour de toutes classes, réduits de 40 %, à destination de Périgueux, aux gares de Châteauroux, Guéret, Bourganeuf, Ussel, Capdenac, Cahors, Villeneuve-sur-Lot, Agen, Marmande, Bordeaux et Poitiers, ainsi qu'aux différentes gares et stations comprises entre ces divers points et Périgueux.

Ces billets donneront droit à l'admission dans tous les trains recevant réglementairement des voyageurs à plein tarif de la classe du billet délivré. Ils seront valables pour le retour pendant 3 jours non compris les dimanches.

Le Directeur-Gérant, J. CHAPEAU (※, ※ ※).

5me année. N° **2** (2me série) 1er Juillet 1889.

REVUE

DES

PÊCHERIES MARITIMES

ORGANE SPÉCIAL

De l'OSTRÉICULTURE et de la PISCICULTURE

Paraissant deux fois par mois, le 1er et le 15

S'ADRESSE A TOUS LES ARMATEURS, PARQUEURS,
MAREYEURS, USINIERS, ET, EN UN MOT, A TOUTES LES PROFESSIONS
SE RATTACHANT AUX PÊCHERIES MARITIMES.

BUREAUX : 15, Boulevard de Courcelles, 15. — PARIS

ABONNEMENTS

Pour la France, l'Algérie et la Tunisie...... Un an   **9** fr.
Pour l'étranger.............................   —   **10** fr.

Les Abonnements partent du 1er de chaque mois.

POUR LES ABONNEMENTS ET LES ANNONCES

S'ADRESSER A Mme N. DESVARENNES, Administrateur

AUX BUREAUX DU JOURNAL.

5me année. — N° 3 (2me série) — 15 Juillet 1889.

REVUE

DES

PÊCHERIES MARITIMES

ORGANE SPÉCIAL

De l'OSTRÉICULTURE et de la PISCICULTURE

Paraissant deux fois par mois, le 1er et le 15

S'ADRESSE A TOUS LES ARMATEURS, PARQUEURS,
MAREYEURS, USINIERS, ET, EN UN MOT, A TOUTES LES PROFESSIONS
SE RATTACHANT AUX PÊCHERIES MARITIMES.

BUREAUX : 15, Boulevard de Courcelles, 15. — PARIS

ABONNEMENTS

Pour la France, l'Algérie et la Tunisie...... Un an **9** fr.
Pour l'étranger............................ — **10** fr.

Les Abonnements partent du 1er de chaque mois.

POUR LES ABONNEMENTS ET LES ANNONCES

S'ADRESSER A Mme N. DESVARENNES, Administrateur

AUX BUREAUX DU JOURNAL

5me année.   N° 4 (2me série)   1er Août 1889.

REVUE
DES
PÊCHERIES MARITIMES

ORGANE SPÉCIAL

De l'OSTRÉICULTURE et de la PISCICULTURE

Paraissant deux fois par mois, le 1er et le 15

S'ADRESSE A TOUS LES ARMATEURS, PARQUEURS,
MAREYEURS, USINIERS, ET, EN UN MOT, A TOUTES LES PROFESSIONS
SE RATTACHANT AUX PÊCHERIES MARITIMES.

BUREAUX : 15, Boulevard de Courcelles, 15. — PARIS

ABONNEMENTS

Pour la France, l'Algérie et la Tunisie...... Un an   **9** fr.
Pour l'étranger..........................   —   **10** fr.

Les Abonnements partent du 1er de chaque mois.

POUR LES ABONNEMENTS ET LES ANNONCES

S'ADRESSER A Mme N. DESVARENNES, ADMINISTRATEUR

AUX BUREAUX DU JOURNAL

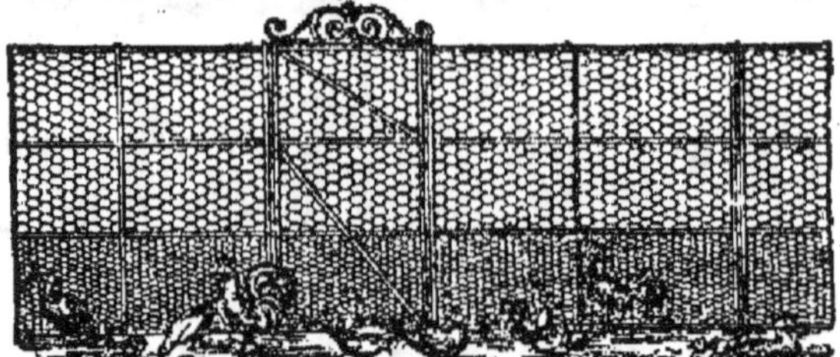

GRILLAGES
1 m. de haut.
LE MÈTRE
0f 30 c.

5ᵐᵉ année.   N° 5 (2ᵐᵉ série)   15 Août 1889.

REVUE

DES

PÊCHERIES MARITIMES

ORGANE SPÉCIAL

De l'OSTRÉICULTURE et de la PISCICULTURE

Paraissant deux fois par mois, le 1ᵉʳ et le 15

S'ADRESSE A TOUS LES ARMATEURS, PARQUEURS,
MAREYEURS, USINIERS, ET, EN UN MOT, A TOUTES LES PROFESSIONS
SE RATTACHANT AUX PÊCHERIES MARITIMES.

BUREAUX : 15, Boulevard de Courcelles, 15. — PARIS

ABONNEMENTS

Pour la France, l'Algérie et la Tunisie...... Un an   **9** fr.
Pour l'étranger.......................... —   **10** fr.

Les Abonnements partent du 1ᵉʳ de chaque mois.

POUR LES ABONNEMENTS ET LES ANNONCES

S'ADRESSER A Mᵐᵉ N. DESVARENNES, ADMINISTRATEUR

AUX BUREAUX DU JOURNAL

5me année.   Nᵒ 6 (2me série)   1er Septembre 1889.

REVUE
DES
PÊCHERIES MARITIMES

ORGANE SPÉCIAL
De l'OSTRÉICULTURE et de la PISCICULTURE

Paraissant deux fois par mois, le 1er et le 15

S'ADRESSE A TOUS LES ARMATEURS, PARQUEURS,
MAREYEURS, USINIERS, ET, EN UN MOT, A TOUTES LES PROFESSIONS
SE RATTACHANT AUX PÊCHERIES MARITIMES.

BUREAUX : 15, Boulevard de Courcelles, 15. — PARIS

ABONNEMENTS

Pour la France, l'Algérie et la Tunisie......, Un an   **9** fr.
Pour l'étranger.........................   —   **10** fr.

Les Abonnements partent du 1er de chaque mois.

POUR LES ABONNEMENTS ET LES ANNONCES

S'ADRESSER A Mme N. DESVARENNES, Administrateur

AUX BUREAUX DU JOURNAL.

Bordeaux. — Impr. G. GOUNOUILHOU, rue Guiraude, 11.

GRAND RESTAURANT DU LOUVRE

MÉDAILLE DE VERMEIL (Exposition culinaire 1888)

Déjeuner............ 2 fr. 50 | Dîner.................... 3 fr.

MÉDOC COMPRIS

J. PERARD, Propriétaire

21, COURS DE L'INTENDANCE, 21

A côté du Passage Sarget

BORDEAUX

MANUFACTURE de TOILES MÉTALLIQUES

SIX BREVETS D'INVENTION. — NOMBREUSES RÉCOMPENSES OBTENUES A TOUTES LES EXPOSITIONS INDUSTRIELLES

WEILLER & Cie

ANGOULÊME (Charente)

Usines à Saint-Cybard, Saint-Martin, Saint-Ausonne, Nersac et Pontbreton

Grande spécialité de Toiles Métalliques

GALVANISÉES-AVANT ET GALVANISÉES-APRÈS

POUR L'OSTRÉICULTURE

MAISON FONDÉE EN 1849

ÉBÉNISTERIE, TAPISSERIE, ARTICLES DE LITERIE

C. F. PLAZANET

17 et 18, place Pey-Berland. — Rue du Loup, 93

BORDEAUX

MAGASINS LES MIEUX ORGANISÉS DE BORDEAUX

FABRIQUE ET MAGASINS DE MEUBLES ET SIÈGES

TENTURES, LITERIE, etc.

Bordeaux. — Impr. G. GOUNOUILHOU, rue Guiraude, 11.

Bordeaux. — Impr. G. GOUNOUILHOU, rue Guiraude, 11.

Bordeaux. — Impr. G. GOUNOUILHOU, rue Guiraude, 11.

GRAND RESTAURANT DU LOUVRE

MÉDAILLE DE VERMEIL (Exposition culinaire 1888)

Déjeuner............ 2 fr. 50 | Dîner.................... 3 fr.

MÉDOC COMPRIS

J. PERARD, Propriétaire

21, COURS DE L'INTENDANCE, 21

A côté du Passage Sarget

BORDEAUX

MANUFACTURE de TOILES MÉTALLIQUES

SIX BREVETS D'INVENTION. — NOMBREUSES RÉCOMPENSES OBTENUES A TOUTES
LES EXPOSITIONS INDUSTRIELLES

WEILLER & Cᴵᴱ

ANGOULÊME (Charente)

Usines à Saint-Cybard, Saint-Martin, Saint-Ausonne, Nersac et Ponthreton

Grande spécialité de Toiles Métalliques

GALVANISÉES-AVANT ET GALVANISÉES-APRÈS

POUR L'OSTRÉICULTURE

MAISON FONDÉE EN 1849

ÉBÉNISTERIE, TAPISSERIE, ARTICLES DE LITERIE

C. F. PLAZANET

17 et 18, place Pey-Berland. — Rue du Loup, 93

BORDEAUX

MAGASINS LES MIEUX ORGANISÉS DE BORDEAUX

FABRIQUE ET MAGASINS DE MEUBLES ET SIÈGES

TENTURES, LITERIE, etc.

Bordeaux. — Impr. G. GOUNOUILHOU, rue Guiraude, 11.

5me année.   No 7 (2me série)   15 Septembre 1889.

REVUE

DES

PÊCHERIES MARITIMES

ORGANE SPÉCIAL

De l'OSTRÉICULTURE et de la PISCICULTURE

Paraissant deux fois par mois, le 1er et le 15

S'ADRESSE A TOUS LES ARMATEURS, PARQUEURS,
MAREYEURS, USINIERS, ET, EN UN MOT, A TOUTES LES PROFESSIONS
SE RATTACHANT AUX PÊCHERIES MARITIMES.

BUREAUX : 15, Boulevard de Courcelles, 15. — PARIS

ABONNEMENTS

Pour la France, l'Algérie et la Tunisie...... Un an   **9** fr.
Pour l'étranger............................   —   **10** fr.

Les Abonnements partent du 1er de chaque mois.

POUR LES ABONNEMENTS ET LES ANNONCES

S'ADRESSER A Mme N. DESVARENNES, ADMINISTRATEUR

AUX BUREAUX DU JOURNAL

5me année. N° 8 (2me série) 1er Octobre 1889.

REVUE

DES

PÊCHERIES MARITIMES

ORGANE SPÉCIAL

De l'OSTRÉICULTURE et de la PISCICULTURE

Paraissant deux fois par mois, le 1er et le 15

HONORÉE D'UNE SOUSCRIPTION DU MINISTÈRE DES TRAVAUX PUBLICS

De plusieurs Conseils généraux et Chambres de commerce.

S'ADRESSE A TOUS LES ARMATEURS, PARQUEURS,
MAREYEURS, USINIERS, ET, EN UN MOT, A TOUTES LES PROFESSIONS
SE RATTACHANT AUX PÊCHERIES MARITIMES.

BUREAUX : 15, Boulevard de Courcelles, 15. — PARIS

ABONNEMENTS

Pour la France, l'Algérie et la Tunisie...... Un an **9** fr.
Pour l'étranger.......................... — **10** fr.

Les Abonnements partent du 1er de chaque mois.

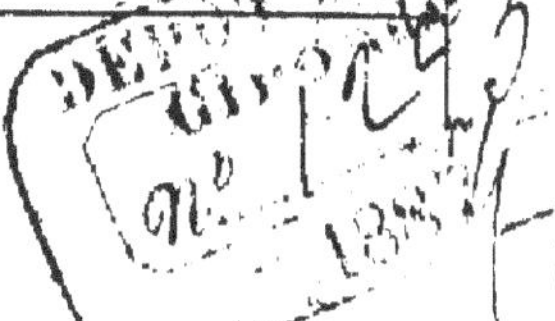

POUR LES ABONNEMENTS ET LES ANNONCES

S'ADRESSER A Mme N. DESVARENNES, ADMINISTRATEUR

AUX BUREAUX DU JOURNAL

5me année.   No 9 (2me série)   15 Octobre 1889

REVUE

DES

PÊCHERIES MARITIMES

ORGANE SPÉCIAL

De l'OSTRÉICULTURE et de la PISCICULTURE

Paraissant deux fois par mois, le 1er et le 15

HONORÉE D'UNE SOUSCRIPTION DU MINISTÈRE DES TRAVAUX PUBLICS

De plusieurs Conseils généraux et Chambres de commerce.

———— ✦✕✦ ————

S'ADRESSE A TOUS LES ARMATEURS, PARQUEURS,
MAREYEURS, USINIERS, ET, EN UN MOT, A TOUTES LES PROFESSIONS
SE RATTACHANT AUX PÊCHERIES MARITIMES.

BUREAUX : 15, Boulevard de Courcelles, 15. — PARIS

ABONNEMENTS

Pour la France, l'Algérie et la Tunisie...... Un an   **9** fr.
Pour l'étranger...........................   —   **10** fr.

Les Abonnements partent du 1er de chaque mois.

POUR LES ABONNEMENTS ET LES ANNONCES

S'ADRESSER A Mme N. DESVARENNES, ADMINISTRATEUR

AUX BUREAUX DU JOURNAL

5me année. N° 10 (2me série) 1er Novembre 1889.

REVUE
DES
PÊCHERIES MARITIMES

ORGANE SPÉCIAL

De l'OSTRÉICULTURE et de la PISCICULTURE

Paraissant deux fois par mois, le 1er et le 15

HONORÉE D'UNE SOUSCRIPTION DU MINISTÈRE DES TRAVAUX PUBLICS

De plusieurs Conseils généraux et Chambres de commerce.

S'ADRESSE A TOUS LES ARMATEURS, PARQUEURS,
MAREYEURS, USINIERS, ET, EN UN MOT, A TOUTES LES PROFESSIONS
SE RATTACHANT AUX PÊCHERIES MARITIMES.

BUREAUX : PARIS-BORDEAUX

Adresser les communications qui concernent la rédaction au Directeur : cours
d'Alsace-et-Lorraine, 103, Bordeaux.

ABONNEMENTS

Pour la France, l'Algérie et la Tunisie...... Un an **9** fr.
Pour l'étranger.......................... — **10** fr.

Les Abonnements partent du 1er de chaque mois.

POUR LES ABONNEMENTS ET LES ANNONCES

S'ADRESSER A Mme N. DESVARENNES, ADMINISTRATEUR

103, Cours d'Alsace-et-Lorraine, à Bordeaux.

5me année. — N° 11 (2me série) — 15 Novembre 1889.

REVUE

DES

PÊCHERIES MARITIMES

ORGANE SPÉCIAL

De l'OSTRÉICULTURE et de la PISCICULTURE

Paraissant deux fois par mois, le 1er et le 15

HONORÉE D'UNE SOUSCRIPTION DU MINISTÈRE DES TRAVAUX PUBLICS

De plusieurs Conseils généraux et Chambres de commerce.

❖✕❖

S'ADRESSE A TOUS LES ARMATEURS, PARQUEURS,
MAREYEURS, USINIERS, ET, EN UN MOT, A TOUTES LES PROFESSIONS
SE RATTACHANT AUX PÊCHERIES MARITIMES.

BUREAUX : PARIS-BORDEAUX

Adresser les communications qui concernent la rédaction au Directeur : cours
d'Alsace-et-Lorraine, 103, Bordeaux.

ABONNEMENTS

Pour la France, l'Algérie et la Tunisie...... Un an   **9** fr.
Pour l'étranger...........................   —   **10** fr.

Les Abonnements partent du 1er de chaque mois.

POUR LES ABONNEMENTS ET LES ANNONCES

S'ADRESSER A Mme N. DESVARENNES, ADMINISTRATEUR

103, Cours d'Alsace-et-Lorraine, à Bordeaux.

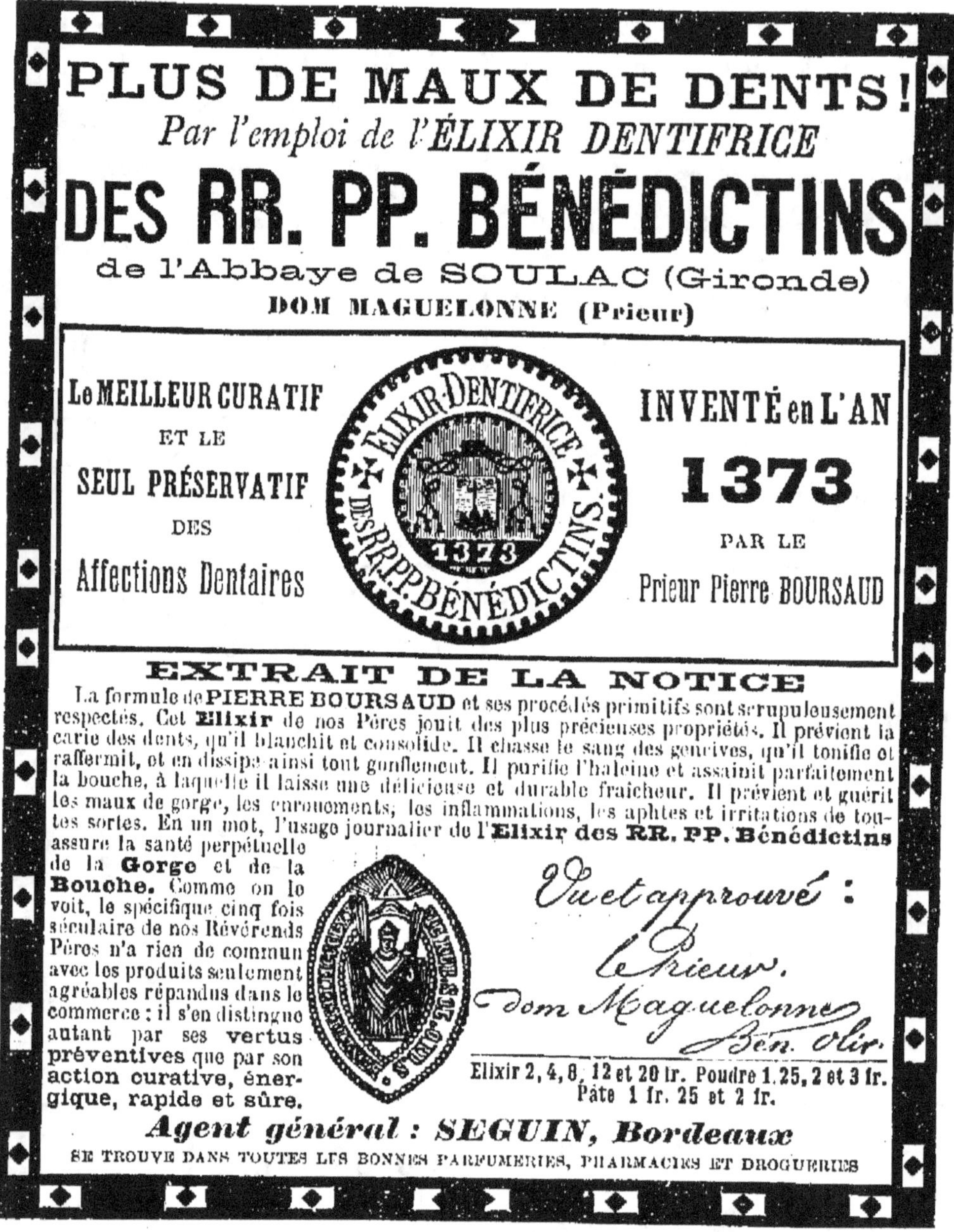

FABRIQUE DE TOILES MÉTALLIQUES

L. LESCURE

Breveté S. G. D. G.

A LA COURONNE (Charente)

Toiles spéciales pour parcs à huîtres galvanisées avant et après fabrication, Grillages galvanisés, pointes, conduites, etc., etc.

USINES A LA COURONNE, AUX RICHARDIÈRES, A NEUZAC ET A CLAIX

PRIX MODÉRÉS

Bordeaux. — Imprimerie G. GOUNOUILHOU, rue Guiraude, 11.

GRAND RESTAURANT DU LOUVRE

MÉDAILLE DE VERMEIL (Exposition culinaire 1888)

Déjeuner............ 2 fr. 50 | Dîner.................... 3 fr.

MÉDOC COMPRIS

J. PERARD, Propriétaire

21, COURS DE L'INTENDANCE, 21

A côté du Passage Sarget

BORDEAUX

MANUFACTURE de TOILES MÉTALLIQUES

SIX BREVETS D'INVENTION. — NOMBREUSES RÉCOMPENSES OBTENUES A TOUTES
LES EXPOSITIONS INDUSTRIELLES

WEILLER & CIE

ANGOULÊME (Charente)

Usines à Saint-Cybard, Saint-Martin, Saint-Ausonne, Nersac et Ponthreton

Grande spécialité de Toiles Métalliques

GALVANISÉES-AVANT ET GALVANISÉES-APRÈS

POUR L'OSTRÉICULTURE

MAISON FONDÉE EN 1849

ÉBÉNISTERIE, TAPISSERIE, ARTICLES DE LITERIE

C. F. PLAZANET

17 et 18, place Pey-Berland. — Rue du Loup, 93

BORDEAUX

MAGASINS LES MIEUX ORGANISÉS DE BORDEAUX

FABRIQUE ET MAGASINS DE MEUBLES ET SIÈGES
TENTURES, LITERIE, etc.

Bordeaux. — Impr. G. GOUNOUILHOU, rue Guiraude, 11.

Bordeaux. — Impr. G. GOUNOUILHOU, rue Guiraude, 11.

Bordeaux. — Impr. G. GOUNOUILHOU, rue Guiraude, 11.

Bordeaux. — Impr. G. GOUNOUILHOU, rue Guiraude, 11.

Bordeaux. — Impr. G. GOUNOUILHOU, rue Guiraude, 11.

5me année. N° 12 (2me série) 1er Décembre 1889.

REVUE

DES

PÊCHERIES MARITIMES

ORGANE SPÉCIAL

De l'OSTRÉICULTURE et de la PISCICULTURE

Paraissant deux fois par mois, le 1er et le 15

HONORÉE D'UNE SOUSCRIPTION DU MINISTÈRE DES TRAVAUX PUBLICS

De plusieurs Conseils généraux et Chambres de commerce.

— ♦×♦ —

S'ADRESSE A TOUS LES ARMATEURS, PARQUEURS,
MAREYEURS, USINIERS, ET, EN UN MOT, A TOUTES LES PROFESSIONS
SE RATTACHANT AUX PÊCHERIES-MARITIMES.

BUREAUX : PARIS-BORDEAUX

Adresser les communications qui concernent la rédaction au Directeur : cours
d'Alsace-et-Lorraine, 103, Bordeaux.

ABONNEMENTS

Pour la France, l'Algérie et la Tunisie...... Un an **9** fr.
Pour l'étranger........................... — **10** fr.

Les Abonnements partent du 1er de chaque mois.

POUR LES ABONNEMENTS ET LES ANNONCES

S'ADRESSER A Mme N. DESVARENNES, ADMINISTRATEUR

103, Cours d'Alsace-et-Lorraine, à Bordeaux.

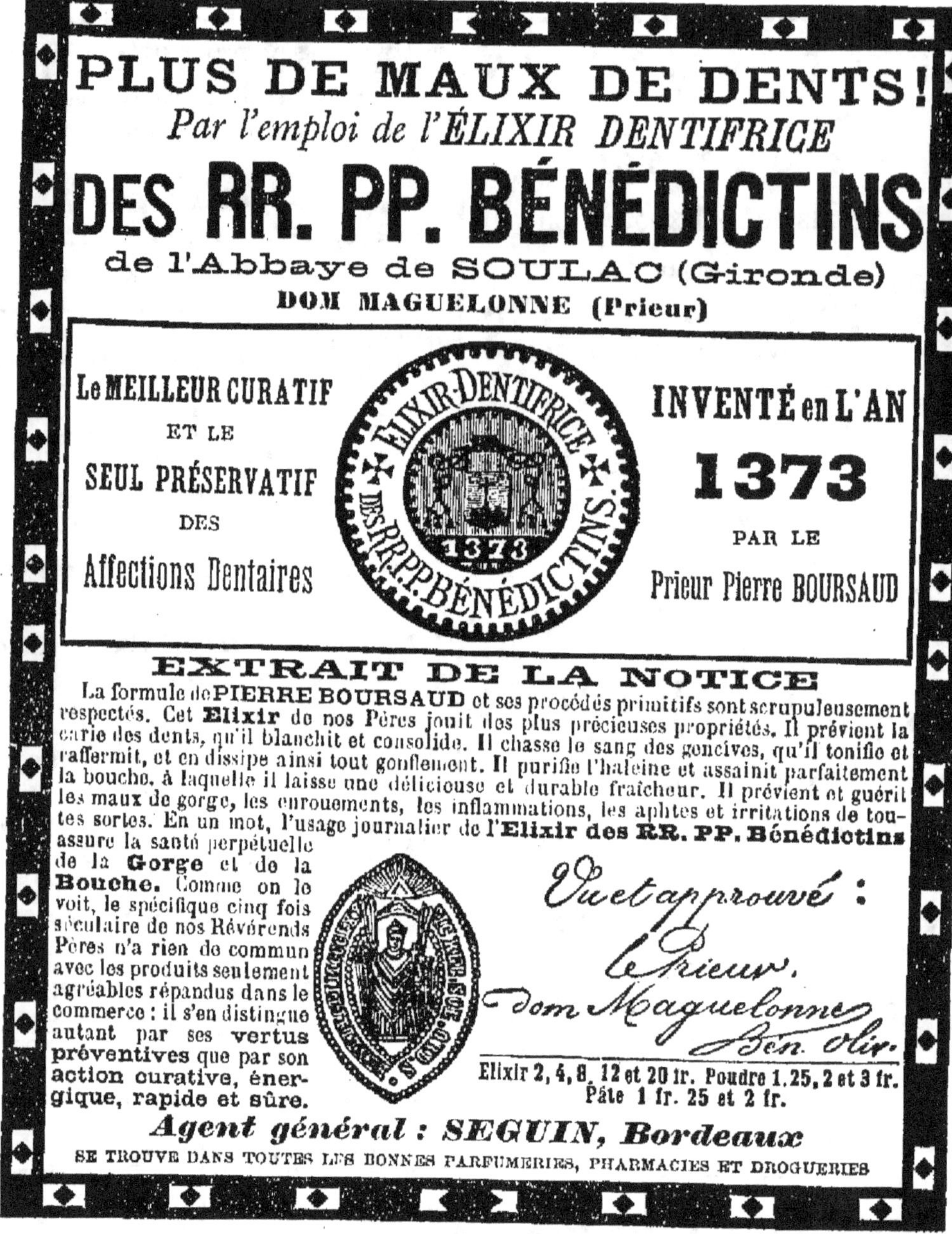

FABRIQUE DE TOILES MÉTALLIQUES

L. LESCURE

Breveté S. G. D. G.

A LA COURONNE (Charente)

Toiles spéciales pour parcs à huîtres galvanisées avant et après fabrication, Grillages
galvanisés, pointes, conduites, etc., etc.

USINES A LA COURONNE, AUX RICHARDIÈRES, A NEUZAC ET A CLAIX

PRIX MODÉRÉS

Bordeaux. — Impr. G. GOUNOUILHOU, rue Guiraude, 11.

5me année.　　　　N° 13 (2mo série)　　　　15 Décembre 1889.

REVUE
DES
PÊCHERIES MARITIMES

ORGANE SPÉCIAL

De l'OSTRÉICULTURE et de la PISCICULTURE

Paraissant deux fois par mois, le 1er et le 15

HONORÉE D'UNE SOUSCRIPTION DU MINISTÈRE DES TRAVAUX PUBLICS

De plusieurs Conseils généraux et Chambres de commerce.

———— ✦✕✦ ————

S'ADRESSE A TOUS LES ARMATEURS, PARQUEURS,
MAREYEURS, USINIERS, ET, EN UN MOT, A TOUTES LES PROFESSIONS
SE RATTACHANT AUX PÊCHERIES MARITIMES.

BUREAUX : PARIS-BORDEAUX

Adresser les communications qui concernent la rédaction au Directeur : cours
d'Alsace-et-Lorraine, 103, Bordeaux.

ABONNEMENTS

Pour la France, l'Algérie et la Tunisie...... Un an　9 fr.
Pour l'étranger.........................　—　10 fr.
Les Abonnements partent du 1er de chaque mois.

POUR LES ABONNEMENTS ET LES ANNONCES

S'ADRESSER A Mme N. DESVARENNES, ADMINISTRATEUR

103, Cours d'Alsace-et-Lorraine, à Bordeaux.

Bordeaux. — Impr. G. GOUNOUILHOU, rue Guiraude, 11.

5ᵐᵉ année.   Nᵒ 14 (2ᵐᵉ série)   1ᵉʳ Janvier 1900

REVUE
DES
PÊCHERIES MARITIMES

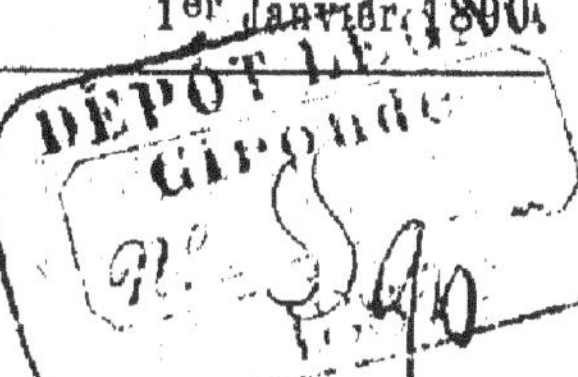

ORGANE SPÉCIAL

De l'OSTRÉICULTURE et de la PISCICULTURE

Paraissant deux fois par mois, le 1ᵉʳ et le 15

HONORÉE D'UNE SOUSCRIPTION DU MINISTÈRE DES TRAVAUX PUBLICS

De plusieurs Conseils généraux et Chambres de commerce.

S'ADRESSE A TOUS LES ARMATEURS, PARQUEURS,
MAREYEURS, USINIERS, ET, EN UN MOT, A TOUTES LES PROFESSIONS
SE RATTACHANT AUX PÊCHERIES MARITIMES.

BUREAUX : PARIS-BORDEAUX

Adresser les communications qui concernent la rédaction au Direc eur : cours
d'Alsace-et-Lorraine, 103, Bordeaux.

ABONNEMENTS

Pour la France, l'Algérie et la Tunisie...... Un an   **9** fr.
Pour l'étranger...........................   —   **10** fr.

Les Abonnements partent du 1ᵉʳ de chaque mois.

POUR LES ABONNEMENTS ET LES ANNONCES

S'ADRESSER A Mᵐᵉ N. DESVARENNES, ADMINISTRATEUR

103, Cours d'Alsace-et-Lorraine, à Bordeaux.

Bordeaux. — Impr. G. GOUNOUILHOU, rue Guiraude, 11.

5me année.   No 15 (2me série)   15 Janvier 1890.

REVUE
DES
PÊCHERIES MARITIMES
ORGANE SPÉCIAL
De l'OSTRÉICULTURE et de la PISCICULTURE

Paraissant deux fois par mois, le 1er et le 15

HONORÉE D'UNE SOUSCRIPTION :

DU MINISTÈRE DE LA MARINE, DU MINISTÈRE DES TRAVAUX PUBLICS,

De plusieurs Conseils généraux et Chambres de commerce.

———————◆)◆———————

S'ADRESSE A TOUS LES ARMATEURS, PARQUEURS,
MAREYEURS, USINIERS, ET, EN UN MOT, A TOUTES LES PROFESSIONS
SE RATTACHANT AUX PÊCHERIES MARITIMES.

———————

BUREAUX : 28, rue Legendre, 28. — PARIS

ABONNEMENTS

Pour la France, l'Algérie et la Tunisie...... Un an   **9** fr.
Pour l'étranger........................   —   **10** fr.

Les Abonnements partent du 1er de chaque mois.

POUR LES ABONNEMENTS ET LES ANNONCES

S'ADRESSER A Mme NINON DESVARENNES, Administrateur

AUX BUREAUX DU JOURNAL

FABRIQUE DE TOILES MÉTALLIQUES

L. LESCURE

Breveté S. G. D. G.

A LA COURONNE (Charente)

Toiles spéciales pour parcs à huîtres galvanisées avant et après fabrication, Grillages galvanisés, pointes, conduites, etc., etc.

USINES A LA COURONNE, AUX RICHARDIÈRES, A NEUZAC ET A CLAIX

PRIX MODÉRÉS

Bordeaux. — Impr. G. GOUNOUILHOU, rue Guiraude, 11.

5ᵐᵉ année.   N° 16 (2ᵐᵉ série)   1ᵉʳ Février 1890.

. REVUE

DES

PÊCHERIES MARITIMES

ORGANE SPÉCIAL

De l'OSTRÉICULTURE et de la PISCICULTURE

Paraissant deux fois par mois, le 1ᵉʳ et le 15

HONORÉE D'UNE SOUSCRIPTION :

DU MINISTÈRE DE LA MARINE, DU MINISTÈRE DES TRAVAUX PUBLICS,

De plusieurs Conseils généraux et Chambres de commerce.

— ◆×◆ —

S'ADRESSE A TOUS LES ARMATEURS, PARQUEURS,
MAREYEURS, USINIERS, ET, EN UN MOT, A TOUTES LES PROFESSIONS
SE RATTACHANT AUX PÊCHERIES MARITIMES.

BUREAUX : 28, rue Legendre, 28. — PARIS

ABONNEMENTS

Pour la France, l'Algérie et la Tunisie...... Un an   **9** fr.
Pour l'étranger............................. —   **10** fr.
Les Abonnements partent du 1ᵉʳ de chaque mois.

POUR LES ABONNEMENTS ET LES ANNONCES

S'ADRESSER A Mᵐᵉ NINON DESVARENNES, ADMINISTRATEUR

AUX BUREAUX DU JOURNAL

MAISON S. EYMERY

à Plassac-de-Blaye (Gironde).

Grande Usine á vapeur fondée en 1862 pour la fabrication
des chaux naturelles & hydrauliques

SPÉCIALITÉ DE CHAUX POUR L'OSTRÉICULTURE

ENGRAIS CHIMIQUES

Chaux pour Constructions, Engrais ; Chaux additionnée de sulfate de cuivre pour la vigne

Conditions de paiement. — Par 200 sacs rendus sur wagon en gare de Brienne
1 fr. 05 le sac de 50 kilog., contre remboursement; 1 fr. 10 à 60 jours, par traites acceptées.
(Les sacs non retournés après 30 ours de la livraison seront comptés 0 fr. 65). **Pour les
petites commandes, s'adresser à M. Eymery.**

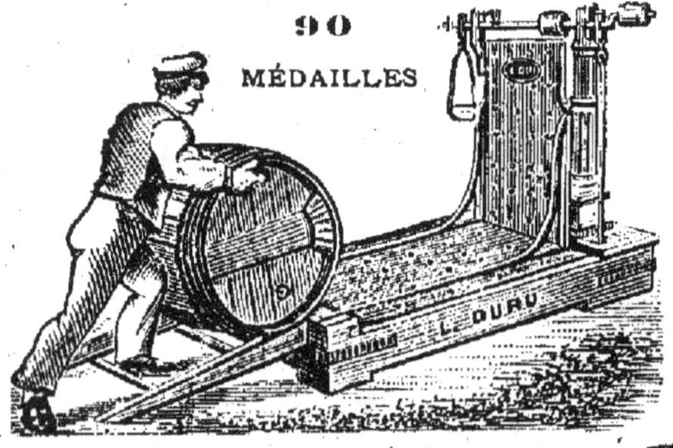

L. DURU

Ingénieur-Constructeur, BORDEAUX

USINE A VAPEUR

POUR LA CONSTRUCTION SUPÉRIEURE
des **Instruments de Pesage**
et de **Mesurage.**

INSTRUMENTS de PRÉCISION

Instruments de Levage et de Transports

COFFRES-FORTS INCOMBUSTIBLES

PRESSES A COPIER
FERRONNERIE -- SERRURERIE

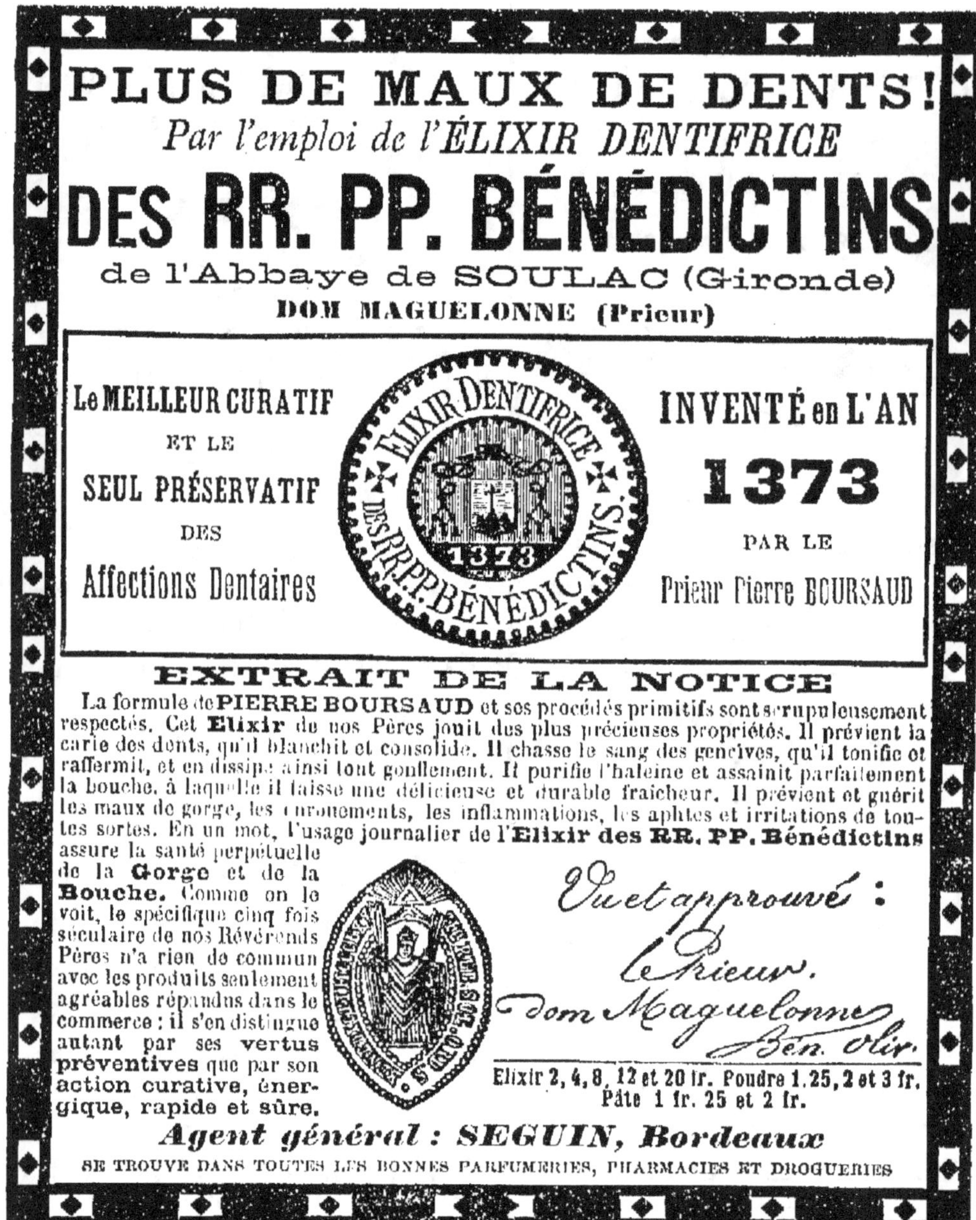

FABRIQUE DE TOILES MÉTALLIQUES

L. LESCURE

Breveté S. G. D. G.

A LA COURONNE (Charente)

Toiles spéciales pour parcs à huîtres galvanisées avant et après fabrication, Grillages galvanisés, pointes, conduites, etc., etc.

USINES A LA COURONNE, AUX RICHARDIÉRES, A NEUZAC ET A CLAIX

PRIX MODÉRÉS

Bordeaux. — Imprimerie G. GOUNOUILHOU, rue Guiraude, 11.

Bordeaux. — Impr. G. GOUNOUILHOU, rue Guiraude, 11.

5ᵐᵉ année.   Nº 17 (2ᵐᵉ série)   15 Février 1890.

REVUE
DES
PÊCHERIES MARITIMES

ORGANE SPÉCIAL

De l'OSTRÉICULTURE et de la PISCICULTURE

Paraissant deux fois par mois, le 1ᵉʳ et le 15

HONORÉE D'UNE SOUSCRIPTION :

DU MINISTÈRE DE LA MARINE, DU MINISTÈRE DES TRAVAUX PUBLICS,

De plusieurs Conseils généraux et Chambres de commerce.

———— ◆✕◆ ————

S'ADRESSE A TOUS LES ARMATEURS, PARQUEURS,
MAREYEURS, USINIERS, ET, EN UN MOT, A TOUTES LES PROFESSIONS
SE RATTACHANT AUX PÊCHERIES MARITIMES.

———

BUREAUX : 28, rue Legendre, 28. — PARIS

———

ABONNEMENTS

Pour la France, l'Algérie et la Tunisie...... Un an **9** fr.
Pour l'étranger........................ — **10** fr.

Les Abonnements partent du 1ᵉʳ de chaque mois.

POUR LES ABONNEMENTS ET LES ANNONCES

S'ADRESSER A Mᵐᵉ NINON DESVARENNES, ADMINISTRATEUR

AUX BUREAUX DU JOURNAL

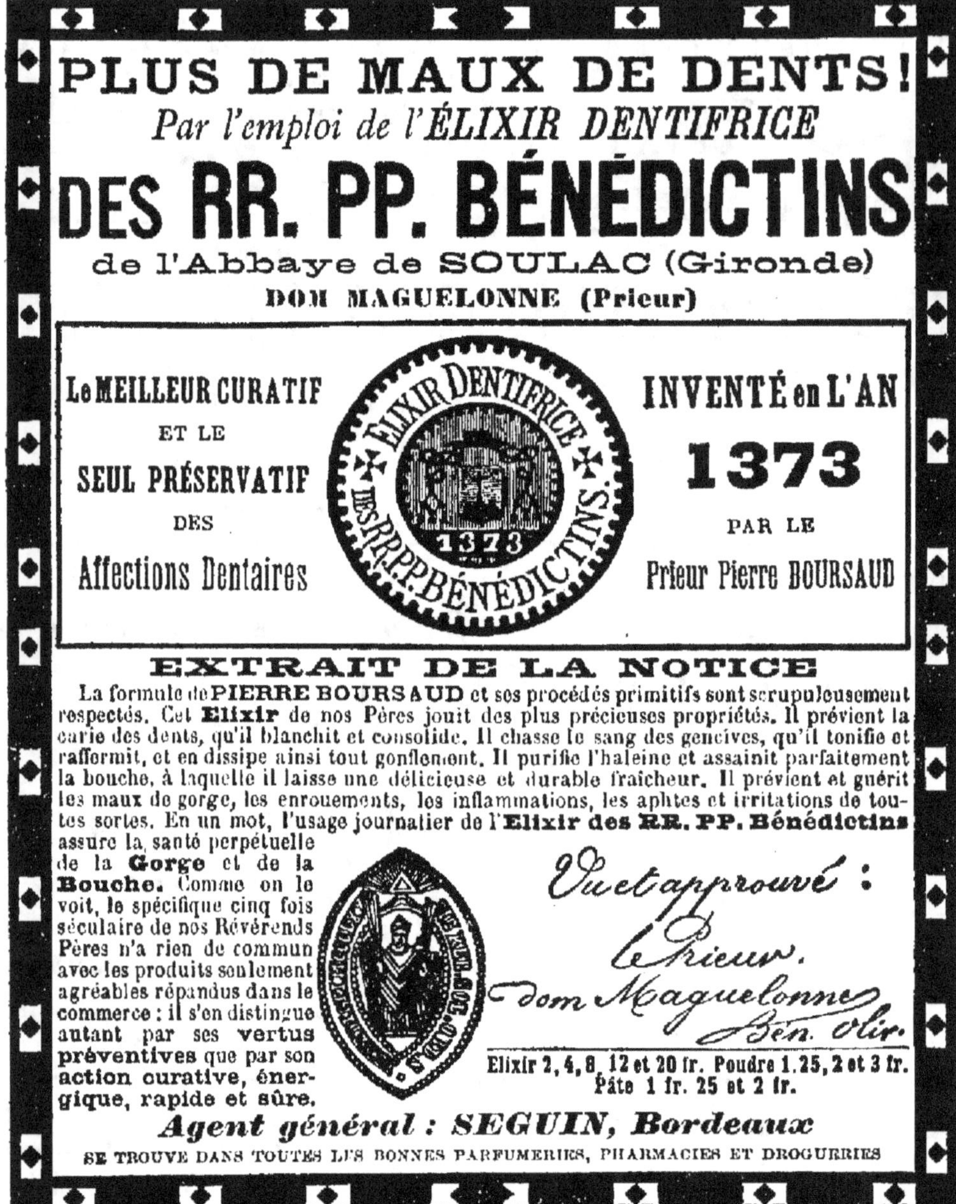

FABRIQUE DE TOILES MÉTALLIQUES

L. LESCURE

Breveté S. G. D. G.

A LA COURONNE (Charente)

Toiles spéciales pour parcs à huîtres galvanisées avant et après fabrication, Grillages galvanisés, pointes, conduites, etc., etc.

USINES A LA COURONNE, AUX RICHARDIÈRES, A NEUZAC ET A CLAIX

PRIX MODÉRÉS

Bordeaux. — Impr. G. GOUNOUILHOU, rue Guiraude, 11.

5ᵐᵉ année. N° 18 (2ᵐᵉ série) 1ᵉʳ Mars 1890.

REVUE

DES

PÊCHERIES MARITIMES

ORGANE SPÉCIAL

De l'OSTRÉICULTURE et de la PISCICULTURE

Paraissant deux fois par mois, le 1ᵉʳ et le 15

HONORÉE D'UNE SOUSCRIPTION :

DU MINISTÈRE DE LA MARINE, DU MINISTÈRE DES TRAVAUX PUBLICS,

De plusieurs Conseils généraux et Chambres de commerce.

———— ✦✕◄ ————

S'ADRESSE A TOUS LES ARMATEURS, PARQUEURS,
MAREYEURS, USINIERS, ET, EN UN MOT, A TOUTES LES PROFESSIONS
SE RATTACHANT AUX PÊCHERIES MARITIMES.

BUREAUX : 28, rue Legendre, 28. — PARIS

ABONNEMENTS

Pour la France, l'Algérie et la Tunisie...... Un an **9** fr.
Pour l'étranger.......................... — **10** fr.

Les Abonnements partent du 1ᵉʳ de chaque mois.

POUR LES ABONNEMENTS ET LES ANNONCES

S'ADRESSER A Mᵐᵉ NINON DESVARENNES, ADMINISTRATEUR

AUX BUREAUX DU JOURNAL

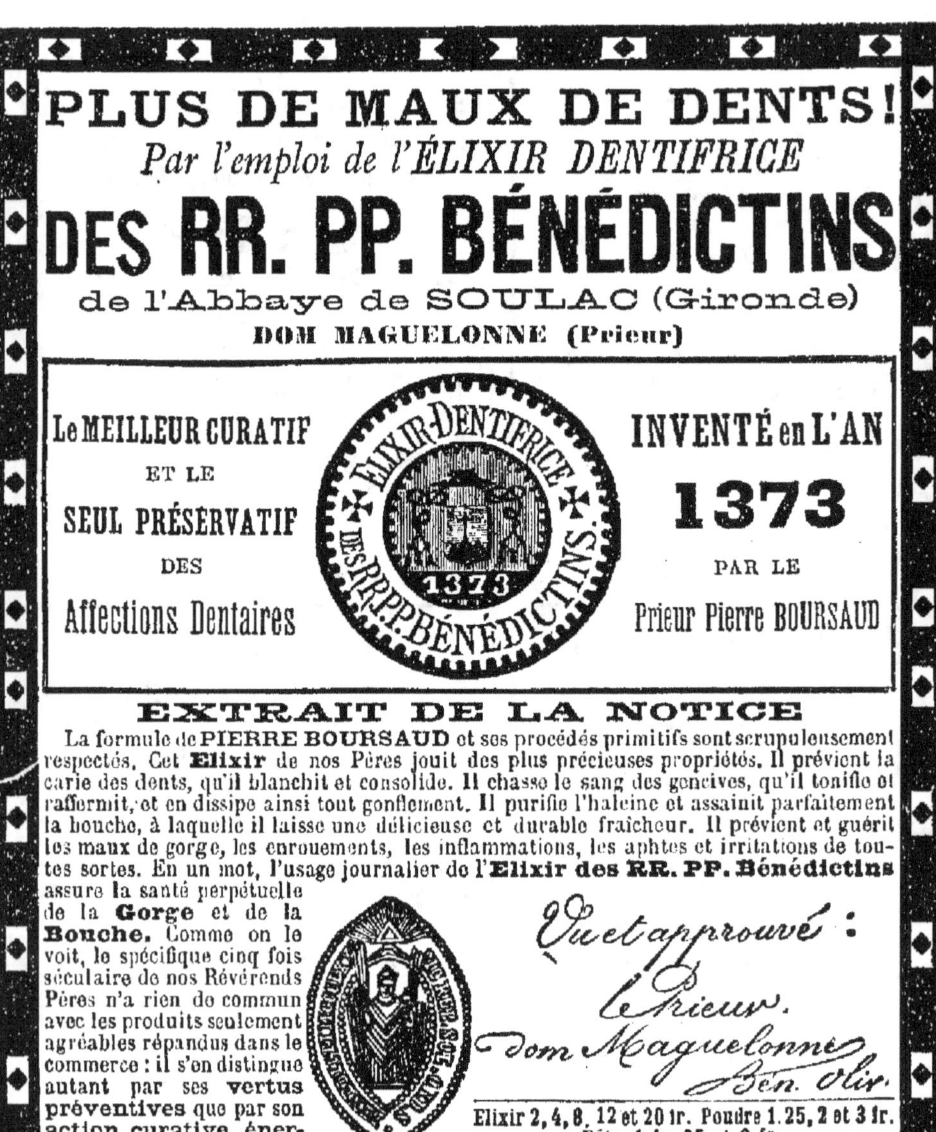

FABRIQUE DE TOILES MÉTALLIQUES

L. LESCURE

Breveté S. G. D. G.

A LA COURONNE (Charente)

Toiles spéciales pour parcs à huîtres galvanisées avant et après fabrication, Grillages galvanisés, pointes, conduites, etc., etc.

USINES A LA COURONNE, AUX RICHARDIÈRES, A NEUZAC ET A CLAIX
PRIX MODÉRÉS

Bordeaux. — Imprimerie G. GOUNOUILHOU, rue Guiraude, 11.

Bordeaux. — Impr. G. GOUNOUILHOU, rue Guiraude, 11.

5ᵐᵉ année.   Nº 19 (2ᵐᵉ série)   15 Mars 1890.

REVUE

DES

PÊCHERIES MARITIMES

ORGANE SPÉCIAL

De l'OSTRÉICULTURE et de la PISCICULTURE

Paraissant deux fois par mois, le 1ᵉʳ et le 15

HONORÉE D'UNE SOUSCRIPTION :

DU MINISTÈRE DE LA MARINE, DU MINISTÈRE DES TRAVAUX PUBLICS,
De plusieurs Conseils généraux et Chambres de commerce.

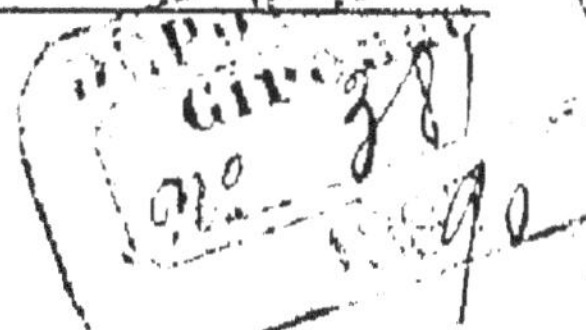

S'ADRESSE A TOUS LES ARMATEURS, PARQUEURS,
MAREYEURS, USINIERS, ET, EN UN MOT, A TOUTES LES PROFESSIONS
SE RATTACHANT AUX PÊCHERIES MARITIMES.

BUREAUX : 28, rue Legendre, 28. — PARIS

ABONNEMENTS

Pour la France, l'Algérie et la Tunisie...... Un an **9** fr.
Pour l'étranger......................... — **10** fr.
Les Abonnements partent du 1ᵉʳ de chaque mois.

POUR LES ABONNEMENTS ET LES ANNONCES

S'ADRESSER A Mᵐᵉ NINON DESVARENNES, ADMINISTRATEUR

AUX BUREAUX DU JOURNAL

BON VIN DE TABLE

Beaucoup de nos lecteurs, connaissant nos attaches avec Bordeaux, nous écrivent pour nous demander l'adresse d'une bonne maison de Vins, recommandable à tous les points de vue. Nous avons cru agir dans l'intérêt de nos abonnés en passant un traité avec une Maison qui nous inspire toute confiance et que nous connaissons de longue date. Cette Maison se charge d'expédier à tout abonné à la *Revue des Pêcheries maritimes* (**mais à nos abonnés seulement**) du bon vin de table de côtes à 95 francs; de Bourg à 120 francs et du Médoc à 150 francs. Le tout logé en pièces bordelaises, franco en gare de Bordeaux. Ces trois marques sont spéciales à la maison.

Adresser les demandes à l'administration de la *Revue des Pêcheries maritimes*, 28, rue Legendre, PARIS.

Grande spécialité de grillages pour parcs à huîtres

GALVANISÉ APRÈS FABRICATION

Instruments de Levage et de Transports

COFFRES-FORTS INCOMBUSTIBLES

PRESSES A COPIER

FERRONNERIE - SERRURERIE

FABRIQUE DE TOILES MÉTALLIQUES

L. LESCURE

Breveté S. G. D. G.

A LA COURONNE (Charente)

Toiles spéciales pour parcs à huîtres galvanisées avant et après fabrication, Grillages galvanisés, pointes, conduites, etc., etc.

USINES A LA COURONNE, AUX RICHARDIÈRES, A NEUZAC ET A CLAIX

PRIX MODÉRÉS

Bordeaux. — Impr. G. GOUNOUILHOU, rue Guiraude, 11.

5me année.   N° 20 (2me série)   1er Avril 1890.

REVUE

DES

PÊCHERIES MARITIMES

ORGANE SPÉCIAL

De l'OSTRÉICULTURE et de la PISCICULTURE

Paraissant deux fois par mois, le 1er et le 15

HONORÉE D'UNE SOUSCRIPTION :

DU MINISTÈRE DE LA MARINE, DU MINISTÈRE DES TRAVAUX PUBLICS,

De plusieurs Conseils généraux et Chambres de commerce.

S'ADRESSE A TOUS LES ARMATEURS, PARQUEURS,
MAREYEURS, USINIERS, ET, EN UN MOT, A TOUTES LES PROFESSIONS
SE RATTACHANT AUX PÊCHERIES MARITIMES.

BUREAUX : 28, rue Legendre, 28. — PARIS

ABONNEMENTS

Pour la France, l'Algérie et la Tunisie...... Un an   **9** fr.
Pour l'étranger...........................   —   **10** fr.

Les Abonnements partent du 1er de chaque mois.

POUR LES ABONNEMENTS ET LES ANNONCES

S'ADRESSER A Mme NINON DESVARENNES, ADMINISTRATEUR

AUX BUREAUX DU JOURNAL

BON VIN DE TABLE

Beaucoup de nos lecteurs, connaissant nos attaches avec Bordeaux, nous écrivent pour nous demander l'adresse d'une bonne maison de Vins, recommandable à tous les points de vue. Nous avons cru agir dans l'intérêt de nos abonnés en passant un traité avec une Maison qui nous inspire toute confiance et que nous connaissons de longue date. Cette Maison se charge d'expédier à tout abonné à la *Revue des Pêcheries maritimes* (**mais à nos abonnés seulement**) du bon vin de table de côtes à 95 francs; de Bourg à 120 francs et du Médoc à 150 francs. Le tout logé en pièces bordelaises, franco en gare de Bordeaux. Ces trois marques sont spéciales à la maison.

Adresser les demandes à l'administration de la *Revue des Pêcheries maritimes*
28, rue Legendre, PARIS.

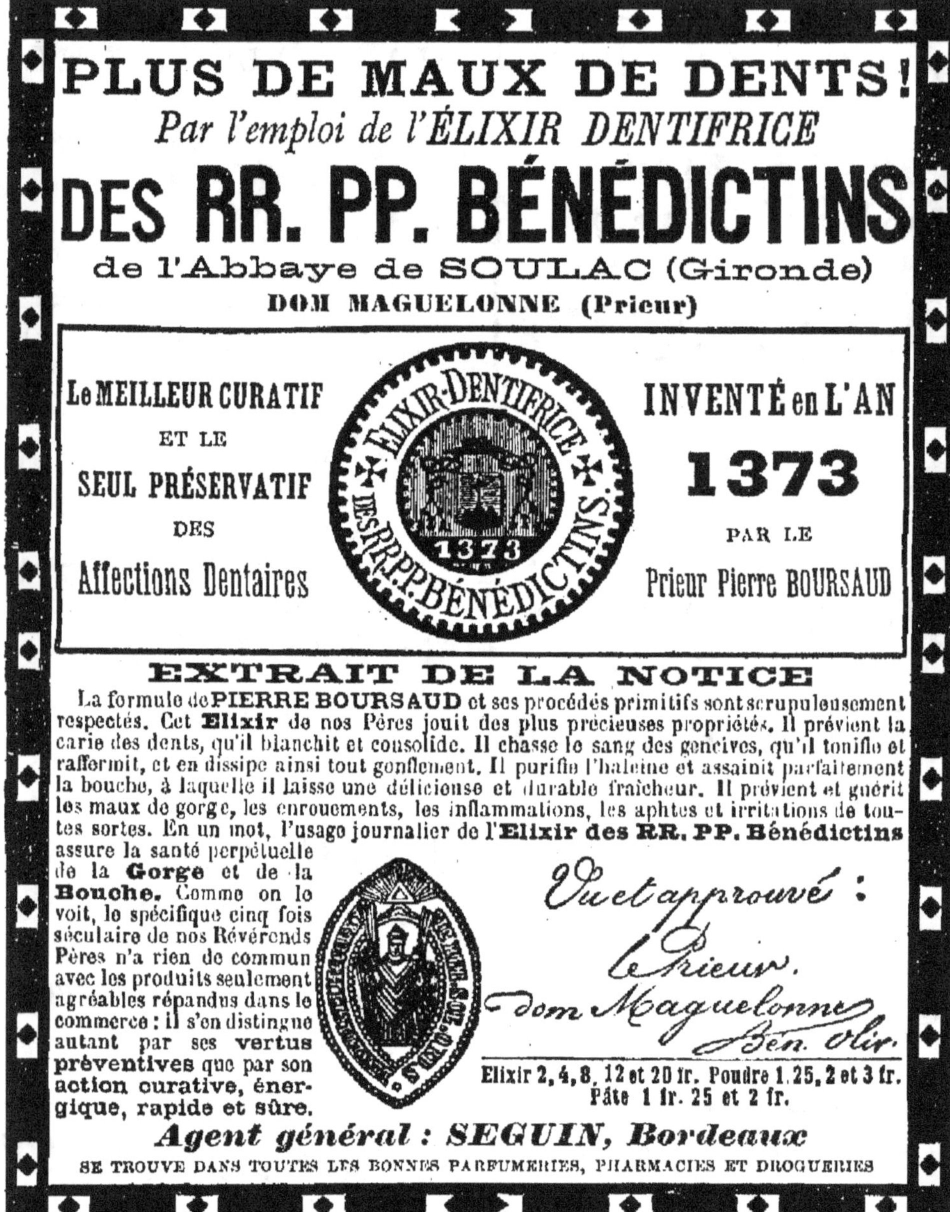

FABRIQUE DE TOILES MÉTALLIQUES

L. LESCURE

Breveté S. G. D. G.

A LA COURONNE (Charente)

oiles spéciales pour parcs à huitres galvanisées avant et après fabrication, Grillages galvanisés, pointes, conduites, etc., etc.

USINES A LA COURONNE, AUX RICHARDIÈRES, A NEUZAC ET A CLAIX

PRIX MODÉRÉS

Bordeaux. — Imprimerie G. GOUNOUILHOU, rue Guiraude, 11.

Bordeaux. — Impr. G. GOUNOUILHOU, rue Guiraude, 11.

5me année.   No 21 (2me série)   15 Avril 1890.

REVUE
DES
PÊCHERIES MARITIMES

ORGANE SPÉCIAL
De l'OSTRÉICULTURE et de la PISCICULTURE

Paraissant deux fois par mois, le 1er et le 15

HONORÉE D'UNE SOUSCRIPTION :
DU MINISTÈRE DE LA MARINE, DU MINISTÈRE DES TRAVAUX PUBLICS,
De plusieurs Conseils généraux et Chambres de commerce.

———◆✕◆———

S'ADRESSE A TOUS LES ARMATEURS, PARQUEURS,
MAREYEURS, USINIERS, ET, EN UN MOT, A TOUTES LES PROFESSIONS
SE RATTACHANT AUX PÊCHERIES MARITIMES.

BUREAUX : 28, rue Legendre, 28. — PARIS

ABONNEMENTS

Pour la France, l'Algérie et la Tunisie...... Un an   **9** fr.
Pour l'étranger...........................   —   **10** fr.
Les Abonnements partent du 1er de chaque mois.

POUR LES ABONNEMENTS ET LES ANNONCES
S'ADRESSER A Mme NINON DESVARENNES, ADMINISTRATEUR
AUX BUREAUX DU JOURNAL

BON VIN DE TABLE

Beaucoup de nos lecteurs, connaissant nos attaches avec Bordeaux, nous écrivent pour nous demander l'adresse d'une bonne maison de Vins, recommandable à tous les points de vue. Nous avons cru agir dans l'intérêt de nos abonnés en passant un traité avec une Maison qui nous inspire toute confiance et que nous connaissons de longue date. Cette Maison se charge d'expédier à tout abonné à la *Revue des Pêcheries maritimes* (**mais à nos abonnés seulement**) du bon vin de table de côtes à 95 francs; de Bourg à 120 francs et du Médoc à 150 francs. Le tout logé en pièces bordelaises, franco en gare de Bordeaux. Ces trois marques sont spéciales à la maison.

Adresser les demandes à l'administration de la *Revue des Pêcheries maritimes*
28, rue Legendre, PARIS.

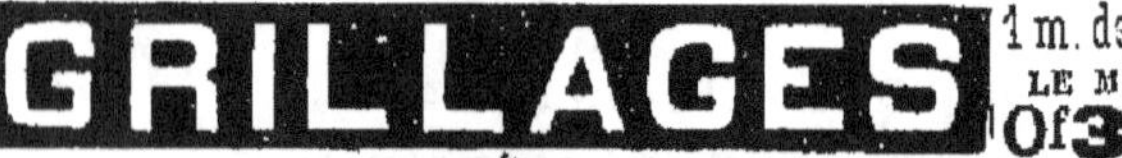

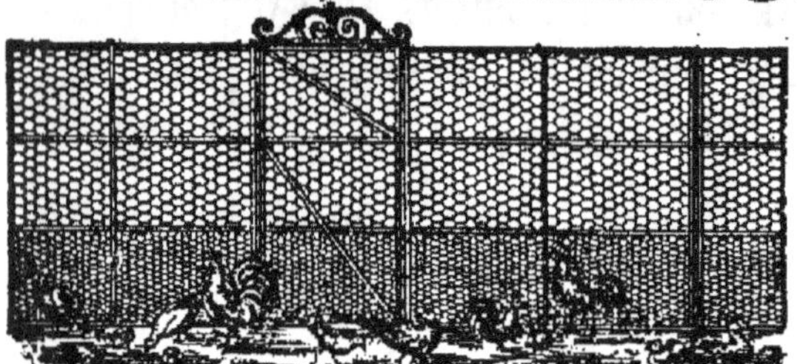

Grande spécialité de grillages pour parcs à huîtres
GALVANISÉ APRÈS FABRICATION

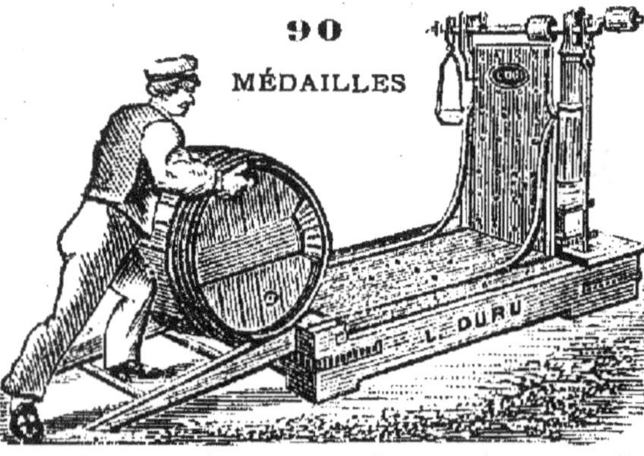

L. DURU

Ingénieur-Constructeur, BORDEAUX

USINE A VAPEUR

POUR LA CONSTRUCTION SUPÉRIEURE

des **Instruments de Pesage** et de **Mesurage**.

INSTRUMENTS de PRÉCISION

COFFRES-FORTS INCOMBUSTIBLES

PRESSES A COPIER
FERRONNERIE — SERRURERIE

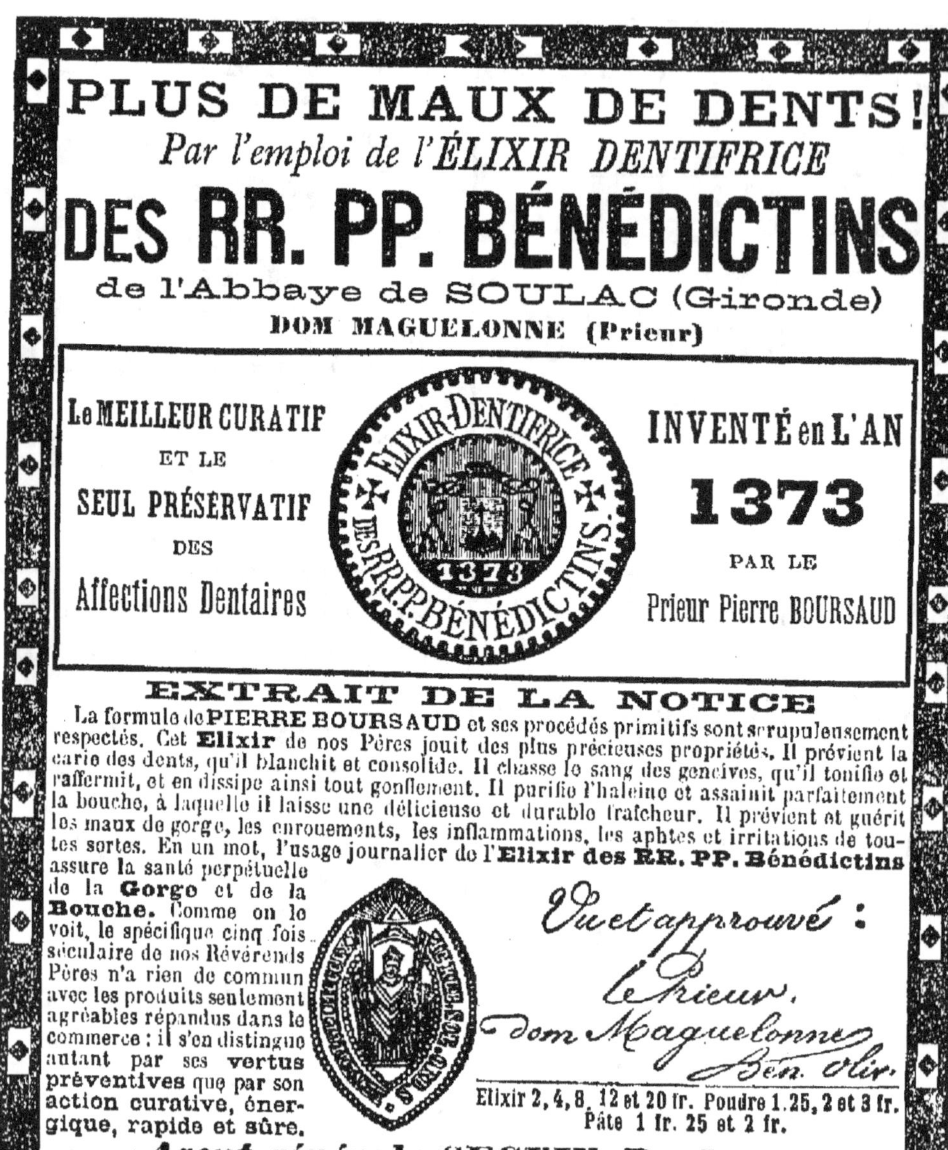

FABRIQUE DE TOILES MÉTALLIQUES

L. LESCURE

Breveté S. G. D. G.

A LA COURONNE (Charente)

Toiles spéciales pour parcs à huîtres galvanisées avant et après fabrication, Grillages galvanisés, pointes, conduites, etc., etc.

USINES A LA COURONNE, AUX RICHARDIÈRES, A NEUZAC ET A CLAIX

PRIX MODÉRÉS

Bordeaux. — Imprimerie G. GOUNOUILHOU, rue Guiraude, 11.

Bordeaux. — Impr. G. GOUNOUILHOU, rue Guirande, 11.

5me année.   N° 22 (2me série)   1er Mai 1890.

REVUE
DES
PÊCHERIES MARITIMES

ORGANE SPÉCIAL

De l'OSTRÉICULTURE et de la PISCICULTURE

Paraissant deux fois par mois, le 1er et le 15

HONORÉE D'UNE SOUSCRIPTION :

DU MINISTÈRE DE LA MARINE, DU MINISTÈRE DES TRAVAUX PUBLICS,

De plusieurs Conseils généraux et Chambres de commerce.

S'ADRESSE A TOUS LES ARMATEURS, PARQUEURS,
MAREYEURS, USINIERS, ET, EN UN MOT, A TOUTES LES PROFESSIONS
SE RATTACHANT AUX PÊCHERIES MARITIMES.

BUREAUX : 28, rue Legendre, 28. — PARIS

ABONNEMENTS

Pour la France, l'Algérie et la Tunisie...... Un an   **9** fr.
Pour l'étranger.............................. —   **10** fr.

Les Abonnements partent du 1er de chaque mois.

POUR LES ABONNEMENTS ET LES ANNONCES

S'ADRESSER A Mme NINON DESVARENNES, ADMINISTRATEUR

AUX BUREAUX DU JOURNAL

BON VIN DE TABLE

Beaucoup de nos lecteurs, connaissant nos attaches avec Bordeaux, nous écrivent pour nous demander l'adresse d'une bonne maison de Vins, recommandable à tous les points de vue. Nous avons cru agir dans l'intérêt de nos abonnés en passant un traité avec une Maison qui nous inspire toute confiance et que nous connaissons de longue date. Cette Maison se charge d'expédier à tout abonné à la *Revue des Pêcheries maritimes* (**mais à nos abonnés seulement**) du bon vin de table de côtes à 95 francs; de Bourg à 120 francs et du Médoc à 150 francs. Le tout logé en pièces bordelaises, franco en gare de Bordeaux. Ces trois marques sont spéciales à la maison.

Adresser les demandes à l'administration de la *Revue des Pêcheries maritimes*
28, rue Legendre, PARIS.

Raym^d **GARIEL**, 2, quai de la Mégisserie, Paris
CLOTURES DE CHASSE, VOLIÈRES, POULAILLERS
RONCES ARTIFICIELLES, les 100 mét. **5 f.**

Grande spécialité de grillages pour parcs à huîtres
GALVANISÉ APRÈS FABRICATION

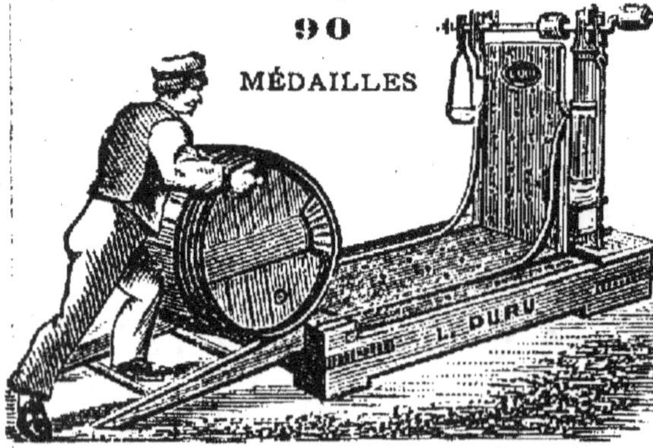

COFFRES-FORTS INCOMBUSTIBLES

PRESSES A COPIER
FERRONNERIE — SERRURERIE

L. DURU*

Ingénieur-Constructeur, BORDEAUX

USINE A VAPEUR

POUR LA CONSTRUCTION SUPÉRIEURE
des **Instruments de Pesage**
et de **Mesurage.**

INSTRUMENTS de PRÉCISION

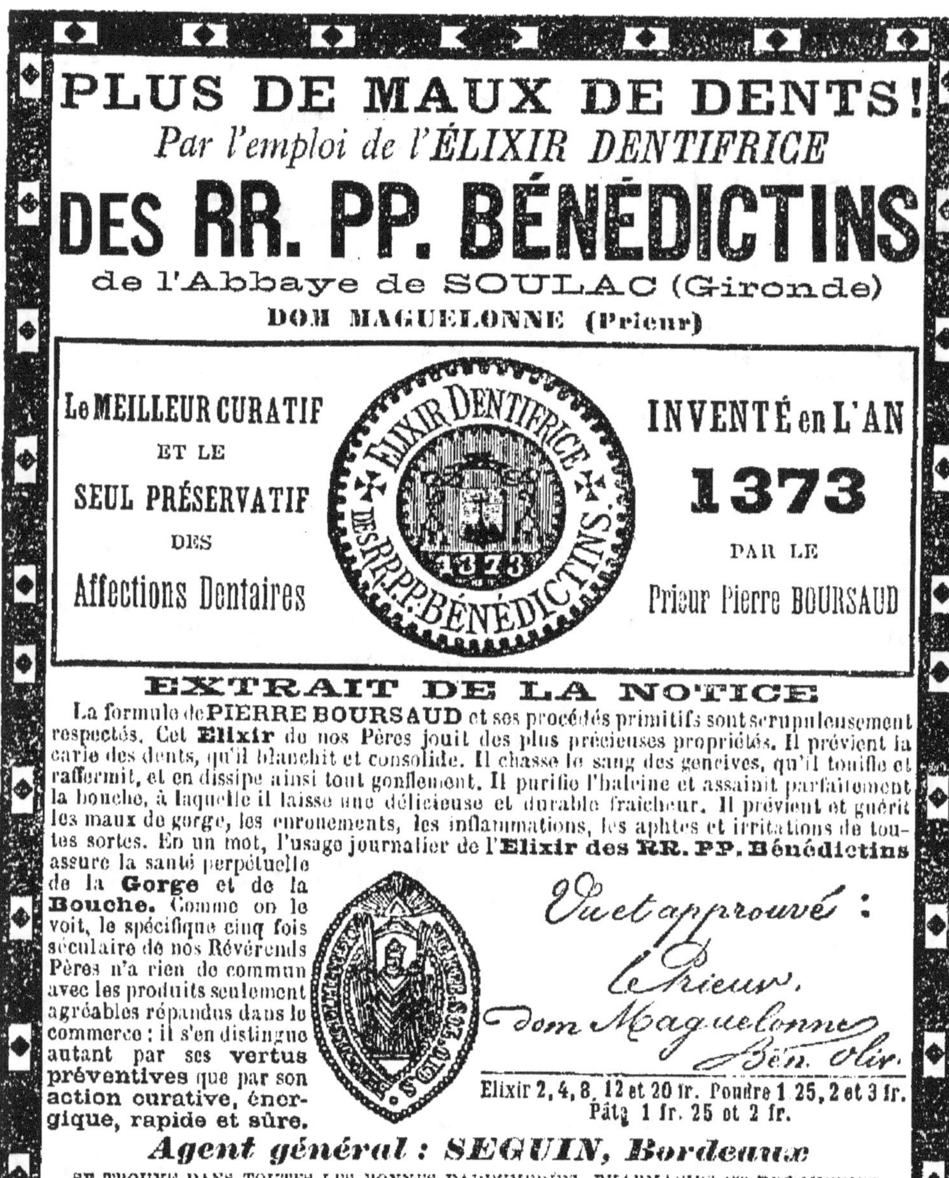

FABRIQUE DE TOILES MÉTALLIQUES

L. LESCURE

Breveté S. G. D. G.

A LA COURONNE (Charente)

Toiles spéciales pour parcs à huitres galvanisées avant et après fabrication, Grillages galvanisés, pointes, conduites, etc., etc.

USINES A LA COURONNE, AUX RICHARDIÈRES, A NEUZAC ET A CLAIX

PRIX MODÉRÉS

Bordeaux. — Imprimerie G. GOUNOUILHOU, rue Guiraude, 11.

Bordeaux. — Impr. G. GOUNOUILHOU, rue Guiraude, 11.

5me année.   N° 23 (2me série)   15 Mai 1890

REVUE
DES
PÊCHERIES MARITIMES

ORGANE SPÉCIAL

De l'OSTRÉICULTURE et de la PISCICULTURE

Paraissant deux fois par mois, le 1er et le 15

HONORÉE D'UNE SOUSCRIPTION :

DU MINISTÈRE DE LA MARINE, DU MINISTÈRE DES TRAVAUX PUBLICS,

De plusieurs Conseils généraux et Chambres de commerce.

———◆✕◆———

S'ADRESSE A TOUS LES ARMATEURS, PARQUEURS,
MAREYEURS, USINIERS, ET, EN UN MOT, A TOUTES LES PROFESSIONS
SE RATTACHANT AUX PÊCHERIES MARITIMES.

BUREAUX : 28, rue Legendre, 28. — PARIS

ABONNEMENTS

Pour la France, l'Algérie et la Tunisie...... Un an   **9** fr.
Pour l'étranger......................... —   **10** fr.

Les Abonnements partent du 1er de chaque mois.

POUR LES ABONNEMENTS ET LES ANNONCES

S'ADRESSER A Mme NINON DESVARENNES, ADMINISTRATEUR

AUX BUREAUX DU JOURNAL

BON VIN DE TABLE

Beaucoup de nos lecteurs, connaissant nos attaches avec Bordeaux, nous écrivent pour nous demander l'adresse d'une bonne maison de Vins, recommandable à tous les points de vue. Nous avons cru agir dans l'intérêt de nos abonnés en passant un traité avec une Maison qui nous inspire toute confiance et que nous connaissons de longue date. Cette Maison se charge d'expédier à tout abonné à la *Revue des Pêcheries maritimes* (**mais à nos abonnés seulement**) du bon vin de table de côtes à 95 francs; de Bourg à 120 francs et du Médoc à 150 francs. Le tout logé en pièces bordelaises, franco en gare de Bordeaux. Ces trois marques sont spéciales à la maison.

Adresser les demandes à l'administration de la *Revue des Pêcheries maritimes* 28, rue Legendre, PARIS.

Grande spécialité de grillages pour parcs à huîtres
GALVANISÉ APRÈS FABRICATION

Instruments de Levage et de Transports

COFFRES-FORTS INCOMBUSTIBLES

PRESSES A COPIER

FERRONNERIE -- SERRURERIE

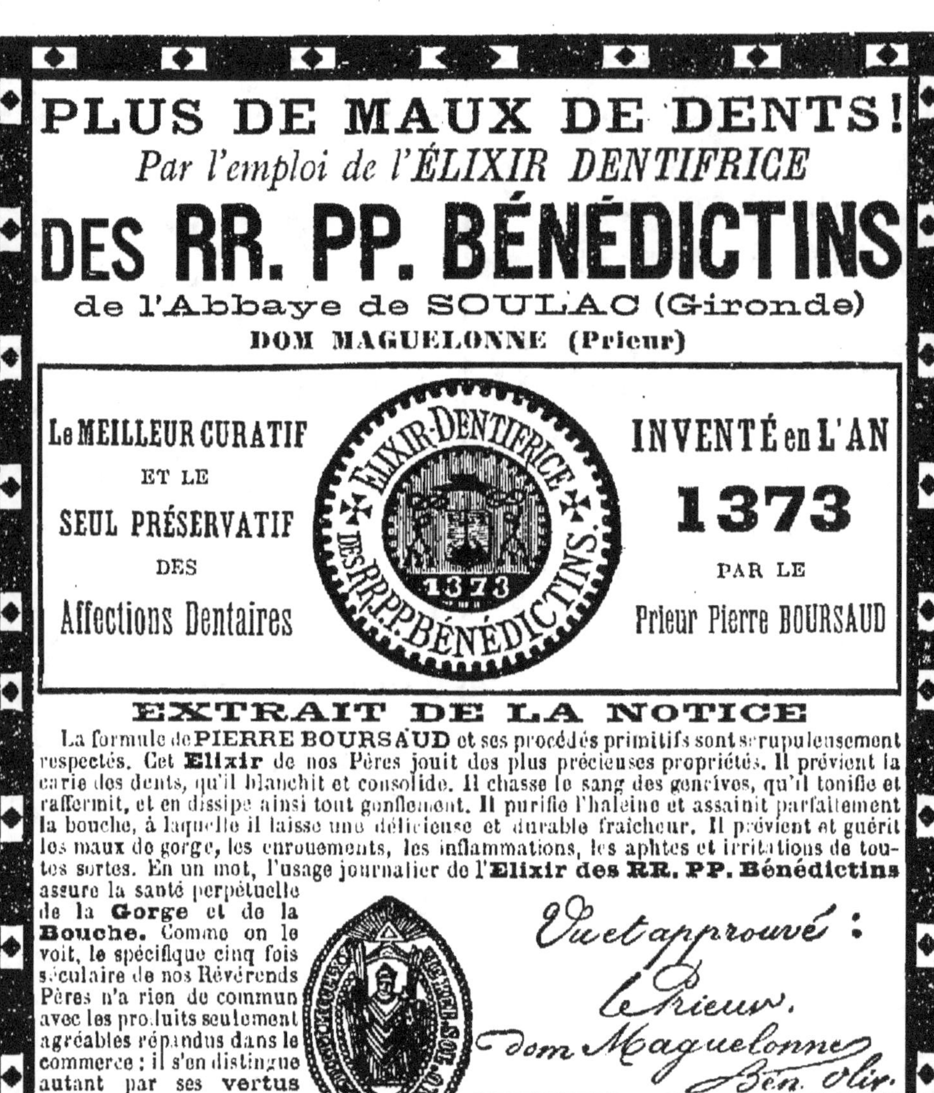

FABRIQUE DE TOILES MÉTALLIQUES

L. LESCURE

Breveté S. G. D. G.

A LA COURONNE (Charente)

Toiles spéciales pour parcs à huîtres galvanisées avant et après fabrication, Grillages galvanisés, pointes, conduites, etc., etc.

USINES A LA COURONNE, AUX RICHARDIÈRES, A NEUZAC ET A CLAIX

PRIX MODÉRÉS

Bordeaux. — Impr. G. GOUNOUILHOU, rue Guiraude, 11.

5me année.   Nº 24 (2me série)   1er Juin 1890.

REVUE
DES
PÊCHERIES MARITIMES
ORGANE SPÉCIAL
De l'OSTRÉICULTURE et de la PISCICULTURE

Paraissant deux fois par mois, le 1er et le 15

HONORÉE D'UNE SOUSCRIPTION :

DU MINISTÈRE DE LA MARINE, DU MINISTÈRE DES TRAVAUX PUBLICS,

De plusieurs Conseils généraux et Chambres de commerce.

———— ✕ ————

S'ADRESSE A TOUS LES ARMATEURS, PARQUEURS,
MAREYEURS, USINIERS, ET, EN UN MOT, A TOUTES LES PROFESSIONS
SE RATTACHANT AUX PÊCHERIES MARITIMES.

BUREAUX : 28, rue Legendre, 28. — PARIS

ABONNEMENTS

Pour la France, l'Algérie et la Tunisie...... Un an   **9 fr.**
Pour l'étranger........................   —   **10 fr.**

Les Abonnements partent du 1er de chaque mois.

POUR LES ABONNEMENTS ET LES ANNONCES

S'ADRESSER A Mme NINON DESVARENNES, ADMINISTRATEUR

AUX BUREAUX DU JOURNAL.

BON VIN DE TABLE

Beaucoup de nos lecteurs, connaissant nos attaches avec Bordeaux, nous écrivent pour nous demander l'adresse d'une bonne maison de Vins, recommandable à tous les points de vue. Nous avons cru agir dans l'intérêt de nos abonnés en passant un traité avec une Maison qui nous inspire toute confiance et que nous connaissons de longue date. Cette Maison se charge d'expédier à tout abonné à la *Revue des Pêcheries maritimes* (**mais à nos abonnés seulement**) du bon vin de table de côtes à 95 francs; de Bourg à 120 francs et du Médoc à 150 francs. Le tout logé en pièces bordelaises, franco en gare de Bordeaux. Ces trois marques sont spéciales à la maison.

Adresser les demandes à l'administration de la *Revue des Pêcheries maritimes*
- 28, rue Legendre, PARIS.

Grande spécialité de grillages pour parcs à huîtres
GALVANISÉ APRÈS FABRICATION

L. DURU ✳

Ingénieur-Constructeur, BORDEAUX

USINE A VAPEUR
POUR LA CONSTRUCTION SUPÉRIEURE
des **Instruments de Pesage**
et de **Mesurage.**

INSTRUMENTS de PRÉCISION

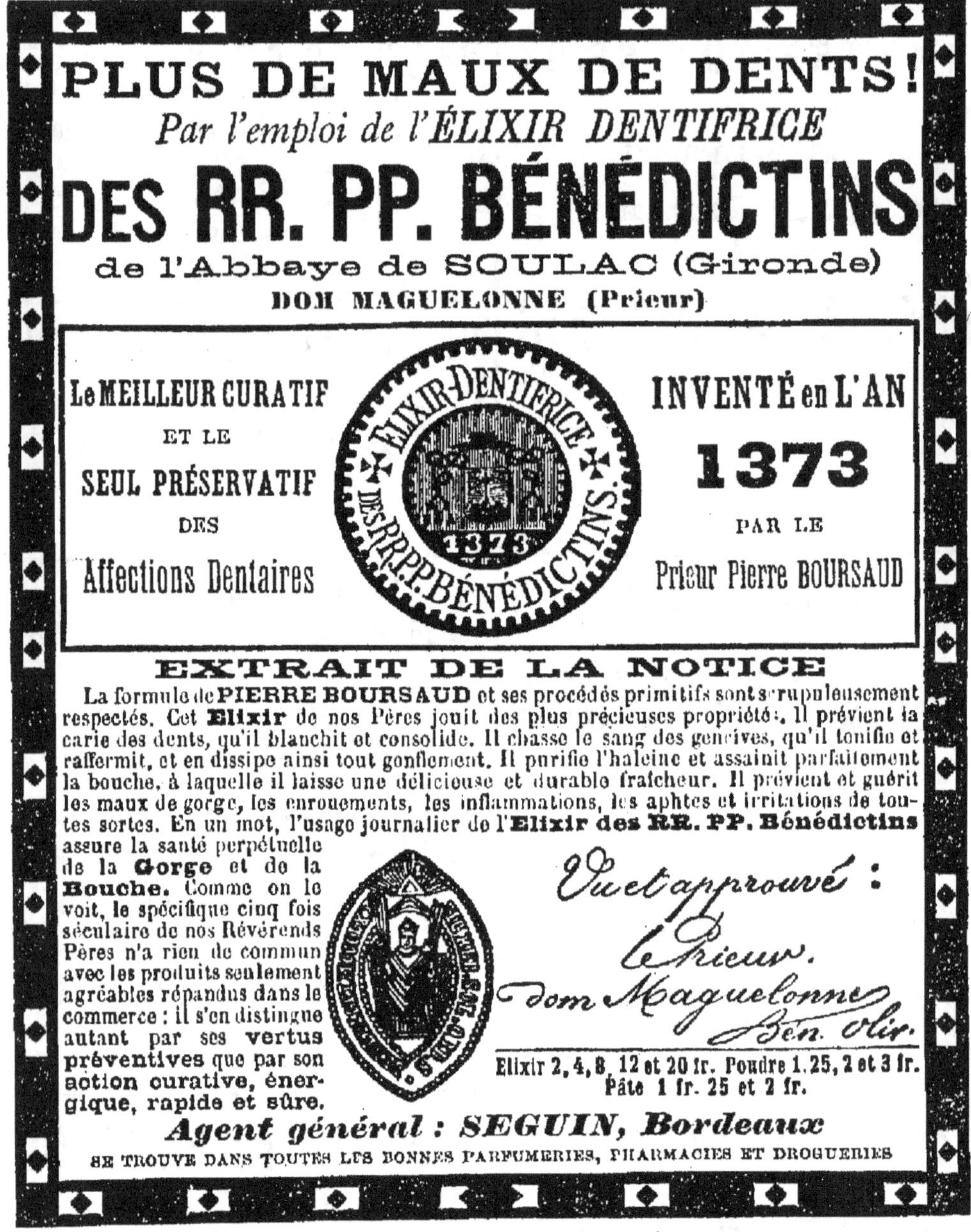

FABRIQUE DE TOILES MÉTALLIQUES

L. LESCURE

Breveté S. G. D. G.

A LA COURONNE (Charente)

Toiles spéciales pour parcs à huîtres galvanisées avant et après fabrication, Grillages
galvanisés, pointes, conduites, etc., etc.

USINES A LA COURONNE, AUX RICHARDIÈRES, A NEUZAC ET A CLAIX

PRIX MODÉRÉS

Bordeaux. — Impr. G. GOUNOUILHOU, rue Guiraude, 11.

Bordeaux. — Impr. G. GOUNOUILHOU, rue Guiraude, 11.